U0931046

特种设备焊接技术

上海市特种设备监督检验技术研究院
上海市特种设备管理协会　　编

机 械 工 业 出 版 社

本书是为了提高特种设备焊接和检验技术人员以及焊工的技术水平，根据特种设备制造中遇到与焊接有关的问题及特种设备相关法律、法规和安全技术规范等的要求，由特种设备检验检测单位和制造安装企业的有关专家编写的。

本书较系统地介绍了特种设备的基本知识及其焊接工艺和技术，包括金属学基础、焊接冶金及焊接材料、焊接工艺、焊接应力与变形、焊接质量检验、焊接安全与防护、锅炉的焊接、压力容器的焊接、压力管道的焊接、机电类特种设备钢结构的焊接等内容，书中着重对特种设备如锅炉、压力容器、压力管道、起重设备、电梯、客运索道和游乐设施等的焊接工艺，结合具体工程实例，进行了全面、深入的论述。

本书主要取材于特种设备的实际制造和安装现场，是特种设备焊接技术理论和实际经验的总结。对制造安装企业和检验检测单位具有指导意义，可供制造安装企业和检验检测单位的工程技术人员、检验员、检验师、焊接人员及中级以上焊工、焊工技师等参考，也可作为有关人员的技术培训教材。

图书在版编目（CIP）数据

特种设备焊接技术/上海市特种设备监督检验技术研究院，上海市特种设备管理协会编．—北京：机械工业出版社，2007.10（2023.4 重印）
ISBN 978-7-111-22565-2

Ⅰ.特…　Ⅱ.①上…②上…　Ⅲ.焊接—基本知识　Ⅳ.TG4

中国版本图书馆 CIP 数据核字（2007）第 159310 号

机械工业出版社（北京市百万庄大街 22 号　邮政编码 100037）
策划编辑：俞逢英　责任编辑：俞逢英　侯宪国
版式设计：霍永明　责任校对：李秋荣
封面设计：鞠　杨　责任印制：常天培
北京机工印刷厂有限公司印刷
2023 年 4 月第 1 版第 8 次印刷
184mm×260mm · 23.25 印张 · 574 千字
标准书号：ISBN 978-7-111-22565-2
定价：59.80 元

电话服务	网络服务
客服电话：010-88361066	机 工 官 网：www.cmpbook.com
010-88379833	机 工 官 博：weibo.com/cmp1952
010-68326294	金 书 网：www.golden-book.com
封底无防伪标均为盗版	机工教育服务网：www.cmpedu.com

序　一

焊接这一古老而先进的制造工艺，以其不可思议的发展和应用被全球发达国家所重视，也吸引着中国从事先进制造业的工程技术人员。随着国民经济的发展和科学技术的进步，焊接技术越来越广泛应用于制造业的各个领域，如能源、交通、石油化工、冶金、建筑和城市建设等，应用焊接技术使设备结构简化、节约材料和成本，提高劳动生产率。

焊接作为特种设备制造的关键工艺，其接头的性能和可靠性在很大程度上决定了特种设备的安全性能和可靠性；而特种设备通常在高温、低温、易燃、易爆、剧毒、强腐蚀介质、高压和公共场所等环境中服役，一旦发生断裂、爆炸或泄漏，往往导致灾难性事故，使社会的生产和经济遭受严重破坏，人民的生命财产蒙受巨大损失。因此，长期以来国内外对特种设备的焊接技术非常重视，与焊接相关的法规和标准被制定并不断完善。从事特种设备焊接的技术人员及焊接操作人员都按照国家相关的标准和要求进行工作，并不断地学习焊接基本知识和提高特种设备焊接的技术水平，本书的出版将为从事特种设备焊接的工程技术人员和焊接作业人员提供参考。

本书的前半部分详细介绍了特种设备基本知识和焊接基本理论，内容主要有特种设备的基本概念、金属学基础、焊接冶金及焊接材料、焊接工艺、焊接应力与变形、焊接工艺评定与焊工考试、焊接质量保证体系、焊接质量检验和焊接安全与防护。焊接理论体系全面系统，不仅对焊接的基本知识有详细而精辟的论述，而且还引用了各种工程实例及相关标准资料来介绍焊接基本知识，更是结合特种设备的质量保证体系介绍了特种设备对焊接工艺评定的要求、焊工技能的要求以及焊接检验的要求，对人们深入细致地认识焊接的普遍工艺以及作为特种设备的关键工艺都有很重要的意义。只有正确地掌握焊接基本知识并了解特种设备制造中焊接的特殊要求，才能保证特种设备的焊接质量，保证特种设备的安全使用。

本书的后半部分分别介绍了各种特种设备焊接技术的应用，主要有锅炉的焊接、压力容器的焊接、压力管道的焊接、机电类特种设备钢结构的焊接，所讨论的内容来自生产制造现场，并包括了特种设备的焊接工艺，特别介绍了特种设备的焊接生产工程实例，如电站锅炉焊接工艺实例、加氢反应器的焊接实例、各种有色金属管道工程的焊接实例、各种起重设备的焊接工艺及大型观览车转轴的焊接实例等；并介绍了长输管道焊接、聚乙烯管道焊接、管道的不停输修复技术等；对特种设备的生产制造安装具有重要的实际指导意义，也为特种设备的焊接工程技术人员提供参考。

本书论述的理论知识通俗易懂，所介绍的特种设备的焊接工艺浅显实用，无论对制造安装企业，还是对检验检测单位；无论对工程技术人员、检验员、检验师，还是对焊接作业操作人员，都具有重要的指导意义。

本书由上海市特种设备监督检验技术研究院副院长、总工程师、上海市焊接学会副理事长、上海市特种设备管理协会秘书长罗晓明教授级高工组织编写，参加编写的人员来自检验检测单位和特种设备制造安装企业。希望本书的出版能为上海市特种设备的焊接技术乃至全国特种设备的焊接技术发展提供帮助，也能为上海市特种设备监督检验技术的不断发展起到推动作用。

上海市质量技术监督局局长

序　二

特种设备广泛使用于经济建设和人民生活的各个领域，已成为社会生产和人民生活中不可缺少的生产装置和生活设施。特种设备包括锅炉、压力容器、压力管道、电梯、起重机械、客运索道、大型游乐设施、场（厂）内机动车辆等8类设备。这些特种设备的安全使用，对于保障人民生命财产的安全、促进经济发展具有特殊的意义。鉴于特种设备具有危险性的特点和在经济、社会生活中特殊的重要性，许多工业发达国家对特种设备的生产和使用都有相应的法律、法规、标准规定，并有严格的监督管理制度。我国特种设备安全监督管理制度也已经建立并在不断地完善。特种设备安全性能是保证特种设备正常使用的前提，为了达到安全使用的要求，特种设备在制造过程中必须符合国家有关的法律、法规、规章、安全技术规范以及标准所规定的安全技术项目和指标，而作为特种设备制造、安装、维修等过程中关键工艺的焊接技术也必须符合相应的规范和技术标准。在以往的特种设备事故中，与焊接相关的事故也不少，由于特种设备与人们的生产生活息息相关，因此特种设备一旦发生事故，后果不堪设想，所以提高焊接质量、制造质量以保证特种设备安全可靠是大家共同关心的问题，也是特种设备制造、安装、修理、改造工艺水平和质量保证的重要研究课题。目前，关于焊接方面的书籍并不少，但是专门完整地论述特种设备焊接的专著还不多。

本书为特种设备焊接提供了一个较完整的基础理论和实际知识体系，全面地介绍了焊接基本理论、特种设备基本知识等，特别介绍了与特种设备相关的法律、法规、规章、安全技术规范、标准，以及对特种设备焊接提出的相关管理和技术要求，并从锅炉、压力容器、压力管道等承压类特种设备和起重机械等机电类特种设备等方面分别介绍了焊接技术的应用。在应用实例方面，除了焊接基本理论方面列举部分工程实例外，还列举了锅炉、压力容器、压力管道、起重设备焊接工程实例。本书突出的特点是内容实用，例如，在焊接基本知识中介绍了很多控制焊接变形的工程实例；在锅炉焊接中给出了锅炉各个部件的焊接工艺及实例；在压力容器焊接中给出了压力容器制造的焊接工艺及实例并列举了加氢反应器的焊接；在压力管道的焊接中列举了各种不同材料管道焊接工艺及实例，并叙述了管道的工厂化制造、长输管道焊接、聚乙烯管道焊接及管道的不停输修复技术；在机电类特种设备焊接中论述了结构钢焊接的特殊性，并列举了各种起重设备的焊接工艺及大型观览车转轴的焊接实例等。

本书涉及的内容有焊接工艺、焊接材料、焊接应力与变形、焊接安全、焊接检验、焊接管理、焊接工艺评定及焊工考试等等，本书对深入了解特种设备的焊接技术具有实际应用的价值。无论对制造安装企业，还是对检验检测单位；无论对制造安装企业和检验检测单位的工程技术人员、检验员、检验师，还是对制造安装企业的焊接操作人员，都具有重要的指导意义。

本书主要取材于特种设备的制造过程和安装现场的实践，是特种设备焊接技术理论的归纳和实际经验的总结。希望本书的出版对促进我国特种设备焊接技术的发展与提高有所帮助，为提高特种设备安全质量，为保障人民的生命财产安全，促进经济发展做出贡献。

国家质量监督检验检疫总局特种设备安全监察局副局长

宋继红

前　言

特种设备是人们生产生活中广泛应用的设备，这种设备本身和受外在因素的影响容易发生事故，一旦发生事故会造成人身伤亡及重大经济损失，而焊接作为特种设备制造、安装、维修和改造中的关键工艺，一直为人们所重视。为了提高特种设备焊接从业人员的素质和特种设备的焊接质量，编写了这本《特种设备焊接技术》一书。

本书较系统地介绍了特种设备的焊接工艺和焊接技术，主要内容包括特种设备基本知识、金属学基础、焊接冶金及焊接材料、焊接工艺、焊接应力与变形、焊接质量检验、焊接安全与防护、锅炉的焊接、压力容器的焊接、压力管道的焊接、机电类特种设备钢结构的焊接等，书中着重对特种设备如锅炉、压力容器、压力管道、起重设备、电梯、客运索道、游乐设施等的焊接工艺进行了全面系统的介绍，同时结合具体工程实例，对焊接结构生产技术也作了全面深入的论述。

本书由上海市特种设备监督检验技术研究院和上海市特种设备管理协会编写。书中第一章和第二章由罗晓明编写，第三章、第四章和第七章由徐维普编写，第五章、第六章、第八章和第十一章第八、九节由顾福明编写，第九章由叶上云编写，第十章由马健编写，第十一章第一～第七节由李瑜燃和顾福明编写，第十二章由顾福明和卢晶编写；全书由罗晓明统稿，由顾福明组织调研并修改，由王铱教授主审。

在本书的编写过程中，得到了国家质量监督检验检疫总局特种设备安全监察局和上海市质量技术监督局有关领导的支持，在本书编写时参考了有关专业教材及其他文献资料，对有关作者在此一并表示衷心的感谢！

由于作者水平有限，书中难免会有不当之处，敬请广大读者批评指正。

编　者

目 录

第一章　特种设备的基本知识

特种设备是工业生产和人民生活中广泛应用的重要设备，同时也是一种比较容易发生事故的特殊设备。一旦发生事故，将直接危及作业人员或公众的安全和健康，因此，世界各主要工业国家都对特种设备实行国家安全监察。在《特种设备安全监察条例》中，特种设备是指涉及生命安全、危险性较大的锅炉、压力容器（含气瓶）、压力管道、电梯、起重机械、客运索道和大型游乐设施。

特种设备作为一种具有危险性的设施，需专业的安全技术和专业的安全管理，特种设备的生产（含设计、制造、安装、改造、维修）、使用、检验检测及监督检查，都要遵守国家安全监督机构和行政管理部门及使用单位制定的特种设备安全监察法规、规程、条件和安全管理的制度。

焊接技术是特种设备制造、安装、改造和维修中广泛使用的关键工艺技术，在特种设备的事故中，焊接问题是引起特种设备事故的重要原因之一。为保证特种设备的质量及使用安全，从事特种设备的焊接作业人员及工程技术人员，有必要了解特种设备的基本知识。

第一节　锅炉的基本知识

一、锅炉的概念及分类

1. 概念

从广义讲，锅炉是将燃料内蕴藏的热量，经过燃烧释放，把水加热到能产生规定温度和压力的蒸汽或高温热水，供生产和生活上使用的一种热能设备。

《特种设备安全监察条例》对锅炉作如下限制性定义：锅炉是指利用各种燃料、电或者其他能源，将所盛装的液体加热到一定的参数，并承载一定压力的密闭设备，其范围规定为容积大于或者等于30L的承压蒸汽锅炉；出口水压大于或者等于0.1MPa（表压），且额定功率大于或者等于0.1MW的承压热水锅炉；有机热载体锅炉。

2. 分类

按压力等级分类：

（1）低压锅炉　$p\leqslant 2.45$MPa（25kgf/cm^2）。

（2）中压锅炉，$p=3.82$MPa（39kgf/cm^2）。

（3）次高压锅炉　3.82MPa $<p<$ 9.81MPa（39kgf/cm^2 $<p<$ 100kgf/cm^2）。

（4）高压锅炉　$p\geqslant 9.81$MPa（100kgf/cm^2）。

（5）超高压锅炉　$p>13.73$MPa（140kgf/cm^2）。

（6）亚临界锅炉　$p=15.7\sim17.66$MPa（160～180kgf/cm^2）。

（7）超临界锅炉　$p=23.5\sim26.5$MPa（240～270kgf/cm^2）。

按制造管理分类：

（1）A 级锅炉　额定压力 p_t≥9.81MPa 的固定式蒸汽锅炉。

（2）B 级锅炉　额定压力 p_t<9.81MPa 的固定式蒸汽锅炉。

（3）C 级锅炉　额定压力 p_t≤2.45MPa 的固定式蒸汽锅炉。

（4）D 级锅炉　额定压力 p_t≤1.27MPa 的固定式蒸汽锅炉。

（5）E1 级锅炉　额定压力 p_t≤0.4MPa 的固定式蒸汽锅炉和水温低于 120℃ 的热水锅炉。

（6）E2 级锅炉　额定压力 p_t<0.1MPa 的蒸汽锅炉和水温≤95℃ 的热水锅炉。

按载热介质分类：①蒸汽锅炉；②热水锅炉；③汽水两用锅炉；④热风炉；⑤有机热载体锅炉。

按用途分类：①电站锅炉；②工业锅炉；③生活锅炉；④船舶锅炉；⑤机车锅炉。

按燃料和热源分类：①燃煤锅炉；②燃油和燃气锅炉；③燃生物质燃料锅炉；④原子能锅炉；⑤余热锅炉；⑥电热锅炉。

二、锅炉的工作参数

1. 额定蒸发量

锅炉每小时所产生的蒸汽重量，称为这台锅炉的蒸发量，用以表示其产汽的能力。蒸发量又称为“出力”或“容量”，用符号“D”表示，常用的单位是 t/h（吨/时）。

锅炉蒸发率是指锅炉每平方米受热面积上每小时所产生的蒸发量。用符号“E”或“D/H”表示，单位是 kg/（m^2·h）［千克/（米^2·时）］。

对于热水锅炉是用受热面发热率来衡量的，即每平方米受热面积在每小时内所发出的热量，用符号“E”来表示，单位是 W/m^2（瓦/米^2）。

热水锅炉的额定出力是指锅炉在确定安全的前提下长期连续运行。每小时输出热水的有效供热量。

2. 额定蒸汽压力

压力是指垂直作用在单位面积上的力，通常叫压力（实际上是压强）。用符号 p 表示，单位是 MPa（兆帕）。

锅炉额定蒸汽压力是指锅炉设计的工作压力。它是根据所用金属材料的强度和受压元件的几何形状以及受压特点等条件，按照国家颁布的有关强度计算标准，对各个受压元件分别进行壁厚计算，然后从中选出一个所能承受该压力的最低值，作为这台锅炉的最高允许使用压力。

锅炉铭牌上标示的压力是锅炉设计压力，又称额定工作压力。对有过热器的锅炉是指过热器出口处的蒸汽压力，对无过热器的锅炉是指锅筒内的蒸汽压力，对热水锅炉是指出水阀入口处的热水压力。

3. 额定蒸汽温度

温度是指物体冷热的程度（通常用符号 t 表示）。测量温度常用的单位是℃（摄氏度）。在锅炉设计计算中，常用绝对温度单位，用 K 表示。

锅炉额定蒸汽温度是指锅炉输出蒸汽的最高工作温度。一般锅炉金属铭牌上标明的蒸汽温度是以摄氏温度表示的。对于小型锅炉，使用的蒸汽绝大多数是从锅筒上部的主汽阀直接引出的，其蒸汽温度是指该锅炉工作压力下的饱和蒸汽温度。对于有过热器的锅炉，其蒸汽温度是指过热器后主汽阀出口处的过热蒸汽温度。

三、锅炉的基本结构

1. 锅炉的结构形式

蒸汽锅炉被人们开始使用至今，是从结构上最简单的圆球型锅炉开始，经过革新、演变，已出现各种不同种类、不同形式锅炉，这里举几种锅炉的结构形式。

（1）立式弯水管锅炉　立式弯水管锅炉主要受压部件有锅壳封头（椭圆形封头）、炉胆、炉胆封头（椭圆形封头）和U形下脚圈。炉胆内均匀布置1～2圈弯水管，锅壳筒体弯水管外有烟箱包围。烟囱置于前烟箱顶上，锅壳封头上设有人孔，锅壳筒体下部设有3～4个手孔，以备检查清洗之用，如图1-1所示。

（2）燃油锅炉　燃油锅炉类型很多，图1-2是一种全自动燃油锅炉，该燃油锅炉是组合式的火管锅炉，其结构主要由锅壳、波纹炉胆、前管板、后管板、烟管、燃烧器、燃烧控制系统、鼓风机、节风闸以及有关的附件仪表所组成。属于卧式内燃管式组装锅炉。

（3）管壳式余热锅炉　管壳式余热锅炉是指高温过程的气体流入蒸发器，在蒸发器的列管内放热，水在管外筒内吸热的锅炉。管壳式余热锅炉在结构上与热交换器无多大区别，其简单形式是一个具有固定管板的列管式换热器。因而管壳式余热锅炉也可理解为一个特殊的换热器。

其他，如电站锅炉、燃气锅炉和有机热载体锅炉等，其结构形式都是不同的，这里不再列举。

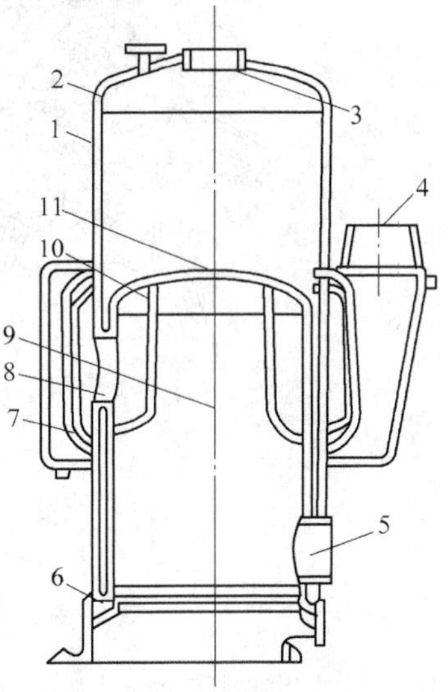

图1-1　立式弯水管锅炉

1—锅壳筒体　2—锅壳封头　3—人孔　4—烟囱入口　5—炉门　6—U形下脚圈　7—外部弯水管　8—喉管　9—炉胆　10—弯水管　11—炉胆顶

2. 锅炉的主要受压元件

（1）锅筒（也称“汽包”）和锅壳　锅筒是水管锅炉用以进行蒸汽净化、组成水循环回路和蓄水的筒形压力容器，由筒体和封头组成。锅壳是锅壳锅炉作为汽水空间外壳的筒形压力容器，由筒体、封头（或管板）组成。主要作用是汇集、储存、净化蒸汽和补充给水。

（2）集箱（又称联箱）　用以汇集或分配多根管子中工质（水、汽水混合物、蒸汽）的筒形压力容器，由筒体、端盖组成。其作用是汇集、分配锅水，保证对受热面可靠供水。

（3）炉胆　承受外压的筒形炉膛，作为内燃式锅壳锅炉的燃烧空间和辐射受热面，起燃烧和吸收热量的作用。

（4）下降管　下降管的作用是把锅水送到下集箱，使受热面管子有足够的循环水量，保证运行，下降管应绝热。

（5）受热面管子　它是锅炉的主要受热面，用锅炉钢管制成。它分为水管和火管，凡管内流水或汽水混合物、管外受热的称为水管，凡管内走烟气、管外被水冷却的称为烟管。烟管只用在小型锅炉中，水管用在各种锅炉中。水冷壁管是水管中的一种。

（6）省煤器　省煤器的作用是使给水进入锅筒之前，被预先加热到某一温度（通常加热到低于饱和温度40～50℃），以降低排烟温度，提高锅炉热效率。

（7）过热器　过热器是把锅筒内出来的饱和蒸汽加热成过热蒸汽，以满足生产工艺的

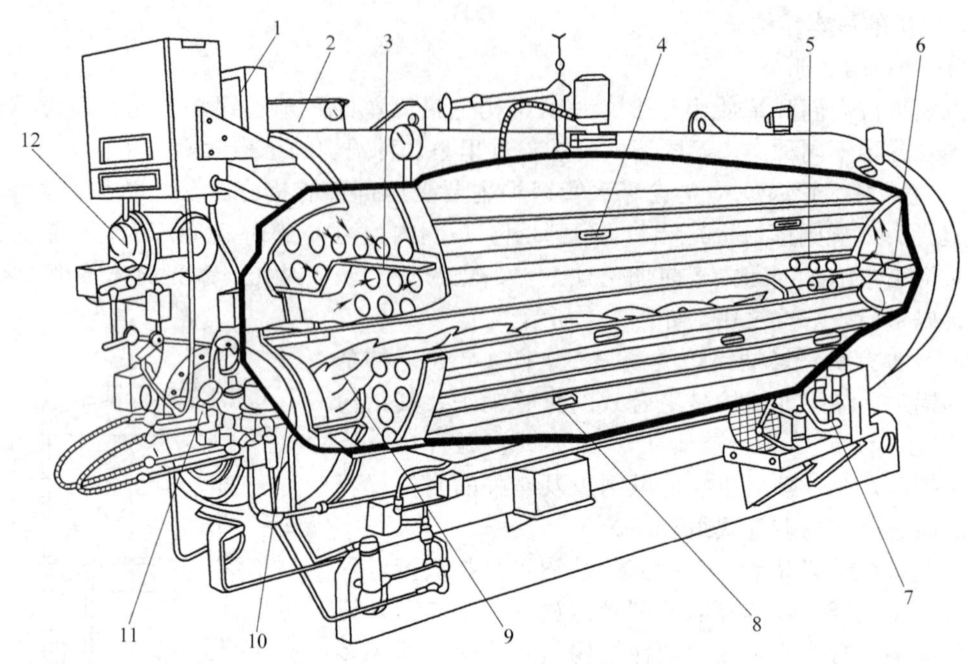

图 1-2　全自动燃油锅炉

1—助燃空气入口　2—烟囱出口　3—前隔板　4—四程　5—三程　6—后隔板
7—空气泵　8—次程　9—燃烧室（首程）　10—旋式节风闸
11—燃烧器组合　12—鼓风机电动机

需要，过热器是用碳钢或耐热合金钢管弯制成蛇形管后组合而成。

（8）减温器　减温器的作用是调节过热蒸汽的温度，将过热蒸汽的温度控制在规定的范围内，以确保安全和满足生产需要。

（9）再热器　再热器是将汽轮机高压缸排出的蒸汽再加热到与过热蒸汽相同或相近的温度后，再回到中低压缸去作功，以提高电站的热效率。

（10）下脚圈　连接炉胆和锅壳的部件，只在立式锅炉中采用 H 形、S 形等形式。

（11）炉门圈、喉管、冲天管　炉门圈是连接于锅壳和炉胆之间燃料进入燃烧室的一段管子，一般由锅炉钢板压制成椭圆形后焊接而成。喉管和冲天管均为连接于锅壳和炉胆之间烟气排出时所经过的一段管子，一般由无缝钢管制成。

3. 锅炉的安全附件

锅炉安全附件，主要是指锅炉上使用的安全阀、压力表、水位计、水位警报器和排污阀等，这些附件是锅炉运行中不可缺少的组成部分，特别是安全阀、压力表、水位计是保证锅炉安全运行的基本附件，常被人们称之为锅炉三大安全附件。

安全阀的主要作用是当锅炉内的压力超过规定要求时自动开启，释放超过的压力，使锅炉回到正常的工作压力状态。

压力表、水位计是司炉正常操作的耳目，每台锅炉必须装有与锅筒蒸汽空间直接相连接的压力表。每台锅炉在便于观察的地方应装设两个彼此独立的水位计。

热水锅炉上的安全附件有安全阀、压力表、温度计、超温报警器和排污阀或放水阀。

锅炉上还有给水装置、自动调节装置和许多管道、阀门仪表，它们也与安全有关。

第二节　压力容器的基本知识

一、压力容器的概念及分类

1. 概念

《特种设备安全监察条例》规定：压力容器是指盛装气体或者液体、承载一定压力的密闭设备。其范围规定为：最高工作压力大于或者等于0.1MPa（表压），且压力与容积的乘积大于或者等于2.5MPa·L的气体、液化气体和最高工作温度高于或者等于标准沸点的液体的固定式容器和移动式容器；盛装公称工作压力大于或者等于0.2MPa（表压），且压力与容积的乘积大于或者等于1.0MPa·L的气体、液化气体和标准沸点等于或者低于60℃液体的气瓶；氧舱等。

《压力容器安全技术监察规程》（以下简称《容规》）从安全管理角度出发，将同时具备下列三个条件的容器称为压力容器：

1）最高工作压力（p_w）大于等于0.1MPa（不含液体静压力）。

2）内直径（非圆形截面指其最大尺寸）≥0.15m，且容积（V）≥0.025m^3。

3）盛装介质为气体、液化气体或最高工作温度高于或等于标准沸点的液体。

2. 分类

压力容器的使用极其普遍，形式也很多，根据不同的要求，压力容器的分类方法可以有很多种，例如，按容器的壁厚可分为：薄壁容器和厚壁容器。按容器的承受压力方式可分为：内压容器和外压容器。按容器的工作温度可分为：高温容器、常温容器、低温容器。按容器壳体的几何形状可分为：球形容器、圆筒形容器、圆锥形容器。

从压力容器的安全使用管理和安全监察的角度，我国的《压力容器安全技术监察规程》将压力容器按下面几种方法进行分类：

（1）按使用的位置分类　按压力容器使用的位置分为固定式压力容器和移动式压力容器两大类。

固定式压力容器是指固定安装在使用地点不能移动使用的压力容器。

移动式压力容器是指无固定的安装和使用地点，可以移动使用的压力容器。包括各类气瓶和罐车等。

（2）按设计压力分类　根据压力容器设计压力的大小，可分为低压容器、中压容器、高压容器和超高压容器，其划分界限为：

1）低压容器：$0.1\text{MPa} \leqq p < 1.6\text{MPa}$

2）中压容器：$1.6 \leqq p < 10\text{MPa}$

3）高压容器：$10\text{MPa} \leqq p < 100\text{MPa}$

4）超高压容器：$p \geqq 100\text{MPa}$

（3）按工艺作用分类　压力容器按其在使用过程中的作用和原理分类，可分为反应容器、换热容器、分离容器和储存容器。

1）反应容器（容器代号R）：主要是用于完成介质的物理、化学反应的压力容器。包括反应器、反应釜、分解锅、硫化罐、分解塔、聚合釜、高压釜、合成塔、变换炉和蒸球等。

2）换热容器（容器代号 E）：主要是用于完成介质的热量交换的压力容器。如热交换器、蒸发器、硫化锅、废热锅炉和蒸压釜等。

3）分离容器（容器代号 S）：主要是用于完成介质的流体压力平衡缓冲和气体净化分离的压力容器。如分离器、过滤器、集油器、缓冲器、洗涤器、吸收塔、干燥塔、汽提塔、分汽缸、除氧器等。

4）储存容器（容器代号为 C，其中球罐代号 B）：主要是用于盛装生产或生活中使用的原料气体、液体、液化气体等的压力容器。

（4）按安全监察管理分类　《压力容器安全技术监察规程》根据压力容器在使用过程中的重要性，按压力容器工作的介质、压力大小、介质危害程度、容器的容积、发生事故的可能性和事故的严重性进行分类。将其监察范围内的压力容器分为三类，即一类容器、二类容器和三类容器。其中三类容器为事故危害性最严重的压力容器。

属于下列情况之一的压力容器属于三类压力容器：

1）高压容器。

2）毒性程度为极度和高度危害介质的中压容器。

3）易燃或毒性程度为中度危害介质，且容器的设计压力与容器的容积的乘积大于等于 10MPa · m^3 的中压储存容器。

4）易燃或毒性程度为中度危害介质，且设计压力与容器的容积的乘积大于等于 0.5MPa · m^3的中压反应容器。

5）毒性程度为极度和高度危害介质，且容器的设计压力与容器的容积的乘积大于等于 0.2MPa · m^3 的低压容器。

6）高压、中压管壳式余热锅炉。

7）中压搪玻璃压力容器。

8）使用强度级别特别高材料制造的压力容器（指相应标准中抗拉强度规定值下限大于等于 540 MPa 的材料）。

9）移动式压力容器，包括铁路罐车（介质为液化气体、低温液体）、罐式汽车（液化气体运输（半挂）车、低温液体运输（半挂）车、永久气体运输（半挂）车）和介质为液化气体、低温液体的罐式集装箱等。

10）容积大于等于 50m^3 的球形储罐；

11）容积大于等于 5m^3 的低温液体储存容器。

属于下列情况之一（除三类容器以外）的为二类压力容器：

1）中压容器。

2）毒性程度为极度和高度危害介质的低压容器。

3）易燃介质或毒性程度为中度危害介质的低压储存容器和反应容器。

4）低压管壳式余热锅炉。

5）低压搪玻璃压力容器。

一类容器为除去三类、二类中的低压容器以外的所有低压容器。

二、压力容器的主要操作参数

压力容器的工艺参数是进行压力容器强度计算和结构设计的主要依据。工艺参数是由使用时生产的工艺要求确定的。

1. 压力容器的压力参数

压力容器的压力参数有工作压力（操作压力）、最高工作压力、设计压力和试验压力。

（1）工作压力（操作压力）　工作压力是指压力容器在正常的操作条件下，压力容器所承受的内（外）部表压力。工作压力是生产工艺的要求决定的。

（2）最高工作压力　对于承受内压的压力容器，其最高工作压力是指在正常使用过程中，容器顶部可能出现的最高压力；对于承受外压的压力容器，其最高工作压力是指在正常使用过程中，容器可能出现的最高压力差值；对于夹套容器，其最高工作压力是指在正常使用过程中，夹套顶部可能出现的最高压力差值。一般用 p_{ω} 来表示。

（3）设计压力　设计压力是指在相应设计条件下用以确定压力容器壳体壁厚及其元件尺寸的压力，用 p 来表示。在正常的情况下，设计压力应等于或略高于工作压力。

（4）试验压力　试验压力是指压力试验时容器顶部压力表上的压力。

（5）公称压力　为了提高制造质量，并降低制造费用，增加零部件的互换性，使容器及其零部件的制造趋于标准化，把标准化的压力数值称为公称压力，容器设计时应尽量采用标准的公称压力系列参数。容器的公称压力是指容器在规定温度下的最大操作压力。用符号 p_g 来表示。

2. 压力容器的温度参数

压力容器的温度参数主要有工作温度（操作温度）、设计温度。

（1）工作温度（操作温度）　工作温度是指容器在操作过程中，在工作压力（操作压力）下壳体可能达到的最高或最低温度。

（2）设计温度　设计温度是指容器在操作过程中，在相应的设计压力下壳体或元件可能达到的最高或最低温度。

（3）临界温度　常压下为气相的物质，加压力时其达到液相时，处于临界状态时的压力称为临界压力。与临界压力相对应的温度称为临界温度，通常用符号“t_c”表示。各种物质的温度是不同的。在此温度以上，它只能处于气体状态，不能单由压缩气体的方法使其液化。临界温度是物质以液态状态出现的最高温度。

物质的临界温度越高，就越容易液化；其温度比临界温度越低，液化所需的压力就越小。对于已经液化的物质，一旦温度升至临界温度时，就必然会由液态迅速转变为气态。

3. 压力容器内的介质

压力容器操作使用中，压力容器内盛装各种各样的介质，其中不少介质往往具有有毒和易燃、易爆的特性，且多以气体或液体状态存在，极易发生泄漏和挥发，尤其在生产过程中，工艺生产条件苛刻，一旦操作失误或因设备失效，极易发生中毒和火灾爆炸事故。

压力容器内的介质很多，主要有以下几种：

蒸汽、空气、氧气、氢气、氮气、惰性气体、一氧化碳、甲烷、二氧化碳、氯气、氨、氟利昂、氟化氢和氢氟酸、氯甲烷、二氧化硫、液化石油气、液化天然气、环氧丙烷和环氧乙烷等。

三、压力容器的基本结构

1. 压力容器的结构形式

压力容器根据其用途不同，结构形式也多种多样。最常见的结构形式主要有球形、圆形。

（1）球形容器　球形容器的本体是一个球壳，如图 1-3 所示，一般直径较大。球形容器主要由球壳、支柱和部分辅助设施组成。其中球壳大多数由若干块预先按一定尺寸压制成形的球面板拼焊而成，球壳分成若干带（如三带、五带、七带）（上极带、上寒带、上温带、赤道带、下温带、下寒带、下极带），每带由若干球片组成。

球形容器的壳体是中心对称结构，应力分布均匀。当压力和直径相同时，球壳体应力是圆筒形壳体应力的一半。因而球形容器在压力载荷相同的情况下所需板材厚度最小，同时球形壳体的表面积要比容积相同的圆筒形壳体小，所以可节省大量材料。

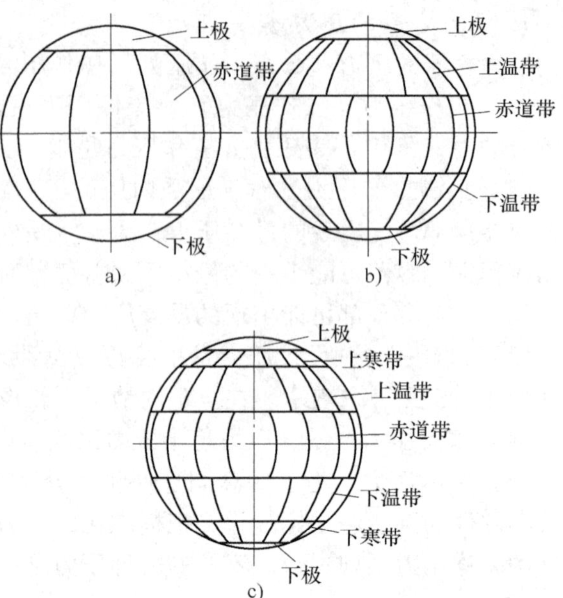

图 1-3　球形容器

a）三带储罐　b）五带储罐　c）七带储罐

但球形容器制造工艺较复杂、焊接质量要求高，内部工艺附件的安装比较困难，故一般作为储存容器，由于表面积小可以减少隔热材料或减少热传导，所以广泛用于大型液化气、压缩氮气、氧气等介质储罐，但有时也用作蒸汽直接加热的容器，如造纸工业中的蒸球等。

（2）圆形截面容器　圆形截面容器是最常用的一种压力容器，圆形截面容器主要是圆筒形容器。圆筒形容器制造工艺较简单，便于内部工艺附件的安装和工作介质的流动，因而广泛用作反应、换热和分离容器。圆筒形容器一般采用焊接结构，一般由筒体和两端的封头（端盖）、支座等组成，如图 1-4 所示。

圆筒形容器是轴对称结构，受力分布比较均匀，受力条件虽不如球形容器，但比其他结构形式好得多。此种结构没有形状突变，不会因形状产生较大的附加应力。

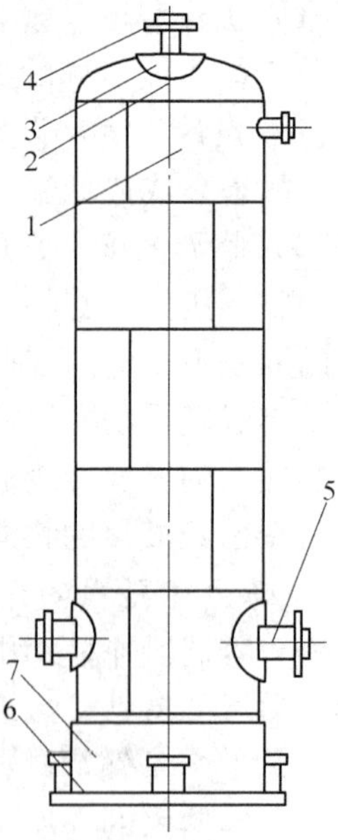

图 1-4　圆筒形容器

1—筒节　2—封头　3—补强圈　4—管法兰　5—接管　6—底板　7—裙座

2. 压力容器的主要受压元件

《压力容器安全技术监察规程》第 25 条规定，压力容器的主要受压部件和元件包括：筒体、封头（端盖）、人孔盖、人孔法兰、人孔接管、膨胀节、开孔补强圈、设备法兰、球罐的球壳板、换热器的管板和换热管、设备法兰、M36 以上的设备主螺栓及公称直径大于等于 250mm 的接管和管法兰。

3. 压力容器的安全装置

按照安全装置的功能作用，压力容器的安全装置可以分为三类：安全泄压装置、控制或显示控制装置和计量显示装置。

压力容器的安全装置主要包括：安全阀、爆破片装置、紧急切断装置、压力表、液面计、测温仪表、快开门式压力容器的安全联锁装置等。

第三节　压力管道的基本知识

一、压力管道的概念及分类

（一）概念

管道是指用于输送、分配、混合、分离、排放、计量、控制或者制止流体流动的、由管子、管件、阀门、法兰、垫片、螺栓和其他组成件和支承部件组成的装配总成。

《特种设备安全监察条例》中关于压力管道的定义为：压力管道是指利用一定的压力，用于输送气体或者液体的管状设备，其范围规定为最高工作压力大于或者等于0.1MPa（表压）的气体、液化气体、蒸汽介质或者可燃、易爆、有毒、有腐蚀性、最高工作温度高于或者等于标准沸点的液体介质，且公称直径大于25mm的管道。

《压力管道安全管理与监察规定》中关于压力管道的定义为：压力管道是指生产、生活中使用的可能引起燃烧、爆炸或中毒等危险性较大的特种设备，这类管道发生泄漏或断裂等失效后会影响正常的安全生产，严重时可能导致安全事故。

压力管道是指具有下列属性的管道：

1）输送GB5004—2002《职业性接触毒物危害程度分级》中规定的毒性程度为极度危害介质的管道。

2）输送GB50160—1992《石油化工企业设计防火规范》及GBJ16—2001《建筑设计防火规范》中规定的火灾危险性为甲、乙类介质的管道。

3）最高工作压力大于或等于0.1MPa（表压，下同），输送介质为气（汽）体、液化气体的管道。

4）最高工作压力大于或等于0.1MPa，输送介质为可燃、易爆、有毒、有腐蚀性的或最高工作温度等于高于标准沸点的液体管道。

5）前四项规定的管道附属设施及其安全保护装置等。

（二）形式分类

压力管道品种繁多，其分类方法有多种。

1. 根据管道使用管理和用途分类

压力管道按其用途划分为工业管道、公用管道和长输管道。工业管道系指企业、事业单位所属的用于输送工艺介质的管道、公用工程管道及其他辅助管道。包括延伸工厂边界线，但归属企、事业单位管辖的工艺管道。公用管道系指城市或乡镇范围内用于公用事业或民用的燃气管道和热力管道。长输管道系指产地、储存库、使用单位间用于输送商品介质的管道。

《压力管道设计单位资格认证与管理办法》中给出的压力管道分类、分级方法如下：

（1）长输管道　长输管道为GA类，级别划分为：

1）符合下列条件之一的长输管道为GA1级：

①　输送有毒、可燃、易爆气体介质，设计压力$p>1.6$MPa的管道；

②　输送有毒、可燃、易爆液体介质，输送距离≥200km且管道公称直径$DN\geqslant 300$mm的管道。

③ 输送浆体介质，输送距离≥50km 且管道公称直径 $DN \geq 150$mm 的管道。

2）符合下列条件之一的长输管道为 GA2 级

① 输送有毒、可燃、易爆气体介质，设计压力 $p \leq 1.6$MPa 的管道。

② GA1②范围以外的长输管道。

③ GA1③范围以外的长输管道。

（2）公用管道 公用管道为 GB 类，级别划分为：GB1、GB2。

燃气管道为 GB1 级管道。

热力管道为 GB2 级管道。

（3）工业管道 工业管道为 GC 类，级别划分为：GC1、GC2、GC3。

1）符合下列条件之一的工业管道为 GC1 级

① 输送 GB5044—1985《职业性接触毒物危害程度分级》中，毒性程度为极度危害介质的管道。

② 输送 GB50160—1992《石油化工企业设计防火规范》及 GBJ16—2001《建筑设计防火规范》中规定的火灾危险性为甲、乙类可燃气体或甲类可燃液体介质设计压力 $p \geq 4.0$MPa 的管道。

③ 输送可燃流体介质、有毒流体介质，设计压力 $p \geq 4.0$MPa 且设计温度≥400℃的管道。

④ 输送流体介质且设计压力 $p \geq 10.0$MPa 的管道。

2）符合下列条件之一的工业管道为 GC2 级

① 输送 GB50160《石油化工企业设计防火规范》及 GBJ16《建筑设计防火规范》中规定的火灾危险性为甲、乙类可燃气体或甲类可燃液体介质且设计压力 $p < 4.0$MPa 的管道；

② 输送可燃流体介质、有毒流体介质，设计压力 $p < 4.0$MPa 且设计温度≥400℃的管道；

③ 输送非可燃流体介质、无毒流体介质，设计压力 $p < 10.0$MPa 且设计温度≥400℃的管道；

④ 输送流体介质，设计压力 $p < 10.0$MPa 且设计温度<400℃的管道。

3）符合下列条件之一的工业管道为 GC3 级

① 输送可燃流体介质、有毒流体介质，设计压力 $p < 1.0$MPa 且设计温度<400℃的管道。

② 输送非可燃流体介质、无毒流体介质，设计压力 $p < 4.0$MPa 且设计温度<400℃的管道。

2. 根据管道承受内压情况分类

可以将管道分为：真空管道、低压管道、中压管道、高压管道和超高压管道。其内压划分界限为：

（1）真空管道 $p < 0.1$MPa

（2）低压管道 $0.1\text{MPa} \leq p < 1.6\text{MPa}$

（3）中压管道 $1.6\text{MPa} \leq p < 10\text{MPa}$

（4）高压管道 $10\text{MPa} \leq p < 100\text{MPa}$

（5）超高压管道 $p \geq 100$MPa

3. 根据压力管道输送的介质分类

可以分为工艺管道、燃气管道、蒸汽管道等。其中工艺管道可以根据各种输送的介质名称命名各种管道。

4. 根据管道的材料分类

可以分为碳钢管道、不锈钢管道、合金钢管道、有色金属管道、非金属管道、复合材料管道和特种材料管道等。

5. 根据管子的壁厚分类

可以分为厚壁管道和薄壁管道。

6. 根据压力管道的操作温度分类

可分为高温管道、常温管道和低温管道等。

二、压力管道的基本构成

1. 压力管道的元件

根据管道的定义，管道是指用于输送、分配、混合、分离、排放、计量、控制或者制止流体流动的由管道的组成件和支承件组成（包括管子、管件、阀门、法兰、垫片、螺栓和其他组成件）的装配总成。

管道组成件包括：管子、管件、法兰、垫片、紧固件、阀门以及管道的特殊件等。

管道特殊件包括：膨胀节、补偿器、特殊阀门、爆破片、过滤器、阻火器、挠性接头及软管等。

管道的支承件包括：管道的支架、吊架和附属件。

压力管道的构成是根据其功能的要求和所处的位置不同而各不相同的，所需的元器件有多有少，有的非常简单，有的比较复杂，但是最基本的元件一般由管子、管件、阀门、支吊架、保温件等组成。

压力管道一般用单线图表示。图 1-5 所示的单线图给出了管道系统组成示例，其中构成管道系统的元器件比较多，包括管件、阀门、连接件、附件、支架等。图 1-5 画出了 19 个

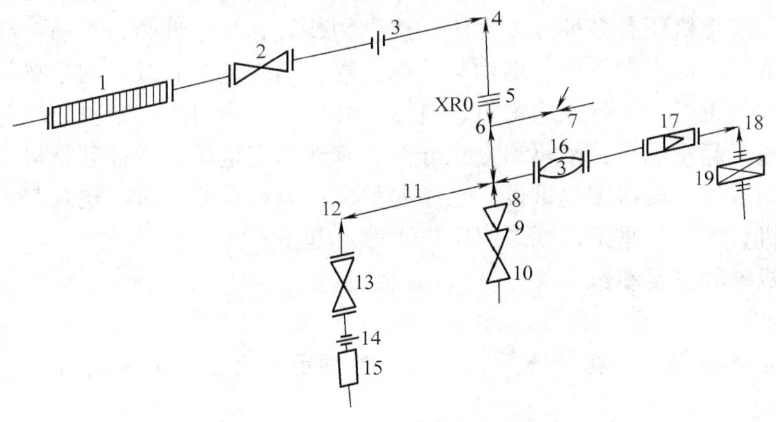

图 1-5　管道系统组成示例

1—波纹管　2、10、13—阀门　3—“8”字型盲通板　4、12、18—弯头　5—节流孔板　6—三通　7—斜三通　8—四通　9—异径管　11—滑动支架　14—活接头　15—疏水器　16—视镜　17—过滤器　19—阻火器

元器件的符号。

2. 压力管道的安全装置

压力管道的安全装置主要包括：溢流阀（安全阀）、爆破片装置、压力表、测温仪表、阻火器等。

安全泄放装置是压力管道中重要的安全附件，主要包括溢流阀、爆破片装置、紧急切断装置等。为了保证压力管道的安全操作，防止压力管道因超压而产生安全事故，除了要严格遵守安全操作规程等一些根本性的措施外，尽可能减少压力管道超压的各种因素，在可能导致压力管道超压的场合，必须设置安全泄放装置。

当压力管道在正常操作条件下运行时，安全泄放装置并不影响管道的工作。而一旦管道内的压力超过规定设置的安全范围时，它将自动开启，迅速泄出部分或全部的介质，使压力管道内压力保持在所容许的范围内或完全泄掉，达到保护设备装置安全的目的。

第四节　起重机械的基本知识

一、起重机械的概念及分类

1. 概念

起重机是以间歇、重复的工作方式，通过起重吊钩或其他吊具起升、下降并平移，用于运移物料的机械设备。它在搬运物料时，经历上料、运送、卸料及返回原处的过程，工作范围较大，危险因素很多。

起重机械是指用于垂直升降或者垂直升降并水平移动重物的机电设备，其范围规定为额定起重量大于或者等于0.5t的升降机；额定起重量大于或者等于1t，且提升高度大于或者等于2m的起重机和承重形式固定的电动葫芦等。

2. 分类

起重机械按其功能和构造特点，可分为三类。第一类是轻小型起重设备。第二类是起重机。第三类是升降机。这三类起重机械，又是由许多结构和工作用途不同的起重机械组成的。

除此以外，起重机还有多种分类方法。按取物装置和用途分类，有吊钩起重机、抓斗起重机、电磁起重机、冶金起重机、堆剁起重机、集装箱起重机和救援起重机等；按运移方式分类，有固定式起重机、运行式起重机、自行式起重机、拖引式起重机、爬升式起重机、便携式起重机、随车起重机等；按驱动方式分类，有支承起重机、悬挂起重机等；按使用场合分类，有车间起重机、机器房起重机、仓库起重机、储料场起重机、建筑起重机、工程起重机、港口起重机、船厂起重机、坝顶起重机、船上起重机等。

二、起重机械的主要参数

1. 起重量 G

起重量 G 是指被起升重物的质量。一般分为额定起重量、最大起重量、总起重量和有效起重量等。

2. 跨度 S

桥架型起重机运行轨道轴线之间的水平距离称为跨度，用字母 S 表示。

3. 基距 B

基距也称轴距，是指沿纵向运动方向的起重机或小车支承中心线之间的距离。

4. 幅度 L

起重机置于水平场地时，空载吊具垂直中心线至回转中心线之间的水平距离称为幅度 L。

5. 轮压 P

轮压是指一个车轮传递到轨道或地面上的最大垂直载荷。

6. 起升高度 H 和下降深度 h

起升高度是指起重机水平停机面或运行轨道至吊具允许最高位置的垂直距离。

7. 运动速度

也称工作速度，按起重机工作机构的不同分为多种：

1）起升（下降）速度 v_n；

2）回转速度 ω；

3）起重机（大车）运行速度 v_k；

4）小车运行速度 v_t；

5）吊重行走速度；

6）变幅速度 v_1。

另外还有轨距、起重力距、起重倾覆力距等主要参数。

三、起重机械的基本构成

1. 起重机械的主要部件

起重机械通常具有庞大的结构和比较复杂的机构，若完成一个起升运动，需作一个或几个水平运动，起重机的主要零部件较多。起重机钢结构是起重机的重要组成部分，起重机的钢结构部分为桥架、门架和小车架等。起重机械的其他重要零部件有吊具、钢丝绳及索具、滑轮及滑轮组、卷筒、齿轮与减速器、制动装置、联轴器、车轮与轨道等。

2. 起重机的安全装置

起重机械的可靠性、安全性是起重设备的重要指标。为了保证起重设备的安全使用，起重设备一般有如下安全装置：位置限制与调整装置、防风防爬装置、安全钩、防后倾装置和回转锁定装置、起重重量限制器、力距限制器、防碰装置、危险中压报警器等。

第五节　电梯的基本知识

一、电梯的概念及分类

1. 概念

电梯是服务于规定楼层的固定式升降设备。它有一个轿厢，运行在至少两列垂直的或倾斜角小于15°的刚性导轨之间。轿厢尺寸与结构形式便于乘客出入或装卸货物。

电梯是指动力驱动、利用沿刚性导轨运行的箱体或者沿固定线路运行的梯级（踏步），进行升降或者平行运送人和货物的机电设备，包括载人（货）电梯、自动扶梯、自动人行道等。

2. 分类

（1）按用途分类

①乘客电梯；②载货电梯；③客货（两用）电梯；④病床电梯；⑤住宅电梯；⑥杂物电梯；⑦船用电梯；⑧观光电梯；⑨车辆电梯。

（2）按运行速度分类

①超高速电梯；②高速电梯；③快速电梯；④低速电梯。

（3）按拖动方式分类

①直流电梯；②交流电梯；③液压电梯。

（4）按操纵控制方式分类

①按钮控制电梯；②信号控制电梯；③集选控制电梯；④下（或上）集选控制电梯；⑤并联控制电梯；⑥梯群程序控制电梯；⑦梯群智能控制电梯；⑧微机控制电梯。

二、电梯的主要参数

电梯的主要参数是指额定载重量和额定速度。

1. 额定载重量

额定载重量是指制造和设计规定的电梯载重量。可理解为制造厂保证正常运行的允许载重量。对制造厂，额定载重量是设计和制造的主要依据，对用户是选用和使用电梯的主要依据，因此它是电梯的主参数。

2. 额定速度

额定速度是指制造和设计规定的电梯运行速度（m/s）。可理解为制造厂保证正常运行的速度，也是制造厂设计制造电梯主要性能的依据，对于用户则是检测速度特性的主要依据，因此它也是电梯的主参数。

三、电梯的基本构成

1. 电梯的主要部件

电梯是机电一体化的产品，电梯一般由其所依附的建筑物和不同功能的七个系统及一套安全装置组成。

（1）曳引系统　主要有曳引机、曳引钢丝绳、导向轮和反绳轮等。

（2）导向系统　主要有轿厢的导轨、对重的导轨及其导轨架。

（3）轿厢　主要有轿厢架和轿厢体。

（4）门系统　主要有轿厢门、层门、开门机、联动机构和门锁等。

（5）重量平衡系统　主要有对重和重量补偿装置等。

（6）电力拖动系统　主要有曳引电动机、供电系统、速度反馈装置和电动机调速装置等。

（7）电气控制系统　主要有操纵装置、位置显示装置、控制屏（柜）、平层装置和选层器等。

2. 电梯的安全装置

为保证电梯安全使用，防止一切危及人身安全的事故，电梯应具备下列正常工作的安全装置：限速器、安全钳、缓冲器和端站保护装置、超速保护装置、供电系统断相错相保护装置、层门锁和轿门电气联锁装置等。

第六节　客运索道的基本知识

一、客运索道的概念及分类

1. 概念

架空索道是利用架空绳索和牵引客车（或货车）运送乘客（或货物）的一种机械运输

设施，在我国交通、冶金、煤炭、化工、建材、水电、林业、农业以及旅游等行业中得到日益广泛的应用。

架空索道由于能适应复杂地形、跨越山川和克服地面障碍物，因而在山区和平原、城市和乡村、风景区和滑雪场均能发挥作用。国内外经验表明，在复杂地形条件下，以架空索道运送乘客是一种最佳运输方式。

客运索道是指动力驱动、利用柔性绳索牵引箱体等运载工具运送人员的机电设备，包括客运架空索道、客运缆车和客运拖牵索道等。

2. 分类

客运索道按其运行方式可以分为往复式和循环式两大类。往复式索道又可分为承重与牵引分开的往复式单客厢索道，承重和牵引分开的车组往复式索道以及承重和牵引合一的单线车组往复式索道三种。循环式索道又可分为连续循环式，间歇循环式（运行—停止—运行），以及脉动循环式（快速运行—慢速运行—快速运行）三种。其中连续循环式应用最广泛，其次是脉动循环式，而间歇循环式较少采用。

客运索道还可按照使用的抱索器形式和运载工具的形式进行分类。按使用的抱索器形式分，有固定抱索器客运索道和脱挂式抱索器客运索道；按所用的运载工具形式分，有吊厢式、吊椅式、吊篮式和拖牵式等四种。

二、客运索道的基本构成

索道设备主要由站内机电设备和线路设备组成。

1. 站内机电设备

站内机电设备主要由驱动装置、张紧装置、迂回装置、开关门机构、导向机构及电气拖动、控制、通信组成。

（1）驱动装置　主要由主驱动、辅助驱动、制动装置、测速装置及机架组成。

（2）张紧装置　有采用重锤张紧和液压张紧两种方式。重锤张紧，由电动卷扬机、导向轮、重锤架、重锤箱、配重块及张紧钢绳组成；液压张紧具有结构简单、调整方便。

（3）迂回装置　起迂回导向作用，结构简单。

（4）开关门机构　装设在站房进、出站口上，但客车进站时，开门机构顶起客车吊杆上的滚轮，车门打开，当客车出站时，关门机构压下客车吊杆上的滚轮，车门关闭。

（5）导向机构　装在站房内，在客车进站及在站内运行时使客车保证正确的车位姿态，一般有地面导向机构及侧向导向机构。

（6）电气设备　电气设备主要由晶闸管直流传动设备、辅机驱动设备、控制设备、安全保护装置及信号通信设备组成。

2. 线路设备

线路设备主要由支架、托压索轮组、钢丝绳及客车组成。

（1）支架及其基础　支架上固定托、压索轮组，起支承或压住钢绳作用。支架由起吊架、横担、架身、梯子、走台和栏杆组成。

（2）托压索轮组　托压索轮组常用的有两轮组、四轮组、六轮组及八轮组。

（3）钢丝绳　钢丝绳（运载索）是索道最重要的关键件，其安全系数 n 不应小于5。

（4）客车　由吊架、双抱索器及厢体组成，国内索道客车多为六人客车。

第七节　大型游乐设施的基本知识

一、大型游乐设施的概念及分类

1. 概念

根据《游艺机和游乐设施安全监督管理规定》从安全使用和安全管理的角度考虑，凡是以运动、娱乐为目的，产生高空、高速以及可能危及人身安全的游艺装置和设备，称为游艺机和游乐设施。

随着科学技术的不断发展，游艺机的品种的不断增加以及新技术的开发和应用，使得游艺机和游乐设施的科学性、趣味性、惊险性越来越突出。游艺机和游乐设施已在国内不断地生产、制造、安装、使用，为了保证游艺机和游乐设施的产品质量，保证人民的生命财产安全，国家把大型游乐设施纳入安全监察管理。

《特种设备安全监察条例》中规定，大型游乐设施是指用于经营为目的，承载乘客游乐的设施，其范围规定为设计最大运行线速度大于或者等于2m/s，或者运行高度距地面高于或者等于2m的载人大型游乐设施。

2. 分类

现代游艺机和游乐设施种类繁多，结构及运动形式各种各样，规格大小相差悬殊，外观造型各有千秋，当前对游艺机和游乐设施尚没有一个确切的分类方法。

按照游艺机和游乐设施运动形式和运动场所分为以下六类：

1）沿轨道运动的游艺机，如小火车、游龙戏水、单轨空中列车。

2）回转运动的游艺机，如自控飞机、观览车、双人飞天等。

3）吊挂回转的游艺机，如空中转椅、太空穿梭。

4）场地上运动的游艺机，如碰碰车、小赛车。

5）室内定置式游艺机，如摇摆汽车、光电打靶。

6）水上游艺机及游乐设施，如水滑梯、碰碰船等。

二、大型游乐设施的基本构成

游艺机的制造精度要求并不高，但制造游艺机的企业必须具有一定的加工和焊接设备，且要有制造大型钢结构的工装，这样既提高了效率，又提高了质量。一般来说，游艺机和游乐设施由以下部分组成：

1）机械传动系统，包括电动机、联轴器、液力偶合器、减速机、开式齿轮、带轮、链轮、钢丝绳、滑轮轴承、传动轴及主轴等。

2）液压及气压传动系统，包括液压泵（油泵）、油达、阀、液压缸（油缸）、管路、空气压缩机、储气罐等。

3）安全装置，主要包括安全带、安全杆、液压、气动安全阀、车辆正逆装置和安全栅栏等。

4）紧固件、连接件、钢结构件，包括销、键、螺栓和焊接件等。

5）其他还有车轮、轨道、座舱、电气设备等。

第二章　金属学基础

传统的金属定义是：金属是具有良好的导电性、导热性、延展性和金属光泽的物质。但这只是涵盖了部分金属的性能，没有完全揭示出金属与非金属的本质差别。目前学术上严格的定义是：金属是具有正的电阻温度系数的物质，而所有非金属的电阻都随着温度的升高而下降，其电阻温度系数为负值。而要更深入地学习了解金属，就要学习晶体结构。

第一节　金属的晶体结构

自然界的物质分为晶体和非晶体。原子在三维空间作有规则的周期性重复排列的物质称为晶体。金属一般都是晶体。在晶体中，原子排列的规律不同，则其性能也不同，因而必须研究金属的晶体结构，即原子的实际排列情况。为了方便起见，首先将晶体当作没有缺陷的理想晶体来研究。

一、晶体的特性

晶体与非晶体的区别不是在外形，主要在于内部的原子排列情况。在晶体中，原子按一定的规律周期性的重复排列。而所有的非晶体，如玻璃、木材、棉花等，其内部原子则是散乱排列的，至多有些局部的短程规则排列。

由于晶体的这种规则的排列，造成了晶体与非晶体在某些性能上存在明显的差异。首先是晶体具有熔点，在熔点以上，晶体为液体，处于非结晶状态。在熔点以下，液体又变成晶体处于结晶状态。从晶体至液体或从液体至晶体的转变是突变的。而非金属则不然，他们从固体至液体，或从液体至固体的转变是逐渐过渡的，没有确定的熔点或凝固点，所以可以把固态非晶体看成过冷状态的液体，它只是在物理性质方面不同于通常的液体而已。玻璃就是一个典型的例子，所以常常将非晶态的固体称为玻璃体。

晶体的另外一个特点是在不同方向上的各向异性。在不同的方向上，晶体的各种性能（导电性、导热性、热膨胀性、弹性和强度等）都表现出或大或小的差异。

但晶体与非晶体并非完全无关，在一定的条件下，可以将它们相互转换。例如，玻璃经过长时间的高温加热后能形成晶态玻璃；另外，使用特殊的设备，使液态金属以极快的速度冷却下来，可以制出非晶态金属。而这些转变可以使它们的性能发生极大的变化。

二、晶格与晶胞

为了直观地研究原子的排列规律，我们可以假定理想晶体中的原子都是固定不动的钢球，那么晶体即由这些钢球堆剁而成。研究表明，原子在各个方向的排列都是很规则的。由于晶格中原子的排列是周期性的，因此，可以从晶格中选取一个能够完全反映晶格特征的最小的几何单元，来分析晶体中原子排列的规律性，这个最小的几何单元称为晶胞。晶胞的大小和形状常以晶胞的棱边长度 a、b、c 及棱边夹角 α、β、γ 表示，如图 2-1 所示。

工业中使用的金属元素，除了少数具有复杂的晶体结构外，绝大部分都具有比较简单的晶体结构，其中最典型、最常见的金属晶体结构有三种类型：体心立方结构、面心立方结构

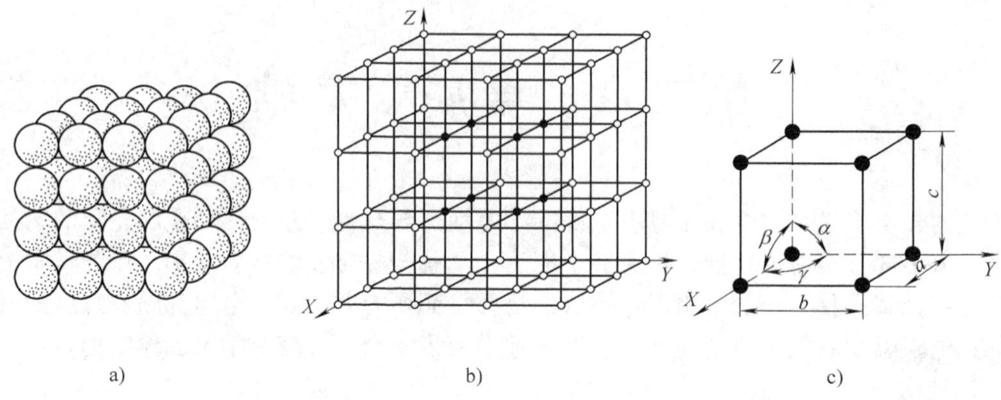

图 2-1　晶体、晶格与晶胞图示

a）晶体中原子的排列　b）晶格　c）晶胞

和密排立方结构。

体心立方结构的晶胞模型如图 2-2 所示。晶胞的三个棱边长度相等，三个轴间夹角均为 90°，构成立方体。除了在晶胞的八个角上各有一个原子外，在立方体的中心还有一个原子。具有体心立方结构的金属有 α-Fe、Cr、V、Nb、W 等。

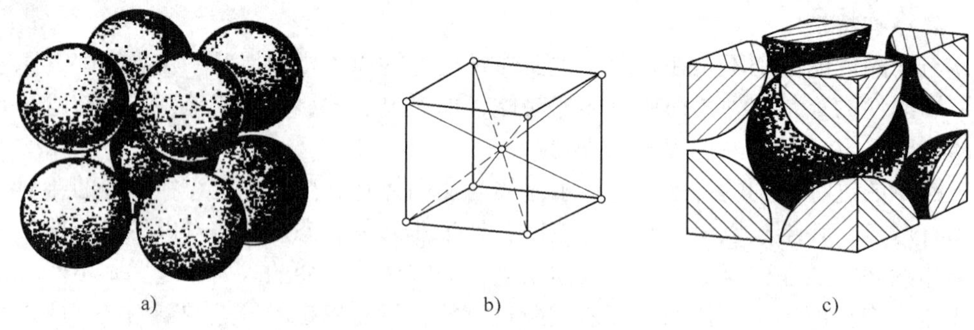

图 2-2　体心立方晶胞图示

a）钢球模型　b）质点模型　c）晶胞原子数

面心立方晶胞模型如图 2-3 所示。在晶胞的八个角上各有一个原子，构成立方体，在立方体六个面的中心各有一个原子。γ-Fe、Cu、Ni、Al、Ag 等具有这种晶体结构。

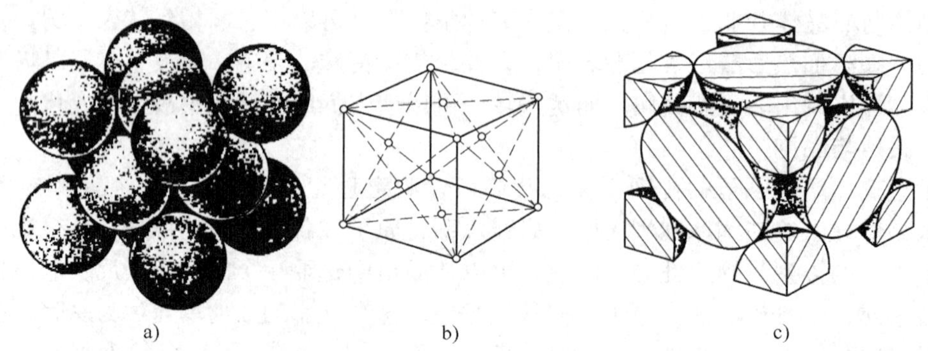

图 2-3　面心立方晶胞图示

a）钢球模型　b）质点模型　c）晶胞中原子数

密排六方结构的晶胞模型如图 2-4 所示。在晶胞的 12 个角上各有一个原子，构成六方柱体。上底面和下底面的中心各有一个原子，晶胞内还有三个原子。具有密排六方晶格的金属有 Zn、Mg、Be、α-Ti、α-Co、Cd 等。

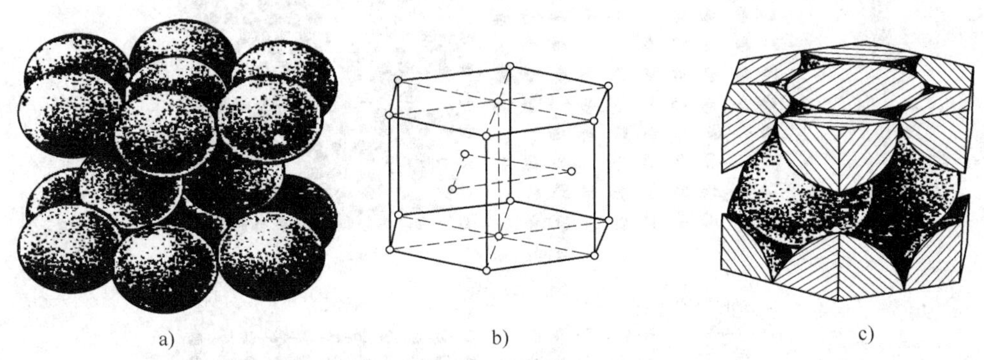

图 2-4　密排六方晶胞图示
a）钢球模型　b）质点模型　c）晶胞中原子数

三、实际金属的晶体结构

在实际应用的金属材料中，总是不可避免地存在着一些原子偏离规则排列的不完整性区域，这就是晶体缺陷。由于缺陷很少，从总体来看，其结构还是接近完整的。尽管如此，这些晶体缺陷不但对金属及合金的性能有重大影响，而且在扩散、相变、塑性变形和再结晶等过程中扮演重要角色。

根据晶体缺陷的几何形态特征，可以将它们分为以下三类：

1. 点缺陷

点缺陷的特征是晶体三个方向上的尺寸都很小，相当于原子的尺寸，例如空位、间隙原子等，见图 2-5。

空位是原子点阵中出现了空结点，这个空的结点就是空位。由于空位的存在，其周围原子失去了一个近邻原子而使相互间的作用失去平衡，因而它们朝空位方向稍有移动，偏离其平衡位置，就会在空位周围出现一个涉及到几个原子间距的弹性畸变区，称为晶格畸变。

位于晶格间隙的原子称为间隙原子，在原子间很小的间隙内硬挤入一个间隙原子以后，会造成严重的晶格畸变。

占据在原来基体原子平衡位置上的异类原子称为置换原子。由于置换原子的大小与基体原子不可能完全相同，因此其周围邻近原子也将偏离其平衡位置，造成晶格畸变。

综上所述，不管是那类点缺陷，都会造成晶格畸变，这将对金属的性能产生影响，使屈服点升高、电阻增大、体积膨胀等，并加速扩散过程。

2. 线缺陷

线缺陷的特征是晶体在两个方向上的尺寸很小，另一个方向上的尺寸相对很大。属于这一类的主要是位错。

晶体中的线缺陷就是各种类型的位错，它是在晶体中某处有一列或若干列原子发生了有规律的错排现象。最简单、最基本的有刃型位错和螺型位错两类。

刃型位错有一额外半原子面，位错线是一个具有一定宽度的细长晶格畸变管道，其中既

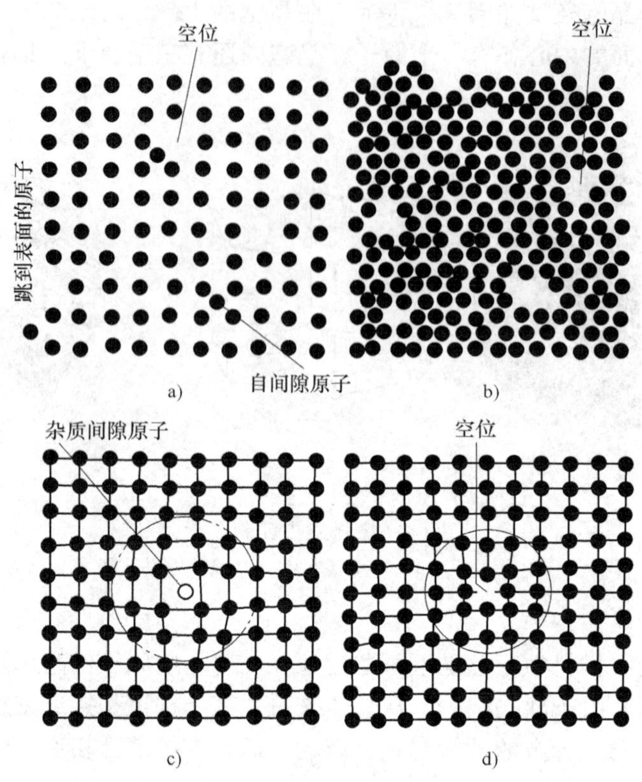

图 2-5 空位与间隙原子示意图

a）自间隙原子 b）、d）空位 c）杂质间隙原子

有正应变，又有切应变。对于正刃型位错，滑移面之上晶格受到正应力，滑移面之下为拉应力。位错线与晶体滑移的方向相垂直，即位错线运动的方向垂直于位错线，具体模型见图 2-6。

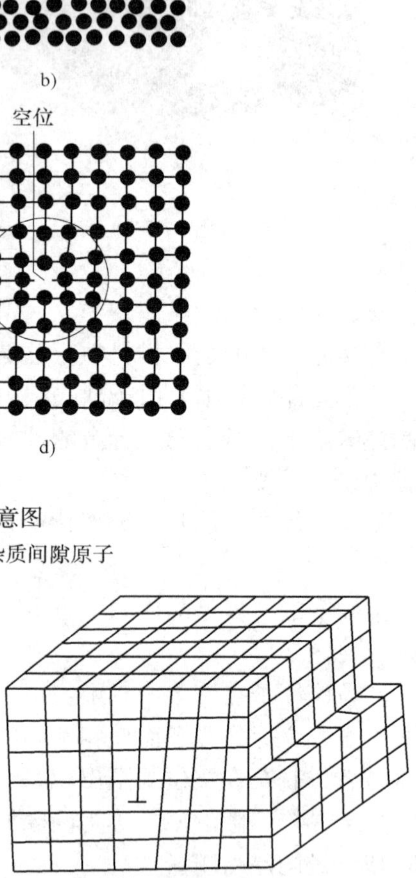

螺型位错没有额外的半原子面，螺型位错线是一个具有一定宽度的细长的晶格畸变管道，其中只有切应变，而无正应变。位错线与滑移方向平行，位错线运动的方向和位错线垂直，具体模型见图 2-7。

图 2-6 刃型位错示意图

3. 面缺陷

面缺陷的特征是在一个方向的尺寸很小，另外两个方向上的尺寸相对很大，例如晶界、亚晶界等，具体模型见图 2-8。

面缺陷包括了外表面和内界面两类。其中最多的是外表面。

由于在晶体的外表面的原子，其内部原子对界面原子的作用力显著大于外部原子或分子的作用力，因此就会使表面原子偏离其正常平衡位置，并因而牵连到邻近的几层原子，造成表面层的晶格畸变。其影响因素有外表面介质的性质、裸露晶面的原子密度、晶体表面的曲率等。

晶体结构相同但位向不同的晶粒之间的界面称为晶界。当相邻晶粒的位向差小于 10°

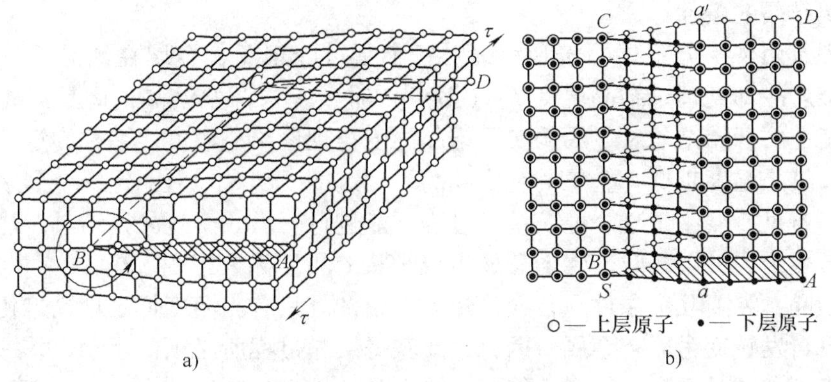

图 2-7 螺形位错示意图

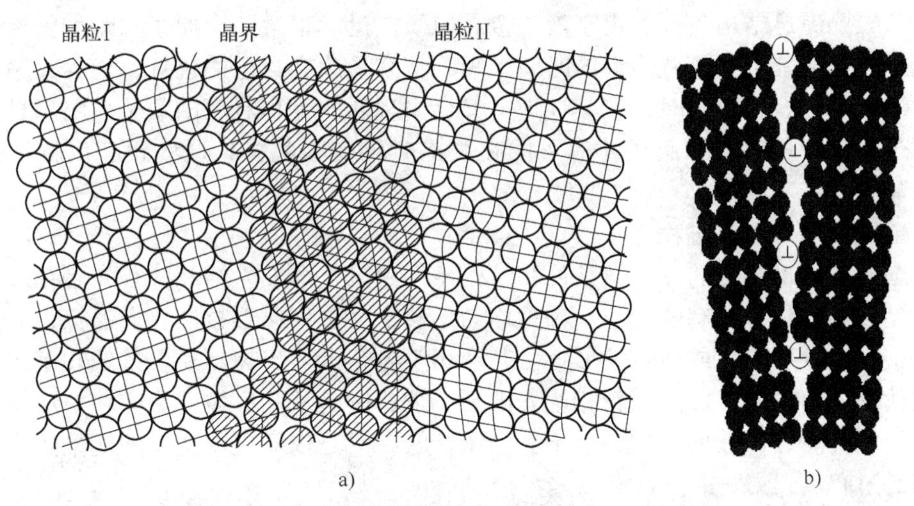

图 2-8 晶界、亚晶界示意图
a）晶界 b）亚晶界

时，称为小角度晶界；位向差大于 10°时，称为大角度晶界。

亚晶界，在多晶体金属中，每个晶粒内的原子排列并不是十分齐整的，其中会出现位向差很小的亚结构，在亚结构之间就具有亚晶界。

第二节 金属的结晶

一、金属结晶的概念

金属由液态转变为固态的过程称为凝固，由于凝固后的固态金属通常是晶体，所以又将这一转变过程称为结晶。一般的金属制品都要经过熔炼和浇铸，也就是要经历液态转变为固态的结晶过程。金属在焊接时，焊缝中的金属也要发生结晶。金属结晶后所形成的组织，包括了各种相的晶粒形状、大小和分布等，将极大的影响到金属的加工性能和使用性能。对于铸件和焊接件来讲，结晶过程就基本上决定了它的使用性能和使用寿命。因此，研究和控制金属的结晶过程，是提高金属力学性能和工艺性能的重点。

二、金属结晶的条件

结晶过程有两个十分重要的宏观特征。一个是过冷现象，金属在结晶前，温度连续下降，当液态金属冷却到理论结晶温度 T_m（熔点）时，并未开始结晶，而是需要继续冷却到之下某一温度，才开始结晶。金属的实际结晶温度与理论结晶温度之差称为过冷度，过冷度越大，则实际结晶温度越低。金属的纯度越高，则过冷度越大。对一定的金属来说，过冷度有一最小值，若过冷度小于这个值，结晶过程不能进行。另一个现象是结晶潜热。一摩尔物质从一个相转变为另一个相时，伴随着放出或吸收的热量称为相变潜热。

金属要结晶，需要几个条件，首先是热力学条件。只有当温度低于理论熔化温度时，液态金属才可以自发转变为固态金属。因此，要获得结晶过程所必须的驱动力，一定要使实际结晶温度低于理论结晶温度，这样才能满足热力学条件。过冷度越大，液、固两相自由能的差值越大，相变驱动力越大，结晶速度便越快，这就说明了金属结晶时为什么必须过冷的根本原因。第二要满足结构条件。由于液态金属原子热运动很激烈，原子间距大，结合弱，所以液态金属原子在其平衡位置停留的时间很短，很容易改变自己的位置，近程有序只能短暂维持，并瞬间破坏。与此同时，在其他地方又会出现新的近程有序的原子集团。只有在过冷液体中出现的尺寸较大的相起伏才有可能在结晶时转变为晶核，这些相起伏就是晶核的胚芽，称为晶胚。

三、金属结晶的形核过程

当液态金属满足结晶的热力学条件和结构条件后，就会发生结晶。首先是在过冷液体中形成固态晶核。形核方式有两种：一种是均匀形核，又称均质形核或自发形核；另一种是非均匀形核，又称异质形核或非自发形核。若液相中各个区域出现新相晶核的几率相同，这种形核方式就是均匀形核；反之，新相优先出现于液相中的某些区域称为非均匀形核。前者指液态金属绝对纯净，无任何杂质，也不和型壁接触，只是依靠液态金属的能量变化，由晶胚直接生核的过程。

研究表明，均匀形核需要很大的过冷度。而非均匀形核所需的形核功很小，因此在较小的过冷度下，非均匀形核就明显出现了。非均匀形核的形核功与接触角有关，接触角越小，形核功越小，形核率越高。而接触角的大小取决于液体、晶核及固态杂质三者之间表面能的相对大小。固态质点与晶核的表面能越小，它对形核的催化效应就越高。两个相互接触的晶面结构越近似，它们之间的表面能越小，即使只在接触面的某一个方向上的原子排列配合比较好，也可使表面能降低。

固态杂质表面的形状同样影响形核率。凹曲面的形核效率最高，平面居中，凸曲面的效能最低。相同体积的固态杂质颗粒，表面曲率不同，催化作用不同。过热度是指金属熔点与液态金属温度之差。液态金属的过热度对非均匀形核有很大的影响。

综上所述，金属的结晶形核有以下要点：

1）液态金属的结晶必须在过冷的液体中进行，液态金属的过冷度必须大于临界过冷度，晶胚尺寸必须大于临界晶核半径。前者提供形核的驱动力，后者是形核的热力学条件。

2）临界形核半径的大小与晶核的表面能成正比，与过冷度成反比。

3）均匀形核既需要结构起伏，也需要能量起伏，二者都是液体本身存在的自然现象。

4）晶核的形成过程是原子的扩散迁移过程，因此结晶必须在一定的温度下进行。

5）工业生产中，液态金属的凝固总是以非均匀形核的方式进行的。

四、金属结晶的长大过程

当液态金属中出现第一批略大于临界晶核半径的晶核后，液体的结晶过程就开始了。结晶过程的进行，固然依赖于新晶核的连续不断的产生，但更依赖于已有晶核的进一步长大。对单个晶体来说，稳定晶核出现后，马上就进入长大阶段。

晶体长大，从宏观上来看，是晶体的界面向液相中逐步推移过程；从微观来看，则是依靠原子逐个由液相中扩散到晶体表面上，并按晶体点阵规律要求，逐个占据适当的位置而与晶体稳定牢靠的结合起来的过程。由此可见，晶体长大的条件是：第一要求液相能继续不断地向晶体扩散供应原子，这就要求液相有足够高的温度，以使液态金属原子具有足够的扩散能力；第二要求晶体表面能够不断而牢靠地接纳这些原子。

晶体长大有三种机制。一种是二维晶核长大机制。当固液界面为光滑界面时，若液相原子单个的扩散迁移到界面上是很难形成稳定状态的，这是由于它所能带来的表面能的增加，远大于其体积自由能的降低。在这种情况下，晶体的长大只能依靠所谓的二维晶核方式，既依靠液相中的结构起伏和能量起伏，使一定大小的原子集团差不多同时降落到光滑界面上，形成具有一个原子厚度并且有一定宽度的平面原子集团，这种晶核就是二维晶核。

一种是螺形位错长大机制。在通常情况下，具有光滑晶面的晶体，其长大速度比按二维晶核长大速度快很多。

还有一种是垂直长大机制。在光滑界面上，位置不同则接纳液相原子的能力也不同，在台阶处，液相原子与晶体结合得比较牢固，因而在晶体的长大过程中，台阶起着十分重要的作用。然而光滑界面上的台阶不能自发地产生，只能通过二维晶核产生，这个事实意味着，一方面在光滑界面上生长的不连续性，另一方面晶体缺陷在光滑界面生长中起着重要作用，这些缺陷提供了永远没有穷尽的台阶。这种长大方式称为垂直长大，它的长大速度很快，大部分金属晶体均以这种方式长大。

综上所述，晶体长大的要点如下：

1）具有粗糙界面的金属，其长大机理为垂直长大，长大速度大，所需过冷度小。

2）具有光滑界面的金属化合物、亚金属（如 Si、Sb 等）或非金属等，其长大机理可能有两种方式，其一是二维晶核长大方式，其二是螺形位错长大方式，它们的长大速度都很慢，所需的过冷度较大。

3）晶体成长的界面状态与界面前沿温度梯度和界面的微观结构有关，在正的温度梯度下长大时，光滑界面的一些小晶面互成一定角度，呈锯齿状；粗糙界面的状态为平行于等温面的平直界面，呈平面长大方式。在负的温度梯度下长大时，一般金属和亚金属的界面都呈树枝状。

第三节　合金的相结构

虽然纯金属在工业生产中得到了一定的应用，但由于其强度一般很低，远不能满足使用要求。因此工业上广泛使用的不是纯金属，而是合金。所谓合金是指两种或两种以上的金属或金属与非金属，经熔炼或烧结，或用其他方法组合而成的具有金属特性的物质。要了解合金性能优良的原因，首先要了解各合金组元彼此相互作用形成哪些合金相、它们的化学成分及晶体如何，然后才能研究组成相的形态、大小数量及分布，即组织结构，并进一步探讨合金的化学成分、晶体结构、组织状态和性能之间的变化规律。

一、相是指合金中结构相同、成分和性能均一并以界面相互分开的组成部分

组成合金最基本的、独立的物质叫做组元，简称元。一般来说，组元就是组成合金的元素，但也可以是稳定的化合物。由两个组元组成的合金称为二元合金，由三个组元组成的合金称为三元合金，由三个以上组元组成的合金称为多元合金。

由给定的组元可以以不同的比例配制成一系列成分不同的合金，这一系列合金就构成一个合金系统，简称合金系。两个组元组成的为二元系，三个组元组成的为三元系，更多组元组成的为多元系。当不同的组元经熔炼或烧结组成合金时，这些组元间由于物理和化学的互相作用，形成具有一定晶体结构和一定成分的相。

二、相的晶体结构

不同的相具有不同的晶体结构，虽然相的种类很多，但根据相的晶体结构特点可以将其分为两大类。一是固溶体，合金的组元之间以不同的比例相互混合，混合后形成的固相的晶体结构与组成合金的某一组元的相同，这种相就称为固溶体，这种组元称为溶剂，其他的组元称为溶质。另一种相结构是金属化合物。在合金系中，组元间发生相互作用，除了彼此形成固溶体外，还可能形成一种具有金属性质的新相，即为金属化合物。金属化合物具有它自己独特的晶体结构和性质，而与各组元的晶体结构和性质不同，一般可以用分子式来大致表示其组成。固溶体结构示意图如图 2-9 所示。

固溶体的形成，使合金的强度、硬度提高，而塑性、韧性下降，这种现象称为固溶强化。固溶强化是强化金属材料的重要途径。

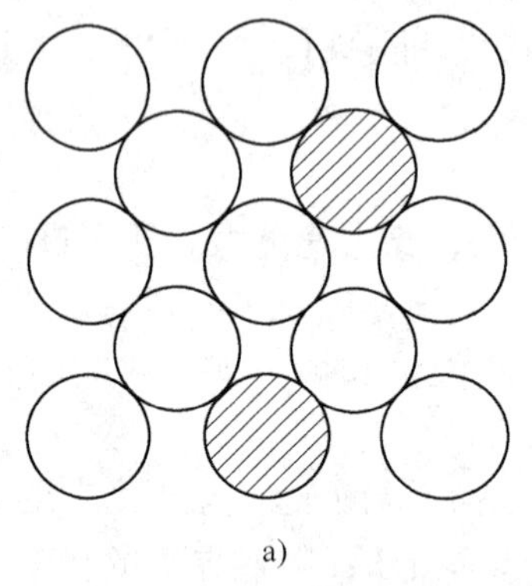

a)

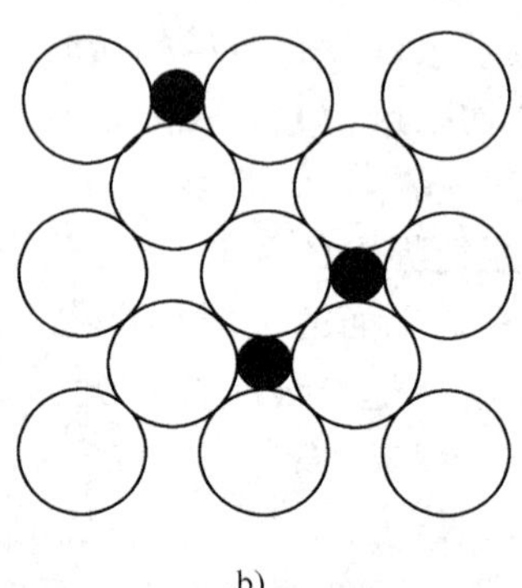

b)

图 2-9　固溶体结构示意图

a）置换固溶体　b）间隙固溶体

○—溶剂原子　○—溶剂原子

⊘—溶质原子　●—溶质原子

第四节　铁碳合金相图

碳钢和铸铁都是铁碳合金，是使用最广泛的金属材料。铁碳合金相图是研究铁碳合金的重要工具，了解和掌握铁碳合金相图，对于钢铁材料的研究和使用，各种热加工工艺的制定以及工艺废品原因的分析等方面都有很重要的指导意义，铁碳合金相图见图 2-10。

一、特性点

钢的相图中各重要点的特性、温度值及碳的质量分数［w(C)］见表 2-1。

表 2-1　钢的相图中各特性点表

特性点	温度/℃	w(C)（%）	说　明
A	1538	0	纯铁的熔点
B	1495	0.53	包晶转变时液态合金的浓度
E	1148	2.11	碳在 γ－Fe 中的最大浓度
G	912	0	α-Fe ⟷ γ-Fe 纯铁的同素异晶转变点
H	1495	0.09	碳在 δ-Fe 中的最大溶解度
J	1495	0.17	包晶点
N	1394	0	α－Fe ⟷ γ-Fe 纯铁的同素异晶转变点
P	727	0.0218	碳在 α-Fe 中的最大溶解度
S	727	0.77	共析点 γ-Fe ⟷ α-Fe＋Fe_3C
Q	600	0.01	碳在 α-Fe 中的溶解度

二、特性线

图 2-10 中，ABC 线为合金的液相线，钢加热到此线以上相应温度时，全部变成液态；

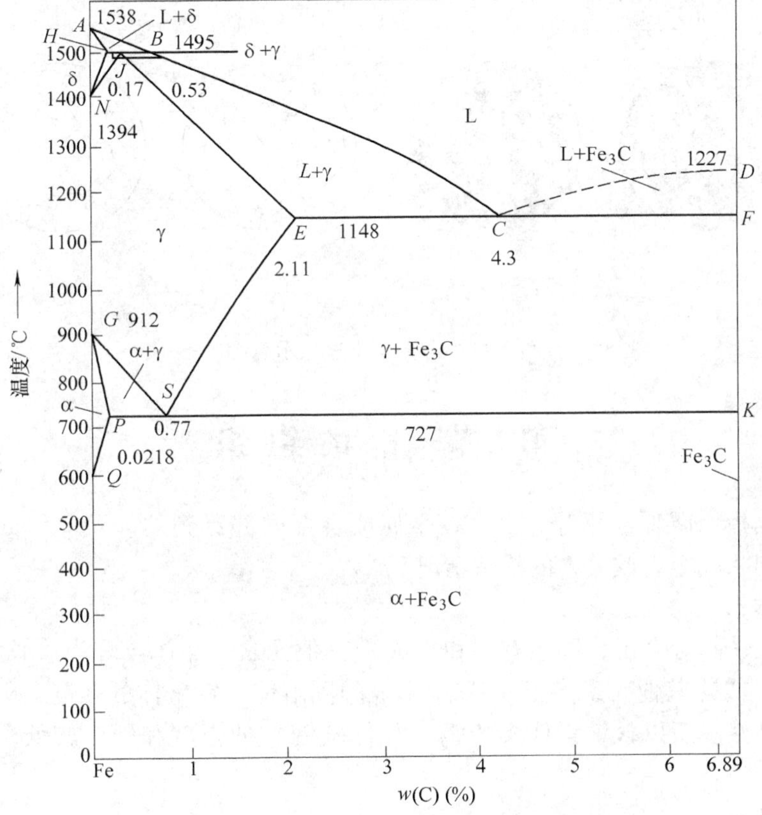

图 2-10　铁碳合金相图

而冷却到此线时，开始结晶出现固相。

AHJE 线为铁碳合金的固相线，钢加热到此线相应的温度，开始出现液相；而冷却到此线时全部变成固相。

ES 线是碳在奥氏体中的溶解度线，常用 Ac_m 表示。从线上可以看出，1148℃时 γ-Fe 中溶解碳的质量分数最大为2.11%，在727℃时溶解碳的质量分数为0.77%。因此碳质量分数大于0.77%的铁碳合金，自1148℃冷却到727℃的过程中，由于奥氏体溶解碳量的减少，将从奥氏体中析出渗碳体，一般称为二次渗碳体（Fe_3C_{II}）。

GS 线，常用 A_3 表示，它表示碳的质量分数不同的奥氏体，冷却时奥氏体开始析出铁素体的温度线，或加热时铁素体完全转变为奥氏体的温度线。

PQ 线，是碳在铁素体中的溶解度线。铁素体（体积分数 φ）在727℃时溶解度量最大为0.0218%，600℃时为0.01%，而室温时仅溶解质量分数为0.0008%的碳。

GP 线为碳的质量分数在0.0218%以下的铁碳合金、在冷却时奥氏体全部转变为铁素体的温度线；或在加热时铁素体开始转变为奥氏体的温度线。

铁碳合金相图，是在平衡状态下，即加热和冷却速度极为缓慢，并在要求的温度范围内保持相当长时间后得到的相图。在实际生产中，加热和冷却十分迅速，达不到平衡状态，钢常经受各种速度的快速冷却，因而出现非平衡组织，如贝氏体、马氏体等。具体的熔化过程见图2-11。

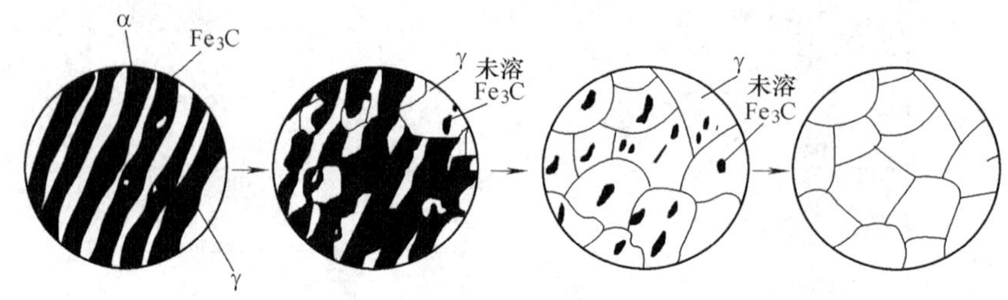

图2-11　合金熔化过程示意图

第五节　钢的组织

所谓组织是指用微观金相等方法，在金属或合金内部看到的涉及晶体或晶粒大小、方向、形状、排列状况等组成关系的构造情况。

一、铁素体

铁素体是在铁基合金中，固溶有碳和（或）其他元素，晶体点阵为体心立方的固溶体，通俗讲即碳和（或）其他元素溶于 α-Fe 中形成的固溶体。铁素体的强度、硬度较低，但有良好的塑性和韧性。所以含铁素体多的钢（如低碳钢）的强度和硬度较低，塑性和韧性较好。

二、奥氏体

奥氏体是 γ-Fe 内固溶有碳和（或）其他元素的、晶体结构为面心立方的固溶体，碳钢加热至727℃临界点以上时组织发生转变才存在奥氏体，随着温度继续升高，全部转变为奥氏体组织。冷却到727℃以下，随着钢中含碳量和冷却条件的不同，奥氏体分别转变为铁素体、珠光体、渗碳体和中温转变产物。奥氏体的强度、硬度并不高，但塑性和韧性很好。另一个特性是没有磁性。

三、渗碳体

渗碳体是铁和碳的化合物，晶体点阵为正交点阵、化学式近于 Fe_3C 的一种间隙式化合物。常温下碳在 α-Fe 中溶解度很小，大部分碳都以渗碳体形式出现。

渗碳体的性能与铁素体的性能相反，硬而脆。随着钢中含碳量的增加，渗碳体增多，钢的硬度、强度提高，塑性、韧性下降。

四、珠光体

珠光体是奥氏体从高温缓慢冷却时发生共析转变所形成的，其晶体形态为铁素体薄层和碳化物（包括渗碳体）薄层交替重叠的层状复相物，也可以是铁素体和碳化物（包括渗碳体）二者组成的机械混合物。

珠光体的性能介于铁素体和渗碳体之间，其硬度适中、强度比铁素体高，但脆性并不大，同时具有良好的塑性和韧性。

五、马氏体

马氏体是碳和（或）合金元素在 α-Fe 中的过饱和固溶体，就铁碳二元合金而言，是碳在 α-Fe 中的过饱和固溶体。当奥氏体转变时，由于冷却速度快，碳和（或）合金元素原子来不及析出而固溶在晶格中，呈过饱和状态即为马氏体。因此晶格发生畸变，并使晶粒之间产生内应力。这样就增加了金属抵抗塑性变形的能力，使之具有较高的硬度和强度，但塑性和韧性极低，几乎不能承受冲击载荷。根据马氏体的形状，又可分为板状马氏体和片状马氏体等。

高碳淬火马氏体具有很高的硬度和强度，但很脆；低碳回火马氏体具有较高的强度和韧性。马氏体加热后易分解成其他组织。

六、贝氏体

贝氏体是钢在奥氏体化后被过冷到珠光体转变温度区间以下，马氏体转变温度以上这一中温区间转变而成的由铁素体及其内分布着弥散的碳化物所形成的亚稳组织，是介于珠光体和马氏体之间的一种组织。

在不同的转变温度条件下，贝氏体的形态和性能有很大差别，可分为上贝氏体、下贝氏体和粒状贝氏体。粒状贝氏体形成温度高于上贝氏体，其强度低但塑性较高；上贝氏体的韧性最差，下贝氏体具有良好的综合力学性能。

七、魏氏体

魏氏体组织是沿着过饱和固溶体的特定晶面析出并在母相内呈一定规律的、片状或针状分布的第二相、形成的复相组织，是一种过热组织。

若碳钢过热时，即高温停留时间过长，奥氏体晶粒发生长大，粗大的奥氏体以缓慢的冷却速度冷却，亚共析钢中先析出铁素体就会沿奥氏体晶粒边界呈网状析出，另一部分铁素体则成片状（或针状）在晶粒中间析出，这种粗大的组织即魏氏组织。

魏氏组织使钢的塑性、冲击韧度大大降低，使钢变脆。气焊或电渣焊时，近缝区容易出现魏氏组织，一般可通过退火或正火加以消除。图2-12为组织转变图。

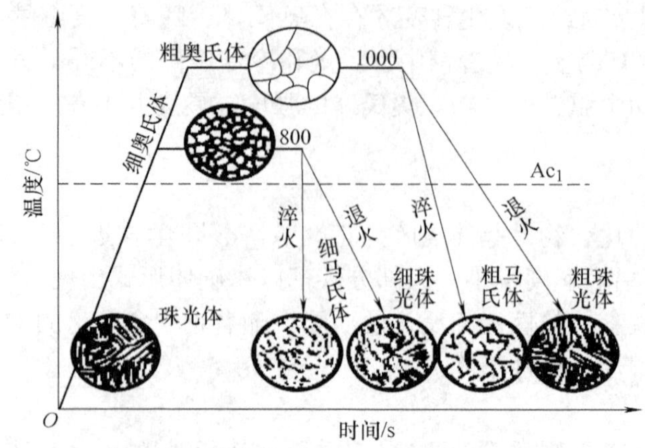

图 2-12　奥氏体晶粒大小对转变产物晶粒大小的影响（示意图）

第六节　金属的热处理

将钢材或工件采用适当的方式进行加热、保温和冷却，以获得所预期的组织结构与性能的工艺，称为热处理。热处理方法分为：退火、正火、淬火、回火、固溶和表面热处理。

一、退火

将钢材或金属加热到适当温度，保持一定时间，然后缓慢冷却的热处理工艺，称为退火。根据退火温度、时间的不同，常用的退火方法有完全退火、不完全退火和去应力退火等。

完全退火（又称重结晶退火）是将铁碳合金加热到完全奥氏体化后，使之缓慢冷却，获得接近平衡状态组织的退火工艺；不完全退火是加热到 Ac_1 ~ Ac_3 之间温度，达到不完全奥氏体化，随之缓慢冷却的退火工艺；去应力退火，则是为了去除由于塑性形变加工、切削加工或焊接等造成的内应力以及铸件内存在的残余应力而进行的退火。

退火可降低钢或金属的硬度，细化晶粒，提高塑性。使组织均匀化并消除残余应力。

二、正火

将钢材或钢件加热到奥氏体化后，在空气中冷却的热处理工艺，称为正火。把钢件加热到 Ac_3 以上 100 ~ 150℃的正火则称为高温正火。

因正火的冷却速度高于退火，故正火后得到的珠光体组织比退火的细，一般为索氏体。正火是为了细化晶粒，提高钢的强度并兼有良好的塑性和韧性，以具备良好的综合力学性能。正火工艺简单、经济，应用也很广泛。

三、淬火

将钢件加热到 Ac_3 以上或 Ac_1 以上某一温度，保持一定时间，然后在水、空气或油等介质中以适当速度冷却以获得马氏体或贝氏体组织的热处理工艺，称为淬火。图 2-13 为碳钢淬火温度示意图。

淬火的目的是提高钢的强度和硬度，多用于某些机械零件或刃具等的生产中。

四、回火

回火是把淬火钢件，重新加热到 Ac_1 点以下的某一温度，保持一定时间，然后冷却到室温的热处理工艺。

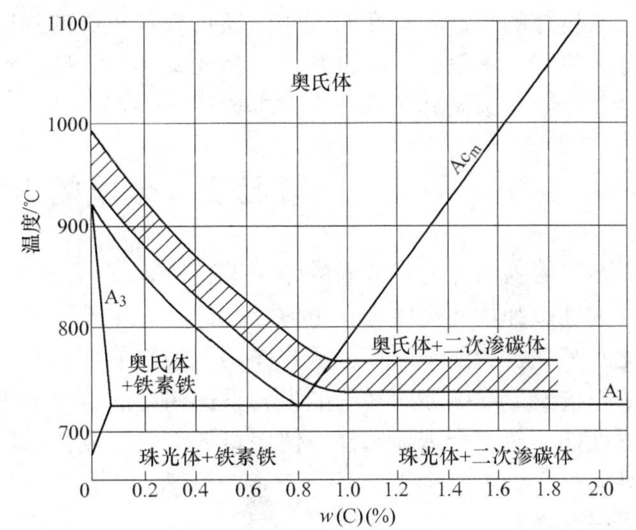

图 2-13　碳钢淬火温度示意图

回火是为了消除内应力、稳定组织，提高塑性和韧性，适当降低硬度，以获得所要求的力学性能。根据回火时保持的温度不同，可以分为低温回火、中温回火和高温回火。

淬火钢件在 250℃以下的回火，称为低温回火。低温回火可降低淬火钢的脆性，消除部分淬火内应力，得到回火马氏体组织。

淬火钢件在 300～500℃之间的回火，称为中温回火。中温回火可以得到回火托氏体组织。

高温回火指淬火钢件在高于 500℃以上进行的回火。高温回火可以显著消除内应力，获得强度、硬度、塑性和韧性良好匹配的综合力学性能。

淬火后再进行高温回火的复合热处理工艺，称为调质处理。高温回火后，材料发生回复和再结晶，内应力基本消除，屈服点、伸长率、冲击韧度显著提高。高温回火的组织为回火索氏体。

在锅炉压力容器上，调质处理主要应用在设备主螺栓和高压无缝气瓶等。

五、其他类型的热处理

某些机械零件在复杂应力条件下工作时，表面和心部承受不同的应力状况，对它们各部分的要求也不一样。为此，除了上述的整体热处理外，还发展了表面热处理技术，其中包括只改变工件表面层组织的表面淬火工艺和既改变工件表面层组织、又改变表面化学成分的化学热处理工艺。

形变热处理是将塑性变形和热处理有机结合在一起的一种复合工艺。形变热处理是提高钢的强韧性的重要手段之一。高温形变热处理是将钢加热到 Ac_3 以上，在稳定的奥氏体温度范围内进行变形，然后立即淬火，使之发生马氏体转变并回火至需要的性能。由于形变温度远高于钢的再结晶温度，形变强化效果易于被高温再结晶所削弱，故应严格控制变形后至淬火前停留的时间，形变后要立即淬火冷却。高温形变热处理适用于一般碳钢、低合金钢结构零件以及机械加工量不大的锻件或轧件；在提高强度的同时，还能改善钢的塑性和韧性。

钢的表面淬火是将工件快速加热到淬火温度，然后迅速冷却，仅使表面层获得淬火组织的热处理方法。根据工件表面加热热源的不同，钢的表面淬火有感应加热、火焰加热、电接触加热、电解液加热以及激光加热等。经过表面淬火处理的工件，具有零件表面高强度、高硬度和高耐磨性；而心部则具有一定的强度、足够的塑性和韧性。

钢的化学热处理，是将工件放入含有某种活性原子的化学介质中，通过加热使介质中的原子扩散渗入工件一定深度的表面，改变其化学成分和组织并获得与心部不同性能的热处理工艺。化学热处理后的钢件表面可以获得比表面淬火更高的硬度、耐磨性和疲劳强度；心部在具有良好的塑性和韧性的同时，还可获得较高的强度。根据渗入元素的不同，化学热处理可分为渗碳，渗氮，碳、氮共渗，多元共渗，渗硼，渗金属等。化学热处理的一般过程通常包括了分解、吸附和扩散三个基本过程。

第七节　金属的力学性能

金属材料在外力或能量的作用下，所表现出来的一系列的力学特性，如强度、刚度、塑性、韧性、弹性和硬度等，也包括在高（低）温、腐蚀情况、表面介质吸附、冲刷、磨损、氧化及其他机械能不同程度结合作用下的性能。力学性能反映了金属材料在各种形式外力作用下抵抗变形或破坏的某些能力，是选用金属材料的重要依据。充分了解、掌握金属材料的力学性能，对于合理地选择、使用材料，充分发挥材料的作用，制定合理的加工工艺，保证产品质量有着重要意义。

一、强度

金属材料的强度，根据载荷的特点分为静载强度、疲劳强度；根据温度条件，分为常温下的静强度、疲劳强度和断裂强度；高温下的蠕变强度和高温持久强度等。

根据载荷作用形式不同，强度可分为抗拉、抗压、抗剪、抗扭和抗弯强度等。一般以抗拉强度作为最基本的强度指标。

为了便于比较各种材料在拉伸和压缩时的力学性能，拉伸试样按国标 GB/T6397—1986 制作。如图 2-14 所示，拉伸试件采用哑铃状，由工作部分、圆弧过渡部分和夹持部分组成。若以 L 表示试样工作部分标距，L_0 表示试样原始标距，d_0 表示圆形试样原始直径，a_0 表示矩形试样原始厚度，b_0 表示矩形试样原始变度。拉伸试样有短试样（$L_0=5d_0$）和长试样（$L_0=10d_0$）两种。

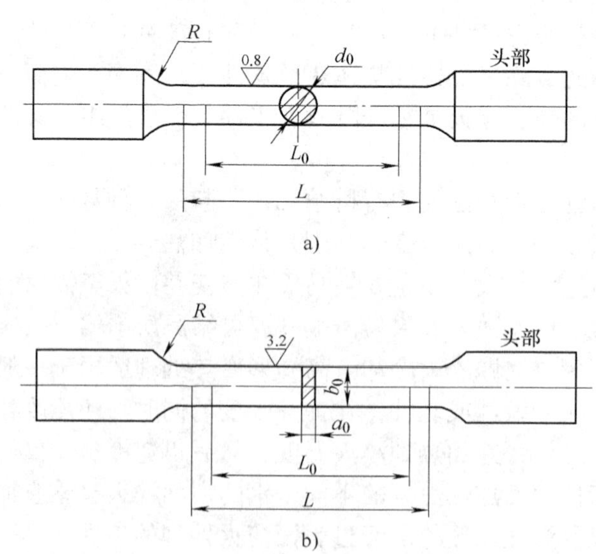

图 2-14　拉伸试验用试样

a）圆形试样　b）矩形试样

将试样安装于拉伸试验机的夹头内，之后匀速缓慢加载（加载速度对力学性能是有影响的，速度越快，所测的强度值就越高），直至将试样拉断。低碳钢试样在静拉伸试验中，通常可直接得到拉伸曲线，即 $F\text{-}\Delta L$ 曲线，如图 2-15 所示。用准确的拉伸曲线可直接换算出应力应变 $\sigma\text{-}\varepsilon$ 曲线。观察拉伸曲线可见试样依次经过弹性阶段、屈服阶段、强化阶段和缩颈阶段等四个阶段，其中前三个阶段是均匀变形的。

（1）弹性阶段　是指拉伸图（图 2-15）上的 OA' 段。在弹性阶段，存在一比例极限点 A，对应的应力为比例极限 σ_p，此部分载荷与变形是成比例的，材料的弹性模量 E 应在此范围内测定。

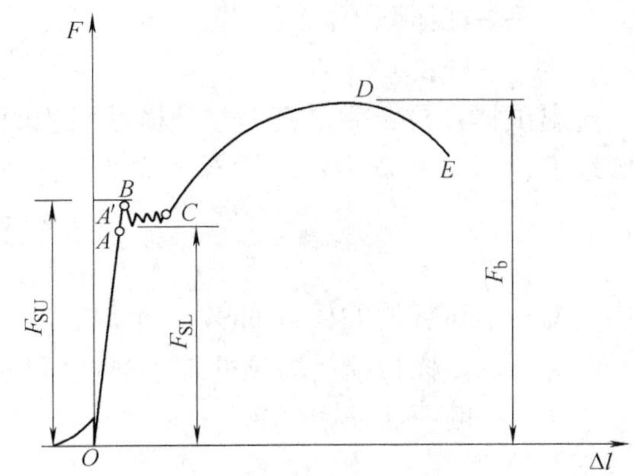

图 2-15　低碳钢的拉伸试验和力-伸长曲线图

（2）屈服阶段　对应拉伸图上的 BC 段。在低碳钢的拉伸曲线上，当载荷增加到一定数值时出现的锯齿现象。屈服阶段中一个重要的力学性能就是屈服点，用 σ_s 表示。屈服平台恒定的载荷为 F_{SL}，有些材料没有明显的屈服点，这些材料通常采用 $\sigma_{0.2}$ 作为屈服阶段的特征值。低碳钢材料存在上屈服点和下屈服点，不加说明，一般都是指下屈服点。上屈服点对应拉伸图中的 B 点，即试样发生屈服而力首次下降前的最大力值。下屈服点是指不计初始瞬时效应的屈服阶段中的最小力值。金属材料的屈服是宏观塑性变形开始的一种标志。

（3）强化阶段　对应于拉伸图中的 CD 段。变形强化标志着材料抵抗继续变形的能力在增强。这也表明材料要继续变形，就要不断地增加载荷。在强化阶段如果卸载，弹性变形会随之消失，塑性变形将会永久保留下来。强化阶段的卸载路径与弹性阶段平行。卸载后重新加载时，加载线仍与弹性阶段平行。重新加载后，材料的比例极限明显提高，而塑性性能会相应下降。这种现象称之为形变硬化或冷作硬化。冷作硬化是金属材料的宝贵性质之一。工程中利用冷作硬化工艺的例子很多，如挤压、冷拔、喷丸等。D 点是拉伸曲线的最高点，载荷为 F_b，对应的应力是材料的强度极限或抗拉强度。

（4）缩颈阶段　对应于拉伸图的 DE 段。载荷达到最大值后，由于材料本身存在缺陷，于是均匀变形转化为集中变形，导致形成缩颈。缩颈阶段，承载面积急剧减小，试件承受的载荷也不断下降，直至断裂。断裂后，试件的弹性变形消失，塑性变形则永久保留在破断的试件上。材料的塑性性能通常用试件断后残留的变形来衡量。

拉伸试验时，材料在拉断前所承受的最大标称应力，即拉伸过程中最大力所对应的应力，称为抗拉强度，以 σ_b 表示。抗拉强度是金属材料重要的力学性能指标之一，由于抗拉强度易于确定且可重复测定，因此经常检测材料和产品的质量，也是鉴别材料的有效方法之一。

二、塑性

塑性是金属材料在外力作用下（断裂前）发生永久变形的能力，常以金属断裂时的最大相对塑性变形来表示，如拉伸时的断后伸长率和断面收缩率。

持久塑性则是表征材料在一定温度和长时间应力作用下的塑性能力，它是材料高温力学性能的重要指标之一，也是衡量材料蠕变脆性的指标。

金属材料拉伸试验时，试样拉断后其标距部分所伸长的长度与原始标距长度的百分比，称为断后伸长率，也叫伸长率，用 δ 表示。计算如下：

$$\delta=\frac{(L_1-L_0)}{L_0}\times 100\%$$

式中 L_1——试样拉断后的标距长度（mm）；

L_0——试样原始标距长度（mm）；

δ——伸长率（%）。

金属试样在拉断后，其缩颈处横截面积的最大缩减量与原始横截面积的百分比，称为断面收缩率，以符号 ψ 表示。计算公式如下：

$$\psi=\frac{(A_0-A_1)\times 100\%}{A_0}$$

式中 A_0——试样原始横截面积（mm^2）；

A_1——试样拉断后缩颈处最小横截面积（mm^2）；

ψ——断面收缩率（%）。

三、硬度

硬度是金属材料表面抵抗弹性变形、塑性变形或抵抗破裂的一种抗力，是衡量材料软硬的性能指标。硬度不是一个单纯的、确定的物理量，而是一个由材料弹性、塑性、韧性等一系列不同力学性能组成的综合性能指标。所以硬度不仅取决于材料本身，还取决于试验方法和条件。

常用的硬度测试方法是压入法，它是按既定的压力载荷把规格、形状一定的压头压在被测金属表面上，然后测定压痕面积或深度以确定硬度值。根据压头、压力的不同，常用的有布氏硬度试验法、洛氏硬度试验法和维氏硬度试验法。

布氏硬度试验法：用一直径为 D（mm）的淬火钢球或硬质合金球，施以一定的载荷 F 将钢球压向被测金属表面，如图 2-16 所示。保持一定时间后卸去载荷，再根据压痕的表面积 A 与载荷 F 计算硬度值。布氏硬度用符号 HBW 表示。

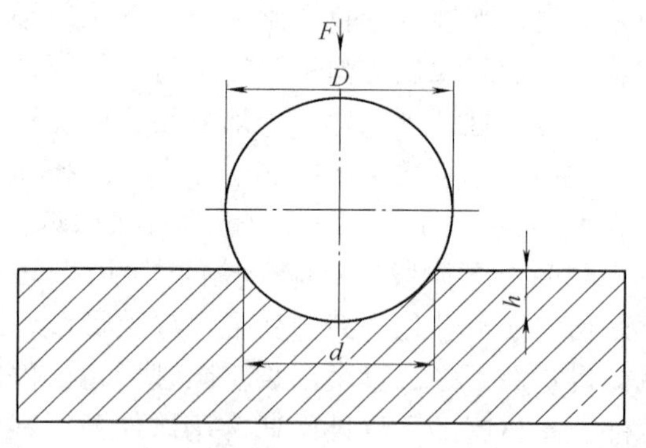

图 2-16 布氏硬度试验示意图

F—试验力 D—压头球体直径

h—压痕深度 d—压痕平均直径（mm）

布氏硬度试验的优点是测定数据准确、稳定。通常用于测定铸铁、有色金属、低合金钢等材料以及退火、正火和调质工件的硬度。缺点是不宜测定高硬度或厚度很薄的材料。

洛氏硬度试验是目前应用最广的硬度测量方法。这种方法是测量压痕的深度，以深度值表示材料硬度。其压头分为硬质和软质两种。硬质压头的顶角是120°的金刚石圆锥体，适用于淬火材料等较硬材料的硬度测定。软质压头由直径为1.588mm（1/16″）或3.175mm（1/8″）的淬火球制成，适用于退火材料、有色金属等较软材料的测定。根据试验材料种类的不同和压头材质的不同，所加试验力也不同，一般分为三个等级，即划分为 A、B、C 三个标尺，因此用 HRA、HRB、HRC 三种符号表示。硬度值以 HR 前的数字表示硬度，HR 后面的符号表示不同的试验方法。洛氏硬度 B 标尺，一般用于测定较软的金属和未经淬火的钢件硬度；C 标尺一般用于测定经热处理淬硬的钢试件；A 标尺一般用于测定硬度极高而不宜采用 C 标尺的场合。洛氏硬度操作简单，可直接从硬度计表盘上读出数值，不必进行计算，压痕小，可测量较薄的工件，缺点是准确度差。

维氏硬度的测定方法与布氏、洛氏硬度基本相同，也是根据压痕凹陷面积（A）及试验力（F）来计算硬度的，不同的是所用压头为对面夹角 136°的金刚石正四棱锥体。测定硬度时，将压头以选定的试验力压入试样表面，取其对角线平均值 d 计算出压痕表面积。维氏硬度（HV）等于施加的试验力 F 除以压痕表面积 A，即

$$\mathrm{HV} = \frac{0.102F}{A} \quad (\mathrm{N/mm^2})$$

维氏硬度试验法广泛用于精密元件和材料的研究领域，特别适用于细小、极薄的材料，以及氮化、渗碳等表面处理的试件和各种镀层试样的表面硬度测定。维氏硬度的表示方法与布氏硬度相同，如 400HV30 表示用 30kg 的试验力测定的维氏硬度值为 400。

维氏硬度试验的优点是不受试验力的影响，对任一均质材料用不同试验力所得到的压痕几何相似，其硬度值是相同的；有统一的标尺，可适用于较大范围的硬度测试。

四、韧性

金属在断裂前吸收变形能量的能力，称为韧性。衡量材料韧性的指标分为冲击韧度和断裂韧度。

冲击韧性是评定金属材料受冲击载荷作用时抵抗变形和断裂的抗力指标，以冲击韧度或冲击吸收功来度量。计算如下：

$$a_K = \frac{A_K}{A_0}$$

式中　a_K——冲击韧度（$\mathrm{J/cm^2}$）；

A_K——冲断试样所吸收的功（J）；

A_0——试样缺口部位原始横截面积（$\mathrm{cm^2}$）。

冲击韧度通常是在摆锤式冲击试验机上测试的，将带有缺口的冲击试样放在试验台上，利用摆锤的冲击断裂所消耗的功来测定冲击韧度。消耗的功越高，冲击韧度越大。目前国内外多数国家采用夏比 V 形缺口试样。我国压力容器有关标准中，均以夏比 V 形缺口标准试样（10mm × 10mm × 55mm）的冲击吸收功 A_{KV} 来表示材料的冲击韧度要求。冲击韧度能灵敏地反映出材料品质、宏观缺陷和显微组织方面的微小变化。冲击试验根据试验温度分为高温冲击，室温冲击和低温冲击三种。按受力形式分为拉伸冲击、弯曲冲击和扭转、剪切冲击等。

五、金属的加工工艺性能

金属材料的工艺性能是指金属材料承受变形的能力或适应某一加工工艺的能力。材料的工艺性能一般通过一系列工艺性能试验进行鉴定或验证。工艺性能试验通常作为常规试验的补充试验。

金属板材的工艺性能试验包括反复弯曲试验、冷弯试验等。金属管材的工艺性能试验包括扩口试验、缩口试验、弯曲试验、卷边和压扁试验等。金属棒材包括冷热顶锻试验、弯曲试验等。其中应用最多的是弯曲试验。

弯曲试验是金属材料承受规定弯曲变形程度的能力，并显示其缺陷的工艺试验。常以“弯曲角”指标进行度量。弯曲角是试件弯曲到受拉面出现裂纹前的最大角度，即试样两翼间角度的变化。

扩口试验是检验金属管由径向扩张到规定直径的变形性能，并显示其缺陷的一种试验方法，适用于无缝和焊接金属管。试验结果的评定，是检查试样扩口处，如无裂纹、裂口和焊缝开裂，即为合格。

压扁试验是检验金属管压扁到规定尺寸时的变形性能，并显示其缺陷的试验方法。试验可在冷、热状态下进行，如未规定试验温度时应在常温下进行，但不得低于 -10℃。试验结果的评定是用肉眼检查试样弯曲变形处，如无裂纹、裂口或焊缝开裂，为合格。

第八节　钢的分类及编号

钢的分类方法很多，可以按化学成分、冶炼方法、品质、用途及金相组织等进行分类。

一、钢的分类

（1）按钢的化学成分分类　可以分为碳素钢和合金钢。碳素钢（又称非合金钢）是指碳的质量分数［w(C)］低于2.11%的铁碳合金，根据碳质量分数的不同，可以分为工业纯铁［w(C) ≤0.02%］、低碳钢［w(C) ≤0.25%］、中碳钢［w(C) 0.25%~0.6%］和高碳钢［w(C) >0.6%］。合金钢是在碳钢的基础上，为了改善钢的性能专门加入某些合金元素冶炼而成的钢。按照合金元素总量不同，可以分为低合金钢［合金元素总量 w(Me) ≤5%］、中合金钢［w(Me) 5%~10%］和高合金钢［w(Me) >10%］。

（2）按钢的冶炼方法分类　可以分为平炉钢，转炉钢（又分氧气吹炼和空气吹炼转炉钢）和电炉钢（又分为电弧炉钢、电渣炉钢、感应炉钢和电子束炉钢等）三大类。

（3）按钢冶炼时脱氧程度分类　可分为沸腾钢、镇静钢和半镇静钢。沸腾钢是脱氧不完全的钢，钢在熔炼后期，钢液仅用弱脱氧剂（锰铁）脱氧，所以钢液中有相当数量的氧化铁（FeO）。在浇注和凝固时，由于碳与氧化铁反应，钢液不断地析出一氧化碳（CO）、产生沸腾现象，故称为沸腾钢，以符号“F”表示。沸腾钢的耐蚀性和力学性能差，不宜用于重要结构。镇静钢为完全脱氧钢，浇注和凝固时钢液镇静不沸腾，故称为镇静钢。这种钢冷凝后有集中缩孔，所以成材率低，成本高，但气体含量低，偏析少，时效倾向低，质量高，因此应用广泛，镇静钢以符号“Z”表示，但一般省略。半镇静钢为半脱氧钢，脱氧程度介于两者之间，用符号“b”表示。

（4）按钢的品质分类　可以分为普通碳素钢、优质碳素钢和高级优质碳素钢。

1）普通碳素钢：w(P) ≤0.045%，w(S) ≤0.05%；

2）优质碳素钢：w(P)、w(S) 均≤0.035%，其他非有意加入从原材料带入的杂质元素如 Cr、Ni 和 Cu 等含量也有一定限制；

3）高级优质碳素钢：w(P) ≤0.035%，w(S) ≤0.03%，混入的其他杂质含量限制更加严格。

（5）按钢的金相组织分类　可以分为铁素体-珠光体型钢、贝氏体钢、马氏体钢和奥氏体钢。

（6）按钢的用途分类　可以分为结构钢、工具钢和特殊用途钢。

二、钢的编号及性能

我国钢材牌号表示方法，是采用国际化学元素符号、汉语拼音字母和阿拉伯数字并用的。钢号中的化学元素用国际化学符号表示；钢材名称、用途、冶炼和浇注方法等一般以汉语拼音的缩写字母表示；钢中主要化学元素含量（百分率/质量分数）采用阿拉伯数字表示。

1. 碳素钢

普通碳素结构钢由四部分组成，如 Q235AF 中，Q 表示钢的屈服点 σ_s；$\sigma_s = 235\text{MPa}$；A、B、C、D 分别为质量的 4 个等级，其中 A 质量等级最低；F 表示沸腾钢。则 Q235AF 表示质量为 A 级的低碳沸腾钢，具有一定的强度和硬度，伸长率也相当大，但组织疏松、偏析严重，厚度在 16mm 以上时容易出现夹层。Q235A、Q235B、Q235C 都是低碳镇静钢，质量优于 Q235AF。碳素钢结构的化学成分和力学性能分别列于表 2-2、表 2-3。

表 2-2　Q235 碳素结构钢的化学成分

钢号	化学成分（质量分数,%）				
	C	Mn	Si	S	P
			不大于		
Q235AF	0. 14 ~ 0. 22	0. 3 ~ 0. 6	≤0. 07	0. 05	0. 45
Q235A		0. 3 ~ 0. 65	0. 3		
Q235B	0. 12 ~ 0. 2	0. 3 ~ 0. 7		0. 45	
Q235C	≤0. 18	0. 35 ~ 0. 8	—	0. 4	0. 4

表 2-3　Q235 碳素结构钢的力学性能

钢号	屈服点/MPa						抗拉强度/MPa	伸长率（%）						冲击吸收功	
	钢材厚度或直径/mm							钢材厚度或直径/mm						试验温度/℃	A_{KV} 值/J
	≤16	>16 ~40	>40 ~60	>60 ~100	>100 ~150	>150		≤16	>16 ~40	>40 ~60	>60 ~100	>100 ~150	>150		
Q235AF	235	225	205	205	195	185	375 ~ 460	25	25	24	23	22	21	—	—
Q235A														—	—
Q235B														20	27
Q235C														0	27

优质碳素结构钢钢号用 2 个数字表示，如 45 钢，表示钢中平均含碳质量分数为 0. 45%。碳素工具钢会在数字前加一字母“T”。数字后面加“F”表示沸腾钢；如果是高级优质钢，在牌号后面加“A”；特级优质钢后面加“E”，半镇静钢加“b”。

2. 合金结构钢

低合金高强度结构钢（简称低合金高强钢）共有 Q295A（B）、Q345A（B、C、D、E）、Q390A（B、C、D、E）、Q420A（B、C、D、E）、Q460C（D、E）5 个牌号。一般以热轧、控轧、正火及正火加回火状态交货。

强度级别为 294 ~490MPa 的低合金高强度钢，在热轧或正火条件下供货使用，一般称为热轧或正火钢，属非热处理强化钢。热轧钢是在 $w(\text{C}) < 0.2\%$ 的基础上加入少量合金元素，这类钢主要是靠锰的固溶强化来保证强度的，其加入的质量分数不超过 1. 8% 时仍可保

持高的塑性和韧性。

固溶强化是在钢中加入Mn、Si、Mo、V、Cu等合金元素，这些元素的原子溶解于铁素体的晶格中，形成固溶体使铁素体晶格畸变，强化了铁素体。溶入的溶质原子越多，强化作用越大，强度提高越多，同时将引起塑性、韧性下降。

对于合金钢，可以在其牌号数字后面加上合金元素的化学符号以及近似含量。如20Mn2钢表示平均w(C)为0.2%，w(Mn)接近2%。一般元素后面的数字需要含量（质量分数）超过1.5%才能标注。对于合金工具钢，编号原则与合金结构钢大致相同，但含碳量的表示方法不同；当w(C)不超过1%时，以千分率的数字表示。如9SiCr钢，9表示平均w(C)为0.9%，w(C)超过1%时，为了避免与结构钢混淆，在钢号中不表示出含碳量。如CrMn钢表示w(C)超过了1%。

特殊高合金钢，编号方法与合金工具钢基本相同。如3Cr13钢，表示平均w(C)为0.3%，w(Cr)为13%的不锈钢。

16MnR钢是用量最大的容器用结构钢，其抗拉强度在450～640MPa范围内。钢板以热轧或正火状态交货，主要用于制造-20～450℃的中、低压石油化工设备和球罐。16MnR钢具有良好的力学性能，一般在热轧状态使用。对于中、厚板材可进行900～920℃的正火处理，正火后强度略有下降，但塑性、韧性和低温冲击值都显著提高。

3. 不锈钢

不锈钢具有良好的耐腐蚀性能是由于在铁碳合金中加入了铬所致。尽管其他元素，如Cu、Al以及Si、Ni、Mo等也能提高钢的耐腐蚀性能，但没有铬的存在，这些元素的作用就受到了限制。因此，铬是不锈钢中最重要的元素。具有良好耐腐蚀性能的不锈钢所需的最低的铬含量取决于腐蚀介质。美国钢铁协会（AISI）以w(Cr)为4%作为划分不锈钢与其他钢的界限。日本工业标准JIS G 0203中规定，所谓不锈钢即是以提高耐腐蚀性能为目的而含有铬或铬镍的合金钢，一般w(Cr)约大于11%。德国DIN标准和欧洲标准EN10020规定不锈钢的w(Cr)大于10.5%。w(C)小于1.2%。我国一般将不锈钢的w(Cr)定为大于12%。不锈钢的耐腐蚀性能，一般认为是由于在腐蚀介质的作用下其表面形成"钝化膜"的结果，而耐腐蚀的能力则取决于"钝化膜"的稳定性。这除了与不锈钢的化学成分有关外，还与腐蚀介质的种类、浓度、温度、压力、流动速度，以及其他因素有关。

代表性的不锈钢有13铬钢，18-8型铬镍钢等高合金钢。

不锈钢的种类很多，按照我国国家标准GB/T13304—1991《钢分类》以及国际上通用的分类方法是按钢的金相组织划分，分为5类，即奥氏体不锈钢、奥氏体-铁素体不锈钢、铁素体不锈钢、马氏体不锈钢和沉淀硬化不锈钢。

从金相学角度分析，因为不锈钢含有铬而使表面形成很薄的铬氧化膜，起耐腐蚀的作用。为了保持不锈钢所固有的耐腐蚀性，钢必须含有质量分数为12%以上的铬。不锈钢可以按用途、化学成分及金相组织来大体分类。以奥氏体系类的钢由质量分数为18%铬-8%镍为基本组成，各元素的加入量变化的不同，而开发各种用途的钢种。以化学成分分类：Cr系列：铁素体系列、马氏体系列。Cr-Ni系列：奥氏体系列，异常系列，析出硬化系列。以金相组织的分类：奥氏体不锈钢（具有显著的加工硬化特性）、铁素体不锈钢、马氏体不锈钢［包括w(C)在0.08%～0.45%的各种Cr13型不锈钢，这类钢在高温为单相奥氏体，淬火后得到马氏体组织］、双相不锈钢（具有奥氏体和铁素体两个组织）、沉淀硬化不锈钢。

4. 低合金耐热钢

低合金耐热钢主要用于制造石油化工和合成氨生产中的压力容器。按成分可分钼钢、铬钼钢和铬钼钒钢三类。按材料显微组织可分为珠光体钢和贝氏体钢两类，属于珠光体耐热钢的牌号有 0.5Cr-0.5Mo（12CrMo）、1.0Cr0.5Mo（15CrMo）等。属于贝氏体耐热钢的有：2.25Cr-1Mo（12Cr2Mo1）。

0.5Mo 是在碳素钢基础上添加少量钼发展出的耐热钢，具有较高的持久强度，良好的焊接性和综合力学性能，因而得到广泛应用。其缺点是在 500～550℃长期停留会出现石墨化，同时韧性有所下降。

0.5Cr-0.5Mo 的基础是 0.5Mo。铬的加入消除了钢的石墨化倾向，并使钢的高温强度和抗氢性能都有所提高。

5. 低温用钢

低温钢主要用于在严寒地区的一些工程结构和各种低温装置（－40～－196℃），与低合金高强度钢相比，低温钢必须保证在相应的低温下具有足够高的低温韧性，对强度则无特殊要求。国内目前使用最多，且效果良好的主要是含镍较高的合金钢，它们是 2.5Ni、3.5Ni（铁素体型）、9Ni（低碳马氏体型）。奥氏体型钢，如 1Cr18Ni9、1Cr19Ni9 等不锈钢，具有优良的低温韧性，可用于－196℃以下。

三、德国钢材的编号

德国工业标准（DIN）钢号的表示方法是由三部分组成。一是表示钢的强度或化学成分的主体部分；二是在钢号主体部分前冠以表示冶炼或原始特性的缩写字母；三是在主体部分后面附有代表热处理状态或保证性能指标范围的数字，有时后面两部分也可以省略。

普通碳素钢有两种编号方法。一种是按强度编号，钢号主体由代表钢的英文缩写“St”和抗拉强度下限值组成，必要时在主体前后标以冶炼或原始特性的字母，如 St37 表示抗拉强度不小于 363MPa 的钢；St52 表示抗拉强度不小于 509MPa 的钢。另外一种是按化学成分编号。碳素结构钢号主题由碳元素符号“C”和随后的表示平均碳质量分数万分率的数字组成，也可在主体前后加注表示冶炼和原始特性的字母等，如 C15E 表示平均 w(C) 为 0.15%，经渗碳淬火的钢。C35N 表示平均 w(C) 为 0.35%，经正火处理的钢。另外根据碳素钢的质量、用途的不同，还可以在钢号前面加上 CK、CF 等字母。如 CK×××表示含 S、P 较低的优质钢；CF×××表示淬火钢。

对于低合金高强度钢，钢号由表示碳质量分数的万分率数字、合金元素符号及表示其含量的数字组成。合金元素符号按其含量的多少依次排列，合金元素含量的数字是将合金元素的百分数乘上一个倍数表示。对于 Cr、Mn、Ni、Si、W 等元素将百分数乘 4（百分号去掉）；Al、Cu、Mo、V、Ti、Nb、Ta 等元素将百分数乘 10（百分数去掉）。如 15Cr3 表示 w(C)为 0.15%，w(Cr) 为 0.75% 的钢；24CrMoV52 表示 w(C) 为 0.24%，w(Cr) 为 1.25%，w(Mo)为 0.2% 的铬钼钒钢。

对于高合金钢，钢号前加上“X”，后面是碳质量分数万分率的数字和按含量多少依次排列的合金元素化学符号。最后是标明各主要合金元素含量的平均百分数值（按四舍五入化为整数）。如 X10CrNi18.8 为 w(C) 为 0.1%、w(Cr) 为 18%、w(Ni) 为 8% 的不锈钢。

四、日本钢材的编号

日本工业标准 JIS 钢材的牌号由三部分组成。第一部分采用英文字母表示材料分类，如钢用“S”表示；第二部分常用几个字母组合或数字表示材料用途、钢材种类，或者主要化学成分等；第三部分一般为数字，表示钢种的顺序编号或强度值下限。有的钢号在数字序号后还附加 A、B、C 等字母，表示不同等级、种类或厚度。

编号举例如下：

1. 结构钢

S××C——优质碳素结构钢，××表示碳质量分数，如 S10C 为 w(C) 0.1% 的碳素结构钢。

SS××——普通结构用轧材，××表示抗拉强度下限。

SM××——焊接结构用轧材，××表示抗拉强度下限。并根据钢材化学成分、力学性能及厚度分为 A、B、C 三个等级。

SMA××——焊接结构用抗大气腐蚀热轧钢，××表示抗拉强度下限。

2. 钢管

STB××——锅炉及热交换器用合金钢管，××表示抗拉强度下限值。

STBA××——锅炉及热交换器用合金钢管，××为钢种序号。

STBL××——低温热交换器用钢管，××表示抗拉强度下限值。

STH××——高温容器用无缝钢管，××表示抗拉强度下限值。

STK××——普通结构用碳素钢管，××表示抗拉强度下限值。

STPA××——管道用合金钢管，××为钢种序号。

STPL××——低温管道用钢管，××表示抗拉强度下限值。

STPT××——高温管道用碳素钢管，××表示抗拉强度下限值。

SUS×××HP——不锈钢热轧钢，×××表示不锈钢钢号。

SUS×××TB——锅炉及热交换器用不锈钢管。

SUS×××TP——配管用不锈钢管。

五、美国钢材的牌号

美国钢材牌号大都采用美国各个学会的编号表示，广泛使用的有 AISI、SAE、ASTM、ACI 标准牌号。结构钢一般采用美国钢铁学会 AISI 和美国汽车工程师学会 SAE 的表示方法。原则是以四位阿拉伯数字表示，前两为数字表示钢的类别，后两位数字表示钢中碳质量分数万分率数值。如“1335”为含锰合金钢，w(C) 为 0.33% ~0.38%，w(Mn) 为 1.6% ~1.9%。

AISI 标准中有些钢号带有前缀或后缀字母，如对碳素钢和易切削钢的钢号前加“C”表示平炉钢，加“B”表示酸性转炉钢，合金钢前加“E”表示电炉钢，加“TS”表示试验性钢号。

ASTM 标准的钢号表示方法是在钢号开头加“A”，也有加“B”或“E”，接着标以序号数字，最后为年号数字，两数字之间用短线隔开，如“A283-75”。钢号并不能直接表示出钢的成分和用途，只能从年号数字看出是在 1975 年制定的。有些钢号在数字后加“T”表示属于试验性的钢号。

六、碳素结构钢的世界牌号对照表

碳素结构钢世界牌号对照表见表 2-4。

表 2-4 碳素结构钢的世界牌号对照表

中国	美国	日本	德国	英国	法国	国际标准化组织
Q215B	Gr. 58（220）	SS330（SS34） SPHC SPHD		040A12		
Q235C	Gr. D Gr65	SM4400A（SM41A） SM400B（SM41B）	S235JO	080A15 S235J0	S235J0	E235C （Fe630D）
Q235D	Gr. D	SM400A （SM41A） SM400B （SM41B）	S235J2G3 S235J2G4	S235J2G3 S235J2G4	S235J2G3 S235J2C4	E235D （Fe360D） HR235
Q255B		SS4009（SS41） SS400A（SS41A）				

第三章　焊接冶金及焊接材料

第一节　焊接冶金

在熔焊过程中，焊接区各种物质之间在高温下相互作用的过程，称为焊接冶金过程。焊接冶金过程对焊缝金属的成分、性能、某些焊接缺陷（如气孔、结晶裂纹等）以及焊接工艺性能都有很大影响。焊接冶金学主要研究在各种焊接工艺条件下，冶金反应与焊缝金属成分、性能之间的关系及其变化规律。本章以焊条电弧焊焊接低碳钢和低合金钢时的冶金问题为重点，阐述焊接冶金的一般规律。

一、焊条的熔化和熔滴的过渡

焊接冶金，首先从焊接材料的加热熔化开始。对于使用焊条焊接，在大电流密度焊接时，由于电阻热过大，焊芯和药皮温升过高，将引起许多不良后果，如飞溅增多，药皮开裂或脱落，药皮丧失冶金作用，焊缝成形差，甚至产生气孔等缺陷。用不锈钢焊条焊接时，这种现象更为突出。因此，焊条电弧焊时，应严格限制焊芯和药皮的加热温度，一般焊接结束时，焊芯温度不应超过600～650℃。焊接电弧用于加热和熔化焊条的功率只是全部功率的一部分，只占20%～27%。焊条端部得到的电弧热是熔化焊条，并使液体金属过热和蒸发的主要能源，其中只有一小部分传导到焊芯深处使它和药皮的温度升高。焊条端部药皮表面的温度可达600℃左右，因此在该处就开始发生冶金反应。

单位时间内熔化的焊芯质量或长度称为焊条金属的平均熔化速度。试验发现，在正常的焊接参数范围内，焊条金属的平均熔化速度与焊接电流成正比，可用下式表示：

$$g_M = G/t = \alpha_P I$$

式中　g_M——焊条金属的平均熔化速度（g/h）；

G——熔化的焊芯重量（g）；

t——电弧燃烧的时间（h）；

I——焊接电流（A）；

α_P——焊条的熔化系数［g/（A·h）］。

在焊接过程中，并非所有熔化的焊条金属都进入熔池中形成焊缝，而是有一部分损失。通常把单位时间内真正进入焊缝金属的那部分金属的重量称做平均熔敷速度，用下式表示：

$$g_D = G_D/t = \alpha_H I$$

式中　g_D——焊条金属的平均熔化速度（g/h）；

G_D——熔敷到焊缝金属中的金属重量（g）；

α_H——焊条的熔敷系数［g/（A·h）］。

在焊接过程中由于飞溅、氧化和蒸发损失的那一部分金属重量与熔化的焊芯重量之比，称为损失系数，可表示为：

$$\psi = \frac{1 - \alpha_H}{\alpha_P}$$

由此可见，熔敷系数是真正反应焊接生产率的指标。

在电弧热的作用下，焊条端部熔化形成的滴状液态金属称为熔滴。当熔滴长大到一定的尺寸时，便在各种力的作用下脱离焊条，以滴状的形式过渡到溶池中，周而复始。焊条金属的熔滴过渡特性对焊接过程的稳定性、焊接冶金和焊缝成形都有很大的影响。使用焊条电弧焊焊接时，主要有短路过渡、颗粒状过渡和渣壁过渡三种过渡形式。短路过渡的过程是指在短弧焊时，焊条端部的熔滴长大到一定的尺寸就与熔池发生接触，形成短路，于是电弧熄灭。同时在各种力的作用下熔滴过渡到熔池中，电弧重新引燃。如此重复这个过程，形成稳定的短路过渡过程。颗粒状过渡过程是指当电弧长度足够长时，焊条端部的熔滴长大到较大的尺寸，然后在各种力的作用下，以颗粒状落入熔池，此时不发生短路，接着进行下一个过渡周期。渣壁过渡是指熔滴沿着焊条端部的药皮套筒壁向熔池过渡的形式。

熔滴过渡形式、尺寸和过渡频率取决于焊条药皮的成分与厚度、焊芯直径、焊接电流和极性等因素。一般讲，碱性焊条在较大的焊接电流范围内主要是短路过渡和大颗粒状过渡。用酸性焊条焊接时为细颗粒状过渡和渣壁过渡。

研究表明，熔滴越细其比表面积越大。因此，凡是能使熔滴变细的因素，如增大焊接电流或在药皮中加入表面活性物质等，都能使熔滴的表面积增大，从而有利于加强冶金反应。熔滴的温度是另一个重要因素。熔滴平均温度随焊接电流的增加而升高，随焊丝直径的增加而降低。药皮熔化后形成的熔渣以两种方式向熔池过渡：一是以薄膜的形式包在熔滴外面或夹在熔滴内同熔滴一起落入熔池；二是直接从焊条端部流入熔池或以熔滴落入熔池。当药皮厚度大时才会出现第二种过渡形式。熔渣的平均温度不超过1600℃。

二、熔池

熔焊时，在热源的作用下焊条熔化的同时被焊金属也发生局部熔化。母材上由熔化的焊条金属与局部熔化的母材所组成的具有一定几何形状的液态金属称为熔池。如焊接时不填充金属，则熔池仅由局部熔化的母材组成。

熔池的形状、尺寸、温度、存在时间和其中液体金属的流动状态，对熔池中的冶金反应、结晶方向、晶体结构、夹杂物的数量和分布，以至焊接缺陷的产生等均有重要影响。

熔池的形成需要一定的时间，这段时间称做过渡时期。经过过渡时期以后，就进入准稳定时期，这时熔池的形状、尺寸和质量不再变化，只取决于母材的种类和焊接工艺条件，并随热源作同步运动。一般情况下，随着电流的增加，熔池的最大宽度减小，而最大深度增大；随着电弧电压的增加，最大宽度增加，最大深度减小。

熔池的温度分布是不均匀的，熔池前端，输入热量大于散失的热量，所以随着热源的移动，母材不断地熔化。处于电弧下面的熔池表面（熔池中部）温度最高。熔池后部的温度逐渐下降，因为此处输入的热量小于散失的热量，所以不断地发生金属的凝固。熔池的平均温度主要取决于母材的性质和散热的条件。对低碳钢来讲，熔池的平均温度约为1670～1870℃。

熔池中的液态金属在各种力的作用下，将发生剧烈的运动。正是这种运动使得熔池中的热量和质量的传输过程得以进行。研究表明，焊接参数、焊接材料的成分、电极直径及其倾斜角度等都对熔池中的运动状态有很大的影响。熔池中液态金属的强烈运动，使熔化的母材和焊条金属能够很好的混合，形成成分均匀的焊缝金属。其次，熔池中的运动有利于气体和非金属夹杂物的外逸，加速冶金反应，消除焊接缺陷，提高焊接质量。但液态金属与母材交界处，液态金属的运动受到限制，因此在该处常出现化学成分的不均匀性。

一般熔焊时，焊缝金属是由填充金属和局部熔化的母材组成的。在焊缝金属中局部熔化的母材所占的比例称为熔合比。熔合比是焊接的一个重要参数，取决于焊接方法、焊接参数、接头形式、板厚、坡口角度和形式、母材性质、焊接材料种类以及焊条的倾角等因素。当母材和填充金属的成分不同时，熔合比对焊缝金属的成分有很大的影响。

三、气体对焊接的作用

焊接区内的气体主要来源于焊接材料。例如，焊条药皮、焊剂和药芯中的造气剂、高价氧化物和水分都是气体的重要来源。气电焊时，焊接区内的气体主要来自所采用的保护气体及杂质（如氧、氮、水气等）。热源周围的空气也是一种难以避免的气源。据估算，焊条电弧焊时侵入电弧中空气的体积分数约占3%左右。焊丝表面上和母材坡口附近的氧化皮、铁锈、油污、涂料和吸附水等，在焊接时也会析出气体。在一般情况下，焊丝和母材中因冶炼而残留的气体是很少的，对气相的成分影响不大。

焊条药皮、焊剂和药芯组分的物化反应产生的气体：一是有机物的分解燃烧，例如制造焊条时常用的淀粉、纤维素等有机物受热会发生分解燃烧，产生 CO 和 H_2 等气体；另一种途径是碳酸盐和高价氧化物的分解，碳酸盐高温分解会产生大量的 CO_2，高价氧化物高温会分解出大量氧气。气体的另一种来源是焊接材料或母材中某些元素的蒸发，如一些低沸点的金属元素 Zn、Mg、Pb、Mn 等，焊接时的蒸发不仅使气相成分复杂化，而且造成金属元素的损耗，甚至产生焊接缺陷。大量焊接烟尘也会污染环境，影响焊工身体健康。

下列气体对焊接的作用较大：

1. 氮

焊接区周围的空气是氮的主要来源。根据氮与金属作用特点，分为两类。一种是不与氮发生作用的金属，如铜和镍等，它们既不溶解氮，又不形成氮化物，因此焊接这一类金属可用氮作为保护气体。另一种是与氮发生作用的金属，如铁、钛等既能溶解氮，又能与氮形成稳定的氮化物，焊接这一类金属及合金时，要防止焊接区与氮气接触。

氮是促进焊缝产生气孔的主要原因之一，液态金属在高温时可以溶解大量的氮，而在凝固时氮的溶解度突然下降。氮是促进焊缝金属时效脆化的元素。焊缝金属中过饱和的氮会随时间逐渐析出，使焊缝强度降低，塑性和韧性下降。在焊缝中加入能形成稳定氮化物的元素 Ti、Al 等，可以抑制或消除时效脆化。

为了消除氮对焊缝金属的危害，需要采取相应措施。首先是对焊接区的保护，防止空气与金属接触作用。对于药皮焊条，主要是在焊条中加入造气剂，形成气渣联合保护，可使焊缝中氮的体积分数 φ（含氮量）下降到0.02%以下。另一种是对焊接参数的调整。增加电弧电压，导致保护变坏，氮与熔滴的作用时间增长，故使焊缝金属含氮量增加。在熔渣保护不良的情况下，电弧长度对焊缝含氮量的影响尤其显著。为减少焊缝中的气体，应尽量采用短弧焊。增加焊接电流，熔滴过渡频率增加，氮与熔滴的作用时间缩短，焊缝含氮量下降。直流正极性焊接时焊缝含氮量比反极性时高，这与氮离子的溶解有关。

为了控制氮元素含量，可以通过适当增加焊丝或药皮中的含碳量来实现。碳氧化引起熔池沸腾，有利于氮的逸出。钛、铝和稀土元素对氮有较大的亲和力，能形成稳定的氮化物，且它们不溶于液态钢而进入熔渣。这些元素对氧的亲和力也很大，可减少气相中 NO 的含量，所以一定程度上可减少焊缝中的含氮量。

2. 氢

氢是另外一种焊接有害元素。焊接时，氢主要来源于焊接材料中的水分、含氢物质及电弧周围空气中的水蒸气等。根据氢与金属作用的特点可以分为两类：一类是能形成稳定氢化物的金属，如 Zr、Ti、V、Ta、Nb 等。这类金属吸收氢的反应是放热反应，因此在较低温度下吸氢量大，在高温时吸氢量少。焊接这类金属及合金时，必须防止固态下吸收大量的氢，否则将严重影响接头的质量。另一类是不形成稳定氢化物的金属，如 Al、Fe、Ni、Cu、Cr、Mo 等。但氢能溶于这类金属及合金中，溶解反应是吸热反应。

氢是严重的焊接危害元素，主要有四个方面的危害：一个是在室温附近可以使钢的塑性严重下降而导致氢脆。第二个危害是导致白点出现。碳钢或低合金钢焊缝，如含氢量高，则常常在其拉伸或弯曲断面上出现银白色圆形局部脆断点，称之为白点。焊缝产生白点，使其塑性大大下降。第三个危害是形成气孔。如果熔池吸收了大量的氢，那么在它凝固时由于溶解度的突然下降，使氢处于过饱和态，促使氢原子聚合生成氢分子，由于分子氢不溶于金属，于是在液态金属中形成气泡。当气泡外逸速度小于凝固速度时，就在焊缝中形成气孔。氢的第四种危害是诱使金属产生冷裂纹。

要控制含氢量，要从几方面进行处理。一是限制焊接材料中的含氢量。要多选用低氢和超低氢型焊条和焊剂。制造焊条、焊剂或药芯焊丝时，适当提高烘焙温度，降低焊接材料中的含水量。焊接材料在存放时应防潮很重要，使用前应再次烘干。升高烘焙温度可大大降低焊缝的含氢量。焊材烘焙后应立即使用，或放在低温（100～150℃）烘箱内待用。第二个重要措施是要清除干净焊接材料及母材被焊接区域表面上的铁锈、油污等。第三种措施是通过冶金反应降低氢含量。在焊条药皮中加入氟化物，可以因发生化学反应，而使氢元素以熔渣的形式被清除。在焊条药皮中加入的碳酸盐，受热分解生成 CO_2，可以达到去氢的目的。在药皮或焊芯中加入微量的稀土等元素，也能显著降低氢含量，同时提高焊缝的韧性。通过调整焊接参数，以及焊后进行脱氢处理，也可以降低氢对焊缝的危害。

3. 氧

根据氧与金属作用的特点，可以把金属分为两类。一类是不溶解氧，但焊接时发生激烈氧化的金属，如 Mg、Al 等。另一类是能溶解氧，同时焊接过程中也发生氧化的金属，如 Fe、Ni、Cu、Ti 等。后一类金属氧化后生成的金属氧化物能溶解于相应的金属中。例如铁氧化生成的 FeO 能溶于铁及其合金中。

氧在焊缝中无论以何种方式存在，对焊缝的性能都有很大的影响。随着焊缝中含氧量的增加，其强度、塑性、韧性都明显地下降，尤其是低温冲击韧度急剧下降。此外，氧还能引起热脆、冷脆和时效硬化。溶解在熔池中的氧和碳发生反应，生成不溶于金属的 CO，在熔池凝固时 CO 气泡来不及逸出就会形成气孔。氧烧损钢中的有益合金元素使焊缝性能变差。熔滴中含氧与碳多时，他们相互反应生成的 CO 受热膨胀，使熔滴爆炸，造成飞溅，影响焊接过程的稳定性。

必须控制氧在焊缝中的含量。具体措施，一是纯化焊接材料，在焊接某些要求高的合金钢、合金和活性金属时，应尽量用不含氧或含氧少的焊接材料。二是控制焊接参数。使用短弧焊等措施可以降低焊缝中的含氧量。也可以使用脱氧的方法减少含氧量。

四、熔渣与金属的作用

金属焊接时会产生熔渣，熔渣的作用在焊接时起机械保护的作用，改善焊接工艺性能的作用和冶金处理的作用。根据焊接熔渣的成分和性能，可以分为三大类：第一类是盐型熔渣。主要由金属氟酸盐、氯酸盐和不含氧的化合物组成。属于这个类型的渣系有：CaF_2-NaF、CaF_2-$BaCl_2$-NaF、KCl-NaCl-Na_3AlF_6、BaF_2-MgF_2-CaF_2-LiF 等。由于氧化性小，主要用于焊接 Al、Ti 和其他化学活性金属及合金。在某些情况下，也用于焊接含活性元素的高合金钢。第二类是盐-氧化物型熔渣。这类熔渣主要是由氟化物和强金属氧化物组成。如常用的 CaF_2-CaO-Al_2O_3、CaF_2-CaO-SiO_2、CaF_2-CaO-Al_2O_3-SiO_2 等渣系都属于这个类型的熔渣。它们主要用于焊接合金钢及合金，因为这个类型的熔渣氧化性小。第三类是氧化物型熔渣。它们主要是由金属氧化物组成。如应用很广泛的 MnO-SiO_2、FeO-MnO-SiO_2、CaO-TiO_2-SiO_2 等渣系都属于这个类型的熔渣。这类熔渣一般含有较多的弱氧化物，因此氧化性较强，主要用于焊接低碳钢和低合金钢。

熔渣的四个重要参考量是酸碱度、粘度、表面张力和熔点。熔渣中的氧化物按性质可分为三类：酸性氧化物，按由强到弱的顺序是 TiO_2、SiO_2、P_2O_5 等。碱性氧化物按碱性由强到弱的顺序有 K_2O、Na_2O、CaO、MgO、BaO、MnO、FeO 等。中性氧化物主要有 Al_2O_3、Fe_2O_3、Cr_2O_3 等。这些氧化物在不同性质的渣中可呈酸性，也可呈碱性。根据熔渣的性质，可将焊剂分为酸性和碱性两大类，它们的冶金性能和工艺性能以及焊缝的成分、性能都有显著的不同。熔渣的粘度对熔渣的保护效果、焊接工艺性能和化学冶金都有显著的影响。因此控制熔渣的粘度是保证焊接过程正常进行的重要条件之一。熔渣的粘度取决于熔渣的成分和温度，实质上取决于熔渣的结构。温度对熔渣的粘度有重要影响，温度升高则粘度下降。在酸性渣中加入 SiO_2，粘度升高，在碱性渣中加入高熔点的碱性氧化物，则因出现未熔化的固体颗粒而增大粘度，此时加入少量 SiO_2，使粘度下降。

下列两种杂质元素对焊缝影响很大：

1. 硫

硫（S）是焊缝金属有害的杂质之一。当硫以 FeS 的形式存在时危害性最大。在熔池凝固时它容易产生偏析，以低熔点共晶的形式呈片状或链状分布于晶界，增加了焊缝金属产生结晶裂纹的倾向，同时还会降低冲击韧度和耐腐蚀性。在焊接合金钢、尤其是高镍合金钢时，硫的有害作用更为严重。控制硫的常用措施主要有限制焊接材料中含硫量或用冶金方法脱硫两种。

2. 磷

磷（P）在多数钢焊缝中是一种有害的杂质。磷与铁和镍还可以形成低熔点共晶，因此在熔池快速冷却凝固时，磷易发生偏析。磷化铁常分布于晶界，减弱了晶粒之间的结合力，同时它本身既硬又脆，这就增加了焊缝金属的冷脆性，即冲击韧度降低，脆性转变温度升高。焊接奥氏体钢或低合金钢焊缝含碳量高时，磷也促使形成结晶裂纹，因此有必要限制焊缝中的含磷量。

为了减少焊缝的含磷量，首先必须限制母材、填充金属、药皮和焊剂中的含磷量。药皮和焊剂中的锰矿是导致焊缝增磷的主要来源。磷一旦进入液态金属，就应当采用脱磷的方法将其清除。脱磷反应分为两步：第一步使用 FeO 将磷氧化成 P_2O_5；第二步使之与渣中的碱性氧化物生成稳定的磷酸盐。在碱性熔渣中加入 CaF_2 有利于脱磷，另外还降低渣的粘度，有利于物质扩散。

五、合金过渡

所谓合金过渡就是把所需要的合金元素通过焊接材料过渡到焊缝金属（或堆焊金属）中去的过程。合金过渡的目的首先是补偿焊接过程中由于蒸发、氧化等原因造成的合金元素的损失。其次是消除焊接缺陷，改善焊缝金属的组织和性能。第三是获得具有特殊性能的堆焊金属。因此，研究合金过渡的方式和合金过渡的规律具有重要意义。

合金过渡的方式有以下几种：一是应用合金焊丝或带极，把所需要的合金元素加入焊丝、带极或板极内，配合碱性药皮或低氧、无氧焊剂进行焊接或堆焊，从而把合金元素过渡到焊缝或堆焊层中去。二是应用药芯焊丝或药芯焊条。三是应用合金药皮或粘结焊剂，这种方式是把所需要的合金元素以铁合金或纯金属的形式加入药皮或粘结焊剂中，配合普通焊丝使用。四是应用合金粉末，将粉末配比后输送到焊接区，或直接涂敷加热。此外，还可以通过从金属氧化物中还原金属的方式来合金化。

合金元素的过渡系数 η 等于其熔敷金属中的实际含量与其原始含量之比。影响过渡系数的主要因素有五个。一个是合金元素的物化性质，合金元素的沸点越低，其蒸发损失越大，过渡系数越小。合金元素对氧的亲和力越大，其氧化损失越大，过渡系数越小。第二个因素是合金元素的含量。试验表明，随着药皮或焊剂中合金元素含量的增加，其过渡系数逐渐增加，最后趋于一个定值。药皮的氧化性和元素对氧的亲和力越大，合金元素含量对过渡系数的影响越大。第三个影响因素是合金剂的粒度。增加合金剂的粒度，其表面积和氧化损失减少，而残留损失不变，因此过渡系数增大。但如粒度过大，则不易熔化，过渡系数减小。第四个影响因素是药皮（焊剂）的成分。成分决定了气相和熔渣的氧化性、熔渣的碱度和粘度，因此影响很大。第五个因素是药皮的重量系数（药皮占焊条的重量比）。在药皮中合金剂含量相同的条件下，药皮重量系数增加，过渡系数减小。为了提高过渡系数，可以采用双层药皮，内层主要是合金剂，外层加造气和造渣剂及脱氧剂。

第二节　焊缝与焊接热影响区

熔焊时，在高温热源的作用下，母材将发生局部熔化，并与熔化了的焊接过渡金属搅拌后形成焊接熔池，在短暂而复杂的冶金反应后，凝固而形成焊缝。最终形成的焊接区域包括了焊缝区、熔合区和焊接热影响区。

一、焊缝的固态相变

焊接熔池完全凝固后，焊缝金属将发生组织转变。以低碳钢焊缝为例，由于含碳量低，故在固态相变后的结晶组织主要是铁素体加少量珠光体。低合金钢固态相变后的组织复杂得多，随着焊接材料等因素变化可出现不同的组织。根据焊缝化学成分和冷却条件的不同，可能出现四种固态转变组织。一个是铁素体转变。在 680 ~ 770℃时会在奥氏体晶界上首先析出共析铁素体；在 550 ~ 700℃时会出现侧板条铁素体；在 500℃附近会出现针状铁素体；在 500℃以下会出现细晶铁素体。第二个转变是珠光体转变，其转变温度发生在 Ar_1 ~ 550℃之间。第三个是贝氏体转变，其转变温度在 550℃ ~ Ms 之间。最后一个是马氏体转变。当焊缝金属的含碳量偏高或合金元素较多时，在快速冷却条件下，奥氏体过冷到 Ms 温度以下将发生马氏体转变。根据含碳量不同，可形成不同形态的马氏体。低碳钢、低合金钢焊缝金属在连续冷却条件下，常出现板条马氏体。其特征是在奥氏体晶粒的内部形成细条状马氏体板条，条与条之间有一定的交角。当焊缝中的含碳量较高 [w(C) ≥ 0.4%]，将会出现片状马氏体。它与低碳的板条马氏体在形态上的主要区别是：马氏体片不相互平行，初始形成的马氏体较粗大，往往贯穿整个奥氏体晶粒，使以后形成的马氏体片受到阻碍。

二、焊缝性能的控制

在焊接生产中用于改善焊缝金属性能的途径很多，归纳起来主要是焊缝的固溶强化、变质处理和调整焊接工艺。

改善焊缝金属凝固组织最有效的方法之一就是向焊缝中添加某些合金元素，起固溶强化和变质处理的作用。Mn 和 Si 是一般低碳钢和低合金钢焊缝中不可缺少的合金元素，它们一方面可使焊缝金属充分脱氧，另一方面可以提高焊缝的抗拉强度，但对韧性的影响比较复杂。适量的 Nb 和 V 可以提高焊缝的冲击韧度。因为 Nb 和 V 在低合金钢焊缝中可固溶，从而推迟了冷却过程中奥氏体向铁素体的转变。低合金钢焊缝中有 Ti、B 存在时，可以大幅度地提高韧性。Ti 与氧的亲和力很大，焊缝中的 Ti 是以微小颗粒氧化物的形式弥散分布于焊缝中的，可以促进焊缝金属晶粒的细化。而 B 是一种强偏析元素，可以密集于奥氏体的晶界，从而阻碍组织奥氏体化。低合金钢焊缝中加入少量的 Mo 不仅可提高强度，同时还能改善韧性。如在焊缝中再加入微量 Ti，更能发挥 Mo 的有益作用，使焊缝金属的组织更加均一化，韧性显著提高。

除了采用变质处理改善焊缝组织来提高性能外，还可以通过调整焊接工艺来改善焊缝性能。一个措施是通过振动的方法破坏正在生长的晶粒，可以获得细晶组织。另一个措施是对焊缝进行焊后热处理。焊后热处理可以细化晶粒，改善焊缝的组织形态，消除焊接区域的内应力和残余脆硬组织。第三个工艺措施是多层焊接，对于相同板厚的焊接结构，采用多层焊接可以有效地提高焊缝金属的性能。这种方法一方面由于每层焊缝变小而改善了凝固结晶的条件，更主要的原因是后一层对前一层焊缝具有附加热处理的作用，从而改善了焊缝固态相变的组织。第四个措施是锤击焊道表面。锤击焊道表面既能改善后层焊缝的凝固结晶组织，又能改善前层焊缝的固态相变组织。锤击使晶粒不同程度的破碎，使晶粒出现细化。此外，可产生塑性变形而降低残余应力，提高焊缝的韧性和疲劳性能。第五个措施是跟踪回火处理。所谓跟踪回火处理，就是每焊完一道焊缝立即用气焊火焰加热焊道表面，温度控制在 900～1000℃左右，如果焊条电弧焊焊道的平均厚度约为 3mm，则跟踪回火对前三层焊缝均有不同程度的热处理。最上层是正火处理，中层是高温回火，下层是回火处理。所以采用跟踪回火，不仅改善了焊缝的组织，也改善了整个焊接区的性能。

三、焊接热影响区的组织与性能

熔焊时在集中热源的作用下，焊缝两侧发生组织和性能变化的区域称为“热影响区”（简称 HAZ）。焊接接头是由焊缝、熔合区和焊接热影响区三大部分组成的。也有焊接工作者将熔合区并入焊接热影响区阐述，而不作为一个独立的区。

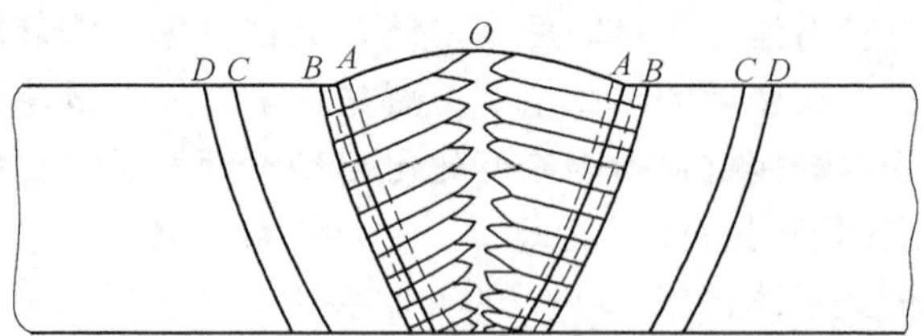

图 3-1 焊接接头组成示意图

图 3-1 为焊接接头组成示意图。其中 O-A 为焊缝、A-B 为熔合区、B-C-D 为热影响区。

焊接热影响区根据组织上的特征，又可分为以下四个区：熔合区、过热区，相变重结晶区、不完全重结晶区、时效脆化区。几个区的分布规律如图 3-2 所示。

熔合区在焊缝与母材相邻的部位，又称半熔化区。这个区的微观行为十分复杂，焊缝与母材的不规则结合，形成了参次不齐的分界面。此区的范围虽然很窄，但由于在化学成分上和组织性能上都有较大的不均匀性，所以对焊接接头的强度、韧性都有很大的影响。在很多情况下，熔合区是产生裂纹、脆性破坏的发源地。

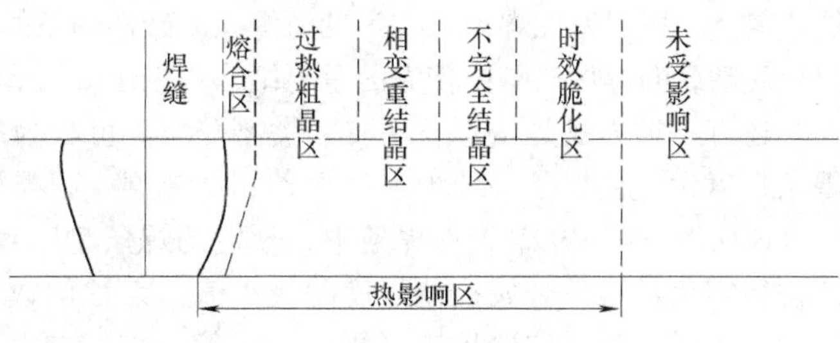

图 3-2　焊接接头分区示意图

过热区的温度范围是处在固相线以下到 1000℃左右，金属是处于过热的状态，奥氏体晶粒发生严重的长大现象，冷却之后便得到粗大的组织。此区的韧性很低，通常要降低 20% ~30%。

焊接时，母材金属被加热到 Ac_3 以上的部位时，将出现相变重结晶区（正火区），即铁素体和珠光体全部转变为奥氏体。母材发生重结晶后，在空气中冷却会得到均匀而细小的珠光体和铁素体，相当于热处理时的正火组织。此区的塑性和韧性都比较好，所处的温度范围在 Ac_3 ~1000℃之间。

焊接时处于 Ac_1 ~ Ac_3 之间范围内的热影响区就是属于不完全重结晶区。因为处于 Ac_1 ~ Ac_3 范围内只有一部分组织发生了相变重结晶过程，成为晶粒细小的铁素体和珠光体，而另一部分是始终未能溶入奥氏体的铁素体，成为粗大的铁素体。

第三节　焊　　条

焊接材料是焊接时所消耗材料的通称，它包括了焊条、焊丝、焊剂和气体等。焊条电弧焊使用的焊接材料是焊条。

一、焊条的分类

按焊条的用途分可以有 10 类。一是结构钢焊条，主要用于焊接碳钢和低合金高强度钢。二是钼和铬钼耐热钢焊条，主要用于焊接珠光体耐热钢和马氏体耐热钢。三是不锈钢焊条，主要用于焊接不锈钢和热强钢，可分为铬不锈钢焊条和铬镍不锈钢焊条两类。四是堆焊焊条，主要用于堆焊，以获得具有热硬性、耐磨及耐腐蚀的堆焊层。五是低温钢焊条，主要用于焊接在低温下工作的结构，其熔敷金属具有不同的低温工作性能。六是铸铁焊条，主要用于补焊铸铁构件。七是镍及镍合金焊条，主要用于焊接镍及高镍合金，也可用于异种金属的焊接及堆焊。八是铜及铜合金焊条，主要用于焊接铜及铜合金，包括纯铜焊条和青铜焊条。九是铝及铝合金焊条，主要用于焊接铝及铝合金。十是特殊用途焊条，比如用于水下焊接和水下切割等特殊工作的需要。

焊条按熔渣的碱度分有酸性焊条和碱性焊条两种。酸性焊条是药皮中含有较多酸性氧化物的焊条。这类焊条的工艺性能好，其焊缝外表成形美观、波纹细密。由于药皮中含有较多 FeO、MnO、TiO_2、SiO_2 等成分，所以熔渣的氧化性强。酸性焊条一般均可采用交、直流电流施焊。典型焊条有 E4303。碱性焊条是药皮中含有较多碱性氧化物的焊条。由于焊条药皮中含有较多的大理石、氟石等成分，它们在焊接冶金反应中生成 CO_2 和 HF，因此降低了焊缝中的含氢量，所以碱性焊条又称为低氢焊条。碱性焊条的焊缝具有较高的塑性和冲击韧度值，一般承受动载的焊件或刚度较大的重要结构均采用碱性焊条施工。典型的碱性焊条为E5015。

还有一种方法是按焊条药皮的类型分类。可分为氧化钛型焊条、钛钙型焊条、钛铁矿型焊条、氧化铁型焊条、纤维素型焊条、低氢型、石墨型和盐基型焊条等。

GB/T5117—1995碳钢焊条中，规定的焊条型号编制方法是：字母“E”表示焊条；前两位数字表示熔敷金属抗拉强度的最小值；第三位数字表示焊条的焊接位置，“0”及“1”表示焊条适用于全位置焊接（平、立、仰、横），“2”表示焊条适用于平焊及平角焊，“4”表示焊条适用于向下立焊；第三位和第四位数字组合时表示焊接电流种类及药皮类型。在第四位数字后附加“R”表示耐吸潮焊条；附加“M”表示耐吸潮和力学性能有特殊规定的焊条；附加“1”表示冲击性能有特殊规定的焊条。碳钢焊条型号举例如下：

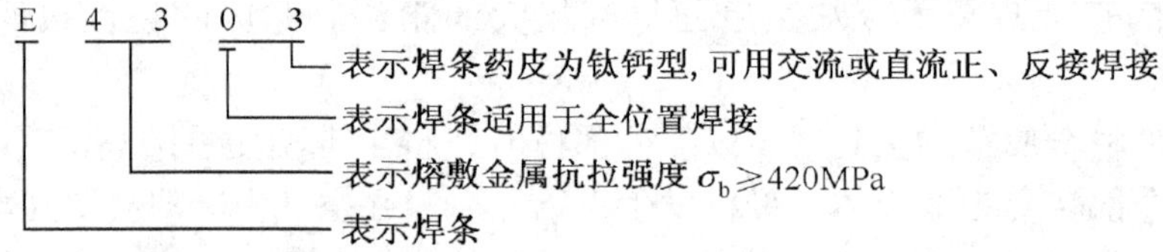

GB/T5118—1995低合金钢焊条中，规定的焊条型号编制方法是：字母“E”表示焊条；前两位数字表示熔敷金属抗拉强度的最小值；第三位数字表示焊条的焊接位置，“0”及“1”表示焊条适用于全位置焊接（平、立、仰、横），“2”表示焊条适用于平焊及平角焊；第三位和第四位数字组合时表示焊接电流种类及药皮类型；后缀字母为熔敷金属的化学成分分类代号，并以短划“-”与前面数字分开，若还具有附加化学成分时，附加化学成分直接用元素符号表示，并以短划“-”与前面隔开。对于E50××-×、E55××-×、E60××-×型低氢焊条的熔敷金属化学成分分类后缀字母或附加化学成分后面加“R”时，表示耐吸潮焊条。低合金钢焊条型号举例如下：

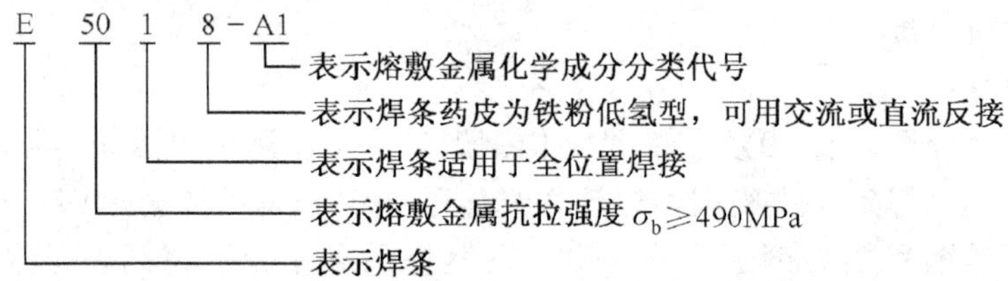

不锈钢焊条。焊条型号如E308-15，字母E表示焊条，“E”后面的数字表示熔敷金属化学成分分类代号，如有特殊要求的化学成分，该化学成分用元素符号表示放在数字的后面，短划“-”后面的两位数字表示焊条药皮类型、焊接位置及焊接电流种类，见表3-1。

表3-1 不锈钢焊条类型分类

焊条类型	焊接电流	焊接位置
E×××（×）-15 E×××（×）-25	直流反接	全位置 平焊、横焊
E×××（×）-16 E×××（×）-17 E×××（×）-26	交流或直流反接	全位置 平焊、横焊

不锈钢焊条型号举例如下：

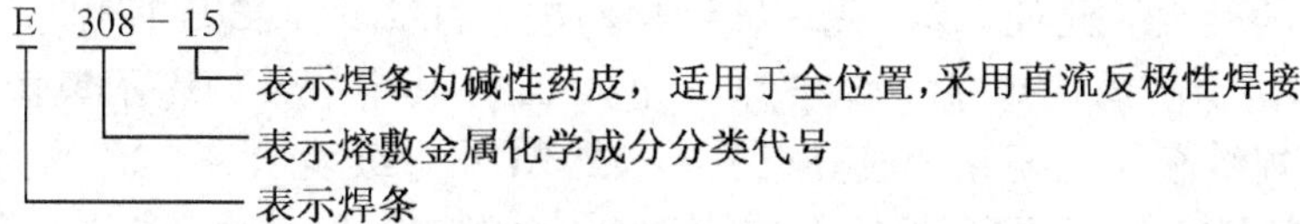

型号为E308的焊条，其代号“308”与美国、日本等工业发达国家的不锈钢材的牌号相同。世界上大多数工业国家都是将不锈钢焊条型号与不锈钢材代号相一致，这样有利于焊条的选择和使用，也便于进行国际交往。有必要简单介绍一下，与E308型号相对应的GB/T983—1985原先的型号为E0-19-10，其中“0”表示熔敷金属的 w（C）小于0.1%；“19”为熔敷金属中Cr含量的质量分数值（百分数值）；“10”为Ni含量的质量分数值（百分数值）。不锈钢新旧型号对应关系见表3-2。

表3-2　不锈钢新旧型号对照表

GB/T983—1995	GB/T983—1985	GB/T983—1995	GB/T983—1985
E308	E0-19-10	E316L	E00-18-12Mo2
E308L	E00-19-10	E317	E0-19-13Mo3
E308Mo	E0-19-10Mo2	E317MoCu	E0-19-13Mo2Cu2
E308MoL	E00-19-10Mo2	E317MoCuL	E00-19-13Mo2Cu2
E309	E1-23-13	E318	E0-18-12Mo2Nb
E309L	E00-23-13	E347	E0-19-10Nb
E309Mo	E1-23-13Mo2	E410	E1-13
E316	E0-18-12Mo2	E410NiMo	E0-13-5Mo

简要说明一下常用的几种焊条：

E4303、E5003焊条。这类焊条为钛钙型。药皮中分别含质量分数30%以上的氧化钛和质量分数为20%以下的钙或镁的碳酸盐矿，熔渣流动性良好，脱渣容易，电弧稳定，熔深适中，飞溅少，焊波整齐。这类焊条适用于全位置焊接，焊接电流为交流或直流正、反接，主要用于焊接较重要的碳钢结构。

E4315、E5015焊条。这两类焊条为低氢钠型，药皮的主要组成物是碳酸盐矿和氟石。其碱度较高，熔渣流动性好，焊接工艺性能一般，焊波较粗，角焊缝略凸，熔深适中，脱渣性较好，焊接时要求焊条干燥，并采用短弧焊。这类焊条可全位置焊接，焊接电源为直流反接，其熔敷金属具有良好的抗裂性和力学性能。这两类焊条主要用于焊接重要的低碳钢结构及与焊条强度相当的低合金钢结构，也被用于焊接高硫钢和涂漆钢。

E4316、E5016型焊条。这两类焊条为低氢钾型，药皮在E4315和E5015型的基础上添加了稳弧剂，如铝镁合金或钾水玻璃等，其电弧稳定，工艺性能好，焊接位置与E4315和E5015型焊条相似，焊接电源为交流或直流反接。这类焊条的熔敷金属具有良好的抗裂性和力学性能。主要用于焊接重要的低碳钢结构，也可焊接与焊条强度相当的低合金钢结构。

焊条牌号是对焊条产品的具体命名。它是根据焊条的主要用途及性能特点来命名的。每种焊条产品只有一个牌号，但多种牌号的焊条可以同时对应于一种型号。焊条牌号通常以一个汉语拼音字母（或汉字）与三位数字表示。

（1）结构钢焊条　焊条牌号如J422，其中“J”表示结构钢焊条，第一、二位数字

"42"则表示焊缝金属的抗拉强度等级（用 MPa 值的 1/10 表示），末位数字"2"表示药皮类型及焊接电源的种类。此处"2"代表钛钙型药皮，J422 即 E4303 型焊条。

（2）奥氏体铬镍不锈钢焊条　焊条牌号如 A132，其中"A"表示奥氏体不锈钢焊条；第一位数字表示焊缝金属主要化学成分组成等级，"1"等级表示 w(Cr)约为 19%，w（Ni）量约 10%；第二位数字表示同一焊缝金属主要化学成分组成等级中的不同牌号、品种，以此来区别镍铬之外的其他成分的不同；末位数字表示药皮类型和焊接电源种类。

二、焊条的组成

焊条是涂有药皮的供焊条电弧焊使用的熔化电极，它由药皮和焊芯两部分组成。焊条药皮是压涂在焊芯表面上的涂料层。焊芯是焊条中被药皮包覆的金属芯。根据焊条药皮与焊芯的重量比即药皮重量系数 K_b，可分为厚皮焊条（$K_b=30\%\sim50\%$）和薄皮焊条（$K_b=1\%\sim2\%$）。

由于焊芯是填充金属，因此其选择很重要。焊接碳钢和低合金钢时，通常选用低碳钢焊丝作为焊芯，其牌号为"H08A"或"H08E"。"H"表示焊条用钢丝的"焊"字；"08"表示焊芯的平均 w（C）为 0.08%；"A"表示优质钢，"E"表示特级钢。焊芯中碳含量，应在保证与母材基本等强度的条件下含碳量越少越好。锰是焊芯中的有益元素，它既能脱氧，又能控制硫的有害作用，在低碳钢中一般 w（Mn）在 0.3% ~0.55%之间。由于 Si 是焊接不利或有害元素，希望越少越好。S、P 是焊接有害元素，要严格控制。

焊条药皮在焊接中起着重要的作用。一是可以起到保护作用。二是冶金作用，在焊接过程中，由于药皮的组成物质进行冶金反应，其作用是去除有害杂质，并保护或添加有益合金元素，使焊缝的抗气孔性及抗裂性能良好，使焊缝金属满足各类性能要求。三是使焊条具有良好的工艺性能。

药皮的作用，归纳起来有以下七项。一是稳弧作用；常用的有碳酸钾、大理石、水玻璃、长石、金红石等。二是有造渣功能；常用的有钛铁矿、金红石、硅酸盐等。第三个作用是造气；如木粉、淀粉、大理石、菱苦土等。第四个作用是脱氧；常用的有锰铁、硅铁、钛铁、铝粉等。第五是促进合金化；常用的主要是铁合金，必要时用金属粉。第六是粘接的作用；常用的粘结剂是钠水玻璃、钾水玻璃等。第七个作用是成形；常用的成形剂有白泥、云母等。

三、焊条的工艺性能

焊条的工艺性能是指焊条在焊接操作中的性能。它是衡量焊条质量的重要指标之一。焊条的工艺性能主要包括：焊接电弧的稳定性、焊缝成形、在各种位置焊接的适应性、飞溅、脱渣性、焊条的熔化速度、药皮发红的程度及焊条发尘量等。

焊接电弧的稳定性要求焊接过程中不断弧、电弧的强度不会忽强忽弱，易于引弧和再引弧。对于不同的焊条来说，酸性药皮中含的钾和钠离子多，则稳弧性提高。低氢型焊条药皮中常会有氟石等反电离成分，所以降低了焊接电弧的稳弧性。

焊缝的良好成形要求表面光滑，波纹细密美观，焊缝的几何形状和尺寸正确。焊缝应顺滑地向母材过渡，余高符合标准，无咬边等缺陷。焊缝表面成形不仅影响美观，更重要的是影响焊接接头的力学性能。成形不好的焊缝会造成应力集中，引起焊接部件的早期破坏。影响焊缝成形的因素除操作原因外，还有主要因素是熔渣凝固温度、高温熔渣的粘度、表面张力以及密度等。

工艺性能良好的焊条能适应空间全位置焊接。几乎所有的焊条都能进行平焊，而横焊、立焊、仰焊就不是所有焊条都能胜任的。进行横焊、立焊、仰焊的主要问题是重力对熔滴的影响。应适当增加电弧和气流的吹力，以便把熔滴送向熔池并阻止金属和熔渣下流。调节熔渣的熔点、粘度及表面张力也是解决焊条全位置焊接的技术措施。

焊接过程中由熔滴或熔池飞出的金属颗粒称为飞溅。飞溅不仅弄脏焊缝及其附近部位，增加清理难度，而且过多的飞溅会破坏正常焊接过程，降低焊条的熔敷效率。若增加焊接电流及电弧长度，飞溅增加。电源类型、熔滴过渡形态对飞溅也有一定影响。一般来说，钛钙型焊条电弧燃烧稳定，熔滴为细颗粒飞溅，飞溅较小。低氢型焊条的电弧稳定性较差，熔滴多为大颗粒短路过渡，所以飞溅较大。

脱渣性是指焊后从焊缝表面清除渣壳的难易程度。脱渣差的焊条不仅会造成脱渣困难，降低效率，多层焊时还会产生夹渣。焊条熔化速度会影响焊接生产率。药皮成分会影响电弧电压，电弧气氛的电离电位越低，电弧电压就越低，电弧的热量也就越少，因此焊条的熔化系数就越小。

焊条药皮发红是指焊条在使用到后半段时，由于药皮温升过高而发红、开裂或药皮脱落的现象。解决的关键是调整焊条药皮配方，改善熔滴过渡形态、提高焊条的熔化系数、减少电阻热以降低焊条的表面温升。

焊接时，在电弧高温下，焊条端部的液态金属和熔渣剧烈蒸发后冷凝，形成大量烟尘。烟尘对焊工的身体健康造成了最大的危害。为了保护焊工，除了采用防尘通风等技术措施以外，还应在焊条的设计上做一定的调整，尽量避免对人体有害元素的使用。

四、典型焊条的冶金性能分析

目前最有代表性的焊条是钛钙型 E4303、低氢型 E5015 焊条。

E4303 焊条是酸性焊条的典型代表。实践证明，钛钙型焊条具有相当强的向焊缝中过渡硅的能力，从而保证了焊缝金属必须具有的硅。同时锰还可以起到脱硫的作用，但由于焊条碱性低，控制焊缝中磷元素含量主要靠选用含磷低的药皮原材料及焊芯来实现。焊芯是 H08A，由于锰含量低，只能在药皮中增加含量。如果增加焊条熔渣的氧化性，就会生成 CO 气孔；降低氧化性就可能导致焊缝中氢含量增加。钛钙型碳钢焊条的焊接工艺性能非常好。焊接时生成的气体和熔渣，对液态金属进行气渣联合保护，焊条生成的烟尘也比碱性低氢型焊条少。这种焊条主要用于焊接低碳钢和强度低的低合金钢。

E5015 碱性焊条的气渣联合保护效果好，熔敷金属中的氢、氧、氮、硫、磷等杂质含量较低，力学性能尤其是冲击韧度优良，抗裂性能良好。碱性焊条主要靠钛和硅来脱氧。靠熔渣中的碱性氧化物来脱硫，靠 CaO 脱磷。由于含氟化物，因此烟尘毒性很大。低氢型焊条的特点是焊缝金属含氢量极低，焊缝金属的塑性、韧性较高，它适用于焊接各种重要的焊接结构和大多数的低合金钢。这类焊条对铁锈、油污、水分很敏感，必须严格控制氢、硫、磷的来源。与钛钙型焊条相比，低氢型焊条的工艺性能较差，焊接烟尘量较大。

五、焊条型号和牌号的对应关系

焊条型号和牌号都是焊条的代号，焊条型号是指国家标准规定的各类焊条的代号。牌号则是焊条制造厂对作为产品出厂的焊条规定的代号，虽然焊条牌号不是国家标准，但考虑到多年使用已成习惯，因此为避免混淆，现将常用焊条的型号与牌号加以对照，对照表见表 3-3。

表 3-3 常用碳钢焊条型号与牌号对照

序号	型号	牌号	药皮类型	电源种类	主要用途
1	E4303	J422	钛钙型	交流或直流	焊接重要低碳钢结构或同等强度的低合金钢结构
2	E4311	J425	高纤维素钾型	交流或直流	焊接低碳钢结构的向三下直立焊或底层焊接
3	E4316	J426	低氢钾型	交流或直流反接	焊接重要的低碳钢及某些低合金钢结构
4	E4315	J427	低氢钠型	直流反接	焊接重要的低碳钢及某些低合金钢结构
5	E5003	J502	钛钙型	交流或直流	焊接相同强度等级低合金钢一般结构
6	E5016	J506	低氢钾型	交流或直流反接	焊接中碳钢及重要低合金钢结构钢
7	E5015	J507	低氢钠型	直流反接	焊接中碳钢及重要低合金钢结构钢

第四节 焊 丝

焊丝是焊接时作为填充金属或同时作为导电的金属丝，它是埋弧焊、气体保护焊、电渣焊和气电立焊等各种工艺方法的焊接材料。

一、焊丝的分类及型号

焊丝通常有三种分类方法。按适用的焊接方法，可分为埋弧焊焊丝、CO_2 气体保护焊焊丝、钨极氩弧焊焊丝、熔化极氩弧焊焊丝、自保护焊焊丝及电渣焊焊丝等。按焊丝形状结构可分为实芯焊丝、药芯焊丝及活性焊丝等。按适用的材料可分为低碳钢、低合金钢用焊丝，硬质合金堆焊焊丝，铝、铜、铸铁焊丝等。

对于实芯焊丝，以 H08MnA 为例，其牌号表示方法为：字母“H”表示焊丝；“H”后的一位或两位数字表示含碳量；数字后为化学元素符号，其后的数字表示该元素的近似含量，当某合金元素的质量分数约 1% 时，可省略数字，只记元素符号；尾部标有“A”或“E”时，分别表示为“优质品”或“高级优质品”，表明 S、P 含量更低。举例为：

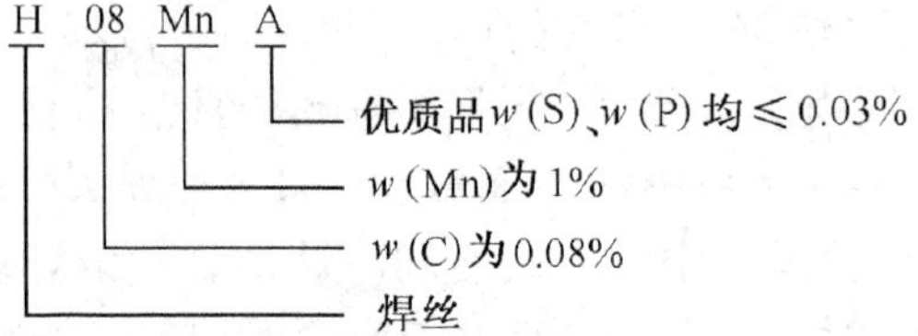

对于药芯焊丝，不同类别的钢材各有其型号表示方法。例如，GB/T17493—1998《低合金钢药芯焊丝》中，焊丝型号的表示方法为：E×××T×-×，“E”表示焊丝，“T”表示药芯焊丝。字母“E”后面的前两个××表示焊丝熔敷金属的力学性能；第三个×表示焊接位置，“0”表示用于平焊和横焊，“1”表示全位置焊。“T”后面的×表示焊丝在渣系、保护类型及电流类型等方面的不同，短划后的×表示熔敷金属化学成分分类代号。举例为：

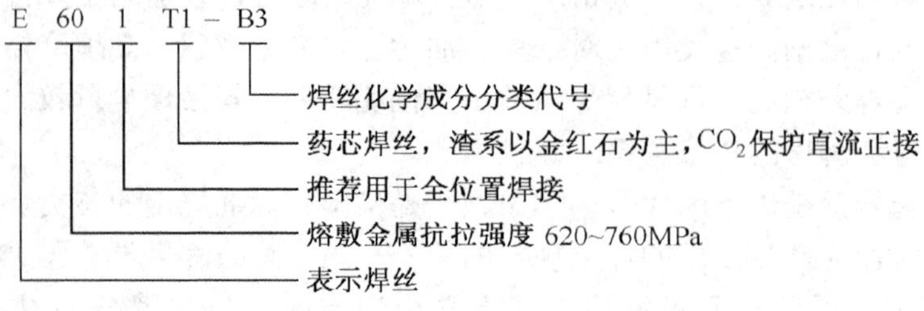

常用焊接用钢丝的牌号和化学成分见表3-4。

表3-4 常用焊接用钢丝的牌号和化学成分（摘自GB/T 14957—1994）

牌号	化学成分（质量分数,%）							用途
	C	Mn	Si	Cr	Ni	S	P	
H08	≤0.1	0.30~0.55	≤0.03	≤0.20	≤0.30	≤0.03	≤0.043	一般焊接结构
H08A	≤0.10	0.35~0.55	≤0.03	≤0.20	≤0.30	≤0.030	≤0.030	重要焊接结构及埋弧焊焊丝
H08E	≤0.10	0.35~0.55	≤0.03	≤0.20	≤0.30	≤0.02	≤0.02	
H08Mn2Si	≤0.11	1.7~2.1	0.65~0.95	≤0.20	≤0.15	≤0.035	≤0.035	CO_2 气体保护焊焊丝
H08Mn2SiA	≤0.11	1.80~2.10	0.65~0.95	≤0.20	≤0.30	≤0.030	≤0.030	

二、实芯焊丝

实芯焊丝是目前最常用的焊丝。它是由热轧线材经拉拔加工而成的，广泛应用于各种自动和半自动焊接工艺中。主要分为碳素结构钢焊丝、合金结构钢焊丝和不锈钢焊丝三类。

埋弧焊用实芯焊丝主要是含锰焊丝。一是低锰焊丝，w（Mn）为0.2%~0.8%，如H08A。配合高锰焊剂应用于低碳钢及强度级别较低的低合金钢焊接。二是中锰焊丝，w（Mn）为0.8%~1.5%，如H08MnA、H10MnSi。主要用于低合金钢焊接，并可配合低锰焊剂用于低碳钢焊接。三是高锰焊丝，w（Mn）为1.5%~2.2%，如H10Mn2、H08Mn2SiA，用于低合金钢焊接。Mn-Mo焊丝，w（Mn）为1%以上，w（Mo）为0.3%~0.7%，如H08MnMoA、H08Mn2MoA。主要应用于强度级别较高的低合金钢焊接。

CO_2 气体保护焊用实芯焊丝。CO_2 气体虽然可以起保护作用，但由于具有氧化性，会使焊丝中各种元素在焊接过程中被剧烈氧化。如焊丝中Mn、Si含量不足，其脱氧作用差，将会容易在焊缝中产生气孔。最常用的焊丝有H08Mn2SiA等。这种焊丝具有良好的焊接工艺性能及力学性能。适宜于焊接低碳钢和低合金钢。当焊接强度级别高的钢种时，则选用含Mo的焊丝，如H10MnSiMo等。

电渣焊用焊丝，在焊接过程中主要起填充金属及合金化的作用。低碳钢、低合金钢电渣焊常用焊丝牌号为：H08MnA、H10Mn2、H10MnSi、H08MnMoA、H08Mn2MoVA、H10Mn2Mo及H10Mn2MoVA等。

三、药芯焊丝

药芯焊丝是由薄钢带卷成圆形钢管或异形钢管的同时，填满一定成分的药粉后经拉拔制成的一种焊丝。按外层结构可分为由冷轧薄钢带制成的有缝药芯焊丝及焊成钢管型的无缝药芯焊丝。由于无缝药芯焊丝在制造工艺上可以采用表面镀铜技术，因而具有防潮、宜于长期存放等优点。按内部填充材料可分为：有造渣剂的造渣型药芯焊丝及无造渣剂的金属型药芯焊丝。按照渣的碱度可分为钛型（酸性渣）、钙钛型（中性或碱性渣）及钙型（碱性渣）药芯焊丝。钛型渣系焊丝的焊道成形美观，焊接工艺性能优良，但是焊缝的抗裂性及韧性稍差。钙型渣系的焊缝抗裂性及韧性优良，而焊道成形和焊接工艺性能稍差。钙钛型渣系介于两者之间。

金属型药芯焊丝的焊接特性类似于实芯焊丝，在抗裂性和熔敷效率方面优于造渣型药芯焊丝。

第五节 焊接用焊剂、气体与电极

焊剂是焊接时能够熔化形成熔渣和气体，对熔化金属起保护和冶金处理作用的一种颗粒状物质。

一、焊剂的分类与牌号

焊剂分为非熔炼焊剂和熔炼焊剂。

非熔炼焊剂又分为粘结焊剂和烧结焊剂。这类焊剂的特点是可制成高碱度焊剂，可用做脱氧剂，吸湿性强，对烘焙要求高。粘结焊剂制造时，一般是将一定比例的粉状原料，加适量粘结剂，经混合搅拌、粒化均匀后在400℃以下烘干制成。烧结焊剂是将一定比例的各种粉状配料加入适量粘结剂，混合搅拌均匀后经400～1000℃烧结成块，经粉碎、筛选而成的。粘结焊剂由于吸湿很强，且易碎成粉状故极少应用。

熔炼焊剂是将一定比例的各种配料放在炉中熔炼，然后经过水冷粒化、烘干、筛选而成的。

焊剂的型号划分原则，对于碳钢、低合金钢和不锈钢埋弧焊用焊剂已相应列入GB/T 5293—1999《埋弧焊用碳钢焊丝和焊剂》、GB/T 12470—2003《埋弧焊用低合金钢焊丝和焊剂》和GB/T 17854—1999《埋弧焊用不锈钢焊丝和焊剂》等标准。现以GB/T12470标准为依据，介绍低合金钢埋弧焊用焊剂。

1. 型号分类原则

根据焊丝-焊剂组合的熔敷金属力学性能、热处理状态进行划分。

2. 焊剂型号表示方法及内容

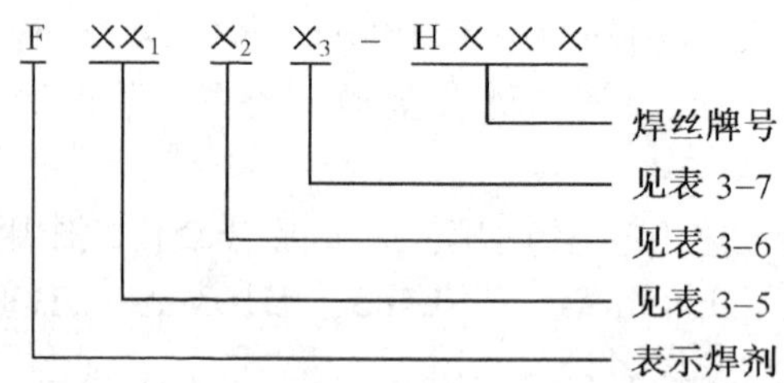

1）“F”表示为埋弧焊用焊剂。

2）第一位数字“$\times\times_1$”表示焊丝-焊剂组合的熔敷金属抗拉强度的最小值，见表3-5。

3）第二位数字“$\times_2$”表示试件的状态，“A”表示焊态，“P”表示焊后热处理状态，见表3-6。

4）第三位数字“$\times_3$”表示熔敷金属冲击吸收功不小于27J时的最低试验温度，见表3-7。

5）H×××表示焊丝的牌号，焊丝的牌号按GB/T 14957—1994和GB/T 3429—1994规定。如果需要标注熔敷金属中扩散氢含量时，可用后缀“H×”表示。

表 3-5　熔敷金属拉伸试验结果

（第一位数字“$\times\times_1$”含义，表中单值均为最小值）

焊剂型号	抗拉强度 σ_b /MPa	屈服点 σ_s /MPa	伸长率 δ (%)
F48$\times_2\times_3$-H×××	480～660	400	22
F55$\times_2\times_3$-H×××	550～770	470	20
F62$\times_2\times_3$-H×××	620～760	540	17
F69$\times_2\times_3$-H×××	690～830	610	16
F76$\times_2\times_3$-H×××	760～900	680	15
F83$\times_2\times_3$-H×××	830～970	740	14

表 3-6　试样焊后的状态

焊剂型号	试样的状态
F×$\times_1$A$\times_3$-H×××	焊态下测试的力学性能
F×$\times_1$P$\times_3$-H×××	经热处理后测试的力学性能

表 3-7　熔敷金属冲击试验结果（第三位数字“$\times_3$”含义）

焊剂型号	试验温度/℃	冲击吸收功 A_{KV}/J
F×$\times_1\times_2$0-H×××	0	≥27
F×$\times_1\times_2$2-H×××	-20	
F×$\times_1\times_2$3-H×××	-30	
F×$\times_1\times_2$4-H×××	-40	
F×$\times_1\times_2$5-H×××	-50	
F×$\times_1\times_2$6-H×××	-60	
F×$\times_1\times_2$7-H×××	-70	
F×$\times_1\times_2$10-H×××	-100	
F×$\times_1\times_2$Z-H×××	不要求	

二、焊剂的性能与用途

对于熔炼焊剂，主要分为三类。

一是高硅焊剂。使用高硅焊剂焊接，由于通过焊剂向焊缝过渡硅，所以焊丝就不必再特意加硅，高硅焊剂应按下列配合方式焊接低碳钢或某些合金钢。

1）高硅无锰或低锰焊剂应配合高锰焊丝［w（Mn）=1.5%～1.9%］。

2）高硅中锰焊剂应配合含锰焊丝［w（Mn）=0.8%～1.1%］。

3）高硅高锰焊剂应配合低碳钢焊丝或含锰焊丝。

二是中硅焊剂。由于焊剂中 SiO_2 的含量较少，碱性氧化物 CaO 或 MgO 含量较多，所以焊剂碱度较高。大多数中硅焊剂属于弱氧化物焊剂，焊缝金属含氧量较低，所以焊缝的韧性更高一些。因此，这类焊剂配合适当的焊丝可用于焊接合金结构钢。

三是低硅焊剂。它是由 CaO、Al_2O_3、MgO、CaF_2 等组成。焊剂对于金属基本上没有氧化作用。

烧结焊剂的主要优点是可以灵活地调整焊剂的化学成分，其特点有：颗粒连续生产，劳动条件好，成本低，一般为熔炼焊剂的 1/3 ~ 1/2。焊剂碱度可以在较大范围内调节。冶金效果好，可获得较好的强度、塑性和韧性。焊剂中可加入脱氧剂及其他合金成分，具有比熔炼焊剂更好的抗锈能力。焊剂松装密度小，焊接消耗少。烧结焊剂颗粒圆滑，在管道中输送和回收时阻力小。缺点是吸湿性大。

三、焊接气体

焊接用气体主要是 Ar、CO_2、O_2、C_2H_2（乙炔）等。Ar 和 CO_2 是气体保护焊的保护气体，氧和乙炔是气焊时用以形成焊接火焰的助燃和易燃气体。

Ar 是无色、无味的惰性气体，高温下不分解，不与焊缝金属起化学反应。氩弧焊焊接钢时，氩气的纯度（体积分数 φ）应大于 99.7%；铝、镁及其合金焊接和与铬、镍耐热合金焊接时，氩气纯度应大于 99.9%；钛、锆及其合金焊接时，氩气纯度应大于 99.99%。

焊接用 CO_2 气体应有较高的纯度，即 $\varphi(CO_2) > 99\%$，$\varphi(O_2) < 0.1\%$，$H_2O < 1.22g/m^3$。焊缝质量要求越高，CO_2 气体纯度要求也越高。当瓶内压力降到 1MPa 时不宜再用。

工业用氧分为两级，一级纯度（体积分数 φ）≥99.2%，二级纯度≥98.5%。质量要求高的产品气焊时应采用一级纯度氧气。

乙炔是易燃介质，也是具有爆炸性的气体，乙炔与氧气混合，爆炸极限是 2.8% ~ 9.3%，一旦遇到明火就会立刻发生爆炸。乙炔与纯铜或银接触，能生成乙炔铜或乙炔银，这是极危险的爆炸性物质，只要手轻微冲击或振动就会发生爆炸。因此不得使用纯铜［或 w(Cu)为 70% 以上］或银的材料制造乙炔发生器或乙炔气瓶的零部件或工具。

四、电极

钨极是钨极氩弧焊所用的不熔化电极。常用的钨极材料有纯钨极、钍钨极和铈钨极。

钨极中加入质量分数少于 2% 的氧化钍构成钍钨极。钍钨极具有较高的热电子发射能力和耐溶性能，尤其用交流电时，许用电流值比相同直径的纯钨极提高 1/3；空载电压可显著降低。但钍钨极的粉尘具有微量放射性，在磨削电极和焊接时都应注意防护。

钨极中加入质量分数为 2% 的氧化铈制成铈钨极，它比钍钨极具有更多的优点，如电弧束细长、热量集中，电流密度可提高 5% ~ 8%，烧损率低，使用寿命长，引弧容易，放射性剂量少。

第六节　常用焊接材料型号和牌号举例

在特种设备制造中，常用的国产焊接材料除了以国家标准规定的型号表示外，还往往以焊接行业多年来一直使用的牌号表示。本节将常用的焊接材料的型号和牌号进行介绍，对其对应关系和使用范围进行了列表及说明，详见表 3-8。

表 3-8 常用焊接材料型号与牌号对照

焊接材料	国家标准	型号	牌号	备注
焊条	GB/T5117—1995《碳钢焊条》	E4303	J422	焊接 $\sigma_b \geqslant 420$MPa 的碳钢
		E4315	J427	焊接 $\sigma_b \geqslant 420$MPa 的碳钢
		E4316	J426	焊接 $\sigma_b \geqslant 420$MPa 的碳钢
		E5015	J507	焊接 $\sigma_b \geqslant 490$MPa 的碳钢
		E5016	J506	焊接 $\sigma_b \geqslant 490$MPa 的碳钢
	GB/T5118—1995《低合金钢焊条》(包括珠光体耐热钢焊条等)	E5015-G	J507GR	熔敷金属 $\sigma_b \geqslant 490$MPa,高韧性
		E5015-G E5015-G	J507RGR J507RH	熔敷金属 $\sigma_b \geqslant 490$MPa,高韧性低氢
		E5515-B2	R307	熔敷金属 w(Cr) ≈1.0%,w(Mo) ≈0.5%
		E6015-B3	R407	熔敷金属 w(Cr) ≈2.25%,w(Mo) ≈1.0%
		E5515-C1	W107Ni W107	-70℃低温钢焊条 -100℃低温钢焊条
	GB/T983—1995《不锈钢焊条》	E410-15	G217	焊接 0Cr13、1Cr13、2Cr13 不锈钢
		E308L-16	A002	焊接 00Cr19Ni11 不锈钢
		E316L-16	A022	焊接 00Cr18Ni12Mo2 不锈钢
		E347-15	A137	焊接 0Cr19Ni11Ti 不锈钢
		E310-15	A407	焊接 Cr5Mo、Cr9Mo、Cr28 等不锈钢
实芯焊丝	GB/T14957—1994 熔化焊用钢丝	无型号	H08A	碳素结构钢丝
			H08MnA	碳素结构钢丝
			H10Mn2	合金结构钢丝
			H08Mn2SiA	合金结构钢丝 CO_2 气体保护焊用
			H08MnMoA	合金结构钢丝
			H08Mn2MoA	合金结构钢丝
			H08CrMoA	Cr-Mo 耐热钢丝
			H13CrMoA	Cr-Mo 耐热钢丝
	GB/T8110—1995 气体保护电弧焊用碳钢、低合金焊钢丝	ER49-1	H08Mn2SiA	CO_2 气体保护焊用
		ER50-6	无对应牌号	碳钢焊丝
		ER55-B2		Cr-Mo 钢焊丝
		ER62-B3L		超低碳 Cr-Mo 钢焊丝
		ER55-C3		3.5Ni 钢焊丝
	YB/T5092—1996 焊接用不锈钢丝	无型号	H0Cr14	w(Cr)13% ~15% 铁素体
			H2Cr13	2Cr13 马氏体型
			H00Cr21Ni10	超低碳 21-10 的 Cr-Ni 不锈钢
			H1Cr19Ni9	19-9 的 Cr-Ni 不锈钢
			H0Cr19Ni12Mo2	19-12-2 的 Cr-Ni-Mo 不锈钢

（续）

焊接材料	国家标准	型号	牌号	备　注
实芯焊丝	—	—	H1Cr24Ni13	24-13 的 Cr-Ni 不锈钢
			H1Cr26Ni21	26-21 的 Cr-Ni 不锈钢
	GB/T10858—1989 铝及铝合金焊丝	SAl-3	HS301	$w(\mathrm{Al})\geqslant 99.5\%$ 的纯铝焊丝
		SAlMg-5	HS331	$w(\mathrm{Mg})\approx 5\%$ 的铝镁合金丝
		SAlSi-1	HS311	$w(\mathrm{Si})\approx 5\%$ 的铝硅合金丝
药芯焊丝	GB/T10045—2001 碳钢药芯焊丝	E501T-1ML	无	焊接 $\sigma_b\geqslant$480MPa 钢材
		E431T-G		焊接 $\sigma_b\geqslant$415MPa 钢材
	GB/T17493—1998 低合金钢药芯焊丝	E601T1-B3	无	焊接 $\sigma_b\geqslant$620～760MPa 钢材配 2.25Cr-1Mo 钢用
		E600T5-Ni3		3.5Ni 钢焊丝
	GB/T17853—1999 不锈钢药芯焊丝	E308MoT0-3 R347T1-5	无	19-10 的 Cr-Ni 含 Mo 不锈钢焊丝 19-10 的 Cr-Ni 含 Nb 不锈钢焊丝
焊剂	国家机械工业委员会出版的《焊接材料产品样本》	无型号	HJ130	无锰高硅低氟熔炼焊剂
			HJ250	低锰中硅中氟熔炼焊剂
			HJ350	中锰中硅中氟熔炼焊剂
			HJ430	高锰高硅中氟熔炼焊剂
			HJ431	高锰高硅低氟熔炼焊剂
			SJ101	氟碱型烧结焊剂
			SJ502	铝钛型烧结焊剂
	GB/T5293—1999 埋弧焊用碳钢焊丝和焊剂	F4A2-H08A	无	熔敷金属 $\sigma_b\geqslant$415MPa
	GB/T12470—2003 埋弧焊用低合金钢焊丝和焊剂	F55A4-H08MnMoA-H8（型号的符号和数字已在本章第五节中有说明）	无	熔敷金属 $\sigma_b\geqslant$550～700MPa 焊剂型号中后缀“H8”表示熔敷金属扩散氢的质量浓度＜8mL/100g

表 3-8 中各种符号和数字代表的含义如下：

1. GB/T 5117—1995

1）型号中：E 表示焊条（Electrode）。其中的第 1 和第 2 两位数字，代表其熔敷金属抗拉强度最低值，即分别为 $\sigma_b\geqslant$420MPa 和 $\sigma_b\geqslant$490MPa，第三位数字代表焊条适用位置，“0”和“1”都代表全位置。第 3 和第 4 位数字组合起来代表焊条药皮类型和电流种类与极性，“03”代表钛钙型，交流或直流正反接；“15”代表低氢钠型，只能直流反接“16”代表低氢钾型，交流或直流反接。

2）牌号中，J 表示结构钢用焊条，J 为“结”字汉语拼音第 1 个字母。其后的第 1 和第 2 两位数字，代表其熔敷金属抗拉强度最低值，即分别 $\sigma_b\geqslant$420MPa 和 $\sigma_b\geqslant$490MPa。第 3 位数字代表焊条药皮类型和电流种类与极性，“2”代表钛钙型，交流或直流正、反接；“5”代表低氢钠型，直流反接；“6”代表低氢钾型，交流或直流反接。

2. GB/T 5118—1995

1）型号中：E 和其后的 4 位数字代表的含义与 GB/T 5117—1995 相同，不过短划“—”后面的字母另有含义，为熔敷金属化学成分类代号：A 为碳钼钢，B 镉钼钢，D 为锰钼钢，G 不属于上述分类的，可由其他低合金钢。型号中“B2”为铬钼钢，w（Cr）=0.80%～1.50%，w（Mo）=0.40%～0.65%这一组；“B3”为铬钼钢中 2.25Cr-1Mo 这一组。“C1”为镍钢中 w（Ni）=2.00%～2.75%这一组。

2）牌号中，J507GR 和 J507RH 的前 4 位符号和数字的含义，与 GB/T5118—1995 表示的牌号相同。则“GR”表示的高韧性，分别“高”和“韧”字的汉语拼音第 1 个字母；“RH”则表示韧性好和超低氢，R 为“韧”自汉语拼音第 1 字幕，H 代表超低氢。

R307 和 R407 的“R”代表珠光体耐热钢焊条，“R”为“热”字汉语第 1 个字母。“30”代表 1Cr-0.5Mo 类的耐热钢，“40”代表 2.25Cr-1Mo 类的耐热钢；末尾“7”代表低氢钠型药皮，直流反接。

W707Ni 和 W107 的“W”代表低温钢焊条，“W”为“温”字汉语拼音第 1 个字母；“70”代表 -70℃使用，“10”代表 -100℃使用；末尾的“7”代表低氢钠型药皮，直流反接。W707Ni 的“Ni”代表 2.5Ni，若为 W707 焊条则代表其中无 Ni，当然前一种含 Ni 焊条性能更好。

3. GB/T 983—1995

1）型号中：E 代表焊条。其后的 3 位数字合起来为熔敷金属化学成分分类代号，“410”为 Cr13 类，“308”为 19Cr-10Ni 类，“316”为 18Cr-12Ni-2Mo 类，“347”为 19Cr-10Ni-Nb 类。“L”代表超低碳。短线“-”后面的 2 位数字代表药皮类型，焊接位置和焊接电流种类，“15”代表碱性药皮、全位置、直流反接；“16”代表药皮可以是碱性的，也可以是钛型或钛钙型，药皮中往往有容易电离的物质，可交流或直流焊接。所以不锈钢焊条的“16”型药皮与结构钢焊条者含义有所不同。

2）牌号中：“G”代表铬不锈钢，“G”为“铬”字汉语拼音第 1 个字母；“A”代表奥氏体不锈钢，“A”为“奥”字汉语拼音第 1 个字母。“G”后第 1 位数字代表铬含量不同，“2”字代表 Cr13 类型；第 2 位数字代表 Cr13 类型中序号，表示 Cr13 型焊条有几种，表 3-8 中 G217 中“1”字代表其中一种；第 3 位数字代表低氢钠型药皮，全位置焊，直流反接。

“A”字后面三位数字的“00”代表超低碳，w（C）≤0.03%；“00”代表超低碳，w（C）≤0.04%；“1”代表 w（C）≤0.08%；“4”则含碳量高些。末尾数字“2”代表钛钙型药皮，“7”则含碳量高些。A002 牌号焊条的熔敷金属为超低碳 19Cr-10Ni 类型；A022 的熔敷金属为超低碳 18Cr-12Ni-2Mo 类型；A137 的熔敷金属为 19Cr-10Ni-2Nb 类型，A407 则为 26Cr-21Ni 类型。

4. GB/T14957—1994

焊丝牌号中“H”代表焊丝，为“焊”字汉语拼音第 1 个字母，代表该焊丝中这种化学元素的大体含量。“A”代表优质，w（S）和 w（P）含量均不大于 0.03%。其后的第 1 和第 2 位数字“08”，“10”和“13”代表含碳量的大体数值，即分别为 w（C）0.08%，w（C）0.10%和 w（C）0.13%，这些数字后面的化学元素符合和数字。

5. GB/T 8110—1995

型号中的“ER”代表“焊丝”，意味着 Electrode（焊条）、Rod。ER 后面的 2 位数字表示熔敷金属的最低抗拉强度值，表 3-8 中的型号分别为 $\sigma_b \geqslant 490$MPa，$\sigma_b \geqslant 500$MPa，$\sigma_b \geqslant 550$MPa 和 $\sigma_b \geqslant 620$MPa。

短划“-”后面的字母或数字表示焊丝化学成分分类代号。ER49 和 ER50 型的均为碳钢焊丝，其后数字表示有几个品种，1 是为第 1 个品种，6 为第 6 个品种。ER49-1 是一个特殊品种，其对应的焊丝牌号为普通知道的 H08Mn2SiA。

短划“-”后面的“B”代表铬钼钢。“C”代表镍钢；铬钼钢“B”中还有几种焊丝，此处分别为“B2”和“B3”，“L”代表超低碳。镍钢“C”中也有几种焊丝，此例为第 3 种，即“C3”。

6. YB/T 5092—1996

牌号中的“E”为焊丝。其后的数字和化学元素表示不锈钢的不同品种和化学成分。

7. GB/T 10858—1989

1）型号中：“S”代表焊丝，“丝”字汉语拼音的第 1 个字母。其后的化学元素符号表示焊丝的主要合金组成。表 3-8 中的铝焊丝型号，分别表示纯铝和 Al-Mg 合金和 Al-Si 合金，化学元素符号后面的数字表示同类焊丝的不同品种。

2）牌号中：“HS”表示焊丝，HS 系列牌号的焊后面第 1 数字表如下：“1”表示堆焊用丝，“2”表示铜及铜合金焊丝，“3”表示铝及铝合金焊丝，“4”为铸铁气焊丝。所以表3-8 中举例的铝及铝合金焊丝，其中“HS”符号后面第 1 位数都是“3”。HS301 为 Al-Si 焊丝，HS321 为 Al-Mn 焊丝（本表举例）HS331 为 Al-Mg 合金。

8. GB/T 10045—2001

型号中，字母“E”表示焊丝，“T”表示药芯焊丝。

字母“E”后面第 1 和第 2 位数字表示熔敷金属力学性能，所举例子中，分别为 $\sigma_b \geqslant 490$MPa 和 $\sigma_b \geqslant 415$MPa。第 3 位数字表示推荐的焊接位置，“0”表示平焊和横焊，“1”表示全位置。

短划“-”后面的数字表示焊丝的类别特点，“1”和“1M”表示，CO_2 气体保护焊，而“1M”可以用 φ（Ar）75% ~80% + φ（CO_2）25% ~20% 的混合气体保护，其中 M 这个符号表示“混合”（Mixture）。

“L”表示熔敷金属 V 形缺口冲击吸收功在 -40℃时≥27J。

“G”表示该类焊丝添加的所有综合元素的质量分数不应超过 5%。

9. GB/T 17493—1998

型号中，字母“E”表示焊丝，“T”表示药芯焊丝。

字母“E”后面第 1 和第 2 位数字表示熔敷金属力学性能，所举例子中，分别为 $\sigma_b \geqslant 620 \sim 760$MPa。第 3 位数字表示推荐的焊接位置，“0”表示平焊和横焊，“1”表示全位置。

“T”后面的数字表示焊丝在渣系，保护类型和电流类型方向不同，举例中的“1”表示渣系以金红石为主，气保护（有别于自保护），直流反接。“5”表示渣系为氧化钙-氟化钙碱性渣系，气保护，直流反接。

短划线“-”后面的符号表示熔敷金属化学成分分类代号，“A”为碳钼钢焊丝（表示未举例），“B”为铬钼钢焊丝，举例中的“B3”为其中一个品种。“Ni3”为镍钢焊丝中的一种品种。

10. GB/T 17853—1999

型号中，字母“E”表示焊丝，“R”表示填充焊丝。后面用3位或4位数字表示焊丝熔敷金属化学成分分类代号，举例中分别代表308Mo不锈钢和347不锈钢。

“T”表示药芯焊丝，其后数字表示焊接位置，“0”表示平焊和横焊，“1”表示全位置。

短划“-”后面的数字表示保护气体和焊接电流类型，举例说，“3”表示自保护，直流反接，“5”表示100% Ar保护，直流正接。

11. GB/T 5293—1993

型号中：“F”表示焊剂Flux.。其后1位数字表示焊剂-焊丝组合的熔敷金属抗拉强度最低值，所举例子为$\sigma_b \geqslant 415$MPa。“A”表示焊件为“焊态”，(As-Welded)；若为“P”，则表示经过热处理的状态（Post welded Heat treatment）（举例中无此状态），“A”后面的数字表示熔敷金属冲击吸收功不小于27J时的最低试验温度，举例中的“2”字表示-20℃。

最后，短划“-”后面为一焊丝牌号，是选用配套该焊剂的焊丝牌号。

12. GB/T 12470—2003

型号已在本章节第五节中详细论述。

13. 原国家机械工业委员会出版的《焊接材料产品样本》关于焊剂牌号的内容

只有牌号，其中“HJ”代表熔炼焊剂，为“焊剂”二字汉语拼音第1个字母。“SJ”代表烧结焊剂，为“烧结”二字汉语拼音第1个字母。

这些代号后面的3位数字，在所举例子中，见表3-8的备注。

第七节　金属焊接性及试验方法

金属焊接性就是金属是否能使用焊接加工而形成完整的、具备一定使用性能的焊接接头的特性。

选定焊接性的方法有直接模拟试验法和间接推算法。

一、直接模拟试验

针对材料的不同性能特点和不同试样要求，焊接性试验的内容可分为以下几种。一是焊缝金属抵抗产生热裂纹的能力。热裂纹是一种容易发生并危害严重的缺陷，通常通过热裂纹试验来进行。二是焊缝及热影响区金属抵抗产生冷裂纹的能力。焊缝及热影响区金属在焊接热循环作用下，由于组织及性能变化，加上受焊接应力和扩散氢的影响，可能发生冷裂纹。冷裂纹是针对母材进行的试验。三是焊接接头抗脆性转变的能力。四是焊接接头的使用性能。

现有的直接模拟试验中有不少是焊接冷裂纹试验，常用的有插销试验、斜Y坡口对接裂纹试验、拉伸拘束裂纹试验等。也可以对使用性能进行试验，包括焊缝及接头的拉伸、弯曲、冲击等力学性能试验、高温蠕变及持久强度试验、断裂韧性试验、低温脆性试验、耐腐蚀及耐磨试验和疲劳试验等。

焊接冷裂纹试验中，最常用的是斜Y坡口焊接裂纹试验法和插销试验法。斜Y坡口焊接裂纹试验法主要用于评定碳钢和低合金高强度钢焊接热影响区对冷裂纹的敏感性。其试样两端的拘束焊缝为X形坡口双面焊接，其试验焊缝在斜Y形坡口处，焊接参数为：焊接电流（170±10）A，电弧电压（24±2）V，焊接速度（150±10）mm/min，采用焊条电弧焊，在不同温度下焊接后，放置24h再检测和解剖。检测裂纹可用肉眼和放大镜来观察焊接接头的表面和断面上是否存在裂纹。插销试验是测定钢材焊接热影响区冷裂纹敏感性的一种定量试验方法。将被焊钢材放到插销试验机上进行测试，在不同条件下可测试焊缝的抗冷裂纹能力。

二、间接推算法

除直接用焊接试验的方法来确定金属的焊接性之外，还有碳当量法、焊接裂纹敏感指数法、连续冷却转变图法等间接推算方法。

目前评价金属的焊接性较有效的间接推算方法是碳当量法。碳是对冷裂敏感性影响最显著的元素，把各种元素都按相当于若干含碳量折合并叠加起来求得所谓碳当量（$C_{eq_{(IIW)}}$或C_{eq}），用$C_{eq_{(IIW)}}$或C_{eq}来估计冷裂倾向的大小。目前有几个通用的公式。

国际焊接学会（IIW）采用：

$$C_{eq_{(IIW)}}=w(C)+\frac{w(Mn)}{6}+\frac{w(Ni)+w(Cu)}{15}+\frac{w(Cr)+w(Mo)+w(V)}{5}(\%)$$

式中代入的是各元素的质量分数（百分含量）。适用于中、高强度非调质低合金高强度钢。$C_{eq_{(IIW)}}\leqslant 0.45\%$时，焊接厚度25mm的板可以不预热。$C_{eq_{(IIW)}}\leqslant 0.41\%$且含$w$（C）$<0.207\%$时，焊接厚度$<37$mm的板可以不预热。

有的国家采用：

$$C_{eq}=wC+\frac{w(Mn)}{6}+\frac{w(Si)}{24}+\frac{w(Ni)}{40}+\frac{w(Cr)}{5}+\frac{w(Mo)}{4}+\frac{w(V)}{4}(\%)$$

式中代入的是各元素的百分含量。适用于低合金调质钢，其化学成分（质量分数）范围：C≤0.2%或0.18%、Si≤0.55%、Mn≤1.5%、Cu≤0.5%、Ni≤2.5%、Cr≤1.25%、Mo≤0.7%、V≤0.1%、B≤0.006%。当板厚<25mm、焊条电弧焊的热输入为17kJ/cm时，预热范围大致为：钢材$\sigma_b=500$MPa，$C_{eq}=0.46\%$时，可不预热。钢材$\sigma_b=600$MPa，$C_{eq}=0.52\%$时，预热75℃。钢材$\sigma_b=700$MPa，$C_{eq}=0.52\%$时，预热100℃。钢材$\sigma_b=800$MPa，$C_{eq}=0.62\%$时，预热100℃。

也有的国家采用：

$$C_{eq}=w(C)+\frac{w(Mn)}{6}+\frac{w(Si)}{24}+\frac{w(Ni)}{15}+\frac{w(Cr)}{5}+\frac{w(Mo)}{4}+\frac{w(Cu)}{13}+\frac{w(P)}{2}(\%)$$

式中代入的是各元素的质量分数（百分含量）。适用的化学成分（质量分数）范围为：C≤0.6%、Mn≤1.6%、Ni≤3.3%、Cr≤1.0%、Mo≤0.6%、Cu0.5%~1.0%、P0.05%~0.15%。当Cu<0.5%或P<0.05%时，可不计入。

C_{eq}公式表明，C_{eq}越大，冷裂倾向也越大。但用C_{eq}估计焊接性是比较粗略的，因为公式中只包括了几种元素，而实际钢材中还有其他元素。在不同含量和不同合金系统中，元素的作用是不同的，元素之间相互抵消或加强影响也不能用简单的公式反映。所以碳当量法大多只用于对钢材焊接性从理论上的初步分析。

除碳当量外，焊缝含氢量和接头拘束度都对冷裂倾向有很大影响。焊接冷裂纹敏感指数P_c计算如下：

$$P_c = w(C) + \frac{w(Si)}{30} + \frac{w(Mn) + w(Cu) + w(Cr)}{20} + \frac{w(Ni)}{60} + \frac{w(Mo)}{15} + \frac{w(V)}{10} + 5w(B) + \frac{\delta}{600} + \frac{H}{60}$$

式中代入的是各元素的质量分数（百分含量）。δ 为板厚（mm），H 为焊缝中扩散氢含量（mL/100g）。适用条件化学成分（质量分数）：C ≤ 0.07% ~ 0.22%、Si ≤ 0.6%、Mn0.4% ~ 1.4%、Cu ≤ 0.5%、Ni ≤ 1.2%、Cr ≤ 1.2%、Mo ≤ 0.7%、V ≤ 0.12%、Nb ≤ 0.04%、Ti≤0.05%、B≤0.005%。δ = 19 ~ 50mm；H = 1.0 ~ 5.0mL/100g。求得 P_c 后，利用下式即可求出斜 Y 坡口对接裂纹试验条件下，为防止冷裂所需要的最低预热温度 T_0（℃）：

$$T_0 = 1440P_c - 392$$

第四章　焊接工艺

第一节　焊接接头形式及焊接符号

由两个或两个以上零件用焊接组合或已经焊合的接头，称为焊接接头。焊接接头包括焊缝、熔合区和热影响区。

一、焊接接头及坡口形式

焊接接头形式主要有对接接头、T形接头、角接接头、搭接接头4种。其次还有十字接头、卷边接头、端接接头、锁底接头、套管接头等。锅炉压力容器上应用较多的主要是对接接头（如板-板对接、管-管对接），其次是T形接头，压力容器的裙式支座与筒体的连接，多属于搭接。

为保证厚度较大的焊件能够焊透，常将焊件接头边缘加工成一定形状的坡口。坡口除保证焊透外，还能起到调节母材金属和填充金属比例的作用，由此可以调整焊缝的性能。坡口形式的选择主要根据板厚和采用的焊接方法确定，同时兼顾焊接工作量大小、焊接材料消耗、坡口加工成本和焊接施工条件等，以提高生产率和降低成本。根据GB/T985—1988《气焊、焊条电弧焊及气体保护焊焊缝坡口的基本形式与尺寸》规定，焊条电弧焊常采用的坡口形式有开I形坡口、Y形坡口、双Y形坡口、U形坡口等。

板厚6mm以上焊条电弧焊对接时，一般要开坡口，对于重要结构，板厚超过3mm就要开坡口。厚度相同的焊件常有几种坡口形式可供选择，Y形和U形坡口只需一面焊，施焊方便，但焊后角变形大，焊条消耗量也大些。双Y形和双面U形坡口两面施焊，受热均匀，变形较小，焊条消耗量较小，在板厚相同的情况下，双Y形坡口比Y形坡口节省焊接材料1/2左右，但必须两面都能焊到，而有时却受到结构形状限制。U形和双面U形坡口根部间隙较宽，容易焊透，且焊条消耗量也较小，但坡口制备成本较高，一般只在重要的受动载的厚板结构中采用。表4-1列举了气焊、焊条电弧焊和气体保护焊焊缝坡口几种形式和尺寸的规定。

表4-1　气焊、焊条电弧焊和气体保护焊焊缝坡口形式和尺寸举例

焊件厚度/mm	名称	焊缝符号	坡口形式与坡口尺寸/mm	焊缝形式	焊缝标注方法
1～3	开I形坡口	‖	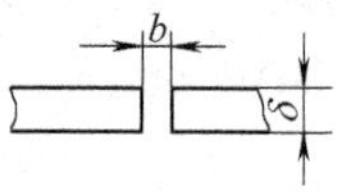 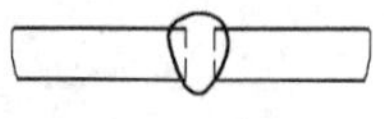 b, δ	b=0～1.5	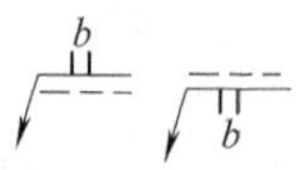 b
3～6				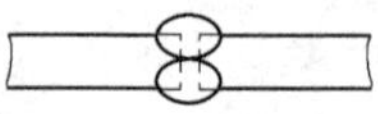 b=0～2.5	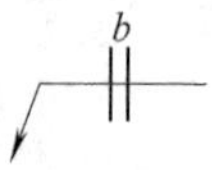 b

（续）

焊件厚度/mm	名称	焊缝符号	坡口形式与坡口尺寸/mm	焊缝形式	焊缝标注方法
3～26	Y 形坡口		$\alpha=40°\sim60°$　$b=0\sim3$ $p=1\sim4$		
20～60	U 形坡口		$\beta=1°\sim8°$　$b=0\sim3$ $p=1\sim3$　$R=6\sim8$		

两焊件表面构成夹角在135°～180°之间的接头，称为对接接头。连接对接接头的焊缝形式可以是对接焊缝，也可以是角焊缝或对接与角接组合焊缝，但以对接焊缝居多。对接焊缝的坡口形式主要有 I 形、V 形、U 形、双 V（X）形坡口等。常见接头形式如图 4-1 所示。

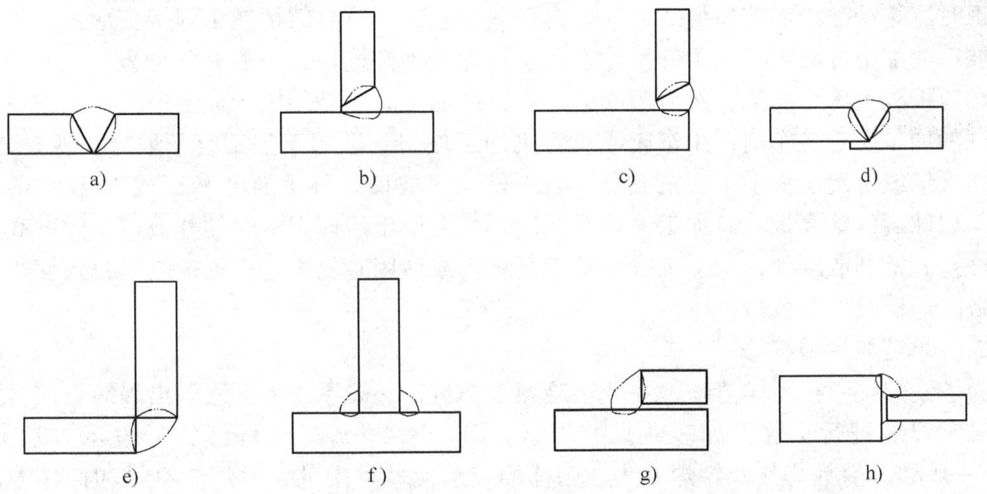

图 4-1　接头及焊缝形式

a）对接接头（对接焊缝）　b）T 形接头（对接焊缝）　c）角接接头（对接焊缝）
d）锁底接头（对接焊缝）　e）角接接头（角焊缝）　f）T 形接头（角焊缝）
g）搭接接头（角焊缝）　h）对接接头（角焊缝）

从对接接头力学角度分析，它的受力状况较好，应力集中较小，能承受较大的静载荷或动载荷，接头效率高，是焊接结构和锅炉压力容器受压元件应用最多的一种接头形式。为保证焊接质量，减少焊接变形和焊接材料的消耗，需要把焊件的对接边缘加工成各种形式的坡口。一般钢板厚度在 6mm 以下，可开 I 形坡口（即所说的不开坡口，但重要结构厚度 3mm

时，就应开坡口）。厚度6～26mm时，采用V形或Y形坡口。厚度12～60mm，可开V形或双面Y形坡口，它可比单面V形或Y形坡口减少填充金属将近一半，焊后变形也较小。U形或双面U形坡口的填充金属量更少，焊后变形更小，但加工困难。

T形接头是将一个焊件的端面与另一焊件的表面构成直角或近似直角的接头。连接T形接头的焊缝形式有角焊缝、对接焊缝和组合焊缝。坡口形式为单边V形、I形、K形、U形及带钝边J形坡口等。

T形接头由于焊缝向母材过渡较急剧，接头在外力作用下内部应力分布极不均匀，特别是角焊缝，其根部和过渡处都有很大的应力集中。因此这种接头承受载荷尤其是动载荷的能力较低。对于重要的T形接头，必须开坡口并焊透或采用深熔焊接，方可大大降低应力集中。

两焊件端部构成大于30°、小于135°夹角的接头为角接接头。其焊缝形式有对接焊缝、角焊缝，坡口形式有I形、Y形、单边Y形及K形坡口（双面单边V形坡口）。

搭接接头是指两焊件部分重叠在一起所构成的接头。这种接头的强度较低，尤其是疲劳强度，只用于不重要的结构。开I形坡口的搭接接头一般用于厚度12mm以下的钢板，其重叠部分长度由设计决定（通常 $L>2b_1+2b_2$）。当重叠钢板面积较大时，为保证强度可分别选用圆孔内塞焊或长孔内角焊的形式。

为了满足焊接工艺的需要，保证接头的质量，焊件需要用机械、火焰或电弧等方法开坡口。选择坡口应注意焊接材料的消耗量、可焊到程度、坡口加工条件、焊接变形等。同厚度的焊件，采用双面V形坡口或双面Y形坡口比V形或Y形坡口可节省较多的焊接材料、电能和工时。选择适当的坡口形式，配合合理的工艺，还可有效地减小焊接变形。

坡口的加工方法可根据工件尺寸、形状及加工条件选择，一般有几种方法。一是I形坡口可在剪板机上剪切加工，然后用刨边机进行细加工。二是用刨床或刨边机加工坡口，有时也可铣削加工。三是车削，用车床或车管机加工坡口，适用于加工管子坡口。四是热切割，用气体火焰或等离子弧手工切割或自动切割机加工坡口。可切割出V形或Y形、双面Y形坡口，如球罐的球壳板坡口加工。碳弧气刨，主要用于清理焊根时的开坡口，效率高，但劳动条件差。铲削或磨削，用手工或风动工具铲削或使用砂轮机磨削加工坡口，效率很低，多用于缺陷返修时的开坡口。

二、焊缝与焊缝符号

为了使焊接结构图样清晰，并减轻绘图工作量，一般不按图示法画出焊缝，而是采用一些符号对焊缝进行标注，如表4-1中所示。GB/T324—1988《焊缝符号表示方法》、GB/T5185—1985《金属焊接及钎焊方法在图样的表示代号》中分别对焊缝符号和标注方法作了明确规定。焊缝是指焊件经焊接后所构成的结合部分。组成焊缝的金属即焊缝金属。焊缝的形状和质量将直接影响焊件或结构的性能。焊缝按结合形式可分为对接焊缝和角焊缝两大类。主要尺寸以焊缝高度、焊缝宽度和熔池深度来表示。角焊缝是沿两直角或近直角零件的交线所焊接焊缝，主要尺寸以焊脚尺寸和焊缝厚度表示。焊缝按在空间的位置，可分为平焊缝、立焊缝、横焊缝和仰焊缝4种。

焊缝符号形式：①基本符号，用以表明焊缝横截面的形状；②辅助符号，用以表明焊缝表面形状特征，如焊缝表面是否齐平等；③补充符号，用以补充说明焊缝的某些特征，如是否带有垫板等。

焊缝符号通过指引线标注在图样的焊缝位置，如图 4-2 所示。指引线一般由箭头线和两条基准线（一条为实线、另一条为虚线）组成，箭头指在焊缝处。标注对称焊缝或双面焊缝时，可免去基准线中的虚线。必要时，焊缝符号可附带有尺寸符号和数据（如焊缝截面、长度、数量、坡口等）。还可以画焊缝的局部放大图，并表明有关尺寸。

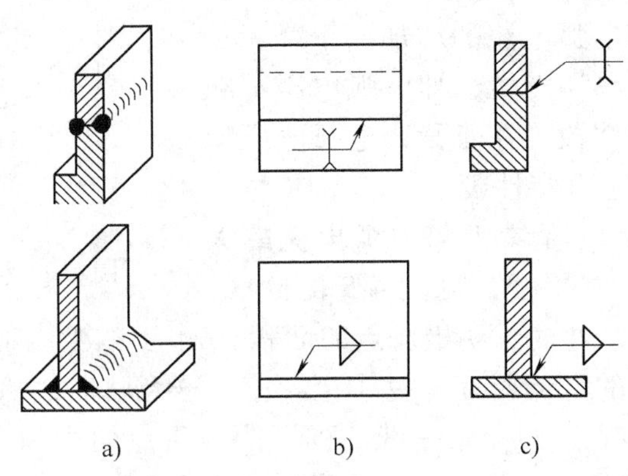

图 4-2　焊缝标注方法

a）焊缝　b）焊缝正面标注方法

c）焊缝剖面标注方法

第二节　焊 接 电 源

弧焊电源是弧焊机的主要组成部分，是对焊接电弧提供能量的一种装置。

一、焊接电源及电特性

焊接电弧的引燃一般有：接触引弧和非接触引弧两种方式。接触引弧是在弧焊电源接通后，电极与焊件直接短路接触，随后拉开，从而把电弧引燃起来，这是最常用的引弧方式。非接触引弧是指电极与焊件之间存在一定的间隙，施加高电压击穿间隙，使电弧引燃。非接触引弧需要引弧器才能实现。

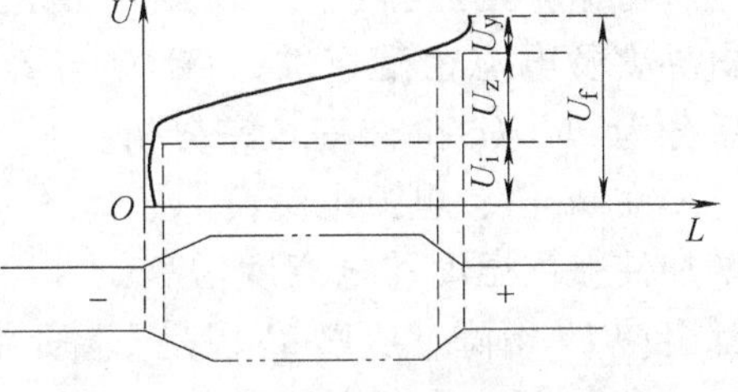

图 4-3　电弧结构和电位分布

电弧的特性包括静特性和动特性。电弧沿着其长度方向分为三个区域，见图 4-3。电弧与电源正极所接的一端成为阳极区，与负极相接的那端称为阴极区。阳极区与阴极区之间的部分为弧柱区。由于阳极区与阴极区宽度很小，因此电弧长度可以认为近似等于弧柱长度。弧柱部分的温度可高达 5000～60000K。

如图 4-3 所示，电弧三个区的电压降分别称为阴极压降 U_i、阳极压降 U_y 和弧柱压降 U_z。它们的总和组成了总的电弧电压 U_f。由于阳极压降基本不变，而阴极压降在一定条件下，基本也是固定的，弧柱压降则在一定气体介质下与弧柱长度成正比。由此可见，电弧电压主要跟弧长相关。

焊接电弧的静特性是指一定长度的电弧在稳定状态下，电弧电压 U_f 与电弧电流 I_f 之间的关系，称为焊接电弧的静态伏安特性，简称静特性，可用下列函数表示：

$$U_f = f(I_f)$$

焊接电弧是非线性负载，即电弧两端的电压与通过电弧的电流之间不是成正比关系。当电弧电流从小到大在很大范围内变化时，焊接电弧的静特性近似呈 U 形曲线，故也称 U 形特性，如图 4-4 所示。

U 形静特性曲线可看成由三段（Ⅰ、Ⅱ、Ⅲ）组成。在Ⅰ段，电弧电压随电弧电流的增加而下降，是下降特性段。在Ⅱ段，呈等压特性，即电弧电压不随电弧电流而变化，是平特性段。在Ⅲ段，电弧电压随电弧电流增加而上升，是上升特性段。

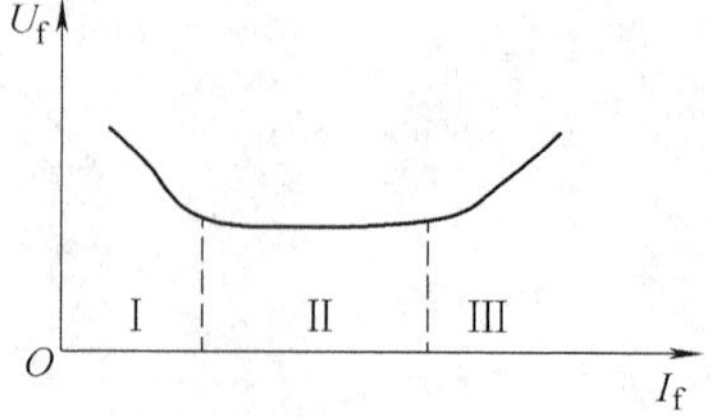

图 4-4　焊接电弧的静特性曲线

在阳极区，阳极压降 U_y 基本上与电弧电流的大小无关，$U_y=f(I_f)$ 为一水平线，见图 4-5 的曲线。在阴极区，当电弧电流 I_f 较小时，阴极斑点的面积 A_i 小于电极端部的面积。这时，A_i 随 I_f 增加而增加，阴极斑点上的电流密度 j_i 基本上不变。这意味着阴极的电场强度不变，因而 U_i 也不变。此时，$U_i=f(I_f)$ 为一水平线。到了阴极斑点面积和电极端部面积相等时，I_f 继续增加，则 A_i 不能再扩张，于是 j_i 也就随着增大了。这势必造成 U_i 增大，以加剧阴极的电子发射。因此，U_i 随 I_f 的增大而上升。

在弧柱区，可以把弧柱看成是一个近似均匀的导体，其电压降可用下式表示：

$$U_z = I_f R_z = I_f \frac{l_z}{A_z r_z} = j_z \frac{l_z}{r_z}$$

式中，R_z 为弧柱电阻；l_z 为弧柱长度；A_z 为弧柱截面面积；r_z 为弧柱的电导率；j_z 为弧柱的电流密度。

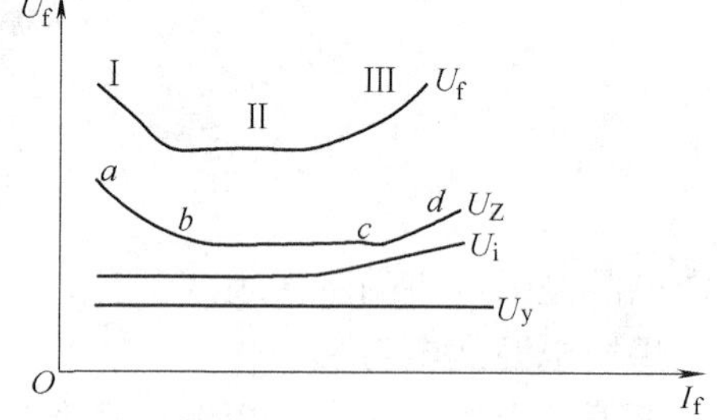

图 4-5　电弧各区域的压降与电流的关系图

可见，当弧柱长度一定时，电压降与电导率及电流密度有关，将 U_z 与 I_f 的关系分为 ab、bc 和 cd 三段来分析。

在 ab 段：电弧电流较小，A_z 随 I_f 的增加而扩大，而且 A_z 扩大较快，使 j_z 降低。同时 I_f 增加使弧柱温度和电离度增高，因而 r_z 增大。由上面的公式可以看出，j_z 减小和 r_z 增大，都会使 U_z 下降，所以 ab 段是下降形状。

在 bc 段：电弧电流较大，A_z 随 I_f 成比例地增大，j_z 基本不变；此时 r_z 不再随温度增加，U_z 基本不变，bc 段为水平形状。

在 cd 段：电弧电流很大，随着 I_f 的增加，r_z 仍基本不变，但 A_z 不能再扩大了，j_z 随着 I_f 的增加而增加，所以 U_z 随 I_f 的增加而上升。cd 段为上升形状。

综上所述，把 U_y、U_i 和 U_z 曲线叠加起来，即得到 U 形静特性曲线 $U=f(I_f)$。

静特性的下降段由于电弧燃烧不稳定而很少采用。焊条电弧焊、埋弧焊多工作在静特性的水平段。钨极气体保护焊、微束等离子弧焊、等离子弧焊也多半工作在水平段，当焊接电流较大时才工作在上升段。熔化极气体保护焊和水下焊接基本上工作在上升段。

上面的静特性是在稳定状态下得到的。但是在某些焊接过程中，焊接电流和电弧电压都是在高速变动的时候，电弧是不稳定的。所谓焊接电弧的动特性，是指在一定的弧长下，当电弧电流很快变化的时候，电弧电压和电流瞬间值之间的关系 $U_f = f(i_f)$。

图 4-6 中，焊接电流由 a 点以很快的速度连续增加到 d 点，则随着焊接电流增加，电弧空间的温度升高。但后者的变化总是滞后于前者，这种现象称为热惯性。当电流增加到 i_b 时，由于热惯性关系，电弧空间温度还没达到 i_b 时稳定状态的温度。由于电弧空间温度低，弧柱导电性差，阴极斑点与弧柱截面积增加较慢，维持电弧燃烧的电压不能降至 b 点，而将提高到 b' 点，依次类推。对应于每一瞬间电弧电流的电弧电压，就不在 $abcd$ 实线上，而在 $ab'c'd$ 虚线上。这就是说，在电流增加的过程中，动特性曲线上的电弧电压，比静特性曲线上的电弧电压高。反之，当电弧电流由 i_d 迅速减小到 i_a 时，同样由于热惯性的影响，电弧空间温度来不及下降。此时，对应每一瞬间电弧电流的电压将低于静特性之电压，而得到 $dc''b''a$ 曲线。图 4-6 中的 $ab'c'd$ 和 $dc''b''a$ 曲线为电弧的动特性曲线。电流按不同规律变化时得到不同形状的动特性曲线，电流变化速度越小，静、动特性曲线就越接近。

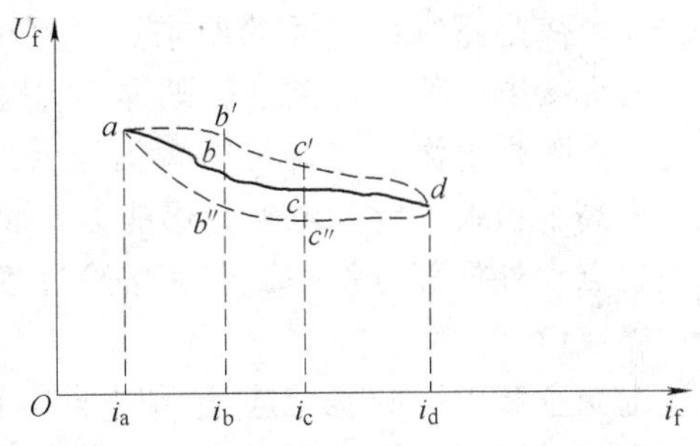

图 4-6　电弧动特性曲线

二、弧焊电源的基本要求

弧焊电源是弧焊机中的核心部分，在工艺适应性上，应满足的要求是能保证引弧容易、保证电弧稳定、保证焊接参数稳定、具有足够宽的焊接参数调节范围。弧焊电源一般由弧焊变压器、弧焊整流器、弧焊逆变器或弧焊发电机等组成。

电源-电弧需要系统稳定。包括了两方面的含义：一是系统在无外界因素干扰时，能在给定电弧电压和电弧电流下，维持长时间的连续电弧放电，保持静态平衡。此时的 $U_f = U_y$，$I_f = I_y$，其中的 U_f 和 I_f 各为电弧电压和电弧电流的稳定值。要满足这样的要求，电源外特性 $U_y = f(I_y)$ 与电弧静特性 $U_f = f(I_f)$ 必须能够相交。如图 4-7 所示，电源外特性 1 与电弧静特性 2 相交于 A_0 和 A_1 点。这两个交点确定了系统的静态稳定状态。但在实际焊接过程中，由于操作的不稳定、焊件表面的不平和电网电压的突然变化等外界干扰的出现，都会破坏这种静态平衡。

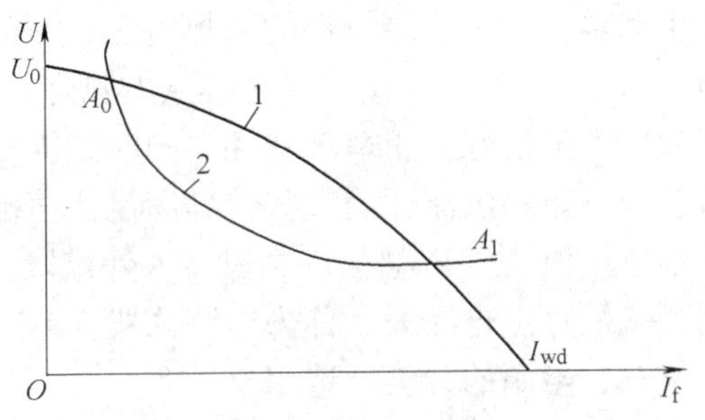

图 4-7　电源-电弧系统工作状态图
1—电源外特性曲线　2—电弧静特性曲线

二是当系统一旦受到瞬间的外界干扰，破坏了原来的静态平衡，造成了焊接参数的变化；但当干扰消失之后，系统能够自动地达到新的稳定平衡，使得焊接参数重新恢复。

电源外特性形状除了影响“电源-电弧”系统的稳定性之外，还关联着焊接参数的稳定。在外界干扰使弧长变化的情况下，将引起系统工作点移动和焊接规范出现静态偏差。为获得良好的焊缝成形，要求焊接参数的静态偏差越小越好。由于在各种弧焊方法中，电弧放电的物理条件和所用的焊接参数不同，使它们的电弧静特性具有不同的形状。因此需要分别讨论不同弧焊方法对电源外特性的要求，并分为空载点、工作区段和短路区段三个部分来论述。

对于焊条电弧焊，其工作段一般是在电弧静特性的水平段上。采用下降外特性的弧焊电源，便可满足系统稳定性的要求。焊接过程中，由于某些原因难免会引起焊接电流产生偏差。若焊接电流静态偏差小，则焊接规范稳定、电弧弹性好。焊条电弧焊最好采用恒流带外拖特性的弧焊电源。它既可体现恒流特性使焊接参数稳定的特点，又通过外拖增大短路电流，提高了引弧性能和电弧熔透能力。而且可根据焊条类型、板厚和工件位置的不同来调节外拖拐点和外拖部分斜率，以使熔滴过渡具有合适的推力，从而得到稳定的焊接过程和良好的焊缝成形。

电源空载电压的确定应遵循以下几项原则：一是要保证引弧容易。引弧时，焊条（焊丝）和工件接触，因二者的表面往往有锈污等杂质，所以需要较高的空载电压才能将高电阻的接触面击穿，形成导电通路。而且，引弧时两极间隙的空气由不导电状态转变为导电状态，气体的电离和电子发射均需要较高的电场能。空载电压越高，则越有利。二是要保证电弧的稳定燃烧。为确保交流电弧的稳定燃烧，要求 $U_0 \geqslant (1.8 \sim 2.25) U_f$，如焊条电弧焊电源的空载电压一般在 55～70V，埋弧焊电源空载电压为 70～90V。三是要保证电弧功率稳定，要求是 $U_0 > (1.57 \sim 2.5) U_f$。四是要有良好的经济性。空载电压越大，则所需的铁铜材料就越多，重量越大。同时会增加能量的损耗，降低效率。五是保证人身安全，为了保证焊工的安全，对空载电压必须加以限制。

对弧焊电源稳态短路电流的要求：在弧焊电源外特性上，当 $U_f = 0$ 时对应的电流为稳态短路电流 I_{wd}。如图 4-7 中所示。当电弧引燃和金属熔滴过渡到熔池时，经常发生短路。如果稳态短路电流过大，会使焊条过热，药皮容易脱落，使熔滴过渡中有大的积蓄能量而增加金属飞溅。但是，如果短路电流不够大，会因电磁压缩推动力不足而使引弧和焊条熔滴过渡产生困难。对于下降特性的弧焊电源，一般要求稳态短路电流 I_{wd} 对焊接电流 I_f 的比值范围为 $I_{wd} > (1.25 \sim 2) I_f$。对于焊条电弧焊，为了使规范稳定，希望弧焊电源外特性的下降梯度大，甚至最好采用恒流特性。同时，为了确保引弧和熔滴过渡时具有足够大的推动力，又希望稳态短路电流适当大些，即满足比值范围的要求。这就要求弧焊电源外特性，在陡降到一定电压值（10V 左右）之后转入外拖段，形成恒流带外拖的外特性。自外拖始点（拐点）到稳态短路点这区段，称为短路区段。

三、电源的分类及选用

弧焊变压器是一种交流弧焊电源，在各类电源中所占比例最大，应用最广，结构最简单。但交流电弧需要重复引弧，为了满足弧焊工艺的要求，其需要具备三个特点：一是为稳弧要有一定的空载电压和较大的电感；二是主要用于焊条电弧焊、埋弧焊和钨极氩弧焊，应具有下降的外特性；三是为了调节电弧电压、电流，外特性应可调。根据获得下降外特性的方法，可将弧焊变压器分成两大类。一是串联电抗器式，由正常漏磁的变压器串联电抗器，其中，按构成不同又分为分体式和同体式。二是增强漏磁式，这类变压器中人为地增大了自身的漏抗，而无须再串联电抗器。另外，按增强和调节漏抗的方法又可分为动铁心式、动圈式和抽头式。

硅弧焊整流器是一种直流弧焊电源，它以硅二极管作为整流元件，将交流电整流成直流电。为了获得脉动小、较平稳的直流电，以及使电网三相负荷均衡，通常都采用三相整流电路。硅弧焊整流器通常由四大部分组成：主变压器、电抗器、整流器和输出电抗器。主变压器的作用是降压，将三相 380V 电压降到所要求的空载电压。电抗器可以是交流电抗器或磁放大器。它用来控制特性形状并调节焊接参数。当主变压器为增强漏磁式或当要求得到平外特性时，则可不用电抗器。整流器的作用是把三相交流电整流成直流，常采用三相桥式电路。输出电抗器是接在直流焊接电路中的直流电感，作用是改善和控制动特性，其次是滤波。

硅整流器可分为有电抗器和无电抗器两类。有电抗器的都是磁放大器式的。根据结构特点不同可分为无反馈放大器、外反馈磁放大器式、全部内反馈放大器式和部分内反馈放大器式。无电抗器式按主变压器结构不同又可分为正常漏磁和增强漏磁两种。

晶闸管式弧焊整流器由于本身具有良好的可控性，因而对外特性形状的控制、焊接参数的调节，都可通过改变晶闸管的导通角来实现，而无需用磁放大器。一般晶闸管式弧焊整流器的组成是：主电路由主变压器、晶闸管整流器和输出电感组成。

晶闸管式弧焊整流器是通过改变晶闸管的导通角来调节电弧电压和电弧电流的，因而电流电压波形的脉动比硅弧焊整流器的大。要解决这个问题，一个是并联高压引弧电源，另一个方法是在每个晶闸管上并联硅二极管和限流电阻构成维弧电路。

弧焊逆变电源（亦称弧焊逆变器）是一种高效、节能、轻便的新型弧焊电源。它具有结构简单、易造易修、成本低、效率高等优点。但其电流波形为正弦波，输出为交流下降外特性，电弧稳定性较差，功率因数低。该类电源磁偏吹现象很少产生，空载损耗小，一般应用于焊条电弧焊、埋弧焊和钨极氩弧焊等方法。

矩形波交流弧焊电源，采用半导体控制技术来获得矩形波交流电流。电弧稳定性好，可调参数多，功率因数高。它除了用于交流钨极氩弧焊（TIG）外，还可用于埋弧焊，甚至可代替直流弧焊电源用于碱性焊条电弧焊。

第三节　焊条电弧焊

焊条电弧焊是用手工操纵焊条进行焊接的电弧焊方法。它适用于焊接碳钢、低合金钢、不锈钢、铜及铜合金等金属材料。焊条电弧焊设备简单、操作灵活、适应性强。在锅炉压力容器、压力管道的焊接制造及现场施工中，是不可缺少焊接方法。锅炉压力容器上的一些开孔补强、接管、管板、支座的焊接，锅炉、球形容器的现场组焊、安装，管道的连接以及缺陷的修补等都以焊条电弧焊为主。

一、焊条的选择

对于碳钢和低合金钢，一般应按照钢材的强度等级选用焊条，同时还应综合考虑焊缝的塑性、韧性。不同强度等级的碳钢和低合金钢之间的焊接或不同低合金钢之间焊接，应按异种钢接头中强度等级较低的钢选用焊条，保证焊缝及接头强度等于或高于较低一侧强度。对于耐腐蚀要求的结构，应选择相应配套的专用焊条或熔敷金属化学成分与其相近的焊条。结构复杂、刚性大，焊接条件差、工作要求苛刻的重要结构，应选用低氢碱性焊条。若强度等级较低，可选择酸性焊条。

耐热钢焊条可根据钢种和结构工作温度来选用熔敷金属化学成分和力学性能与母材相同或相近的焊条，同时要求接头等强性。异种钢焊接则按级别低的一侧的化学成分选用焊条，但预热温度和焊后热处理应按高级别的一侧选用。从保证焊接接头的抗裂性能出发，应选用低氢焊条。

不锈钢焊条的选用按照等成分原则，即选用熔敷金属成分与母材相同或相近的焊条。同时熔敷金属的含碳量不应高于母材。为了改善焊接接头塑性，也可选用铬镍不锈钢焊条焊接铬不锈钢。结构刚性较大或焊缝抗裂性较差时，应选用碱性药皮的不锈钢焊条。对于异种钢焊接，通常按照合金成分较高一侧的高合金不锈钢选用焊条。

二、焊接参数的选择

选择适当的焊接电流有利于电弧稳定燃烧和焊接过程的顺利进行。增大焊接电流可提高焊接生产率，但焊接电流过大易造成咬边、过热甚至烧穿，降低接头性能。焊接电流过小又容易造成夹渣、气孔、未熔合或未焊透。电流大小主要取决于焊条直径和焊缝空间位置，其次是焊件厚度、接头形式、焊接层次等。

电弧电压由电弧长度决定，电弧若长则电压较高，电弧短则电压低。焊接电弧不宜过长，否则电弧燃烧不稳定，影响电弧气氛对熔池的保护。焊接速度应适当并保持均匀。

焊件厚度大的时候一般选用粗焊条。按板厚来选择，当板厚小于4mm时，焊条直径小于4mm；在4～12mm时，选用的焊条一般直径为3.2～4mm；而当厚度超过12mm，焊条直径大于4mm。平焊位置选择的焊条直径可比其他位置大些。而仰焊、横焊焊条直径应小些，一般不超过4mm。立焊最大不超过5mm，否则熔池金属容易下坠，甚至形成焊瘤。多层焊的第一层应选用小直径焊条，一般直径不超过3.2mm。

焊接参数初步选定后，要进行试焊，并检查焊缝成形、外观质量等，如符合要求，方可确定，否则要进一步修订。对于锅炉压力容器等重要结构，要进行焊接工艺评定来确定焊接参数。

三、操作工艺

1. 引弧

焊条采用接触法引弧，引弧方法有划擦法和撞击法两种。划擦法动作似擦火柴，将焊条引弧端对准待焊部位的焊缝或坡口面，利用焊工的腕力轻轻划擦，再将焊条提起一点，电弧即可引燃。此法特别适用于碱性焊条。撞击法引弧是将焊条引弧端对准待焊部位，轻轻触击并将焊条适时提起，即可引燃。该法用力不能过大，否则易使药皮脱落。

特别注意，引弧时不可在母材金属上打火，尤其是低合金高强度钢、低温钢和不锈钢。锅炉压力容器的受压件，可在坡口内引弧，或者应该直接放一块引弧板。

2. 运条

焊条的运动有三个方向：随着焊条不断熔化，朝熔池方向逐渐送进焊条；沿焊接方向均匀移动；横向摆动。主要的运条方法有：一是直线形运条法。焊条做直线移动，可获得较大的熔深，但熔宽较小。这种方法适用于薄板I形坡口的对接平焊，多层焊的第一层焊道及多层多道焊。二是直线往返运条法。焊条引弧端沿焊缝的纵向做来回直线形摆动，这种运条法焊接速度快、焊缝窄，适用于间隙大时的打底焊及击穿焊的第二层焊道焊接。三是锯齿形运条法。焊条引弧端做锯齿形连续摆动并向前移动，在两侧稍停顿。此法操作简单，应用较多。适用于平焊、立焊、仰焊对接焊缝及立角焊。四是月牙形运条法，焊条引弧端沿焊接方向做月牙形摆动，在两端稍做停留，防止咬边。五是三角形运条法，引弧端连续做三角形运动并不断向前移动。六是圆圈形运条法，引弧端连续做正圆圈或斜圆圈形摆动，并不断向前移动。七是“8”字形运条法。具体见图4-8。

3. 焊接位置

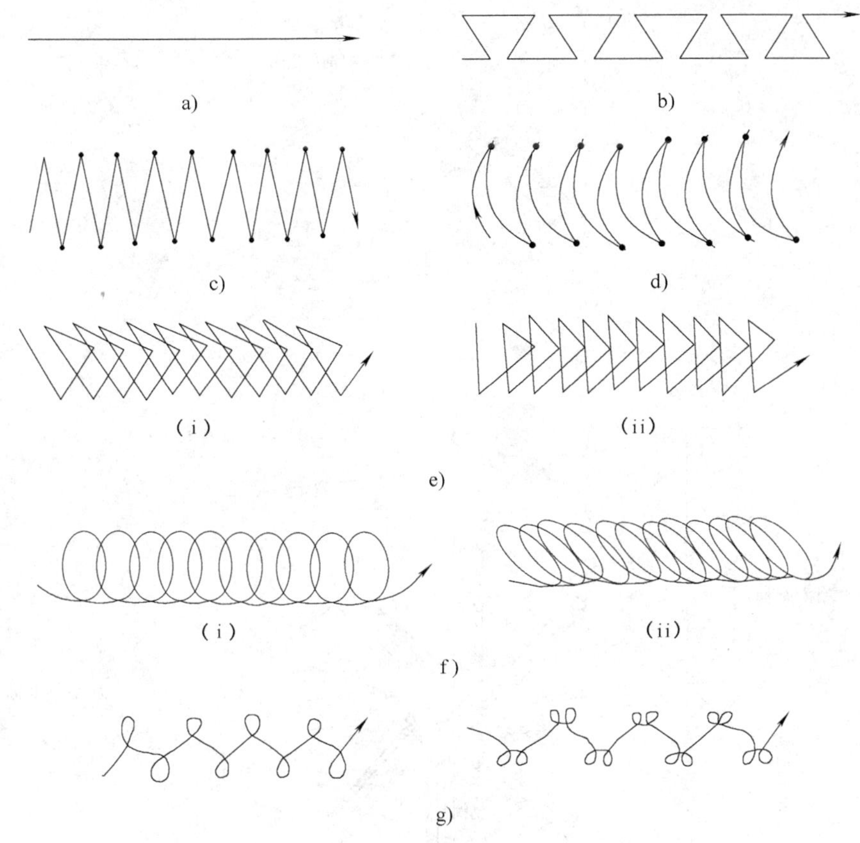

图 4-8　焊条运条方法

a）直线形运条法　b）直线往返形运条法　c）锯齿形运条法

d）月牙形运条法　e）三角形运条法　（i—斜三角形　ii—正三角形）

f）圆圈形运条法　（i—正圆圈形　ii—斜圆圈形）　g）“8”字形运条法

焊缝根部轴线与水平基准面正向 X 轴之间的夹角称为倾角（S），倾角方向按逆时针方向确定，如图 4-9 所示。焊缝截面中心线（即焊缝根部和焊缝表面的中点连线）与 Y 轴正方向或平行于 Y 轴的直线之间的夹角称为转角（R），转角方向按逆时针方向确定，如图 4-10 所示。

平焊为焊缝倾角 0°、焊缝转角 90°焊接位置的焊接。操作简单，若焊接参数不合适或操作不当，易在根部出现未焊透或焊瘤。板厚小于 6mm 时，一般开 I 形坡口对接焊，留有 1 ~ 2mm 间隙。正面焊接的焊条直径一般选 3. 2mm 或 4mm，焊缝宽度 5 ~ 8mm，余高大于 1. 5mm。

T 形接头平焊，采取平角焊或船形焊。平角焊是角接焊缝倾角为 0°、180°；转角为 45°、135°的角焊位置的焊接。一般焊条与两板成 45°，与焊接方向成 65° ~ 80°夹角。当两板不等厚时，调整焊条角度，使电弧偏向厚板一侧，见图 4-11。

焊缝倾角 90°（立向上）、270°（立向下）焊接位置的焊接为立焊，立焊一般分为向上立焊和向下立焊两种。施焊时，焊条应向下倾斜 60° ~ 80°，采用小直径焊条（3. 2mm），立

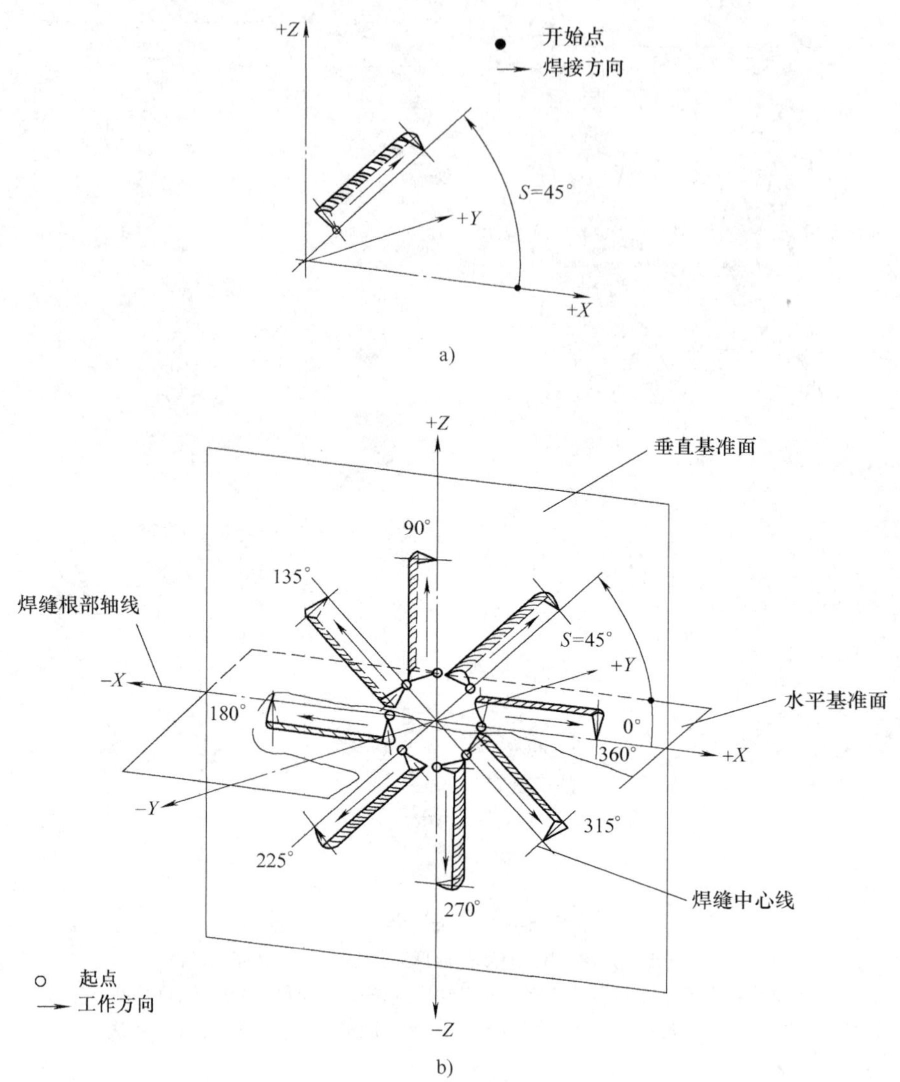

图 4-9　焊缝倾角

a）$S+45°$　b）倾角 S 由 0°～360°的变化实例

焊的焊接电流比平焊时小 10%～15%，短弧操作，见图 4-12a。

横焊是焊缝倾角 0°、180°，焊缝转角 0°、180°的对接位置焊接。焊接时，焊条应保持 70°～80°的侧倾角和前倾角。板厚 3～5mm 时可开 I 形坡口，采用直线往返运条法双面焊，小直径焊条（3.2mm），短弧焊接。见图 4-12b。

仰焊是在对接焊缝倾角 0°、180°，转角 270°焊接位置的焊接，仰焊是一种最难焊的焊接。焊接时应采用小直径焊条，短弧焊接。焊接电流要合适，太小则根部焊不透，太大则容易引起熔化金属下坠。板厚大于 5mm 时，应开坡口，坡口角度为 33°～35°。

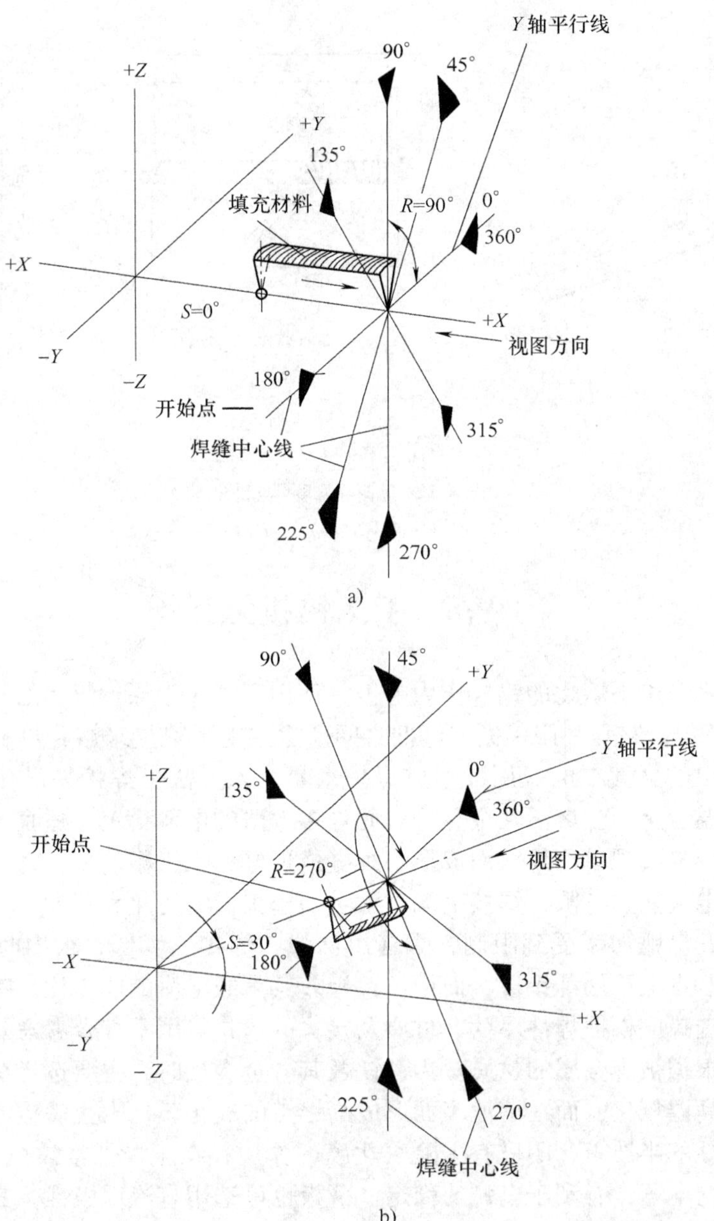

图 4-10　焊缝转角

a）$S=0°$（或 360°）及 $R=90°$的工作位置　b）$S=30°$及 $R=270°$的工作位置

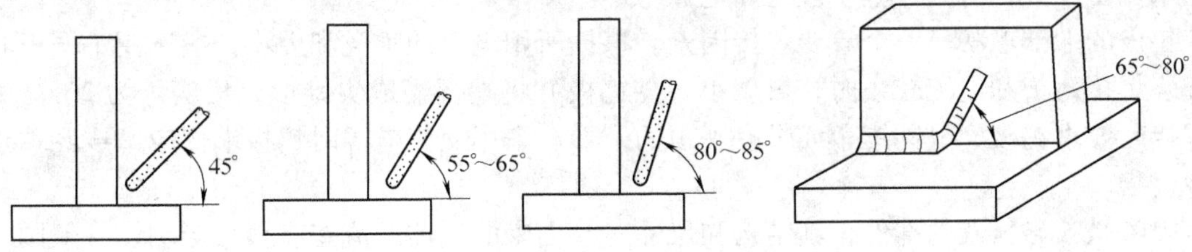

图 4-11　T 形接头的焊接角度

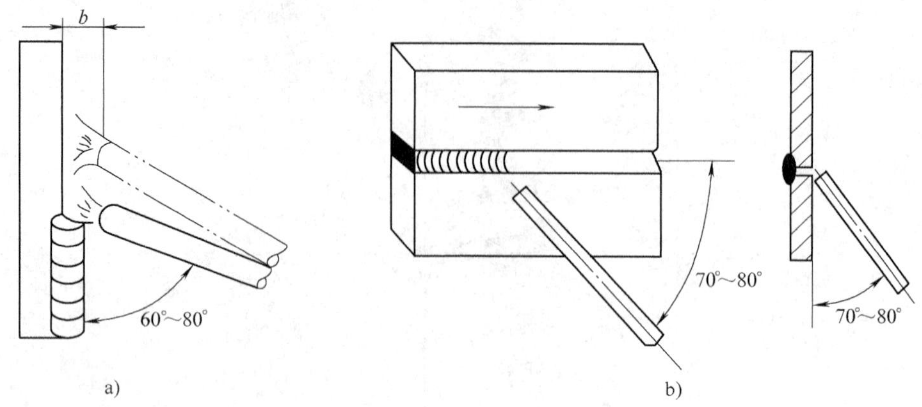

图 4-12　焊接角度示意图
a）立焊（向上立焊）　b）横焊

第四节　手工钨极氩弧焊

钨极氩弧焊是采用不熔化的钨极作为电极，使用氩气作为保护气体的一种气体保护电弧焊简称为“TIG”焊。它是利用钨极与焊件之间产生的电弧热量来熔化母材和填充焊丝，利用从焊枪喷嘴喷出的氩气在电弧周围形成保护气氛。该方法可焊接易氧化的有色金属及合金、不锈钢、高温合金、难熔活性金属等。此焊接方法的电弧稳定，适宜薄板焊接，可以进行全位置焊接，容易实现单面焊双面成形，焊缝成形好，无飞溅。

但钨极承载电流能力有限，焊接电流过大会引起钨极的熔化和蒸发，其颗粒可能进入熔池造成污染。因此电弧功率受到限制，焊缝熔深浅，焊接速度低，很多时候只是用于打底焊。现在，钨极基本上不用纯钨极，而用铈钨极，其承载电流的能力比纯钨极有较大提高。

焊接电流的选择应根据焊件厚度、材质及接头的形式等因素综合考虑。焊接电流种类和极性的选择主要根据被焊金属的材质。铝、镁及其合金焊接时，主要选择交流电，这主要是因为铝、镁易在高温氧化，而在熔池表面形成高熔点的氧化膜，阻止焊接的进行。使用交流电，在交流负极性的半波里，阴极有去除氧化膜的作用；在正极性半波里，钨极得到冷却，又可以发射足够的电子，有利于电弧的稳定。薄板也可选用直流反极性，其余金属一般选用直流正极性。直流正极性的优点是：焊件为阳极，产热高，熔池深而窄，生产效率高，焊接应力和变形小。钨极由于发射电子消耗大量逸出功，因此产热低，不易过热。采用小直径钨棒，电流密度大，有利于电子发射和电弧稳定。

钨极的端部形状是一个重要焊接因素。根据所用电流的种类和大小，应选用不同形状的端部。焊接薄板和电流较小时，可用小直径钨极并将端部磨成尖锥形，角度约为 20°。大电流焊接时要求钨极磨成钝锥角或带有平顶的锥形。采用交流电源时钨极端部应磨成圆珠形以减少烧损。

喷嘴是喷出氩气的部件，其结构和尺寸对喷出来的气体的流态有很大影响。一般圆珠形喷嘴的保护效果最好，收敛形次之。喷嘴孔径的选择要考虑焊接电流、焊接速度等的影响。同时还要注意焊接操作时与焊件的距离。一般喷嘴与焊件之间距离以 8 ~ 12mm 为宜。

焊前准备很重要，必须严格清除焊件坡口及两侧表面至少20mm范围内的杂质。对于焊丝，使用前应清除表面油污等杂质，使之露出金属光泽。不锈钢和有色金属焊丝最好采用化学清洗。

焊接过程包括引弧、焊接及收弧三步骤。一般在引弧板上引弧以后，开始焊接。焊接多采用左向焊（从右向左）。根据板厚调节焊枪的倾角，一般倾角不宜过大，否则会扰乱氩气，降低保护作用。焊接过程中应尽量避免停弧，减少接头数量，打底焊应一次连续完成。当某一道焊缝完成以后，需要终止焊接并收弧。常用的收弧方法有电流衰减法和弧出板法。当焊机配有电流动衰减功能时可采用电流衰减收弧法。

第五节 埋 弧 焊

埋弧焊是电弧在焊剂层下燃烧，熔化母材金属和焊丝从而达到结合的一种焊接方法。它具有生产效率高、焊缝质量稳定、节省焊接材料和改善劳动条件等优点。但埋弧焊只能进行水平焊缝的焊接，焊接设备复杂且机动性差，只适合长焊缝的焊接。

一、埋弧焊的焊接材料与工艺

埋弧焊的焊接材料有焊丝和焊剂。它们的选配，应根据母材金属力学性能和化学成分、坡口形式、板厚、工艺条件和结构尺寸等选定。低合金钢和低碳钢能够选择与钢材强度相匹配的焊丝，同时也应满足塑性、韧性等其他指标要求。低碳钢选用H08A、H08MnA焊丝，应选配高锰高硅型焊剂；也可选用H08MnA、H10Mn2焊丝，匹配低锰、无锰型焊剂。

低合金高强度钢，应选用低合金高强度钢焊丝，选配中锰中硅或低锰中硅型熔炼焊剂，也可选用烧结焊剂。

耐热钢和不锈钢的埋弧焊时，应选择与钢材成分相近的焊丝。对于焊剂的选配，耐热钢、低温钢、耐腐蚀钢可选用碱性的中硅或低硅型焊剂。铁素体、奥氏体等不锈钢，应选用碱度较高的熔炼焊剂或烧结、粘结焊剂，以降低合金元素的烧损及渗加较多的合金元素。此外，还应考虑各种工艺因素的影响。

焊丝的表面质量，如直径偏差、表面硬度和曲率的均匀性等都会影响焊接工艺过程的稳定和焊接质量，因此焊丝装盘前应进行检查，并消除折弯，严格清理污物。药芯焊丝还应进行烘干处理。焊剂在使用前必须烘干，熔炼焊剂为酸性、中性焊剂时，其烘干温度为150～200℃，时间2h；碱性焊剂烘干温度为200～350℃，时间2h。烧结焊剂烘干温度为300～400℃，时间2h。焊剂颗粒度影响透气性，对焊缝成形和内部质量有一定影响。当焊剂粒度一定时，如果增大焊接电流，会使电弧不稳、焊缝表面及边缘凹凸不平。电流越大，焊剂粒度也应大些。在一般结构件焊接时，如果焊件表面有污物，焊剂粒度粗一些，有利于气体的逸出，从而减少气孔的产生。

焊接速度对熔宽和熔深均有显著影响。在其他条件不变的情况下，焊接速度增大，焊缝熔宽显著减小。电弧向后倾斜角度增加，有利于熔池金属向后流动，故熔深略有增加。但焊接速度增加到40m/h以上时，热输入显著减小，熔池深度也减小。

焊接电流不变，增大焊丝直径会使电弧截面增大，电流密度减小，因此焊缝熔宽增加而熔池深度减小。细焊丝时电流密度大，电弧压力大而熔深增加。焊丝直径的选择主要依据焊件厚度和所使用的焊接设备。半自动埋弧焊只能采用ϕ2mm以下的焊丝。而自动埋弧焊机大多按粗丝设计。小直径厚壁容器环缝焊接宜采用 ϕ3mm 以下细焊丝。采用细焊丝焊接所得焊缝细密光滑，成形美观且脱渣容易。因此深而窄难以清渣的坡口内焊接特别适宜小直径焊丝。大直径焊丝能承受较高的电流，生产效率高，同时对装配精度适应性强，有利于焊缝成形。大型焊件适用 ϕ4 ~ ϕ5mm 的粗焊丝。

焊丝伸出长度是指焊丝伸出导电嘴部分的长度。焊丝直径越细或伸出长度越长，预热作用也越大。在相同焊接电流条件下，增加焊丝伸出长度可提高焊丝熔化速度 25% ~50%，而熔深减小。有些情况下，可利用增加焊丝伸出长度来提高效率。焊丝直径小于 3mm 时，要严格控制伸出长度，一般伸出长度应为焊丝直径的 6 ~ 10 倍。不锈钢等电阻率较大的材料，其伸出长度应小些。

焊丝可沿焊接方向倾斜一定角度。当后倾时，电弧力将熔池金属推向电弧前方，电弧对母材的直接加热作用减小，使熔池深度减小，焊缝宽度增大，焊缝平滑、不易咬边。高速焊接时常使焊丝后倾。焊丝前倾，电弧将熔池金属推向后方并直接加热熔池底部的母材金属，使熔深增加、熔宽减小。所以深熔焊接时，焊丝常前倾。多丝焊接，第一根焊丝常前倾以保证根部的熔深。

焊件倾斜有上坡焊和下坡焊两种情况。上坡焊时若焊件倾斜角度在 6° ~12°时，则焊缝余高过大，两侧出现咬边，成形明显恶化。焊件倾斜角度小于 6°时的下坡焊的焊缝熔深和余高均减小，而熔宽略有增加，焊缝成形得到改善。

二、埋弧焊的自动焊

对于自动焊工艺步骤，焊前准备很重要。焊前准备包括坡口的加工和清理、焊件装配、焊剂垫布置、焊丝对中，以及焊机和控制仪表的检查、焊接材料的确认等。对接接头埋弧焊的焊件厚度不超过 16mm 时，可开 I 形坡口。接头的装配质量会直接影响焊接质量，装配不良如错边、间隙不当等容易引起焊缝夹渣和气孔缺陷，甚至造成焊穿或未焊透。错边还会影响接头性能，尤其单面焊双面成形时更应严格注意。

埋弧焊熔池体积较大、存在时间长，在焊缝根部应铺加衬垫，也可加大钝边予以承托。最常用的衬垫有：焊剂垫、钢衬垫、封底焊缝、铜衬垫和陶瓷衬垫等，除钢衬垫和封底焊缝外，其他均属临时性衬垫，焊后可拆除。

焊接中一个重要注意事项是合理地连接地线。在使用铜垫板时，地线决不可接在焊端铜垫板上，而应接到引弧处焊件的合适位置，以免电弧发生偏吹。焊前还应注意焊丝的对中性，应将焊丝调整，对准坡口的中心线。

对接直焊缝的焊接有单面焊和双面焊两种，在操作上有加垫板和不加垫板等方法。板厚超过 12mm 的对接接头通常采用双面焊。这种焊法的焊件装配时不留间隙或只留很小的间隙。对于板厚大于 16mm 的板可开 Y 形坡口，钝边 6 ~8mm，以保证焊接时不被烧穿。也可以在临时衬板上焊接，装配时接头留有一定间隙，并填满焊剂。对接环焊缝的焊接采用非对称坡口形式，一般是内坡口小，外坡口大，将主要工作量放在外环缝，内环缝主要起封底作用。

第六节　CO_2 气体保护焊

CO_2 气体保护焊是利用 CO_2 作为保护气体的气体保护焊。CO_2 气体保护焊属于熔化极气体保护焊，可以用于焊接低碳钢和低合金钢、耐磨件的堆焊、铸钢的补焊等。使用药芯焊丝的 CO_2 气体保护焊，还可进行不锈钢焊接，甚至铸铁缺陷的补焊。

CO_2 气体保护焊有三种熔滴过渡方式，分别是滴状过渡、短路过渡和细颗粒过渡。滴状过渡是在焊接电流小，电弧长度大的时候出现的过渡方式。由于 CO_2 气体在高温下分解，会吸收大量电弧热，使电弧冷却，造成电弧和斑点面积收缩，使熔滴偏离焊丝轴向位置，从而产生飞溅。根据最小电压原理，电弧总是趋向在电极间距离最近的部位发生，并集中于熔滴的下部，所以形成了作用力方向向上，作用于熔滴斑点的电磁收缩力。电磁收缩力与带电粒子的撞击力等组成了斑点压力，成为阻碍熔滴过渡的力。

当电弧较短，电弧电压小，焊接电流小的时候，会发生短路过渡。熔滴在此工作参数下会持续拉长并与熔池接触短路，电弧熄灭，焊丝与熔池之间的液态金属在各种力的作用下过渡到熔池中，之后电弧重新引燃，重复上述过程。这种方法飞溅较小，适合薄板和全位置焊接。而当电流增大到一定程度，加上适当的电弧电压时，熔滴尺寸就会在很小的情况下飞离焊丝，这种熔滴过渡方式称为细颗粒过渡。这种过渡方式一般采用较粗的焊丝，其中 $\phi1.6$mm 和 $\phi2.0$mm 用得最多，$\phi3\sim\phi5$mm 用得少一些，而对于 $\phi1.0$mm 和 $\phi1.2$mm 者，则由于焊丝电阻热太大，容易烧红变软，甚至产生飞溅。

电弧电压在 CO_2 气体保护焊中是决定电弧长短和熔滴过渡形式的一个重要参数，对焊接工艺及焊缝的性能都有很大的影响。当电弧电压低的时候，熔滴过渡的方式为短路过渡，而当电弧电压增大时，则由短路过渡转变为滴状过渡。焊接电流同样影响熔滴过渡方式。电流小的时候熔滴为滴状过渡，当达到临界电流值时则为细颗粒过渡。

焊丝伸出喷嘴的长度对焊接工艺也有一定影响。当伸出长度增加时，焊接电流会下降，熔深减小，直径越细、电阻率越大的焊丝受影响越大。焊丝伸出长度大，焊丝的电阻热增大，熔化速度增大，生产率提高。当伸长过小时，喷嘴与焊件的距离过小，飞溅容易堵塞喷嘴。焊丝伸出长度应为焊丝直径的 10～12 倍，一般在 10～20mm 之间。

一般情况下，CO_2 气体保护焊使用的是直流反极性，飞溅小、电弧稳定、成形好。但在堆焊及补焊铸件时，则采用正极性。因为阴极发热量比阳极大。正极性时焊丝为阴极，熔化系数大，金属熔敷率高。此外，正极性时工件热量小，熔深浅，对性能有利。

CO_2 气体保护焊焊接低碳钢和低合金钢时，为防止气孔、减少飞溅并保证焊缝具有较高的力学性能，必须采用含 Si、Mn 等脱氧元素的焊丝。常用的实芯钢焊丝中，H08Mn2SiA 是目前应用最为广泛的焊丝，具有良好的工艺性能、力学性能和抗热裂纹性能，适合焊接低碳钢和 $\sigma_s \leqslant 500$MPa 的低合金钢以及焊后需热处理的强度 $\sigma_b \leqslant 1200$MPa 的低合金高强度钢。其他焊丝中，H10MnSi、H08MnSi 与 H08MnSiA 适合焊接低碳钢与低合金高强度钢；H04Mn2SiTiA、H10MnSiMo 与 H04MnSiAlTiA 适合焊接低合金高强度钢；H08Cr3Mn2MoA 适合焊接贝氏体钢；H18CrMnSiA 适合焊接高强度钢。CO_2 气体保护焊焊丝的发展趋势是进一步降低含碳量，添加 Ti、Al 等合金元素。

半自动 CO_2 气体保护焊，按照焊枪和焊丝的移动方向，可分为后向焊和前向焊法。焊接时的焊枪前倾，焊丝指向前方待焊部位，称为前倾焊或前向焊；而焊丝向后倾斜，称为后倾焊法或后向焊。焊接时，在焊丝轴线与焊缝中心线所形成的平面内，焊丝轴线与焊接方向的夹角，称为焊丝倾角。前向焊丝倾角大于 90°，而后向焊则小于 90°。其他参数不变的情况下，焊丝从垂直变为后倾，熔深增加、焊道变窄且余高增大。若由垂直变为前倾，则熔深减小、焊缝变宽且余高减小。前倾焊有利于操作，不易焊偏，对厚板和深坡口焊接效果好。

第七节　气　　焊

气焊是利用气体燃烧火焰作为热源的一种熔焊方法，最常用的是氧乙炔焊接。气焊主要用于焊接薄板和小焊件，还可用于有色金属、铸铁、硬质合金以及堆焊及火焰钎焊等，尤其是没有电源的场合。氧乙炔火焰还是切割用气体火焰之一。

当乙炔与氧气的体积之比为 1.1 ~ 1.2 时可充分燃烧，此时的火焰为中性焰。当混合比（体积比）小于1.1 时，乙炔不能充分燃烧而变为碳化焰，混合比（体积比）大于 1.2 时氧气过剩，为氧化焰。中性焰分为焰芯、内焰和外焰三个区域。焰芯由未燃烧的氧和乙炔组成，外表分布着由乙炔分解的碳素微粒层，灼热的碳颗粒发出明亮的白光形成明显轮廓。焰芯前 2 ~ 4mm 处，温度最高可达 3050 ~ 3150℃。内焰由乙炔不完全燃烧产物组成，具有一定还原性，包裹在焰芯外面，外形呈枣核状，颜色淡橘色。而外焰则包裹在内焰外面，是一氧化碳和氢气与大气中的氧完全燃烧的产物，具有氧化性，颜色由内向外呈橙黄色。

中性焰用于焊接一般碳钢、不锈钢、铝及其合金、铸铁、锡、铅等。氧化焰含过剩氧气，其焰芯形状变尖，内焰很短。火焰最高温度达 3100 ~ 3300℃，适合焊接黄铜、锰钢及镀锌铁等。碳化焰有部分剩余的乙炔时，火焰变长且异常明亮，焰芯轮廓不清。当乙炔大量过剩时冒黑烟。碳化焰适合焊接高碳钢、高速钢、硬质合金及蒙乃尔合金。

气焊的焊接材料一般由焊丝和熔剂两部分组成，特别是火焰钎焊更需要添加熔剂。气焊焊丝的选择主要应保证其化学成分与焊件的匹配性，并应考虑到合金元素的烧损。焊丝表面应去油、去锈。对于熔焊来讲，焊接低碳钢用焊丝规格一般在 $\phi2 \sim \phi4$mm，长度为 1000mm 以内。而火焰钎焊材料可能是丝材，也可能是箔片的形式。熔剂可以有效去除焊接过程中产生的氧化物等杂质，除火焰钎焊外，有色金属、铸铁及不锈钢等材料的气焊也使用熔剂。熔剂可以直接撒在坡口上或蘸在气焊丝材表面上。

气焊的焊接参数中，主要的有焊嘴的倾角和焊接的速度。厚大焊件和熔点高、导热性好的焊件，使用的焊嘴倾角要大些，反之则小些。气焊有左向法和右向法两种操作方法。右向法是焊炬在前焊丝在后，从左向右施焊，火焰指向焊缝。气焊的特点是火焰始终覆盖熔池，以隔绝空气、防止氧化物并减少气孔，火焰加热集中，熔深较大，可提高焊接效率；焊缝冷却缓慢，从而改善焊缝组织，但该法不易掌握。左向法是焊炬跟在焊丝后面由右向左施焊，火焰背着焊缝而指向焊件待焊部分，对接头有预热作用，该焊法操作简单、易于掌握。左向法适合较薄和低熔点焊件，缺点是焊缝易于氧化、冷却快、焊缝质量稍差。

气焊操作有一定的危险性，因此焊工必须经过专门培训，必须持证操作。应选择安全地点，清除可燃物，并有防止金属熔渣飞溅引起火灾的措施。焊接前必须检查焊接工具和设备，禁止使用有缺陷的焊接工具和设备。氧气瓶，乙炔气瓶相距必须大于 10m，距明火处大于 10m，焊接过程中要做好灭火准备。乙炔气瓶必须直立使用，氧气瓶应有安全帽和防振圈。焊接作业结束后，应对作业现场认真检查，防止留下火种，待确定无危险时才能离开。

第八节　等离子弧焊

等离子是指在标准大气压下温度超过3000℃的气体，在温度谱上可以把其看作为继固态、液态、气态之后的第四种物质状态。等离子是由被激活的离子、电子、原子或分子组成。它可通过自然界中的闪电产生，等离子的含义，就是电弧通过涡流环或喷嘴压缩而形成的高能量状态，此原理现在被广泛用于钢铁、化工及机械工程。

等离子弧焊是在钨极氩弧焊的基础上发展起来的一种焊接方法。钨极氩弧焊使用的热源是常压状态下的自由电弧，简称自由钨弧。等离子弧焊用的热源则是将自由钨弧压缩强化之后而获得电离度更高的电弧等离子体，称等离子弧，又称压缩电弧。两者在物理本质上没有区别，仅是弧柱中电离程度上的不同。经压缩的电弧其能量密度更为集中，温度更高。

等离子弧的最大电压降是在弧柱区里，这是由于弧柱被强烈压缩，使电场强度明显增大的缘故。因此，等离子弧焊主要是利用弧柱等离子体热来加热金属，而自由钨弧是利用两电极区产生的热来加热母材和电极金属。

等离子弧能量密度可达10000～100000W/cm^2，比自由钨弧（约10000W/cm^{2}以下）高，其温度可达18000～24000K，也高于自由钨弧（约5000～8000K）很多。等离子弧焊是利用被压缩了的等离子弧的热量，由粉末输送装置将合金粉末输送到弧柱区域内，并利用压缩空气，将半熔或全熔的合金粉末喷射到母材（基体）表面上，形成所需的合金焊层的一种金属表面强化技术。由于等离子弧弧柱温度高，能量密度大，因而对焊件加热集中，熔透能力强，一次可焊透的厚度见表4-2，在同样熔深下其焊接速度比TIG焊高，故可提高焊接生产率。等离子弧焊适用范围见表4-2。此外，等离子弧对焊件的热输入较小，焊缝截面形状较窄，深宽比大，呈“酒杯”状，见图4-13。热影响区窄，其焊接变形也小。

表4-2　等离子弧焊适用范围

母材	不锈钢	钛及其合金	镍及其合金	低合金高强度钢	低碳钢	铜及其合金
适用厚度范围/mm	≤8	≤12	≤6	≤8	≤8	≤2.5

焊接时，首先是焊前清理。坡口两侧一定距离内必须清除一切油污及表面氧化层，以机械清理方法更为简便。机械清理方法如下：用丙酮除去坡口两侧100mm内的油污，用细砂布除去两侧50mm内的氧化层，直至露出干净的金属为止，再用棉纱蘸丙酮擦洗2～3遍，即可进行焊接。填充焊丝出厂前已经过酸洗，使用前仅用丙酮擦洗一遍。清理完毕，需要进行装配。焊接坡口系机械加工出的直边坡口，比较规整。应当考虑到产品焊接时，必然会存在装配间隙及错边。

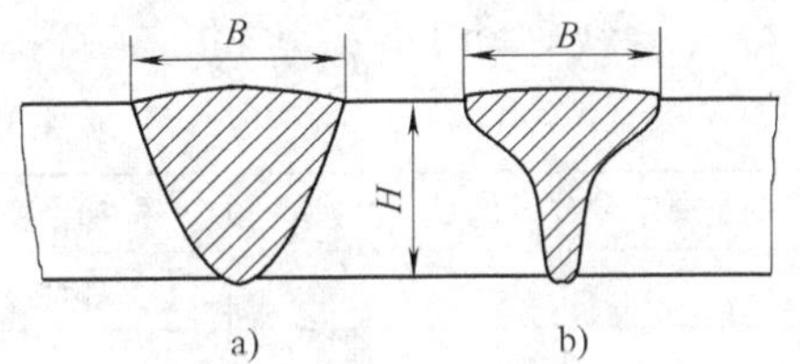

图4-13　等离子弧焊与TIG焊的焊缝截面比较
a）TIG焊缝　b）等离子弧焊缝

焊接材料主要是使用各种类型的粉末，如普遍使用的要求较低的铁基合金粉末。如果有耐磨损要求，可以使用 Co 基粉末或者 WC 粉末等。

第九节 钎 焊

钎焊是焊接技术中最早得到应用的一种工艺。钎焊属于固相连接，与熔焊方法不同，钎焊是指采用比母材熔化温度低的钎料，将焊件和钎料加热到高于钎料熔点，但采取低于母材熔点的温度，利用液态钎料润湿母材表面并与母材相互扩散而实现连接焊件的方法。钎焊与熔焊方法相比，钎焊具有以下优点：①钎焊加热温度较低，对母材组织和性能影响较小；②钎焊接头平整光滑，外形美观；③焊件变形较小，尤其是采用均匀加热（如炉中钎焊）的钎焊方法，焊件的变形可减小到最低程度，容易保证焊件的尺寸精度；④某些钎焊方法一次可焊成几十条或成百条钎缝，生产率高；⑤可以实现异种金属或合金、金属与非金属的连接。但是，也有其本身的缺点，针焊接头强度比较低，耐热能力比较差，由于母材与钎料成分相差较大而引起的电化学腐蚀致使耐蚀力较差及装配要求比较高等。

钎焊需要使用钎料和钎剂。

根据使用钎料的不同，钎焊一般分为：①软钎焊——钎料液相线温度低于 450℃；②硬钎焊——针料液相线温度高于 450℃。此外，某些国家将钎焊温度超过 900℃而又不使用钎剂的钎焊方法（如真空钎焊、气体保护钎焊）称做高温钎焊。

钎焊方法通常是以所应用的热源来命名的，其主要作用是依靠热源将焊件加热到必要的温度，随着新热源的发展和使用，近年来出现了不少新的钎焊方法。生产中的一些主要或重要的钎焊方法是按加热方式区分钎焊方法的。常用钎焊方法有电子组装钎焊、浸渍钎焊、波峰钎焊、电阻钎焊、高频感应钎焊、中频感应钎焊、等离子弧钎焊、激光钎焊、真空电子束钎焊、盐浴钎焊、火焰钎焊、炉中钎焊、超声波钎焊等。

对于软钎焊用钎剂，使用英文符号 FS（flux soldering）加上表示钎剂分类的代码组合而成。软钎剂类型有三种：①是树脂类，包括松香类和非松香类（树脂类）；②是有机物类，包括水溶性和非水溶性；③是无机物类，包括盐类（又分为加氯化氨和不加氯化氨）、酸类（包括磷酸和非磷酸）和碱类。从形态上来说，软钎剂可分为液态、固态和膏状。

对于硬钎剂，由符号 FB 表示，可分为四种，见表 4-3。钎剂的形态有 S（粉末状、粒状）、P（膏状）和 L（液态）。

表 4-3 硬钎剂分类及构成

钎剂主要组分分类代号（$\times_1$）	钎剂主要组分（质量分数,%）	钎焊温度/℃
1	硼酸 + 硼砂 + 氟化物≥90	550 ~ 850
2	卤化物≥80	450 ~ 620
3	硼砂 + 硼酸≥90	800 ~ 1150
4	硼酸三甲脂≥60	>450

钎剂型号表示方法为：FB $\times_1\times_2\times_3$——其中 FB 表示硬钎剂，$\times_1$ 表示钎剂主要元素组分分类代号，$\times_2$ 表示钎剂顺序号，$\times_3$ 表示钎剂形态。

钎剂各组分应该混合均匀，不允许有肉眼可见的夹杂物存在。钎剂配合钎料进行钎焊时，应具有良好的填缝性能。同时应具有良好的钎焊工艺性能，在正常使用条件下，钎剂应不产生窒息性烟雾和影响操作的火焰或烟气。钎焊后残留在焊件上的钎剂，使用钎剂生产厂家推荐的清洗方法清洗时，应易被除去。

钎焊的接头连接方式，有如图 4-14 所示的三种主要方式。

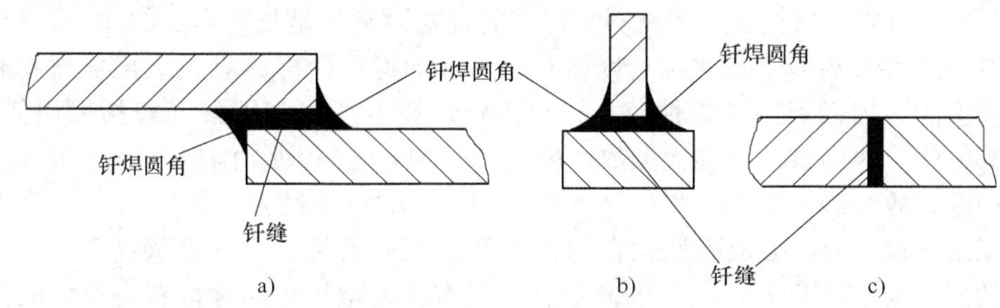

图 4-14　钎焊接头连接方式

a）搭接接头　b）T 形接头　c）对接接头

受钎料和钎剂以及钎焊工艺的影响，钎焊以后的接头还容易出现未钎满的情况。典型的形式如图 4-15 所示。

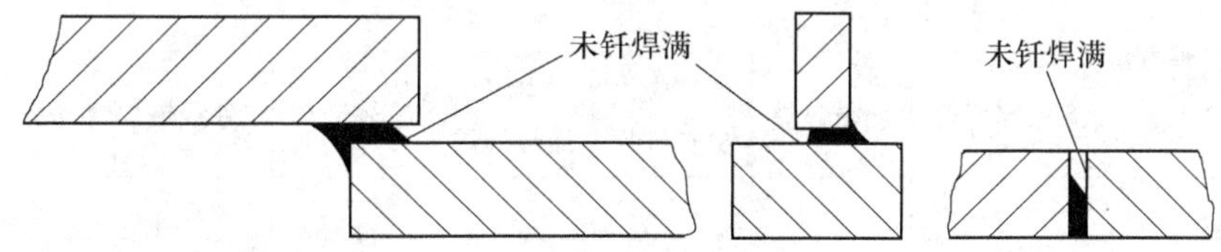

图 4-15　未钎满焊缝

在钎焊完成以后，需要对其质量进行检验。目前主要的方法有目视、着色探伤和密封性检验。从外观上可以将钎缝质量分为Ⅰ、Ⅱ、Ⅲ三个等级。Ⅰ级钎缝使用于承受大的静载荷、动载荷或交变载荷，钎缝表面连续致密、钎角光滑均匀，呈明显的凹下圆弧过渡。表面不允许存在裂纹、针孔、气孔、疏松、节瘤和腐蚀斑点等，钎料对基体金属无可见的凹陷性溶蚀。Ⅱ级钎缝承受中等载荷，钎料无未钎满，钎角连续，但均匀性较差，钎缝表面有少量、轻微的分散性气孔、疏松和腐蚀斑点，但不允许有裂纹和针孔。钎料对基体金属有可见的凹陷性溶蚀，但其深度不超过基体金属厚度的 5% ~10%。Ⅲ级钎缝适用于小载荷，钎缝成形较差，钎缝不连续，不光滑、不均匀，局部有未钎满和气孔、较密集的疏松，但不允许有裂纹、穿透性气孔、针孔，允许钎料对金属有明显的凹陷性溶蚀，但其深度不大于基体金属厚度的 10% ~20%。

目视检查适用于明显可见的宏观缺陷，一般采用不超过 10 倍的放大镜进行检查，适用于肉眼难分辨的表面缺陷；或者使用反光镜，适用于深孔，必要时再加上放大镜；也可以使用内窥镜对弯曲或遮挡部位进行检查。

渗透检查法适用于Ⅰ、Ⅱ级钎缝外观检查，用以判断钎缝表面有无微小的肉眼难分辨的裂纹、气孔和针孔等缺陷。密封性检查主要是用在不能进行目视或渗透检验的情况。首先是封闭组合件所有开口，然后给钎焊容器内腔充入图纸规定的压力空气，放入水中 1 ~2min，观察有无气泡产生。或者在钎缝外表面涂白垩粉，随后向钎焊容器内注煤油，等 5 ~10min 后，观察白垩粉的变色情况，若在涂白垩粉的一面上出现油痕，则该处被判定为缺陷区，密封性检查发现有渗漏，必须进行补焊。

根据国际焊接学会对材料焊接性的定义可以推出，材料的钎焊性是指材料在一定的钎焊条件下获得优质接头的难易程度。对某种材料而言，若采用的钎焊工艺越简单，钎焊接头的质量越好，则该种材料的钎焊性越好；反之，如果采用复杂的钎焊工艺也难获得优质接头，那么该种材料的钎焊性就差。影响材料钎焊性的首要因素就是材料本身的性质。例如 Cu 和 Fe 的表面氧化物稳定性低而易去除，因而 Cu 和 Fe 的钎焊性好；Al 的表面氧化物非常致密稳定而难于去除，因而铝的钎焊性差。材料的钎焊性可从工艺因素（包括采用何种钎料、钎剂和钎焊方法）来考察。例如大多数钎料对 Cu 和 Fe 的润湿作用都比较好，而对 W 和 Mo 的润湿作用差，故 Cu 和 Fe 的钎焊性好，而 W 和 Mo 的钎焊性差；又如 Ti 及其合金同大多数钎料作用后会在界面区形成脆性化合物，故 Ti 的钎焊性差；再如低碳钢在炉中钎焊时对保护气氛的要求较低，而含 Al、Ti 的高温合金只有在真空钎焊时才能获得良好的接头，故碳钢的钎焊性好，而高温合金的钎焊性差。总而言之，材料的钎焊性不但决定于材料本身，而且与钎料、钎剂和钎焊方法有关，因此必须根据具体情况进行综合评定。常用金属材料适用的钎焊方法见表 4-4。

表 4-4　常用金属材料适用的钎焊方法

钎焊方法 材料	硬钎焊							软钎焊
	火焰钎焊	炉中钎焊	感应加热钎焊	电阻加热钎焊	浸渍钎焊	红外线钎焊	扩散钎焊	
碳钢	△	△	△	△	△	△	△	△
低合金钢	△	△	△	△	△	△	△	△
不锈钢	△	△	△	△	△	△	△	△
铸铁	△	△	△	—	—	—	△	△
镍和合金	△	△	△	△	△	△	△	△
铝和合金	△	△	△	△	△	△	△	△
钛和合金	—	△	△	—	—	△	△	—
铜和合金	△	△	△	△	—	—	△	△
镁和合金	△	△	—	—	—	—	△	—
难熔合金	△	△	△	△	—	△	△	—

第十节　典型材料的焊接

一、碳素钢的焊接

1. 低碳钢的焊接

Q235、10、15、20 等低碳钢是应用最广泛的焊接结构材料，由于其 w（C）低于 0.25%，塑性很好，淬硬倾向小，不易产生裂纹，所以焊接性最好。焊接时，采用任何焊接方法和最普通的焊接工艺即可获得优质的焊接接头。但由于施焊条件、结构形式不同，焊接时还需注意以下问题：

1）在低温环境下焊接厚度大、刚度大的结构时，应该进行预热，否则容易产生裂纹。

2）重要结构焊后要进行去应力退火以消除焊接应力。

低碳钢对焊接方法几乎没有限制，应用最多的是焊条电弧焊、埋弧焊、气体保护焊和电阻焊。低碳钢的碳含量较低，且除 C、Mn、Si、S、P 等常规元素外，没有其他合金元素，只有很少含量的受控制的其他元素，因而焊接性良好。焊接时有以下特点：可装配成各种不同的接头；焊前一般不需预热；塑性较好，适合制造各类大型结构件和压力容器等。

低碳钢几乎可采用各种焊接方法进行焊接，并均能获得良好的焊接质量。焊条电弧焊是应用最多的一种方法，焊接的关键是选择焊条。直径大于或等于 3000mm，且壁厚大于等于 50mm 的情况下，以及壁厚大于或等于 90mm 的产品的第一层焊道的焊接，焊前都应进行预热。预热温度可视具体情况而定，一般为 80 ~ 150℃。对于焊接受压件，当壁厚大于或等于 20mm 时，应考虑采取焊后热处理或相应的消除应力措施；壁厚大于 30mm 时，必须进行焊后热处理，温度为 600 ~ 650℃；壁厚大于 200mm 时，待焊至焊件厚度的 1/2 时，应进行一次中间热处理后，再继续焊接。中间热处理温度为 550 ~ 600℃，焊后热处理温度为 600 ~ 650℃。采用电弧焊时，焊接材料的选择参见表 4-5。

表 4-5　低碳钢焊接材料的选择

焊接方法	焊接材料	应用情况
焊条电弧焊	J421、J422、J423 等	一般结构
	J426、J427、J506、J507 等	承受动载荷、结构复杂或厚板重要结构
埋弧焊	H08 配 HJ430、H08A 配 HJ431	一般结构
	H08MnA 配 HJ431	重要结构
CO_2 气体保护焊	H08Mn2SiA	一般结构

2. 中碳钢的焊接

w（C）在 0.25% ~0.60% 之间的中碳钢，有一定的淬硬倾向，焊接接头容易产生低塑性的淬硬组织和冷裂纹，焊接性较差。中碳钢的焊接结构多为锻件和铸钢件或进行补焊。焊条应选用抗裂性好的低氢型焊条（如 J426、J427、J506、J507 等），焊缝有等强度要求时，选择相当强度级别的焊条。对于补焊或不要求等强度的接头，可选择强度级别低、塑性好的焊条，以防止裂纹的产生。焊接时，应采取焊前预热、焊后缓冷等措施以减小淬硬倾向，减小焊接应力。接头处开坡口进行多层焊，采用细焊条小电流，可以减少母材金属的熔入量，降低裂纹倾向。

3. 高碳钢的焊接

高碳钢的 w（C）大于 0.60%，其焊接特点与中碳钢基本相同，但淬硬和裂纹倾向更大，焊接性更差。一般这类钢不用于制造焊接结构，大多是用焊条电弧焊或气焊来补焊修理一些损坏件。焊接时，应注意焊前预热和焊后缓冷。

二、低合金高强度钢的焊接

低合金高强度钢（俗称低合金钢）按其屈服强度可以分为九级：300MPa、350MPa、400MPa、450MPa、500MPa、550MPa、600MPa、700MPa、800MPa。强度级别≤400MPa 的低合金钢，C_{eq} < 0.4%，焊接性良好，其焊接工艺和焊接材料的选择与低碳钢基本相同，一般不需采取特殊的工艺措施。只有焊件较厚、结构刚度较大和环境温度较低时，才进行焊前预热，以免产生裂纹。强度级别≥450MPa 的低合金结构钢，C_{eq} > 0.4%，存在淬硬和冷裂问题，其焊接性与中碳钢相当，焊接时需要采取一些工艺措施，如焊前预热（预热温度 150℃左右）可以降低冷却速度，避免出现淬硬组织；适当调节焊接参数，可以控制热影响区的冷却速度，保证焊接接头获得优良性能；焊后热处理能消除残余应力，避免冷裂。

低合金钢的含碳量较低，对硫、磷控制较严，焊条电弧焊、埋弧焊、气体保护焊和电渣焊均可用于此类钢的焊接，以焊条电弧焊和埋弧焊较常用；选择焊接材料时，通常从等强度原则出发，为了提高抗裂性，尽量选用碱性焊条和碱性焊剂，对于不要求焊缝和母材等强度的焊件，亦可选择强度级别略低的焊接材料，以提高塑性，避免冷裂。

热轧及正火钢可以用各种焊接方法焊接，不同的焊接方法对产品质量无显著影响。热轧及正火钢可以用各种切割方法下料，如气割、电弧气刨、等离子弧切割等。强度级别较高的钢，虽然在热切割边缘会形成淬硬层，但在后续的焊接时可溶入焊缝而一般不会影响焊接质量。热轧及正火钢焊接时，对焊接质量影响最大的是焊接材料和焊接参数。如 Q295 钢可选用 E43××型焊条，焊丝选用 H08、H10MnA；Q345 选用 E50××型焊条，焊丝选用 H08A、H08MnA、H10Mn2。

三、不锈钢、耐热钢的焊接

不锈钢是指 w(Cr)超过 13% 的钢。耐热钢一般指具有热强性及热稳性的钢。钢材抵抗蠕变变形的能力称为“热强性”，抵抗氧化的能力称为“热稳性”。耐热钢材料主要有珠光体耐热钢（12CrMo、15CrMo、12Cr2Mo、12Cr1MoV）、低碳耐热钢、Ci-Ni 等系统的高合金耐热钢等。

以奥氏体不锈钢为例，首先要分析钢的焊接性。奥氏体不锈钢的焊接件容易在焊接接头处发生晶间腐蚀，其原因是焊接时，在 450～850℃温度范围停留一定时间的接头部位，在晶界处析出高铬碳化物（$Cr_{23}C_6$），会引起晶粒表层含铬量降低，形成贫铬区，在腐蚀介质的作用下，晶粒表层的贫铬区受到腐蚀而形成晶间腐蚀。这时被腐蚀的焊接接头表面无明显变化，受力时则会沿晶界断裂，几乎完全失去强度。为防止和减少焊接接头处的晶间腐蚀，应严格控制焊缝金属的含碳量，采用超低碳的焊接材料和母材。采用含有能优先与碳形成稳定化合物的元素如 Ti、Nb 等，也可防止贫铬现象的产生。

奥氏体不锈钢焊接的另一个问题是热裂纹。产生的主要原因是焊缝中的树枝晶方向性强，有利于 S、P 等元素的低熔点共晶产物的形成和聚集。另外，此类钢的热导率小（约为低碳钢的 1/3），线胀系数大（比低碳钢大 50%），所以焊接应力也大。防止的办法是选用含碳量很低的母材和焊接材料，采用含适量 Mo、Si 等铁素体形成元素的焊接材料，使焊缝形成奥氏体加少量铁素体的双相组织，减少偏析。

由于钢的结构问题，在焊接后容易在接头处出现晶间腐蚀、应力腐蚀和热裂纹、接头脆化。又由于接头抗腐蚀性的要求，因此在编制工艺规程时，必须考虑备料、装配、焊接各个环节对接头质量可能带来的影响。奥氏体不锈钢具有较好的焊接性，可以采用焊条电弧焊、埋弧焊、惰性气体保护焊和等离子弧焊等熔焊方法，并且焊接接头具有相当好的塑性和韧性。

焊前准备：①下料的方法，一般的氧乙炔切割有困难，可用机械切割、等离子弧切割等方法进行下料或坡口加工。②坡口的制备应适当减小 V 形坡口角度。当板厚大于 10mm 时，应尽量选用焊缝截面较小的 U 形坡口。③焊前清理，为了保证焊接质量，焊前应将坡口两侧 20～30mm 范围内的焊件表面清理干净，如有油污，可用丙酮或酒精等有机溶剂擦拭。④在搬运、坡口制备、装配及定位焊过程中，应注意避免损伤钢材表面，如不允许用利器划伤钢板表面，不允许随意到处引弧等。⑤焊接参数的选择，应控制焊接热输入和层间温度，以防止热影响区晶粒长大及碳化物析出。

奥氏体不锈钢的焊接工艺：一般熔焊方法均能用于奥氏体不锈钢的焊接，目前生产上常用的方法是焊条电弧焊、氩弧焊和埋弧焊。在焊接工艺上，主要应注意以下问题：①采用小电流、快速焊，可有效地防止晶间腐蚀和热裂纹等缺陷的产生。一般焊接电流应比焊接低碳钢时低20%。②焊接电弧要短，且不作横向摆动，以减少加热范围。避免随处引弧，焊缝尽量一次焊完，以保证耐腐蚀性。③多层焊时，应等前面一层冷至60℃以下，再焊后一层。双面焊时先焊非工作面，后焊与腐蚀介质接触的工作面。④对于晶间腐蚀，在条件许可时，可采用强制冷却。必要时可进行稳定化处理，以消除产生晶间腐蚀的可能性。

对于焊条电弧焊，由于奥氏体不锈钢的电阻较大，焊接时产生的电阻热较大，同样直径的焊条，焊接电流值应比低碳钢焊条降低20%左右。如焊件厚度小于2mm时应选用2mm的焊条，焊接电流为40～70A范围。焊件厚度若在3～5mm时的焊条应选3.2mm，焊接电流应选50～80A范围。焊条若选用酸性焊条，最好采用直流反接。此外应注意提高焊接速度，同时焊条不进行横向摆动。

为了提高奥氏体不锈钢的耐腐蚀性，焊后应对其进行表面处理，处理的方法有表面抛光、酸洗和钝化处理。

奥氏体不锈钢一般都具有耐腐蚀的要求，所以焊后除了要进行一般焊接缺陷的检验外，还要进行耐腐蚀性试验。常用的方法有不锈钢晶间腐蚀试验、应力腐蚀试验、大气腐蚀试验、高温腐蚀试验、疲劳腐蚀试验等。

四、铸铁的补焊

铸铁在制造和使用中容易出现各种缺陷和损坏。铸铁补焊是对有缺陷铸铁件进行修复的重要手段，在实际生产中具有很大的经济意义。焊条电弧焊铸铁补焊的方法有：

1）热焊及半热焊　焊前将焊件预热到一定温度（400℃以上），采用同质焊条，选择大电流连续补焊，焊后缓冷。其特点是焊接质量好，生产率低，成本高，劳动条件差。

2）冷焊　采用非铸铁型焊条，焊前不预热，焊接时采用小电流、分散焊，减小焊接应力。焊缝的强度、颜色与母材不同，加工性能较差，但焊后变形小，劳动条件好，成本低。

五、有色金属的焊接

1. 铜及铜合金的焊接

(1) 存在问题

1）难熔合　铜的热导率大，焊接时散热快，要求焊接热源集中，且焊前必须预热，否则，易产生未焊透或未熔合等缺陷。

2）裂纹倾向大　铜在高温下易氧化，形成的氧化亚铜（Cu_2O）与铜形成低熔共晶体（$Cu_2O + Cu$）分布在晶界上，容易产生热裂纹。

3）焊接应力和变形较大　这是因为铜的线胀系数大，收缩率也大，且焊接热影响区宽的缘故。

4）容易产生气孔　气孔主要是由氢气引起的，液态铜能够溶解大量的氢，冷却凝固时，溶解度急剧下降，来不及逸出的氢气即在焊缝中形成氢气孔。此外，焊接黄铜时，会产生锌蒸发（锌的沸点仅907℃），一方面使合金元素损失，造成焊缝的强度、耐蚀性降低；另一方面，锌蒸汽有毒，对焊工的身体造成伤害。

(2) 焊接方法　铜及铜合金常用的焊接方法有氩弧焊、气焊和焊条电弧焊，其中氩弧焊是焊接纯（紫）铜和青铜最理想的方法，黄铜焊接常采用气焊，因为气焊时可采用微氧化焰加热，使熔池表面生成高熔点的氧化锌薄膜，以防止锌的进一步蒸发，或选用含硅焊丝，可在熔池表面形成致密的氧化硅薄膜，既可以阻止锌的蒸发，又能对焊缝起到保护作用。为保证焊接质量，在焊接铜及铜合金时还应采取以下措施：

1）为了防止 Cu_2O 的产生，可在焊接材料中加入脱氧剂，如采用磷青铜焊丝，即可利用磷进行脱氧。

2）清除焊件、焊丝上的油、锈、水分，减少氢的来源，避免气孔的形成。

3）厚板焊接时应以焊前预热来弥补热量的损失，改善应力的分布状况。焊后锤击焊缝，减小残余应力。焊后进行再结晶退火，以细化晶粒，破坏低熔共晶。

2. 铝及铝合金的焊接

铝具有密度小、耐腐蚀性好、很高的塑性和优良的导电性、导热性以及良好的焊接性等优点，因而铝及铝合金在航空、汽车、机械制造、电工及化学工业中得到了广泛应用。

（1）存在问题　铝及铝合金在焊接时的主要问题是：

1）铝及铝合金表面极易生成一层致密的氧化膜（Al_2O_3），其熔点（2050℃）远远高于纯铝的熔点（657℃），在焊接时阻碍金属的熔合，且由于密度大，容易形成夹杂。

2）液态铝可以大量溶解氢，铝的高导热性又使金属迅速凝固，因此液态时吸收的氢气来不及析出，极易在焊缝中形成气孔。

3）铝及铝合金的线胀系数和结晶收缩率很大，导热性很好，因而焊接应力很大，对于厚度大或刚度较大的结构，焊接接头容易产生裂纹。

4）铝及铝合金高温时强度和塑性极低，很容易产生变形，且高温液态无显著的颜色变化，操作时难以掌握加热温度，容易出现烧穿、焊瘤等缺陷。

（2）焊接方法　铝及铝合金常用的焊接方法有氩弧焊、电阻焊、气焊，其中氩弧焊应用最广，电阻焊应用也较多，气焊在薄件生产中仍在采用。

铝合金电阻焊时，应采用大电流、短时间通电，焊前必须清除焊件表面的氧化膜。如果对焊接质量要求不高，薄壁件可采用气焊，焊前必须清除工件表面氧化膜，焊接时使用熔剂，并用焊丝不断破坏熔池表面的氧化膜，焊后应立即将熔剂清理干净，以防止熔剂对焊件的腐蚀。

为保证焊接质量，铝及铝合金在焊接时应采取以下工艺措施：

1）焊前清理，去除焊件表面的氧化膜、油污、水分，便于焊接时的熔合，防止气孔、夹渣等缺陷。清理方法有化学清理及机械清理，如用钢丝刷或刮刀清除表面氧化膜及油污。

2）对厚度超过 5～8mm 的焊件，预热至 100℃～300℃，以减小焊接应力，避免裂纹，且有利于氢的逸出，可防止气孔的产生。

3）焊后清理残留在接头处的熔剂和焊渣，防止其与空气、水分作用，腐蚀焊件。可用质量分数为 10% 的硝酸溶液浸洗，然后用清水冲洗、烘干。

第五章　焊接应力与变形

在石油化工、能源及各种机械设备的制造中，焊接技术得到广泛的应用。焊接过程中产生的焊接应力和变形，不但引起工艺缺陷，而且将影响结构的承载能力，造成各类损伤与破坏，例如危害强度、刚度、受压稳定性、结构加工精度和尺寸稳定性，降低抵抗断裂、磨损和腐蚀的能力等。因此，了解焊接应力和变形，可以大大减少焊接应力与变形的危害。

第一节　焊接应力及变形的基本原理

一、焊接温度场及影响因素

1. 焊接温度场

焊接温度场是指在焊接热源的作用下，焊接过程中的某一瞬间焊接接头中各点的温度分布状态称为焊接温度场。可以将相同温度的各点连线形成等温线，不同温度的等温线综合起来，可形象的表示温度场。温度场沿热源移动方向的等温线分布不对称于热源，热源前面温度场的等温线密集，温度梯度大，热源后面等温线稀疏，温度梯度小，也即温度下降较慢。

由于金属材料中热传播速度很快，焊接时必须利用高度集中的热源，且焊接时的温度场也是非常不均匀和不稳定的。构件的初始温度为室温，而焊接熔池中的局部最高温度可达金属的气化温度。在这个温度范围内，熔池处的母材和填充金属均被熔化，热影响区各部位也会加热到不同温度，不均匀的温度分布使得焊接接头在加热、冷却过程中产生了不同应变和应力，不仅如此，在加热冷却过程中，金属还会发生显微组织的转变。温度场不仅直接通过热应变，而且还间接通过随金属状态和显微组织变化引起的相变、应变决定焊接残余应力。

2. 影响温度场的因素

（1）热源性质及焊接工艺的影响

热源的性质不同，温度场的分布也不同。热源的能量越集中，则加热面积越小，温度场中等温线（面）的分布越密集。不同的焊接热源，温度场的分布不相同。此外，同样的焊接热源，若焊接参数不同，温度场的分布也不同。在焊接参数中，热源功率和焊接速度的影响最大。当热源功率一定时，焊接速度 v 增加，则等温线的范围变小，即温度场的宽度和长度都变小，但宽度减小的更大些，所以温度场的形状变得细长。当焊接速度一定时，随热源功率的增加，温度场的范围随之增大。

（2）材料热物理性质的影响

被焊金属材料的热导率、比热容、传热系数等对焊接温度场的影响较大。焊接时，将金属加热到某一温度以上的范围大小，热导率具有决定性影响；当热导率 λ 小时，很小的热输入 q_w 就足够用于焊接；当热导率 λ 大时，则需要较大的热输入 q_w。因此，奥氏体 CrNi 钢（λ 小）焊接时，可以用较小的单位长度焊缝的热输入焊接；而铝和铜（λ 大），需要较大的单位长度焊缝上的热输入。

另外，焊件的几何尺寸不同也会影响焊接温度场，如焊件的大小厚度都会影响温度场分布。

二、温度对材料的物理及力学性能的影响

对于焊接残余应力和变形分析，除已知材料密度ρ以外，还需要以下材料热力学性能特征值与温度的关系：线胀系数α，弹性模量E，泊松比μ，屈服点σ_s，这些力学性能参数随温度的变化而变化。

对于钢的屈服点σ_s，在0～500℃时，基本是一个常数；当温度升到500℃以上时，σ_s发生陡降；当温度达到600℃时，金属处于塑性，σ_s较小，接近0。

对于铝合金材料的力学性能随着温度的变化，材料的屈服点随温度升高也降低。在300℃左右，材料的屈服点σ_s很小，600℃时，材料的屈服点接近为0。

在熔化温度时，体积发生显著膨胀，凝固时，体积收缩。当熔化或凝固温度时，由于屈服应力跌落至零，一般对焊接残余应力的形成没有重要影响。

综上所述，由于焊接温度场比较复杂，受到多种因素的影响，且温度对材料的物理力学性能的影响复杂，因此，焊接残余应力及变形也是比较复杂的。

三、金属杆件在温度变化时产生的应力及变形

从焊接过程及温度场可以发现，焊接是一个不均匀的加热过程，焊接接头部位加热和冷却时尺寸变化和组织变化各不相同，比较复杂。为了更好地理解应力、变形的基本概念，现以一根金属杆件在加热过程中的四种状态来进行讨论。

1）在自由延伸-自由收缩状态下的金属杆件，如图5-1a所示，钢棒被加热而延伸，而在冷却时又恢复到原始长度，在整个过程中存在延伸和收缩阻力，因此在钢棒内不存在内应力。

2）在自由延伸-限制收缩状态下的金属杆件，如图5-1b所示，钢棒在被加热时自由延伸，而在冷却时其收缩却受到限制，这样冷却后在钢棒内将产生拉应力，当拉应力大于该材料的抗拉强度时，导致钢棒断裂。

3）在限制延伸-自由收缩状态下的金属杆件，如图5-1c所示，钢棒受热时不能自由延伸而产生压应力，随着加热温度的提高，屈服点随之下降，并导致“锻粗”，随之压应力下降。在冷却时对收缩没有限制，而“锻粗”部位又不能恢复原态，故钢棒将缩短，但不存在残余应力。

4）在限制延伸-限制收缩状态下的金属杆件，如图5-1d所示，加热时钢棒的延伸受到限制，产生压应力，随着温度的增加，钢棒的屈服点下降，直至产生“锻粗”，随之压应力减小。在冷却时，钢棒的收缩受到限制，导致在钢棒内产生拉应力（收缩应力）。

四、材料不均匀加热及焊接过程引起的应力及变形

假设有一块钢板，如图5-2所示。它是由许多可以自由伸缩的小板条组成。若在钢板的一侧加热，由于是不均匀加热，距加热边越远的小板条受热温度越低。因为，金属在加热时的伸长量与温度成正比，因此，它们的伸长将相似于温度分布曲线的形状（图5-2中的虚线）。这是理论伸长曲线，因为事实上所假设的无数小板条是互相结合、互相牵制的。因此，温度高、伸长量大的板条要受到温度低、伸长量小的板条压缩；而温度低、伸长小的板条要受到温度高、伸长量大的板条的拉伸。故实际上钢板加热时伸长的情况为图中实线所示。这种不均匀加热温度超过某一值时，在实际的变形中就有塑性变形。

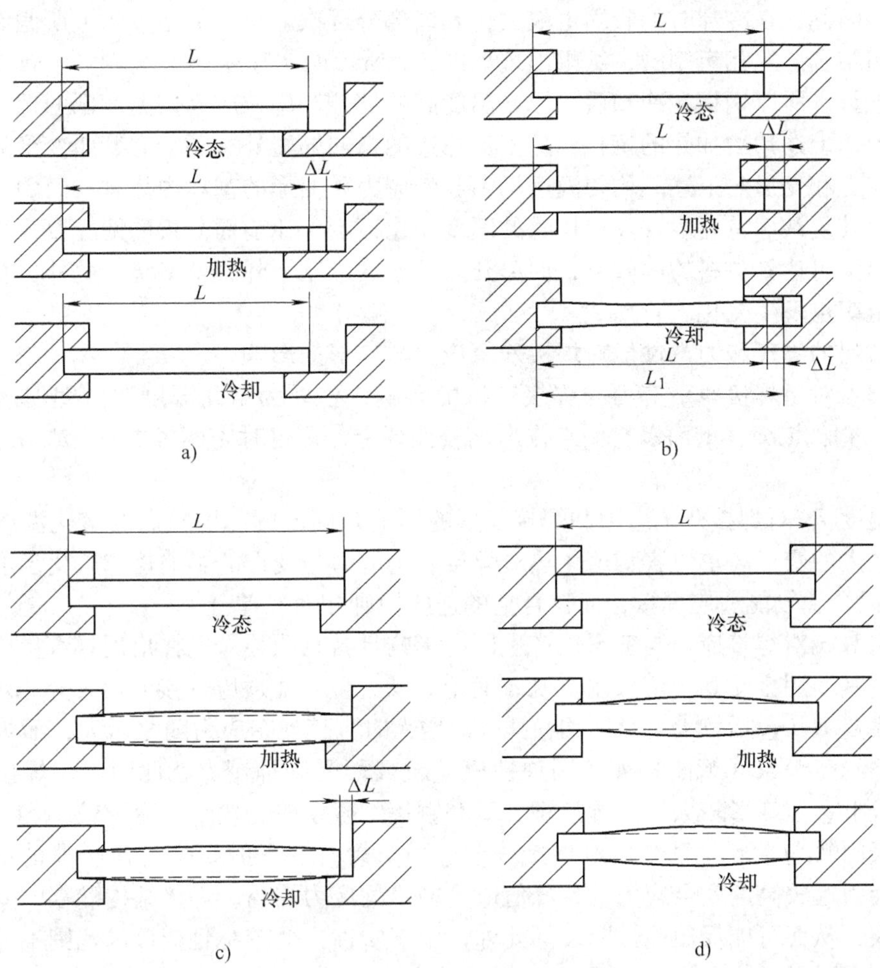

图 5-1　金属杆件在不同状态下的应力和变形

a）自由延伸-自由收缩　b）自由延伸-限制收缩　c）限制延伸-自由收缩　d）限制延伸-限制收缩

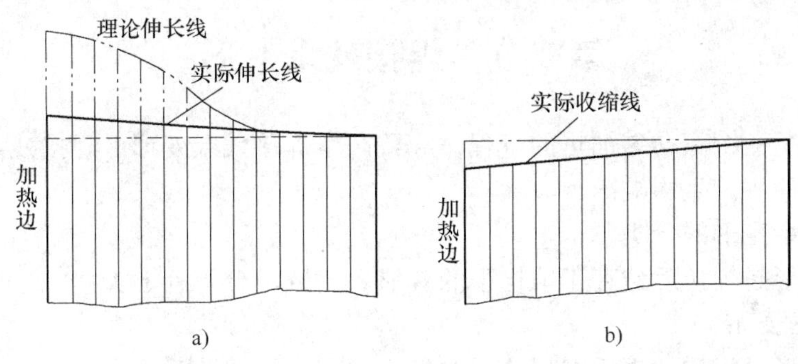

图 5-2　钢板不均匀加热的变形

a）受热时　b）冷却后

钢板在冷却时，互相牵制的小板条都在收缩，其中原来温度高的小板条被“压缩”的伸长量大，因此，在冷却时的收缩也较大，其余部分逐次减小。但是事实上所假设的无数小板条是互相结合、互相牵制的，结果出现如图 5-2 所示的实际变形情况。由于收缩在受拘束的状况下进行，所以钢板在冷却后，原来温度高的部分产生拉应力，温度低的部分产生压应力。事实上，上述单边加热的钢板，除了加热边的纵向缩短外，还会有弯曲变形的存在。

焊接应力和变形与上述不均匀温度场引起的应力和变形的基本规律是一致的，但是前者更为复杂，其复杂性首先表现在焊接时的温度变化范围，比前面分析的情况要大得多。在焊缝上最高温度可达到材料的沸腾点，而离开热源温度急剧下降直至室温。此外，金属在高温下性能和组织也发生变化。

五、材料的物理和力学性能对焊接残余应力与变形的影响

材料因素对于焊接残余应力与焊接变形的影响，主要为熔化温度 T_m、线胀系数 α、弹性模量 E、屈服点 σ_s，下面以它们来作出比较性评定，评定时先不考虑 α、E、σ_s 与温度的相关性。

熔化温度 T_m 对焊接残余应力和焊接变形的影响是同向的，即较高的熔化温度引起较高的应力和较大的变形。单位容积熔化热对焊接残余应力与变形的影响也与熔化温度相同。就 T_m 而论，铝合金较能适应焊接，而钛合金的适应性则相对较差。

线胀系数 α 对焊接应力与变形也产生同向影响且特别明显，但在出现具有反向影响的相变应变时，其作用会受到一定限制。就 α 而论，钛合金较能适应焊接而铝合金相对较差。

弹性模量 E（包括较少变化的泊松比 μ）增大时焊接残余应力随之增大，而焊接变形随之减小，不稳定现象（翘曲）尤其因弹性模量较大而受到抑制。就此而论，焊接铝材时残余应力会较低，但变形较大；而焊接钢、钛和铜等则残余应力较高，变形较小。

屈服极限（包括硬化系数）对焊接残余应力与焊接变形的影响与弹性模量相同。较高的屈服点会引起较高的残余应力，且峰值应力与平均应力均高。焊接结构贮存的变形能也会因此而增大，从而可能促使脆性断裂。此外，由于塑性应变较小且塑性区范围不大，因而变形（包括焊接熔池前方坡口面的位移）得以减小。上述现象也同样适用于高温下屈服极限增大（例如采用高温钢时）的情形，不过这种情况下高温产生裂纹的可能性也会随之增大，为避免这种情况则须增大材料的高温塑性（即可锻性）。铸铁不适合于用作焊接结构材料，因为它不具备高温塑性。

第二节　焊接残余变形

焊接热过程是一个不均匀加热的过程，导致产生焊接残余变形，焊接残余变形必将对焊接结构的生产和使用产生影响。

一、焊接残余变形的分类

焊接残余变形是焊接后残存于结构中的变形。大致可分下列七类：

1. 纵向收缩变形

纵向收缩变形是指构件焊后在焊缝方向发生收缩，如图 5-3a。

2. 横向收缩变形

横向收缩变形是指构件焊后在垂直焊缝方向发生收缩，如图 5-3b。

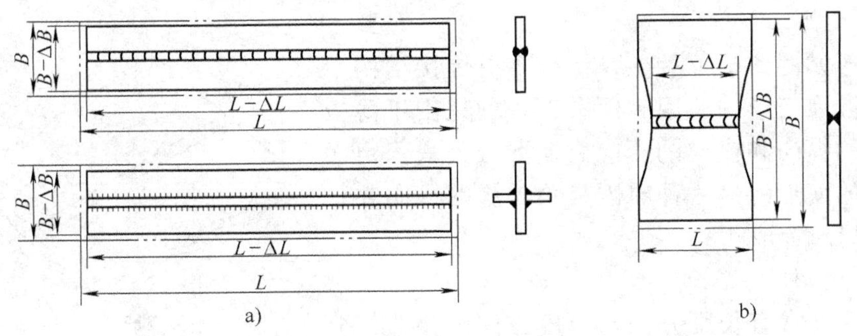

图 5-3 纵向和横向收缩变形

a）纵向收缩变形 b）横向收缩变形

3. 弯曲变形

构件焊后发生弯曲变形，如图 5-4 所示。弯曲可由焊缝的纵向收缩引起和由焊缝横向收缩引起。弯曲变形常见于焊接梁、柱、管道等焊件，对这类焊接结构的生产造成较大的危害。弯曲变形的大小以挠度 f 的数值来度量，f 是焊后焊件的中心轴偏离焊件原中心轴的最大距离，挠度越大，弯曲变形越大。

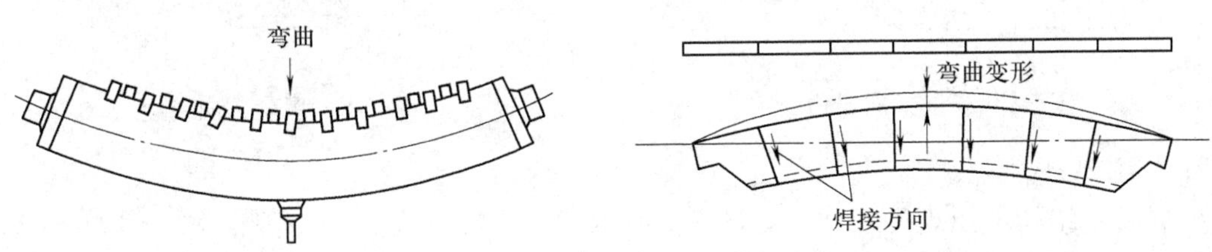

图 5-4 构件的弯曲变形

4. 角变形

角变形是指焊后构件的平面围绕焊缝产生的角位移，常见的角变形如图 5-5 所示。当焊接（单面）较厚钢板时，由于在钢板厚度方向上的温度分布不均匀，温度高的一面受热膨胀较大，另一面膨胀小甚至不膨胀。导致焊接面膨胀受阻，出现较大的横向压缩塑性变形。这样，在冷却时就产生了在钢板厚度方向上收缩不均匀的现象，施焊的一面收缩大，另一面收缩小。这种在焊后由于焊缝的横向收缩使得两连接件间相对角度发生变化的变形称为角变形。角变形造成了构件平面的偏转。在堆焊、对接、搭接和 T 形接头的焊接时往往会产生角变形。

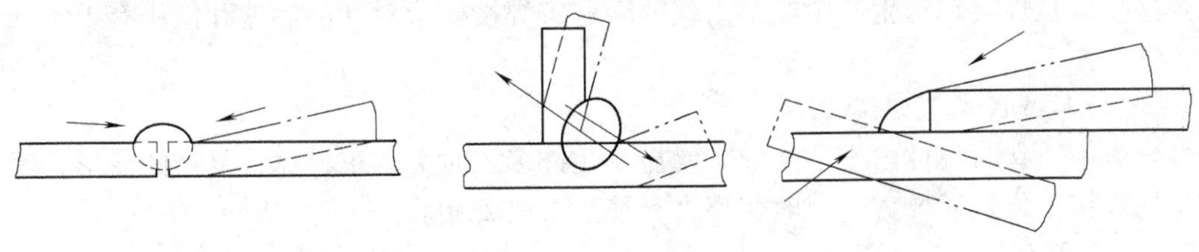

图 5-5 几种角变形

5. 波浪变形

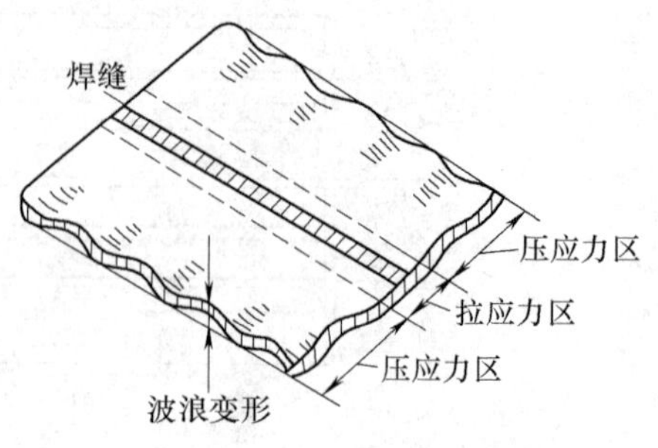

图 5-6 焊接波浪变形

波浪变形如图 5-6 所示。容易在薄板焊接结构中产生。造成波浪变形的原因有两种：一种是由于薄板结构焊接时的纵向和横向的压应力使薄板失去稳定而造成波浪形的变形，另一种原因是角焊缝的横向收缩引起的角变形所造成。

6. 错边变形

错边变形通常有长度方向与厚度方向的错边，分别如图 5-7 和图 5-8 所示。引起错边变形的主要原因有装配不良；组成焊件的两零件在装夹时夹紧程度不一致；组成焊件的两零件的刚度不同或它们的热物理性质不同；电弧偏离坡口中心等。

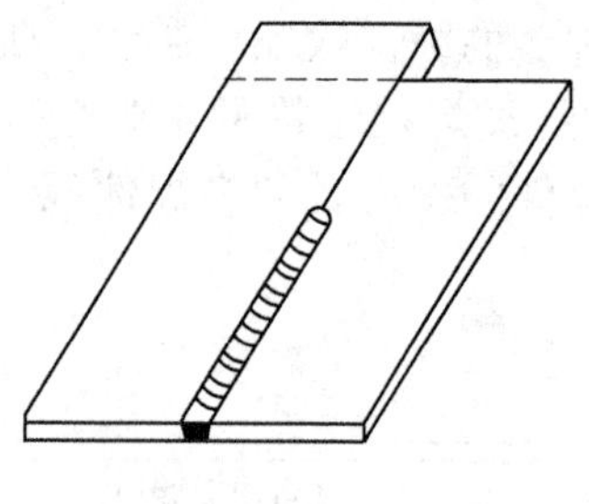
图 5-7 长度方向错边

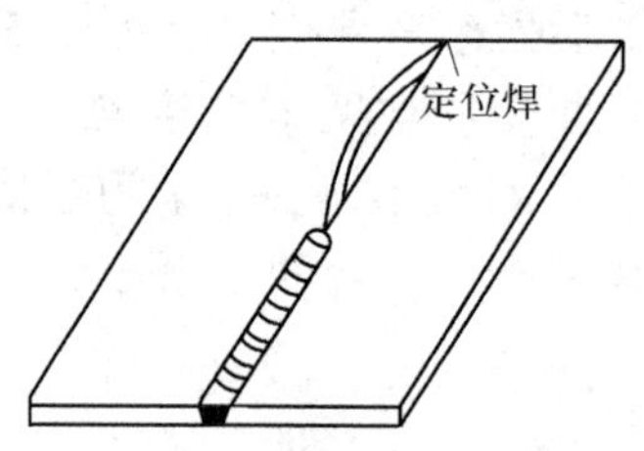

图 5-8 厚度方向错边

7. 螺旋变形

即焊后在结构上出现的扭曲，如图 5-9 所示，产生螺旋变形的原因很多，例如装配质量不好，即在装配之后焊接之前的焊件位置和尺寸不符合图样的要求；构件的零部件形状不正确，而强行装配；焊件在焊接时位置搁置不当；焊接顺序及方向不当，造成整体焊缝在纵向和横向的应力和变形。

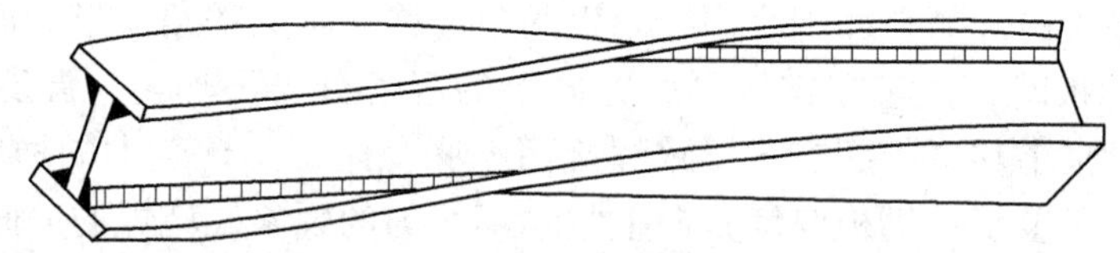
图 5-9 焊接螺旋变形

二、焊接变形的危害性

焊接变形是焊接结构生产中经常出现的问题，焊接变形对产品制造和使用有以下几方面危害：

1. 增加制造成本，浪费工时

在生产中，有时焊件出现了变形，就需要花许多工时去矫正，比较复杂的变形，矫正的工作量比焊接工作量还要大，有时变形大，甚至造成废品。

2. 降低产品质量和性能

部件在焊接组装时产生变形，使整个装配质量降低。例如，圆形压力容器由于各段的椭圆问题，组装环缝时将出现错边。这种错边，如果不加矫正而就此装配、焊接，则在外载的作用下会产生应力集中，附加应力，安全系数降低。为了减少错边，在装配时进行矫形或强制装配，将使材料塑性降低或内应力增加，这些都会使产品质量降低。

当然，焊接变形也使产品外形不美观，产品的承载能力降低等。

三、焊接残余变形的预测计算

1. 经验公式预计法

焊接过程是一个复杂的热弹-塑性过程，焊接应力和变形将受到焊接工艺、拘束条件、焊接构件的尺寸等诸多因素的影响，人们根据工作经验及大量的实验，总结出了各种不同条件下计算焊接变形的近似计算公式。例如横向收缩，由于其产生的过程比较复杂，不易详细计算，因此产生了许多关于横向收缩变形的经验公式。

2. 解析法

焊接不均匀温度场造成焊接接头局部区域的内应力达到了材料的屈服点，使该局部区域产生塑性变形；当温度恢复到原始的均匀状态后，焊接件就产生残余应力及变形。根据这些情况，利用热传导理论、热弹-塑性理论、材料力学，对一些简单结构的焊接变形进行理论分析，得到了大量有关焊接变形和焊接应力的解析方法。在这些预计焊接变形的解析方法中，往往有许多假设，例如构件平截面的假定，单轴应力的假定，线热源面热源假定。对于金属性能如温度膨胀系数，热导率，屈服点 σ_s 与温度的关系，也进行了各种简化假设。用解析法可以预计纵向焊接变形、横向焊接变形和结构总变形等。

3. 有限元法

有限元法是根据变分原理求解数学物理问题的数值方法，是工程方法和数学方法相结合的产物，可以求解许多过去用解析方法无法求解的问题。有限元法的发展借助于两个重要工具，在理论上采用矩阵方法，在实际计算中采用了计算机，其基础是结构离散和分布插值。

有限元法一经提出，便获得了迅速的发展，由弹性力学平面问题扩展到空间问题和板壳问题，由平衡问题扩展到稳定问题和动力问题，由弹性问题扩展到弹塑性、粘弹性、热弹塑性问题，由固体力学扩展到流体力学、渗流、温度场、电场及其他场。

计算机向高参数，大容量的扩展以及有限元技术的发展，给焊接温度场、动态初应变过程及其随后产生的残余应力和残余变形的数值分析提供了广阔的前景，由于焊接过程是一个极其复杂的热弹塑性力学过程，材料的物理力学参数是温度的函数，其温度场，应力及应变之间的关系是非线性关系，所以必须用非线性理论进行分析计算，国内外许多学者对焊接热弹塑性有限元进行了大量研究。

4. 固有应变法

焊接残余应力和变形产生的根源是由局部高温产生塑性变形，因此，可以将高温产生的压缩塑性应变作为一个参数，找出塑性应变和残余应力的关系，借助有限元法，来分析焊接残余应力及变形。这种压缩塑性应变称固有应变，对于焊接来说，固有应变是塑性应变、温度应变和相变应变作用的结果。焊接构件经过一次焊接热循环后，温度应变为零，所以固有应变就是塑性应变与相变应变残余量之和。由于压缩塑性变形和相变都发生在焊缝及近焊缝区，因此，认为固有应变仅存在于焊缝及其附近。固有应变是产生焊接应力与变形的根源。

5. 相似分析法

对于一些大型复杂焊接结构，为了分析焊接组装所产生的残余应力及变形规律，往往采用缩小的模型进行实验。相反，对于一些几何尺寸很小的焊接结构，则要采用放大的模型分析其物理现象。跟数值模拟一样，这种物理模型可预计结构的焊接变形。

四、焊接变形的测量

1. 焊接过程中的测量

由前述明显可知，为了克服焊接变形计算上的困难，理论模型和数值求解均包含了很大程度的简化，其方法只是使主要特征近似。因而，重要的是要通过实验来检查所做的简化，检查数学求解反映实际的程度。在很多情况下，由于要求的时间短，人们也更情愿进行试验测量而不采用计算，虽然这样获得的结果的推广价值和普遍意义较低。

要求测量的主要是在焊接接头的高温区，这是焊接时产生最大应变的部位。

高温区各点相对构件冷区或甚至构件外部参考点位移的测量已得到解决，并在各不同场合得到应用。图 5-10 给出了焊缝横向和纵向位移的测量情况，以及与平板和圆筒垂直的竖向位移的测量情况（内环随测量仪器转动）。测量仪器可以是机械的，光学的、电感的、电容的或基于电阻作用等。

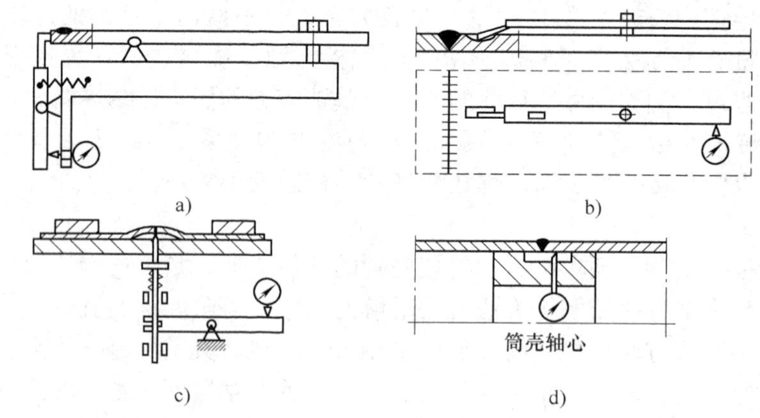

图 5-10　焊接过程中变形的测量

a）机械测量器　b）光学测量器　c）电感测量器　d）电容测量器

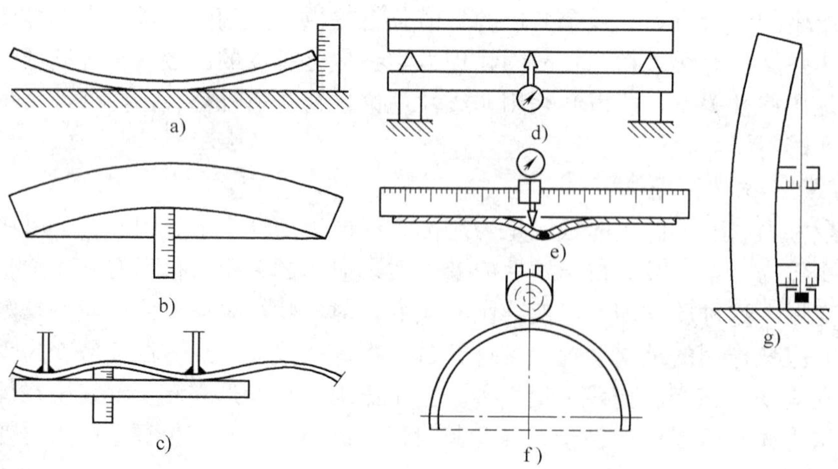

图 5-11　焊后变形的测量

2. 焊接后的测量

实际上常采用长度和角度测量技术，不需要任何与焊接相关的特殊匹配，即可测量焊后冷却状态的变形，图5-11给出了应用的实例。采用卷尺很容易确定横向和纵向收缩。对弯曲和角变形的测量，可在测量板上用拉线的方法进行（由于线的下垂，测量要在水平面上进行），或对构件采用90°角尺测量（见图5-11a～图5-11c）。还可以连续测量挠度，以确定弯曲和角变形后构件的轮廓（见图5-11d、图5-11e）。对于竖直延伸的构件，如柱，支座，罐壁，可用吊垂线的办法测量倾斜和偏差（见图5-11f、g），吊线的重物要浸入液体中，以防止摆动，如图5-11f、g所示。

第三节　焊接残余应力

一、焊接残余应力的分布

在厚度不大（$\delta<15\sim20$mm）的常规焊接结构中，残余应力基本上是双轴的，厚度方向上的应力很小。只有在大厚度的焊接结构中，厚度方向的应力才比较大。为了便于分析，我们把焊缝方向的应力称为纵向残余应力，用 σ_x 表示。垂直于焊缝方向的应力称为横向残余应力，用 σ_y 来表示。厚度方向的残余应力，用 σ_z 来表示。

1. 纵向残余应力 σ_x

低碳钢、低合金高强度钢和奥氏体钢焊接结构中，焊缝及其附近的压缩塑性变形区内的 σ_x 为拉应力，其数值一般达到材料的屈服点（焊件尺寸过小时除外）。图5-12为长板对焊后横截面上 σ_x 的分布。

圆筒环焊缝所引起的纵向（圆筒的切向）应力的分布规律与平板直缝有所不同。其数值取决于圆筒直径、厚度以及焊接压缩塑性变形区的宽度，环缝上的 σ_x 随圆筒直径的增大而增加，随塑性变形区的扩大而降低。直径增大，σ_x 的分布逐渐与焊接平板接近，如图5-13所示。

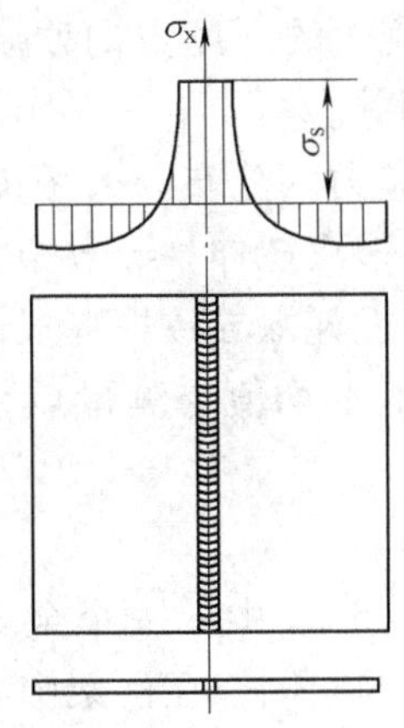

图5-12　长板对焊后横截面上 σ_x 的分布

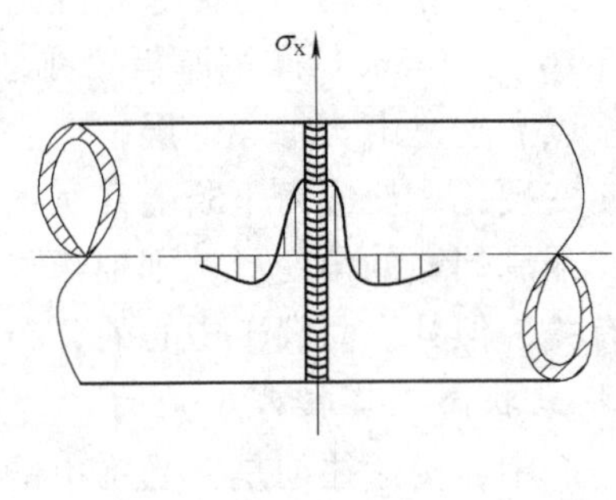

图5-13　圆筒环缝的纵向残余应力分布

2. 横向（垂直焊缝方向）残余应力 σ_y

σ_y 由焊缝及其附近塑性变形区的纵向收缩所引起的 σ_y' 和焊缝及其附近塑性变形区横向

收缩的不同时性所引起的σ_y''合成。

平板对接时，沿焊缝中心线的纵向截面上的σ_y'在两端为压应力，中间为拉应力。σ_y'的数值与板的尺寸有关。σ_y''的分布与焊接方向和顺序有关，如图5-14所示，图中箭头为焊接方向，σ_y为σ_y'及σ_y''两者的综合。图5-15为两块25mm×910mm×1000mm板材焊接后的σ_y分布。埋弧焊与焊条电弧直通焊的σ_y分布基本相同。分段焊法的σ_y有多次正负反复，拉应力峰值往往高于直通焊者。

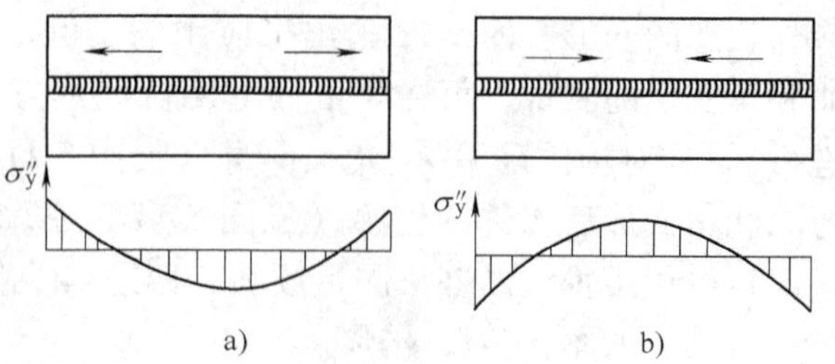

图5-14 不同焊接方向的σ_y''分布

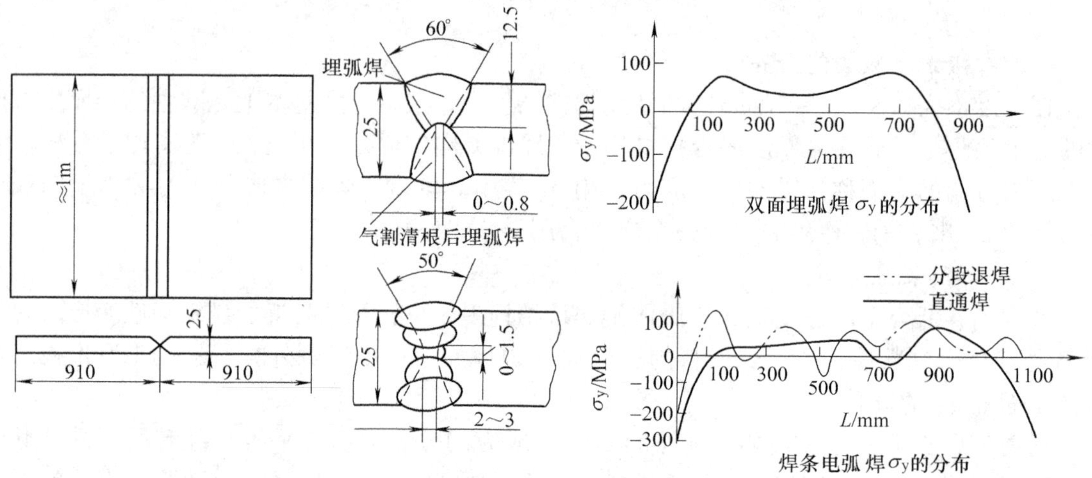

图5-15 平板对接的σ_y分布

3. 厚度方向残余应力σ_z

厚板焊接接头中，除纵向和横向残余应力外，还存在较大的厚度方向残余应力σ_z。它们在厚度上的分布不均匀，分布状况与焊接工艺方法密切相关。

图5-16为80mm低碳钢厚板V形坡口多层焊焊缝残余应力的分布。σ_y在焊缝根部大大超过屈服点。这是由于每焊一层，产生一次角变形，在根部多次拉伸，导致塑性变形的积累而造成应变硬化，使应力不断上升所致。严重时，甚至因塑性耗竭导致焊缝根部开裂。如果焊接时，限制焊缝的角变形，则根部可能出现压应力。σ_y的平均值与测量点在焊缝长度上的位置有关，但其表面大于中心的分布趋势是相似的。

4. 拘束状态下焊接残余应力

在生产中，构件往往是在受拘束的情况下焊接的。如图5-17中的一个金属框架，它的中心构件上有一条对接焊缝，这条焊缝的横向收缩受到框架的限制，在框架中心部分引起拉应力σ_f，这种应力并不在该截面中平衡，而平衡于整个框架截面上，这种应力称为反作用内应力。除此以外，这条焊缝还引起与自由状态下焊接相似的横向内应力σ_y。焊接接头的实际横向内应力应该是这两项内应力的综合。

5. 封闭焊缝引起的残余应力

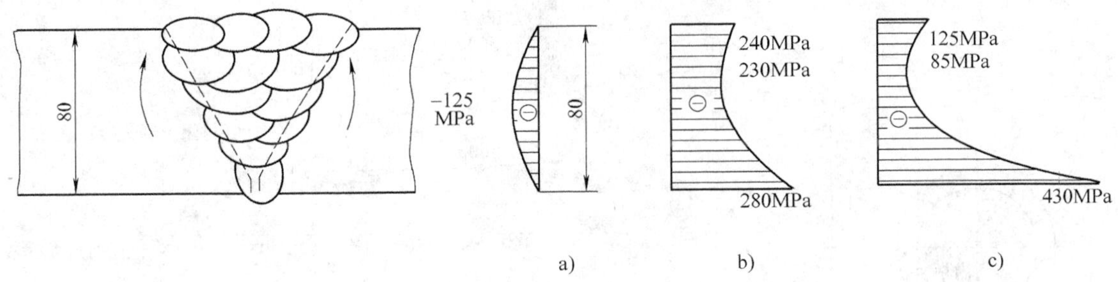

图 5-16　厚度方向残余应力的分布

a) σ_z 在厚度上的分布　b) σ_x 在厚度上的分布　c) σ_y 在厚度上的分布

在容器、船舶等板壳结构中，经常会遇到如图 5-18 所示的焊接接管、人孔接头和镶块之类的情况。这些环绕着接管、镶块等的焊缝构成一个封闭回路，称之为封闭焊缝。封闭焊缝是在较大拘束下焊接的，因此内应力比自由状态时大。

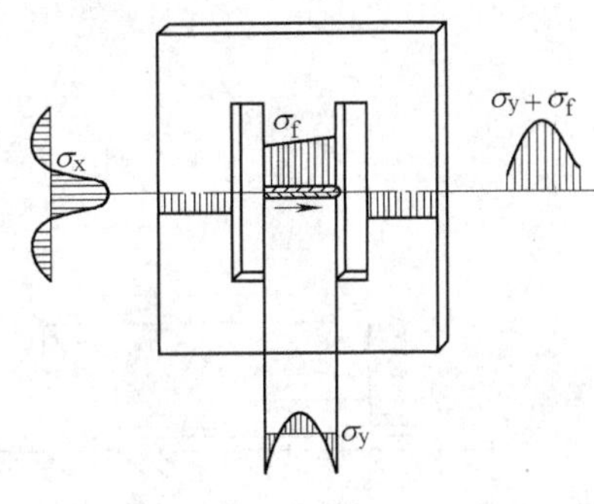

图 5-17　拘束状态下的焊接残余应力

图 5-19a 所示为一个直径为 1m、厚度为 2mm 的圆盘，在其中心开孔焊接直径为 300mm 的镶块，其焊缝的残余应力分布情况如图 5-19b 所示。σ_θ 为切向应力，σ_r 为径向应力。

二、焊接残余应力的影响

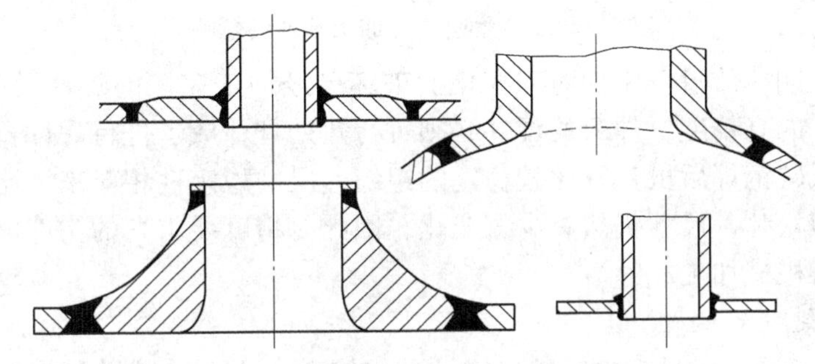

图 5-18　封闭焊缝实例

1. 焊接残余应力对机械加工精度的影响

机械切削加工时把一部分材料从焊件上切去，如果焊件中存在着残余应力，那么把一部分材料切去的同时，也把原先在那里的残余应力一起去掉，从而破坏了原来焊件中内应力的平衡，应力的重新分布使焊件产生变形，加工精度也就受到了影响。例如在焊成的丁字形零件上，如图 5-20a 加工一个平面，会引起焊件的挠曲变形。但是，这种变形由于焊件在加工平面过程中受到夹持，所以挠曲变形不能立即充分地表现出来，只有在加工完毕后松开夹具时变形才能充分地表现出来。这样，它就破坏了已加工平面的精度。又如加工已焊接的齿轮箱的轴孔，如图 5-20b 所示加工第二个轴孔所引起的变形将会影响第一个已加工过的轴孔的精度。

保证加工精度的最彻底的办法，是先消除焊接内应力，然后再进行机械加工。焊接残余

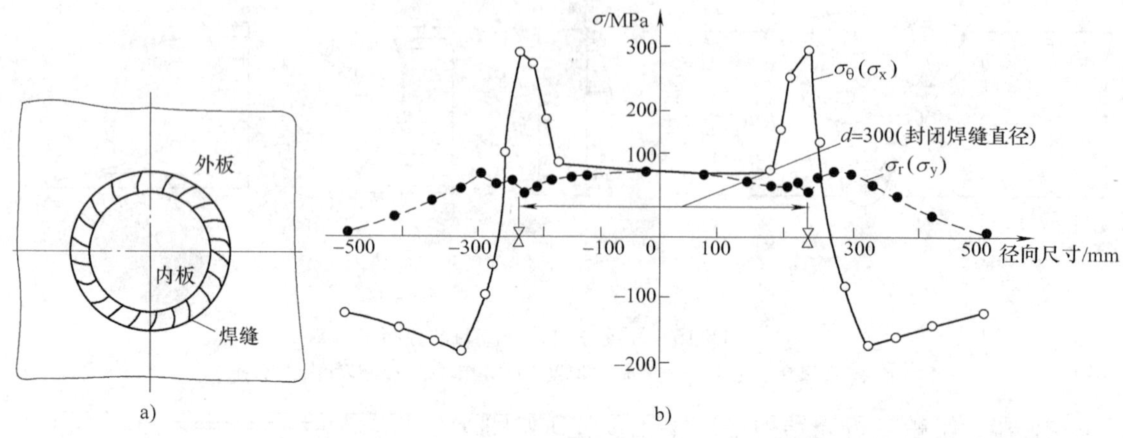

图 5-19　封闭焊缝残余应力的分布

a）封闭焊缝　b）径向应力 σ_r 和环向应力 σ_θ 的分布

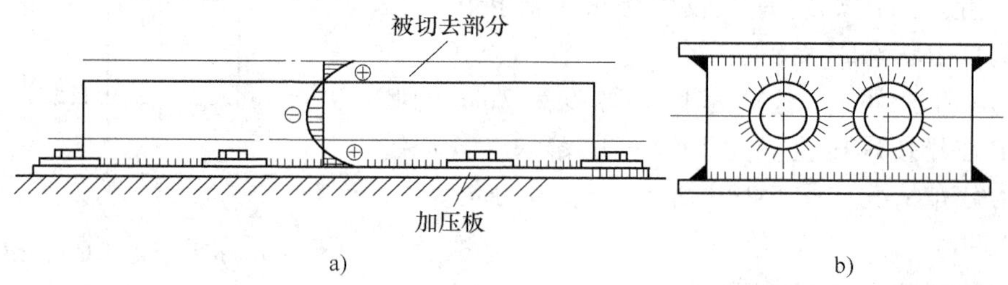

图 5-20　残余应力对加工精度的影响

应力会在焊件在长期存放过程中随时间变化而破坏已经加工完毕的焊件尺寸的精度。所以，为了保证构件尺寸的高精度，焊后的焊件必须进行热处理，或者进行焊件长期存放以释放应力的时效处理。低碳钢焊后虽具有比较稳定的组织，尺寸稳定性相对来说比较高，但长期存放中因蠕变和应力松弛，尺寸仍然有少量变化，因此对精度要求高的构件仍应先做消除应力处理，然后再进行机械加工。

2. 对脆性断裂的影响

“脆性断裂”一词是指具有尖锐缺口或承受焊接残余应力的试样与构件、在无变形或小变形情况下发生的断裂。在一定条件下，构件承受远低于屈服点的名义负载应力时也可能发生这类断裂（“低应力断裂”）。

产生脆性断裂所必需的应力条件是具有足够高应力与足够大作用范围的三维拉应力状态。这种应力状态可出现在裂纹与尖锐缺口处；在焊接冷却之后，以焊接残余应力的形式出现。

能促使脆性断裂的材料，其显微组织状况往往具有粗晶粒、淬硬、时效及含有扩散氢等因素，脆性断裂特别可能出现在焊接接头的热影响区中，从而在该区中的焊接残余应力的共同作用之下，增大了发生脆性断裂的危险。焊缝纵向应力（对于环焊缝来说便应是周向应力）是特别有害的，它们会使本已因残余应力与负载应力的重新分布而（最差情况下）受到横裂纹预先损伤的淬硬区产生超限应力。

减小发生脆性断裂危险的设计、选材和工艺措施不少，其中减少焊接残余应力，并从而降低构件的脆性转变温度，便是一项重要措施。相比之下，焊接变形对于脆性断裂的发生并无多大影响。

3. 对疲劳断裂的影响

"疲劳"一词是指构件在循环载荷作用下，在其塑性变形区内萌生裂纹，继而稳定扩展且最终失稳断裂这一现象。构件的疲劳强度主要取决于缺口处与横截面骤变处的应力集中情况、循环应力的幅值或范围等决定性因素，而静载平均应力或预应力的影响次之。静载平均应力或预应力可能因外载或残余应力而引起。并且同样会在缺口处与横截面骤变处增大。由外载产生的平均应力通常与载荷循环数无关，但残余应力却可能会因构件的一次性过载、循环载荷本身特点、蠕变与松弛以及裂纹的形成等而变化。一般来说，残余拉应力不利于疲劳强度。

4. 对腐蚀与磨损的影响

腐蚀是指在环境介质作用下，构件表面上发生的导致原有材料表面剥蚀或开裂的破坏性化学反应或电解反应。构件表面处若存在较高的拉应力，便可能引发应力腐蚀开裂，且开裂还会因氢扩散而加剧。因此，若有可能发生应力腐蚀开裂，则构件表面处的焊接残余拉应力便极具破坏性。在这种情况下便应设法将其消除或转变成残余压应力。

磨损是构件表面的不良机械性磨耗，表现为材料表面的细小粒状剥落或残余变形。材料表面处的拉应力会加剧磨损，因此应设法消除可能发生磨损的表面处的焊接残余拉应力。

5. 对杆件稳定性的影响

几何形状不稳定性是指杆、梁、板、壳等在低于屈服点的名义负载应力作用下，可能发生的弹性或弹-塑性屈服，即杆的弯曲、梁的扭转弯曲、板和壳的压曲与压曲后行为等。对于金属薄板来说，单由焊接残余应力便可能引发不稳定性。对于厚板以及杆、梁等，焊接残余应力会影响其临界载荷水平。

焊接构件的稳定性极限主要依靠设计措施来提高。此外，保证构件具有足够的制造精度也十分重要。特殊情况下设法降低残余应力也可能具有一定作用。

三、焊接残余应力的测量

1. 破坏性残余应力的测量

破坏性残余应力的测量方法也称应力释放法。该方法应用最广，主要有切条法、套孔法、小孔法和逐层铣削法。

（1）切条法　将需要测定残余应力的构件先划分成几个区域，在各区的待测点上贴上应变片，测定它们的原始读数。然后在各测点间切出几个梳状切口，使内应力得以释放。再测出释放应力后各应变片的读数，求出应变量。

（2）套孔法　本法采用套料钻孔、加工环形孔来释放应力。如果在环孔内部预先贴上应变片或加工标距孔，则可测出释放后的应变量，算出内应力。

（3）小孔法　本法的原理是：在残余应力场中钻一小孔，应力的平衡受到破坏，则钻孔周围的应力将重新调整。测得孔附近的应变变化，就可以用弹性力学公式来推算出小孔处原来的应力分布。

（4）逐层铣削法　当具有内应力的物体被铣削一层后，则该物体将产生一定的变形。根据变形量的大小，可以推算出被铣削层内的应力。这样逐层往下铣削，每铣削一层，测一次变形，根据每次铣削所得的变形差值，就可以算出各层在铣削前的残余应力。

2. 非破坏性残余应力的测量

（1）X 射线衍射法　残余应力或应变的非破坏性测量，可采用 X 射线衍射法。X 射线对晶体晶格衍射并产生干涉现象，因而可求出晶格的面间距，根据面间距的改变以及和无应力状态的比较，可确定加载应力或残余应力。

X 射线衍射法残余应力测量的主要优点是不损伤焊件，在焊接接头上应用的关键是表面测量要有最大可能的局部分辨率，特别是直接在焊缝附近的测量。

（2）中子衍射法　最近发展起来的另一个无损应力应变测量技术是中子衍射方法。中子是由原子核散射的，因此中子的穿透深度比 X 射线大得多，能测量构件内部的应力应变。

（3）电磁测量法　本法是利用磁致伸缩效应来测定应力。铁磁物质的特点是外加磁场强度发生变化时，物体将伸长或缩短。用一传感器与物体接触，形成一闭合磁路，当应力变化时，由于物体的伸缩引起磁路中磁通变化，并使传感器线圈的感应电流发生变化，由此可测出残余应力的变化情况。

（4）超声波测量法　声弹性研究表明，没有应力作用时，超声波在各向同性的弹性体内的传播速度之差异，与主应力的大小有关。因此，如果能分别测得无应力和有应力作用时弹性体内横波和纵波传播速度的变化，就可以解得主应力。本法测定焊接残余应力，不但是无损的，而且有可能用来测定三维的空间残余应力。

另外，还有通过测量硬度来了解残余应力相关信息等，例如拉应力使硬度成比例降低；还有利用激光散斑及小孔组合测量应力，该法利用小孔应力释放、激光散斑测量应变，最后得到残余应力，优点是小孔较小对结构影响小，能得到多个方向的应力及主应力。

第四节　减小焊接残余变形及应力的措施

一、预防控制焊接变形的措施

焊接残余变形可以从设计和工艺两方面解决。设计上如果考虑得比较周到，注意减少焊接变形，往往比单纯从工艺上来解决问题方便得多。为了减少焊接应力和变形，在构件的设计和工艺的制定中，设计人员和工艺人员都应考虑减少焊接应力和变形。

1. 设计措施

（1）选用合理的焊缝尺寸和形状　在保证结构强度的前提下，应尽可能做到：

1）焊缝长度尽可能短。

2）板厚尽可能最小。

3）焊脚尺寸尽可能小。

（2）尽可能减少焊缝数量，主要从以下考虑：

1）优先采用断续焊缝。

2）尽量少采用焊接结构。

3）复杂结构最好采用分部件组合焊。

（3）合理安排焊缝位置

1）焊缝对称于构件截面的中性轴。

2）尽量避免焊缝密集与交叉布置。

（4）结构选材的合理性

1）选用的材料应在相应的设计和制造情况下适于焊接。

2）材料在工作载荷下应能免于开裂、抵抗破坏和具有足够的变形能力。

3）从焊接应力和焊接变形观点来考虑焊接材料的基本参数。

2. 工艺措施

（1）反变形　焊前将焊件装配成具有与焊接变形方向相反的变形。反变形的大小以能抵消焊后变形为准，这种变形可以是弹性的、塑性的和弹塑性的。

图 5-21 所示为焊件反变形的典型实例。反变形的大小和方向，应根据经验事先预测。在待焊工件装配过程中，造成与焊接残余变形大小相当、方向相反的预变形，使焊后残余变形与预变形相互抵消，焊件恢复到设计要求的几何形状。

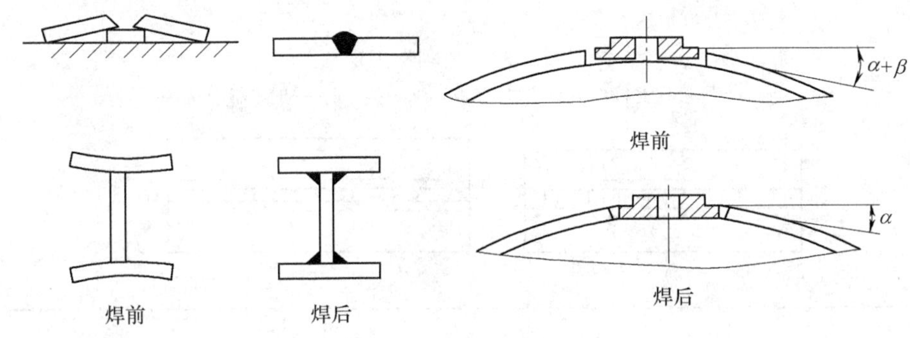

图 5-21　焊件反变形的典型实例

（2）刚性固定法　刚性固定法的实质是在焊接时，将焊件固定在具有足够刚度的基础上，使焊件在焊接时不能移动，在焊接完全冷却以后再将焊件放开，这时焊件的变形要比在自由状态下焊接时所发生的变形小。图 5-22 和图 5-23 所示为几种不同焊接结构采用刚性固定法的实例。该方法防止弯曲变形的效果不如不变形，但对角变形较有效。

（3）选择合理的焊接参数和装配顺序

1）采用合理的焊接参数：减小热输入，焊接过程中尽量采用小电流，快速焊接。

2）采用不同的焊接顺序：对于结构中的长焊缝，如果采用连续的直通焊，将会造成较大的变形，这除了焊接方向因素之外，焊缝受到长时间加热也是一个主要原因。在可能的情况下，可将直通焊改成分段焊，并适当地改变焊接方向，以使局部焊缝造成的变形适当减小或相互抵消，以达到减少总体变形的目的。图 5-24 所示为对接焊缝采用不同焊接顺序的示意图，其中分段退焊法、分中分段退焊法、跳焊法和交替焊法常用于长度为 1m 以上的焊缝。对于长度为 0. 5 ~ 1m 的焊缝，可用分中对称焊法。交替焊法在实际上较少使用。退焊法和跳焊法的每段焊缝长度一般以 100 ~ 350mm 较为适宜。

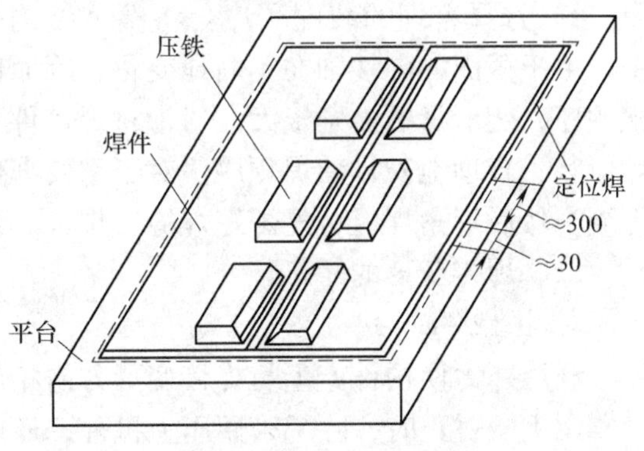

图 5-22　用压铁的刚性固定法

3）采用强制冷却法：可限制和缩小焊接时的受热面积，采用水冷等措施，使焊接区快速冷却，从而减少焊接变形。该方法一般用于有色金属或薄板的焊接变形控制。

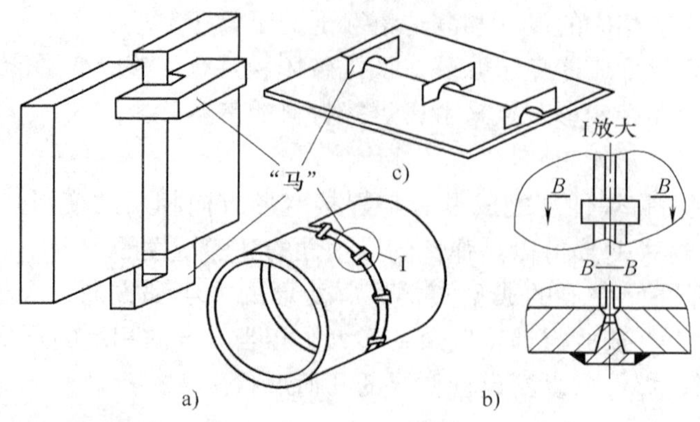

图 5-23　厚板的刚性固定法

a）厚板的对接电渣焊　b）厚板环缝对接　c）一般平板对接

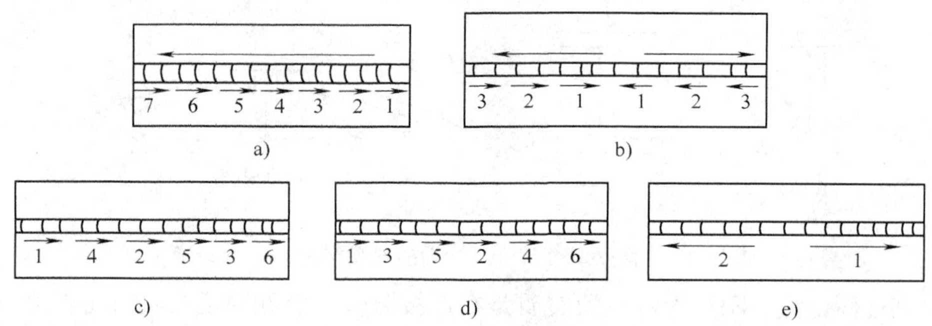

图 5-24　对接焊缝的不同焊接顺序

a）分段退焊法　b）分中分段退焊法　c）跳焊法　d）交替焊法　e）分中对称焊法

4）选择合理的装配顺序：将整体结构分解为易于施工的单个部件，构件在装配过程中，由于截面的中性轴在不断地变化，因而影响焊接变形。所以同样的构件，采用不同的装配顺序，变形量的差别很大。通常将焊接件分成若干部分，分别装配焊接，并根据构件的实际形状，合理地安排装焊顺序。对于重要部件，还需要进行模拟试验。一般应遵循先焊对接焊缝，然后焊角焊缝；先焊短焊缝后焊长焊缝；先焊纵焊缝，后焊环焊缝等原则。

二、焊接变形的矫正

1. 机械矫正法

利用外力使构件产生与焊接变形方向相反的塑性变形，使二者互相抵消。

用机械矫正时，除了采用压力机外，还可用锤击法来延展焊缝及其周围压缩塑性变形区域的金属，达到消除焊接变形的目的。这种方法比较简单，经常用来矫正不太厚的板结构。劳动强度大，表面质量不好，这是锤击法的缺点。

2. 火焰矫正

火焰矫正是指用火焰对已变形构件上的点状、条形或楔形的狭窄有界区域加热至红热状态，使其产生局部热压缩，并在随后的冷却过程中相应收缩而消除变形的方法。若加热区布置得当，使其收缩能抵消焊接变形，则变形便可得以全部或部分消除。火焰矫正是一种与焊接加热及焊接冷却相似的温度-形变过程。实际中的收缩变形有时也可用堆焊焊缝来矫正。

火焰矫正主要用于处理金属薄板上的凹陷和梁与其他型材的弯曲收缩。金属薄板上的凹陷可用较小范围的点状加热或较大范围的圆形或椭圆形环状加热来消除，有时也可辅以在热态下进行锤击整平。对已产生弯曲收缩变形的梁或型材，可在型材外弯边上作纵向条形加热，或在垂直于弯曲变形的方向上作楔形加热来加以矫正。火焰矫正的优点是在引起变形的焊缝中不产生或仅产生轻微的附加冷应变。矫正后焊缝处的焊接残余应力状态保持不变。此法还可用于无法采用机械方式进行形状修正的大型构件与结构。

要使火焰矫正取得预期的效果，其前提是要对金属材料局部界定的加热区进行快速而准确的加热，加热温度一般为600～800℃。这样，受热那一部分金属因周围未加热金属的限制而在其板平面内产生热压缩状态，并使板厚局部增大。而加热区的冷却则要缓慢进行，以便与周围区域的温度保持平衡。

三、控制焊接残余应力的措施

1. 设计措施

1）使用热输入小、能量集中的焊接方法。

2）尽量减少焊缝的数量和尺寸。

3）避免焊缝过分集中，焊缝间距应保持足够的距离。

4）采用刚度较小的接头形式。

5）在残余应力为拉应力的区域内，应该避免几何不连续性，以免内应力在该处进一步增高。

6）制定合理的消除应力热处理参数。

7）焊缝不要布置在高应力区及断面突变的地方，以免应力集中。

2. 工艺措施

（1）选择合理的焊接顺序和焊接方向

1）先焊收缩量较大的焊缝，使焊缝能较自由地收缩。如图5-25所示，应先焊对接焊缝1，后焊角焊缝2。

2）先焊错开的短焊缝1、2，后焊直通长焊缝3，如图5-26所示，使焊缝有较大的横向收缩余地。

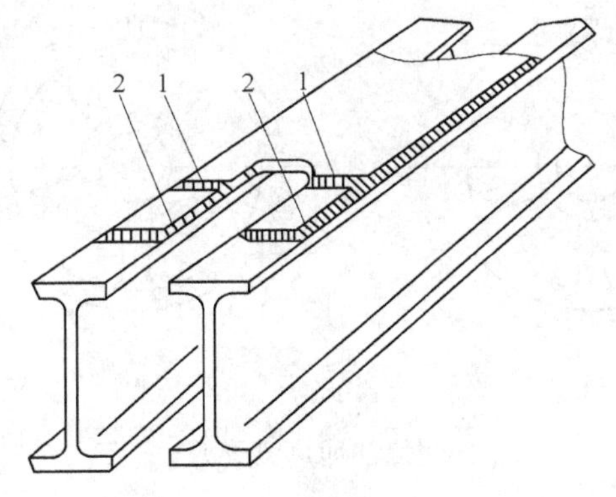

图5-25　合理焊接顺序

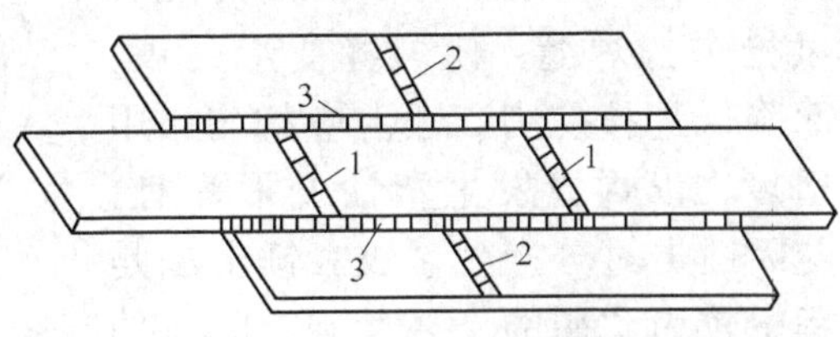

图5-26　拼板焊接顺序

3）先焊在工作时受力较大的焊缝，使内应力合理分布。图5-27所示为工字梁接头两端留出一段翼缘角焊缝不焊，先焊受力最大的翼缘对接焊缝1，然后再焊腹板对接缝2，最后焊翼缘预留的角焊缝3。这样，焊后可使翼缘的对接焊缝承受压应力，而腹板对接缝有一定的收缩余地，同时也有利于在焊接翼缘对接缝时，采取反变形措施以防止产生角变形。

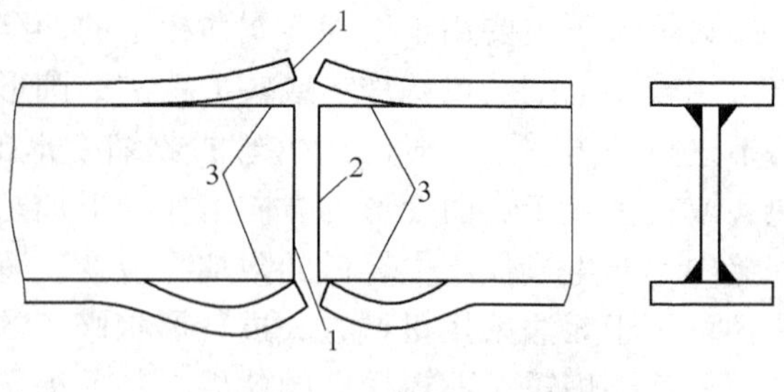

图5-27　工字梁的焊接顺序

（2）降低接头局部的拘束程度　焊接封闭焊缝时，由于周围板的拘束程度较大，拘束应力与残余应力叠加，会使局部区域形成高应力区，从而产生裂纹。如图5-28所示的封闭焊缝，焊接前采用反变形的措施，减小接头局部区域的拘束程度，可使焊缝冷却时较自由收缩，达到减小残余应力的目的。

（3）局部加热造成反变形　在焊接结构的适当部位加热使之伸长，此加热区的伸长带动焊接部位，使焊接部位产生一个与焊缝收缩方向相反的变形。在加热区冷却收缩时，焊缝就可能比较自由地收缩，从而降低内应力。例如，图5-29a所示的大带轮或齿轮的某一轮辐需要焊接修理，为了减小内应力，则在需焊修的轮辐两侧轮缘上加热，使轮辐向外产生变形，然后焊修轮辐。又如图5-29b所示，带轮的轮缘需要焊修，焊缝在轮缘上，此时则应在焊缝两侧的轮辐上进行加热，使轮缘产生反变形，然后进行焊接维修，这样对降低焊接应力起到良好的效果。此法又称为“加热‘减应区’法”。

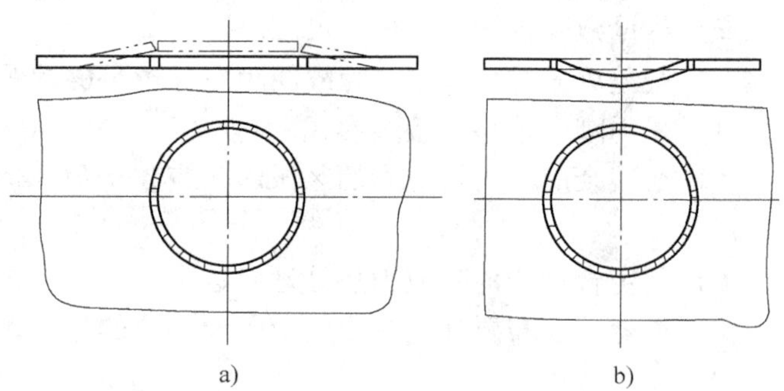

图5-28　封闭焊缝的焊接
a）平板少量翻边　b）镶块压凹

（4）锤击焊缝　对于多层焊缝的中间各层或各焊道，在每一层或每一道，焊后立即使用带有圆弧面的锤子或风枪击打焊缝，使焊缝变形延展，从而降低焊接应力。锤击应均匀、用力适度，以焊缝发生塑性变形为宜，避免因锤击过分产生裂纹。锤击法是工程中较为常用的工艺措施，既节约能源、提高效率，又能在焊缝区表面形成一定深度的压应力，有利于提高结构的疲劳寿命。

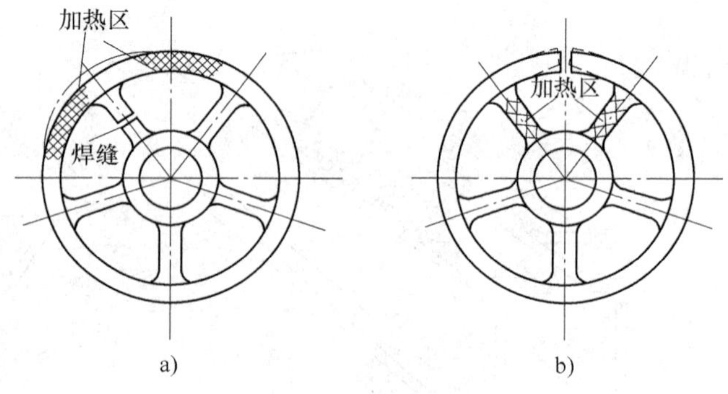

图5-29　局部加热减应力

（5）低应力无变形焊接方法　该方法用于薄板件的焊接。在焊缝区加铜垫板对焊缝进行冷却，焊缝的两侧有加热元件，对近缝区加热，形成一个预置温度场，产生预置的拉伸效应，焊缝两侧采用固定装置固定。预置温度场可以在焊缝中形成压应力，使残余应力场重新分布。在焊接过程中，随着焊缝中拉应力的降低，焊缝两侧的压应力也在降低。低应力无变形焊接法适用于铝合金、不锈钢和钛合金等。预置温度场的温度因材料和结构的不同而不同，一般在100~300℃左右。预置温度场还有利于改善高强度铝合金等材料焊接接头的性能。

四、焊接应力的消除

1. 整体热处理

整体热处理高温回火，一般是将整个焊接件均匀加热到回火温度，然后在该温度下保温预定的时间，最后使其均匀冷却到室温的一种热处理方法。在消除焊接残余应力的热处理中，影响热处理效果的主要因素有回火温度、保温时间、加热和冷却速度、加热方法和加热范围的大小。对于同一种材料，回火温度越高，时间越长，应力也就消除得越彻底。应当注意的是，有的焊件不适宜高温回火，高温回火会损害其力学性能。

2. 局部热处理

局部热处理法只对焊缝及其附近的局部区域进行加热，其消除应力的效果不如整体热处理。本法多用于比较简单的、拘束程度较小的焊接接头，如长的圆筒容器、重要管道接头和长构件的对接接头等。

局部热处理可采用气体、红外线、间接电阻或工频感应加热等。

3. 温差拉伸法

温差拉伸法也称为低温消除应力法，即伴随焊缝两侧的加热随后急冷。这种方法一般用于焊缝比较规则、焊缝厚度小于40mm的焊件上。

在锅炉和压力容器制造中，经常采用整体或局部热处理的方法消除焊接应力。由于温差拉伸法的工艺较复杂，使用有局限性，所以应用较少。

热处理温度根据材质不同、供货状态不同来确定。对于碳钢和低合金钢，热处理温度一般在580~680℃。热处理时间按焊件的厚度确定。实践证明，整体热处理可以消除80%~90%的残余应力。

整体热处理一般是将焊件整体放在加热炉中加热，加热炉可以是电炉也可以是燃气炉。局部热处理要保证足够的加热宽度，可采用工频感应加热、红外线加热、火焰加热等方法。

4. 锤击碾压法

碾压法也称滚压法，一般用于中厚板焊接应力的调整。具体方法是，用圆头小锤敲击多层焊道的中间层焊道，使其发生双向塑性延展，以减小焊接应力。

5. 振动法

振动法利用由偏心轮和变速电动机组成的激振器，使结构发生共振所产生的循环应力来降低内应力。其效果取决于激振器和构件支点的位置、激振频率和时间。本法所用设备简单价廉、处理费用低、时间短，也没有高温回火时金属表面氧化的问题。

6. 爆炸法

爆炸法是通过布置在焊缝及其附近的炸药带，利用炸药引爆时产生的冲击波与残余应力的交互作用，使金属产生适量的塑性变形，残余应力因而得到松弛。根据构件厚度和材料的性能选定恰当的单位焊缝长度上的药量和布置方式，是取得良好消除效果的决定性因素。

7. 机械拉伸法

对焊接构件进行加载，使焊接压缩塑性变形区得到拉伸，可减少由焊接引起的局部压缩塑性变形量，使内应力降低。

五、典型应用实例

1. ϕ12m 大法兰焊接变形的控制

ϕ12m 的无槽大法兰在法兰的厚度方向（即法兰内径和外径之间）采用对称的双 U 形坡口，法兰的内径为 12000mm，外径为 12430mm，法兰高度为 $h_2=180$mm，法兰高领处高度 $h_1=250$mm，法兰的厚度 $\delta=215$mm，法兰的材质为 0Cr18Ni9 钢，分八瓣拼焊而成，法兰的截面如图 5-30 所示。焊缝包括法兰主体部分的焊缝和高颈部分的焊缝，法兰主体部分的焊缝采用两名焊工内外对称焊接。

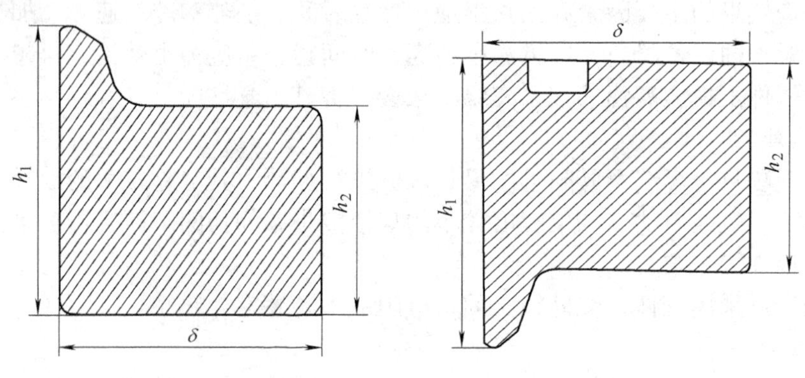

图 5-30　大型法兰的截面

（1）法兰焊接变形分析

1）法兰平面度的变化：横向收缩沿焊缝长度方向分布不均匀，对于法兰截面部分的焊缝，采用立焊直通焊时，横向收缩沿焊缝长度方向的差异，将会引起法兰平面度的变化，由于法兰每瓣弧长为 4.6m，横向收缩在法兰上下面的微小差异，将引起法兰平面度较大的变化，图 5-31 是法兰平面度变化的示意图。

2）法兰圆度的变化：法兰的主截面焊缝是采用两人对称同时焊，各人的焊接习惯不同，焊层厚度也不同，内外侧不同的焊肉厚度将引起法兰内外侧的横向收缩的不同，法兰内外侧横向收缩的差异将会引起法兰圆度的变化，横向收缩内外侧上的微小差异，将引起法兰圆度的较大变化，图 5-32 为横向收缩的内外侧差引起的圆度的变化。

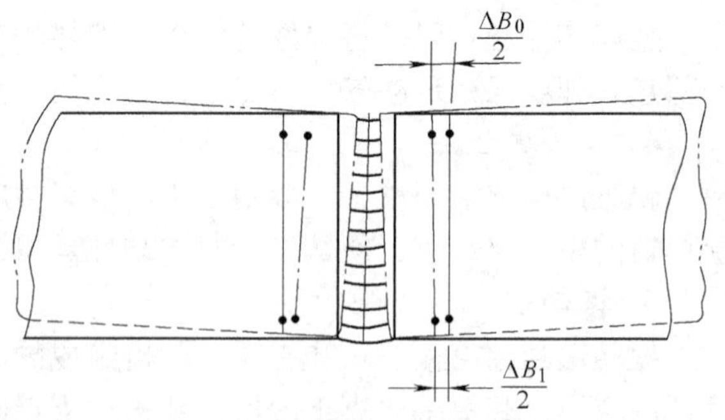

图 5-31　直通焊引起法兰平面度的变化

3）法兰周长的变化：构件焊接将引起法兰的横向收缩变形，整个 ϕ12m 法兰由八瓣拼焊而成，若每个坡口焊缝的横向收缩为 4mm，则法兰的周长将缩短 2mm，由此将引起法兰直径减小将近 10mm。

另外，法兰高颈部分的焊缝偏离焊缝中性轴，高颈部分焊缝的横向收缩将引起法兰上下

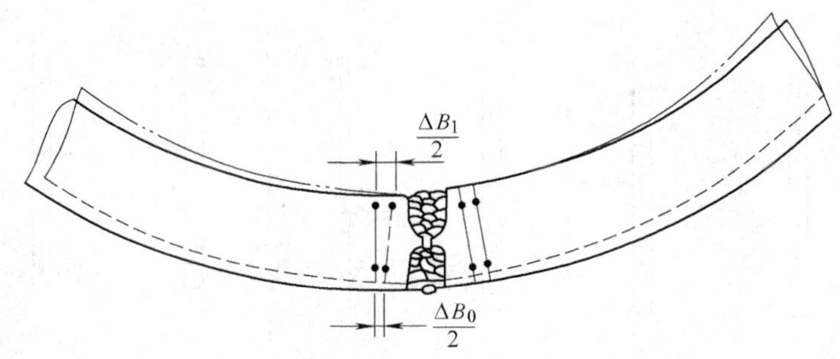

图 5-32 横向收缩的内外差引起法兰圆度的变化

端横向收缩不一致而导致法兰平面度的变化，高颈部分的焊接也将引起法兰圆度的变化。

（2）法兰变形的控制原理

1）法兰平面度的控制原理

对于向上立焊，其焊接方法是由下至上直通焊，这种焊接方法横向收缩沿长度方向上的分布是不均匀的；横向收缩沿焊缝长度上的分布与焊接次序有较大的关系，改变焊接次序可改变横向收缩沿焊缝长度上的分布。因此，在控制平面度时，可采用反变形的控制思路，采用合适的焊接次序控制主体焊对法兰平面度的影响。法兰高颈部位的焊缝对法兰平面度的影响，可通过消除高颈焊缝引起的横向收缩来实现。

2）法兰圆度的控制原理：采取不对称的工艺措施来控制法兰圆度，考虑到焊缝的横向收缩与焊道厚度、焊缝的刚度有较大的关系，因此可通过调整焊缝刚度和焊道厚度来改变内外侧横向收缩，且在焊接前几层控制调整法兰内外侧横向收缩的差异。

为了消除高颈部位焊缝对法兰圆度的影响，可与前面一样采取措施使高颈部位焊缝引起的横向收缩尽量小，甚至为零。

3）法兰周长的控制原理

通过试验或计算预测坡口的横向收缩量，可采用预留间隙控制法兰的周长。

（3）法兰变形控制的主要工艺措施

1）法兰平面度的控制措施

① 直通焊。采用由下至上的焊接顺序。

② 分两段退焊。焊接顺序如图 5-33a 所示。焊缝分两段，每小段均采用由下至上焊接，先焊上部段 1，再焊下部段 2。

③ 分三段退焊。焊接顺序如图 5-33b 所示，焊缝分三段，焊接过程中先焊上部段 1，再焊中间段 2，最后焊下部段 3。

④ 分段跳焊。焊接顺序如图 5-33c，焊缝分三段，先焊中部段 1，再焊下部段 2，最后焊上部段 3。

⑤ 上薄下厚。由下至上焊接，上端的焊层薄，下端的焊层厚，厚度由下至上逐渐过渡。

⑥ 短段。在焊接过程中，在下端加一短段，如图 5-33d 所示。

⑦ 锤击。锤击处理可使锤击区域产生塑性延长。

2）法兰圆度的控制措施

① 调整两侧焊道厚度。若内侧的收缩量小，则内侧焊厚，反之，外侧焊加厚。

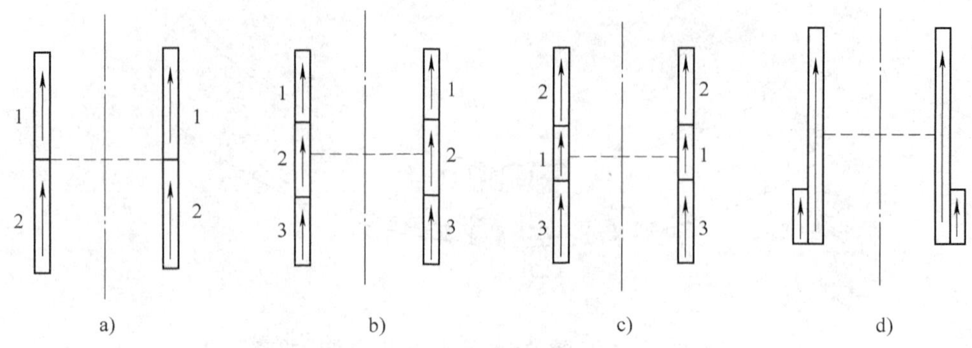

图 5-33　焊接工艺示意图

a）分两段退焊　b）分三段退焊　c）分段跳焊　d）短段加入焊

② 一侧单加焊道。对于较大的变形，可通过一侧单加焊道的方式来对内外侧横向收缩量加以控制。

3）法兰周长的控制措施：通过试验得出每一焊缝的横向收缩量，用预留间隙控制每一坡口的周长方向的变化。

2. 储油罐底板拼焊变形的控制

图 5-34 所示即为一储罐焊接底板所需板材的形状、布置及焊接顺序。横向焊缝需最先焊接。6 块边板均具有径向焊缝（坡口），该焊缝先只熔敷一半，直至壳体对底板的角焊缝完成之后再行焊满。边板需厚于内板，以便减轻其翘曲并补强壳体接边。

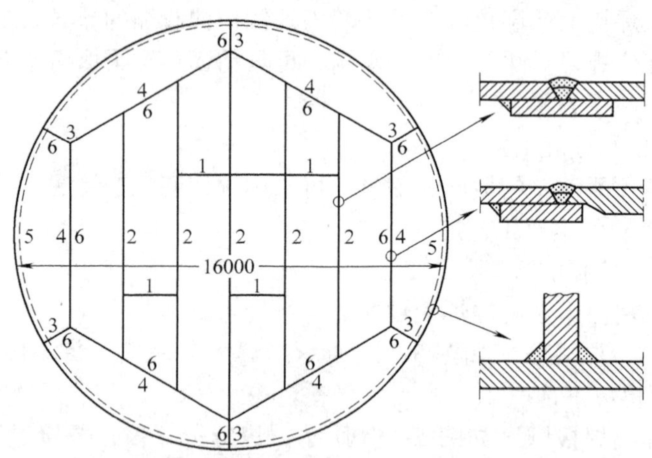

图 5-34　储油罐底板的拼焊

3. 盖板的焊接

盖板焊接中，盖板尺寸、形状的加工精确与否及焊接顺序是否合理至关重要。盖板用以封闭构件上装配孔、因修改设计而出现的开孔或为去除不良材质所留下的切口，故通常作插入式或覆盖式搭接。覆盖式搭接盖板不存在焊接残余应力与焊接变形问题，但具有疲劳强度较低、易于引发间隙腐蚀及破坏构件表面的圆顺平滑等缺点。相反，对于插入嵌平式盖板，若需控制残余应力与变形，则要对焊接顺序作精细安排。安排焊序的基本原则是将盖板周长一分为二，各自采用分段退焊，顺次完成。这样便可保证第一半周焊缝的横向收缩相对来说不受拘束，不致妨碍盖板扭转。在另一半周焊缝上定位焊缝的撕裂表明其横向收缩情况。如图 5-35a、b 提供了圆形盖板与矩形盖板焊接时的合理焊序。较大的盖板最好用两部焊机两人同时焊接，如图 5-35c 所示。较厚的盖板第一焊层用短间距分段退焊，其余各焊道用大间距分段退焊，但方向交替改变，如图 5-35d 所示。

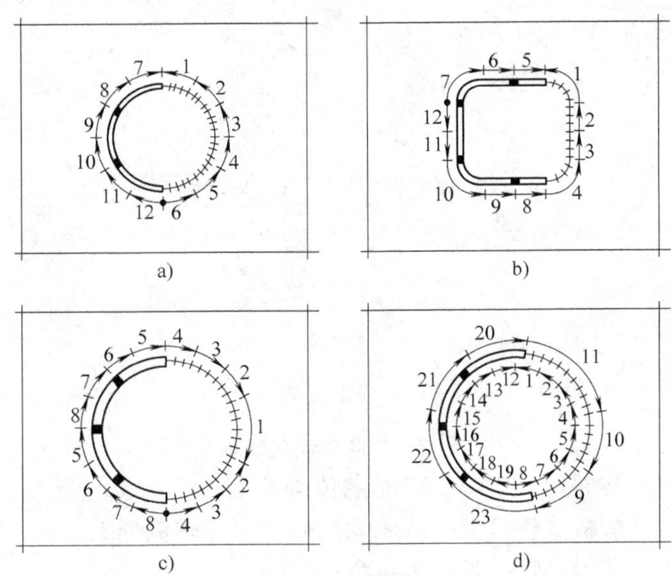

图 5-35　盖板焊接顺序

4. 大型封头的焊接

大型封头的分瓣原则应该使分瓣数量尽可能少，这样可减小焊接工作量，并可以减小焊接变形的产生。但是，分瓣数量少，封头瓣片的尺寸就大，又将受到加工能力的限制，因此，封头的分瓣数量要合适。上述某种大型椭圆形封头的结构形式如图 5-36 所示，ϕ12000mm 封头分为两部分，周边瓣片（20 片）和顶圆板（7 块），而顶圆板是由顶圆边板（4 块）和顶圆中板（3 块）组成，封头长半轴为 6m，短半轴为 3m。

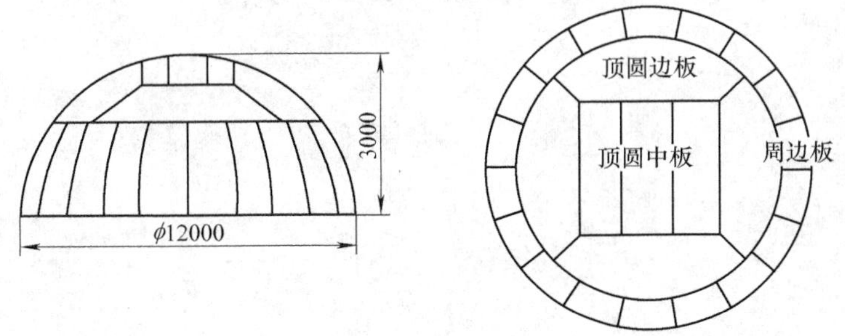

图 5-36　ϕ12000mm 封头的分瓣结构形式

对于大型封头，为了保证圆度及工程质量，制定了如下装配工艺及焊接顺序：在专用平台上，用夹具进行整体装配，焊接采用先分部件焊接，再逐步拼焊成整体，即：①定位焊并焊接周边瓣片、顶圆中板、顶圆边板；②拼焊顶圆中板、顶圆边板；③拼焊周边瓣组合件与顶圆板。

封头周边瓣片的焊接：各周边瓣片定位焊后，由 10 名焊工均布对称施焊，每名焊工焊相邻的两条焊缝，两条焊缝交替施焊，在内、外侧焊时前 3 层均采用分段跳焊和分段退焊，其余层采用直通焊。

封头顶圆板的焊接：先组对焊接顶圆边板缝 1# ~ 缝 4# 和顶圆中板 6#、7# 缝，其次焊接 5#、8#、9#、10# 焊缝，如图 5-37 所示。

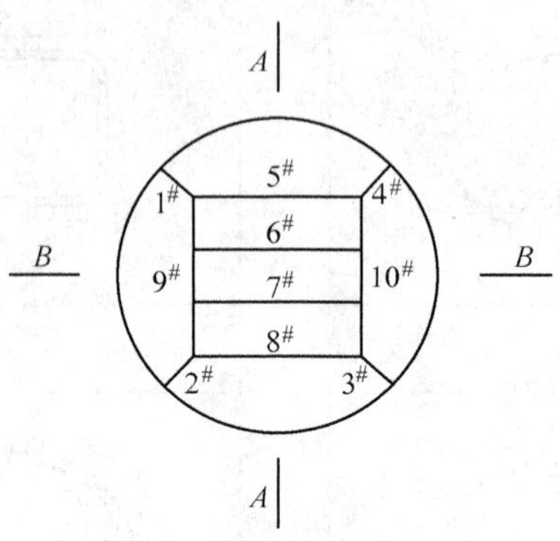

图 5-37　顶圆板焊缝的编号

顶圆板焊完后，再与周边瓣组焊。装配定位焊固定后，由 10 名焊工对称施焊，先焊外侧焊缝，焊完 3 层后，清根着色检查确认无缺陷后，再焊内侧焊缝。内、外侧前几层均采用分段跳焊，分段退焊，分段焊焊缝长度为 400 ~ 500mm。

第六章　焊接结构制造

第一节　制造的质量保证

在特种设备制造中，极大多数的焊接结构都是承载、受压或长期受侵蚀性介质作用的金属结构。焊接结构的制造质量对其运行特性和使用寿命起着决定性的作用。而焊接结构的提前失效，轻者造成不可挽回的经济损失，重者造成人员伤亡事故。因此，对于焊接结构的制造质量必须严格控制。在焊接生产过程中应采取各种切实有效的措施，确保焊接质量符合相应的国家法律、法规、部门规章、安全技术规范和标准的有关规定。

根据我国特种设备焊接结构制造行业的生产现状及有关的标准，制造产品的质量保证系统，主要有以下几方面的要求：

一、管理职责

制造企业应制定质量方针和质量目标，采取必要的措施使各级人员能够理解质量方针和质量目标，并贯彻执行。

在制定质量方针和质量目标时，应根据企业的具体情况、企业发展和市场形势进行研究确定，使企业内与质量有关的活动、职责、职权和相互关系明确，企业协调各项活动并加以控制。

从事与质量有关的管理、执行和验证工作的人员，应具备相关知识和一定的资历，并规定其职责、权限和相互关系，企业内应有一名质量保证工程师，还应包括如下几类责任人员：①设计、工艺质控系统责任人员；②材料质控系统责任人员；③焊接质控系统责任人员；④理化质控系统责任人员；⑤热处理质控系统责任人员；⑥无损检测质控系统责任人员；⑦压力试验质控系统责任人员；⑧检验质控系统责任人员等。

二、质量体系

质量体系是为实施质量管理所需的组织结构、程序、过程和资源。质量体系把对质量有影响的技术、管理和人员等因素综合在一起，为达到质量目标，而互相配合工作。特种设备制造企业应建立符合特种设备设计、制造，而且包含了质量管理基本要素的质量体系文件。

1）作为确保产品符合要求的一种手段，应编制质保手册。质保手册应包括或引用质量体系程序，并概述质量体系文件的结构。

2）编制符合实际要求且与规定的质量方针相一致的程序文件，具有有效实施质量体系及其形成文件的程序。

3）质保手册中规定的表格应该标准化、文件化。现行的质量记录表格的内容应能满足特种设备产品的质量控制要求。

4）应有正在贯彻实施的并能确保产品质量的质量计划。质量计划中产品质量的控制点（包括记录审核点、见证点和停止点）应合理设置。

三、文件和资料的控制

质量管理体系中所需的文件和资料应受控，要制定有关文件和资料的控制规定，包括如下内容：

1）应制定文件管理的规定

① 明确受控文件类型。

② 文件的编制、会签、发放、修改、回收和保管等的规定。

2）应有确保有关部门使用最新版本的受控文件的规定。

3）适当范围的外来文件，如标准和顾客提供的图样。

四、设计控制

企业应策划和控制产品的设计，并应对设计中涉及的不同部门之间的接口进行管理，按设计的进度完成任务。主要有以下控制点：

1）设计部门各级人员的职责应该有明确的规定。

2）应有产品制造有关的规程、规定和标准。

3）设计文件应规定企业所制造的产品满足产品安全质量要求。

4）应有关于新标准的收集和贯彻的规定。

5）应制定对设计过程进行控制的规定（包括设计输入、输出、评审、更改、验证等环节）。

五、采购控制

企业应控制采购过程，以确保采购的产品符合要求。控制的模式和范围应取决于对后续的生产过程和产品的影响，企业应基于供方提供满足本企业需求产品的能力评价和选择供方，并要建立选择和评价的准则。采购控制应有以下要求：

1）应有对供方进行有效质量控制的规定。

2）对供方有质量问题时，企业具有处理方式的规定。

3）分包的部件应由取得相应资格的制造企业制造，企业应对分包部件的质量进行有效控制。

4）应制订采购文件的控制程序。

5）应制订原材料及外购件（指板材、管材等承压材料）的验收与控制的规定，以防止用错材料。

六、材料控制

焊接结构生产所用的主要材料为：①金属材料；②焊接材料；③外购件及辅助材料等。对结构用金属材料及焊接材料必须经过验收，甚至对材质、性能进行复验，确认材料符合要求后方能入库。对材料的保管、发放要有明确规定，一般有如下几方面内容：

1）应制订原材料及外购件保管的规定，包括关于存放、标识、分类等要有明确的规定。

2）应制订原材料库房存放措施的规定。

3）应制订关于材料发放的管理规定，包括材料的领用、代用等。

应制订材料标记移植管理规定，包括加工工序中的材料标识移植和余料处理等。

4）应有焊接材料的订购、接收、检验、储存、烘干、发放、使用和回收的管理规定，并能有效实施。

七、工艺控制

制造工艺是焊接结构生产过程中的核心，直接关系到产品的质量和生产效率，不同产品、不同的生产批量和不同的生产条件，将会有不同的工艺过程，所以在生产前应很好地分析，制定合理的工艺，并要用实验对工艺控制。

1）应制订工艺文件管理的规定，包括工艺文件的编制、发放、更改、审批等应有明确的规定。

2）应制订与产品相适应的工艺流程图或产品工序过程卡、工艺卡（或作业指导书）。

3）应有主要部件的工艺流程卡和指导作业人员的工艺文件（作业指导书）的规定。

八、焊接、热处理管理的控制

焊接工艺是控制接头焊接质量的关键因素，应按焊接方法、焊接材料种类、板厚和接头形式编制焊接工艺。焊接结构的热处理是为了保证焊接结构的性能与质量，防止裂纹产生，改善焊接接头的力学性能，消除焊接应力。为了使产品质量得以保证，对焊接和热处理要进行控制，一般基本要求如下：

1. 焊接

1）应有焊工培训、考核和焊工焊接档案管理的规定。

2）应制订适应产品需要的焊接工艺评定记录（PQR）、焊接工艺规程（WPS）或焊接工艺卡，并应满足有关技术规范的要求。应有验证焊接工艺规程（WPS）的管理规定和焊接工艺评定记录（PQR）分发、使用、修改的程序和规定。

3）应制订确保合格焊工从事焊接工作的措施，并制订焊工资格评定及其记录（WPQ）的管理办法，同时规定了产品焊缝的焊工识别方法，并能有效实施。

4）应制订焊缝返修的批准及返工后重新检查和母材缺陷补焊的程序性规定。

5）应有对主要元件施焊记录的规定。

2. 热处理

1）应制订热处理工艺文件的管理规定，包括对热处理工艺文件的编制、审批、使用、分发、记录和保存等。

2）应制订热处理的质量控制管理规定。

3）热处理分包时，应有分包管理规定，至少应包括对分包方评价规定和对分包项目质量控制的规定。

九、检验和试验的控制

焊接结构的质量保证工作是贯穿在设计、制造过程中的。焊接结构在装配焊接中，虽然已采取了一系列保证质量的措施，但在装配焊接结束后，还将进行质量检验。检验和试验控制如下：

1. 无损检测的控制

1）应制订无损检测质量控制规定，包括对检测方法的确定、标准规范的选用、工艺的编制批准、操作环节的控制、报告的审核签发和底片档案的管理等。

2）应编有无损检测的工艺和记录卡，并且能满足所制造产品的要求。

3）应制订无损检测人员资格管理的规定。

4）无损检测分包时，应有分包管理规定，至少应包括对分包方评价规定和对分包项目质量控制的规定。

2. 理化检验的控制

1）应制订理化检验的管理规定。

2）应有对理化检验结果的确认和重复试验的规定。

3）理化检验分包时，应有分包管理规定，至少应包括对分包方评价规定和对分包项目质量控制的规定。

3. 压力试验的控制

1）应编制压力试验工艺和相关程序要求。

2）应制订对压力试验进行质量控制的规定，包括对压力试验的监督、确认，对压力试验过程的安全防护，压力试验介质和环境温度等。

4. 其他检验的控制

1）应制订检验管理的规定，其内容应包括：检验管理人员的权责、进货检验、过程检验、最终检验、检验报告的存档和质量证明书管理等。

2）应制订检验和试验计划，并能有效实施。

3）应制订关于检验和试验状态标识的规定。

十、不合格品的控制

应确保不符合要求的产品得到控制，以防止其使用和交付。要制订纠正不合格品的规定，并要重新验证，以证实其符合性。一般应有如下规定：

1）应制订对不合格品进行有效控制的规定，以防止不合格品的非预期使用或安装。

2）应有对不合格品的标识、记录、评价、隔离（可行时）和处置等进行控制的规定。

3）对不合格报告的编制、签发、存档等应有规定。

4）对不合格品的处理环节（回用、返修、报废等）应有相关的规定。

5）对返修后进行重新检验的规定。

十一、人员培训上岗

应制订质保工程师、焊接工程师、检验人员、理化和无损检测人员、焊工和其他对产品质量有重要影响的制造活动执行者、验证者和管理人员等培训的规定。

十二、计量与设备控制

应保证计量及所需设备在受控的状态，以确保产品符合要求。

1）制订计量管理规定，保证仪器、仪表、工具等在计量有效期内使用。

2）有对计量器具和试验仪器进行有效的控制、校准和维护的规定。

① 应有计量环境适于计量试验的规定。

② 应有制造设备管理的规章制度。

十三、持续质量的改进

企业应策划和管理质量保证体系持续改进，通过质量方针、目标、审核结果、数据分析、纠正和预防措施及管理，评审促进质量保证体系的持续改进。

1）应有对产品的质量信息（包括厂内和厂外）进行反馈、汇集分析、处理的流程。

2）应有进行内部质量审核的规定，以确保质量保证体系正常运作并能对存在的质量问题进行分析研究，提出解决问题的措施和预防措施。

3）应有内部质量审核的规定。审核活动应由与审核无直接责任的人员进行。

4）应制订质量审核意见的接受、处理和回复的程序，以及纠正或改进措施。

5）具有对监验企业（或第三方检验企业）及客户发现并提出的产品质量问题进行及时解决的规定。

第二节　焊接工艺评定

焊接工艺评定是确保产品质量的重要措施，无论是国内、国外，已经有很多有关此方面的规范。如JB4708—2000《钢制压力容器焊接工艺评定》、《蒸汽锅炉安全技术监察规程》中“附录Ⅰ焊接工艺评定”，JB4420—1989《锅炉焊接工艺评定》，JB/T6963—1993《钢制件熔化焊工艺评定》，GB50236—1998《现场设备、工业管道焊接工程施工及验收规范》中的焊接工艺评定，美国ASME《锅炉与压力容器法规》第九卷中的焊接工艺评定，AWS D1.1《钢结构焊接规范》中的工艺评定，欧洲EN288中的焊接工艺评定，国际标准化组织ISO15609的焊接工艺评定等，有关这方面的规范标准很多，应根据设计施工规范进行选择。

一、焊接工艺评定的意义和目的

焊接工艺评定是投产前的一种指导性和验证性的试验。在投产前，用拟定的焊接工艺（焊接方法、焊接材料、母材及其厚度、接头形式和各种焊接参数等）按有关标准对所焊试件进行试验，测定焊接接头能否达到设计要求或满足使用。这是生产准备阶段的焊接工艺的规范化试验，也是对不需制作产品焊接试板的接头性能提供数据的旁证。

焊接工艺评定的目的在于评定及验证针对生产需要的焊接工艺，最后归纳并确定为焊接工艺规程（WPS），作为指导焊接生产的工艺文件。焊接工艺评定的另一目的也是评定施焊单位的能力。焊接工艺正确与否的标志在于焊接接头的使用性能是否符合要求。若符合要求，则证明所拟定的焊接工艺是正确的。当用于焊接产品时，则产品焊接接头的使用性能同样可以满足要求。

焊接工艺评定合格只说明将来施焊产品的焊接接头使用性能符合要求。单凭评定合格的焊接工艺并不能确保产品焊接质量全都符合要求，更谈不上确保它们安全可靠使用。

此外“通过焊接工艺评定确定了焊接工艺规范”的提法是不全面的。比如说产品在某一焊后热处理规范下的焊接工艺经评定合格，只能说明在该焊后热处理规范下，产品焊接接头的使用性能是符合要求的，但最终确定焊后热处理规范，还必须测定焊接残余应力和观察金相组织后综合评定。因此，焊接工艺评定只是确定焊接工艺规范的一个方面，不是全部内容。只通过焊接工艺评定是不能最终确定焊接工艺规范的。

二、焊接工艺评定的一般过程

JB4708—2000《钢制压力容器焊接工艺评定》中规定的焊接工艺评定一般过程是：拟定焊接工艺指导书、施焊试件和制取试样、检验试件和试样、测定焊接接头是否具有所要求的使用性能、提出焊接工艺评定报告，对拟定的焊接工艺指导书进行评定。

1. 拟定焊接工艺指导书

焊接技术人员根据有关产品法规，产品的技术要求，以及相关的焊接技术资料，编制相应的焊接工艺规程或焊接工艺指导书（未评定过的），该焊接工艺规程的内容与指导生产的焊接工艺规程内容相同，用来指导焊接工艺评定试验。该焊接工艺评定合格后，证明先前拟定的焊接工艺指导书或焊接工艺规程是正确的，相应的焊接工艺规程也生效，也可用作实际生产的焊接工艺规程。根据合格的焊接工艺评定，还可编制多份焊接工艺规程指导生产。

2. 焊接试件并检查

工艺评定所用试件的数量与尺寸，由试样的试验需要来决定，要制备足够的数量。焊接试验时应按照或以焊接工艺规程（未评定过的）为指导，由本单位技能熟练的焊接人员使用本单位焊接设备焊接试件。试件的检验主要是外观检查和无损检测。

评定合格焊接工艺的目的不在于焊缝外观达到何种要求，也不只在于焊缝达到无损检测几级标准，所以虽然在试件检验项目中规定了外观检查、无损检测，但其主要目的还是在于了解试件施焊情况，避开焊接缺陷取样。

3. 试样制取与检验

根据工艺评定标准要求，制订标准所需的试样尺寸和数量，并进行检验，记录各项检测结果。如果性能试验不合格，则分析原因，重新编制焊接工艺指导书。重新焊接试样，制取试样并检验、检测所用的设备、仪器。应定期检验和校定，检验后的试件应保存。

4. 编写焊接工艺评定报告

所要求评定的项目检验全部合格后，即可编写焊接工艺评定报告，焊接工艺评定报告应经制造单位焊接责任工程师审核，总工程师批准，并存入技术档案。焊接工艺评定技术资料包括焊接工艺试验条件和各项检验结果，该部分资料应保存至工艺评定失效为止。

5. 对拟定的焊接工艺指导书进行评定，并编制正式的焊接工艺规程

焊接工艺规程是为制造符合规范要求的产品焊缝而提供的、具有指导性的、经过评定合格的，且结合实际结构编制的焊接工艺文件，作为焊工操作和检验人员对产品质量控制的依据。

三、焊接工艺评定的规则

1. 焊接工艺因素

焊接工艺因素，分为重要因素、补加因素和次要因素。焊接工艺评定中的重要因素是指影响焊接接头力学性能（冲击性能除外）的焊接条件，如焊接方法、母材类别、焊条牌号、保护气体种类以及混合气体的配比、预热温度等。

补加因素是指有冲击要求时，影响焊接接头冲击性能的焊接条件。如焊接电流的种类和极性、焊接热输入，从评定合格的位置改变为向上立焊的位置等。

次要因素是指对所测定的焊接接头力学性能无明显影响的焊接条件。如坡口形式、焊接位置、锤击焊缝等。

当有冲击要求时，补加因素就成为重要因素；当不要求冲击时，就成为次要因素。

2. 焊接方法

特种设备常用的焊接方法有气焊、焊条电弧焊、埋弧焊、钨极惰性气体保护焊（钨极氩弧焊）、熔化极惰性气体保护焊（熔化极氩弧焊）、等离子弧焊等。焊接方法的改变，则需重做工艺评定，当产品的一条焊缝采用两种或两种以上焊接方法或重要因素、补加因素不同的焊接工艺时，可按每种焊接方法或焊接工艺分别进行评定，也可使用两种或两种以上焊接方法或焊接工艺进行组合评定。

3. 焊接接头

坡口形式与尺寸对各种焊接方法而言都是次要因素，它的变更对焊接接头力学性能和弯曲性能无明显影响，但坡口形式与尺寸对焊缝抗裂性、生产效率、焊接缺陷和劳动保护却有很重要的作用。

4. 填充金属

焊接工艺评定标准中，焊条、焊丝、焊剂或按力学性能分类，或按化学成分分类。除另

有规定外，焊条、焊丝、焊剂的类别号改变时，要重新评定焊接工艺。特殊填充金属应按制造厂的牌号进行焊接工艺评定。

5. 母材

对母材分类分组的目的是减少焊接工艺评定的数量，为此将化学成分、力学性能及焊接性能接近的钢材归纳在同一类或一组中。重要因素（或补加因素）相同时，同类别组别JB4708—2000《钢制压力容器焊接工艺评定》或同类别号美国ASME《锅炉与压力容器法规》的评定合格，可认为该组别或类别中其他母材评定合格。

按JB4708—2000的规定当重要因素、补加因素不变时：

1）不同类别号母材组成的焊接接头，即使各自母材都评定合格，其组成的焊接接头仍需重新评定。但类别号为Ⅱ或组别号为Ⅵ-1、Ⅵ-2的同钢号母材评定适用于它们与类别号为Ⅰ的母材组成的焊接接头。

2）同类别中，一种母材评定合格的焊接工艺，可适用同组别号的其他母材；组别号改变时，应重新评定，但组别号为Ⅵ-2的母材评定适用于组别号为Ⅱ-1的母材。

3）同类别中，高组别号母材的评定适用于该组别号与低组别号母材组成的焊接接头，而不能替代低组别号的评定。

按ASME Ⅸ进行评定时，同一类别号中高组别号的评定可适用于低组别号的评定。

6. 母材金属的规格

在各焊接工艺评定标准中，都有评定合格后适用于母材厚度和焊缝金属厚度有效范围表，按该表的规定，可根据某一评定试件厚度确定适用的母材厚度和焊缝金属厚度有效范围。表6-1为JB4708—2000《钢制压力容器焊接工艺评定》标准中规定的对接焊缝厚度评定适用范围。

表6-1　JB4708—2000标准中规定的对接焊缝厚度评定范围

试件母材厚度	适用于焊件母材厚度的有效范围		适用于焊件焊缝金属厚度 δ_t 的有效范围	
	最小值	最大值	最小值	最大值
<1.5	δ	2δ	不限	$2\delta_t$
$1.5\leqslant\delta\leqslant10$	1.5	2δ	不限	$2\delta_t$
$10<\delta<38$	5	2δ	不限	$2\delta_t$
$\geqslant38$	5	200①	不限	$2\delta_t$（$\delta_t<20$）
$\geqslant38$	5	200①	不限	200①（$\delta_t\geqslant20$）

① 限于焊条电弧焊、埋弧焊、钨极氩弧焊、熔化极氩弧焊的多道焊。

7. 焊接电特性和焊接技术

在电特性栏中应注明采用的是直流电还是交流电。若用直流电需指出是正接还是反接，并列出施焊评定试件所用的焊接参数（焊接电流、电弧电压、焊接速度等）。

焊接工艺中所用焊接参数（例如焊接电流或电弧电压）不应超过评定报告中的±15%，焊接热输入作为补加因素，也不应超过评定合格的范围。

当规定做冲击韧性试验时，增加热输入要重新评定焊接工艺，但若经过高于上转变温度的焊后热处理或奥氏体母材经固溶处理时的除外。热输入是指每条焊道的热输入，当规定进行冲击试验时每条焊道的热输入都应严格控制。

在焊接技术栏中应注明每种工艺、每种焊接材料的焊接层数；每道焊道熔敷金属的最大厚度；是单丝还是多丝焊；是单面焊还是双面焊，每面是单道焊还是多道焊；是直线焊还是摆动焊；施焊时是否采用敲击、焊前和层间的清理以及清根方式等。

(1) 焊接位置　焊接位置也是焊接工艺评定因素，立焊分为向上立焊和向下立焊两种。向上立焊虽然电流减少，但焊接速度也降低很多，焊接热输入大大增加，焊接接头冲击韧度可能要变更，故需重新评定。当没有冲击试验要求时改变焊接位置不需重新评定，故焊接工艺评定试件位置通常位于平焊。

(2) 焊后热处理　焊后能改变焊接接头的组织、性能或残余应力的热过程称焊后热处理。热处理类别分为：消除应力热处理、正火、正火加回火和淬火加回火。改变焊后热处理类别，需重新评定焊接工艺。当规定进行冲击试验时，焊后热处理的温度和时间范围改变后要重新评定焊接工艺。

(3) 预热温度和层间温度　法规按钢种和板厚规定了最低的预热温度和层间温度。如预热温度和层间温度降低值超过下列规定，则应通过工艺评定试验。对于焊条电弧焊、埋弧焊、熔化极气体保护焊、药芯焊丝电弧焊及钨极氩弧焊，预热温度不得低于评定合格值50℃以下。对于要求缺口冲击韧度的焊接接头，层间温度不应比评定记录值高50℃以上。

(4) 气体　在各种气体保护焊中，保护气体从一种气体改为另一种保护气体，或改用混合气体，或改变混合气体的配比，或取消气体保护，或使用非标准保护气体时，均看作是重要参数的改变，需重新工艺评定。

四、焊接工艺评定试验要求和结果评价

焊接工艺评定试验项目和方法原则上应完全按照焊接工艺评定标准，不得任意增加或缩减试验项目，也不得任意改变试验方法，否则就失去了焊接工艺评定的合法性和合理性。

1. 检验项目

1) 对接焊缝工艺评定试件的检验项目有外观检查、无损检测和力学性能试验。

常规力学性能试验项目包括拉伸试验、弯曲（面弯、背弯、侧弯）试验和冲击试验（规定时）。试样的检验数量见表6-2。

表6-2　力学性能试验项目及检验数量

试件母材的厚度 δ/mm	试验项目和取样数量/个					
	拉伸试验	弯曲试验			冲击试验	
	拉伸	面弯	背弯	侧弯	焊缝区	热影响区
$\delta<1.5$	2	2	2	—	—	—
$1.5\leqslant\delta<10$	2	2	2		3	3
$10\leqslant\delta<20$	2	2	2	或4	3	3
$\delta\geqslant20$	2			4	3	3

JB4708—2000《钢制压力容器焊接工艺评定》标准中规定，伸长率δ标准或技术文件规定值下限≥20%的黑色金属，其弯曲试验角度见表6-3。

表 6-3 弯曲试验角度

试样厚度 δ/mm	弯轴直径 D/mm	支座间距离/mm	弯曲角度/（°）
<10	4δ	$6\delta+3$	180
10	40	63	180

2）角焊缝工艺评定试件的检验项目有外观检查、金相检验（宏观）。

3）堆焊工艺评定试件的检验项目有渗透检查、弯曲试验、化学分析（当规定时）。

4）螺柱焊缝工艺评定试件的检验项目有锤击试验或弯曲试验、扭曲试验或拉伸试验、宏观检验。

2. 合格标准

焊接工艺评定试件不同，检验项目也不同。其中，对接焊缝工艺试件的检验项目较多，合格标准的规定内容也较多。这里我们重点介绍 JB4708—2000 焊接工艺评定标准中关于对接焊缝工艺评定试件的检验项目和合格标准的规定。

（1）外观检查　试件接头表面不得有裂纹。

（2）无损检测　对接焊缝工艺评定试件按 JB4730—1994《压力容器无损检测》进行无损检测，无损检测结果不得有裂纹，对气孔没作规定。

（3）常规力学性能试验

1）拉伸试验：试样母材为同种钢号时，每个试样的抗拉强度应不低于母材标准规定值的下限。试样母材为两种钢号时，每个试样的抗拉强度应不低于两种母材标准规定值下限的较低值。

2）弯曲试验：试样弯曲到规定的角度后，其拉伸面上沿任何方向上不得有单条长度大于 3mm 的开口或缺陷。试样的棱角开口缺陷一般不计，但由夹渣或其他焊接缺陷引起的棱角开裂长度应计入。

3）冲击试验：每个区三个试样的冲击吸收功平均值应符合图样或相关技术条件的规定，且不得小于 27J，并且至多允许有一个试样的冲击吸收功低于规定值的 70%。

五、焊接工艺评定报告

焊接工艺评定试验完成后，需将试验结果填入焊接工艺评定报告。通常为便于对照，都把事先编制用于焊接工艺评定的一份焊接工艺作为焊接工艺评定报告的附件。

一份完整的焊接工艺评定报告应记录评定试验时所使用的全部重要参数。其内容包括下列各部分：

1）评定报告编号及相对应的焊接工艺指导书编号。

2）评定项目名称。

3）评定试验采用的焊接方法、焊接位置。

4）所依据的产品技术标准编号。

5）试板的坡口形式、实际坡口尺寸。

6）试板焊接接头焊接顺序和焊缝的层次。

7）试板母材金属的牌号、规格、类别号，如采用非法规和非标准材料，则应列出实际的化学成分化验结果和力学性能的实测数据。

8）焊接试板所用的焊接材料，列出牌号、规格以及该焊接材料入厂复验结果，包括化学成分和力学性能。

9）评定试板焊前实际的预热温度、层间温度和后热温度等。

10）试板焊后热处理的实际加热温度和保温时间，对于合金钢应记录实际的升温和冷却速度。

11）焊接参数，记录试板焊接过程中实际使用的焊接电流、电弧电压、焊接速度。对于熔化极气体保护焊和电渣焊应记录实测的送丝速度。电流种类和极性应清楚表明。如采用脉冲电流，应记录脉冲电流的各参数。

12）凡是在试板焊接中加以监控或检测的操作技术参数都应加以记录，其他参数可不作记录。

13）力学性能检验结果，应注明检验报告的编号、试样编号、试样形式，实测的接头强度性能和抗弯性能数据。

14）其他性能的检验结果，角焊缝宏观检查结果或耐蚀性检验结果，硬度测定结果。

15）评定结论。

16）编制、校对、审核人员签名。

17）企业管理者代表批准，以示对报告的正确性和合法性负责。

焊接工艺评定报告的格式参见表6-4。

表6-4　焊接工艺评定报告

单位名称________________

焊接工艺评定报告编号________________　焊接工艺指导书编号________________

焊接方法________________　机械化程度(手工、半自动、自动)________________

接头简图（坡口形式、尺寸、衬垫、每种焊接方法或焊接工艺、焊缝金属厚度）

母材 材料标准________ 钢号________ 类、组别号______与类、组别号______相焊 厚度________ 直径________ 其他________	焊后热处理________ 热处理温度/℃________ 保温时间/h________ 保护气体 气体　混合比　流量/（L/min） 保护气体______ ______ ______ 尾部保护气______ ______ ______ 背面保护气______ ______ ______
填充金属 焊材标准________ 焊材牌号________ 焊材规格________ 焊缝金属厚度________ 其他________	电特性 电流种类________ 极性________ 钨极尺寸________ 焊接电流/A________ 电弧电压/V________ 其他________

（续）

单位名称________________

焊接工艺评定报告编号________________焊接工艺指导书编号________________

焊接方法________________机械化程度(手工、半自动、自动)________________

焊接位置 对接焊缝位置________方向（向上、向下） 角焊缝位置________方向（向上、向下）	技术措施： 焊接速度/（cm/min）________ 焊枪摆动或不摆动________ 多道焊或单道焊（每面）________ 多丝焊或单丝焊________ 其他________
预热： 预热温度/℃________ 层间温度/℃________ 其他________	

拉伸试验　　　　报告编号：

试样号	厚度	抗拉强度/MPa	断裂特点和部位

弯曲试验　　　　报告编号：

试样编号及规格	试样类型	弯轴直径，角度	实验结果

冲击试验　　　　报告编号：

试样编号及规格	缺口位置	缺口形式	试验温度	冲击吸收功/J

焊缝外观检查

试样接头表面无裂纹、未焊透和未熔合

无损探伤　　　　报告编号

无损探伤方法		标准号		结果	

角焊缝和组合焊缝实验　　　　报告编号：

焊透情况	裂纹类型	两焊脚尺寸差
全焊透，焊缝金属无裂纹和未融合、无气孔		

其他检验

检查方法（标准、结果）	
焊缝金属化学成分分析（结果）	
其他	

（续）

单位名称＿＿＿＿＿＿＿＿＿＿＿＿＿＿＿＿
焊接工艺评定报告编号＿＿＿＿＿＿＿＿＿＿＿＿焊接工艺指导书编号＿＿＿＿＿＿＿＿＿＿＿＿
焊接方法＿＿＿＿＿＿＿＿＿＿＿＿＿＿＿＿机械化程度：（手工、半自动、自动）＿＿＿＿＿＿＿＿

接头形式	道数	位置	焊接电流/A	电弧电压/V	焊接速度/（cm/min）	极性	备注

施　焊		焊接时间	标　记
编　制		日　期	
审　核		日　期	
批　准		日　期	

评定结论：本评定按 JB4708—2000 规定焊接试件检验试样，测定性能，确认实验记录正确，评定结果合格。

第三节　焊接工艺技术文件

制造企业为了完成并保证产品的焊接质量，按照焊接技术要求和相关标准制定的有关焊接工艺方面的文件。根据企业现行的情况，一般的焊接工艺文件包括以下几种：

1）焊接工艺评定前拟定的用于指导焊接工艺评定的焊接工艺规程或称工艺指导书。评定合格后，该工艺规程也可用于相应产品的焊接。

2）评定合格后，根据工艺评定制定的焊接工艺规程。

3）针对产品制定的焊接接头编号卡或焊缝识别卡。

4）针对产品制定的焊接顺序卡或称焊接接头工艺卡。

5）针对某一钢种，某一有色金属，某一焊接方法，某一特定的焊接工作制定的通用焊接工艺守则（或规程）。

一、焊接工艺规程

无论焊接工艺评定前制定的焊接工艺规程（或焊接工艺指导书）还是评定合格后制定的焊接工艺规程，都是焊接生产的主要指导性工艺文件，是焊工焊接操作的依据。焊接工艺规程应发到生产班组的有关部门，焊工在焊接产品之前必须认真阅读焊接工艺规程中的全部内容，并在工作过程中遵照执行。

焊接工艺规程的内容一般包括如下几个方面：

1）焊接工艺规程的编号和日期。

2）相应的焊接工艺评定报告编号。

3）焊接方法及自动化程度。

4）接头形式、有无衬垫及衬垫材料牌号。

5）坡口简图、焊缝示意图（焊道分布和顺序）。

6）焊接位置、立焊的焊接方向。

7）母材钢号、分类号、母材及熔敷金属的厚度范围、管子直径范围。

8）焊接材料的牌号、标准号、类别、规格，钨极的类型、牌号、直径，保护气体的名称、成分和流量（包括背面和尾部保护）。

9）焊前预热、层间温度。

10）焊接电特性参数（包括电流种类和极性、焊接电流、电弧电压、焊接速度、送丝速度、摆动速度和幅值等）。

11）操作技术和焊接程序。

12）热处理（后热、消氢、中间热处理、焊后退火处理、正火、回火处理等）。

13）编制人和审批人签字、日期。

表6-5是一个焊接工艺规程的式样。

表6-5　焊接工艺规程的式样

<table>
<tr><td colspan="3" rowspan="4">________有限公司</td><td>编　制</td><td>审　核</td><td>批　准</td></tr>
<tr><td></td><td></td><td></td></tr>
<tr><td></td><td></td><td></td></tr>
<tr><td></td><td></td><td></td></tr>
<tr><td>焊接工艺</td><td>PQR编号</td><td>PQR-01-01，03，06</td><td>WPS编号</td><td colspan="2">WPS-91-03</td></tr>
<tr><td>规　程</td><td>焊接位置</td><td>平焊</td><td>版本号</td><td colspan="2">B1</td></tr>
<tr><td>焊缝</td><td colspan="2">对接焊缝</td><td>母 材</td><td colspan="2">20g，16MnR</td></tr>
<tr><td>描述</td><td colspan="2">角接接头</td><td>规 格</td><td colspan="2">厚8~10mm焊接</td></tr>
<tr><td>焊接方法</td><td>MIG</td><td>手工、半自动自动</td><td>半自动</td><td>电源极性</td><td>直负</td></tr>
<tr><td>焊条（焊丝）标准</td><td>GB/T8110—1995</td><td>焊丝（焊条）牌号</td><td>ER50-6</td><td>焊丝（焊条）直径/mm</td><td>ϕ1.2mm</td></tr>
<tr><td>焊剂规格牌号</td><td></td><td>保护气体</td><td>CO_2</td><td>流量/（L/min）</td><td>15~20</td></tr>
<tr><td>坡口加工方法</td><td>机械加工</td><td>焊接垫板</td><td>无</td><td>清 根</td><td>无</td></tr>
<tr><td>基本要求</td><td colspan="5">焊前清理铁锈、油污、水分等异物，焊后打磨焊缝不平整处；焊接时注意层间温度不大于150℃；焊后应彻底清理飞溅。焊后敲上焊工钢印</td></tr>
</table>

（续）

预热/（℃/h）			后热/（℃/h）				
接 头 形 式	焊道数	焊接位置	焊接电流/A	电弧电压/V	焊接速度/（cm/min）	备注	
	1	平	150～160	20～22	14～16		
	2	平	200～210	23～25	15～18		
	3	平	200～210	23～25	15～18		

二、产品的焊接接头编号卡（或焊缝识别卡）

实际产品的结构复杂，焊接接头较多，使用的焊接工艺规程较多。哪条焊缝使用哪个工艺规程，由什么样资格的焊工焊接。为了在产品的生产中正确地使用焊接工艺规程，确保焊接质量，ASME 标准中，规定要制定产品焊缝识别卡。在我国 JB4709—2000《钢制压力容器焊接规程》标准中，也提到了焊接接头编号表，其内容都是一致的。一般包括：

1）产品或设备名称。

2）接头编号卡或焊缝识别卡编号。

3）接头类型。

4）产品的材质和规格。

5）产品焊缝布置简图。

6）焊缝编号，相应的工艺规程编号、工艺评定编号、焊工资格代号、无损检测要求。

7）编制人员和审核人员签字。

表 6-6 是一个焊缝识别卡的式样。

三、焊接顺序卡或焊接接头工艺卡

焊接顺序卡或焊接接头工艺卡，也是指导产品制造安装焊接施工的焊接工艺。有些单位无焊缝识别卡，而用焊接顺序卡或焊接接头工艺卡，其内容主要包括：

1）产品编号，产品名称。

2）编制人员，审核人员。

3）焊接顺序。

4）材料名称、规格。

5）接头编号示意图。

6）焊接位置。

7）焊接技术，是否预热，后热，热处理，气体流量等。

8）焊接方法。

9）焊接材料及名称、规格。

10）焊接电流，电弧电压等。

这种焊接接头卡，其实已经包括了焊接工艺规程内容，也包括了焊接顺序的内容，其内容与焊接工艺规程和焊缝识别卡的内容相类似。

表 6-6　焊缝识别卡

<table>
<tr><td rowspan="2">××××有限公司</td><td rowspan="2">焊缝接头示意图
DISTRIBUTION SKETCH OF WELDS</td><td>工作令号
Job No.</td><td></td></tr>
<tr><td>产品名称
Item Name</td><td>再生换热器
RECUPERATIVE EXCHANGER</td></tr>
</table>

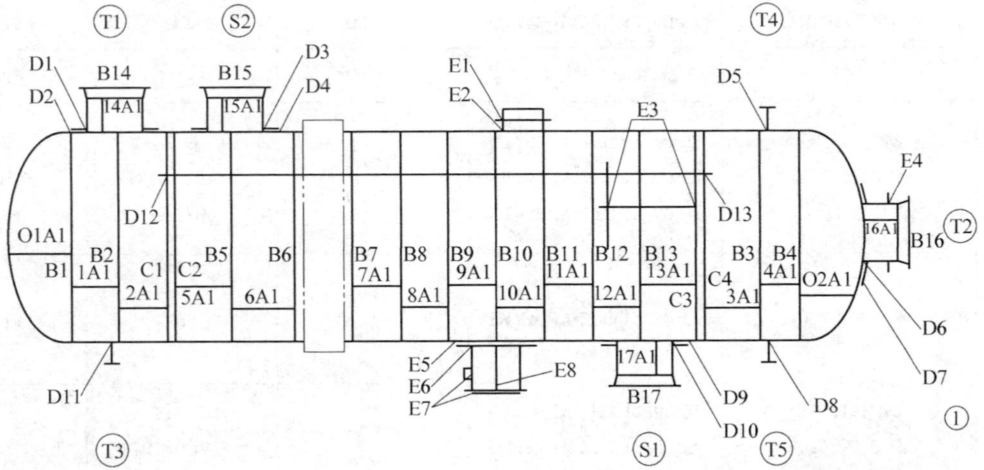

焊缝编号	工艺规程号	工艺评定号	焊接方法	焊工焊接项目	焊接材料型号及规格/mm	探伤要求	备　注
O1A1，O2A1	BPZ-07(a)	450，1633	SMAW SAW	SMAW-IV-1G-12-F4 SAW-1G(K)-07/09	A022 ϕ3.2 ϕ4 ER-316L ϕ4 HJ260	100% RT Gr. Ⅱ	
1A1～13A1， B1～B13	BPZ-07(a)	450，1633	SMAW SAW	SMAW-IV-1G-12-F4 SAW-1G(K)-07/09	A022 ϕ3.2 ϕ4 ER-316L ϕ4 HJ260	20% RT Gr. Ⅲ	

（续）

焊缝编号	工艺规程号	工艺评定号	焊接方法	焊工焊接项目	焊接材料型号 及规格/mm	探伤要求	备　注
14A1～17A1， B14～B17	C422（2）	450	SMAW	SMAW-IV-1G-12-F4	A022 ϕ3.2 ϕ4	100% RT Gr. Ⅱ	
C1～C4	BPZ-13（a）	889 1726	GTAW SMAW	GTAW-IV-1G-12-03 SMAW-IV-1G-12-F4	TGF-316Lϕ2 A022ϕ3.2 ϕ4	100% UT Gr. Ⅱ	
D1，D3，D6，D10	BPZ-04（d）	635，889 1618，1619 1152，1726	GTAW SMAW	GTAW-IV-2FG-12/60-03 SMAW-IV-2FG-12/60-F4 GTAW-IV-2FG-12/60-02	TGF-316L ϕ2.6 A022 ϕ3.2 ϕ4 ER-316L ϕ2	100% UT Gr. Ⅱ	
D2，D4，D7，D9， E2，E3，E5	C422（15）	450	SMAW	SMAW-IV-2FG-12/60-F4	A022 ϕ3.2 ϕ4		
D5，D8，D11	BPZ-04（a）	635，889， 1618，1619， 1152，1726	GTAW SMAW	GTAW-IV-2FG-12/60-03 SMAW-IV-2FG-12/60-F4 GTAW-IV-2FG-12/60-02	TGF-316L ϕ2.6 A022 ϕ3.2 ϕ4 ER-316L ϕ2		
D12，D13	HOLD		GTAW	GTAW-5FG（K）-05/07/09			
E1，E4	C449（15）	1152	GTAW	GTAW-IV-2FG-12/60-03	TGF-316L ϕ2.6		
E6	BPZ-11	N. A.	SMAW	N. A	A312 ϕ3.2 ϕ4		
E7	C801（15）	N. A.	SMAW	N. A	A312 ϕ3.2 ϕ4		
E8	C095（15）	N. A.	GMAW	N. A	TWE-711 ϕ1.2		
	日　期		审　核		日　期		

四、通用焊接工艺守则（或规程）

焊接结构的制造中，常用埋弧焊、焊条电弧焊、钨极氩弧焊和熔化极气体保护焊等焊接方法。各种不同的焊接方法都有其特点，但焊接时也有其特有的应注意的事项。例如钨极氩弧焊前要通氩一段时间，熄弧时要滞后关气，要防风，填充焊丝的热端头不应离开喷嘴的保护区。各种焊接方法应注意的事项不宜在“焊接工艺规程”中反复罗列，而分别集中在钨极氩弧焊工艺守则、埋弧焊工艺守则、CO_2 焊工艺守则等焊接方法工艺守则中，作为使用该焊接方法时的指导性工艺文件。

焊接钢结构往往根据其工作条件选用不同的钢材作为材料，不同的钢材各自有不同的焊接性，其焊接工艺也针对其各自的特性而有不同的侧重面。例如，铬钼珠光体耐热钢焊接的工艺措施，主要是保证预热条件和焊后及时作消氢后热，防止产生冷裂纹；控制焊材和母材的杂质成分，防止回火脆性。奥氏体不锈钢则主要防止焊缝和热影响区的过热，避免耐晶间腐蚀性能下降；控制焊缝成形系数，减少焊缝杂质，防止产生热裂纹。这些工艺措施也不宜分散重复地罗列在各产品的各个“焊接工艺规程”中，而是集中编成碳钢及碳锰低合金钢焊接工艺守则、珠光体耐热钢焊接工艺守则、奥氏体不锈钢焊接工艺守则、低合金低温钢焊接工艺守则等，放在各自的工艺守则当中，作为焊接这些钢材时的指导性工艺文件。

有些如定位焊、气刨清根、焊接返修、焊条烘干、焊工钢印布置等特定的工作，其本身就是整个焊接工作的一部分，而这些工作又有不同于一般的焊接工作的特点。为了更好地指导这些工作，避免在“焊接工艺规程”中分散重复这些要求，则要编制定位焊工艺守则、焊缝清根工艺守则（或碳弧气刨工艺守则）、焊接返修工艺守则、焊条烘干规程和焊工打钢印的规定等。

第四节 焊 工 考 试

为了保证产品的质量，根据产品制造法规、规程和标准的规定，对从事焊接作业的焊工，应按相应要求的考试，取得焊工合格证后，才能在有效期内从事合格项目范围内的焊接工作。焊工技能考试的目的是要求焊工按照评定合格的焊接工艺焊出没有超标缺陷的焊缝，是对焊工操作技能及掌握焊接材料性能的能力测试。进行焊工技能评定时，则要求焊接工艺正确，以保证焊工完成合格的焊缝。

一、考试内容与方法

1. 基本知识考试

焊接是一门理论和实践紧密结合的工艺技术，对于焊工考试是否要进行理论知识的测试，一直以来争论较多。世界工业发达国家如 ASME、JIS、BS、AWS 等不要求焊工进行理论考试，因为焊工只要按评定合格的工艺焊接试件，不需焊工本人选择焊接参数。AD 规范和国内一些规范则要求焊工进行理论考试，目的使焊工了解焊接的基本知识，以提高焊工对焊接工艺规程的了解并提高焊接质量。基本知识的考试一般包括如下内容：

1）焊接设备和工具的使用及维护。

2）金属材料、焊接材料的一般知识与使用规则。

3）焊接操作工艺，包括焊接方法及其特点、焊接参数、热输入、熔渣流动性、保护气体的影响、操作方法、焊接顺序、预热和后热等知识。

4）焊接接头的性能及其影响因素。

5）焊接缺陷的种类、避免与消除；焊接变形的预防与处理的一般知识。

6）焊接必要的准备工作，工作范围内的焊接符号及其识别。

7）焊接安全知识和规定。

8）焊接质量管理体系、规章制度、工艺文件、工艺纪律、焊接工艺评定、焊工考试和管理规则基本知识。

2. 实际操作考试

焊工实际操作考试从焊接方法、试件材料、焊接材料、试件形式及焊接位置等方面进行。考核一般分为手工和机械操作两大类。

（1）焊接方法　不同焊接方法的操作要求，对焊工焊接操作技能影响较大。一般考试规则包括焊条电弧焊（SMAW）、气焊（OFW）、钨极惰性气体保护焊（GTAW）、熔化极气体保护焊（GMAW）、药芯焊丝电弧焊（FCAW）、埋弧焊（SAW）、电渣焊（ESW）和摩擦焊（FRW）等。当改变焊接方法时，应当重新进行操作技能考试，每种焊接方法都可能有手工及机械操作两种方式，如：焊条电弧焊大多数情况下是焊工用手工操作，对于重力焊和躺条焊而言则是机械化操作；埋弧焊大多数情况下是机械化操作，但也有焊工持盛有焊剂的漏斗向前移动、而焊丝机械送进的俗称半自动操作方式，半自动操作焊工属于手工焊工。药芯焊丝电弧焊与熔化极气体保护焊相同，常用半自动与自动焊方式（实质上是手工焊与机械化焊）。在同一种焊接方法中，手工焊考试合格，从事焊机操作工作时，也要重新考试，反之亦然。

（2）母材分类　焊缝是否合格与母材的种类（如黑色和有色金属）有一定的关系。ASME 认为包括不锈钢在内的黑色金属不需分类；英国的 BS 4871 规定 w（合金元素）< 6% 的钢不分类，BS 4882 分铁素体和奥氏体两类；德国 DIN 8560 和我国一样分成四类。

我国制定的《锅炉压力容器压力管道焊工考试与管理规则》中，将母材分成如下四类：

碳素钢（Ⅰ类）：这类钢焊接性能良好，大多数情况下焊前不要求预热，焊后不要求后热，部分钢号因为没有冲击试验要求，因此不需要控制焊接热输入。

低合金钢（Ⅱ类）：这类钢焊前要求预热，焊后要求后热，而且有冲击试验要求，因此要求控制焊接热输入上限。

马氏体钢、铁素体不锈钢（Ⅲ类）：这类钢焊接裂纹倾向较大、焊前要求预热，焊后要求进行热处理，焊接工艺要求严格，因此要求控制焊接热输入范围。

奥氏体不锈钢、双相不锈钢（Ⅳ类）：这类钢用相应的焊条施焊时，熔池不易摊开，熔滴过渡不畅，其特点与碳钢、低合金钢焊条很不相同，故另列一类。

对手工焊来说：

1）一个钢号考试合格后，焊接与该钢号同类的所有其他钢号不需要重新考试。

2）除奥氏体和双相不锈钢以外（即Ⅳ类钢），高类别的钢号考试合格后，则焊接较低类别钢号时不需要重新考试。

3）某类别内某钢号考试合格后，则焊接该类别内不同钢号，或该类别钢号与较低类别钢号所组成的异种钢号接头，不需要重新考试。

对焊机操作工来说，采用任一钢号考试合格后，则焊接所有钢号都可免除考试。

（3）焊接材料　焊接材料对焊工操作技能的影响，因各种焊接方法的不同而存在差异。对于焊条电弧焊，焊工焊接操作技能与焊条药皮和熔敷金属类别密切相关。焊条药皮是由多种矿物、非矿物、铁合金、纤维素等组成的，它们分别有不同的作用。焊条药皮类别不同，焊接操作特点也各不相同，因此对于焊条电弧焊，将焊条药皮类别划分为如下四类：

1）钛钙型：施焊时操作性能好，适应焊接规范变化能力强。焊条类别代号为F1。

2）纤维素型：常用于打底焊和向下立焊。纤维素型药皮焊条向下立焊时焊接速度较快，不宜摆动，焊层厚度不大。焊条类别代号为F2。

3）钛型、钛钙型：这类药皮的焊条包括两类，一类是马氏体不锈钢和铁素体不锈钢焊条，马氏体和铁素体钢焊条在施焊时熔滴过渡特点与低合金钢焊条相同，焊条类别代号为F3；另一类是奥氏体不锈钢和双相不锈钢焊条，焊条类别代号为F4。

4）低氢型和碱性。碱性焊条类别代号为F3J和F4J。

焊工考试用的焊材类别适用于焊件焊接用的焊材类别范围的规定如下：

1）变更焊丝钢号、药芯焊丝类型、焊剂型号、保护气体种类和钨极种类时，不需要重新考试。

2）带药皮焊条的分类及试件用焊条类别适用于焊件用焊条的类别范围见表6-7。

表6-7　焊条类别及适用范围

试件用焊条类别代号	焊条类别代号	相应型号	适用于焊件的焊条范围	相应标准
钛钙型	F1	E××03	F1	奥氏体、双相钢焊条除外
纤维素型焊条	F2	E××10,E××11,E××10-×,E××11-×	F1,F2	
钛型、钛钙型	F3	E××(×)-16,E×××(×)-17	F1,F3	
低氢型、碱性	F3J	E××15,E××16,E××18,E××48 E××15-×,E××16-×,E××18-×,E××48-× E×××(×)-15,E×××(×)-16,E×××(×)-17	F1,F3,F3J	
钛型、钛钙型	F4	E×××(×)-16,E×××(×)-17	F4	奥氏体、双相钢焊条
碱性	F4J	E×××(×)-15,E×××(×)-16,E×××(×)-17	F4,F4J	

（4）焊接试件　焊接操作技能考试试件一般分为：对接焊缝试件（分为板材对接焊缝试件和管材对接焊缝试件）、管板角接头试件。试件的适用范围，只依据试件焊缝金属厚度来确定适应于焊件焊缝金属厚度范围，以及管材外径来确定适用管材外径的范围。例如，对于手工焊焊工采用对接焊缝试件，经焊接操作技能考试合格后，适用于焊件焊缝金属厚度范围，见表6-8。手工焊焊工采用管对接焊缝试件，经焊接操作技能考试合格后，适用于管材对接焊缝焊件外径范围见表6-9。

表6-8　手工焊板对接试件焊缝金属适用范围　（单位：mm）

焊缝形式	试件母材厚度 δ	适用于焊件焊缝金属厚度	
		最小值	最大值
对接焊缝	<12	不限	$2\delta_t$
	≥12	不限	不限

表 6-9　管材对接焊缝焊件外径范围　（单位：mm）

管材试件外径 D	适用管材外径范围	
	最小值	最大值
<25	D	不限
$25 \leqslant D < 76$	25	不限
≥76	76	不限

（5）焊接位置　焊接位置是影响焊工技能的重要参数，平焊最易掌握，难度最大的是管子水平固定和倾斜45°固定的对接全位置焊。除AD和JIS外，各国都规定管子全位置焊考试合格的焊工，若其他重要参数不变，可免除其他位置的考试。ASME规定：平焊以外的任何位置的考试，均可免除对平焊的考试；凡通过坡口焊缝考试的焊工对一定厚度和管径的角焊缝也取得资格。

而我国规则对焊接位置替代规定严格，其板状试件合格，不能免除管状试件的考试；板状各位置也不能替代。《锅炉压力容器压力管道焊工考试与管理规则》中具体的焊缝位置替代见表6-10。

表 6-10　焊接位置的适用范围

试件		适用焊件范围			
		对接焊缝位置		角焊缝位置	管板角接头焊件位置
形式	符号	D>600mm	D≤600mm		
板材对接焊缝	1G	平	平	平	
	2G	平、横	平、横	平、横	
	3G	平、立	平	平、横、立	
	4G	平、仰	平	平、横、仰	
管材对接焊缝	1G	平	平	平	
	2G	平、横	平、横	平、横	
	5G	平、立、仰	平、立、仰	平、立、仰	
	5GX	平、立向下、仰	平、立向下、仰	平、立向下、仰	
	6G	平、横、立、仰	平、横、立、仰	平、横、立、仰	
	6GX	平、立向下、横、仰	平、立向下、横、仰	平、立向下、横、仰	
管板角接头	2FG			平、横	2FG
	2FRG			平、横	2FRG、2FG
	4FG			平、横、仰	4FG、2FG
	5FG			平、横、立、仰	5FG、2FRG、2FG
	6FG			平、横、立、仰	所有位置

（6）焊接要素　焊接要素实际上是影响焊工焊接操作技能的工艺因素和条件，焊接要素的改变分两种情况：一是手工焊，只对钨极气体保护焊填充金属作了规定，即：有、无焊丝、实芯、药芯焊丝等四种情况时需重新考试；二是机械化焊，对钨极气体保护焊的自动稳压系统和其他焊接方法的自动跟踪系统及单道焊作了重新考试的规定。

二、考试结果评定

1. 试件检验项目

焊工考试的目的是评定焊工焊接合格焊缝的能力。一般情况下，外观检验与射线探伤是评定焊缝合格与否的主要方法。弯曲性能试验检查焊工执行焊接工艺规程情况，弯曲试件不合格可以判定该焊缝性能有问题，焊工执行工艺可能有问题。因此，有一些焊工考试标准中，考试评定主要有外观检查、射线探伤及弯曲试验；而有些焊工考试中，考试评定主要是外观检查和射线探伤。《锅炉压力容器压力管道焊工考试与管理规则》中规定如下：

1）所有试件都要进行外观检查。

2）板对接焊缝试件要做射线探伤和弯曲试验，板厚小于 10mm 的试件做面、背弯各 1 个，板厚大于 10mm 的试件做侧弯 2 个。

3）外径小于 76mm 的管材对接要做 3 个试件，两个试件加工为断口检验，另一试件加工面弯、背弯各 1 个试样做弯曲试验；外径大于等于 76mm 的管材对接试件要做射线探伤，然后加工面弯、背弯试样各 1 个或侧弯试样 2 个进行试验。

4）管径小于 76mm 的管板角接头要焊两个试件做外观检查，从中抽 1 个做 3 个断面的宏观金相检验。管径大于 76mm 的管板角接头只焊 1 个试件做外观检查，然后加工 3 个断面做宏观金相检验。

2. 合格标准

1）焊缝外观要求一般主要从焊缝余高、焊缝宽度、咬边、焊缝凹坑、错口及变形等方面进行衡量，焊缝表面不得有裂纹、未熔合、夹渣、气孔和未焊透等。

2）试件的射线透照一般要求射线透照质量不应低于 AB 级，焊缝缺陷等级不低于Ⅱ级。

3）试件的断口试验应符合下列要求：

① 断面上没有裂纹和未熔合。

② 背面凹坑深度、气孔、夹渣都有一定数量规定，各个标准是不同的。

4）对接焊缝试件的弯曲应达到规定的角度，其拉伸面不得有任一单条长度大于 3mm 的裂纹或缺陷，试样的棱角开裂不计，但确因焊接缺陷引起试样棱角开裂的长度应计入评定。

第七章　焊接质量检验

第一节　焊接质量检验的目的及检验方法

一、焊接质量检验的目的

焊接质量检验是对焊接过程及其产品的一种或多种特性进行测量、检查和试验，并将这些特性与标准或设计的要求进行比较以确定其符合性的活动。它主要通过对焊接接头或整体结构的检验，发现焊缝和热影响区内的各种缺陷，以便做出相应处理，评价产品质量、性能是否达到设计标准及有关规程的要求，以确保产品的安全运行。

承压设备的焊接质量检验主要分为：焊前检验、焊接过程中检验和焊后检验。

焊前检验主要是检查技术文件是否符合各项标准、法规的要求。同时要进行焊接工艺评定试验结果及编制的焊接工艺文件或工艺规程的审查；毛坯装配和坡口质量的检查，焊接设备是否完好、可靠的检查，以及焊工操作水平、资格的认可等。焊前检查的目的是预防或减少焊接时产生缺陷的可能性。

焊接过程检验主要包括焊接设备运行情况、焊接工艺执行情况的检查，也包括对产品试板的检验，焊缝的无损检测及外观质量检验等。其目的是及时发现焊接过程中的问题，以便随时加以纠正，防止缺陷的产生，同时使出现的缺陷得到返修处理。

焊后检验是最后环节，是在全部焊接工作完成后进行的成品检验，是鉴定产品质量的主要依据。成品检验的方法和内容主要包括：外观检验—结构形状与尺寸及焊缝表面质量的检验；焊缝的无损检测；焊缝金属或堆焊层化学成分分析及铁素体含量和堆焊层结合强度的测定等；焊接接头及整体结构的强度试验和密封性检验；结构在承压或承载条件的应力测试等。

二、焊接质量检验方法

焊缝及接头的检验方法有：

一是外观检验。一般是用肉眼或5～10倍放大镜检查焊缝表面质量，主要检查焊缝成形、有无咬边、弧坑及表面裂纹等缺陷，以及是否圆滑过渡等；用样板焊缝尺寸（焊缝余高、宽度等）；用直尺或专用量具检查接头对界边缘偏差（错边）、棱角度及壳体直径、圆度、直线度等。外观检验前，应将焊缝表面的焊渣和污物清理干净，并同时检查焊缝正面和背面。高强钢焊缝的检查一般应进行两次，因为高强钢有形成延迟裂纹的危险性，以防漏检。

二是焊缝的无损检测。这是一种非破坏性检验。常用的无损检测方法有射线检测（RT）、超声波检测（UT）、磁粉检测（MT）、渗透检测（PT）、涡流检测（ET）及声发射检测（AET）等。

三是接头化学成分和性能的鉴定，这种方法属于破坏性的。检测接头化学成分的方法有化学分析法和仪器分析法两种。化学分析法需要钻取样品5～10g，采用容量法、重量法、吸光比色法、光度法、气化法及电量分析法进行检测。仪器分析法主要是光谱分析仪器，利用火花放电或电弧放电把分析试样中的元素原子游离出来并被碰撞、激发，以显示各元素含量。金相检验可用来检验焊缝金属及热影响区的组织、晶粒度以及各种夹杂物、缺陷等。一般可分为宏观金相检验（放大镜 <30 倍）和微观金相检验（光学显微镜或 SEM）。力学性能试验包括拉伸试验、弯曲试验、冲击试验、疲劳试验等项目。有的接头需要在腐蚀环境下工作，还需要做耐腐蚀试验。

四是密封性和耐压（强度）试验。这两种试验均属于非破坏性试验。存放液体或气体介质的容器及管道等受压元件，按标准规定必须进行密封性试验和强度试验，以检查是否存在贯穿性的缺陷，如气孔、夹渣、裂纹及疏松组织等。常压容器可用煤油检验、盛水试验和氨气渗漏等方法进行检查。压力容器则要求进行气密性试验和强度试验。强度试验分为水压和气压试验两种。

水压试验应在确保无泄漏的状态下保压 30min，然后降到规定试验压力的 80%，保压足够时间进行检查。试验压力一般取 1.25、1.5 或 2 倍的设计压力或工作压力，同时应考虑设计温度下材料的许用应力。即

$$p_T = (1.25 \sim 2)p[\sigma]/[\sigma]^t$$

式中 p_T——试验压力（MPa）；

p——设计压力或最高工作压力（MPa）；

$[\sigma]$——试验温度下材料的许用应力（MPa）；

$[\sigma]^t$——设计温度下材料的许用应力（MPa）。

压力容器水压试验时，碳素钢、16MnR 和正火 15MnVR 钢制压力容器试验，液体温度不得低于 5℃。其他低合金钢制压力容器，液体温度不得低于 15℃。水压试验用水应保持高于周围露点的温度以防锅炉表面结露，但也不宜温度过高以防止汽化和过大的温差应力，一般为 20～70℃。对于不锈钢及奥氏体钢，要求试验用水的氯离子质量浓度不超过 25mg/L。试验合格后，应立即将水渍清除。压力容器液压试验以无泄漏、无可见变形、无异常响声、对强度大于 540MPa 的材料表面无裂纹为合格。锅炉水压试验以受压元件金属壁和焊缝上无水珠水雾、降到工作压力后胀口处无水滴、无残余变形为合格。

如果是容器由于结构或支撑原因，不能向压力容器内充灌液体，以及运行条件不允许残留试验液体的压力容器，可按设计图样规定采用气压试验。试验介质为干燥、洁净的空气或其他气体，温度不得低于 15℃。试验时先缓慢升压到试验压力的 10%，保压 5～10min，检查所有焊缝和连接部位。如无泄漏可继续升压到规定试验压力 50%，如无异常现象，按规定试验压力 10% 逐级升压直到试验压力，保压 30min。然后降到试验压力的 87%，保压检查。试验以无异常响声、经肥皂液或其他检漏液检查无漏气、无可见变形为合格。

第二节　射线检测的基础知识

一、射线检测的原理

射线检测可检验焊缝内部缺陷，并直接显示内部缺陷的形状、大小和性质，便于缺陷的定性、定量和定位，并可检查几乎所有的金属材料。射线检测底片还可留做永久性记录。常用的射线检测方法有 X 射线、γ 射线和中子射线照相法、X 射线荧光屏观察法、X 射线工业电视检测和高能加速器 X 射线检测法。

X 射线和 γ 射线都是波长极短的电磁波，是一种能量极高的光子束流。由 X 射线管发出的 X 射线能谱为连续谱。因其波长分布是连续的，连续谱的最短波长 λ_{min} 与管电压 kV（千伏值）的关系为：

$$\lambda_{min} = 12.4/kV\ (\text{Å}^{\ominus})$$

管电压越高，最短波长 λ_{min} 的值就越小。

射线对物质具有较强的穿透能力，射线在贯穿物质的过程中由于与物质相互作用，强度逐渐衰减。当射线贯穿不同厚度、不同物质的材料时，衰减的程度不同（衰减程度取决于材料对射线的吸收能力）。射线强度衰减的公式为：

$$I = I_0 e^{-\mu T}$$

式中 I——通过物体后的射线强度；

I_0——未通过物体前的射线强度；

μ——物质的衰减系数；

T——物质厚度。

X 射线和 γ 射线的强度减弱，一般认为是光电效应引起的吸收、康普顿效应引起的散射和电子对效应引起的吸收三种原因造成的。物质的衰减系数 μ 随射线的种类和线质的变化而变化，也随穿透物质的种类和密度而变化。假如穿透物质相同，则波长越短 μ 就越小。若波长相等，穿透物质的原子序数越小则 μ 就越小。物质密度越小 μ 就越小。

射线还有一个重要性质，就是能使胶片感光，当 X 射线或 γ 射线照射胶片时，与普通光线一样，能使胶片乳剂层中的卤化银产生潜象中心，经显影和定影后就黑化，接受射线越多的部位黑化程度越高，这个作用叫做射线的照相作用。荧光屏透照成相法，是利用射线与荧光物质相互作用产生荧光的现象而呈现图像的。选择荧光亮度高，能发出人的肉眼感觉敏锐的荧光物质，加工成粉末，均匀涂布到透明材料制成的支撑层上，即成荧光屏。射线源辐射的射线贯穿焊件后照射到荧光屏上，由于焊件内的缺陷引起不同部位射线强度的差异，进而导致荧光屏上各部位的荧光亮度不同。因此呈现出焊件的透视图像。

X 射线工业电视检测，其原理是将透照并贯穿焊件后的射线强度分布利用荧光屏或光导管直接摄像转换为图像。也可应用图像增强器通过其荧光屏和光电层把射线转换为光电子发射，光电子经电场聚焦，然后在输出端荧光屏上显示出影像缩小而辉度提高了的图像。这些图像再经光导摄像管或超正析摄像管进行摄像，然后经视频放大，变为电视图像。X 射线荧光屏成像和 X 射线工业电视检测具有显示迅速、费用低、可重复使用或连续使用，并可实现自动探伤等优点。但缺点是图像不能直接保存、检测灵敏度低、可检查的焊件厚度小等。

为了表示底片的黑化程度，采用了称为底片黑度的名词。定义为，如果光强为 L_0 的光线照射底片，透过底片的光强为 L，则黑度 D 为：

$$D = \lg(L_0/L)$$

当焊缝内部有气孔、夹渣、裂纹等缺陷时，缺陷内的气体或非金属夹杂物等对射线的吸收能力要比钢材小得多，所以引起射线强度衰减的程度与无缺陷部位不同，从而使胶片曝光程度不同，反映在照相底片或荧光屏上的影像黑度也不同，而显示出较黑的缺陷图像。当焊缝中存在夹钨时，由于钨对射线的吸收能力比钢强，所以照相底片感光程度比钢板部分弱，

⊖ Å 非法定单位，其换算关系为 1 Å = 1nm = 10^{-10}m，下同。

故夹钨缺陷呈白色。因此通过对射线检测底片的观察，便可发现并判断缺陷的大小、性质及分布情况。

二、射线检测的设备

射线检测设备可分为：X 射线探伤机，高能射线探伤设备，γ 射线探伤机三大类。

X 射线探伤机可分为携带式、移动式两类。移动式 X 射线探伤机用在透照室内的射线探伤，它具有较高的管电压和管电流。管电压可达 450kV，管电流可达 20mA，最大透照厚度约 100mm。工业 X 射线是由 X 射线管产生的。射线管是 X 射线探伤机的重要部件，它是由一个真空管并在管内装上钨极阴极和阳极靶构成的。阴极钨丝通电加热时发射电子。阳极的表面固定以高熔点的钨或钼，称为靶，阴极与阳极间加上高电压形成强电场，阴极灯丝被加热后发射出自由电子，在强电场作用下高速飞向阳极。阳极电位越高，自由电子速度越大，动能也越大。当具有足够动能的自由电子轰击阳极靶面时，高速运动的电子被突然截止，电子失去能量，绝大部分转化为热能，少部分转变为粒子辐射能在阳极上发出 X 射线，成为韧致辐射。

为了满足大厚度焊件射线探伤的要求，设计了高能 X 射线探伤装置。这种装置对钢件的 X 射线探伤厚度可达 500mm。他们是直线加速器、电子回旋加速器。其中的直线加速器可产生大剂量射线，探伤效率高，透照厚度大，目前应用最多。

γ 射线是某些放射性元素的原子核在衰变时自发产生的。一些元素的原子核能不断地、自发地发射出不可见的射线，经过衰变后自身变成其他元素原子，这一过程叫做原子的蜕变（衰变）。衰变分两种：一种是原子核飞出 α 粒子，一种是放出 β 粒子。常用的放射源有 Co^{60}（钴）、Cs^{137}（铯）、Ir^{192}（铱）等。它们是通过核反应得到的。γ 射线的穿透能力最大可达 200mm。

射线检测适用于碳钢、合金钢、不锈钢、有色金属等材料。检测厚度小于 30mm 时，X 射线灵敏度比 γ 射线高，透照时间短、速度快。γ 射线适用于透照厚度大的材料，设备轻便、操作简单、不需要电源。特别是检查球罐和环焊缝可以依次曝光。透照时应对射线源的能量进行精确计算，以便确定适当的曝光时间。

三、射线检测的工艺

射线照相，是将 X 射线管或 γ 射线源对准焊缝，调好焦距，并将装有底片的暗袋放在焊缝背面，然后接通电源（事先选好管电压），射线管就会发出 X 射线使底片感光。感光的底片经暗室处理便显示出图像，从而可判断出缺陷的类型、位置和大小。

射线检测工艺是根据被检焊件和一定的技术要求，选用适当的器材、条件和透照方法进行射线透照，继而进行适当的显影处理，以便得到可以正确评定内部质量的射线底片的一系列过程。透照前需要对被检焊件的规格、材质、结构、制造过程、使用情况和质量要求等情况进行了解。在此基础上，选择射线源或设备型号，选择合适的胶片和增感屏，选择像质计、标记、暗盒对焦对位器具，以及曝光曲线和胶片特性曲线的制备等。

一般把被检焊件安放在离 X 射线装置或 γ 射线装置 50cm 到 1m 的位置处，把胶片盒紧贴在试样背面，让射线照射适当的时间进行曝光。把曝光后的胶片在暗室中进行显影、定影、水洗、干燥。把干燥的底片放在观光灯的显示屏上观察，根据底片中的黑度和图像来判断存在缺陷的种类、大小和数量，随后按通行的标准对缺陷进行评定和分级。

要得到一张好的射线照相底片，除了合理的选择透照方式外，还必须选择好透照规范，使小缺陷能够在底片上尽可能明显地辨别出来，即照相要达到高灵敏度。为了达到这一目的，除了选择质量好的细颗粒胶片外，还要取得好的射线照相对比度和清晰度。对比度是指射线底片上有缺陷部分与无缺陷部分的黑度差。选择较低的管电压、G值大的胶片以及适当的防护措施，则所得到的缺陷图像对比度就高。

射线照相清晰度是指底片上的图像的清晰程度，它主要由两部分组成，即固有不清晰度和几何不清晰度。焊件越薄，胶片贴得越紧，清晰度越好。射线源越小，焦距越大，清晰度越好。

除了管道和无法进入内部的小直径容器只能采用双壁透照外，大多数容器壳体的焊缝照相都采用单壁透照，透照时既可以把射线源放在外面而把胶片贴在内壁（外透法），也可以把射线源放在里面而把胶片贴在外面（内透法）。

评片是射线照相的最后一道工序，也是最重要的一道工序。通过观光灯观察底片，首先应评定底片本身质量是否合格。在底片合格的前提下，再对底片上的缺陷进行定性、定量和定位，对照标准评出焊件质量等级，写出探伤报告。底片质量的要求有三个方面。一是底片的黑度应在规定范围内，影像清晰，反差始终，灵敏度符合标准要求，即能识别规定的像质指数。二是标记齐全，摆放正确。三是评定区内无影响评定的伪缺陷。

四、射线的安全防护

射线具有生物效应，超剂量辐射可引起放射性损伤，破坏人体的正常组织，出现病理反应。辐射具有积累作用，超剂量辐射是致癌因素之一。

辐射剂量是指材料或生物组织所吸收的电离辐射量，它包括照射剂量〔单位 C/kg（库[仑]每千克)〕、吸收剂量〔新单位 Gy（戈瑞)，旧单位拉德〕、剂量当量〔新单位 10^{-2} S_V/s（希沃特)，旧单位雷姆〕。我国对职业放射性工作人员剂量当量限值规定为：从事放射性的人员年剂量当量限值为 $50\times10^{-5}S_V/s$。

射线防护就是在尽可能的条件下采取各种措施，在保证完成射线探伤任务的同时，使操作人员接受的剂量当量不超过限值，并且尽可能的降低操作人员和其他人员的吸收剂量。主要防护措施有屏蔽保护、距离保护和时间防护。屏蔽保护是在射线源与操作人员及其他邻近人员之间加上有效合理的屏蔽物质来降低辐射的方法。屏蔽防护应用最广泛，如射线探伤机体衬铅，现场使用流动铅房和建立固定曝光室等。距离方式是利用增大射线源距离的方法来防止射线伤害的防护方法。时间防护就是减少操作人员与射线接触的时间，以减少射线损伤的防护方法。

第三节　超声波检测的基础知识

超声波检测主要用于检测试件内部缺陷。所谓超声波是指超过人耳听觉，频率大于20kHz的声波。用于检测的超声波，频率为0.4～25MHz，其中用得最多的是1～5MHz。使用超声波检测金属缺陷是因为：超声波的指向性好，能形成窄的波束；波长短，小的缺陷也能够较好地反射；距离分辨力好，分辨缺陷的能力高。在显示信号方面，目前应用最多的是A型显示。

一、超声波的发生及性质

工业用超声波是通过压电换能器产生的。压电材料主要使用石英、钛酸钡等，它们具有压电效应，可以将电振动转换成机械振动，也能将机械振动转换成电振动。要使压电材料产生超声波，可把它切成能在一定频率下共振的片子，这种片子叫做晶片，将晶片两面都镀上银，作为电极。当高频电压加到这两个电极上时，晶片就在厚度方向产生伸缩（振动），这样就把电振动转换成机械振动了。这种机械振动发生的超声波，可传播到被检物质中去。反之，将高频机械振动传到晶片上，晶片就被振动，在晶片两电极之间就会产生高频电压，经放大、检波并显示在示波屏上，这就是超声波的接受。

波在一个周期内完成一次振动所经过的路程称为波长，用 λ 表示，根据频率 f 和波速 C 的定义，三者的关系为：

$$C = \lambda f$$

分贝是计量声强和声压的单位。超声波探伤中，通常采用比较两个信号的声压值的方法来描述缺陷的大小。分贝值的计算公式为：

$$\Delta = 20\lg(p_2/p_1)$$

式中 p_1、p_2 为两个不同信号的声压。由于超声波信号在示波屏上的波高 H 与声压成正比，所以不同波高的分贝差值的计算公式为：

$$\Delta = 20\lg(H_2/H_1)$$

当超声波碰到缺陷时，会反射和散射。可是，如果缺陷的尺寸大小等于波长的一半时，由于衍射，波就会绕过缺陷传播，这样波的传播就与缺陷的存在与否没有关系了。因此，在超声波检测中，缺陷尺寸的检出极限约为超声波波长的一半。缺陷的尺寸越大，越容易反射。由于缺陷形状和方向不同，其反射的方式也有所不同。

二、超声波检测的原理

超声波检测可以分为超声波探伤和超声波测厚，以及超声波测晶粒度、测应力等。在超声波检测中，有根据缺陷的回波和底面的回波进行判断的脉冲反射法；有根据缺陷的阴影来判断缺陷情况的穿透法；还有由被检物产生驻波来判断缺陷情况或者判断板厚的共振法。目前应用最多的是脉冲反射法。脉冲反射法是在垂直探伤时用纵波，在斜入射探伤时用横波。

当把脉冲振荡器发生的电压加到晶片上时，晶片振动，产生超声波脉冲。如果被检物质为钢件，超声波以 5900m/s 的固定速度在钢焊件内传播，超声碰到缺陷时，一部分从缺陷反射回晶片，而另一部分未碰到缺陷的超声波继续前进，一直到被检物质底面回到晶片。因此，缺陷处反射的超声波先回到晶片，底面反射后回到晶片。回到晶片的超声波又反过来被转换成高频电压，通过接受、放大进入示波器，示波器将缺陷回波和底面回波显示在荧光屏。因此，示波管上可以得到有无缺陷、缺陷大小及位置的图形。

超声波的垂直入射纵波探伤和倾斜入射横波探伤是超声波探伤中两种主要探伤方法。纵波探伤主要能发现与探测面平行或稍有倾斜的缺陷，主要用于钢板、锻件、铸件的探伤，而斜射的横波探伤，主要能发现垂直于探测面或倾斜较大的缺陷，主要用于焊缝的探伤。在斜射法探伤中，由于超声波在被检物中是斜向传播的，超声波是斜向射到底面，所以不会有底面回波。因此，不能再用底面回波调节来对缺陷进行定位。而要知道缺陷位置，需要用适当的标准试块来把示波管横坐标调整到适当状态。通常采用 CSK-1A 和横孔试块来进行调整。

三、超声波检测的工艺

超声波检测按原理可分为脉冲反射法、穿透法和共振法，目前用得最多的是脉冲反射法。按检测图形的显示方式分为 A 型显示、B 型显示和 C 型显示，目前用的最多的是 A 型显示探伤法。按超声波的波形来分，脉冲反射法可分为直射探伤法（纵波）、斜射探伤法（横波探伤法）、表面波探伤法和板波探伤法。用得较多是的纵波和横波探伤法。按探头的数目分类有单探头法、双探头法和多探头法，用的最多的是单探头法。按接触方法有直接接触法和水浸法。

现将超声脉冲A型显示检测操作要点叙述如下：

1. 检测时机的选择

根据要达到的检测目的，选择最适当的探伤时机。例如，为减小粗晶粒的影响，电渣焊焊缝应在正火处理后探伤；为估计锻造后可能产生的锻造缺陷，应在锻造全部完成后对锻件进行探伤。

2. 检测方法的选择

根据焊件情况，选定检测方法，如对焊缝，选择单斜探头接触法；对钢管选择聚焦探头水浸法；对轴类锻件探伤，选用单探头垂直探伤法。

3. 探伤仪器的选择

根据探伤方法和工件情况，选定能满足工件探伤要求的探伤仪去探伤。

4. 探伤方向和扫查面的选定

探伤方向应以能发现缺陷为准。如轧制钢板中，钢板内的缺陷是沿轧制方向伸展的，因此，采用纵波垂直探伤能使超声波束垂直投照在缺陷上，这样缺陷的回波最大。

5. 频率的选择

根据焊件的厚度和材料的晶粒大小，合理的选择探伤频率。

6. 晶片直径、折射角的选定

根据探伤的对象和目的，合理选用晶片尺寸和折射角。例如探伤大厚度焊件要选择大尺寸晶片；在板厚大或者没有余高时，用小折射角。

7. 探伤面修整

不合于探伤的探伤表面，必须进行适当的修整，以免不平整的探伤面影响探伤灵敏度和探伤结果。

8. 耦合剂和耦合方法的选择

为使探头发射的超声波传入试件，应使用合适的耦合剂。例如对粗糙表面进行探伤时，应选用粘性大的水玻璃或浆糊做耦合剂；手工探伤时，为保持耦合稳定，要用手或重物加上1～2kg的力。

9. 确定探伤的灵敏度

用适当标准试块的人工缺陷或试件将缺陷底面调节到一定的波高，确定探伤灵敏度。

10. 粗探伤和精探伤

为了大概了解缺陷的有无和分布情况，以较高的灵敏度进行全面扫查，称为粗探伤。对粗探伤发现的缺陷进行定性、定量、定位，就是精探伤。

11. 写出检验报告

根据有关标准，对探伤结果进行分级、评定，写出检验报告。

第四节　磁粉检测的基础知识

铁磁性材料被磁化后，内部产生很强的磁感应强度，磁力线密度增大几百倍到几千倍。

如果材料中存在不连续性（包括缺陷造成的不连续性和结构、形状、材质等原因造成的不连续性），磁力线会发生畸变，部分磁力线有可能逸出材料表面，从空间穿过，形成漏磁场，漏磁场的局部磁力线能够吸引铁磁物质。

这时如果在焊件上撒上磁粉，漏磁场就会吸附磁粉，形成与缺陷形状相近的磁粉堆积。堆积产生的磁痕，可以显示出缺陷。当裂纹方向平行于磁力线的传播方向时，磁力线的传播不会受到影响，这时的缺陷也不能检出。

影响漏磁场的几个因素：一是外加磁场强度越大，形成漏磁场强度也越大。二是在一定外加磁场作用下，材料的磁导率越高，焊件越易被磁化，材料的磁感应强度越大，漏磁场强度也越大。三是当缺陷的延伸方向与磁力线的方向成90°时，由于缺陷阻挡磁力线穿过的面积最大，形成的漏磁场也最大。四是随着缺陷的埋藏深度增加，溢出焊件表面的磁力线迅速减少，缺陷的埋藏深度越大，漏磁场就越小。因此，磁粉探伤只能检测出铁磁材料制成的焊件表面或近表面的裂纹及其他缺陷。

磁力探伤机可分为固定式、移动式和携带式三种。最常见的固定式卧式湿法探伤机，设有放置焊件的床身，可进行包括通电法、中心导体法、线圈法等多种磁化，配置了退磁装置和磁悬液筒板喷洒装置，紫外线灯。最大磁化电流可达12kA，主要用于中小型焊件的探伤。移动式探伤机体积重量中等，输出电流为3～6kA。

灵敏度试片是用于检查磁粉探伤设备、磁粉、磁悬液的综合性能。使用时，将试片刻有人工槽的一侧与被检焊件表面贴紧。然后对焊件进行磁化并施加磁粉，如果磁化方法、规范选择得当，在试片表面上应能看到与人工刻槽相对应的清晰显示。

磁粉是具有高磁导率和低剩磁的四氧化三铁或三氧化二铁粉末。湿法磁粉平均粒度为2～10μm，干法磁粉平均粒度小于90μm。按加入的染料可将磁粉分为荧光磁粉和非荧光磁粉。非荧光磁粉有黑、红、白几种不同颜色。磁悬液是以水或煤油为分散介质，加入磁粉配成的悬浮液，配制的质量浓度一般为非荧光磁粉10～201g/L，荧光磁粉1～3g/L。

常用的磁化方法有线圈法、磁轭法、轴向通电法、触头法、中心导体法和旋转磁场磁化法。

磁粉探伤操作的一般步骤包括：预处理、磁化和施加磁粉、观察、记录以及后处理等。

预处理是把试件表面的油脂、涂料以及铁锈等清除，以免妨碍磁粉附着在缺陷上。用磁粉时还应使试件表面干燥。组装的部件要一件一件的拆开后进行探伤。选择适当的磁化方法和磁化电流值，然后接通电源，对试件进行磁化操作。按所选的干法或湿法施加干粉或磁悬液。对磁痕进行观察和判断。探伤完后，根据需要，应对焊件进行退磁、除去磁粉和防锈的处理。退磁处理的原因是，剩磁可能造成焊件运行受阻和加大零件的磨损。退磁时，一边使磁场反向，一边降低磁场强度。

第五节　渗透检测的基础知识

渗透检测的原理是，零件表面被施涂含有荧光染料或着色染料的渗透液后，在毛细管作用下，经过一定时间，渗透液可以渗进表面开口的缺陷中；经去除零件表面多余的渗透液后，再在零件表面涂显像剂；同样在毛细管作用下，显像剂将吸引缺陷中保留的渗透液，渗透液回渗到显像剂中；在一定的光源下（紫外线或白光），缺陷处的渗透液痕迹被显示（黄绿色荧光或鲜艳红色），从而探测出缺陷的形貌及分布状态。

渗透检测操作的基本步骤有四：一是渗透，首先将试件浸渍于渗透液中或者用喷雾器或刷子将渗透液涂在试件表面。如果试件表面有缺陷时，渗透液就渗入缺陷，这个过程叫渗透。二是清洗。待渗透液充分渗透到缺陷内之后，用水或清洗剂把试件表面的渗透液洗掉。三是显像。把显像剂喷洒或涂到试件表面，把残留在缺陷中的渗透液吸出，表面上形成放大的黄绿色荧光或者红色的显示痕迹。四是观察。

渗透探伤能检测出的缺陷的最小尺寸，是由探伤剂的性能、探伤方法、探伤操作的好坏和试件表面的状况等因素决定的。好的渗透探伤技术与工艺能将深0.02mm、宽0.001mm的缺陷检测出来。

渗透检测根据渗透液所含染料成分可分为荧光法和着色法两大类。根据渗透液去除方法可分为水洗型、后乳化型和溶剂去除型三大类。显像的方法有湿式显像、快干式显像、干式显像和无显像剂式显像四种。

着色法只需在白光或日光下进行，在没有电源的场地也能工作。荧光法需要配置黑光灯和暗室，无法在没有电源及暗室的场合下工作。水洗着色法适合检查表面较粗糙的零件，操作简单，成本低，但灵敏度很低。后乳化型着色法具有较高的灵敏度，适宜检查较精密零件，但对螺栓，有孔、槽零件以及表面粗糙零件不适用。溶剂去除型着色法应用广，特别是使用喷罐，可简化操作，适宜于大型零件的局部检验。

渗透检测操作时的注意事项如下：

1）预处理时，要在试件表面上造成充分的湿润条件，以便能够形成渗透液的薄膜。要充分除去试件表面油脂、涂料、锈蚀和水等影响渗透液渗透的障碍物。

2）要根据渗透液的种类、试件的材质、预计缺陷种类和大小以及渗透时的温度等来考虑确定适当的渗透时间。正常的渗透温度为15～50℃，渗透时间不得少于10min。

3）清洗时，只需除去附着在试件表面上的渗透液，不要过度清洗，不要使在缺陷中的渗透液流出，而要使其保留下来。采用溶剂清洗时，只能用蘸有溶剂的布或纸擦洗，且应沿一个方向擦拭，不得往复擦拭，不得用清洗剂直接冲洗。

4）干式显像前进行干燥时，要有合适的干燥角度，在尽可能短的时间里有效地完成干燥。

由于渗透检测所用的探伤剂，几乎都是油类可燃性物质。喷罐式探伤剂有时是用强燃性的丙烷气充装的，使用这种探伤剂时，要特别注意防火。渗透探伤用的探伤剂一般是无毒或低毒的，但是如果人体直接接触或吸收渗透液、清洗剂等，有时会感到不舒服，会出现头痛和恶心。尤其是在密封的容器内或室内探伤时，容易聚集挥发性的气体和有毒气体，所以必须充分地进行通风。在规定波长范围内的紫外线对眼睛和皮肤是无害的，但如果长时间地直接照射眼睛和皮肤，有时会使眼睛疲劳和灼红皮肤。所以在探伤操作时，应注意眼睛和皮肤的保护。

第六节　涡流检测的基础知识

涡流检测的理论基础是电磁感应原理。金属材料在交变磁场作用下产生涡流，根据涡流的大小和分布，可检出铁磁性和非铁磁性材料的缺陷，测量膜层厚度和焊件尺寸，以及材料的某些物理性能等。

根据电学原理，励磁电流和反作用电流的相位会出现一定差异，这个相位差随着试件的形状不同而变化，所以这个相位的变化也可以作为检测试件的信息加以利用。因为涡流是交流电，所以在导体的表面电流密度较大。随着向内部的深入，电流按指数级减小，这种现象称为集肤效应。因此，从试件上取得的信息以表面上的最多，而内部的较少。缺陷越深，检测越难。涡流在深度方向上的分布可以用透入深度表示。它是指这个深度的涡流密度是试件表面涡流密度的37%左右。频率、电导率和磁导率越大，透入深度就越小。

涡流检测系统一般包括涡流探伤仪、探伤线圈及辅助装置。涡流探伤仪是由振荡器发生交流电通入线圈内，产生交流磁场，加到试件上去。因为要求涡流检测检出很微小的缺陷，所以事前需要调整电桥，使没有缺陷时的交流电输出接近零。由电桥输出的电信号通过放大后送到检波器进行检波，并作为该试件的信息在显示器上显示出来。显示器由示波器、电表、记录仪和指示灯等组成。按试件的形状和检测目的的不同，采用不同形式的线圈。大致可分为穿过式线圈、探头式线圈和插入式线圈。

涡流检测的工艺要点：

1. 试件表面的清理

试件表面在探伤前要进行清理，除去对探伤有影响的附着物。

2. 探伤仪器的稳定

探伤仪器通电之后，应经过必要的稳定时间，方可选定试验规范并进行检测。

3. 检测规范的选择

一个是检测频率的选定。应考虑透入深度和缺陷及其他参数的阻抗变化，利用指定的对比试块上的人工缺陷找出阻抗变化最大的频率和缺陷与干扰因素阻抗变化之间相位差最大的频率。二是线圈的选择。要根据对比试块上的人工缺陷，选择适合于试件的形状和尺寸。三是探伤灵敏度的确定。四是平衡调整，应在试样无缺陷的部位进行电桥的平衡调整。五是相位角的选定。六是直流磁场的调整。

4. 检测结果

在选定的检测规范下进行探伤，如果发现检测规范有变化时，应立即停止试验，重新调整之后再继续进行。

当线圈或试件传送时，线圈与试件间距离的变动也会成为杂乱信号的原因，因此必须注意保持固定的距离。另外，必须尽量保持固定的传送速度。

第七节　声发射检测的基础知识

材料或结构受外力或内力作用产生变形或断裂，以弹性形式释放出应变能的现象称为声发射，也称为应力波发射。各种材料声发射的频率范围很宽，从次声频、声频到超声频。应力波在材料中传播，可以使用压电材料制作的换能器将其接收，并转换为电信号进行处理。声发射检测就是通过探测受力时材料内部发出的应力波判断容器内部结构损伤程度的一种新的无损检测方法。它与X射线、超声波等常规检测方法的主要区别在于声发射技术是一种动态无损检测方法。它能连续监视容器内部缺陷发展的全过程。

材料在力的作用下能产生多种声发射信号，但无损检测关注的主要是裂纹的形成和扩展。材料的断裂过程大致可分为：裂纹形成、裂纹扩展和最终断裂三个阶段。三个阶段都可成为强烈的声发射源。

目前的声发射仪器大致分为两种基本类型，即单通道声发射检测仪和多通道声发射源定位和分析系统。单通道发射检测仪一般采用一体结构，它由换能器、前置放大器、衰减器、主放大器门槛电路、声发射率计数器以及树模转换器组成。多通道的声发射检测系统则是在单通道的基础上增加了数字测定系统以及计算机数据处理和外围显示系统。

承压类特种设备中，以压力容器声发射检测应用最多。压力容器声发射检测应按照 GB/T18182—2000 的有关规定执行。压力容器耐压试验时进行的声发射检测程序如下：

1. 准备工作

包括耐压试验准备和声发射检测准备，后者包括检测方案和设备器材准备。

2. 布置换能器和校准声发射仪器

包括确定使用通道数，换能器布置方式和位置，施加耦合剂，固定换能器；用模拟声发射源检查和校正耦合质量、信号衰减特性、换能器间距、各通道增益、源定位精度；根据背景噪声调整门槛电压。

3. 升压并进行声发射检测

试验应尽可能采用两次加压循环过程。在升压和保压过程中应连续测量和记录声发射各参数，声发射检测参数至少应包括事件数、源位置和信号的幅度。

4. 检测结果的分析与评价

按活度和强度划分声发射源的等级，并确定源的综合等级。

活度是指声发射源的事件数随加压过程或时间变化的程度。如果事件随升压或保压呈快速增加，则认为该部位的源具有强活性；如果事件数随着升压或保压呈连续增加，则认为该部位的源具有活性。如果在升压和保压过程中事件数是离散的，或间断出现，则认为该部位的源是弱活性或非活性的。

源的强度用能量、幅度或计数参数来表示。声发射信号的幅度 Q 与材料特性有关。标准规定，对 16MnR 钢，$Q>80$dB 为高强度源，60dB $\leqslant Q \leqslant$ 80dB 为中强度源。源的综合等级根据活度和强度分为 6 级，其中 A 级声发射源不需复验，B、C 级由检验人员决定是否复验，D、E、F 级声发射源必须采用常规无损检测方法复验。

第八节　承压类特种设备焊缝无损检测的比例介绍

一、无损检测方法的选择

承压类特种设备制造过程中的无损检测选用有以下几个类别。

对于原材料的检验，按照选用的顺序，其检测方法为：板材选用 UT；锻件和棒材选用 UT、MT、PT；管材选用 UT、RT、MT、PT；螺栓选用 UT、MT、PT。

对于焊接检验，按照选用顺序，其检测方法为：坡口部位可以用 UT、PT、MT；清根部位 PT、MT；对接焊缝 RT、UT、MT、PT；角焊缝和 T 形焊缝 UT、RT、PT、MT。

对于其他检验，按照选用顺序，其检测方法为：工卡具 MT、PT；复合材料覆合层检测，爆炸覆合层 UT；复合材料覆合层检测，堆焊覆合层，堆焊前 MT、PT；复合材料覆合层检测，堆焊覆合层，堆焊后 UT、RT；水压试验后 MT。

表 7-1 为检测方法和检测对象的适应性，可以为大家提供缺陷检测的方法。

表 7-1　检测方法和检测对象的适应性

检测对象			内部缺陷检测方法		表面、近表面缺陷检测方法		
			RT	UT	MT	PT	ET
试件分类		锻件	/	●	●	●	△
		铸件	●	○	●	○	△
		压延件	/	●	●	○	●
		焊缝	●	●	●	●	/
缺陷分类	内部缺陷	分层	/	●	—	—	—
		疏松	/	○	—	—	—
		气孔	●	○	—	—	—
		缩孔	●	○	—	—	—
		未焊透	●	●	—	—	—
		未熔合	△	●	—	—	—
		夹渣	●	○	—	—	—
		裂纹	○	○	—	—	—
		白点	/	○	—	—	—
	表面缺陷	表面裂纹	△	△	●	●	●
		表面针孔	○	/	△	●	△
		折叠	—	—	○	○	○
		断口白点	/	/	●	●	—

注：●—很适用　○—适用　△—有附加条件适用　/—不适用　— —不相关。

二、锅炉焊缝无损检测的比例

1. 蒸汽锅炉的焊缝无损检测比例

按照 1996《蒸汽锅炉安全技术监察规程》的要求，无损检测比例为：

1）已经热处理过的锅炉受压组件，如锅筒和集箱等，如不能避免直接在上面焊接非受压组件，应对角焊缝进行 100% 的表面探伤。

2）锅筒的纵向和环向对接焊缝、接头、下脚圈的拼接焊缝以及集箱的纵向对接焊缝无损探伤检查数量为：额定蒸汽压力小于或等于 0.1MPa 的锅炉，每条焊缝应进行 10% 的射线检测（焊缝交叉部位必须在内）。

额定蒸汽压力大于 0.1MPa 但小于或等于 0.4MPa 的锅炉，每条焊缝应进行 25% 的射线检测（焊缝交叉部位必须在内）。

额定蒸汽压力大于 0.4MPa 但小于 2.5MPa 的锅炉，每条焊缝应进行 100% 的射线检测。

额定蒸汽压力大于或等于 2.5MPa 但小于 3.8MPa 的锅炉，每条焊缝应进行 100% 的超声波检测加至少 25% 的射线检测，或进行 100% 的射线检测，焊缝交叉部位及超声波检测发现的质量可疑部位应进行射线检测。

额定蒸汽压力大于或等于 3.8MPa 的锅炉，每条焊缝应进行 100% 的超声波检测加至少 25% 的射线检测，焊缝交叉部位及超声波探伤发现的质量可疑部位必须进行射线探伤。

3）炉胆的纵向和环向对接焊缝、回燃室的对接焊缝及炉胆顶的拼接焊缝的无损探伤数量如下：额定蒸汽压力小于或等于0.1MPa 的锅炉，每条焊缝应进行10% 的射线探伤（焊缝交叉部位必须在内）。

额定蒸汽压力大于0.1MPa 的锅炉，每条焊缝应进行25% 的射线检测（焊缝交叉部位必须在内）。

4）额定蒸汽压力小于或等于1.6MPa 的内燃壳锅炉，其管板与炉胆、锅壳的角接连接焊缝的探伤数量如下：管板与锅壳的T形接头连接部位的每条焊缝应进行100% 的超声波探伤；管板与炉胆、回燃室及其T形接头连接部位的焊缝应进行50% 的超声波探伤。

5）集箱、管子、管道和其他管件的环焊缝（受热面管子的电阻焊除外），射线或超声波探伤的数量规定如下：

当外径大于159mm，或者壁厚大于或等于20mm 时，每条焊缝应进行100% 的探伤。

外径小于或等于159mm 的集箱环缝，每条焊缝长度应进行25% 的检测，也可不少于每台锅炉集箱环缝条数的25%。

工作压力大于或等于9.8MPa 的管子，其外径小于或等于159mm 时，制造厂内为焊接接头数的100%，安装工地至少为焊接接头数的25%。

工作压力大于或等于3.8MPa 但小于9.8MPa 的管子，其外径小于或等于159mm 时，制造厂内为焊接接头数的50%，安装工地至少为焊接接头数的25%。

工作压力大于或等于0.1MPa 但小于3.8MPa 的管子，其外径小于或等于159mm 时，制造厂内及安装工地应各至少抽查焊接接头数的10%。

6）额定蒸汽压力大于或等于3.8MPa 的锅炉，集中下降管的角接接头应进行100% 的射线或超声波探伤；每个锅筒和集箱上的其他管接头角接接头，应进行至少10% 的无损探伤抽查。

2. 热水锅炉的焊缝无损检测比例

按1997《热水锅炉安全技术监察规程》规定为：

1）锅筒的纵向和环向对接焊缝、封头的拼接焊缝以及集箱的纵向对接焊缝的射线探伤数量为：对于额定出口热水温度高于或等于120℃的锅炉，每条焊缝的100%。对于额定出口热水温度低于120℃的锅炉，每条焊缝至少为25%（必须包括焊缝交叉部位）。

2）炉胆的纵向和环向对接焊缝，炉胆顶的对接焊缝，其射线探伤数量为每条焊缝至少25%（必须包括焊缝交叉部位）。

3.《有机热载体炉安全技术监察规程》1993 对有关无损检测比例的规定

锅筒的纵向和环向焊缝、封头的拼接焊缝应进行100% 的射线检测或100% 的超声波检测加至少25% 的射线检测。受热面管的对接焊缝应进行射线检测抽查，数量为：辐射段不低于接头数的10%，对流段不低于5%，抽查不合格时，应以双倍数量进行复查。

4.《锅炉定期检验规则》1999 中对焊缝的无损检测比例的规定

1）锅筒检测中，对集中下降管、给水管角焊缝进行100% 的超声波检测检查。

2）水冷壁上下集箱检测中，对于已运行10 万h 或调峰机组的锅炉，应对集箱封头焊缝、孔桥部位、管座角焊缝、环形集箱对接焊缝进行表面检测，检测比例应不少于25%，必要时应进行超声波检测。

3）省煤器进出口集箱检测中，对于已运行10 万h 的集箱，应对集箱封头焊缝进行表面检测，检测比例应不少于25%。

4）过热器、再热器集箱检测中，对运行已达5万h的，应对集箱外表面的主焊缝和角焊缝进行表面检测检查，检测比例应不少于25%，必要时应进行超声波检测或射线检测。

5）减温器检测中，对运行已达5万h的，应对集箱外表面的主焊缝和角焊缝进行表面检测检查，检测比例应不少于25%，必要时应进行超声波检测或射线检测。

三、压力容器焊缝无损检测的比例

1. 在1999《压力容器安全技术监察规程》中对无损检测比例的规定

1）满足下列情况之一的制造压力容器壳体的碳素钢和低合金钢钢板需要进行100%的超声波检测：一是盛装介质为毒性程度极高、高度危害的压力容器；二是盛装介质为液化石油气且硫化氢的质量浓度大于100mg/L的压力容器；三是最高工作压力大于10MPa的压力容器。

2）对于特殊情况不能开设检查孔的每条纵、环焊缝应做100%的射线或超声波探伤。

3）压力容器的对接焊接接头的无损探伤比例，一般为100%和20%两种，对铁素体钢制低温容器，应大于等于50%。

4）满足下列条件之一的对接接头必须进行100%的射线或超声波探伤检测：一是GB150—1998《钢制压力容器》及GB151—1999《管壳式换热器》等标准中规定的100%射线或超声探伤的压力容器；二是第三类压力容器；三是第二类压力容器中易燃介质的反应压力容器和储存压力容器；四是设计压力大于5MPa的压力容器；五是设计压力大于等于0.6MPa的管壳式余热锅炉；六是设计选用焊缝系数为1.0的压力容器（无缝管筒体除外）；七是疲劳分析设计的压力容器；八是采用电渣焊的压力容器；九是使用后无法进行内外部检验或耐压试验的压力容器；十是符合下列之一的铝、铜、镍、钛及合金制压力容器：介质为易燃或毒性程度级度、高度、中毒危害的，采用气压试验的，设计压力大于等于1.6MPa的。

5）压力容器壁厚大于38mm（或小于等于38mm，但在大于20mm且使用材料抗拉强度规定值下限大于等于540MPa）时，其对接接头如采用射线检测，则每条焊缝还应附加局部超声波检测；如采用超声波检测，则每条焊缝还应附加局部射线检测。无法进行射线或超声波检测时，应采用其他检测方法进行附加局部无损检测。附加局部检测应包括所有的焊缝交叉部位，附加局部检测的比例为原无损检测比例的20%。

6）拼接接头（不含先成形后组焊的拼接接头）、拼接管板的对接接头必须进行100%的无损检测；拼接补强圈的对接接头必须进行100%的超声波或射线的检测。

7）经过局部射线或超声波检测的焊接接头，若在检测部位发现超标缺陷时，应进行不少于该条焊接接头长度10%的补充局部检测；如仍不合格，应对该条焊接接头进行100%的检测。

2. GB150—1998《钢制压力容器》中有关焊缝无损检测的比例抽查

1）对于双面焊对接接头和相当于双面焊的全焊透对接接头，当焊接接头系数为1.0时需要进行100%的无损检测，当焊接系数为0.85时可以局部无损检测；当为单面焊对接接头（沿焊缝根部全长有紧贴基本金属的垫板）时，焊接系数为0.9需要100%的无损检测，焊接系数0.8需要局部无损检测。

2）用于壳体的下列碳素钢和低合金钢钢板，应做100%的超声波检测：一是厚度大于

30mm 的 20R 和 16MnR，质量等级应不低于Ⅲ级；二是厚度大于 25mm 的 Q390（15MnVR、15MnVNR）、18MnMoNbR、13MnNiMoNbR 和 Cr-Mo 钢板，质量等级应不低于Ⅲ级；三是厚度大于 20mm 的 16MnDR、15MnNiDR、09Mn2VDR 和 09MnNiDR，质量等级应不低于Ⅲ级；四是多层包扎式压力容器内筒钢板，质量等级应不低于Ⅱ级；五是调质状态供货的钢板，质量等级应不低于Ⅱ级。

3）符合下列条件之一的容器及受压组件，对其 A 类和 B 类焊接接头，进行 100% 的射线或超声波检测：一是钢板厚度大于 30mm 的碳素钢和 16MnR；二是厚度大于 25mm 的 15MnVR、Q390（15MnV）、20MnMo 和奥氏体不锈钢；三是标准抗拉强度下限值大于 540MPa 的钢材；四是厚度大于 16mm 的 12CrMo、15CrMoR、15CrMo 及任意厚度的 Cr-Mo 低合金钢；五是进行气压试验的容器；六是图样注明盛装毒性为极度危害或高度危害介质的容器；七是图样规定须 100% 的检测的容器；八是多层包扎式压力容器内筒的 A 类焊接接头；九是热套式压力容器各单层圆筒的 A 类焊接接头。

4）符合下列条件之一的低温容器对接接头（A、B 类接头），应进行 100% 的射线或超声检测：一是容器设计温度低于 -40℃；二是容器设计温度虽高于或等于 -40℃，但接头厚度大于 25mm。对于 100% 射线或超声波检测的低温容器，其 T 形接头、对接焊缝、角焊缝均需做 100% 的磁粉或渗透检测。其他低温容器对各条焊接接头的检测长度应不少于 50%，且不少于 250mm。

3. GB151—1999《管壳式换热器》对于焊缝无损检测的比例规定：

1）用钢板制造长颈法兰时，圆形对接接头应经焊后热处理及 100% 的射线或超声波探伤。

2）拼接管板的对接接头应进行 100% 的射线或超声波检测。

3）换热器的对接接头（A、B 类接头）凡符合下列条件之一者，应进行 100% 的射线或超声波检测：一是换热器设计温度低于 -40℃；二是换热器设计温度虽高于等于 -40℃，但接头厚度大于 25mm。其他对接焊缝对每条焊缝接头应进行无损检测的长度超过 50%，且不小于 250mm。

4. 在 1994《液化气体汽车罐车安全监察规程》中有关焊缝无损检测的比例规定：

1）罐体和人孔对接焊缝必须进行 100% 的射线探伤，外套对接焊缝局部的射线探伤长度必须大于等于 20%（每条纵、环缝）。

2）罐体人孔、补强板和接管等角焊缝表面应进行 100% 的磁粉或渗透检测。

5. 在 1987《液化气体铁路罐车安全管理规程》中有关焊缝无损检测的比例规定：

1）对进厂的外观质量或质保书有疑问的钢板应进行复验，抽查率不少于 20%，但每炉不少于一张。

2）罐体对接焊缝，必须经过 100% 的无损检测检验。当选用 100% 的超声波检测时，至少还应补加 20% 的射线检测复查。射线检测复查部位应包括焊缝交叉部位和超声波探伤的可疑部位。经复查发有超标缺陷时，应增加 10%（相应焊线总长）的复验长度，如仍发现超标缺陷，则应 100% 的进行复验。

3）罐体人孔、补强板和接管等的角焊缝，应保证焊透，其角焊缝表面应经 100% 的磁粉或着色探伤检测。

4）在大修期间，对内表面的焊缝 100% 进行磁粉或着色检测。

6. GB12337—1999《钢制球形储罐》中有关焊缝无损检测的比例规定：

1）双面焊全焊透对接接头当焊接系数为1.0时，需要进行100%的无损探伤。

2）符合下列条件的球壳用钢板，应100%超声波检测：一是厚度大于30mm的20R、16MnR；二是厚度大于25mm的15MnVR、15MnVNR；三是厚度大于20mm的16MnDR、09Mn2VDR；四是调质状态供货的钢板；五是上下极板与支柱连接的赤道板。

3）在球罐组焊前的复验，对球壳板应进行超声波检测抽查，数量不得少于总数的20%，且每带不少于两块，上、下板各不少于一块。发现超标缺陷，加倍抽查，再发现超标缺陷，则应100%的复验。

4）符合下列条件之一的球壳对接接头，应进行100%的射线或超声检测：一是厚度大于30mm的碳素钢和16MnR钢制球罐；二是厚度大于26mm的15MnVR和任意厚度的15MnVNR钢制球罐；三是材料标准抗拉强度下限值大于540MPa的钢制球罐；四是进行气压试验的球罐；五是介质为易燃和毒性极度或高度危害的球罐；六是图样规定须100%检测的球罐。

7. GB50094—1998《球形储罐施工及验收规范》中有关焊缝无损检测的比例规定：

1）制造前，需要对球壳板周边100mm范围内进行全面积超声波检测抽查，数量不得少于球壳板总数的20%。

2）球罐对接焊缝，凡符合下列条件之一者，应进行100%的射线或超声波检测：一是名义厚度大于38mm的碳素钢球罐；二是名义厚度大于30mm的16MnDR球罐；三是名义厚度大于25mm的15MnVR球罐；四是材料标准抗拉强度大于540MPa的球罐；五是进行气压试验；六是介质为易燃和毒性极度或高度危害的球罐；七是嵌入式接管与球壳连接的对接焊缝；八是以开孔中心为圆心，1.5倍开孔直径为半径的圆内包容的焊缝，以及公称直径大于250mm的接管与长颈法兰、接管与接管连接的焊缝；九是补强圈所覆盖的焊缝。

3）对于复验的焊缝比例不应小于检测焊缝长度的20%，复验应包括每一条相交的焊缝接头。

4）低温球罐凡符合下列条件之一者，应进行100%的射线或超声波检测：一是球罐设计温度低于-40℃；二是球罐设计温度虽高于或等于-40℃，但接头厚度大于25mm。

8.《压力容器定期检验规则》2004中有关无损检测的焊缝抽查比例：

有下列情况之一的，对容器内表面对接焊缝应进行磁粉或渗透检测，检测长度不少于每条对接焊缝长度的20%。一是首次进行全面检验的第三类压力容器；二是盛装介质有明显应力腐蚀倾向的压力容器；三是Cr-Mo钢制压力容器；四是标准抗拉强度下限值大于等于540MPa的钢制压力容器。

四、压力管道焊缝无损检测的比例

1. SH3501—1997《石油化工、可燃介质管道工程施工及验收规范》有关无损检测比例规定：

1）对于管道组成件，SHA级管道中，设计压力小于10MPa，输送极度危害介质的管子，应抽5%作表面无损检测。

2）对于管道预制：夹套管内的主管必须使用无缝钢管，当主管有环焊缝时，该焊缝应经100%的射线检测。

3）管道焊接时，在焊接接头及其边缘上不宜开孔，否则被开孔周围一倍孔径范围内的焊接接头，应进行100%的射线检测。管道上被补强圈或支座垫覆盖的焊接接头，应进行100%的射线检测，合格后方可覆盖。

4）设计温度低于或等于 -29℃的非奥氏体不锈钢管道坡口应进行5%的渗透检测抽检。

5）焊后热处理的管道，若不进行热处理，需要对角焊缝进行100%的表面无损检测。

6）每名焊工焊接的同材质、同规格管道的承插焊和跨接式三通支管的焊接接头，应采用磁粉或渗透检测，抽查数量应符合下列要求，且不少于一个焊接接头：SHA级管道不应少于30%，SHBⅠ级不应少于10%，SHBⅡ级不应少于5%。

2. GB50235—1997《工业金属管道工程施工及验收规范》中有关无损检测比例规定：

1）下列管道焊缝应进行100%的射线照相检验，质量不低于Ⅱ级：一是输送剧毒流体的管道；二是输送设计压力大于等于10MPa或设计压力大于等于4MPa且设计温度大于等于400℃的可燃液体、有毒流体的管道；三是输送设计压力大于等于10MPa且设计温度大于等于400℃的非可燃液体、无毒流体的管道；四是设计温度小于 -29℃的低温管道；五是设计文件要求进行100%射线检测的其他管道。

2）其他管道应进行抽样射线检测，抽检比例不得低于5%，质量不得低于Ⅲ级。

3）当现场条件不允许使用液体或气体进行压力试验时，可以对所有焊缝用液体渗透法或磁粉法检验；对对接焊缝用100%的射线检测进行检测。

3. 2003《在用工业管道定期检验规程》中对于焊缝无损检测比例的规定：

1）对于GC1级管道，焊接接头超声波或射线检测数量为焊接接头的15%且不少于2个。对于GC2级管道，焊接接头超声波或射线检测数量为焊接接头的10%且不少于2个。

2）若现场条件不允许使用液体或气体进行压力试验，经使用单位和检验单位同意，可对焊接接头用100%的射线或超声波检测代替。

第八章　焊接安全与防护

第一节　焊接易发事故的原因及防止措施

一、电弧焊的触电事故

1. 电弧焊时，发生触电事故的原因

电弧焊操作时是接触带电体的操作，如移动和调节焊接设备及其他器具（焊钳、电缆等）、调换焊条、有时还要站在焊件上操作。弧焊机的空载电压较高，大多超过安全电压。国产焊条电弧焊焊机空载电压在50～90V范围内，等离子弧焊接与切割电源的电压为300～450V，电子束焊焊机电压高达80～150kV，故需采取特殊防护措施。国产焊接电源的输入为电压220/380V，频率为50Hz的工频交流电，大大超过安全电压。

电弧焊时的触电事故可分为直接电击和间接电击两种。

直接电击　为触及电弧焊设备正常运行的带电体、接线柱等，或靠近高压电网及电气设备所发生的触电事故。

间接电击　为触及意外带电体所发生的电击，意外带电体是指正常时不带电，由于绝缘损坏或电器线路发生故障而意外带电的导体，如漏电的焊机外壳、绝缘破损的电缆等。

（1）电弧焊时发生直接电击事故的原因

1）操作时，焊工手或身体某部位接触到焊条、电极、焊钳或焊枪的带电部分，而其脚或身体的其他部位对地和金属结构之间又无绝缘防护。特别是在金属容器、管道或锅炉内或在阴雨天、潮湿地、以及焊工的身上大量出汗时，容易发生这种电击事故。

2）在接线或调节弧焊设备时，焊工的手或身体某部位碰到接线柱、极板等带电体而触电。

3）在登高作业焊接时，焊工触及或靠近高压电网引起的触电事故。

（2）电弧焊时发生间接触电事故的原因

1）焊工触及漏电的焊机：造成焊机漏电的原因是，焊机受潮使绝缘损坏；焊机长期超载荷运行或短路发热使绝缘损坏；焊机安装的地点和方法不符合安全要求；焊机遭受振动、撞击、振动或撞击后使线圈或引线的绝缘造成机械损伤，并且破损的线圈或导线与铁心和外壳相连。

2）焊机的保护接地或保护接零（中线）系统不牢：把电器设备的金属外壳接地或接到电路系统的中性点上称做保护接地或保护接零。

如果电器的绝缘损坏，使金属外壳带电，而保护接地或保护接零又不牢靠，则人体触到带电外壳时，不能使流经人体的电流减少到安全用电范围或及时使保险装置动作切断电源，失去保护作用，从而使人体触电。

3）接线错误：误将弧焊变压器的二次绕组接到电网上去，或将采用220V的弧焊变压器接到380V电源上，焊工的手或身体某一部分触及二次回路或裸导体而造成触电。

4）绝缘损坏：

弧焊变压器的一次绕组与二次绕组之间的绝缘损坏，使一次电压直接加在二次电压上，焊工的手或身体触及二次回路或裸导体而发生触电。

操作时触及绝缘破损的电缆、胶木闸盒、破损的开关等造成触电。

5）用金属物体代替焊接电缆：由于利用厂房的金属结构、管道、轨道、行车、吊钩或其他金属物搭接作为焊接回路而发生触电。

2. 防止焊工发生触电事故的安全措施

（1）隔离防护　弧焊设备应有良好的隔离防护装置，避免人与带电导体接触。焊机的接线端应在防护罩内。弧焊机的电源线应设置在靠墙壁不易接触处，且电源线长一般不应超过2～3m。各弧焊机与设备间及弧焊机与墙间，至少应留1m宽的通道。

（2）良好的绝缘　弧焊设备和线路带电导体，对地、对外壳间，或相与相、线与线间，都必须有良好的符合标准的绝缘，绝缘电阻不得小于1MΩ。

为防止焊机绝缘破坏，应做到：

1）弧焊机应在规定的电压下使用，弧焊机的供电线路上应接有合乎规定的熔断保险装置。

2）使用弧焊机时，工作电流不得超过相应负载持续率规定的许用电流，弧焊机运行时的温升不得超过额定温升。

3）弧焊机电源和控制箱应保持清洁。

4）防止弧焊机受潮、受振动和碰撞。

5）注意保护焊机及手把、软线的绝缘，使之不受损伤。

（3）安装自动断电装置　在焊机上安装自动断电装置，使焊机引弧时电源开关自动合闸，停止焊接时电源开关自动跳开，以保证焊工在更换焊条时避免触电。

（4）加强个人防护　焊工应穿戴符合标准的工作服、绝缘手套和鞋等。更换焊条或焊丝时，必须使用手套，手套应保持干燥、绝缘可靠。在潮湿环境操作时，应使用绝缘橡胶衬垫。特别是在夏天炎热的天气，焊工身体出汗后工作服潮湿，因此身体不得靠在焊件上。

（5）保护接地或保护接零系统要牢靠　保护接地或保护接零要牢靠，以保证人体接触漏电设备的金属外壳时不发生触电事故。

1）保护接地：保护接地的作用在于用导线将弧焊机外壳与大地连接起来，当外壳漏电时，外壳对地形成一条良好的电流通路，当人体碰到外壳时，相对电压就大大降低，从而达到防止触电的目的。

2）保护接零：保护接零的作用是采用导线将焊机金属外壳与零线的干线相接，一旦电气设备绝缘损坏而外壳带电时，绝缘破坏的这一相就与零线短路，产生的强大电流使该相熔丝熔断，切断该相电源，外壳带电现象立刻终止，从而达到人身设备安全的目的。这种安全装置称为保护接零。

二、电弧焊的火灾爆炸事故

电弧焊属于高温明火作业，焊接时会产生大量的火花和灼热的金属熔滴，操作不当易发生火灾或爆炸事故。

1. 电弧焊时发生火灾、爆炸事故的原因

1）作业附近有易燃、易爆物品或气体，焊接前未清理。焊接时，飞溅的火花、熔融金属与高温焊渣的颗粒引燃焊接处附近的易燃物或可燃气体而造成火灾。

2）高空作业时，火花、熔滴和焊渣飞溅所及范围内的易燃、易爆物品未清理干净。特别在风大时，尤为严重。

3）操作过程中乱扔焊条头，作业后未认真检查是否留有火种。

4）焊接电缆或焊机本身的绝缘破坏而发生短路后引起火灾。

5）焊接未清洗过的油罐、油桶、带有气压的锅炉、储气筒及带压附件，会造成火灾、爆炸事故。

6）在有易燃气体的房间内及含有一定浓度的粉尘（硫磺粉、木粉、煤粉、镁粉等）场所焊接时，会引发火灾和爆炸。

7）焊机超载使用，焊工未按照负载持续率使用焊机，当使用的焊接电流及时间超过负载持续率时，会引发火灾和爆炸。

8）接触电阻过大。由于接触部位（如导线间连接或导线与接线柱的连接）表面粗糙不平、有氧化皮或连接不牢造成局部接触电阻过大而过热，可使导线的金属芯变色甚至熔化，引起燃烧。

9）焊机的接地回线乱接乱搭，由于接触不良，电阻热增大，使易燃物起火。或搭接在可燃气体、液体的管道上而造成火灾。

2. 电弧焊时防止火灾、爆炸事故的安全措施

1）焊接处10m以内不得有可燃、易燃物，工作地点通道宽度应大于1m。

2）现场作业时，应注意作业环境的地沟、下水道内有无可燃液体和可燃气体，以及是否有可能泄漏到地沟和下水道内的易燃、易爆物质，以免由于飞溅的火花、熔滴及焊渣引起火灾、爆炸事故。

3）高空作业时，禁止乱扔焊条头，对作业下方应进行隔离。作业完毕时应认真细致地检查，确认无火灾隐患后方可离开现场。

4）严禁焊接带压的管道、容器及设备。

5）焊接作业处应把乙炔发生器（或乙炔瓶）和氧气瓶安置在10m以外。

6）储放易燃、易爆物的容器未经彻底清洗严禁焊接。

7）焊接管道、容器时，必须把孔盖、阀门打开。

8）焊接设备等绝缘应保持完好。

9）严禁将易燃、易爆管道作为焊接回路使用。

10）涂装室、喷油室、油库、中心乙炔站、氧气站内严禁电弧焊作业。

11）化工设备的保温层，有的是采用沥青胶合木、玻璃纤维、泡沫塑料等易燃物品。焊接前应将距操作处1.5m范围内的保温层拆除干净，并用遮挡板隔离，以防飞溅火花落到易燃保温层上。

12）电弧焊工作结束后要立即切断电源，并认真检查，特别是有易燃、易爆物或填有可燃物隔热层的场所，一定要彻底检查，将火星熄灭。待焊件冷却并确认没有焦味和烟气后，焊工方可离开工作场所。着火并不都是在焊接后立即发生，有可能要经过一段时间才燃烧，切不可大意。

三、电弧焊的其他事故

1. 灼伤

在焊接火焰或电弧高温作用下，焊接过程中的焊渣飞溅，弧光辐射，都有可能造成灼伤

事故。从焊接现场的调查情况表明，灼伤是焊接操作者容易发生的常见事故。

2. 急性中毒

焊接过程会产生一些有害气体，如一氧化碳；碱性焊条（如 J507）会产生氟化氢气体；焊接有色金属铜、铝时会产生有害的金属蒸汽。当作业环境狭小，如在锅炉里、密闭容器里、船舱和车间矮小而门窗又关闭等通风不良的条件下作业，有害气体和金属蒸汽的浓度较高，有可能引起急性中毒事故。在检修补焊盛装有毒物质的容器管道时，也有可能发生这类事故。

3. 高处坠落

登高焊、割作业如高层建筑、桥梁、石油化工设备的安装检修等，有可能发生高处坠落伤亡事故。

4. 物体打击

移动或翻转笨重焊件，在金属结构或机器设备底下进行仰焊操作或立体作业等，有可能发生压、挤、砸等机械性伤害。

第二节　焊接的危害及防护

一、电弧辐射及防护

1. 电弧辐射的危害

焊接电弧是一种很强的光源，会产生强烈的弧光辐射，这种辐射对人体能造成伤害。当其辐射到人体上，被体内组织吸收，会引起组织的热作用、光化作用或电离作用，致使人体组织发生急性或慢性的损伤。

焊接方法的不同，产生的紫外线强度不同，焊条电弧焊、氩弧焊与等离子弧焊三种电弧的紫外线强度的比较见表 8-1。从表中可反映，波长在 3500×10^{-10}m 内的等离子弧焊，其紫外线强度最大。

表 8-1　几种焊接方法的紫外线相对强度

波长 λ/（$\times10^{-10}$m）	相对强度		
	焊条电弧焊	氩弧焊	等离子弧焊
2000～2330	0.02	1.0	1.9
2330～2600	0.06	1.0	1.3
2600～2900	0.61	1.0	2.2
2900～3200	3.90	1.0	4.4
3200～3500	5.60	1.0	7.0
3500～4000	9.30	1.0	4.8

紫外线对人体主要造成皮肤和眼睛的伤害，这是由于光化学作用而引起。

皮肤受强烈紫外线作用时，可引起皮炎、弥漫性红斑，有时出现小水泡、渗出液体和浮肿，有灼热感发痒。波长较短的，红斑的出现和消失较快，疼痛较重。作用强烈时伴随有全身症状、头痛头晕、易疲劳、发烧、神经兴奋和失眠等。

紫外线过度照射还会引起眼睛的急性角膜炎称为电光性眼炎。有时甚至侵及虹膜和视网膜。这是明弧焊直接操作和辅助工人的一种特殊职业性眼病。强烈的紫外线短时间照射，眼睛即可致病。将出现两眼流泪、异物感、刺痛、眼睑红肿痉挛，并伴有头痛和视物模糊。一般经过治疗和护理，数日后即可恢复，但不易造成永久性损伤。

焊接电弧的红外线对人体的危害主要是引起组织的热作用。波长较长的红外线可被皮肤表面吸收，使人产生热的感觉。在焊接的过程中，眼部受到强烈的红外线辐射，立即感到强烈的灼伤和灼痛，发生闪光幻觉。长期接触红外线可能引起白内障，视力减退，严重时能导致失明。并且还会造成视网膜灼伤。

焊接电弧产生可见光线的光度，比肉眼正常承受的光度约大一万倍左右，被照射后引起眼睛疼痛，看不清物像。

2. 电弧辐射的防护

(1) 在焊接作业区严禁直视电弧　焊与辅助工都要有一定的防护措施，应配带有专用滤色玻璃的面罩或眼镜。面罩上的滤色玻璃（电焊护目镜片）应根据不同的焊接方法及同一焊接方法不同的电流，还有母材种类及厚薄等条件的差异选择不同的编号。护目镜的编号是按护目镜颜色深浅程度而定，由浅到深排列。各种护目镜片推荐使用于不同的焊接电流、焊接方法见表 8-2。

表 8-2　焊接滤光片推荐使用遮光号

遮光号	电弧焊与切割	遮光号	电弧焊与切割
1.2	—	7 8	30~75A 电弧焊作业
1.4 1.7 2	防侧光与杂散光	9 10	75~200A 电弧焊作业
2.5 3 4	辅助工种	11 12 13	200~400A 电弧焊作业
5 6	30A 以下的电弧焊作业	14	500A 电弧焊作业
		15 16	500A 以上气体保护焊

为防止面罩与滤色玻璃之间漏光，可在其中间垫一层橡胶，同时在滤色玻璃外面可镶一块普通透明玻璃，避免金属飞溅而损坏滤色镜片。

(2) 防护工作服　焊工用防护工作服，要求具有隔热和屏蔽作用，以保护人体免受热辐射、弧光辐射和飞溅物等伤害。常用的为白帆布工作服或铝膜防护服，用防火阻燃织物制作的工作服也已开始应用。

(3) 防护手套和工作鞋　电焊手套宜采用牛绒面革或猪绒面革制作，以保证绝缘性能好和耐热不易燃烧。

工作鞋应采用具有耐热、不易燃、耐磨和防滑性能的绝缘鞋，现一般采用胶底翻毛皮鞋。新研制的焊工安全鞋具有防烧、防砸性能、绝缘性好和鞋底耐热性能好。

(4) 工作场地应用围屏或挡板与周围隔离开　为保护焊接工地上其他人员的眼睛免受弧光辐射，一般可在小件焊接的固定场所周围，装置围屏或挡板。围屏或挡板的材料最好使用耐火材料，如石棉板、玻璃纤维布、铁板等，并涂以深色，其高度约 1.8m，屏底距地面留250~300mm，以供空气流通。

（5）注意眼睛的适当休息　焊接时间较长，且使用的焊接参数较大时，应注意中间休息。如果已经出现电光性眼炎，应到医务部门治疗。

（6）具备充分的照明　焊接场所必须有充分的照明，以便于焊接作业。

二、有害物质的危害及防护

1. 有害物质概念及分类

有害物质指有害于健康的气态和颗粒状态的物质（包括气体、烟雾、灰尘等）的统称。在焊接及有关工艺过程中产生的，是一种可吸入的空气污染物质。当这些物质超过容许浓度时，就会危害人体健康，因此有必要对操作人员采取防护措施，以避免在工作环境中受到有害物质的损害，并寻求对工作场所状况的改善。

在焊接及有关工艺过程中产生的有害物质，可从其存在的形式和影响两个方面来分类：

（1）按存在形式分　由焊接及有关工艺过程中产生的有害物质的存在形式有气态和颗粒状态两种。颗粒状态物质以微小的固体颗粒弥散在空气中，而可吸入人体的颗粒是通过嘴和鼻进入人体体内，其尺寸可达或超过100μm，可进入呼吸系统的颗粒能渗入肺泡内其尺寸可达10μm，焊接产生的悬浮在空气中的颗粒非常小，一般其尺寸小于1μm，因此是“可呼吸”的，并称其为焊接烟雾。

（2）按对人体的影响分　根据焊接、切割及有关工艺过程产生的气态和颗粒状态的物质对人体不同器官的影响，可分为对肺生作用的物质、有毒物质与致癌物质。

1）对肺产生作用的物质：铁的氧化物、铝的氧化物属于此类物质。长期吸入高浓度的烟尘导致肺功能的抑制。

2）有毒物质：气态有毒物质有一氧化碳（CO）、氧化氮（NO）、二氧化氮（NO_2）、臭氧（O_3）以及金属氧化物，以烟尘形式存在于空气中的铜、铅、锌等。当超过某一剂量时，会对人体产生有毒的影响。空气中高浓度的有毒物质可以造成非常严重的中毒甚至导致死亡。

3）致癌物质：镍、铬、镉、钴、铍及它们的化合物属此类物质。当这些物质的剂量增加，患癌症的可能也增大。

2. 有害物质的危害

有害物质进入人体的途径，可从呼吸道、消化道、皮肤粘膜三个方面，而最主要的途径是呼吸道。从呼吸道吸收的毒物，不光经过肝脏接受解毒作用，还直接进入血液分布到全身，所以产生的有害作用比较迅速。

（1）气态有害物质的危害

1）CO是一种非常有害的无味的气体。在较高的质量浓度下，由于CO与血球具有很大的亲和力，可阻碍血的载氧能力，结果使细胞组织缺氧。CO被列为可再生的有毒物质。

当呼吸区的CO质量浓度达到150mL/m^3时，就会产生眩晕、疲劳和头痛；达到700mL/m^3时会导致昏厥、脉搏和呼吸率增加，最后失去知觉，呼吸停顿，心跳停止和死亡。

2）氮的氧化物，也称为氧化氮或亚硝酸气体。NO是一种无色有毒气体；NO_2是棕红色的有毒气体，其毒性比NO大得多，甚至在质量浓度相当低时仍是一种隐伏的刺激性的气体。最初使人会感到空气中存在刺激物，呼吸困难，几小时后（一般在4~12h）逐渐出现恶性症状，最后出现致命的肺水肿。

3）臭氧（O_3），在高质量浓度下，O_3 是一种带有刺激性的强毒性气体。它对人体的呼吸器官和眼睛有刺激作用，能引起喉咙刺激、呼吸困难并可能导致肺水肿。最新的研究结果未能排除 O_3 有潜在致癌的可能性，属于已有证据涉及到可能对人体有诱导作用的物质。

4）光气（$COCl_2$），当存在氯化氢 HCl 时，由于加热或氯化的碳氢化合物的去油污剂受到紫外线辐射，就会形成 $COCl_2$，它是一种带有霉烂味的极毒气体。这种气体在起初 3～8h 时，使人体出现轻微的症状，随后严重刺激呼吸道，最后导致肺水肿。

5）涂层材料产生的气体：HCN，亦称氢氰酸，它是一种带有苦杏仁味、非常弱、非常不稳定的酸，但它是作用最强、传播最快的毒气之一。类似于 CO，可以极大地阻碍 O_2 在血中的输运。

CH_2O 是一种带辛辣味的无色气体，对人体的粘膜具有强烈的刺激作用，能引起呼吸道的发炎并可能引起癌的诱变。

甲苯基二异氰酸盐（TDI），对人体的呼吸道有强烈刺激作用，能产生像气喘病的症状，并可导致支气管气喘病发生的敏感性。

（2）颗粒状有害物质的危害

1）对肺产生压迫的物质：铁的氧化物（FeO，Fe_2O_3，Fe_3O_4）被认为是对人体无毒、无致癌作用的物质，但人体若长期高浓度地吸入会导致烟尘在肺中的沉积。这种沉积为铁质沉积性肺尘病或铁质沉积病。如果停止接触，肺内的铁质沉积会渐渐消散。

Al_2O_3 会导致烟尘在肺中的沉积，在某些情况下会发生铝土肺尘病。但它不像铁质沉积病那样可以渐渐消散，并对呼吸道产生刺激。

K_2O，Na_2O，TiO_2，由于它们会导致烟尘在人体肺中的沉积，被列入对肺产生压迫的物质。

2）有毒物质：氧化锰（MnO_2，Mn_2O_3，Mn_3O_4，MnO）的质量浓度高时，会对人体的呼吸道产生刺激作用并导致肺炎，长期接触还能损害神经系统从而导致麻痹症。

氟化物（CaF_2，KF，NaF 以及其他）质量浓度高时会对人体胃粘膜和呼吸道粘膜产生刺激。在严重的情况下，例如长期地吸入较多量的氟化物时，还可观测到对骨骼的慢性损害。

钡化合物（$BaCO_3$，BaF_2）在焊接烟雾中，主要以水溶性形式存在。吸入后对人体有毒性。当可溶性钡超过一定值时，不排除会有少量钡的积累。在某些情况下导致人体组织缺钾。

氧化铅可能导致血和神经的中毒。

氧化铜、氧化锌金属烟雾的吸入，可引起人体的中毒性“发热”。

五氧化钒有毒并对眼睛和呼吸道有刺激作用。当质量浓度高于一定值时会导致肺功能的损害。

3）致癌物质：铬酸盐形式的六价铬化物和 CrO_3 对人体有致癌作用，特别是对呼吸器官。人类接触它有可能会得恶性肿瘤。

六价铬化物对人体的粘膜也有刺激和腐蚀作用。

镍的氧化物（NiO，NiO_2，Ni_2O_3）对人体的呼吸道有致癌作用。

CdO 对人体有强烈的刺激作用，类似于亚硝酸气体，可导致严重的肺水肿。通常在轻微的症状出现以后，在 20～30h 的一段时间里无症状发生。如果吸入了大量的 Cd，上呼吸道会出现变化。大约在2年以后，会发生肺水肿和类似风湿病的病痛。

BeO通常有毒性。当人体吸入含有Be的烟雾和灰尘后，对上呼吸道产生严重的刺激作用，出现急性金属烟雾中毒性发热，可导致慢性呼吸道发炎。

当CoO的质量浓度较高时，不排除对人体呼吸器官的危害。

4）放射性物质：ThO_2是放射性物质。吸入含有ThO_2的烟雾和灰尘，导致了人体的内辐射。Th沉积在骨骼内，产生对支气管和肺的辐射，从而造成危害。

3. 对有害物质的防护措施

对于有害物质的防护措施，可通过技术性防护措施与个人防护措施两方面来实施。

（1）技术性防护措施　为尽可能减少在工作环境下对焊工健康的危害，必须采取技术性防护措施（单一的或综合性的）。

1）低烟雾散发率工艺的选择：焊条电弧焊、活性气体保护焊（MAG）、熔化极惰性气体保护焊（MIG）和钨极惰性气体保护焊（TIG）相比较，TIG焊产生的烟雾要少得多。为此，TIG焊被称为是低烟雾散发率的工艺。

埋弧焊的焊接过程是在焊剂层下进行的。仅有少量的有害物质散发出来，另外，操作人员一般离焊缝的距离较远。因此，在可行的场合下，推荐使用埋弧焊代替其他的弧焊方法。

气体保护脉冲电弧焊比其他电弧焊能减少50%～90%的焊接烟雾散发率。

碳钢和低合金钢的激光切割比氧切割的烟雾散发率低，可用带氮气的高压激光切割代替带氧的激光切割时，有害物质散发率低得多。对于相同的材料和相同的板厚，用高压激光切割时有害物质的散发率比一般激光切割要低2～15倍。

在可能的场合，为降低有害物质的散发率，应优先采用火焰喷涂代替电弧喷涂。

2）低散发率材料的选择：通过对焊接材料的仔细挑选，能减少在软钎焊和硬钎焊时产生的烟雾及相应的影响作用。对镍基钎焊合金和含镉钎焊合金的钎焊要特别注意，因为Cd和Ni有致癌作用，所以要大力开展采用低毒钎料代替镍基钎焊合金和含镉钎焊合金的工作。

3）优化工作条件：通过选择有利的焊接参数，改善工作条件，能减少有害物质的产生以及在呼吸区的沉积。

选择有利的焊接参数对于尽量减少有害物质具有实质性的作用。

TIG焊时采用含有其他氧化性化合物的无钍钨极，可以减少甚至消除含有放射性物质的烟雾和灰尘。

在激光熔覆时，可通过以下途径选择有利的激光熔覆参数，尽量减少有害物质。①对于一定的加工要求，对每一单位面积加入的粉末尽可能采用最小量；②在粉末选择的优化方面主要考虑颗粒尺寸的分布。

在激光切割时，有害物质能通过激光切割参数的优化而尽量减少。如较低的激光光束功率；短焦距透镜；低的切割压力。

焊件的表面状态也能影响有害物质的产生。在进行有镀层的焊件焊接与切割时，采取以下措施可以避免来自镀层的额外的有害物质：将镀层减少到15～20μm；将焊接区的镀层去除。将焊件表面的污染物（如油、涂料、残余的溶剂等）去除，也是改善焊件的表面状态，减少有害物质。

焊工的身体姿态与吸入有害物质的程度有关。焊工的工作位置与焊件的位置应当是：焊接的位置与焊工头部的水平距离越远越好；焊接的位置与焊工头部的垂直距离越近越好。因为热气向上排放，使有害物质上升而确保远离焊工的呼吸区。

4）技术性安全装置：为减少有害物质的散发需要使用专门的技术性安全设备。

① 带气体关闭阀的割炬支架：在固定位置的氧乙炔操作台上，可以采用带自动气体关闭阀的割炬支架，以避免在操作停顿时发生大量的氮化气体。

② 带水保护装置的等离子弧切割：带水帘的等离子弧切割时，通常有一个带水的切割台和带水射流的割炬，这时有害物质的散发可减少，但不能避免。

③ 水下等离子弧切割：目前，在许多中、小工厂采用了水下等离子弧切割，这一方法相当可观地减少了有害物质的散发和噪声。

在相同的应用条件下（板材的厚度、材料类别），若采用水下等离子弧切割时，颗粒状悬浮粒子的散发与一般切割方法比较可减少500倍。气体的散发率，尤其是氮化气体（在等离子弧切割时用氩/氮/氢作为等离子气）能减少一半。

④ 在水面上的火焰及等离子弧切割：将待切割的板材放在切割缸的水面上，并在割炬周围安装一个轴流式排气管，以减少有害物质的散发。

⑤ 在密封仓中操作：如有自动化可能（操纵者可在外面），则热喷涂应在密封仓中进行。当前，在密封仓中进行等离子弧喷涂已是标准化的工作方式。

5）通风

① 自然通风：由于室内外的温差和风向形成的压力梯度使室内外的空气通过门、窗、房顶通风口等进行交换。自然通风仅仅用于有害物质的量较低的环境下（根据有害物质的类型、质量浓度确定）。

② 强制通风：通过循环系统（如风扇、鼓风机等）进行室内外的空气交换的称为强制（机械的）通风。为了实现在厂房或室内有效的通风，必须考虑不同空气流动的模式，例如，焊接时，有害物质从下到上的热流动方式，应使室内的空气从房间的上方（通常安装排风扇）排出，而使新鲜空气流入房间的下方。

6）抽风：在焊接过程中，工作现场的空气往往存在高质量浓度的有害物质甚至达到临界值，这时，抽风系统的使用是最有效的措施。其目的通常是截获、去除或分离有害物质。

为使抽风有效，关键是捕获器的安装。其安装位置的选择，必须对应于焊接烟雾的热运动方向，并取决于工作的特定条件。一般地说，捕获器总是安装在距离有害物质产生最近的地方。对于可移动式捕获器，要根据焊工的要求正确定位。

对有害物质的分离，过滤系统有重要的作用。而过滤系统的选择取决于有害物质的化学成分以及其他一些因素。

气体的分离，特别是对有机组分，是很困难的，要根据具体情况（方法、材料）来确定。无论是对再循环空气还是对环境的保护，为了有效地过滤有害物质，必须采用固定的或可移动的抽风系统。另外，各种机械式、静电式过滤系统均可采用。

实用的抽风设备一般分为固定式抽风设备和移动式抽风设备（带颗粒过滤）。

固定式抽风设备适用于在固定位置进行重复性焊接作业的场合，通过管道将所抽的空气直接排到外边。要根据具体情况将捕获器安装在指定位置，也可用软管引导。固定式抽风设备在实际应用中有不同的形式。通常切割台采取底部抽风，抽风的方向与有害物质热上升反向。另一抽风口可安放在操作台的上方或后方。装有抽风口的火焰切割或等离子弧切割系统分为若干段，并集中在各烟尘产生的区域。

移动式过滤抽风设备适用于变化的工作地点及多种场合。这些设备与空气再循环系统一起工作，即收集并过滤空气然后再进入工作区使用。对于含有致癌作用的有害物质的抽取，移动式过滤抽风设备已在相应的工艺中成功地应用。

（2）个人防护设备

个人防护设备是指对焊工直接保护的设备，在许多场合，这是技术性防护措施的必要补充。

1）焊工的手和脸的保护：带有过滤层的头盔和面罩应用于电弧焊时，可以对光辐射、热、火花以及某种程度上对有害物质进行防护。

2）对呼吸的保护设备：呼吸防护装置的使用仅仅是在紧急的条件下：当所有可能的技术措施都已采用后才是允许的。这是指仅用于短时间内和限定的空间，且含有致癌或有毒的物质时，是尽管已采取了技术性防护措施，但在焊工的呼吸区仍然存在有害物质导致实质性风险时。

三、焊接热辐射、噪声和振动的防护

1. 高温热辐射的防护

（1）电弧是高温强射热源　焊接电弧可产生3000℃以上的高温。焊条电弧焊时电弧总热量的20%左右散发在周围空间。电弧产生的强光和红外线还造成对焊工的强烈热辐射。红外线虽不能直接加热空气，但在被物体吸收后，辐射能转变为热能，使物体成为二次辐射热源。因此，焊接电弧是高温强辐射的热源。

（2）通风降温措施　焊接工作场所加强通风（机械通风或自然通风）是降温的重要技术措施，尤其是在锅炉等容器或狭小的舱间进行焊割时，应向容器或舱间送风和排气，加强通风。

在夏天炎热季节，应加强通风，以降温防暑。另外，给焊工供给一定量的含盐清凉饮料以补充人体内的水分，也是防暑的保健措施。

2. 噪声的防护

焊接车间的噪声不得高于90dB（A），需要加以控制。

（1）车间工艺设计中应采用低噪声工艺和设备，减少噪声源　如采用热切割代替机械剪切；用坡口斜切机、电弧气刨、热切割坡口代替铲坡口；采用整流器、逆变电源代替旋转交流焊机；采用先进工艺提高零件下料精度以减少组装锤击；用组装机械化装置代替手工操作等。

车间工艺设计中，应将高噪声工段与低噪声工段分开布置。高噪声设备宜集中布置，然后采取隔声措施。

工艺设计中的设备选用，应包括噪声控制装置，并考虑其安装和维修所需的空间，对设备的空气动力性噪声，应在进、排气管路上采取消声措施。

（2）采取隔声措施　对分散布置的高噪声设备，宜采用隔声罩；对集中布置的高噪声设备，宜采用隔声间；对难以采用隔声罩或隔声间的某些高噪声设备，宜在声源附近或受声处设置隔声屏障。

（3）采取吸声降噪措施，降低室内混响声　对声源较密、体形扁平的厂房宜作吸声顶棚或悬挂空间吸声体；对长、宽、高尺寸相差不大的房间宜对顶棚、墙面作吸声处理；对集中在厂房局部的声源，可对声源所在区的顶棚、墙面作吸声处理或悬挂空间吸声体。

(4) 加强个人防护措施　个人防护用品有耳塞、耳罩及防噪声头盔等。其插入损失值为10~35dB (A)。

3. 振动的防治

焊接车间主要应对压力机和风动工具、电动工具进行振动控制。压力机边的操作人员受全身振动影响，手持各种工具的操作人员受局部振动影响，设计时应按两种标准分别控制。

防治振动危害最根本的措施应改革工艺和设备。宜用无冲击工艺代替有冲击工艺；用热压法代替冷作业；用平衡良好的机器代替不平衡机器等。

某些对周围影响较大的振源，应采取隔振措施，如隔振器可放在机器基础下面，也可放在设备底部。

第三节　常用焊接方法的安全操作技术

一、焊条电弧焊的安全操作技术

1. 焊前的安全检查

1) 焊接现场10m内不能有易燃、易爆物品。

2) 检查焊机设备和工具是否安全可靠，例如，焊机外壳的接地、焊机各接线点接触是否良好，焊接电缆的绝缘有无破损等。

3) 焊机接地线应尽量采用较短的焊接电缆线。

4) 合理、有效、正确地使用劳动防护用品。

5) 现场必须配备适用的灭火器材。

2. 焊接时的安全技术

1) 在室内或人多的场地焊接，应设防护屏，以免他人受弧光伤害。

2) 推拉刀开关时需要戴皮手套，同时头部偏斜，以防电火花灼伤脸部及眼睛。禁止在存在闭合回路时闭合电源，在有负载时切断电源。

3) 搬动焊机、维修焊机、改换接线等的操作，应在切断电源后进行。

4) 必须在额定负载持续率的范围下使用焊机，严禁超负载使用焊机。

5) 六级以上大风和雨天禁止露天作业，工作时须防止由于潮湿或大量出汗而导致的空载电压触电事故。

6) 加强焊接现场或容器内的通风措施，减少焊接烟尘对焊工的危害。

7) 操作现场不应有与明火相抵触的工种同时工作，如木工，油漆工等。

8) 焊接时，应防止高温焊件和设备的保温层或残余的可燃气体接触后引发的火灾爆炸事故，注意飞溅的散发范围，不乱仍焊条头。

9) 在狭小的仓室、容器内焊接时，必须防止焊工身体和焊件接触，加强绝缘、通风措施。行灯照明电压应小于36V，外面还应有人监护，配合焊接。

10) 对有压力或密封的管道、容器必须打开孔盖泄压，才能焊接。严禁在有压力的容器、管道上进行焊接作业。

11) 清渣时，应戴防护眼镜。

3. 焊后清场

1) 工作完毕应及时切断电源。

2）收好焊接电缆线，注意焊钳和回线接口的分离。防止焊钳和接口接触后的短路而引发事故。

3）清理场地，检查现场是否留有发生火灾的隐患。

二、氩弧焊的安全操作技术

1）熟知氩弧焊操作技术，工作前穿戴好劳动防护用品，检查焊接电源、控制系统的接地线是否可靠。将设备进行空载试运转，确认其电路、水路、气路畅通，设备正常时，方可进行作业。

2）在容器内部进行氩弧焊时，应戴静电防尘口罩及专门面罩，以减少吸入有害烟气，并设专人监护、配合。

3）氩弧焊会产生臭氧和氮氧化物等有害气体及金属粉尘，因此作业场地应加强自然通风，对于固定作业台可装置固定的通风装置。

4）氩弧焊时，弧光的辐射强度比焊条电弧焊强得多，因此，要加强防护措施。

5）采用交流电氩弧焊时，必须接入高频引弧器。焊件要良好接地，接地点应离工作场地越近越好。

6）登高作业时，禁止使用带有高频振荡器的焊机。

7）大电流操作时采用水冷却的焊枪，故操作前应检查有无水路漏水现象，不得在漏水情况下进行操作。

8）若采用钍钨棒作为电极时，会产生放射性，应有固定的专用储存设备。在大量存放钍钨棒时，放射剂量很大，因此需存放在铅盒内。磨削钍钨棒时，砂轮机罩壳应有吸尘装置，操作人员应戴口罩。应尽量采用无放射性的铈钨棒。

9）需要更换钍钨或铈钨极时，应先切断电源；磨削电极时应戴口罩、手套，并将专用工作服袖口扎紧，同时要正确使用专用砂轮机。

10）工作结束后，要切断电源，关闭冷却水盒的气瓶阀门，认真检查现场，在确认安全后，方可离开作业现场。

11）氩气瓶的使用应遵守《气瓶安全监察规程》的规定。

三、CO_2 气体保护焊的安全操作技术

1）CO_2 气体保护焊时，弧光辐射比焊条电弧焊强，因此应加强防护。

2）CO_2 气体保护焊时，飞溅较大，尤其是粗丝焊接，会产生大颗粒飞溅，焊工应有必须的防护用具，防止对人体灼伤。

3）CO_2 气体在焊接电弧高温下会分解生成对人体有害的一氧化碳气体，焊接时还会排出其他有害气体和烟尘，特别是在容器内施焊，更应加强通风，且容器外应有人监护。

4）CO_2 气体预热器所使用的电压不得高于36V。

5）大电流粗丝 CO_2 气体保护焊时，应防止焊枪水冷系统漏水，而破坏绝缘，发生触电事故。

6）工作结束时，立即切断电源和气源。

7）CO_2 气瓶内装有液态 CO_2，满瓶压力约为0.5～0.7MPa，但当受到外加的热源时，液态 CO_2 便迅速蒸发为气体，使瓶内压力升高，接受的热量越大，则压力增高越大，造成爆炸的危险性就越大。因此，CO_2 气瓶不能接近热源及太阳下曝晒，使用时应遵守《气瓶安全监察规程》的规定。

四、埋弧焊的安全操作技术

1）焊工应了解埋弧焊的工作原理及设备性能，掌握操作技术及有关附属设施的使用方法。

2）埋弧焊的焊接小车轮子要有良好绝缘，导线应绝缘良好，工作过程中应理顺导线，防止扭转及被焊渣烧坏。

3）要求控制箱外壳的接线板罩壳必须盖好。

4）操作前，焊工应穿戴好个人防护用品，如绝缘鞋、皮手套、工作服等；注意检查焊机各部分导线的连接是否良好、可靠；焊接设备应有可靠的接地或接零保护线。自动焊接小车的轮子必须与焊件绝缘。

5）在焊接过程中，焊工应防止电弧从焊剂层下暴露出来，以免眼睛受到弧光的辐射伤害；在敲除覆盖焊道的渣皮时，特别是在清除角焊缝的焊渣时，为了防止崩起的渣屑损伤眼睛，焊工应戴上平光眼睛。

6）埋弧焊焊接时，会产生一定数量的有害气体。如在通风不良的舱室或容器内工作，应使用灵活、轻便的通风设备，夜间工作或在自然采光条件不良的地点工作，应当装有足够照明的灯具。

7）所使用的设备、机具发生电气故障或机械故障时，应立即停机，通知专门的维修工进行修理，不要自行动手拆修。

8）在进行大直径外环缝埋弧焊时，应执行登高作业的有关规定。

9）工作结束，必须切断焊接电源。自动焊接小车要放在平稳的地方；半自动埋弧焊的手把应搁放妥当，特别要防止手把带电部位与其他物件碰靠，以免造成短路产生电弧及飞溅而伤人。

五、等离子弧焊接和切割的安全操作技术

1）检查设备、工具是否完好，焊接电源正常后，方可施焊。

2）工作时，操作者应穿戴好保护用品，必须戴眼镜，穿绝缘鞋，地面应铺绝缘垫。

3）工作场地必须设置灭火器材，并悬挂安全标志。

4）设备送电后严禁触及带电部分，焊（割）接前打开通风设备。严禁用双手同时触及焊、割枪的正极和负极。

5）操作时需要拔出钨极时，必须先切断电源。磨削钨极时，操作者必须戴手套、口罩操作。

6）气瓶使用必须遵守气瓶使用的安全操作规程。

7）工作场地不要吸烟和饮食。

8）工作完毕后，先切断设备的电源，最后切断总电源。

六、电阻焊的安全操作技术

1）工作前应仔细、全面地检查焊接设备，使冷却水系统、气路系统及电气系统处于正常的状态，并调整焊接参数使之符合工艺要求。

2）操作者穿戴好个人防护用品，如工作帽、工作服、绝缘鞋及手套等，并调整绝缘胶垫或工作台装置。

3）起动焊机时，应先打开冷却水阀门，以防焊机烧坏。

4）在操作过程中，注意保持电极、变压器的冷却水畅通。

5）焊机绝缘必须良好，尤其是变压器的一次电源线。

6）操作时应戴上防护眼镜，操作者的眼睛应避开火花飞溅的方向，以防灼伤眼睛。

7）在使用设备时，操作者不要用手触摸电极头球面，以免灼伤。

8）操作者在装卸焊件时要拿稳，双手应与电极保持一定的距离，手指不能置于两待焊焊件之间。焊件堆放应稳妥、整齐，并留出通道。

9）工作结束时，应关闭电源、气源和水源。

10）作业区附近不能有易燃、易爆物品；工作场所应通风良好，保持安全、清洁的环境。粉尘严重的应封闭作业间，并设有除尘设备。

11）机架和焊机的外壳必须有可靠的接地。

七、气焊和气割的安全操作技术

1）严格遵守有关电石、乙炔发生器（或燃气瓶）、水封安全器、橡胶软管、气瓶、焊（割）炬等安全操作规程。

2）工作前或停工时间较长再工作时，必须检查所用设备。乙炔发生器、燃气瓶、氧气瓶及橡胶软管的接头、阀门需紧固牢靠，不准有松动、破损和漏气现象。

3）检查设备、附件及管路是否漏气时，只准用肥皂水试验。试验时周围不准有明火，不准吸烟，严禁用明火检查。

4）氧气瓶、燃气瓶（乙炔发生器）与明火的距离应保持在10m以上。如条件限制，也不准低于5m，并应采取隔离措施。

5）禁止用易产生火花的工具去开启氧气或燃气阀门。

6）设备管道冻结时，严禁用火烤或用工具敲击冻块。氧气阀门或管道要用40℃的温水溶化。乙炔发生器、回火防止器及管道可用热水或蒸汽加热解冻。

7）焊接场地应备有相应的消防灭火器材，露天作业时应有防止阳光直射在氧气瓶或燃气瓶（乙炔发生器）上的防护措施。

8）承压容器及其安全附件（压力表、安全阀）应按规定定期进行校验、检查。检查、调整压力器件及安全附件时，应取出电石筐，消除余气后才能进行检查。

9）工作完毕或离开工作现场，要拧上气瓶的安全帽，收拾好现场，把气瓶或乙炔发生器放在指定地点。下班时应将乙炔发生器卸压、放水并取出电石筐。

第四节　常用焊接方法的有害物质

一、焊条电弧焊的有害物质

1. 碳钢、低合金钢

碳素钢、低合金钢进行焊条电弧焊时，会产生大量的悬浮粒子，而由氧化氮造成的有害物质可能性较少。焊接烟雾的主要成分为 Fe_2O_3，SO_2，K_2O，MnO，Na_2O，TiO_2 和 Al_2O_3 等。

药皮的类型（低氢型、金红石型、纤维素型等）决定了这些组分在焊接烟雾中的不同比例。例如，金红石型药皮焊条的烟雾中，含有上面所述的组分，而碱性焊条的烟雾中却含有 CaF 和大量的氟化物。氟化物应被考虑为是另一种主要组分。

对于含铜的特种焊条，CuO 也是烟雾的另一种主要组分。

2. 铬镍钢

有的高合金焊条中，除了 Fe 以及来自药皮的物质之外，高合金药皮焊条中，焊芯的 w(Cr)可达 20%，w(Ni)可达 30%。

当采用高合金药皮焊条进行焊条电弧焊时，产生的焊接烟雾中 w（铬化物）可达 16%。而这些 w（铬化物）90% 以上是以铬酸盐（六价铬化物）的形式存在，在大多数情况下这种铬酸盐属于致癌物质。

对采用上述焊接材料的工艺过程，首要组分是“铬酸盐”，在碱性焊条的烟雾中所含的六价铬化物的比例比金红石型焊条要高得多。

对焊工健康影响最大的是用高合金焊条电弧焊。因此，在工作现场应采取特殊的防护措施，例如在焊接烟雾的产生处抽除烟雾。并建议进行预防性的体检。

3. 镍及镍合金

在纯镍或镍基合金的焊条电弧焊时，所产生的焊接烟雾中，首要组分是“氧化镍”，尽管焊接烟雾中 w（NiO）最高只有达 5%。但氧化镍归于致癌物质的第一类。在工作现场必须采取特殊的防护措施。

除了氧化镍，烟尘和可能存在的氧化铜也应是主要组分。在平面堆焊时，当熔敷的焊缝金属含有钴时，必须重视氧化钴的影响。

二、钨极氩弧焊的有害物质

在 TIG 焊时由于烟雾产生量减少，而促进 O_3 的形成。在纯铝或铝硅合金的焊接时，O_3 的质量浓度会特别高。在纯镍或镍基合金的焊接时，氧化镍是主要组分。

在 TIG 焊使用钍钨电极时，特别是在铝材的焊接时，可能因吸入含氧化钍的烟雾而造成体内放射。通常对于非放射性工作的人员会超过其限定值。因此，在工作场所必须提供有效的防护措施。

三、熔化极气体保护焊的有害物质

1. 所用的保护气体对烟雾产生的影响

(1) CO_2 气体保护焊　碳素钢和低合金钢的 CO_2 气体保护焊时，CO_2 的热分解生成了 CO。同时，焊接烟雾中还含有氧化铁。

(2) 熔化极活性混合气体保护焊　碳素钢和低合金钢的活性混合气体保护焊时（MAG），如果混合气体中含有 CO_2，那么定会有一定量的 CO 形成。同时，焊接烟雾中还含有 FeO。

铬镍钢的混合气体保护焊时，焊接烟雾中的氧化镍应被考虑是另一主要组分。尽管焊接烟雾中 w（铬化物）可达 17%，而 w（氧化镍）为 5%，但这些铬化物都以三价化合物的形式存在，不属于致癌物质。

(3) 熔化极氩弧焊（MIG）　在铝基材料的熔化极氩弧焊（MIG）时，除了产生烟尘（以氧化铝的形式）之外，还应考虑 O_3 的形成（紫外辐射和材料的强烈反射）。在多数情况下，熔化极氩弧焊时所产生的烟雾少于 MAG 焊过程。

铝硅合金焊接时，O_3 的质量浓度会比焊纯铝时高，并且也比焊接铝镁合金时高。在镍或镍基合金的 MIG 焊中，氧化镍是一种重要的主要组分。由于填充材料中镍含量高，焊接烟雾中 w（NiO）可达 30% ~87%。

含铜的镍基合金焊接时烟尘总体散发率一般高于含其他合金元素（如 Cr，Co，Mo 等）

的镍基合金。这时除了氧化镍之外，氧化铜应是另一主要组分。

对于其他致癌物质，应采取防护措施。对臭氧质量浓度的检查也是必要的。

2. 焊丝的种类对烟雾产生的影响

用药芯焊丝进行 MAG 或 MIG 焊时产生的烟雾比实芯焊丝要大。而自保护药芯焊丝产生的烟雾比使用保护气体的药芯焊丝要大得多。例如，对碳钢和低合金钢的熔化极活性气体保护焊时的烟尘总体散发率见表 8-3。

表 8-3　焊接烟尘散发率

填充材料	烟尘总体散发率/（mg/s）
实芯焊丝	2 ~ 12
气体保护药芯焊丝	6 ~ 54
自保护药芯焊丝	可达 97

一般来说，药芯焊丝所含的组分与同类的药皮焊条是相似的。根据不同的填充金属，表 8-4 中介绍的组分是除了烟尘总体以外的主要组分。

表 8-4　焊接烟尘的主要组分

填充金属	主要成分
碱性气体保护碳素钢和低合金钢药芯焊丝	氟化物
高合金钢药芯焊丝	六价铬化物
自保护碳素钢和低合金钢药芯焊丝	氟化物、钡化物

四、电阻焊的有害物质

在正常操作及通风条件下，对不同材料进行电阻焊时所产生的焊接烟雾浓度（因材料飞溅或金属氧化物蒸发）一般较小。在实际生产中，应尽可能避免对表面有油的钢板进行焊接。厚的油层会导致较高浓度的烟雾产生，其中含有不同比例的有机物质。在无飞溅焊接时，带油钢板产生的烟雾比无油钢板多 30%。

与其他电阻焊工艺相比（如点焊），闪光对焊产生的烟雾量较大，通常需要在焊接现场排风。

五、等离子弧切割的有害物质

等离子弧切割通常伴有悬浮粒子产生。散发的有害物质取决于所切割母材的化学成分、所选择的切割参数和所用的等离子气体。切割速度的增加会降低有害物质的散发率。在碳钢及低合金钢的切割过程中，“烟尘总体”是主要组分（以氧化铁为主）；在等离子弧切割铬-镍钢时，氧化镍和六价铬化物是主要组分。在等离子弧切割镍及镍基合金时产生的烟雾中会含有高浓度的氧化镍。

若不采取保护措施，如排风装置等，工作现场的总尘量会超过限定值（$6mg/m^3$），而与材料的化学成分无关。如果材料中铬和镍的质量分数超过 5%，对六价铬化物和氧化镍（以另一种主要组分形式出现）也使用这一限定值。如果将压缩空气或氮气用作等离子气体，应考虑 NO_2 有可能成为主要组分。

六、钎焊的有害物质

焊接产生有害物质的量及其化学成分（钎焊的烟雾）取决于所用的材料（钎料合金、钎剂）及其钎焊参数（钎焊温度、保持时间）。硬钎焊合金中包括铜锌合金，其中也可能含有镍、锡、银和镉。所用的钎剂是硼酸、单纯的或复合的氟化物、氧-氟化合物以及硼砂。硬钎焊过程产生的有害物质取决于钎焊合金和钎剂，例如有氧化镉、氧化铜、氧化锌、氧化银、氟化物、硼氧化物等，见表 8-5。

表 8-5　硬钎焊中的有害物质

<table>
<tr><th colspan="4">硬钎焊（t≥450℃）</th></tr>
<tr><td>重金属</td><td rowspan="2">1）铜基钎焊合金
2）w（Ag）＜20% 的钎焊合金
3）w（Ag）≥20% 的钎焊合金
4）铝基钎焊合金
5）镍基钎焊合金</td><td>1）加有单一或复合氟化物、磷酸盐、硅酸盐的硼化合物
2）以氯化物和氟化物为主的无硼焊剂</td><td rowspan="2">氧化硼
硼-三氟化物
氧化物
氟化物
氧化铜
五价磷氧化物
氧化银
氧化锌</td></tr>
<tr><td>轻金属</td><td>3）吸湿性氯化物和氟化物，以及非吸湿性氟化物</td></tr>
</table>

从职业健康角度考虑，硬钎焊过程烟雾中的镉化合物和氟化物危害最大。

七、气焊气割的有害物质

碳素钢和低合金钢气焊时，主要产生氮化气体（氧化氮），其主要组分是 NO_2。对于其他氧-燃料工艺，例如火焰加热和火焰矫正，会产生更多的氧化氮。

在工作现场的空气中，NO_2 的质量浓度随火焰长度的增加而增加，同样也会随焊枪的尺寸及其焊嘴与焊件的距离增加而增加。

第九章 锅炉的焊接

18 世纪，人类发明了蒸汽机，从此开始了工业革命，随着蒸汽作为动力应用越来越广泛，锅炉制造技术不断地进步，特别是 19 世纪火力发电技术的问世，锅炉制造技术更得到飞速发展。锅炉作为最主要的取暖、动力源，在国民经济的发展中占有重要地位，得到广泛应用。我国是一个多煤少油的国家，目前大部分锅炉主要通过煤的燃烧产生蒸汽，小型锅炉主要用于生活取暖和工厂生产，而大型锅炉主要用于生产和产生电力，在火力发电厂，锅炉产生的高温、高压蒸汽通过汽轮机带动发电机产生强大的电力。随着人们生活水平的不断提高，对电力的需求在不断地提升，因此需要不断降低发电能耗，随着锅炉蒸汽压力、温度和单机容量不断提高，大容量超临界锅炉、超超临界锅炉的发电能耗已达到每千瓦小时耗煤小于 300g。目前我国电站锅炉已以亚临界锅炉、超临界锅炉、超超临界锅炉为主，锅炉容量也已从 50MW 、100MW 、135MW 发展为：主要以 300MW 、600MW 和 1000MW 为主的大型发电用锅炉以及部分 50MW 、135MW 环保型、集中供暖和自备电厂用锅炉。

目前国内电站锅炉的容量和参数列于表 9-1，图 9-1 为配 1000MW 发电机组的超临界塔式燃煤锅炉。

表 9-1 我国电站锅炉容量和参数

参数		容量/（t/h）	所配机组功率/MW
主蒸汽压力/MPa	主蒸汽温度/℃		
9. 81	540	220	50
10. 0	540	410	100
13. 7	540	425	135
14. 0	540	670	200
17. 47	541	1025	300
17. 5	541	2008	600
25. 4	571	1913	600
25. 4	571	2102	660
27. 9	605	2955	1000

电站锅炉各部组件处于高温高压运行状态，使用的钢种繁多，生产应用的焊接方法也多，一台 600MW 超临界压力锅炉使用的钢材为 12300 多吨，焊接接头数达九万个，每一条焊缝、每一个接头的破坏都将引起整台机组的强迫停机。

因此，焊接作为锅炉制造中一项工序，比以往更受到重视，锅炉焊接的机械化、自动化也越来越成为企业提高焊接技术水平，提高劳动生产率，保证产品焊接质量的重要组成部分。

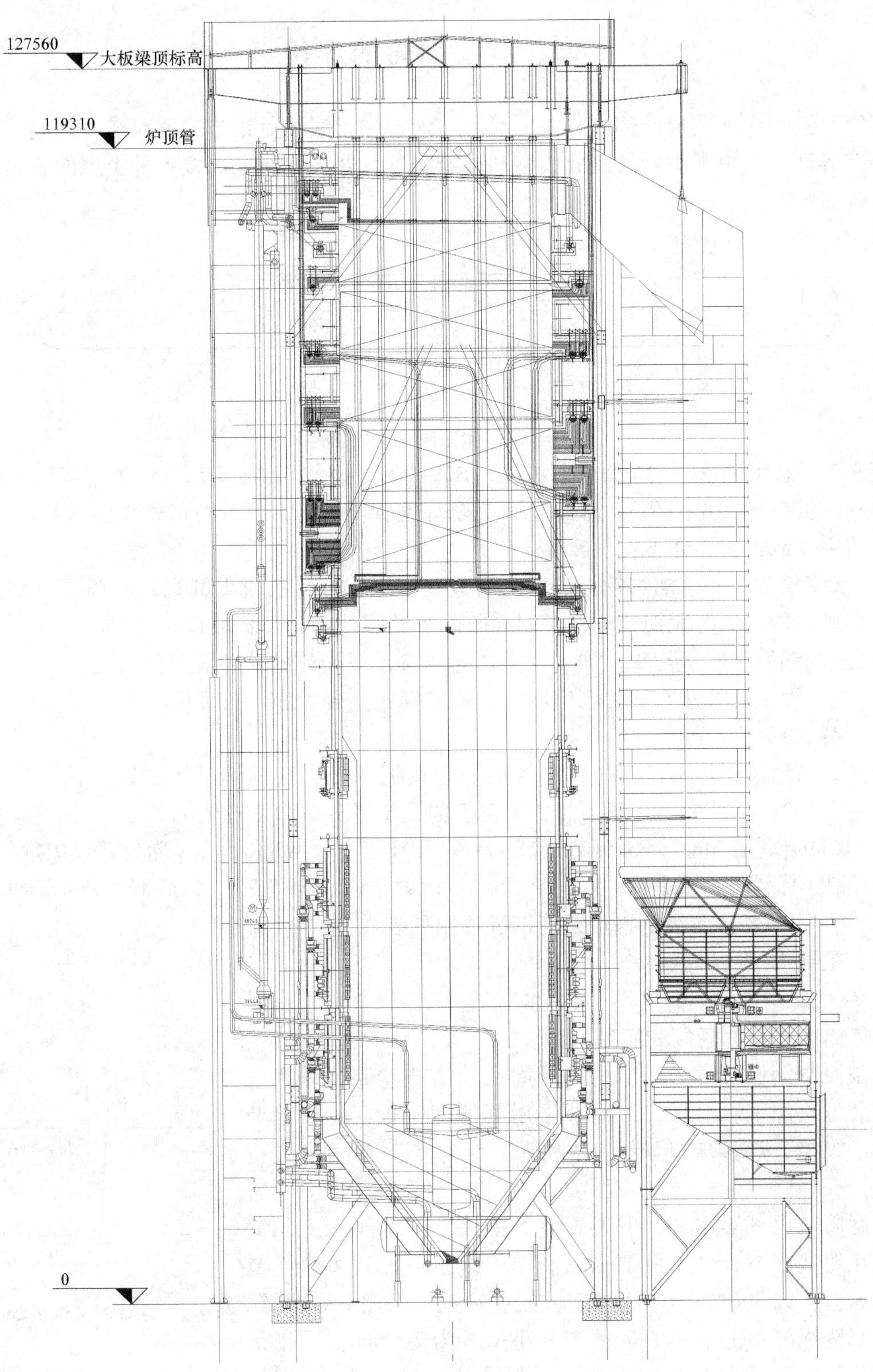

图 9-1　配 1000MW 火力发电机组的 2955t/h 超超临界塔式燃煤锅炉

第一节　锅筒的焊接

锅筒是锅炉中最重要的部件之一。通常在锅炉中，锅筒是锅炉中壁厚最厚，制造难度较高的厚壁容器。它由锅炉钢板制成大型圆柱型容器，并在锅筒上焊接各种类型的管座和附件及预埋件。

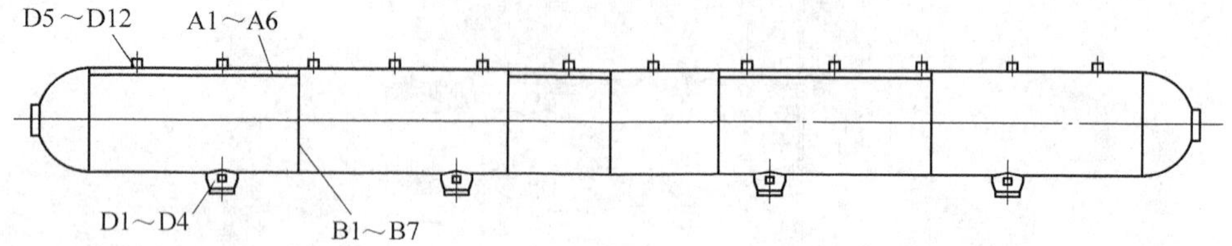

图 9-2　锅筒产品示意图

图 9-2 示意图中 A1 ~ A6 为筒节纵缝；B1 ~ B7 为筒节环缝；D1、D4 为下降管、给水管管座焊缝，坡口形式见图 9-3；D5 ~ D12 为全焊透管座焊缝，其坡口形式见图 9-4。

锅筒主要制造工序如下：

1）锅筒筒节由厚壁锅炉钢板卷制成筒节或由水压机压制成半圆瓦片状筒节，加工纵缝坡口，焊接纵缝，纵缝无损检测，卷制筒节的复卷圆，加工环缝坡口。

2）压制锅筒半圆状封头，加工封头环缝坡口，焊接环缝，环缝无损检测。

3）筒节管座处开孔并加工管座坡口，焊接管座，各管座进行无损检测。

4）锅筒热处理。

国产锅筒用钢板按 GB713—1997《锅炉碳素钢和低合金钢钢板》规定，化学成分、力学性能见表 9-2。国外中、高压锅筒常用钢板的化学成分、力学性能见表 9-3。锅筒主要选材为 20g、16Mng 、19Mng（P355GH）、SA-299、BHW35 、WB36 等，目前我国 50MW 以上机组的电站锅炉锅筒用钢板主要采用 P355GH（19Mn6）、BHW35（13MnNiMo5-4/DIWA353）和 SA-299。我国各容量级别锅炉锅筒钢板选用见表 9-4。

一、主要焊缝的焊接

1. 纵缝的焊接

锅筒筒节可分为卷制和压制两种。

卷制筒节钢板长度为筒节的圆周周长，筒节卷制后采用气割 + 打磨方法加工纵缝坡口，筒节采用等厚度钢板，每个筒节焊接一条纵缝，焊接坡口如图 9-3 所示，纵缝焊妥后还要进行复卷圆。

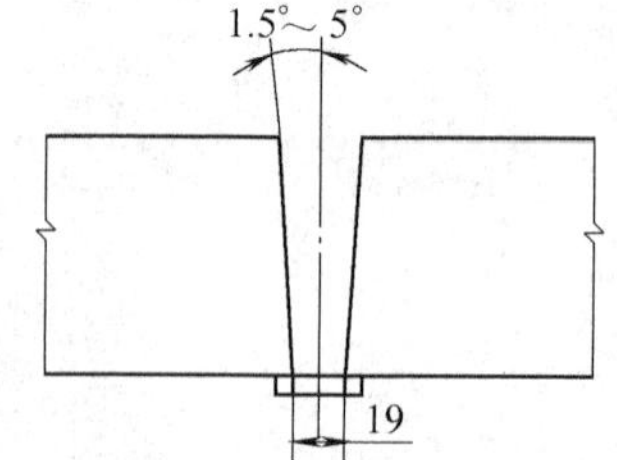

图 9-3　卷制筒节纵缝焊接坡口

压制筒节也可采用上、下不等厚的钢板，在水压机上压制成两半瓦片状筒节，采用机加工方法加工纵缝坡口，每个筒节为两条纵缝，如 300MW 和 600MW 控制循环锅炉采用 SA-299 锅炉钢板制造锅筒，上半部 145°范围最小壁厚为 203mm，下半部 245°范围最小壁厚为 167mm，采用压制筒节可减轻锅筒重量。纵缝焊妥后不再进行复卷圆。

表 9-2　锅炉用钢板

<table>
<tr><th rowspan="2">序号</th><th rowspan="2">钢　号</th><th colspan="8">化学成分(质量分数,%)</th><th rowspan="2">钢板厚度/mm</th><th colspan="5">力 学 性 能</th><th rowspan="2">弯曲 180° d = 弯芯直径 a = 钢板厚度</th></tr>
<tr><th>C</th><th>Si</th><th>Mn</th><th>Cr</th><th>Mo</th><th>P≤</th><th>S≤</th><th>其他</th><th>σ_b /MPa</th><th>σ_s /MPa (≥)</th><th>δ_5 (%) (≥)</th><th>常温 A_{KV}/J 横向</th><th>时效 a_{KV}/(J/cm^2) 横向</th></tr>
<tr><td rowspan="5">1</td><td rowspan="5">20g</td><td rowspan="5">≤0.20</td><td rowspan="5">0.15~0.30</td><td rowspan="5">0.50~0.90</td><td rowspan="5"></td><td rowspan="5"></td><td rowspan="5">0.035</td><td rowspan="5">0.035</td><td rowspan="5"></td><td>6~16</td><td>440~530</td><td>245</td><td>26</td><td rowspan="5">27</td><td rowspan="5">29</td><td>$d=1.5a$</td></tr>
<tr><td>>16~25</td><td>400~520</td><td>235</td><td>25</td><td>$d=1.5a$</td></tr>
<tr><td>>25~36</td><td>400~520</td><td>225</td><td>24</td><td>$d=1.5a$</td></tr>
<tr><td>>36~60</td><td>400~520</td><td>225</td><td>23</td><td>$d=2.0a$</td></tr>
<tr><td>>60~100</td><td>390~510</td><td>205</td><td>22</td><td>$d=2.5a$</td></tr>
<tr><td>2</td><td>22Mng</td><td>≤0.30</td><td>0.15~0.40</td><td>0.90~1.50</td><td></td><td></td><td>0.025</td><td>0.025</td><td></td><td>>25</td><td>515~655</td><td>275</td><td>19</td><td>27</td><td></td><td>$d=4.0a$</td></tr>
<tr><td>3</td><td>15CrMog</td><td>0.12~0.18</td><td>0.15~0.40</td><td>0.40~0.70</td><td>0.80~1.20</td><td>0.45~0.60</td><td>0.030</td><td>0.030</td><td></td><td>≤60</td><td>450~590</td><td>295</td><td>19</td><td>31</td><td></td><td>$d=3.0a$</td></tr>
<tr><td rowspan="4">4</td><td rowspan="4">16Mng</td><td rowspan="4">≤0.20</td><td rowspan="4">0.20~0.55</td><td rowspan="4">1.20~1.60</td><td rowspan="4"></td><td rowspan="4"></td><td rowspan="4">0.035</td><td rowspan="4">0.030</td><td rowspan="4"></td><td>6~16</td><td>510~655</td><td>345</td><td>21</td><td rowspan="4">27</td><td rowspan="4">29</td><td>$d=2.0a$</td></tr>
<tr><td>>25~36</td><td>470~620</td><td>305</td><td>19</td><td>$d=3.0a$</td></tr>
<tr><td>>36~60</td><td>470~620</td><td>285</td><td>19</td><td>$d=3.0a$</td></tr>
<tr><td>>60~100</td><td>440~590</td><td>265</td><td>18</td><td>$d=3.0a$</td></tr>
<tr><td rowspan="2">5</td><td rowspan="2">19Mng</td><td rowspan="2">0.15~0.22</td><td rowspan="2">0.30~0.60</td><td rowspan="2">1.00~1.60</td><td rowspan="2"></td><td rowspan="2"></td><td rowspan="2">0.030</td><td rowspan="2">0.025</td><td rowspan="2">Al_s≥0.020</td><td>>60~100</td><td>490~630</td><td>315</td><td>20</td><td rowspan="2">31 (0℃)</td><td rowspan="2"></td><td>$d=3.0a$</td></tr>
<tr><td>>100~150</td><td>480~630</td><td>295</td><td>20</td><td>$d=3.0a$</td></tr>
<tr><td rowspan="3">6</td><td rowspan="3">13MnNiCrMoNbg</td><td rowspan="3">≤0.15</td><td rowspan="3">0.10~0.50</td><td rowspan="3">1.00~1.60</td><td rowspan="3">0.20~0.40</td><td rowspan="3">0.20~0.40</td><td rowspan="3">0.025</td><td rowspan="3">0.025</td><td rowspan="3">Ni0.60~1.00
Nb0.005~0.020</td><td>≤100</td><td rowspan="3">570~740</td><td>390</td><td rowspan="3">18</td><td rowspan="3">31 (0℃)</td><td rowspan="3"></td><td rowspan="3">$d=3.0a$</td></tr>
<tr><td>>100~120</td><td>380</td></tr>
<tr><td>>120~150</td><td>375</td></tr>
<tr><td>7</td><td>12Cr1MoVg</td><td>0.08~0.15</td><td>0.17~0.37</td><td>0.40~0.70</td><td>0.90~1.20</td><td>0.25~0.35</td><td>0.030</td><td>0.030</td><td>V0.15~0.30</td><td>>16~100</td><td>≥430</td><td>235</td><td>19</td><td>31</td><td></td><td>$d=3.0a$</td></tr>
</table>

表 9-3 国外中、高压锅筒常用钢板

序号	钢号	化学成分(质量分数,%)						板厚 /mm	力学性能			
		C	Si	Mn	P	S	其他		σ_b /MPa	σ_s /MPa (≥)	δ_5 (%) (≥)	A_{KV} /J (≥)
1	P355GH	0.10~0.22	≤0.60	1.00~1.70	≤0.030	≤0.025	Al≥0.020, Cr≤0.30, Cu≤0.30, Mo≤0.08, Nb≤0.010, Ni≤0.30, Ti≤0.03, V≤0.02; (Cr+Cu+Mo+Ni≤0.70)	60~100	490~630	315	20	0℃ 27
2	DIWA353	≤0.17	0.05~0.56	0.95~1.70	≤0.025	≤0.004	Ni0.6/1.0, Mo0.2/0.4, Cr0.15/0.45, Nb≤0.025, Al≥0.015	50~100 100~125 125~150	570~740	390 380 375	18	0℃ 31 (20℃ 39)
3	DIWA373	≤0.19	0.20~0.56	0.75~1.30	≤0.035	≤0.030	N≤0.022, Al≥0.010, Ni0.95/1.35, Cr≤0.35, Cu0.45/0.85, Mo0.22/0.54, Nb0.010/0.050	50~100 100~125 125~150	600~760 600~750 590~740	430 420 410	16	0℃ 31
4	SA-515Gr70	≤0.31 ≤0.33 ≤0.35	0.13~0.45	≤1.30	≤0.035	≤0.035		≤25 >25~50 >50	485~620	260	21	
5	SA-299	≤0.28 ≤30	0.13~0.45	0.84~1.52 0.84~1.62	≤0.035	≤0.035		≤25 >25	515~655	290 275	19	

注:序号 1 为熔炼分析,其余为成品分析

序号 1 P355GH 摘自 DIN EN10028-2,即原 DIN 17155 的 19Mn6

序号 2 DIWA353(BHW35)摘自德国 DILLNGER 钢厂 1995 年 9 月材料规范 DH-E24-C,VdTUV 材料规范编号 384

序号 3 DIWA373(15NiCuMoNb5-6-4 又称 WB36)摘自德国 DILLNGER 钢厂 1995 年 9 月材料规范,VdTUV 材料规范编号 377-1

表 9-4　各容量级别锅炉锅筒钢板选用

机组容量/MW	<50	50	135	300 或 600	300 或 600
锅炉容量/(t/h)		220	420	1025 或 2008	1025 或 2008
材料	20g、16Mng SA-515Gr70	P355GH	BHW35	BHW35	SA-299
壁厚/mm		100	92	135 ~ 145	190 ~ 210

（1）卷制筒节纵缝的焊接　筒节的卷制，可根据锅筒壁厚和卷板机的能力，对不同壁厚的锅筒采用正火状态热卷、低于 Ac_1 温度的温卷或室温下卷制。目前国内大型电站锅炉制造厂对壁厚 $\delta = 190 \sim 210$mm 的 SA-299 和 $\delta = 135 \sim 145$mm 的 BHW35 钢采用正火状态热卷，对其他壁厚较薄的 20g 、SA-515 Gr70 、P355GH 、BHW35 等钢，根据材料原始性能进行冷卷或低于 Ac_1 温度的温卷。卷制筒节采用气割 + 打磨的方法加工出纵缝坡口，坡口要求按图 9-3 所示的筒节内表面采用厚度为 10mm 的钢衬垫，衬垫与筒节的定位焊采用 SMAW 焊接，外侧采用 SAW 多层多道焊接，外侧纵缝焊妥后采用碳弧气刨将衬垫去除，打磨去除碳刨热影响区后采用 SMAW 补焊。纵缝焊妥后筒节分别按卷制温度进行卷制圆。

（2）压制筒节纵缝的焊接　压制筒节根据水压机能力采用正火状态或室温状态或低于 Ac_1 温度压制，焊接坡口采用机加工方法加工，可采用 SAW 双面焊，通常大多采用与环缝相同的焊接方法，内壁采用 SMAW 焊，外壁采用 SAW 焊妥，SMAW/SAW 组合焊缝采用图 9-4 的焊接坡口。

2. 环缝的焊接

筒节环缝焊接通常采用内壁 SMAW 封底焊接，外壁 SAW 焊妥，与压制筒节纵缝相同。

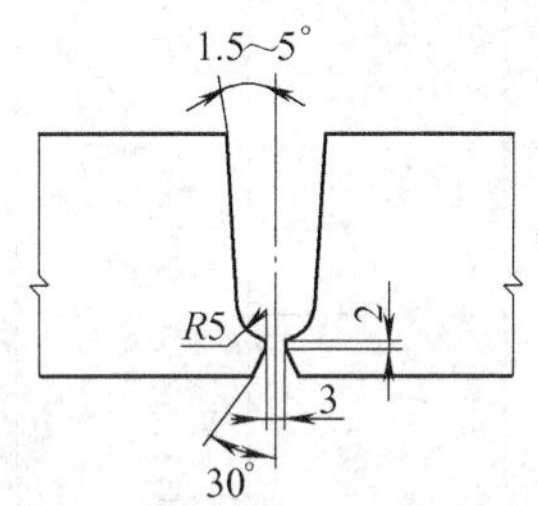

图 9-4　压制筒节纵缝及环缝坡口

3. 集中下降管、给水管的焊接

集中下降管、给水管等主要大管座一般与锅筒本体材料相同，当下降管的外径≤108mm 且采用插入式结构时，可不开坡口，焊接方法可采用 SMAW；对于额定蒸汽压力≥3. 8MPa 的锅炉，集中下降管管接头与筒体的连接必须采用全焊透的接头形式，通常采用图 9-5 插入式结构，为对接角焊缝。下降管、给水管根部放置钢衬垫，用 SMAW 定位焊，外侧焊接采用 SAW 马鞍形焊机焊接，焊妥后，用碳弧气刨去除衬垫，打磨后 SMAW 补焊。

4. 其他管接头的焊接

锅筒上除下降管、给水管等大管座之外，还有众多管接头，规格 $\phi108 \sim \phi168$mm，壁厚 10 ~ 20mm，材料为碳钢；对于额定蒸汽压力 <9. 8MPa 的锅炉，管接头与锅筒连接时，采用 SMAW 焊接；对于额定蒸汽压力≥9. 8MPa 的锅炉，管接头开坡口采用手工 GTAW 封底 + SMAW 焊妥，保证焊透；对此类管接头国内锅炉制造厂已实施内孔氩弧焊不加填充材料封底，外侧采用细丝 SAW 焊妥的方法，既保证全焊透，又提高了生产效率和制造质量。图 9-6 为 GTAW/SAW 焊的管接头焊接形式。

二、焊接材料的选用

主要焊缝焊接材料选用见表 9-5。

表 9-5　主要焊缝焊接材料的选用

材料 焊缝及焊接方法	20g ($\delta \leqslant 100$)	SA-515 Gr70 ($\delta \leqslant 100$)	16Mng、19Mng、 P355GH($\delta \leqslant 100$)	SA-299 ($\delta = 190 \sim 210$)	BHW35 ($\delta = 92$)	BHW35 ($\delta = 135 \sim 145$)	WB36 ($\delta \leqslant 85$)
纵缝(卷制筒节) (SAW)	H08MnAϕ4.0mm /HJ330	H08Mn2MoA,ϕ4.0 /HJ330	H08Mn2MoA,ϕ4.0 /HJ330	H10Mn2NiMoA,ϕ4.0 /SJ101	H08Mn2MoA,ϕ4.0 /SJ101	H15Mn2NiMoA,ϕ4.0 /SJ101	S3NiMo1,ϕ4.0 /UV420TTR
环缝、 纵缝(压制筒节) (SMAW/SAW)	E5015 ϕ4.0 ~ ϕ5.0 /H08MnA,ϕ4.0 /HJ330	E5015 ϕ4.0 ~ ϕ5.0 /H08Mn2MoA,ϕ4.0 /HJ330	E5015 ϕ4.0 ~ ϕ5.0 /H08Mn2MoAϕ4.0 /HJ330	E5015 ϕ4.0 ~ ϕ5.0 /H08Mn2MoA,ϕ4.0 /SJ101	E6015-D1 ϕ4.0 ~ ϕ5.0 /H08Mn2MoA,ϕ4.0 /SJ101	E6015-D1 ϕ4.0 ~ ϕ5.0 /H08Mn2MoAϕ4.0 /SJ101	Sh Schwarz 3KNi ϕ4.0 ~ ϕ5.0 S3NiMo1ϕ4.0 /UV420TTR
额定蒸汽压力≥ 3.8MPa 的下降管、 给水管与筒体对接 角焊缝 (SAW)	H08MnA,ϕ3.0 /HJ330	H08Mn2MoA,ϕ3.0 /HJ330	H08Mn2MoA,ϕ3.0 HJ330	H08Mn2MoA,ϕ3.0 /HJ330	H08Mn2MoA,ϕ3.0 /HJ330	H08Mn2MoA,ϕ3.0 /HJ330	S3NiMo1,ϕ3.0 /UV420TTR
其他碳钢管 座、附件与筒 体对接角焊缝 (SMAW 或 GTAW/SMAW)	ER50-6 /E5015	ER50-6 /E5015	ER50-6 /E5015	ER50-6 /E5015	ER50-6 /E5015	ER50-6 /E5015	ER50-6 /E5015
其他碳钢 管座与筒体 对接角焊缝 (GTAW/SAW)	N. A. /H10Mn2,ϕ1.6mm /SJ101	N. A. /H10Mn2,ϕ1.6 /SJ101	N. A. /H10Mn2,ϕ1.6 /SJ101	N. A. /H10Mn2,ϕ1.6 /SJ101	N. A. /H10Mn2,ϕ1.6 /SJ101	N. A. /H10Mn2,ϕ1.6 /SJ101	N. A. /H10Mn2,ϕ1.6 /SJ101

注:表中板厚(管壁厚)为 δ,焊丝、焊条直径(ϕ)单位均为 mm。

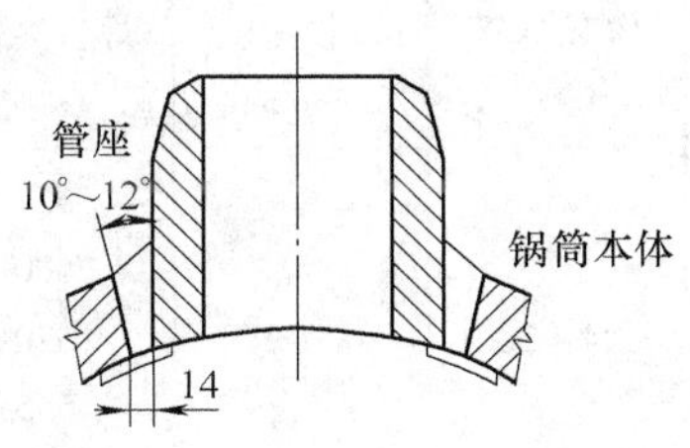

图 9-5　集中下降管对接角焊缝

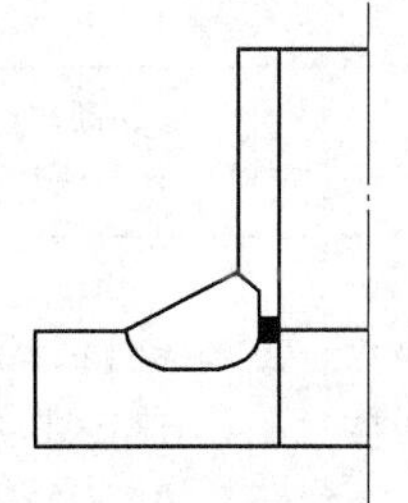

图 9-6　GTAW/SAW 焊的管接头焊接形式

三、焊接及热处理

1. 锅筒的焊接与热处理

20g（$\delta \leqslant 100$mm）、SA-515 Gr70（$\delta \leqslant 100$mm）、P355GH（$\delta \leqslant 100$mm）、BHW35（$\delta \leqslant 92$mm）、WB36（$\delta \leqslant 85$mm）的锅筒，焊接及热处理参数见表 9-6。

表 9-6　锅筒的焊接参数实例

焊缝及焊接方法	最低预热温度 /℃	焊接电流 /A	电弧电压 /V	焊接速度 /(mm/min)	焊后热处理温度 /℃
纵缝（卷制）(SAW)	20g:5 SA-515Gr70:100 P355GH:100 BHW35:180 WB36:150	450～600	30～40	320～500	550～600 600～650 520～550 560～600(复校圆) +555～585 555～585
纵缝(压制)、环缝(SMAW/SAW)	20g:5 SA-515Gr70:100 P355GH:100 BHW35:180 WB36:150	SMAW: ϕ4.0mm 140～180 ϕ5.0mm 170～210 SAW 450～550	22～28 22～28 30～38	120～180 120～180 400～600	550～600 600～650 520～550 555～585 555～585
下降管与筒节对接角焊缝(SAW)	20g:5 SA-515Gr70:80 P355GH:80 BHW35:120 WB36:150	350～450	28～34	300～500	550～600 600～650 520～550 555～585 555～585
其他管接头与筒节对接角焊缝封底焊接（GTAW、自动GTAW）	20g:5 SA-515Gr70:80 P355GH:80 BHW35:80 WB36:80	100～180	10～20	35～85	550～600 600～650 520～550 555～585 555～585
其他管接头与筒节对接角焊缝封底或盖面焊接(SMAW)	20g:5 SA-515Gr70:80 P355GH:80 BHW35:120 WB36:150	ϕ4.0mm 140～180 ϕ5.0mm 170～210	22～28 22～28	120～180 120～180	550～600 600～650 520～550 555～585 555～585

（续）

焊缝及焊接方法	最低预热温度 /℃	焊接电流 /A	电弧电压 /V	焊接速度 /(mm/min)	焊后热处理温度 /℃
其他管接头与筒节对接角焊缝盖面焊接(SAW)	20g:5 SA-515Gr70:80 P355GH:80 BHW35:120 WB36:150	180~250	24~30	200~350	550~600 600~650 520~550 555~585 555~585

焊接过程中停止焊接或焊接结束时，应根据结构条件采取后热消氢处理，消氢处理规范为:350~400℃×2h。

焊后热处理保温时间：每25mm保温1h，壁厚超过50mm时，每增加25mm，保温时间增加15min。

2. SA-299(δ=190~210mm)锅筒焊接及热处理参数(见表9-7)。

表9-7　SA-299(δ=190~210mm)锅筒的焊接参数实例

焊缝及焊接方法	最低预热温度 /℃	焊接电流 /A	电弧电压 /V	焊接速度 /(mm/min)	焊后热处理温度/℃
纵缝(卷制)(SAW)	150	450~600	30~40	320~500	885~915(正火复校圆) 605~635
纵缝(压制)、环缝(SMAW/SAW)	150	SMAW: ϕ4.0mm 140~180 ϕ5.0mm 170~210 SAW 450~550	 22~28 22~28 30~38	 120~180 120~180 400~600	605~635
下降管与筒节对接角焊缝(SAW)	150	350~450	28~34	300~500	605~636
其他管接头与筒节对接角焊缝封底焊接(GTAW、全自动GTAW)	80	100~180	10~20	35~85	605~635
其他管接头与筒节对接角焊缝封底或盖面焊接(SMAW)	120	ϕ4.0mm 140~180 ϕ5.0mm 170~210	22~28 22~28	120~180 120~180	605~635
其他管接头与筒节对接角焊缝盖面焊接(SAW)	120	180~250	24~30	200~350	605~635

焊接过程中停止焊接或焊接结束时，应根据结构条件采取后热消氢处理，消氢处理规范：350~400℃×2h。

焊后热处理保温时间：每25mm保温1h，壁厚超过50mm时，每增加25mm，保温时间增加15min。

3. BHW35(δ=135~145mm)锅筒的焊接及热处理规范(见表9-8)。

表 9-8 BHW35（$\delta = 135 \sim 145$mm）锅筒的焊接参数

焊缝及焊接方法	最低预热温度/℃	焊接电流/A	电弧电压/V	焊接速度/(mm/min)	焊后热处理温度/℃
纵缝(卷制)(SAW)	180	450~600	30~40	320~500	905~935(正火复校圆) 605~635(回火) 545~575
纵缝(压制)、环缝(SMAW/SAW)	180	SMAW： ϕ4.0mm 140~180 ϕ5.0mm 170~210 SAW 450~550	 22~28 22~28 30~38	 120~180 120~180 400~600	545~575
下降管与筒节对接角焊缝(SAW)	180	350~450	28~34	300~500	545~575
其他管接头与筒节对接角焊缝封底焊接(GTAW、全自动GTAW)	80	100~180	10~20	35~85	545~575
其他管接头与筒节对接角焊缝封底或盖面焊接(SMAW)	150	ϕ4.0mm 140~180 ϕ5.0mm 170~210	22~28 22~28	120~180 120~180	545~575
其他管接头与筒节对接角焊缝(SAW)	120	180~250	24~30	200~350	545~575

焊接过程中停止焊接或焊接结束时，应根据结构条件采取后热消氢处理，消氢处理规范：350~400℃ ×2h。

回火保温时间：3h。

焊后热处理保温时间：5h。

四、焊接检验

1. 外观检验

1）焊缝外形尺寸应符合设计图样和工艺文件的规定，焊缝高度不低于母材表面，焊缝与母材平滑过渡。

2）焊缝及其热影响区表面无裂纹、夹渣、弧坑和气孔。

3）锅筒纵、环焊缝及封头的拼接焊缝无咬边，其余焊缝咬边深度不超过0.5mm。

2. 无损检测

1）额定蒸汽压力 $p_t \leqslant 0.1$MPa 的锅炉，锅筒纵、环焊缝应进行10%的射线探伤（焊缝交叉部位必须在内）。

2）额定蒸汽压力 $p_t > 0.1$MPa 但 $p_t \leqslant 0.4$MPa 的锅炉，锅筒的纵、环焊缝应进行25%的射线探伤（焊缝交叉部位必须在内）。

3）额定蒸汽压力 $p_t > 0.4$MPa 但 $p_t \leqslant 2.5$MPa 的锅炉，锅筒的纵、环焊缝应进行100%的射线探伤。

4）额定蒸汽压力 $p_t \geqslant 2.5$MPa 但 $p_t < 3.8$MPa 的锅炉，锅筒的纵、环焊缝每条焊缝应进

行100%的超声波检测加至少25%的射线探伤，或进行100%的射线探伤。焊缝交叉部位及超声波检测，发现质量可疑部位应进行射线探伤。

5）额定蒸汽压力 $p_t \geqslant 3.8$MPa 的锅炉，锅筒的纵、环焊缝每条焊缝应进行100%的超声波检测加至少25%的射线探伤。焊缝交叉部位及超声波检测，发现质量可疑部位应进行射线探伤。

6）集中下降管的角接接头应进行100%的射线或超声波检测；每个锅筒上的其他管接头角接接头，应进行至少10%的无损检测抽查。

接头的RT、UT、MT、PT探伤按JB/T4730—2005《承压设备无损检测》的规定执行。射线照相的质量要求不应低于AB级。

额定蒸汽压力 $p_t > 0.1$MPa 的锅炉，接头RT检测的质量不低于Ⅱ级为合格；额定蒸汽压力 $p_t \leqslant 0.1$MPa 的锅炉，接头RT检测的质量不低于Ⅲ级为合格。

接头UT检测的质量不低于Ⅰ级为合格。

3. 焊接试件

1）每个锅筒的纵、环焊缝应各做一块检查试板。

2）对于批量生产的额定蒸汽压力 $p_t \leqslant 1.6$MPa 的锅炉，在质量稳定的情况下，允许同批生产（同钢号、同焊接材料和工艺）的每10个锅筒做纵、环焊缝检查试板各一块，不足10个锅筒也应做纵、环焊缝检查试板各一块。

3）当环缝的母材和焊接工艺与纵缝相同时，可只做纵缝检查试板，免做环缝检查试板。

4）纵缝的检查试板应作为产品纵缝的延长部分焊接（电渣焊除外），环缝检查试板可单独焊接。

5）检查试件经过外观和无损探伤检查后，在合格部位制取试样：

① 应从检查试板上沿焊缝横向切取焊接接头全截面拉伸试样1个。

② 当板厚 $20 < \delta \leqslant 70$mm 时，应从检查试板上沿焊缝纵向切取全焊缝拉伸试样1个，当板厚 $\delta > 70$mm 时，应取全焊缝金属拉伸试样2个。

③ 应从检查试板上沿焊缝横向切取焊接接头面弯试样和背弯试样各1个。

④ 工作压力 $p \geqslant 3.8$MPa 或壁温≥450℃的锅筒，如壁厚≥12mm（单面焊焊件厚度≥16mm），应从其检查试件上切取3个焊接接头的冲击试样，V形试样缺口应开在有最后焊道的焊缝侧面内，如有要求，可开在熔合线或热影响区内。

⑤ 工作压力 $p \geqslant 3.8$MPa 的锅筒的对接焊缝，从每个检查试件上切取1个金相检查试样。

6）锅筒上管接头的角焊缝，应将管接头分为壁厚 >6mm 和 ≤6mm 两种，对每种管接头，每焊200个，焊1个检查试件，不足200个也应焊1个检查试件，并沿检查试件中心线切开作金相试样。

焊接接头的抗拉强度不低于母材规定值的下限；

全焊缝金属试样的抗拉强度和屈服点不低于母材规定值的下限，如果母材的抗拉强度规定值下限 >490MPa。且焊缝金属的屈服点高于母材规定值，则允许焊缝金属的抗拉强度比母材规定值下限低19.6MPa。全焊缝金属试样的伸长率不小于母材伸长率（δ）的80%。

面弯、背弯试样弯曲到表9-9规定的角度后，试样上任何方向最大缺陷的长度小于3mm

表 9-9 试样弯曲角度

钢种		弯轴直径（D）	支点距离	弯曲角度
双面焊	碳素钢、奥氏体钢	3t①	5.2t	180°
	其他合金钢	3t	5.2t	100°
单面焊	碳素钢、奥氏体钢	3t	5.2t	90°
	其他合金钢	3t	5.2t	50°

注：电阻焊和有衬垫的单面焊接头弯曲角度按双面焊的规定

① t 为试样厚度（单位为 mm）。

为合格。试样的棱角开裂不计。

3 个冲击试样的常温冲击吸收功平均值应不低于母材规定值，如母材无规定值时，应不低于 27J（10×10 标准试样），并且至多允许有 1 个试样的冲击吸收功低于上述指标值，但不低于上述指标值的 70%。

金相检验的合格标准为：没有裂纹、疏松；没有过烧组织；没有淬硬性的马氏体组织。有裂纹、过烧、疏松之一者不允许复验。

4. 水压试验

水压试验应在无损检测和热处理后进行。水压试验时，压力应缓慢地升降。当水压上升到工作压力，应暂停升压，检查有无漏水或异常现象，然后再升压到试验压力，锅筒应在试验压力下保持 20min，然后降到工作压力进行检查。检查期间压力应保持不变。水压试验水温一般为 21～49℃（合金钢水压试验水温应高于该钢种的脆性转变温度）。水压试验压力按表 9-10 规定。

表 9-10 锅筒水压试验的压力

锅筒工作压力 p	试验压力
<0.8MPa	1.5p 但不小于 0.2MPa
0.8～1.6MPa	p+0.4MPa
>1.6MPa	1.25p

50MW 至 600MW 电站锅炉按合同技术要求进行 1.5p 水压试验。

第二节 集箱的焊接

集箱在锅炉中起到汇集汽水的作用，锅炉受热面管内的水和蒸汽吸收燃料燃烧的热量，最终成为有一定温度和压力的水或蒸汽，汇集到出口集箱，然后再输送到需使用热水或蒸汽的场合，大型电站锅炉受热面管内的高温高压蒸汽最终汇集到末级过热器出口集箱，再由管道输送到汽轮机高压缸，推动汽轮机运转做功，并带动发电机产生强大的电力，之后温度、压力已降低的蒸汽从汽轮机返回锅炉再热器，再次加热后汇集到再热器出口集箱后送到汽轮机低压缸做功。大型电站锅炉集箱主要有水冷壁集箱、省煤器集箱、过热器集箱和再热器集箱等。

图 9-7 中 B1～B3 为拼接环缝，D1～D4 为全焊透管座焊缝，其余 D5～D30 为全焊透或部分焊透管接头。

表 9-11　高压锅炉用无缝钢管的化学成分及力学性能（摘自 GB5310—1995）

序号	钢　号	化学成分(质量分数,%)								纵向力学性能				横向力学性能			
		C	Mn	Si	Cr	Mo	S (≤)	P (≤)	其他	σ_b /MPa	σ_s /MPa (≥)	δ_5 (%) (≥)	A_{KV} /J (≥)	σ_b /MPa (≥)	σ_s /MPa (≥)	δ_5 (%) (≥)	A_{KV} /J (≥)
1	20G	0.17 ~ 0.24	0.35 ~ 0.65	0.17 ~ 0.37			0.030	0.030		410 ~ 550	245	24	35	400	215	22	27
2	20MnG	0.17 ~ 0.24	0.70 ~ 1.00	0.17 ~ 0.37			0.030	0.030		≥415	240	22	35				27
3	25MnG	0.22 ~ 0.30	0.70 ~ 1.00	0.17 ~ 0.37			0.030	0.030		≥485	275	20	35				27
4	15MoG	0.12 ~ 0.20	0.40 ~ 0.80	0.17 ~ 0.37		0.25 ~ 0.35	0.030	0.030		450 ~ 600	270	22	35			20	27
5	20MoG	0.15 ~ 0.25	0.40 ~ 0.80	0.17 ~ 0.37		0.44 ~ 0.65	0.030	0.030		≥415	220	22	35				27
6	12CrMoG	0.08 ~ 0.15	0.40 ~ 0.70	0.17 ~ 0.37	0.40 ~ 0.70	0.40 ~ 0.55	0.030	0.030		410 ~ 560	205	21	35				27
7	15CrMoG	0.12 ~ 0.18	0.40 ~ 0.70	0.17 ~ 0.37	0.80 ~ 1.10	0.40 ~ 0.55	0.030	0.030		440 ~ 640	235	21	35	440	225	20	27
8	12Cr2MoG	0.08 ~ 0.15	0.40 ~ 0.70	≤0.50	2.00 ~ 2.50	0.90 ~ 1.20	0.030	0.030		450 ~ 600	280	20	35			18	27
9	12Cr1MoVG	0.08 ~ 0.15	0.40 ~ 0.70	0.17 ~ 0.37	0.90 ~ 1.20	0.25 ~ 0.35	0.030	0.030	V0.15 ~ 0.30	470 ~ 640	255	21	35	440	255	19	27
10	12Cr2MoWVTiB	0.08 ~ 0.15	0.45 ~ 0.65	0.45 ~ 0.75	1.60 ~ 2.10	0.50 ~ 0.65	0.030	0.030	V0.28 ~ 0.42, Ti0.08 ~ 0.18 B0.002 ~ 0.008, W0.30 ~ 0.55	540 ~ 735	345	18	35				27
11	12Cr3MoVSiTiB	0.09 ~ 0.15	0.50 ~ 0.80	0.60 ~ 0.90	2.50 ~ 3.00	1.00 ~ 1.20	0.030	0.030	V0.25 ~ 0.35, Ti0.22 ~ 0.38 B0.005 ~ 0.011	610 ~ 805	440	16	35				27
12	10Cr9Mo1VNb	0.08 ~ 0.12	0.30 ~ 0.60	0.20 ~ 0.50	8.00 ~ 9.50	0.85 ~ 1.05	0.010	0.020	V0.18 ~ 0.25, Ni ≤ 0.40, Al ≤ 0.040, Nb0.06 ~ 0.10, N0.030 ~ 0.070	≥585	415	20	35				27
13	1Cr18Ni9	≤0.15	≤2.00	≤1.00	17.0 ~ 19.0		0.030	0.035	Ni8.00 ~ 10.00	≥520	205	35					
14	1Cr19Ni11Nb	0.04 ~ 0.10	≤2.00	≤1.00	17.0 ~ 20.0		0.030	0.030	Ni9.00 ~ 13.00 Nb + Ta≥8C% ~ 1.00%	≥ 520	205	35					

注:钢号末尾带有大写 G 表示高压锅炉钢管,下同。

表 9-12 ASME 锅炉规范所使用集箱管(Pipe)的化学成分及力学性能

序号	钢 号	化学成分(质量分数,%)								力学性能			
		C	Mn	Si	Cr	Mo	S≤	P≤	其他	σ_b ≥ /MPa (≥)	σ_s ≥ /MPa (≥)	δ(%) (2in) 纵向横向 (≥)	HBW (HV) (≤)
1	SA-106B	≤0.30	0.29~1.06	≥0.10			0.035	0.035		415	240	30 16.5	
2	SA-106C	≤0.35	0.29~1.06	≥0.10			0.035	0.035		485	275	30 16.5	
3	SA-335P2	0.10~0.20	0.30~0.61	0.10~0.30	0.50~0.81	0.44~0.65	0.025	0.025		380	205	30 20	
4	SA-335P12	0.05~0.15	0.30~0.61	≤0.50	0.80~1.25	0.44~0.65	0.025	0.025		415	220	30 20	
5	SA-335P11	0.05~0.15	0.30~0.60	0.50~1.00	1.00~1.50	0.44~0.65	0.025	0.025		415	205	30 20	
6	SA-335P22	0.05~0.15	0.30~0.60	≤0.50	1.90~2.60	0.87~1.13	0.025	0.025		415	205	30 20	
7	SA-335P91	0.08~0.12	0.30~0.60	0.20~0.50	8.00~9.50	0.85~1.05	0.010	0.020	V0.18~0.25, Nb0.06~0.10, N≤0.030~0.070, Ni≤0.40, Al≤0.04	585	415	20	250 (265)
8	SA-335P92	0.07~0.13	0.30~0.60	≤0.50	8.50~9.50	0.30~0.60	0.010	0.020	V0.15~0.25, N0.03~0.07, Ni≤0.40, Al≤0.04, Nb0.04~0.09, W1.50~2.00, B0.001~0.006	620	440	20	250 (265)
9	SA-335P122	0.07~0.14	≤0.70	≤0.50	10.00~12.50	0.25~0.60	0.010	0.020	V0.15~0.30, W1.50~2.50, Cu0.30~1.70, Al≤0.040, Nb0.04~0.10, B0.0005~0.005, N0.040~0.100, Ni≤0.50	620	440	20	250 (265)
10	SA-376TP304H	0.04~0.10	≤2.00	≤0.75	18.0~20.0		0.030	0.040	Ni8.00~11.0	515	205	35 25	
11	SA-376TP321H	0.04~0.10	≤2.00	≤0.75	17.0~20.0		0.030	0.040	Ni9.00~13.0, Ti≥4×C~0.60	515	205	35 25	
12	SA-376TP347H	0.04~0.10	≤2.00	≤0.75	17.0~20.0		0.030	0.040	Ni9.00~13.0, Nb+Ta≥10×C~1.00	515 480	205 170	35 25 35 25	(t≤9.5) (t>9.5)

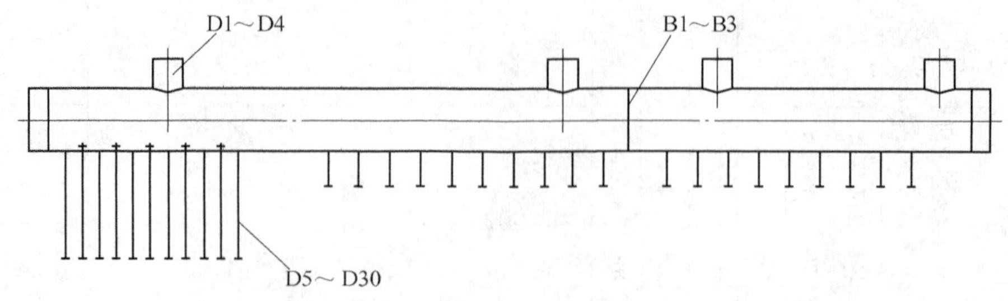

图 9-7　集箱环缝、全焊透管接头、部分焊透管接头示意图

同一部件的集箱，例如过热器集箱，也有低温过热器集箱、高温过热器集箱之分，即使同一过热器集箱，也有进口集箱和出口集箱之分。所以不同的集箱其所承受的温度、压力各不相同，所使用的材料也不尽相同。目前国内温度、压力参数最高的1000MW 超超临界锅炉，其末级过热器出口集箱所输出的主蒸汽温度、压力分别为605℃和27.9MPa。所以，应当根据不同的温度和蒸汽压力选用合适的材料作为集箱用材。我国和前苏联及欧洲集箱用钢管与受热面钢管为同一标准，我国用于集箱钢管材料的化学成分及力学性能见表9-11，美国ASME 动力锅炉建造规程用于集箱钢管化学成分及力学性能见表9-12，表9-13 为国内外集箱用钢管钢号对照。

表 9-13　国内外集箱用钢管钢号对照

合金系统	中国 GB	美国 ASME	欧洲 EN	日本
碳钢	20、20G	SA-106B	St45.8/Ⅲ①	STPT42
	—	SA-106C	—	—
C-0.5Mo	15MoG	SA-335P1	16Mo3	—
Ni-Cu-Mo-Mb	—	—	15NiCuMoNb5-6-4	—
0.5Cr-0.5Mo	12CrMoG	SA-335P2	—	STPA20
1Cr-0.5Mo	15CrMoG	SA-335P12	13CrMo4-5	STPA22
2.25Cr-1Mo	12Cr2MoG	SA-335P22	10CrMo9-10	STPA24
1Cr-Mo-V	12Cr1MoVG	—	—	—
9Cr-1Mo-V	10Cr9Mo1VNb	SA-335P91	X10CrMoVNb9-1	—
9Cr-2W-Mo-V	—	SA-335P92	X10CrWMoVNb9-2	—
18Cr-9Ni	1Cr18Ni9	SA-376TP304H	X6CrNi18-10	SUS304HTP
19Cr-11Ni-Nb	1Cr19Ni11Nb	SA-376TP347H	X7CrNiNb18-10	SUS347HTP

① St45.8/Ⅲ符合 DIN17175 标准

一、集箱本体的环缝拼接

1. 集箱的焊接方法

通常，集箱本体采用无缝钢管，工厂按设计图样将钢管拼接到一定尺寸，或在钢管之间插入三通或者弯头，集箱的一端或两端还要与端盖焊接，这些全部归入集箱环缝焊接。由于集箱所承受的工作条件，环缝要求全焊透，并且集箱的结构形式只能采取单面焊方法，集箱环缝拼接坡口形式见图 9-8，坡口尺寸见表 9-14。集箱环缝拼接主要采用以下焊接工艺方法：

（1）手工钨极氩弧焊 + 焊条电弧焊 + 埋弧焊盖面（GTAW + SMAW + SAW）　GTAW 采

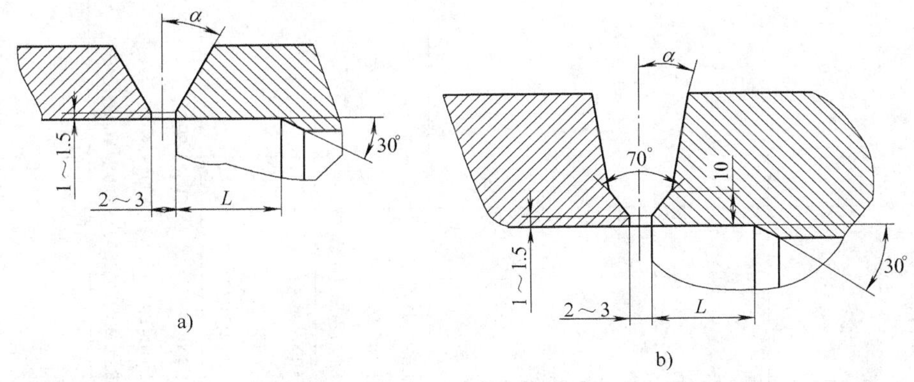

图 9-8　集箱环缝的焊接坡口

a）带钝边的 V 形坡口　b）带钝边的 U 形坡口

表 9-14　坡口加工尺寸

集箱壁厚 δ/mm	坡口角度/（°）	内镗直段 L/mm	内镗直径/mm
δ≤16	32.5	—	不内镗
16＜δ≤30	32.5	25	壁厚不小于最小壁厚
30＜δ≤40	15	50	
40＜δ≤80	10		
80＜δ≤140	7.5		

用单面焊双面成形，封底保证根部全焊透，在同一工位进行 SMAW 加厚，使 GTAW + SMAW 焊缝厚度达到 10mm。GTAW + SMAW 焊缝厚度达到 10mm 的目的：①确保 SAW 焊接不会焊穿，②焊缝具有一定的强度，可吊运到 SAW 焊的焊接位置，并采用 SAW 焊妥。由于 SAW 只能采用平焊位置，并且对集箱管外径有限制，因此这种焊接方法组合适用于集箱管外径≥ ϕ219mm 的直管拼接或直管与少量弯头进行拼接，难以应用到空间位置集箱环缝的焊接。这是目前国内锅炉制造厂家使用最普遍的焊接方法组合。

（2）手工钨极氩弧焊封底 + 焊条电弧焊盖面（GTAW + SMAW）　GTAW 单面焊双面成形，封底保证根部全焊透，SMAW 焊妥，这种方法适用于管壁较薄集箱的焊接；或集箱管外径小于 ϕ219mm，无法采用 SAW 的焊接；或集箱本体与弯头的空间位置焊接，无法采用 SAW 焊接；也有部分集箱由于没有清理孔，在水压试验后去除水压试验封板，清理集箱内部杂物，最终焊接端盖。这种组合也是国内锅炉制造厂家使用较多的焊接方法组合。

（3）全位置热丝 TIG 焊接（GTAW-HW）　GTAW-HW 适合于各种空间位置的集箱焊接。但 GTAW-HW 焊接生产效率低于 SAW 且设备价格较贵。国内电力安装公司有采用这种焊接方法的，而锅炉制造厂家使用较少。

（4）手工钨极氩弧焊封底 + 埋弧焊盖面（GTAW + SAW）　国外锅炉制造厂家有采用集箱管转动 GTAW 封底，单面焊双面成形，焊缝厚度达到 6mm 后采用细丝 SAW 填充、盖面焊。封底焊可以采用冷丝 GTAW，也可以采用热丝 GTAW，该焊接方法组合从常规的 SAW 焊接改为窄间隙焊接，坡口间隙小，焊接机械化程度大大提高。目前国内锅炉制造厂家正在开发这种焊接方法的组合，但设备成本高，还处于开发、试生产与完善阶段。

表 9-15　集箱环缝焊接材料的选用

集箱管材料 \ 集箱管材料	20、20G St45.8/Ⅲ SA-106B	SA-106C	15NiCuMoNb5-6-4	15CrMoG 13CrMo4-5 SA-335P12	12Cr2MoG 10CrMo9-10 SA-335P22	12Cr1MoVG	10Cr9Mo1VNb SA-335P91	SA-335P92
20、20G St45.8/Ⅲ SA-106B	ER50-6/ E5015/ H08MnA HJ330	ER50-6/ E5015/ H08MnA HJ330	ER50-6/ E5015/ H08MnA HJ330	ER50-6/ E5015/ H08MnA HJ330	ER50-6/ E5015/ H08MnA HJ330	ER50-6/ E5015/ H08MnA HJ330	—	—
SA-106C	—	ER50-6/ E5015/ H08Mn2MoA HJ350	ER50-6/ E5015/ H08Mn2MoA HJ350	ER50-6/ E5015/ H08Mn2MoA HJ350	ER50-6/ E5015/ H08Mn2MoA HJ350	ER50-6/ E5015/ H08Mn2MoA HJ350	—	—
15NiCuMoNb5-6-4	—	—	Union Imo/ SH Schwarz3KNi/ S3NiMo1 UV420TTR	—	—	—	—	—
15CrMoG 13CrMo4-5 SA-335P12	—	—	—	ER55-B2/ E5515-B2/ H12CrMoA HJ350	ER55-B2/ E5515-B2/ H12CrMoA HJ350	ER55-B2/ E5515-B2/ H12CrMoA HJ350	—	—
12Cr2MoG 10CoMo9-10 SA-335P22	—	—	—	—	ER62-B3/ E6015-B3/ H12Cr2MoA HJ350	ER62-B3/ E6015-B3/ H12Cr2MoA HJ350	ER90S-B9/ E9015-B9/ EB9 MARATHON543	—
12Cr1MoVG	—	—	—	—	—	ER55-B2-MnV/ E5515-B2-V/ H08CrMoV HJ350	ER90S-B9/ E9015-B9/ EB9 MARATHON543	—
10Cr9Mo1VNb SA-335P91	—	—	—	—	—	—	ER90S-B9/ E9015-B9/ EB9 MARATHON543	ER90S-B9/ E9015-B9/ EB9 MARATHON543
SA-335P92	—	—	—	—	—	—	—	MTS616/ MTS616/ MTS616 MARATHON543

注：本表按 GTAW/SMAW/SAW 配备焊接材料，如采用 GTAW/SMAW 焊接，则采用其中的 GTAW 焊丝和 SMAW 焊条，如采用 GTAW-HW 焊接，则采用 GTAW 焊丝，MTS616：德国蒂森公司用于 T92 钢焊接的焊丝、焊条商业牌号，MARATHON543：德国蒂森公司的埋弧焊焊剂。

2. 集箱环缝焊接材料的选用

集箱环缝与本体一样承受高温高压，因此环缝焊缝必须具备与本体同样的性能。对于碳钢焊接材料的选择，主要是考虑力学性能，而对于合金钢材料，还必须考虑焊缝金属的化学成分与母材相当。集箱环缝焊接材料选择推荐见表9-15。

3. 集箱环缝的焊接工艺

集箱环缝GTAW/SMAW/SAW和GTAW/SMAW焊接参数，见表9-16。

表9-16 集箱环缝GTAW/SMAW/SAW和GTAW/SMAW的焊接参数

集箱管材料	焊接方法	焊接材料规格/mm	最低焊接预热温度/℃	最高道间温度/℃	焊接电流/A	电弧电压/V	焊接速度/(mm/min)
20、20G 、SA-106B St45.8/Ⅲ	GTAW	2.5	5	350	100~160	10~16	35~70
	SMAW	4.0			140~180	22~28	120~180
	SMAW	5.0			170~210	22~28	120~180
	SAW	4.0			450~550	30~38	400~600
SA-106C	GTAW	2.5	10	350	100~160	10~16	35~70
	SMAW	4.0	150		140~180	22~28	120~180
	SMAW	5.0			170~210	22~28	120~180
	SAW	4.0			450~550	30~38	400~600
15NiCuMoNb5-6-4	GTAW	2.4	80	350	100~160	10~16	35~70
	SMAW	4.0	120		140~180	22~28	120~180
	SMAW	5.0			170~210	22~28	120~180
	SAW	4.0			450~550	30~38	400~600
15CrMoG、13CrMo4-5 SA-335P12 、SA-335P11 12Cr1MoVG	GTAW	2.5	80	350	100~160	10~16	35~70
	SMAW	4.0	150		140~180	22~28	120~180
	SMAW	5.0			170~210	22~28	120~180
	SAW	4.0			450~550	30~38	400~600
12Cr2MoG 10CrMo9-10 SA-335P22	GTAW	2.5	80	350	100~160	10~16	35~70
	SMAW	4.0	200		140~180	22~28	120~180
	SMAW	5.0			170~210	22~28	120~180
	SAW	4.0			450~550	30~38	400~600
10Cr9Mo1VNb SA-335P91 SA-335P92	GTAW	2.4	100	300	100~160	10~16	35~70
	SMAW	3.0	200		90~130	22~28	120~180
	SMAW	4.0			140~180	22~28	120~180
	SAW	3.0			350~450	30~38	400~600

注：SA-106C等级以上的材料应考虑焊后进行200~400℃×1~2h的消氢处理；异种材料焊接时，应按较高等级的材料进行预热和控制道间温度及按相应的焊接材料选择焊接参数。

集箱环缝GTAW/SAW的焊接参数，见表9-17。

4. 环缝焊接的热处理规范

表 9-17　集箱环缝 GTAW/SAW 的焊接参数

集箱材料	焊接方法	焊接材料规格/mm	最低焊接预热温度/℃	最高道间温度/℃	焊接电流/A	电弧电压/V	焊接速度/（mm/min）
20、20G、SA-106B St45.8/Ⅲ	GTAW	1.0	5	350	120～160	10～14	100～150
	SAW	1.6			180～350	28～34	280～560
SA-106C	GTAW	1.0	10	350	120～160	10～14	100～150
	SAW	1.6	150		180～350	28～34	280～560
15MnNiMoNb5	GTAW	1.0	80	350	120～160	10～14	100～150
	SAW	1.6	120		180～350	28～34	280～560
15CrMoG、13CrMo4-5 SA-335P12、SA-335P11 12Cr1MoVG	GTAW	1.0	80	350	120～160	10～14	100～150
	SAW	1.6	150		180～350	28～34	280～560
12Cr2MoG 10CrMo9-10 SA-335P22	GTAW	1.0	80	350	120～160	10～14	100～150
	SAW	1.6	200		180～350	28～34	280～560
10Cr9Mo1VNb SA-335P91 SA-335-P92	GTAW	1.0	100	300	120～160	10～14	100～150
	SAW	1.6	200		180～350	28～34	280～560

注：20、20G、SA-106B、St45.8/Ⅲ材料 SAW 焊丝采用 H10Mn2

碳钢、1Cr-0.5Mo、12Cr1MoVG、2.25Cr-1Mo 材料 SAW 焊剂采用 SJ101，其余焊接材料按表 9-15 选取。

SA-106C 等级以上的钢材料应考虑焊后进行 200～400℃×1～2h 消氢处理，异种材料焊接时，应按较高等级的材料进行预热和控制道间温度及按相应的焊接材料选择焊接参数。

壁厚≤30mm 的 20、20G、St45.8/Ⅲ、SA-106B、STPT42 等级的碳钢，环缝对接接头可不热处理；壁厚＜20mm 的 SA-106C，环缝对接接头可不热处理；壁厚≤10mm 的 15CrMoG、13CrMo4-5、SA-335P12、SA-335P11 的环缝对接接头可不进行热处理；壁厚≤6mm的 12Cr1MoVG 环缝对接接头可以不热处理。其余除不锈钢外的同种材料环缝焊后热处理温度，应不低于母材焊后热处理温度的下限，异种材料集箱环缝焊接热处理温度应取两者热处理温度的较高值，但不得超过任一材料的 Ac_1 温度。集箱环缝焊接热处理规范选择，见表 9-18。

表 9-18　集箱环缝热处理保温温度　（单位:℃）

集箱管材料 \ 集箱管材料	20、20G St45.8/Ⅲ SA-106B	SA-106C	15NiCuMoNb 5-6-4	15CrMoG 13CrMo4-5 SA-335P12	12Cr2MoG 10CrMo9-10 SA-335P22	12Cr1MoVG	10Cr9Mo1VNb SA-335P91	SA-335P92
20、20G St45.8/Ⅲ SA-106B	550～600	600～650	580～610	660～700	680～710	680～710	—	—
SA-106C	—	600～650	600～630	660～700	680～710	680～710	—	—
15NiCuMoNb5-6-4	—	—	580～610	—	—	—	—	—

（续）

集箱管材料 \ 集箱管材料	20、20G St45.8/Ⅲ SA-106B	SA-106C	15NiCuMoNb 5-6-4	15CrMoG 13CrMo4-5 SA-335P12	12Cr2MoG 10CrMo9-10 SA-335P22	12Cr1MoVG	10Cr9Mo1VNb SA-335P91	SA-335P92
15CrMoG 13CrMo4-5 SA-335P12	—	—	—	660~700	680~720	680~720	—	—
12Cr2MoG 10CrMo9-10 SA-335P22	—	—	—	—	700~740	700~740	730~760	—
12Cr1MoVG	—	—	—	—	—	700~740	730~760	—
10Cr9Mo1VNb SA-335P91	—	—	—	—	—	—	745~775	745~775
SA-335P92	—	—	—	—	—	—	—	760~790

热处理保温时间：碳钢、15NiCuMoNb5-6-4 壁厚 $\delta \leqslant 50$mm 1h/25mm，壁厚 $\delta > 50$mm 保温时间 $=2h+(\delta-50)/100(h)$

1Cr-0.5Mo、2.25Cr-1Mo、12Cr1MoVG 壁厚 $\delta \leqslant 125$mm 1h/25mm，壁厚 $\delta > 125$mm 保温时间 $=5h+(\delta-125)/100(h)$

10Cr9Mo1VNb 1h/25mm 至少 5h

SA-335P92 1h/25mm 至少 6h

二、集箱管接头的焊接

1. 管接头结构形式及焊接方法

集箱上有众多的管接头或管座，集箱通过管接头或管座与受热面管相接，根据锅炉工作压力不同，管接头采用不同的焊接结构形式，图 9-9 为各种管接头的形式，其适用范围见表 9-19。管接头、管座有焊透和非焊透之分，其中 D 形、E 形、H 形为全焊透结构，其余为非全焊透结构。

表 9-19 集箱各种管接头的适用范围

管接头形式	插入式（A 形）	平座式（B 形）	倒角座式（C 形）	盆座式（D 形）	骑座式（E 形）	骑座式（H 形）	长管接头（J 形）
适用工作压力范围 p/MPa	$p \leqslant 2.45$	$2.45 < p < 9.8$	$p < 9.8$	任何 p	任何 p	任何 p	任何 p

（1）A 形插入式管接头　适用于工作压力 $p \leqslant 2.45$MPa 的锅炉集箱管接头，集箱本体开孔，管接头插入集箱，外侧焊接角焊缝，采用焊条电弧焊（SMAW）焊接。管接头壁厚 $\delta \leqslant 6$mm 时，焊脚高度尺寸 $K=\delta+2$mm；管接头壁厚 $\delta > 6$mm 时，焊脚的高度尺寸 $K=\delta+3$mm；A 形管接头的焊缝为角焊缝结构。

（2）B 形平座式管接头　适用于工作压力 $2.45\text{MPa} < p \leqslant 9.8$MPa 的锅炉集箱管接头，集箱本体开孔，表面刮平，刮平量≤5mm，刮平直径为管子外径 D+0.5~1.5mm。管接头端面刮平，直接座在集箱本体刮平平面上，外侧焊接角焊缝，采用 SMAW 焊接，角焊缝高度按强度计算确定；B 形管接头为角焊缝结构。

（3）C 形倒角座式管接头　适用于工作压力 $p \leqslant 9.8$MPa 的锅炉集箱管接头，集箱本体开孔并加工出沉孔，管接头加工坡口，钝边插入沉孔，插入深度≤5mm，外侧焊接坡口为对接角焊缝，采用 SMAW 焊接，角焊缝的焊脚尺寸高度按强度计算；C 形管接头为非焊透对接角焊缝结构。

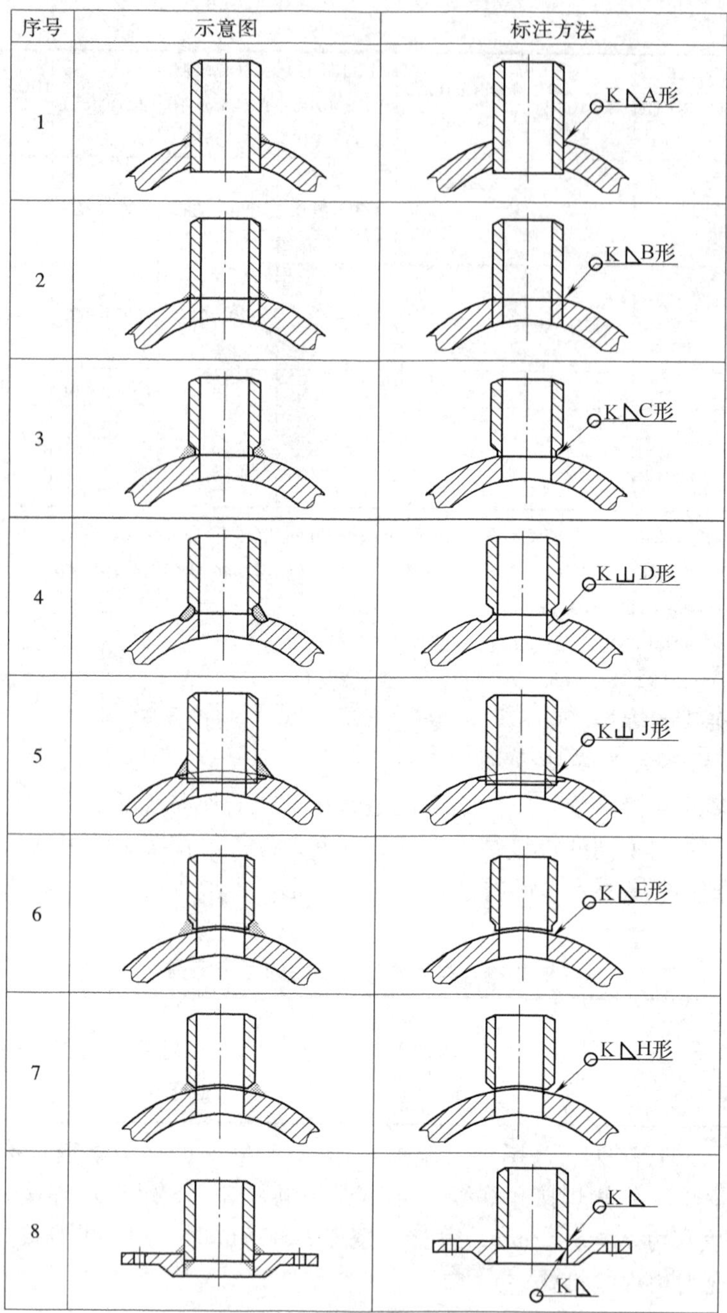

图 9-9　集箱的管接头形式

(4) D 形盆座式管接头　适用于任何工作压力的锅炉集箱管接头，集箱本体上开孔并加工出盆座形式坡口，管接头坐在盆座上；管接头钝边厚度一般有 1.0 ~ 1.5mm 和 2.5 ~ 3.0mm 两种。钝边厚度 1.0 ~ 1.5mm 的管接头，采用外侧手工钨极氩弧焊（GTAW）封底，封底焊接添加填充焊丝；钝边厚度为 2.5 ~ 3.0mm 的管接头，采用内孔氩弧机械焊（GTAW），从管内以管接头中心轴线为中心，旋转一圈完成焊接，焊接过程中不添加焊接填充材料，外侧采用焊条电弧焊（SMAW）焊妥。内孔用氩弧焊封底的 D 形管接头的长度不能太长，内孔直径≥18mm。D形管接头角焊缝焊脚尺寸的高度按强度计算；D形管接头为全焊透对接角焊缝结构。

（5）E形或H形骑座式管接头　适用于任何工作压力的锅炉集箱管接头，管接头焊缝可以有较大落差，集箱本体开孔，管接头在专用骑座式车床上加工管接头坡口，或打磨出管接头坡口，管接头焊接端圆弧与集箱本体管外径相吻合，管接头坡口角度为32.5°~37.5°，钝边0.5~1.0mm，焊接间隙3mm，管接头外侧采用手工钨极氩弧焊（GTAW）封底，封底添加填充焊丝，封底完成后采用焊条电弧焊（SMAW）焊妥。角焊缝焊脚尺寸的高度按强度计算；E形或H形管接头为全焊透对接角焊缝结构。

（6）J形管接头　适用于任何工作压力的锅炉集箱管接头，集箱本体上开孔并加工出盆子口坡口，盆子口深f≥管接头壁厚且最小为6.5mm。壁厚$\delta \leqslant 12$mm的碳钢管接头和壁厚$\delta < 5.5$mm合金钢管接头端面刮平后，直接插入盆子口；壁厚$\delta > 12$mm的碳钢管接头和壁厚$\delta \geqslant 5.5$mm的合金钢管接头端面刮平，焊接端壁厚削薄至3mm后插入盆子口。管接头外侧采用SMAW焊接，角焊缝的焊脚高度按强度计算；J形管接头为非焊透对接角焊缝结构。

2. 管接头焊接材料的选择

受热面管吸收燃料燃烧的热量，转换成管内蒸汽温度与压力，高温高压的蒸汽从管接头汇集到集箱。由于受热面管和集箱所承受的温度不同，所以，管接头与集箱材料不一定相同，通常管接头与集箱的焊接材料按集箱材料选择。见表9-15。

3. 管接头的焊接工艺

内孔氩弧焊（GTAW）+焊条电弧焊焊接（SMAW）D形管接头。GTAW不添加填充焊接材料，GTAW焊后外侧采用SAW焊妥，焊接参数见表9-20。

表9-20　集箱D形管接头GTAW/SMAW的焊接参数

集箱本体材料	焊接方法	焊接材料规格/mm	最低焊接预热温度/℃	最高道间温度/℃	焊接电流/A	电弧电压/V	焊接速度/(mm/min)
20、20G、SA-106B St45.8/Ⅲ	GTAW	无	5	350	160~180	12~18	75~85
	SMAW	4.0			140~180	22~28	120~180
	SMAW	5.0			170~210	22~28	120~180
SA-106C	GTAW	无	10	350	160~180	12~18	75~85
	SMAW	4.0	150		140~180	22~28	120~180
	SMAW	5.0			170~210	22~28	120~180
15NiCuMoNb5-6-4	GTAW	无	10	350	160~180	12~18	75~85
	SMAW	4.0	120		140~180	22~28	120~180
	SMAW	5.0			170~210	22~28	120~180
15CrMoG、13CrMo44 SA-335P12、SA-335P11 12Cr1MoVG	GTAW	无	10	350	160~180	12~18	75~85
	SMAW	4.0	150		140~180	22~28	120~180
	SMAW	5.0			170~210	22~28	120~180
12Cr2MoG 10CrMo910 SA-335P22	GTAW	无	10	350	160~180	12~18	75~85
	SMAW	4.0	200		140~180	22~28	120~180
	SMAW	5.0			170~210	22~28	120~180
10Cr9Mo1VNb SA-335P91 SA-335P92	GTAW	无	10	300	160~180	12~18	100~150
	SMAW	3.2	200		90~130	22~28	120~180
	SMAW	4.0			130~170	22~28	120~180

SA-106C等级以上的材料应考虑焊后进行200~400℃×1~2h消氢处理。

其余全焊透管接头的焊接采用 GTAW 焊/SMAW 焊，非焊透管接头的焊接采用 SMAW。GTAW 部分焊接参数，见表 9-21，SMAW 部分焊接参数，见表 9-20 的 SMAW 部分。

表 9-21　集箱全焊透管接头 GTAW 封底焊的焊接参数

集箱本体材料	焊接方法	焊接材料规格/mm	最低焊接预热温度/℃	最高道间温度/℃	焊接电流/A	电弧电压/V	焊接速度/(mm/min)
20、20G、SA-106B SB42、St45. 8-Ⅲ	GTAW	2. 5	5	350	100 ~ 160	10 ~ 16	35 ~ 70
SA-106C	GTAW	2. 5	10	350	100 ~ 160	10 ~ 16	35 ~ 70
15NiCuMoNb5-6-4	GTAW	2. 4	80	350	100 ~ 160	10 ~ 16	35 ~ 70
15CrMoG、13CrMo44 SA-335P12 、SA-335P11 12Cr1MoVG	GTAW	2. 5	80	350	100 ~ 160	10 ~ 16	35 ~ 70
12Cr2MoG、10CrMo910 SA-335P22	GTAW	2. 5	80	350	100 ~ 160	10 ~ 16	35 ~ 70
10Cr9Mo1VNb、SA-335P91 SA-335P92	GTAW	2. 4	100	300	100 ~ 160	10 ~ 16	35 ~ 70

4. 管接头焊接的热处理规范

碳钢集箱本体壁厚 $\delta \leqslant 20$mm，碳钢或壁厚 $\delta \leqslant 10$mm 的 15CrMoG 或壁厚 $\delta \leqslant 6$mm 的 12Cr1MoVG 管接头，焊后可不进行热处理；15CrMoG 集箱本体壁厚 $\delta \leqslant 10$mm，碳钢或壁厚 $\delta \leqslant 10$mm的 15CrMoG 或壁厚 $\delta \leqslant 6$mm 的 12Cr1MoVG 管接头，焊缝厚度 $\delta_t \leqslant 10$mm 时，焊后可不热处理；12Cr1MoVG 集箱本体壁厚 $\delta \leqslant 6$mm，碳钢或壁厚 $\delta \leqslant 10$mm 的 15CrMoG 或壁厚 $\delta \leqslant$ 6mm 的 12Cr1MoVG 管接头，焊缝厚度≤6mm 时，焊后可不热处理。表 9-11 ~ 表 9-13 所列材料中，除不锈钢外，其余材料的管接头焊后热处理规范选择见表 9-22。

表 9-22　集箱管接头热处理保温温度　　（单位：℃）

管接头材料 \ 集箱本体材料	20、20G St45. 8-Ⅲ SA-106B	SA-106C	15NiCuMoNb 5-6-4	15CrMoG 13CrMo4-5 SA-335P12	12Cr2MoG 10CrMo9-10 SA-335P22	12Cr1MoVG	10Cr9Mo1VNb SA-335P91	SA-335P92
20、20G St45. 8/Ⅲ SA-106B	550 ~ 600	600 ~ 650	580 ~ 610	660 ~ 700	680 ~ 710	680 ~ 710	—	—
SA-106C	550 ~ 600	600 ~ 650	580 ~ 610	660 ~ 700	680 ~ 710	680 ~ 710	—	—
15NiCuMoNb5-6-4			580 ~ 610	—	—	—	—	—
1Cr-0. 5Mo	550 ~ 600	600 ~ 650	580 ~ 610	660 ~ 700	680 ~ 720	680 ~ 720	—	—
2. 25Cr-1Mo	550 ~ 600	600 ~ 650	580 ~ 610	660 ~ 700	700 ~ 740	700 ~ 740	730 ~ 760	730 ~ 760
12Cr1MoVG	550 ~ 600	600 ~ 650	580 ~ 610	660 ~ 700	700 ~ 740	700 ~ 740	730 ~ 760	730 ~ 760
SA-213T23	—	—	—	660 ~ 700	700 ~ 740	700 ~ 740	730 ~ 760	730 ~ 760
10Cr9Mo1VNb	—	—	—	—	—	—	745 ~ 775	745 ~ 775
SA-335P92	—	—	—	—	—	—	—	760 ~ 790

注：热处理保温时间：按集箱本体壁厚计

碳钢、15NiCuMoNb5-6-4 壁厚 $\delta \leqslant 50$mm 1h/25mm；壁厚 $\delta > 50$mm 保温时间 = 2 + (δ − 50)/100(h)

1Cr-0. 5Mo 、2. 25Cr-1Mo 、12Cr1MoVG 壁厚 $\delta \leqslant 125$mm 1h/25mm；壁厚 $\delta > 125$mm 保温时间 = 5 + (δ − 125)/100(h)

10Cr9Mo1VNb 1h/25mm 至少 5h；SA-335P92 1h/25mm 至少 6h。

三、集箱的焊后检验

1. 外观检验

1）焊缝外形尺寸应符合设计图样和工艺文件的规定，焊缝高度不低于母材表面，焊缝与母材应平滑过渡。

2）焊缝及热影响区表面无裂纹、夹渣、弧坑和气孔。

3）拼接焊缝无咬边，其余焊缝咬边深度不超过0.5mm。

2. 无损检测（RT或UT）

1）外径>159mm，或者壁厚≥20mm时，每条环缝100%。

2）外径≤159mm时，每条环缝长度的25%，也可不少于每台锅炉集箱环缝条数的25%。

3）额定蒸汽压力≥3.8MPa的锅炉，集箱管接头应至少10%无损探伤抽查。

对接接头的RT、UT、MT、PT检测应按JB/T 4730—2005《承压设备无损检测》的规定执行。射线检测的质量要求不应低于AB级。

额定蒸汽压力>0.1MPa的锅炉，接头RT检测的质量不低于Ⅱ级为合格；额定蒸汽压力≤0.1MPa的锅炉，接头RT检测的质量不低于Ⅲ级为合格。

接头UT检测的质量不低于Ⅰ级为合格。

3. 焊接试件

集箱对接接头，当材料为碳素钢时，可免做检查试件；当材料为合金钢时，在同钢号、同焊接材料、同焊接工艺、同热处理设备和规范的情况下，每批做焊接接头1%的模拟检查试件，但不得少于1个。

工作压力≥3.8MPa的合金钢集箱管接头，应将管接头分为壁厚>6mm和≤6mm两种，对每种管接头，每焊200个，焊1个焊接试件，不足200个也应焊1个检查试件。

产品检查试件应由焊接该产品的焊工焊接。检查试件经外观和无损探伤检测后，在合格部位制取试样。

集箱对接接头试件壁厚≤30mm时，应从检查试件上沿焊缝横向切取2个接头拉伸试样；壁厚>30mm时，应从检查试件上沿焊缝横向切取焊接接头全截面拉伸试样一组；应从检查试件上沿焊缝横向切取面弯、背弯试样各1个；当集箱工作压力≥9.8MPa或壁温>450℃时切取金相试样1个；当集箱工作压力≥3.8MPa或壁温≥450℃时，如壁厚≥16mm（单面焊），还应从检查试件上切取一组3个焊缝冲击韧度试样。

管接头试件沿检查试件中心切开作金相试样。

试样合格标准：

焊接接头的抗拉强度应不低于母材规定值的下限。

面弯、背弯试样弯曲到表9-9规定的角度后，试样上任何方向最大缺陷的长度小于3mm为合格。试样的棱角开裂不计。

3个冲击试样的常温冲击吸收功平均值应不低于母材规定值，如无母材规定值时，应不低于27J（10mm×10mm标准试样），并且至多允许有1个试样的冲击吸收功低于上述指标值，但不低于上述指标值的70%。

金相检验的合格标准为：没有裂纹、疏松；没有过烧组织；没有淬硬性的马氏体组织。有裂纹、过烧、疏松之一者不允许复验。

4. 水压试验

集箱水压试验应在无损检测和热处理后进行。水压试验时，压力应缓慢地升降。当水压上升到工作压力时，应暂停升压，检查有无漏水或异常现象，然后再升压到试验压力。

散件出厂锅炉的集箱试验压力为元件工作压力的 1.5 倍，并在此试验压力下保持 5min。

整体出厂的锅炉，集箱随锅炉本体按表 9-10 进行水压试验（再热器集箱试验压力为再热器工作压力的 1.5 倍），并在此试验压力下保持 20min。

在试验压力下保持规定时间后，降压到工作压力进行检查。水压试验水温一般为 21 ~ 49℃（合金钢水压试验水温应高于该钢种的脆性转变温度）。奥氏体钢水压试验时，应控制水的氯离子质量浓度不超过 25mg/L。

工作压力≤2.5MPa 无管接头的集箱，可不单独进行水压试验。

第三节　受热面管的焊接

工业上广泛使用管子作为热交换和传输介质用。不同工作压力、温度和不同介质的管子使用不同的管子材料，其质量要求也不同。在锅炉受热面，管子主要作为热交换用；在所有不同用途管子中，电站锅炉管子的材料类别、规格最多，焊接工作量最大，质量要求也甚高。受热面管通常有垂直管屏和水平管屏，分别布置于炉膛和后烟井包覆烟道内，图 9-10 为置于后烟井烟道内水平布置的受热面管。本节以阐述锅炉管焊接为重点，其中许多焊接技术对其他产品管子焊接同样适用。

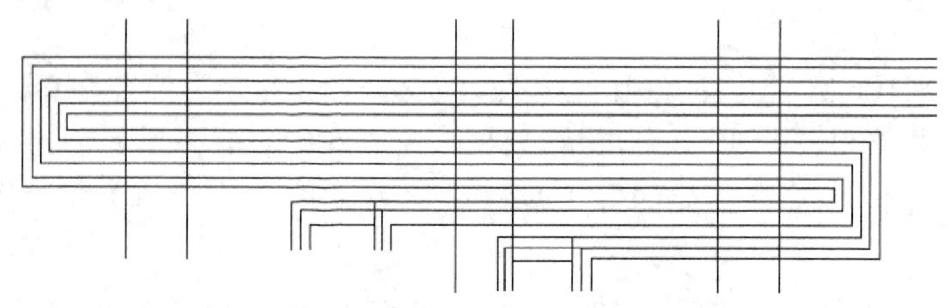

图 9-10　受热面管示意图

图 9-10 受热面由 6 根管组成受热面管屏，上端水平方向 6 根管子穿过后烟井膜式管屏与出口集箱管接头对接，下端与另一组受热面管屏对接，其中 6 根垂直管为悬吊管。

一、锅炉小口径管的牌号及其焊接性

1. 小口径管的牌号

根据小口径管不同的使用条件，可选择不同材料的管子。表 9-11 为我国锅炉钢管的主要钢种；表 9-23 为美国 ASME 锅炉钢管的主要钢种。

2. 小口径钢管的焊接性

1）20G（20）钢管一般在热轧或正火供货状态下焊接，20G（20）钢管焊接性优良，可以采用自动 GTAW、GMAW 、手工 GTAW 及 SMAW 等多种熔焊焊接方法或组合用于该钢种的对接焊。焊前一般不要求预热，焊后可不热处理。手工 GTAW、自动 GTAW 封底焊接时可添加填充焊丝，也可熔化母材作为填充金属，GMAW 焊接采用富 Ar 混合气体保护细丝射流过渡，焊接材料的选用，可按材料的强度级别选用，通常采用 500MPa（50kg）级的焊接材料，如 ER50-6 焊丝，SMAW 焊接一般选用 E5015 焊条。

表 9-23　ASME 锅炉管(Tube)的化学成分及力学性能

序号	钢号	化学成分(质量分数,%)								力学性能			
		C	Mn	Si	Cr	Mo	S ≤	P ≤	其他	σ_b /MPa (≥)	σ_s /MPa (≥)	δ(%) 2in① (≥)	HBW (HV) (≤)
1	SA-210A-1	≤0.27	≤0.93	≥0.10			0.035	0.035		415	255	30	143
2	SA-178C	≤0.35	≤0.80				0.035	0.035		415	255	30	
3	SA-210C	≤0.35	0.29 ~1.06	≥0.10			0.035	0.035		485	275	30	179
4	SA-178D	≤0.27	1.00 ~1.50	≥0.10			0.015	0.030		485	275	30	
5	SA-209T1	0.10 ~0.20	0.30 ~0.80	0.10 ~0.50		0.44 ~0.65	0.025	0.025		380	205	30	146
6	SA-209T1a	0.15 ~0.25	0.30 ~0.80	0.10 ~0.50		0.44 ~0.65	0.025	0.025		415	220	30	153
7	SA-213T2	0.10 ~0.20	0.30 ~0.61	0.10 ~0.30	0.50 ~0.81	0.44 ~0.65	0.025	0.025		415	205	30	163 (170)
8	SA-213T12	0.05 ~0.15	0.30 ~0.61	≤0.50	0.80 ~1.25	0.44 ~0.65	0.025	0.025		415	220	30	163 (170)
9	SA-213T11	0.05 ~0.15	0.30 ~0.60	0.50 ~1.00	1.00 ~1.50	0.44 ~0.65	0.025	0.025		415	205	30	163 (170)
10	SA-213T22	0.05 ~0.15	0.30 ~0.60	≤0.50	1.90 ~2.60	0.87 ~1.13	0.025	0.025		415	205	30	163 (170)
11	SA-213T23	0.04 ~0.10	0.10 ~0.60	≤0.50	1.90 ~2.60	0.05 ~0.30	0.010	0.030	W1.45~1.75,V0.20~0.30,Nb0.02~0.08,N≤0.40,Al≤0.030,B0.0005~0.006	510	400	20	220 (230)

（续）

序号	钢号	化学成分(质量分数,%)								力学性能			
		C	Mn	Si	Cr	Mo	S ≤	P ≤	其他	σ_b /MPa (≥)	σ_s /MPa (≥)	δ(%) 2in[①] (≥)	HBW (HV) (≤)
12	SA-213T91	0.08 ~0.12	0.30 ~0.60	0.20 ~0.50	8.00 ~9.50	0.85 ~1.05	0.010	0.020	V0.18 ~ 0.25, Nb0.06 ~ 0.10, N ≤ 0.030 ~ 0.070, Ni≤0.40, Al≤0.04	585	415	20	250 (265)
13	SA-213T92	0.07 ~0.13	0.30 ~0.60	≤0.50	8.50 ~9.50	0.30 ~0.60	0.010	0.020	V0.15 ~0.25, W1.50 ~2.00, Nb0.04 ~0.09, N≤0.03 ~0.07, Ni≤0.40, Al≤0.04	620	440	20	250 (265)
14	SA-213T122	0.07 ~0.14	≤0.70	≤0.50	10.0 ~12.5	0.25 ~0.60	0.010	0.020	V0.15 ~0.30, W1.50 ~2.50, Nb0.04 ~0.10, Ni≤0.50, N≤0.04 ~0.10, Cu0.30 ~1.70, Al ≤0.04	620	400	20	250 (265)
15	SA-213TP304H	0.04 ~0.10	≤2.00	≤0.75	18.0 ~20.0		0.030	0.040	Ni8.00 ~11.0	515	205	35	192 (200)
16	SA-213TP347H	0.04 ~0.10	≤2.00	≤0.75	17.0 ~20.0		0.030	0.040	Ni9.00 ~13.0, Nb + Ta≥8 × C(≤1.0%)	515	205	35	192 (200)
17	Super304H CODE CASE 2328-1	0.07 ~0.13	≤1.00	≤0.30	17.00 ~19.00		0.010	0.040	Ni7.50 ~ 10.50, Cu2.50 ~ 3.50, Nb0.30 ~ 0.60, N0.05 ~0.12, Al0.003 ~0.030, B0.001 ~0.010	590	235	35	219 (230)
18	SA-213TP310HCbN	0.04 ~0.10	≤2.00	≤0.75	24.00 ~26.00		0.030	0.030	Ni17.00 ~23.00, Nb + Ta0.20 ~ 0.60, N0.15 ~0.35	655	295	30	256

① 1in = 25.4mm，下同。

2）15CrMoG 钢管是各国广泛使用的 1Cr-0.5Mo 钢。按 GB 5310—1995 标准供货的 15CrMoG 钢管为正火 + 回火，其焊接性良好，一般小口径钢管对接焊不预热，可采用多种熔焊方法焊接，手工 GTAW、封底焊接时可添加填充焊丝，也可熔化母材作为填充金属，GMAW 焊接采用富 Ar 混合气体保护细丝射流过渡，焊接材料选用按 Cr-Mo 化学成分与母材相当，SMAW 焊接采用 E5515-B2 焊条。当壁厚不超过 10mm 时焊后可不热处理；壁厚超过 10mm 时焊后经 660～700℃ 回火热处理，保温时间按钢管每 25mm 壁厚保温 1h，最少 15min。ASME 规范第 I 卷 PW39 规定：壁厚不大于 16mm 的管子对接，预热温度≥121℃，则焊后可不热处理。

3）12Cr1MoVG 钢管是国内高压、超高压、亚临界压力和超临界压力等各种压力电站锅炉过热器、再热器广泛使用的钢种，w（合金）在 2% 以下，580℃ ×10^5h 的持久强度比国外广泛使用的 2.25Cr-1Mo 钢高，12Cr1MoVG 钢管供货状态为正火 + 回火。这种钢管的焊接性良好，一般小口径钢管对接焊不预热，可采用多种熔焊方法焊接，手工 GTAW、自动 GTAW 封底焊接时可添加填充焊丝，也可熔化母材作为填充金属，GMAW 焊接采用富 Ar 混合气体保护细丝射流过渡，焊接材料选用按 Cr-Mo-V 化学成分与母材相当，SMAW 采用 E5515-B2-V 焊条。当壁厚不超过 6mm 时焊后可不热处理；壁厚超过 6mm 时焊后经 700～740℃ 回火热处理，保温时间按钢管每 25mm 壁厚保温 1h，最少 15min。

4）12Cr2MoG 钢管是列入 GB 5310—1995 标准的 2.25Cr-1Mo 钢种，2.25Cr-1Mo 是国外广泛使用的一种低合金热强钢，具有良好的加工工艺性能，钢的淬透性大于 12Cr1MoVG，钢管有一定的焊接冷裂纹倾向，热强性比 12Cr1MoVG 低。正因为如此，所以国内较多地采用 12Cr1MoVG 钢管，而较少采用 12Cr2MoG 钢管，原来曾经采用 2.25Cr-1Mo 钢管的也正逐渐被 12Cr1MoVG 所代替。但随着与国际市场交往日益增多，在电站锅炉中受热面也较多地采用符合 SA-213 T22 这类 2.25Cr-1Mo 钢管。2.25Cr-1Mo 焊接性好，供货状态为正火 + 回火，可采用多种熔焊方法焊接，手工 GTAW 封底焊接时可添加填充焊丝，也可熔化母材作为填充金属，GMAW 焊接采用富 Ar 混合气体保护细丝射流过渡，焊接材料选用可按 Cr-Mo 化学成分与母材相当，SMAW 焊接采用 E6015-B3 焊条。焊后经 700～740℃ 回火热处理，保温时间按钢管每 25mm 壁厚保温 1h，最少 15min。ASME 规范第 I 卷 PW39 规定：壁厚不大于 16mm 的管子对接，预热温度≥149℃，则焊后可不热处理。

5）12Cr2MoWVTiB、12Cr3MoVSiTiB 同属于我国自行研制的低碳、低合金贝氏体热强钢管，这两种钢管在 600℃ 使用时，具有较高的热强性和抗氧化性，具有良好的综合力学性能。在超高压与亚临界锅炉过热器、再热器管系中得到广泛应用。

12Cr2MoWVTiB 与 12Cr3MoVSiTiB 两种钢管的焊接性能尚可，供货状态为正火 + 回火，可采用除气焊之外的多种熔焊方法焊接，手工 GTAW、封底焊接时可添加填充焊丝，也可熔化母材作为填充金属，GMAW 焊接采用富 Ar 混合气体保护细丝射流过渡，焊丝分别为 H10Cr2MnMoWVTiB 和 H08Cr3MoVNbTiRE，SMAW 焊采用 E5515-B3-VWB 或 E5515-B3-VNb 焊条。焊后分别经 750～780℃ 和 730～760℃ 回火热处理，保温时间按钢管每 25mm 壁厚保温 1h，最少 1h。

6）10Cr9Mo1VNb（T91）、T92、T122 属于马氏体耐热钢，是在 9Cr-1Mo～12Cr-1Mo 钢的基础上发展起来的，它在 620℃ 及以下的温度范围内热强性不低于 SA-213 TP304H 钢，所以在 620℃ 可取代 TP304H 作为锅炉过热器、再热器管使用，在抗氧化要求较高的条件下，可取代12Cr2MoWVTiB和12Cr3MoVSiTiB。

T91、T92、T122焊接性能尚可，可采用除气焊外的多种熔焊方法焊接，手工GTAW封底焊接时可添加填充焊丝，也可熔化母材作为填充金属，GMAW焊接采用富Ar混合气体保护细丝射流过渡，T91焊丝为符合AWS A5.28的ER90S-B9，SMAW焊接采用符合AWS A5.4的E9015-B9焊条。焊后经745～775℃回火热处理，保温时间按钢管每25mm壁厚保温1h，最少1h。

7）1Cr18Ni9、1Cr19Ni11Nb（TP304H、TP347H）是Cr-Ni奥氏体不锈钢，其中TP347H采用Nb作为稳定化元素，这两种钢管具有良好的热强性和耐腐蚀性能，焊接性能良好，广泛用于大型锅炉高温段过热器和再热器管系及化工设备管系。可采用多种熔焊焊接方法，供货状态为固熔状态，焊前不需预热，环缝对接一般不需焊后热处理。焊后可进行固熔处理，TP304H焊后固熔处理温度为1040～1090℃，TP347H焊后固熔处理温度为1130～1180℃，固熔处理保温结束后采用水冷或强制空冷等冷却方法得到奥氏体组织，亦可进行850℃以上温度的焊后稳定化处理，在电站锅炉过热器、再热器管系中应用的TP304H、TP347H焊后亦可随合金耐热钢一同进行焊后热处理。

在电站锅炉中，TP304H、TP347H都是作为热强钢使用的，在锅炉高温段采用TP304H、TP347H钢管，而在温度较低的部位则采用珠光体、马氏体耐热钢，因此TP304H、TP347H焊后势必与珠光体、马氏体耐热钢一同进行焊后热处理，其热处理温度正好处于TP304H、TP347H的敏化温度区间，降低了材料的抗Cl^-离子的腐蚀能力，所以含TP304H、TP347H钢的过热器、再热器组件水压试验时要严格控制水压用水的$w(Cl^-) \leqslant 25 \times 10^{-4}\%$，水压试验后清除积水，避免$Cl^-$离子的腐蚀。

8）Super304H、TP310HCbN是在18Cr-8Ni和25Cr-20Ni基础上添加热强和抗氧化元素发展起来的、可在更高温度、压力下使用的受热面用钢，已在超超临界锅炉受热面使用。

二、小口径管的焊接工艺

1. 小口径管的焊接方法

小口径管对接焊的方法主要有自动GTAW、GMAW、GTAW-HW、PAW以及手工GTAW、SMAW等及其组合，表9-24列出了小口径管对接焊常用的焊接方法组合及其工艺特点和适用范围。

2. 小口径管的焊接材料

焊接材料的选用除20G钢管按相应强度等级材料选用外，其他合金钢管、不锈钢同种钢焊接材料应按相应化学成分进行选择，以保证高温条件下的使用性能；异种钢焊接材料选择应考虑材料的焊接性、合金元素的稀释、碳迁移所产生的碳化物及软化带、线胀系数的匹配等。表9-25为小口径管对接焊时焊接材料的选用。

3. 小口径管的焊接坡口

常用的管子对接坡口形式见图9-11，各种坡口适用的焊接方法见表9-26。

这些坡口适用于锅炉中受热面管，一般壁厚等于大于12mm，其中D形管适用于壁厚等于大于6mm的。

为了改善接头的装配质量，避免错边，保证封底焊良好的单面焊双面成形，图9-11中A、C、D形坡口管端应进行内镗加工。内镗孔径按下式计算：

$$DM = DN - 2t_{\min} - \delta - 0.15$$

式中，*DM* 为管子镗孔直径（mm），*DN* 为管子公称外径；t_{min} 为管子最小壁厚（mm），δ 为管子在一定范围内的外径负偏差平均值（mm）。按此式可保证镗孔后的壁厚不小于最小壁厚。

表 9-24　小口径管对接常用的焊接方法组合及其工艺特点

焊接方法	焊接位置	工艺特点	适用范围
GTAW（自动钨极氩弧焊）	平	焊接质量特别是封底焊质量好；生产率低于 GMAW	$\delta \leqslant 5$mm 的薄壁管直管拼接
GTAW（自动钨极氩弧焊）	全	焊接质量好；生产率低；装配精度要求高；焊接机头可随焊件位置而变化	管子的弯后对接
GTAW（自动钨极氩弧焊）	立	焊接质量好；生产率高，$\delta \leqslant 6$mm 的管子可不开坡口；焊接位置调整要求高	$\delta \leqslant 6$mm 的管子直管拼接
GTAW-HW（热丝自动热丝钨极氩弧焊）	平	生产效率高，与 GMAW 相当；焊接质量好，特别是解决了 GMAW 引弧处的未焊透缺陷	中厚壁的直管拼接
GMAW（自动熔化极气保护焊）	平	生产效率高；焊接质量好，但引弧处易未焊透，常与自动 GTAW 组合应用	中厚壁直管拼接
GTAW/GMAW	平	兼容了 GTAW 封底质量好和 GMAW 生产效率高的特点	中厚直管拼接
GTAW（钨极氩弧焊）	全	灵活方便，适用性强；设备简单；操作技能要求高	用于受空间位置限制的场合及焊接返修
SMAW（焊条电弧焊）	全	灵活方便，适用性强；设备简单；操作技能要求高；常与 GTAW 组合应用	用于受空间位置限制的场合及焊接返修
GTAW/SMAW	全	灵活方便，适用性强；设备简单；操作技能要求高	管子的弯后对接
PAW（脉冲等离子弧焊）	平	能量集中，效率高，$\delta \leqslant 6$mm 的管子可不开坡口；可采用声控、光控控制焊透，焊接参数复杂，控制要求高	$\delta \leqslant 6$mm 的管子直管拼接
PAW	全	焊接机头可随焊件位置而变化	$\delta \leqslant 6$mm 的管子弯后对接
手工 GTAW/自动 GTAW	全	手工 GTAW 封底可降低接头装配精度要求；自动 GTAW 盖面焊质量高	接头装配质量难以保证时的弯后对接

4. 主要焊接工艺介绍

（1）管子对接水平转动平焊位置自动 GTAW 焊　管子对接水平转动平焊位置的自动 GTAW 可以焊接表 9-11 和表 9-23 所列钢种的同种钢及其异种钢接头。根部焊缝焊接时，既可添加填充焊丝，也可不添加填充焊丝，焊接坡口为图 9-11 中 A 形、B 形、C 形，不留间隙。对奥氏体不锈钢与其他钢种的异种钢接头焊接时，必须添加填充焊丝，填充丝的规格为 ϕ0.8 ~ ϕ1.2mm，坡口形式为图 9-11 中的 A 形。

表 9-25　小口径管对接焊焊接材料的选用

钢管材料 \ 钢管材料	20G	15CrMoG	12Cr2MoG	12Cr1MoVG	12Cr2MoWVTiB	T91	T92	TP347H TP304H	Super304H	TP310HCbN
20G	ER50-6 E5015	ER50-6 E5015	ER50-6 E5015	ER50-6 E5015	—	—	—	—	—	—
15CrMoG	—	ER55-B2 E5515-B2	ER55-B2 E5515-B2	ER55-B2 E5515-B2	—	—	—	—	—	—
12Cr2MoG	—	—	ER62-B3 E6015-B3	ER62-B3 E6015-B3	ER62-B3 E6015-B3	ER90S-B9 E9015-B9	—	ERNiCr-3 ENiCrFe-3 或 ENiCrFe-2	—	—
12Cr1MoVG	—	—	—	ER55-B2-MnV E5515-B2-V	ER55-B2-MnV E5515-B2-V	ER90S-B9 E9015-B9	—	ERNiCr-3 ENiCrFe-3 或 ENiCrFe-2	—	—
12Cr2MoWVTiB	—	—	—	—	H10Cr2MnMoWVTiB E5515-B3-VNb 或 E5515-B3VNb	ER90S-B9 E9015-B9	—	ERNiCr-3 ENiCrFe-3 或 ENiCrFe-2	—	—
T91	—	—	—	—	—	ER90S-B9 E9015-B9	ER90S-B9 E9015-B9	ERNiCr-3 ENiCrFe-3 或 ENiCrFe-2	ERNiCr-3 ENiCrFe-3 或 ENiCrFe-2	ERNiCr-3 ENiCrFe-3 或 ENiCrFe-2
T92	—	—	—	—	—	—	Thermanit① MTS616	ERNiCr-3 ENiCrFe-3 或 ENiCrFe-2	ERNiCr-3 ENiCrFe-3 或 ENiCrFe-2	ERNiCr-3 ENiCrFe-3 或 ENiCrFe-2
TP347H(TP304H)	—	—	—	—	—	—	—	H0Cr20Ni10Ti (H1Cr19Ni9Ti) E347-15	H0Cr20Ni10Ti (H1Cr19Ni9Ti) E347-15	H0Cr20Ni10Ti (H1Cr19Ni9Ti) E347-15
Super304H	—	—	—	—	—	—	—	—	T-304H	—
TP310HCbN	—	—	—	—	—	—	—	—	—	T-HR3C

① Thermanit MTS616:德国蒂森公司用于 T92 钢焊接的焊丝、焊条商业牌号。

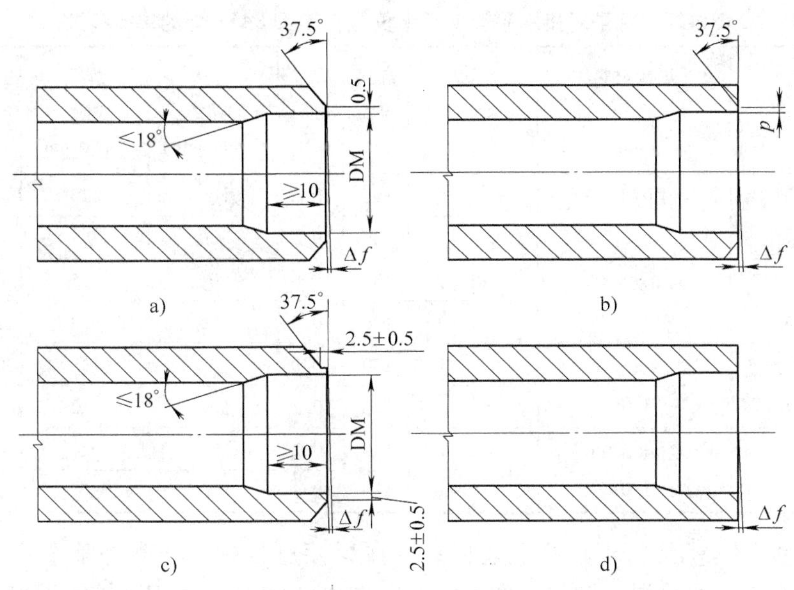

图 9-11 管子对接焊缝坡口形式

a) A 形 b) B 形 c) C 形 d) D 形

表 9-26 各种焊接方法的坡口形式 （单位：mm）

坡口形式	A 形	B 形	C 形	D 形
适用焊接方法	自动 GTAW($p=0\sim0.5$) 自动 GTAW-HW 自动 GTAW(加丝)/GMAW	GTAW($p=0\sim1.5$) GTAW/SMAW 自动 GTAW($p=1\sim2$)	自动 GTAW 自动 GTAW（不加丝）/ GMAW	自动 GTAW(立焊) PAW
端面倾斜度 Δf	按管径而定，通常可取：DM≤60：≤0.5；60＜DM≤108：≤0.8；108＜DM≤159：≤1.0；159＜DM≤219：≤1.5			

焊前管壁内外必须清除铁锈、氧化皮及其他影响焊接质量的杂物，外壁清理长度范围应不小于 10mm。

保护气体采用工业纯氩（Ar），其纯度不低于 99.9%，保护气体的流量为 7.5～12.5L/min，喷嘴直径 8～12.5mm，在焊接 T91、奥氏体不锈钢及奥氏体不锈钢与耐热钢异种钢接头时，为改善根部焊缝内壁成形和减少氧化，管子内壁必须通 Ar 气保护，管内保护气体流量一般为 5L/min。

GTAW 采用高频引弧，直流正接，可以采用恒直流，也可采用脉冲电流。钨极端部至被焊处的距离一般控制在 1.5～3.5mm，电弧电压为 10～14V，焊道与焊道之间的焊接参数自动切换，表 9-27 为管子对接水平转动平焊位置自动 GTAW 焊的转动 GTAW 焊接参数。

(2) 管子对接水平固定全位置自动 GTAW 焊　全位置自动 GTAW 适用于管子弯后拼接，管子不动，焊枪绕管子旋转。

全位置自动 GTAW 焊除具有一般 GTAW 焊接的特点之外，还具有其独有的优点：焊接熔池是在不断地变化，焊接熔池金属受到电弧力、熔池液态金属重力和表面张力作用，使液态熔池保持平衡，在电弧向前移动时，熔池金属不断地凝固形成焊缝金属。

表 9-27 管子对接水平转动平焊位置自动 GTAW 焊的焊接参数

序号	接头材料组合及规格/mm	焊接材料直径/mm	坡口	层数	焊接电流/A	焊接电压/V	送丝速度/(mm/min)	焊接速度/(mm/min)	摆动宽度/mm	摆动速度/(mm/min)
1	20G ϕ32×4	ER50-6 1.0	C	1	130	10.2	0	120	0.0	0
				2	130	10.5	700	90	6.0	420
2	15CrMoG ϕ42×3.5	ER80S-G 1.0	C	1	130	10.0	0	135	0.0	0
				2	120	10.5	600	110	5.0	300
3	12Cr1MoVG ϕ42×3.5	ER90S-G 1.0	C	1	130	10.0	0	135	0.0	0
				2	120	10.5	600	110	5.0	300
4	T91 ϕ38×5	ER90S-B9 1.0	C	1	140	10.2	0	85	0.0	0
				2	130	10.5	800	95	7.0	420

全位置自动 GTAW 焊由于具有上述特点，在焊接过程中，通常将整个管子周长分成八个区域的焊接位置，即平焊、仰焊、向上立焊、向下立焊及其过渡区域，焊接参数从一个区域进入另一个区域时自动切换，由于熔池区域不断地变化，所以熔池不宜过大，可采用薄道多层多道焊接，通常选择图 9-11 中的 B 形坡口，焊接奥氏体不锈钢与耐热钢异种钢坡口时采用 A 形坡口，不留间隙，焊接时第一层焊枪不摆动，从第二层起开始摆动焊枪进行焊接。水平固定全位置自动 GTAW 通常都采用脉冲焊，脉冲电流时保证一定熔深，基值电流时仅起维弧作用，熔池凝固，前后两个脉冲要保证有一定的搭接量。

水平固定全位置自动 GTAW 由于其固有的特点，焊接生产效率低于管子水平转动的自动 GTAW，设备复杂程度高于管子水平转动的自动 GTAW 焊，其次对坡口加工精度及对口精度要求严格，所以在工业生产中一般只应用于管子弯后的拼接。水平固定全位置自动 GTAW 焊采用高频引弧，直流正接，并采用脉冲电流。钨极端部至被焊处的距离一般控制在 1.5～3.0mm，电弧电压 9～12V，表 9-28 为管子水平固定全位置 GTAW 的焊接参数。

表 9-28 管子水平固定全位置 GTAW 焊的焊接参数（坡口形式：图 9-11 B 形）

序号	接头材料组合及规格/mm	焊接材料直径/mm	焊接层数	基值电流/A	脉冲电流/A	电弧电压/V	送丝速度/(mm/min)	焊接速度/(mm/min)	电弧摆动宽度/mm	电弧摆动速度/(mm/min)
1	12Cr1MoVG ϕ42×5	ER90S-G 0.8	1	65	115	9.0	557	60	0.0	0
			2	60	110	9.0	1198	55	3.2	500
			3	60	100	9.3	1264	55	7.0	800
2	12Cr1MoVG + 12Cr2MoWVTiB ϕ42×4	ER90S-G 0.8	1	65	130	9.6	800	55	0.0	0
			2	60	98	9.5	1475	55	6.2	600
3	12Cr1MoVG +T91 ϕ42×4	ER90S-B9 0.8	1	66	132	9.1	810	55	0.0	0
			2	62	103	8.9	1290	61	6.0	650

注：基值电流和脉冲电流值为该层焊道的平均值。

（3）管子对接水平转动立焊位置的自动 GTAW 焊　管子对接转动开 I 形坡口的自动 GTAW 立焊焊接时，焊枪位于立焊位置，这样可以用较大的焊接参数，已凝固的焊缝可以托住较大的熔池。这种焊接除了具有一般 GTAW 的特点之外，还具有其固有的特点：自动 GTAW 不开坡口立焊适宜于管壁厚度小于 6mm 的 20G 、12Cr1MoVG 等钢种的直管拼接，不开坡口，不留间隙，一次焊透，坡口形式为图 9-11 中的 D 形，可以采用封底盖面一次完成的工序，简化了坡口加工工序，提高了工效，比 V 形坡口节约焊接材料。

管子对接转动自动 GTAW 立焊，焊枪位于管子中心水平面下方，如图 9-12 所示。

管子对接水平转动自动 GTAW 开 I 形坡口的立焊送丝，采用匀速送丝，焊丝与焊枪呈 90°沿管子切向送入熔池。

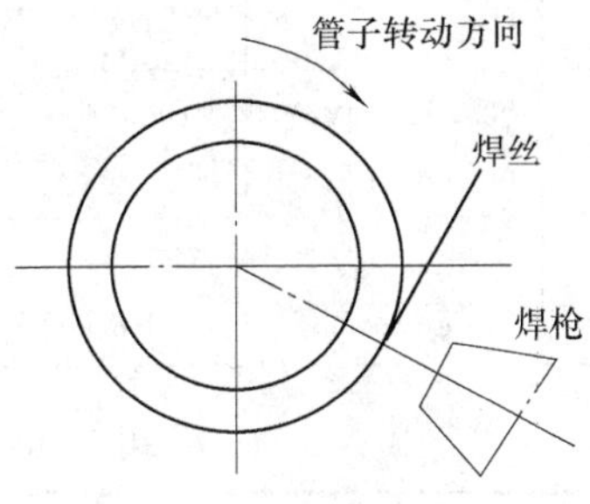

图 9-12　管子对接水平转动开 I 形坡口 GTAW 立焊焊枪的位置

焊接电流采用方波脉冲。脉冲电流 I_p 击穿管壁，形成熔池，基值电流 I_b 维持电弧燃烧，并让熔池局部冷却凝固，焊接过程连续步进完成。通过 I_p、I_b、脉冲时间 t_p、基值时间 t_b 的调节来控制热输入，控制焊缝成形。在焊接中，一圈焊接如用同一焊接参数，则圆周上每一点的热循环曲线都不同，随着焊接的不断地进行，熔池越来越大，将会造成坍塌，因此在焊接过程中需不断调节焊接参数以解决热输入不均衡的问题，为此将焊接过程分为五段加搭接段，每段的电参数分别设定，以解决热输入不均衡问题。脉冲电流分段见图 9-13，基值电流为恒值。表 9-29 为管子转动开 I 形坡口 GTAW 立焊的焊接参数实例。

（4）管子对接水平转动自动 GTAW-HW 焊　热丝钨极氩弧焊（GTAW-HW）可以焊接表 9-11 、表 9-23 中所列钢种的同种钢和异种钢接头。GTAW-HW 是一种适宜于直管拼接的高效焊接方法。GTAW-HW 除了具备一般 GTAW 焊接的优点之外，热丝是一种独特的填充焊丝的方法。它具有热输入量低，熔合比和热影响区小的特点，因此特别适用于类似奥氏体不锈钢与合金耐热钢异种钢接头的焊接。焊接过程中，钨极、焊丝与焊件之间分别形成两个独立的回路。见图 9-14。热丝焊接需要一个独立的热丝电源，并通过热丝焊枪将焊丝加热到红热至接近熔化状态，连续送入熔池。GTAW-HW 焊与普通自动 GTAW 焊相比，焊接速度至少可提高一倍，减少了焊接层数，熔敷金属填充率约为 1.5 ~ 2.5kg/h，其生产效率与 GMAW 相当，焊接质量好，特别是可解决 GMAW 引弧处易产生未焊透和未熔合的问题。

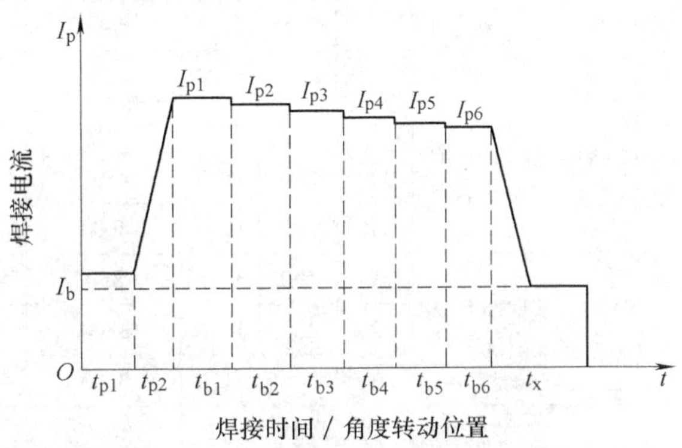

图 9-13　管子转动立焊 GTAW 脉冲电流的分段
（图中横坐标表示从 t_1 零点起至 t_5 结束为 360°（t_6 为搭接量）。纵坐标表示基值电流为恒值，脉冲电流为变值，纵坐标为基值电流值 + 脉冲电流值）

GTAW-HW 焊采用图 9-11 中的 A 形坡口，钝边为 0.5 ~ 1.0mm，采用小电流，接触引弧，弧压反馈焊炬自动提升，引弧可靠，弧长控制精确，使用 ϕ0.9 ~ ϕ1.2mm 焊丝，由于焊丝不参与电弧燃烧，所以对焊丝直径公差及表面镀铜要求低于 GMAW。

表 9-29 管子对接水平转动 GTAW 开 I 形坡口立焊的焊接参数

序号	接头材料组合及规格/mm	焊接材料直径/mm	坡口形式	焊接层数	基值电流/A	平均脉冲电流/A	占空比	电弧电压/V	送丝速度/(mm/min)	焊接速度/(mm/min)
1	20G $\phi32\times3$	ER50-6 0.8	D	1	20	135	50%	10	1500	90
2	20G $\phi38\times6$	ER50-6 0.8	D	1	75	155	60%	10	950	40
3	20G + 12Cr1MoVG $\phi42\times5$	ER50-6 0.8	D	1	70	160	60%	10	1130	46
4	12Cr1MoVG $\phi42\times5$	H08CrMoV 0.8	D	1	70	160	60	10	1130	45

表 9-30 管子对接水平转动 GTAW-HW 的焊接参数

接头材料组合及规格/mm	焊丝直径/mm	焊接层数	焊接电流/A	电弧电压/V	送丝速度/(mm/min)	热丝电流/A	焊接速度/(mm/min)	焊枪摆动宽度/mm	焊枪摆动速度/(mm/min)	两端停留时间/s
20G $\phi60\times12$	ER70S-6 1.0	1	260	9.7	550	0	105	0.0	0	0.0
		2	265	11.8	4200	55	220	4.5	1300	0.2
		3	295	11.5	4600	65	160	6.0	1300	0.2
		4	270	11.7	4700	60	145	10.0	1500	0.1
12Cr1MoVG $\phi51\times6.5$	ER90S-G 1.0	1	225	9.7	500	0	135	0.0	0	0.0
		2	260	11.0	4500	60	250	4.0	1400	0.2
		3	225	11.0	3600	45	150	8.0	1500	0.1
T91 $\phi38.1\times9.03$	ER90S-B9 1.0	1	190	9.0	850	15	105	0.0	0	0.0
		2	230	10.5	3800	58	145	4.8	1500	0.2
		3	205	11.0	3500	50	130	8.5	1300	0.1
TP347H $\phi47.6\times6.78$	ER347 1.0	1	185	9.7	1000	20	155	0.0	0	0.0
		2	235	11.5	3400	40	250	4.0	1500	0.2
		3	205	11.0	2600	35	185	7.0	1500	0.1
T91 + TP347H $\phi51\times7.5$	ERNiCr-3 1.0	1	220	9.8	1000	20	120	0.0	0	0.0
		2	250	11.7	4800	70	220	4.2	1200	0.2
		3	210	11.0	4200	60	180	8.0	1400	0.1

GTAW-HW 焊接电源通常采用直流脉冲电源，热丝电源可以采用直流电源或工频交流电源。为控制根部成形，在封底焊时，通常采用冷丝或小电流热丝焊接，从第二层起直至盖面焊道使用常规热丝电流，热丝电流值从碳钢、合金钢、不锈钢随着焊丝电阻的增大而递减。焊封底焊道时焊枪不摆动，其余焊道焊枪摆动宽度为坡口平均宽度的 4 ~ 4.5mm，摆动速度应考虑前后两点有一定的搭接量，层与层之间焊接参数可自动切换。GTAW-HW 除了采用热

丝送丝之外，其余焊接参数均与一般 GTAW 脉冲焊接相同。表 9-30 为 GTAW-HW 焊接参数实例，其焊接原理见图 9-14。

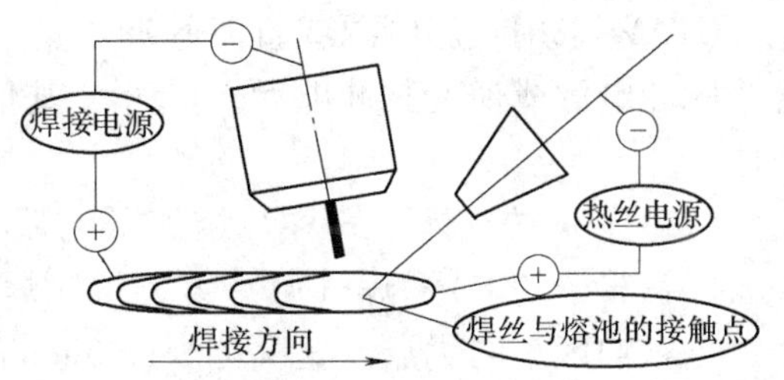

图 9-14　GTAW-HW 的焊接原理图

（5）管子对接水平转动的 GTAW/GMAW 平焊　GTAW 焊接质量好，特别是封底焊的单面焊双面成形质量可靠，但 GTAW 焊的生产效率低；GMAW 焊接质量好，采用脉冲电流，脉冲周期为 ms 级，可做到一个脉冲过渡一滴熔滴，生产效率比 GTAW 高，所以广泛应用于生产，特别适宜于中厚壁管子的焊接。GMAW 焊采用 Ar + CO_2 富 Ar 混合气体保护，通常采用 ϕ0. 8mm 焊丝，熔滴过渡形式为细颗粒的喷射过渡。但 GMAW 在起弧点处易产生未熔合、未焊透缺陷。

管子对接水平转动的 GTAW/GMAW 拼接，就是融合了 GTAW 封底质量好和 GMAW 焊接生产效率高的优特点而发展起来的，第一层焊接采用 GTAW 封底，封底完成后自动进入 GMAW 焊接程序，第一层 GMAW 完成后焊机自动进入第二层 GMAW 焊接程序，层与层之间可自动切换，直至焊接完成。焊机储存多套焊接规范，一个坡口完成后自动进入下一个坡口的焊接。适宜于生产线的焊接。

GTAW/GMAW 组合焊接采用图 9-11 中 A 形和 C 形坡口，其中 C 形坡口 GTAW 封底时不加焊接填充材料；A 形坡口适宜于 GTAW 封底焊时必须添加焊接填充材料的焊接接头。表 9-31 为 GTAW/GMAW 焊的焊接参数。

表 9-31　管子对接水平转动 GTAW/GMAW 焊的焊接参数

序号	接头材料组合及规格 /mm	坡口	焊接方法	焊接材料直径 /mm	层数	焊接电流 /A	电弧电压 /V	焊接速度 /(mm/min)	焊枪摆动宽度 /mm	焊枪摆动速度 /(周/min)
1	20G ϕ51 ×6. 5	C	GTAW	N. A.	1	150	11. 3	140	0	0
			GMAW	ER70S-G 0. 8	2	90	22. 5	170	1	60
					3	85	22. 0	130	8	50
2	12Cr1MoVG ϕ54 ×9	C	GTAW	N. A.	1	150	11. 5	90	0	0
			GMAW	ER90S-G 0. 8	2	90	22. 5	160	1	60
					3	100	23. 0	160	6	55
					4	90	22	135	10	50
3	12Cr1MoVG + TP347H ϕ54 ×8. 5	A	GTAW	ERNiCr-3 1. 0	1	120	12. 0	90	0	0
					2	130	12. 0	100	3	25
			GMAW	ERNiCr-3 0. 8	3	100	23. 0	160	7	60
					4	95	22. 5	150	10	55

焊前管壁内外必须清除铁锈、氧化皮及其他影响焊接质量的杂物，外壁清理长度约 20mm。GTAW 保护气（Ar）流量为 7. 5 ~ 12. 5L/min，内保护气（Ar）流量约 5L/min，喷嘴直径为 12. 5mm，电弧电压 10 ~ 14V；GMAW 保护气体为 φ（Ar）85% ~ 90% + φ（CO_2）10% ~15% 的混合气体，其流量为 8. 3 ~ 14. 4L/min。

GTAW 采用直流电源或直流脉冲电源，高频引弧，直流正极性。目前 GMAW 采用晶体管式脉冲电源或逆变脉冲电源，脉冲、基值宽度为 1.0 ~ 1.2ms，采用接触式引弧，直流反极性。

GMAW 保护气体中的 CO_2 增加了电弧的挺度，可避免了电弧的飘移。

(6) 管子的 PAW 焊（脉冲等离子弧焊） 等离子弧焊接具有能量集中，熔深大，焊缝窄，热影响区小的优点，一次可焊透 6mm 的碳钢、低合金钢材料，能焊接表 9-11 、表 9-23 中除不锈钢与耐热钢之间异种钢接头之外的所有钢种，一般用于壁厚小于 6mm 的管子对接环缝。

等离子弧焊有两种基本方法：一种是穿孔焊接，另一种是非穿孔焊接，前者又称穿孔型焊接法，后者称为熔入法。

“穿孔型焊接法”使等离子弧穿透焊件形成小孔（钥孔），被熔化的金属依靠表面张力，通过孔壁拉住，不使滴漏，形成熔池，熔池在电弧吹力、液体金属重力和表面张力相互作用下保持平衡。焊枪在前进时，小孔在电弧后闭合，形成完全穿透的焊缝，焊缝断面呈“酒杯状”。

“熔入法”是用等离子弧把焊件焊接处熔化到一定的深度或熔透形成单面焊双面成形，此法主要用于 3mm 以下薄壁焊件的单面焊双面成形，或较薄焊件的盖面焊接。它类似 GTAW 焊。

等离子弧焊接既可以用于直管拼接（平焊），也可以用于管子弯后拼接（全位置焊）。通常采用图 9-11 中 D 形坡口，第一层不添加填充焊丝，采用穿透法焊接，第二层采用加丝熔入法盖面，补充焊缝表面凹陷。

等离子弧穿透法焊接的主要焊接参数有焊接电流、离子气流量、焊接速度、喷嘴几何形状和尺寸、电极内缩量、喷嘴到焊件距离、电极尺寸、保护气体成分及流量等。

焊接电流是一个重要的焊接参数，电流小于某一数值时，电弧不稳定，“小孔效应”消失，引起未焊透；在等离子弧焊接光控自动反馈时，通常采用电流自动控制小孔穿透。电流大于某一数值时，焊缝上部平或者下凹，严重时会使熔池泄漏；电流增大超过某一数值时，电弧稳定性破坏，容易产生双弧，烧坏喷嘴。

离子气一般用纯 Ar 气，其流量的大小对熔深、焊缝成形、焊接速度都有影响。流量小，等离子弧穿透能力下降，气流过大，会形成切割现象。在管子等离子弧焊接声信自动反馈焊接时，通常采用程控等离子气流自动控制小孔穿透。

焊接速度太快会产生咬边和未焊透，太慢会导致过热或形成大熔池，甚至使熔池泄漏。

等离子弧焊接用喷嘴一般采用带有压缩段的三孔形喷嘴。电极内缩量通常控制为：电极端头到喷嘴口的距离与喷嘴压缩段长度相等、或者稍微短一些。

对于合金钢管子焊接，选用纯 Ar 作为保护气体。对于低碳钢管子焊接，用纯 Ar 焊接低碳钢时容易产生气孔，在 Ar 中加入适量的体积分数为 5% ~20% 的 CO_2 或 1% 左右的 O_2，有助于消除焊缝内气孔，并能改善焊缝表面成形。表 9-32 为脉冲等离子弧焊接的直管拼接焊接参数。

(7) 其他焊接方法 手工 GTAW、SMAW、GTAW/SMAW 具有灵活、方便的特点，可适用于各种复杂位置的焊接。

5. 异种钢的对接焊

表 9-32 管子直管拼接 PAW 焊的焊接参数

序号	接头材料组合及规格/mm	基值电流/A	脉冲电流/A	通断比 S/S	电弧电压/V	焊接速度/(mm/min)	基本离子气流量 Ar/(L/min)	程控离子气流量 Ar/(L/min)	保护气流量 Ar/(L/min)
1	12Cr1MoVG $\phi42\times3.5$	34	115	0.32/0.48	26	110	0.8~1.2	1~5	20
2	20G $\phi51\times6.5$	44	160	0.32/0.48	28	110	0.8~1.2	1~5	20
3	TP304H $\phi63\times4$	35	130	0.40/0.40	28	150	0.8~1.2	1~5	20

注：基值电流和脉冲电流值为该层平均值。

在大容量、高参数电站锅炉中，受热面管的高温部位达到600℃以上，因此在温度较高的部位选用蠕变强度较高和抗氧化能力较强的奥氏体 Cr-Ni 不锈钢，而与之连接的较低温度区则采用珠光体、贝氏体、马氏体系列耐热钢，其合金元素主要为 Cr-Mo 系列，这样就形成了异种钢焊接。在长期高温高压的工况条件下，这类接头容易产生过早失效，各国对此有较多的报道。目前我国在 300MW 以上级别的亚临界、超临界、超超临界锅炉过热器、再热器异种钢接头上，采用的奥氏体不锈钢有 1Cr18Ni9（TP304H）、1Cr19Ni11Nb（TP347H）、Super304H、TP310HCbN（HR3C）等，采用的铬-钼系列钢种有 12Cr1MoVG、2.25Cr-1Mo、12Cr2MoWVTiB、T23、10Cr9Mo1VNb（T91）、T92 等。

异种钢焊接时，除了两种母材本身在焊接时易产生的问题外，主要还有下列特点：

（1）焊缝稀释　焊接时由于母材金属熔化而使焊缝金属稀释。稀释程度受焊接方法、接头形式、焊接参数（焊接电流、焊接速度等）、预热温度、焊接操作、材料化学成分等影响。Cr-Mo 钢合金元素含量低，它与奥氏体钢焊接时，由于它对焊缝金属的稀释作用，而使焊缝中奥氏体钢的合金元素含量降低。

（2）过渡层　异种钢焊接时，在焊接热源作用下，熔池内部和熔池边缘的液态金属温度、机械搅拌作用、液态金属停留时间均不同。熔池边缘的液态金属温度较低，流动性差，且液态停留时间短，机械搅拌作用弱，导致熔化的母材不能与填充金属充分混合，因此，这部分焊缝中母材所占比例较大。在毗邻铬-钼钢一侧熔合线附近的焊缝金属中，形成一层与内部焊缝金属成分不同的过渡层。过渡层中，合金元素含量比 Cr-Mo 钢多，比奥氏体钢少，往往形成马氏体，高硬度的马氏体组织会使脆性增加，塑性显著降低，过渡层宽度与焊缝中的含镍量成反比。

（3）碳迁移　异种钢接头在焊接过程、焊后热处理及长期高温运行中，存在碳的扩散迁移。碳在固态铁和液态铁中溶解度不同，碳在奥氏体中的溶解度比在铁素体中的溶解度大，Cr-Mo 钢和奥氏体的液态焊缝金属碳化物形成元素含量不同，在高温条件下，Cr-Mo 合金钢中的碳向奥氏体焊缝金属扩散迁移，结果在 Cr-Mo 合金钢中产生脱碳层，形成软化带；奥氏体钢一侧则由于增碳而形成硬化带。在长期高温运行时，脱碳层母材由于碳元素的减少，而成薄弱部分。提高焊缝金属含镍量，提高 Cr-Mo 合金钢碳化物形成元素的含量，能显著减弱碳的扩散迁移。

（4）线胀系数差别大　奥氏体钢的线胀系数比珠光体类钢大 30%~50%，在加热、冷却及长期高温运行条件下，都会在熔合区产生较大的热应力。由于异种钢接头长期失效基本上发生在低合金钢一侧熔合面上，因此选择与 Cr-Mo 低合金钢的线胀系数相近的填充材料，能降低低合金钢与焊缝熔合区的热应力。

（5）蠕变强度不匹配　异种钢接头奥氏体与 Cr-Mo 低合金钢随温度升高而蠕变强度下降的规律是不一样的，珠光体钢蠕变开始温度低于奥氏体钢，随着温度的升高，珠光体钢蠕变强度下降幅度很大，奥氏体钢的蠕变强度下降幅度小。随着温度升高，两者的蠕变强度差值越来越大，特别是采用 Inconel 82 作为填充金属时，其蠕变强度高于奥氏体钢，这样 Cr-Mo 低合金钢与焊缝蠕变强度差别更大，致使低合金钢侧产生蠕变开裂。提高异种钢接头低合金钢侧蠕变强度，有助于提高异种钢接头寿命。试验结果证明 10^5h 外特性能，600℃时，T91 + TP347H 接头优于 12Cr2MoWVTiB + TP347H 接头；580℃时，12CrMoWVTiB + TP347H 接头优于 12Cr1MoVG + TP347H 接头。

异种钢焊接及热处理工艺如下：

1）焊接异种钢接头时，要求焊缝金属稀释率低，但靠近焊缝界面的熔合区和焊缝根部的实际稀释率要比其他部位大得多，一般要求根部焊缝的平均稀释率控制在 30% 以下。为了降低熔合比，减少焊缝金属尤其是焊缝根部的稀释，应采用较大的坡口，推荐采用角度不小于 70°、无钝边的 V 形坡口或 U 形坡口。

2）采用较小的焊接热输入，以利于防止热裂纹和降低稀释率。

3）不预热焊接会增大 Cr-Mo 合金钢侧热影响区的淬硬倾向，但采用镍基填充金属，焊缝金属溶解氢的能力较大，塑性较好，接头的组织应力较小，同时管子对接的拘束程度也不大，因此异种钢焊接时，不预热或采用较低的预热温度是可行的。此外不预热或采用较低的预热温度实际上也降低了热输入，有利于降低焊缝的热裂倾向和熔合比。

4）选择合适的焊接材料。在焊缝金属被稀释的情况下，保证异种钢接头特别是熔合区仍有满意的高温性能，则熔合区过渡层要窄，焊缝金属要有足够的抗碳迁移能力，同时焊缝金属的膨胀系数要接近铬-钼低合金钢。根据上述原则，推荐采用 Inconel 82 镍基填充材料。Inconel 82 填充材料能获得满意的熔合区及焊缝的成分、硬度分布和金相组织，镍作为石墨化元素，能抑制异种钢接头 Cr-Mo 合金钢侧熔合区碳的迁移，此外 Inconel 82 的线胀系数接近 Cr-Mo 合金钢。

5）采用过渡段。采用过渡段的目的是尽可能地改善材料的蠕变强度差别，尽可能考虑用 T91 + 不锈钢接头来取代 12Cr1MoVG + 不锈钢接头和 12Cr2MoWVTiB + 不锈钢接头，用 12Cr2MoWVTiB + 不锈钢接头取代 12Cr1MoVG + 不锈钢接头。

6）焊后热处理。焊后热处理会使异种钢接头低合金钢一侧热影响区的碳元素向焊缝扩散，形成碳化物沉淀，从而使低合金钢一侧热影响区产生软化带；而且，由于异种钢接头材料本身线胀系数存在较大差别，焊后热处理无法消除应力，但不热处理可能会在低合金钢一侧产生淬硬组织，并存在较大的焊接应力。

生产实践证明，采用镍基焊接材料，拘束应力较小时，在淬硬倾向不严重时，或者进行焊前预热，焊后可以不进行热处理。在拘束应力较大，或焊前不预热时，焊后应该进行热处理，由于异种钢接头采用镍基材料焊接，焊缝中有大量的石墨化元素 Ni，故不会产生严重的碳迁移，但焊后热处理应采用较低的热处理温度和较短的热处理时间，防止碳元素的迁移。

三、小口径管的焊后热处理

焊后热处理的目的是消除焊接应力和回火。通常碳钢、低合金钢焊后热处理的目的是为消除应力，热处理的温度为 Ac_1 以下 50℃甚至更低；高合金钢焊后热处理的目的除了消除应力外还有回火作用，热处理温度通常接近 Ac_1 温度，为 Ac_1 以下 30℃。供货状态为固熔处理的不锈钢在环缝在焊接后不要求进行热处理，可进行固熔处理；当与其他耐热钢组成异种钢焊接时，应按耐热钢要求进行焊后热处理。不同钢种的接头焊后热处理应按较高温度要求进行焊后热处理，但不得超过任一材料的 Ac_1 温度。表 9-33 为锅炉受热面管焊后热处理的保温温度，保温时间为 1h/25min，12Cr2MoWVTiB、10Cr9Mo1VNb（T91）及 T92 至少 1h，其余至少 15min。

表 9-33　热处理保温温度　　（单位：℃）

管子材料 \ 管子材料	20G	15CrMoG	12Cr2MoG	12Cr1MoVG	12Cr2MoWVTiB	10Cr9Mo1VNb	T92	1Cr18Ni9 1Cr19Ni11Nb Super304H TP310HCb
20G	550 ~ 600	660 ~ 700	680 ~ 710	680 ~ 710	—	—	—	—
15CrMoG	—	660 ~ 700	680 ~ 720	680 ~ 720	—	—	—	—
12Cr2MoG	—	—	700 ~ 740	700 ~ 740	730 ~ 760	730 ~ 760	730 ~ 760	700 ~ 740
12Cr1MoVG	—	—	—	700 ~ 740	730 ~ 760	730 ~ 760	—	700 ~ 740
12Cr2MoWVTiB	—	—	—	—	750 ~ 780	745 ~ 775	—	750 ~ 780
10Cr9Mo1VNb	—	—	—	—	—	745 ~ 775	745 ~ 775	745 ~ 775
T92	—	—	—	—	—	—	745 ~ 775	745 ~ 775
1Cr18Ni9 1Cr19Ni11Nb Super304H TP310HCb	—	—	—	—	—	—	—	1040 ~ 1090 1130 ~ 1180 1040 ~ 1090 1175 ~ 1225

四、小口径管的焊后检验

1. 外观检验

1）焊缝外形尺寸应符合设计图样和工艺文件的规定，焊缝高度不低于母材表面，焊缝与母材应平滑过渡。

2）焊缝及热影响区表面无裂纹、夹渣、弧坑和气孔。

3）焊缝咬边深度不超过 0.5mm，管子两侧咬边的总长度不超过管子周长的 20%，且不超过 40mm。

4）通球。管子对接焊缝的接头处的内径不得小于表 9-34 中的规定，并作为通球直径进行检查。

2. 无损检测（RT 或 UT）

1）当管子外径 >159mm，或者壁厚≥20mm 时，每条环缝做 100% 的无损检测。

2）工作压力≥9.8MPa 的管子，其外径≤159mm 时，制造厂内为接头数的 100%，安装工地至少为接头数的 25%。

表 9-34　管子对接焊缝通球直径检查的要求　（单位：mm）

管子公称内径 DN	DN≤25	25 < DN≤40	40 < DN≤55	>55
焊缝接头处内径	≥0.75DN	≥0.80DN	≥0.85DN	≥0.90DN

3）工作压力≥3.8MPa 但 <9.8MPa 的管子，其外径≤159mm 时，制造厂内至少为接头数的 50%，安装工地至少为接头数的 25%。

4）工作压力≥0.10MPa 但 <3.8MPa 的管子，其外径≤159mm 时，制造厂内及安装工地应各至少抽查接头数的 10%。

接头的 RT、UT、MT、PT 检测按 JB/T 4730—2005《承压设备无损检测》的规定执行。射线照相的质量要求不应低于 AB 级。

额定蒸汽压力 >0.1MPa 的锅炉，接头 RT 检测的质量不低于Ⅱ级为合格；额定蒸汽压力≤0.1MPa 的锅炉，接头 RT 检测的质量不低于Ⅲ级为合格。

接头 UT 检测的质量不低于Ⅰ级为合格。

3. 焊接试件

受热面管子的对接接头，当材料为碳素钢时，（电阻焊对接接头除外），可免做检查试件；当材料为合金钢时，在同钢号、同焊接材料、同焊接工艺、同热处理设备和规范的情况下，从每批产品上切取接头数的 0.5% 作为检查试件，但不得少于 1 套试样所需接头数。在产品上直接切取检查试件确有困难的，可焊接模拟试件。产品检查试件应由焊接该产品的焊工焊接。检查试件经外观和无损探伤检查后，在合格部位制取试样。

应从管子对接接头检查试件上切取两个拉伸试样（亦可用一整根检查试件作拉伸试样，代替剖管的两个拉伸试样），切取面弯、背弯试样各一个，切取一个金相试样。

焊接接头的抗拉强度不低于母材规定值的下限。

面弯、背弯试样弯曲到表 9-9 规定的角度后，试样上任何方向最大缺陷的长度不大于 3mm 为合格。试样的棱角开裂不计。

金相检验的合格标准为：没有裂纹、疏松；没有过烧组织；没有淬硬性的马氏体组织。有裂纹、过烧和疏松之一者不允许复验。

目前管子环缝基本采用氩弧焊或氩弧焊封底，可免做断口检验。否则，额定蒸汽压力≥3.8MPa 的锅炉，受热面管子的对接接头应抽查 0.5% 断口，不足 200 个也应抽查 1 个。

4. 水压试验

水压试验应在无损检测和热处理后进行。水压试验时，压力应缓慢地升降。当水压上升到工作压力时，应暂停升压，检查有无漏水或异常现象，然后再升压到试验压力。对接焊接的受热面管子试验压力为工作压力的 2 倍（对于额定蒸汽压力≥13.7MPa 的锅炉，此试验压力可为 1.5 倍），并在此试验压力下保持 10 ~ 20s。然后降压到工作压力进行检查。水压试验水温一般为 21 ~ 49℃（合金钢水压试验水温应高于该钢种的脆性转变温度）。奥氏体钢水压试验时，应控制水的氯离子的质量浓度不超过 25mg/L。

第四节　膜式水冷壁的焊接

膜式壁结构通常指膜式水冷壁和后烟井包覆过热器，是组成锅炉炉体的管屏结构，早期的锅炉多采用拉拔鳍片管，鳍片之间焊接，组成管屏结构，现在基本采用管子加扁钢焊接而成的管屏结构。其结构形式如图 9-15 所示。膜式拼排焊缝为纵向受压件与非受压件焊接的非受压焊缝，其主要作用是保证管子与扁钢之间要有良好的热传导并有一定的强度，因此对它的要求主要是一定的熔深和焊缝的横截面积，见图 9-16。对于焊接熔深较浅的焊接方法，如 GMAW（MPM 法），采用提高角焊缝的焊脚高度来降低熔深要求；对于有熔深要求而焊接方法无法保证的产品，则采用在扁钢上开坡口的方法。

图 9-15　膜式管屏

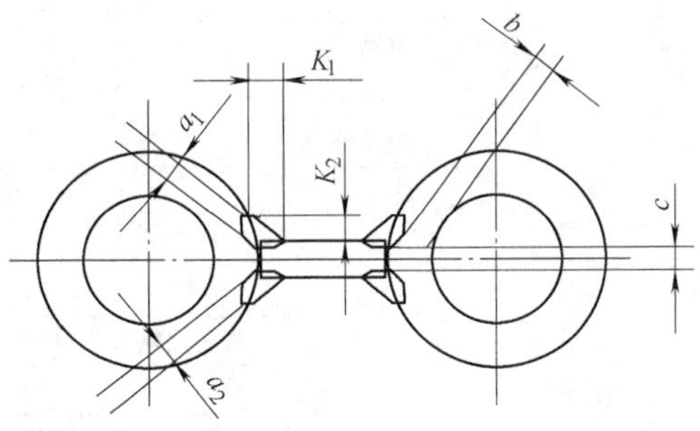

图 9-16　膜式水冷壁的焊缝熔深及其横截面

a_1、a_2—焊缝厚度　K_1、K_2—角焊缝焊脚尺寸

c—扁钢与管子之间未焊透量

b—管子侧未熔化净壁厚

一台大型电站锅炉膜式水冷壁角焊缝的总长度达数百千米，如 300MW 亚临界锅炉的膜式壁焊缝约有 200km；600MW 亚临界锅炉的膜式壁焊缝约有 350km；600MW 超临界锅炉的膜式水冷壁当量焊缝约有 360km。因此，对膜式壁拼排焊接来说，除了要保证熔深和焊缝表面质量外，还要有高的焊接生产率。

一、膜式水冷壁制造工艺流程和焊接方法的选择

1. 制造工艺流程

图 9-17 是 SAW 焊制造工艺流程图，某些合金钢管拼排焊后需进行消除应力热处理。

2. 焊接方法

膜式壁管子实际上亦是锅炉受热面，通常管子外径≤ϕ89mm，其管子对接在本章第三节中已叙述，本节主要叙述膜式壁拼排的焊接方法。膜式壁焊接中应用的焊接方法有 SAW 焊、GMAW（MPM）[⊖]、高频电阻焊（用于高频鳍片管焊接）和焊条电弧焊（SMAW 焊、FCAW 焊和 GMAW 焊）等。膜式壁的拼排焊接方法及适用范围见表 9-35。

⊖ MPM 为日本膜式壁管屏的高效焊接方法（MHI——日本三菱重工株式会社的缩写）。

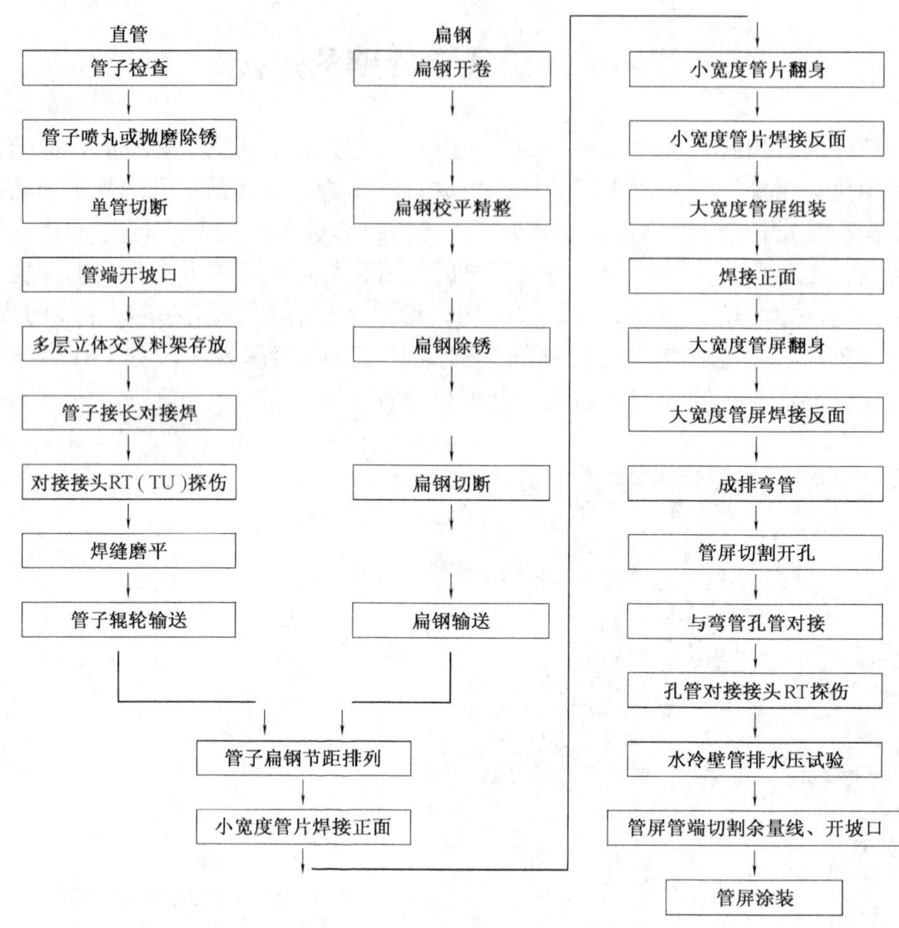

图 9-17　膜式水冷壁的制造工艺流程

表 9-35　膜式壁拼排的焊接方法及使用范围

焊接方法		适 用 范 围	工 艺 特 点
SAW		管屏成排焊接	工艺稳定，焊接参数调节范围大，便于调节熔深，焊缝成形好，对中要求低，但只能焊接平位置（1G 、2F），需清渣，变形比 MPM 大，需配以调节扁钢，劳动强度相对较低
GMAW（MPM）		管屏成排焊接	热影响区小，变形小，不需清渣，可正反面同时焊接，生产率高，但对中要求和清洁度要求高，焊接参数调节范围较小，焊缝熔深受限制，通常采用较大的角焊缝的焊脚尺寸以保证传热，明弧焊接，劳动强度相对较高
高频电阻焊		光管加扁钢鳍片管焊接	生产率高，设备要求高，宜专业化生产
手工焊	SMAW	短焊缝及修补焊缝	灵活方便，适合各种空间位置和返修焊接，GMAW 飞溅大，焊缝成形差，FCAW 焊缝成形好，飞溅小
	FCAW		
	GMAW		

二、膜式水冷壁的焊接工艺

1. SAW 焊

埋弧焊主要适用于焊接图 9-15 管子 + 扁钢的结构形式，管子规格为 $OD = 22 \sim 89$mm，扁钢宽度为 6 ~ 102mm，扁钢厚度一般为 6mm。焊枪布置见图 9-18，每一机头两把焊枪，两把焊枪前后相距 20 ~ 40mm，在生产线中一般采用双机头四焊枪的 800mm 或 1600mm 焊机，也有采用八焊枪的，两台焊机配套使用，焊件行走，正面焊缝焊好之后再翻身焊接反面焊缝，将管子 + 扁钢焊成宽度≤800mm 或≤1600mm 的管排，然后在双机头四焊枪的龙门焊机上拼焊到图样所要求的宽度；通常工厂龙门焊机宽度为 3200mm，如水冷壁管排出厂宽度超过 3200mm，一般采用管排最边上管子带半根扁钢，采用两块管排扁钢双面手工或焊接小车焊接，形成宽度大于 3200mm 的管排。

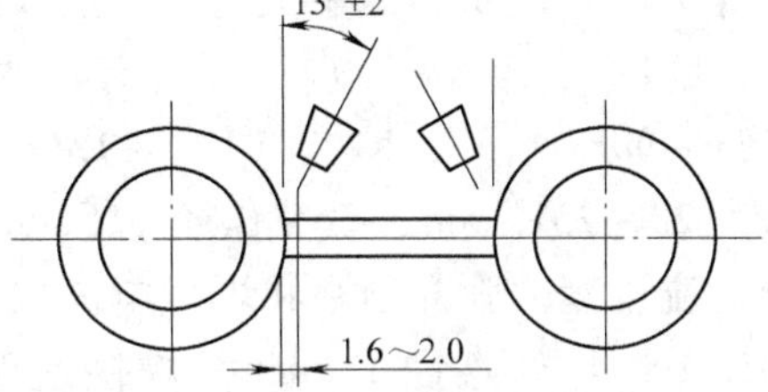

图 9-18 焊接管子和扁钢的焊枪布置图

与焊接工艺有关的母材参数主要是管子规格、扁钢宽度、扁钢厚度及其材质。管子 + 扁钢 SAW 焊一般采用双身法，即两根管子中间加一根扁钢，两条焊缝同时焊接，称为两根组，再由三组两根组焊成六根组，余类推，这样有利于防止焊接变形。

SAW 采用侧向压轮压紧，焊后产生横向收缩变形，对于较薄的管子还容易产生横向压扁成椭圆的形状，因此横向压紧要避免间隙以防焊穿，同时又不能压扁管子。横向焊接收缩变形量为 0.3 ~ 0.5mm，所以通常采用宽度超过名义尺寸 0.3 ~ 0.5mm 的扁钢，焊后管排宽度正好达到图样要求的宽度。必要时需配备调节扁钢来调节管排的宽度。

膜式壁的 SAW 焊除了保证良好的焊缝成形和必要的熔深外，还要力求提高焊接速度以提高生产率。为此目的，国内外都致力于高速焊剂的研制，要求高速埋弧焊接时，在要求的焊速 $v_{焊}$≥1.4m/min 下电弧燃烧稳定，脱渣良好，焊缝成形美观且有一定的抗铁锈能力。目前按 GB/T 5293—1999 标准生产的 SJ501 铝钛渣系酸性焊剂，碱度约为 0.5，焊接速度在 60 ~ 100m/h 时仍具有良好的脱渣性；但用于膜式拼排焊接，当焊接速度超过 1.4m/min 时，焊缝成形变差，其表现为焊缝边缘出现咬边。采用脉冲 SAW 焊接，可调整焊缝成形，焊接速度达到 1.6m/min，焊缝成形仍保持良好。表 9-36 为扁钢厚度为 6mm 时膜式壁 SAW 拼排的焊接参数。

表 9-36 扁钢厚度 6mm 时膜式壁的 SAW 焊拼排的焊接参数

序号	母材牌号及规格		焊丝		焊剂	焊接电流 /A	电弧电压 /V	焊接速度 /(m/min)
	管子	扁钢	牌号	规格 ϕ /mm				
1	20G SA-213T2 SA-213T12 15CrMoG δ≤4.5mm	Q235-A SS400 15CrMo 12Cr1MoV δ = 6mm	H10Mn2 EH14 H10MoCrA H12CrMoA EB2	1.2	SJ501 S-777MXT	270 ~ 330	26 ~ 32	0.9 ~ 1.2
2	20G SA-213T2 SA-213T12 15CrMoG SA-213T22 SA-213T23 δ > 4.5mm	Q235-A SS400 15CrMo SA-38712 12Cr1MoV SA-38722 δ≥6mm	H10Mn2 EH14 H10MoCrA H12CrMoA EB2 EB3	2.0	SJ501 S-777MXT	360 ~ 420	28 ~ 32	0.9 ~ 1.2

2. MPM（GMAW）焊

MPM焊采用富氩混合气体保护焊，电弧稳定，飞溅小，熔滴容易呈轴向射流过渡，同时气体带有一定的氧化性，克服了纯氩焊接时电弧的飘移现象和熔池表面张力大的缺点，焊缝质量好。特别是MPM法可配置高达20头焊枪，可同时焊接5根管子+6根扁钢的正反面焊缝，MPM采用上下压轮压紧，只需采用名义宽度的扁钢，不需配备调节扁钢。与SAW相比，焊接时省掉了拼排的翻身工序，焊接变形小，生产率高，占用生产场地小。与SAW双身焊法不同，MPM焊接通常采用扁钢中间夹管子。图9-19为MPM焊接示意图。

MPM（GMAW）焊的保护气体为φ（Ar）85%～90%+φ（CO_2）10%～15%，气体流量为20～25L/min，喷嘴孔径ϕ16mm，可控熔滴射流过渡，脉冲频率和焊接电流成正比，自动调节，焊丝直径1.2mm，焊接速度为60～70cm/min。

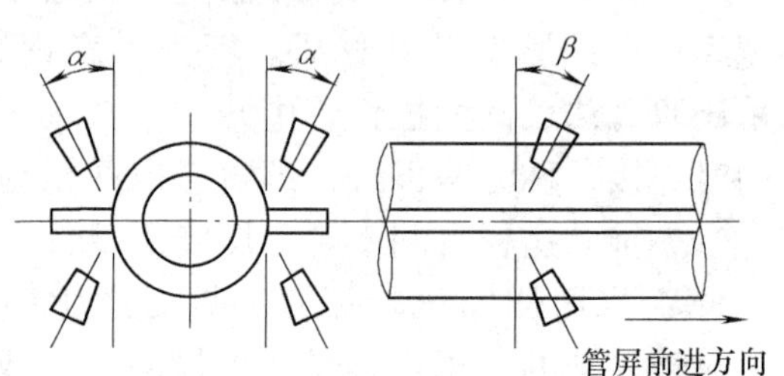

图9-19　MPM焊接示意图

MPM有4焊枪、8焊枪、12焊枪、20焊枪几种；4焊枪布置为一组正反面各2个焊枪；8焊枪布置为一组正反面各4个焊枪；12焊枪的布置为前组正反面各4个焊枪，后组正反面各2个焊枪；20焊枪的布置为前组正反面各6个焊枪，后组正反面各4个焊枪。拼排焊接前将管子与扁钢用定位焊点固焊后，多个焊枪便同时从正反面起焊。

与SAW比较，MPM焊接熔深较浅，通常在扁钢厚度为6mm时，角焊缝的焊脚尺寸高度为4mm，焊缝在管子、扁钢上的熔深不小于1mm。表9-37为MPM拼排的焊接参数实例。

表9-37　MPM焊拼排的焊接参数实例

母材		焊丝		保护气体（体积分数，%）	保护气流量/(L/min)	焊接电流/A	电弧电压/V	焊接速度/(cm/min)
管子	扁钢	牌号	直径/mm					
20G SA-210C	Q235-A SS400	ER50-6 ER70S-6	1.2	Ar85%～90% +$CO_2$10%～15%	20	260 ～280	26 ～28	0.7

3. SMAW、GMAW、FCAW焊

在膜式水冷壁管屏上开孔插入弯管后，弯管孔与膜式水冷壁的封板及超宽管排之间的扁钢焊接主要采用SMAW、GMAW、FCAW焊接。

4. 鳍片管的高频电阻焊

交流电频率高于100kHz为高频（又称射频），用高频电流使得工件边缘表层加热至熔化或接近熔化的塑性状态，随后加压，将氧化层及熔化层排出，并使处于高温塑性状态的金属产生足够的塑性变形而实现焊接。由于熔化层被挤出，高频焊实际上是塑态压力焊。

高频焊热能高度集中，能在极短的时间内将焊件待焊边缘加热至焊接温度，生产率高、热影响区小、氧化少和焊缝质量稳定，焊件变形小，不需要任何填充金属及焊剂，电能消耗少，生产成本低，适用于连续高速度生产。

鳍片管的高频电阻焊接的电流频率为200～450kHz，将光管与扁钢相焊以制成鳍片管。

其主要参数为高频电流、焊接速度、挤压力、待焊边缘V形角和导电点到焊接点的距离等。高频电阻焊鳍片管的焊速可达15～30m/min，生产效率很高。

高频电阻焊鳍片管采用管子加扁钢连续生产，扁钢可为单侧扁钢与两侧扁钢，管子加扁钢的鳍片管焊后经校正后，可采用SAW或GMAW方法，将扁钢接扁钢拼焊成膜式水冷壁。

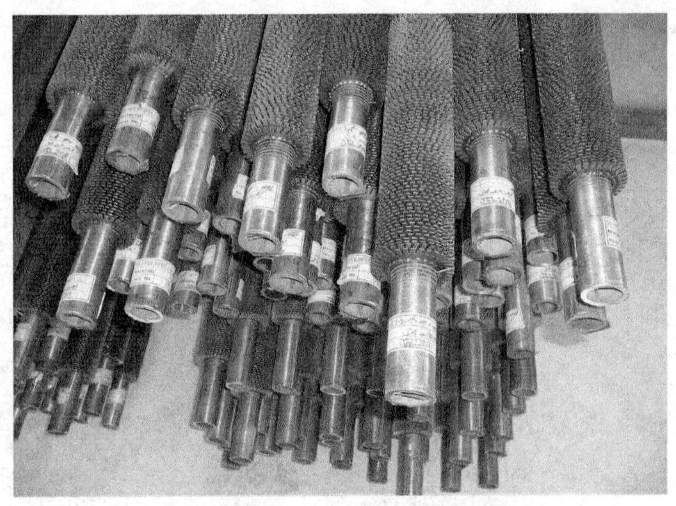

图9-20　螺旋形鳍片管

在受热面管组中，为了增加受热面，也可采用高频电阻焊在管子上焊接扁钢、螺旋鳍片或H形鳍片，图9-20和图9-21分别为螺旋鳍片管和H形鳍片管。

三、膜式水冷壁的热处理工艺

随着锅炉参数越来越高，水冷壁管子材料已从原来用于高压、超高压、亚临界锅炉的碳钢，发展到目前用于超临界、超超临界锅炉的SA-213 T12、SA-213 T22、12Cr1MoVG、SA-213 T23和SA-213 T24，甚至还有SA-213 T91高合金钢管子。由于膜式水冷壁结构为大量的纵向焊缝，焊接应力大，合金钢还存在热影响区淬硬组织，所以合金钢膜式水冷壁焊后应进行低于Ac_1温度的回火热处理，热处理参数见表9-38。

表9-38　合金钢管排焊后热处理参数　　　　（单位:℃）

扁钢 \ 管子	SA-213 T12	SA-213 T22	12Cr1MoVG	SA-213 T23	SA-213 T24	SA-213 T91
SA-387 Gr12	660～700	680～720	680～720	680～720	680～720	
SA-387 Gr22		680～740	680～740	680～740	680～740	730～760
12Cr1MoV		680～740	680～740	680～740	680～740	730～760

保温时间为焊缝厚度每25mm保温1h，由于膜式水冷壁结构不同于蛇形管结构，在大炉中热处理时热量不易对流，因此多排管排热处理时，管排之间净间距至少应保证200mm，以保证热量的传送，同时适当增加保温时间，通常保温时间为1h。

四、膜式水冷壁的焊接检验

除焊缝外观检验外，应定期检验焊缝断面的熔深。

1. SAW、MPM、SMAW、GMAW和FCAW焊缝的外观检验

焊缝的外观检验应满足如下要求：

1）焊缝成形光滑、平整、焊缝与母材之间圆滑过渡，焊缝表面不允许有裂纹、夹渣和弧坑等缺陷。

2）焊缝表面不允许有直径大于2mm的单个气孔，同时不允许存在密集性气孔（3个以上小孔连成一片）或成排气孔（任意100mm焊缝直线范围内气孔数多于5个）。

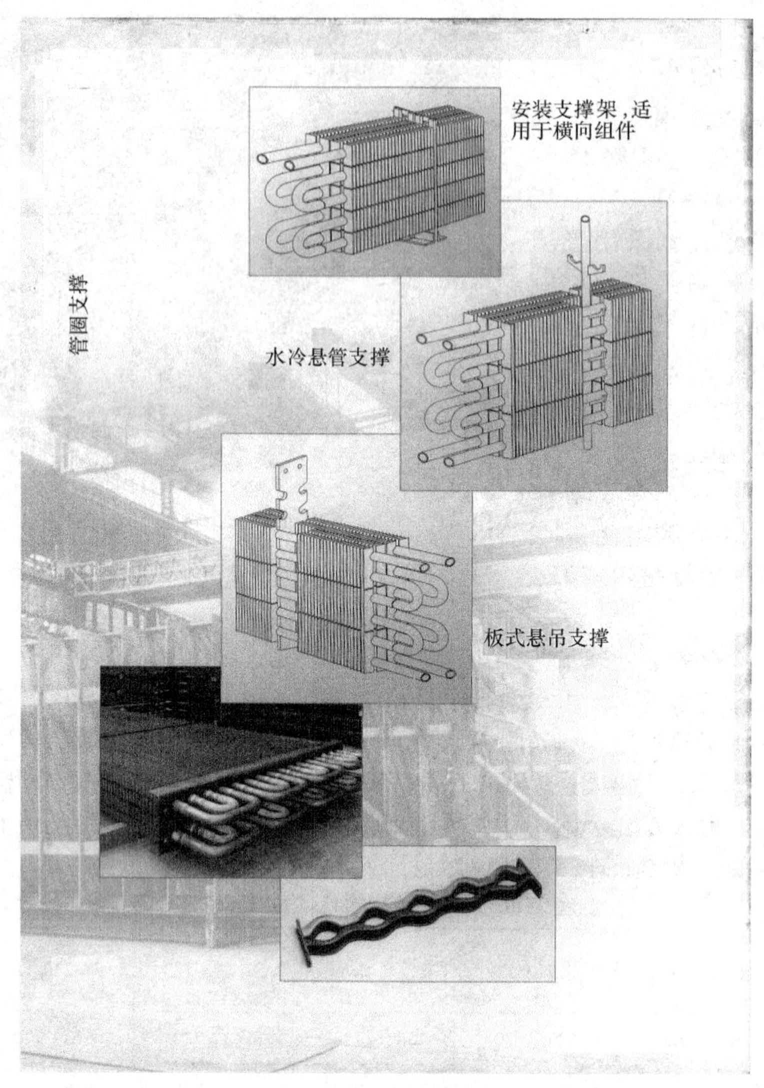

图 9-21　H 形鳍片管

3）焊缝咬边深度在管子侧不得大于 0. 5mm，咬边总长度不大于管子长度的 25%，且连续长度不超过 500mm；扁钢侧咬边深度不大于 0. 8mm。

4）扁钢与管子焊接时不得烧穿管子。

5）焊缝断面熔深应符合图 9-16 和表 9-39 的规定。

2. 高频焊鳍片管焊缝的外观检验

高频焊鳍片管焊缝应满足如下要求：

鳍片管外表面不得有明显的压痕和拉伤。

鳍片管的焊接处不允许有贯穿熔合面的小孔、夹渣和未熔合等缺陷存在（焊合处表面允许有规则的被挤出的金属（或毛刺）存在）。

对用作膜式水冷壁（或膜式顶棚、包墙管）的鳍片管，其管子与扁钢的熔合率不小于扁钢厚度的 80%。对用于其他用途的鳍片管。其管子与扁钢的熔合率可按具体产品的技术要求或加工合同规定而确定。

表 9-39　管子与扁钢焊缝面的熔深要求（摘自 JB/T 5255 标准表 1）

埋弧自动焊 SAW	气体保护自动焊、手工焊
$S<5$ K_1、K_2↗2.0 $S>5$ K_1、K_2↗3.0	K_1、$K_2 \geqslant 4$
$\alpha_1+\alpha_2 \geqslant 1.25\delta$	
$C \leqslant 0.4\delta$	$t \geqslant 1.0$
$S<5$	$b \geqslant 0.4S$
$S \geqslant 5$	$b \geqslant 2.0$

注：S—管子壁厚，K_1、K_2—角焊缝的焊脚尺寸（如图 9-16），α_1、α_2—焊缝厚度，C—扁钢与管子之间未焊透量，δ—扁钢厚度，t—焊缝熔入管子和扁钢的深度，b—管子侧未熔化净壁厚。

第十章 压力容器的焊接

随着工程焊接技术的迅速发展，现代压力容器也已发展成典型的全焊结构。压力容器的焊接成为压力容器制造过程中最重要最关键的一个环节，其焊接质量将会直接影响压力容器的质量。

第一节 碳素钢、低合金高强度钢压力容器的焊接

一、压力容器用碳素钢的焊接

碳素钢（简称碳钢又称非合金钢）以铁为基础，以碳为合金元素，其含量［碳的质量分数，用 $w(\mathrm{C})$表示］一般不超过1.0%。此外，含锰量［$w(\mathrm{Mn})$］不超过1.2%，含硅量［$w(\mathrm{Si})$］不超过0.5%，Si、Mn皆不作为合金元素。而其他元素，如Ni、Cr、Cu等，控制在残余量限度内，更不是合金元素。S、P、O、N等作为杂质元素，根据钢材品种和等级，也都有严格限制。

碳钢根据含碳量的不同，可分为低碳钢［$w(\mathrm{C})\leqslant 0.30\%$］、中碳钢［$w(\mathrm{C}) = 0.30\% \sim 0.60\%$］、高碳钢［$w(\mathrm{C})\geqslant 0.60\%$］。压力容器主要受压元件用碳钢，主要限于低碳钢。在《压力容器安全技术监察规程》中规定：“用于焊接结构压力容器主要受压元件的碳素钢和低合金钢，其 $w(\mathrm{C})$不应大于0.25%。在特殊条件下，如选用 $w(\mathrm{C})$超过0.25%的钢材，应限定碳当量不大于0.45%，由制造单位征得用户同意，经制造单位压力容器技术总负责人批准，并按相关规定办理批准手续”。常用的压力容器用碳钢牌号有Q235B、Q235C、10、20、20R等。

1. 低碳钢的焊接特点

低碳钢含碳量低，锰、硅含量少，在通常情况下不会因焊接而引起严重组织硬化或出现淬火组织。这种钢的塑性和冲击韧度优良，其焊接接头的塑性、韧性也极其良好。焊接时一般不需预热和后热，不需采取特殊的工艺措施，即可获得质量满意的焊接接头，故低碳钢具有优良的焊接性能，是所有钢材中焊接性能最好的钢种。

2. 低碳钢焊接材料的选用

（1）焊条　应根据焊缝金属强度与母材等强的原则选用焊条，同时还须考虑接头形式、板厚和焊接位置等因素。随着母材厚度的增大，接头内残余应力增大。因此，当厚度增大时，在同等强度等级中应选用抗裂性能好的焊条，如低氢型焊条等。

（2）埋弧焊焊丝和焊剂　低碳钢埋弧焊时，由于母材中合金成分不多，故既可采用焊丝渗合金，也可采用焊剂渗合金。通过焊剂向焊缝中过渡锰，有利于改善焊缝的抗热裂纹能力和抗气孔性能，通过焊丝向焊缝过渡锰时，有利于提高焊缝的低温韧性。

（3）气体保护焊焊丝　首先要满足焊缝金属与母材等强，焊缝化学成分与母材的一致性，则放在次要。当焊缝金属强度超过母材过多时，可能引起焊接接头塑性和韧性下降。

3. 低碳钢的焊接要点

1）由于低碳钢的塑性、韧性都较好，C、Mn、Si 的含量又少，故焊接性能优良，一般情况下焊接时不需要预热及控制层间温度和后热，整个焊接过程中不需采用特殊的工艺措施，焊后也不必进行热处理。

2）在严寒的低温条件下焊接低碳钢或焊接大厚度的焊缝时，由于焊接接头冷却速度较快，冷裂纹的倾向增大，特别是在多层焊时，第一道焊缝容易开裂。为避免焊接裂纹，应采取以下措施：

① 焊前预热，焊接过程中保持层间温度。

② 采用低氢型或超低氢型焊条。

③ 定位焊时，加大焊接电流，减慢焊接速度。

④ 整条焊缝尽量一次连续焊完。

3）低碳钢埋弧焊时，为保证其接头的冲击韧度和冷弯性能，应适当控制热输入量，不宜采用大规范焊接，尽量使每道焊肉的厚度减薄。

4）氩弧焊打底焊时，背面不必进行氩气保护，即可获得满意的焊接接头质量。

二、压力容器用低合金高强度钢及其焊接特点

在钢中除碳外加入少量一种或多种合金元素［w(合金元素)总量在 5% 以下］，以提高钢的力学性能，使其屈服点在 275MPa 以上，并具有良好的综合性能，这类钢称之为低合金高强度钢，其主要特点是强度高、塑性和韧性也较好。按钢的屈服点级别及热处理状态，压力容器用低合金高强度钢可分为两类。

（1）热轧、正火钢　屈服点在 294 ~ 490MPa 之间，其使用状态为热轧、正火或控轧状态，属于非热处理强化钢，这类钢应用最为广泛。

（2）低碳调质钢　屈服点在 490 ~ 980MPa 之间，在调质状态下使用，属于热处理强化钢。其特点是既有高的强度，且塑性和韧性也较好，可以直接在调质状态下焊接。近年来，这类低碳调质钢应用日益广泛。

目前应用于压力容器的低合金高强度钢的钢板牌号有：16MnR、15MnVR、13MnNiMoNbR、18MnMoNbR 等。锻件牌号有 Q345（16Mn）、Q390（15MnV）、20MnMo 和 20MnMoNb 等。

1. 低合金高强度钢的焊接特点

低合金高强度钢 w(C)一般不超过 0.20%，w(合金元素)总量一般不超过 5%。正是由于低合金高强度钢含有一定量的合金元素，才使其焊接性能与碳钢有一定差别，其焊接特点表现在：

（1）焊接接头的焊接裂纹

1）冷裂纹：低合金高强度钢由于含有强化钢材的 C、Mn、V、Nb 等元素，在焊接时易淬硬，这些硬化组织很敏感，因此，在刚度较大或拘束应力高的情况下，若焊接工艺不当，很容易产生冷裂纹。而且这类裂纹有一定的延迟性，其危害极大。

2）再热裂纹：再热裂纹又称消除应力裂纹（SR 裂纹），是指焊接接头在焊后消除应力热处理过程或长期处于高温运行（一定温度范围内的再次加热）中发生在靠近熔合线粗晶区的沿晶开裂。一般认为，其产生是由于焊接高温使 HAZ 附近的 V、Nb、Cr、Mo 等碳化物固溶于奥氏体中，焊后冷却时来不及析出，而在 PWHT[⊖]时呈弥散析出，从而强化了晶内，使应力松弛时的蠕变变形集中于晶界。

低合金高强度钢焊接接头一般不易产生再热裂纹，如 16MnR、15MnVR 等。但对于 Mn-Mo-Nb 和 Mn-Mo-V 系低合金高强度钢，如 07MnCrMoVR，由于 Nb、V 、Mo 是促使再热裂纹敏感性较强的元素，因此这一类钢在焊后热处理时应注意避开再热裂纹的敏感温度区，防止再热裂纹的发生。

（2）焊接接头的脆化和软化

1）应变时效脆化：焊接接头在焊接前需经受各种冷加工（下料剪切、筒体卷圆等），钢材会产生塑性变形，如果该区再经 200 ~ 450℃的热作用就会引起应变时效。应变时效脆化会使钢材塑性降低，脆性转变温度提高，从而导致设备脆断。PWHT 可消除焊接结构这类应变时效，使韧性恢复。GB150—1998《钢制压力容器》中作出规定，圆筒钢材厚度 δ_s 应符合以下条件：碳素钢、16MnR 钢的厚度不小于圆筒内径 D_i 的 3%；其他低合金钢的厚度不小于圆筒内径 D_i 的 2.5%，且为冷成形或中温成形的受压元件，应于成形后进行热处理。

2）焊缝和热影响区脆化：焊接是不均匀的加热和冷却过程，从而形成不均匀组织。焊缝（WM）和热影响区（HAZ）的脆性转变温度比母材高，是接头中的薄弱环节。焊接热输入对低合金高强度钢 WM 和 HAZ 性能有重要影响，低合金高强度钢易淬硬，热输入过小，HAZ 会出现马氏体引起裂纹；热输入过大，WM 和 HAZ 的晶粒粗大会造成接头脆化。低碳调质钢与热轧、正火钢相比，对热输入过大而引起的 HAZ 脆化倾向更严重。所以焊接时，应将热输入限制在一定范围。

3）焊接接头的热影响区软化：由于焊接热作用，低碳调质钢的热影响区（HAZ）外侧加热到回火温度以上特别是 Ac_1 附近的区域，会产生强度下降的软化带。HAZ 区的组织软化随着焊接热输入的增加和预热温度的提高而加重，但一般其软化区的抗拉强度仍高于母材标准值的下限要求，所以这类钢的热影响区软化问题只要工艺得当，不致影响其焊接接头的使用性能。

2. 低合金高强度钢的选用

1）根据钢材不同的强度级别，选择与母材强度相当的焊缝金属是这类钢焊接材料选用的基本原则，当然，与此同时还要根据产品的使用条件、产品结构和板材厚度等因素，综合考虑焊缝金属的韧性、塑性和焊接接头的抗裂性。只要焊缝强度不低于或略高于母材标准抗拉强度的下限值即可。若选择的焊接材料焊缝金属强度过高，将会导致焊接接头的韧性、塑性及抗裂性降低，焊接接头的弯曲性能不易合格。

2）由于这类钢都具有不同程度的冷裂纹倾向，所以，在等强度原则的前提下，严格控制焊接材料中的氢含量是非常重要的，应尽量选用低氢型的焊接材料。对于强度较高的低碳调质钢焊接时，更是如此，甚至要选择超低氢型的焊接材料，并严格控制焊接材料的存放和使用。

3）考虑焊后加工工艺的影响。对焊后需经热处理、热卷（热弯）的焊件，应考虑焊缝金属经受高温处理作用对其力学性能的影响，应保证焊缝金属经热处理后仍具有要求的强度、塑性和韧性等。例如，对于压力容器常见的16MnR钢的埋弧焊，一般情况下选用

⊖ PWHT 是指焊件或设备实际的焊后热处理，下同。

H10Mn2 焊丝 + HJ431 焊剂即可。但对于焊后需经正火温度下冲压的封头拼板焊缝，其焊接材料选用应适当提高一挡，使用 H08MnMo 焊丝 + HJ431 焊剂，可弥补其强度损失。

3. 低合金高强度钢的焊接要点

1）选用低氢或超低氢高韧性的焊接材料，且重视烘干、保存以及坡口的清理，以减少焊缝中的扩散氢。

2）为了避免热影响区粗晶区的脆化，一般应注意不要使用过大的热输入。对于含碳量偏下限的 16MnR 钢焊接时，焊接热输入没有严格的限制，因为这种钢焊接热影响区脆化倾向较小，但对于含 V、Nb、Ti 等微合金化元素的钢，则应选用较小的焊接热输入。

3）对于碳及合金元素含量较高、屈服点也较高的低合金高强度钢，如 18MnMoNbR，由于这种钢淬硬倾向较大，又要考虑其热影响区的过热倾向，则在选用较小热输入的同时，还要增加焊前预热、焊后及时后热等措施。

4）焊接低碳调质钢时，为了使热影响区保持良好的韧性，同时使焊缝金属既有较高的强度又有良好的韧性，这就要求焊缝金属得到针状铁素体组织，而这种组织只有在较快的冷却条件下才能获得，为此要严格控制焊接热输入，不推荐采用大直径的焊条和焊丝，且要采用多道多层的窄焊道焊，焊枪尽量不作横向摆动的运条方式。为防止冷裂纹的产生，焊前需要预热，但应严格控制预热温度，预热温度过高，会使热影响区冷却速度过于缓慢，从而在该区内产生马氏体 + 奥氏体混合组织和粗大的贝氏体，使强度下降，韧性变坏。一般要求最高预热温度不得高于推荐的最低预热温度加 50℃。采用低温预热加后热的方法既可防止低碳调质钢产生冷裂纹，又可减轻或消除预热温度过高带来的不利影响。

5）加强对焊接接头的无损检测。对再热裂纹敏感的钢种，应在 PWHT 前后都要做射线或超声探伤。

4. 低合金高强度钢压力容器的焊接实例

直径为 2000mm，壁厚为 32mm 的缓冲罐（图 10-1），壳体材质为 16MnR 钢，其主要承压焊缝的焊接工艺见表 10-1。

说明：

1）封头拼缝在平板状态下焊接完成后，需再经过 950 ~ 1000℃ 的加热，然后冲压成形，故拼缝要经过 Ac_3 以上温度的加热，焊缝的力学性能不仅取决于化学成分，而且和焊缝的组织状态有很大关系。虽然焊缝的含碳量要比母材低很多，但由于焊接是一个局部加热过程，冷却速度很大，因此焊缝呈现为一种柱状晶的特殊的过饱和铸造组织，其中少量的马氏体主要靠碳的固溶强化存在，而低碳马氏体的亚结构存在许多位错，过饱和的固溶的碳就聚集在位错周围，起着钉扎位错的作用，使位错难于运动，马氏体便不易变形而呈现强化焊缝的作用。经过 Ac_3 以上的温度加热后，焊缝组织从柱状晶变成了等轴晶，打破了原来的亚结构状态，使过饱和程度降低，其碳的固溶强化作用也随之降低，所以焊缝强度势必会降低。为了弥补上述情况造成的焊缝强度降低，只有调整焊

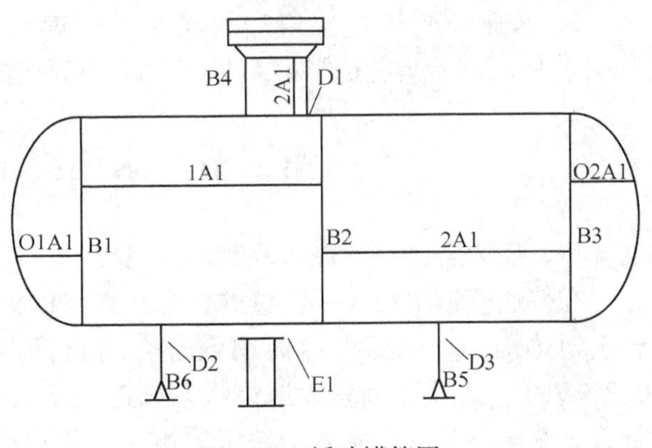

图 10-1　缓冲罐简图

缝的化学成分，使用合金元素更多一些的、强度高一挡的焊丝来焊接热压封头拼缝。

表 10-1 缓冲罐的焊接工艺

焊缝编号	焊缝位置	焊接方法	焊接材料
01A1、02A1	封头拼缝	双面 SAW	H08MnMo + HJ431
1A1、2A1、B1、B3	壳体纵、环缝	双面 SAW	H10Mn2 + HJ431
B2	壳体环缝（大合拢）	内 SMAW 外 SAW	J507 H10Mn2 + HJ431
B4 D1 ~ D3	人孔接管与对应法兰环缝 人孔、小接管与壳体角焊缝	双面 SMAW	J507
B5、B6	小接管与对接法兰环缝	GTAW 打底 SMAW 盖面	TIG-50 J507
E1	鞍座与壳体焊接角焊缝	GMAW （CO_2 焊）	TWE-711

2）壳体纵、环缝焊接条件好，考虑到板厚因素，从提高效率、保证焊接质量出发，选用双面埋弧焊，焊丝按等强度原则选用。

3）考虑到设备因素，设备大合拢焊缝时，壳体的内环焊缝采用埋弧焊较困难，故内侧采用焊条电弧焊，外侧采用碳弧气刨清根后的外环缝埋弧焊。B2 焊缝距人孔较近，故将其作为大合拢焊缝。

4）人孔接管与人孔法兰环缝，由于人孔直径较大，故采用焊条电弧焊进行双面焊。对于人孔、小接管与壳体角焊缝，鉴于此部位焊缝形状和焊接条件，一般选用焊条电弧焊进行双面焊。

5）对于小直径接管环缝，由于只能单面焊，又要保证质量，选用 TIG 焊打底是保证焊缝质量最有效的方法。TIG-50 为焊接材料牌号，其型号为 ER70S-G（AWS A5.18）。

6）鞍座与壳体焊接角焊缝属非承压焊缝，采用熔化极气体保护焊（保护气体为纯 CO_2），效率高、焊缝成形好。TWE-711 为焊接材料牌号，其型号为 E71T-1（AWS A5.20）。

第二节　耐热钢压力容器的焊接

一、压力容器用耐热钢及其焊接特点

在普通碳钢中加入一定量的合金元素，以提高钢的高温强度和持久强度，这就形成了低合金耐热钢。对于压力容器用低合金耐热钢，为改善其焊接性能，常常把 w(C) 控制在 0.2% 以下。这类钢通常以退火状态或正火 + 回火状态交货。由于 w(合金) 在 2.5% 以下的低合金耐热钢具有珠光体 + 铁素体组织，故也经常称为珠光体耐热钢，如 15CrMoR。w(合金) 在 3% ~5% 之间的低合金耐热钢供货状态为贝氏体 + 铁素体组织，故也称为贝氏体耐热钢，如 12Cr2Mo1R。

压力容器上使用的低合金耐热钢主要是以加入 Cr 和 Mo 元素或辅以加入少量的 V、Ti 等元素来提高钢的蠕变强度和组织稳定性，所以也经常称之为 Cr-Mo 系耐热钢或 Cr-Mo-V 系耐热钢。也正由于这一类钢在耐高温的同时还具有良好的抗氢腐蚀性能，为此，Cr-Mo 或 Cr-

Mo-V 系的低合金耐热钢亦经常称为抗氢钢。

作为耐热钢，除上面已讲到的低合金耐热钢外，还有 w(合金)在 6% ~12% 之间的中合金耐热钢，如 1Cr5Mo、1Cr9Mo1，以及 w(合金)大于 13% 的高合金耐热钢，如 1Cr17。由于在压力容器中这两类耐热钢并不多见，本节以叙述低合金耐热钢为主。

为保证耐热钢焊接接头在高温、高压和各种腐蚀介质条件下长期安全地运行，其焊接接头性能应满足下列几点要求：

（1）接头的等强性　耐热钢接头不仅应具有与母材基本相等的室温和高温短时强度，而且更重要的是应具有与母材相近的高温持久强度。

（2）接头的抗氢性和抗氧化性　耐热钢接头应具有与母材基本相同的抗氢性和高温抗氧化性。为此，焊缝金属的合金成分和含量应与母材基本一致。

（3）接头的组织稳定性　耐热钢焊接接头在制造过程中，特别是厚壁接头将经受长时间多次热处理，在运行过程中将长期受高温高压的作用，接头各区不应产生明显的组织变化及由此引起的脆变或软化。

（4）接头的抗脆断性　虽然耐热钢压力容器大多数是在高温下工作，但压力容器和管道制造完工后，将在常温下进行设计压力为 1.25 倍压力的水压试验。在安装检修完毕后，也要经历水压试验及冷启动过程。因此，耐热钢焊接接头亦应具有一定的抗脆断性。

（5）接头的物理均一性　耐热钢焊接接头应具有与母材基本相同的物理性能。焊缝金属的线胀系数和热导率应基本与母材一致，这样就可避免接头在高温运行过程中产生的热应力。

低合金耐热钢含有一定量的合金元素，因此它与低合金高强度钢都具有一些相同的焊接特点，但又由于其含有一些特殊的微量元素及其不同的介质工作环境，所以也有其独特的焊接特点。

（1）淬硬性　低合金耐热钢中的主要合金元素 Cr 和 Mo 等都能显著地提高钢的淬硬性。其中 Mo 的作用比 Cr 大 50 倍。这些合金元素推迟了钢在冷却过程中的转变，提高了过冷奥氏体的稳定性，从而在较高的冷却速度下可能形成全马氏体组织，比如 12Cr2Mo1R 焊接时，如果焊接热输入较小、钢板厚度较大且不预热焊接时就有可能发生 100% 的马氏体转变。

（2）冷裂纹　由于 Cr-Mo 钢极易产生淬硬的显微组织，再加上焊缝区足够高的扩散氢浓度和一定的焊接残余应力共同作用，焊接接头易产生氢致延迟裂纹。这种裂纹在热影响区和焊缝金属中都易发生。在热影响区大多是表面裂纹，在焊缝金属中通常表现为垂直于焊缝的横向裂纹，也可能发生在多层焊的焊道下或焊根部位。冷裂纹是 Cr-Mo 钢焊接中存在的主要危险。

（3）消除应力裂纹　因为这类裂纹是在消除应力热处理时，接头再次处于高温下所产生的裂纹，故又称为再热裂纹。Cr-Mo 钢是再热裂纹敏感性钢种，敏感的温度范围一般在 500 ~700℃之间。

大量试验结果表明，钢中 Cr、Mo、V、Nb、Ti 等强碳化物形成元素对再热裂纹形成有很大影响。通常以裂纹指数 P_{SR} 粗略地评价钢的消除应力裂纹敏感性。P_{SR} 按下式计算：

$$P_{SR}=w(Cr)\%+w(Cu)\%+2w(Mo)\%+10w(V)\%+7w(Nb)\%+5w(Ti)\%-2(\%)$$

当 $P_{SR}\geqslant 0$ 时，就有可能产生消除应力裂纹。但对于 w(C)低于 0.1% 的钢种，上式不适用。

（4）热裂纹　对低合金耐热钢，人们往往注重冷裂纹的防止。实际上，当焊道的成形系数（熔宽与熔深比）小于1.2～1.3时，焊道中心易形成热裂纹。这是因为窄而深的梨形焊道，低熔点共晶聚集于焊道中心，在焊接应力的作用下，导致焊道中心出现热裂纹。一切影响焊道成形系数的因素都会影响热裂纹的发生。

（5）回火脆性　Cr-Mo钢及其焊接接头在350～500℃温度区间长期运行过程中，发生脆变的现象称为回火脆性。例如某厂一台2.25Cr-1Mo钢制压力容器在332～432℃运行30000h后，钢的40J脆性转变温度从－37℃提高到了＋60℃，并最终导致灾难性的脆性断裂事故。

Cr-Mo钢及其焊接接头的回火脆性敏感性有两种评价方式：

1）X系数和J系数

$X=(10P+5Sb+4Sn+As)\times10^{-2}$（式中元素以$\times10^{-4}\%$含量代入，如0.01%应以$100\times10^{-4}\%$代入）

$J=(Si+Mn)(P+Sn)\times10^{4}$（式中元素以质量分数代入，如0.15%应以0.15代入）

这两个系数的界定是随着工业的不断发展和进步一步步提高的，最早要求$X\leqslant25\times10^{-4}\%$，$J\leqslant200$，后来达到$X\leqslant20\times10^{-4}\%$，$J\leqslant150$，直至目前又提高了要求，要求$X\leqslant15\times10^{-4}\%$，$J\leqslant100$。

2）分步冷却试验法（步冷）：分步冷却试验法是将试件加热到规定的最高温度后分步冷却，温度每降一级，保温更长时间，如图10-2所示。步冷处理的目的是在200～300h内使钢产生最大的回火脆性，与350～500℃温度区间设备经过2000～5000h才能产生的效果相同。

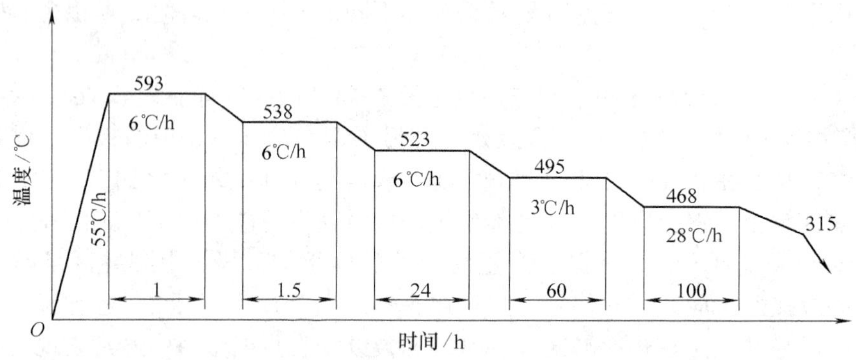

图10-2　测定回火脆性敏感性的步冷处理程序曲线

按图10-2曲线加热，使钢材发生快速回火脆化。分别对步冷试验前后的钢材进行系列冲击，绘制出步冷试验前、后回火脆化程度的曲线（见图10-3），确定延脆性转变温度VTr54（试样经min. PWHT处理后的夏比冲击吸收功为54J时相应的转变温度）的变量ΔVTr54（试样经min. PWHT＋步冷处理后的夏比冲击吸收功为54J时相应的转变温度增量），按下式进行计算：

美国雪弗龙公司早期提出的指标：

$VTr54+1.5\Delta VTr54\leqslant38℃$（100°F）

20世纪90年代普遍采用的指标：

VTr54 + 2.5ΔVTr54 ≤ 38℃

随着对设备安全性要求的提高及钢材、焊接材料性能的提高，对该指标的要求越来越高，2006 年某工程公司为宁波和邦化学有限公司设计的两台加氢反应器提出的指标是：

VTr54 + 3ΔVTr54 ≤ 10℃

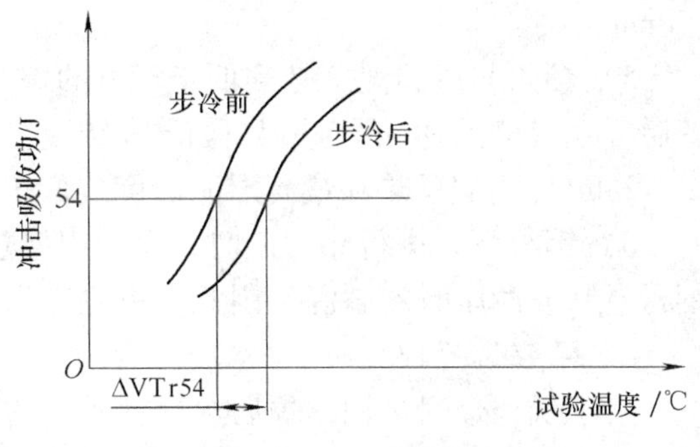

图 10-3　回火脆化程度的曲线

二、压力容器用耐热钢焊接材料的选用

1）与低合金高强度钢相同，焊缝金属和母材等强度原则仍是低合金耐热钢焊接材料选用的基本原则，只不过此时不但要考虑焊缝金属与母材的常温强度等强，同时也要使其高温强度不低于母材标准值的下限要求。

2）为使焊缝金属具有与母材同样的使用性能，要求其焊缝金属的 Cr、Mo 含量不得低于母材标准值的下限。

3）为保证焊缝金属有同样小的回火脆性，应严格限制焊接材料中的 O、Si、P、Sb、Sn、As 等微量元素的含量。

4）为提高焊缝金属的抗裂性，应控制焊接材料中的含碳量低于母材的含碳量，但应注意，含碳量过低时，经长时间的焊后热处理会促使铁素体形成，从而导致韧性下降，因此，对于低合金耐热钢的焊缝金属中 $w(C)$ 最好控制在 0.08% ~0.12% 范围内，这样才会使焊缝金属具有较高的冲击韧度以及与母材相当的高温蠕变强度。

三、压力容器用耐热钢的焊接要点

1. 预热与层间温度

在 Cr-Mo 钢的焊接特点中提到的冷裂纹、热裂纹及消除应力裂纹，都与预热及层间温度相关。一般来说，在条件许可下应适当提高预热及层间温度来避免冷裂纹和再热裂纹的产生。表 10-2 为对各种低合金耐热钢推荐选用的预热温度和层间温度，但在设备制造过程中还要结合实际选用。

表 10-2　推荐选用的低合金耐热钢预热及层间温度　（单位：℃）

钢　种	预热温度	层间温度
15CrMoR	≥150	150 ~ 250
12Cr1MoV	≥200	250 左右
12Cr2Mo1R	200 ~ 250	200 ~ 300
在 Cr-Mo 钢上堆焊不锈钢	≥100	

对于预热和层间温度，应注意以下几点：

1）整个焊接过程中的层间温度不应低于预热温度。

2）要保证焊件内外表面均达到规定的预热温度。

3）对于厚壁容器，必须注意焊前、焊接过程和焊接结束时的预热温度基本保持一致，并将实测预热温度做好记录。

4）若容器焊前进行整体预热，这不仅费时而且耗能。实际上，作局部预热可以取得与整体预热相近的效果，但必须保证预热区的宽度大于所焊厚度的 4 倍，且至少不小于

150mm。

5）预热与层间温度必须低于母材的 M_f 点（马氏体转变结束点），否则当焊件经 SR 处理后，残留奥氏体可能发生马氏体转变，其中过饱和的氢逸出会促使钢材开裂，如对 12Cr2Mo1R 钢的预热和最高层间温度应低于 300℃。

6）钢材下料进行热切割时，类似焊接热影响区的热循环，切割边缘的淬硬层可能成为钢材卷制或冲压时的裂源。因此，也应适当预热。

2. *焊后热处理*

对于低合金耐热钢，焊后热处理的目的不仅是消除焊接残余应力，而且更重要的是改善组织提高接头的综合力学性能，包括提高接头的高温蠕变强度和组织稳定性，降低焊缝及热影响区硬度，还有就是使氢进一步逸出，以避免产生冷裂纹。因此，在拟定低合金耐热钢焊接接头的焊后热处理规范时，应综合考虑下列冶金和工艺特点。

1）焊后热处理应保证近缝区组织的改善。

2）加热温度应保证焊接接头的焊接应力降到尽可能低的水平。

3）焊后热处理不应使母材及焊接接头各项力学性能降低到设计规定的最低限度以下。这一点往往要通过对母材及焊接接头进行最大和最小模拟焊后热处理（max. PWHT 及 min. PWHT）后的各项力学性能检测来确定。

4）由于耐热钢的回火脆性及再热裂纹倾向，焊后热处理应尽量避免在所处理钢材回火脆性敏感区及再热裂纹倾向敏感区的温度范围内进行。应规定在危险温度范围内要有较快的加热速度。

综合考虑以上四个特点，需要制定一个合适的耐热钢焊后热处理规范，经过大量的试验、研究，引出了一个指导性参数，即纳尔逊米勒（Rarson——Miller）参数 T_p，也称回火参数。

$$T_p = T(20 + \log t) \times 10^{-3}$$

式中 T_p——回火参数；

T——热处理绝对温度（K）；

t——热处理保温时间（h）。

从式中可以看出，热处理的温度和保温时间决定了 T_p 值的高低，也就影响了 Cr-Mo 钢焊接接头的强度和韧性。T_p 值过低，接头的强度和硬度会过高而韧性较低，若 T_p 值太高，则强度和硬度会明显下降，同时由于碳化物的沉淀和聚集也会使韧性下降，因此，T_p 值在 18.2～21.4 之间，可以使接头具有较好的综合力学性能。当然，对于每一种 Cr-Mo 钢都有一个最佳的回火参数范围，如 1.25Cr-0.5Mo 钢焊缝金属的最佳 T_p 值为 20.0～20.6 之间，对于 2.25Cr-1Mo 钢而言，其最佳的 T_p 值在 20.2～20.6 之间。

3. *后热和中间热处理*

Cr-Mo 钢冷裂倾向大，导致产生裂纹的影响因素中，氢的影响居首位，因此，焊后（或中间停焊）必须立即消氢。一般说来，Cr-Mo 钢容器的壁厚、刚度大、制造周期长，焊后不能很快进行热处理，为防裂并稳定焊件尺寸，在主焊缝（或主焊缝和壳体接管焊缝）完成后应进行比最终热处理温度低的中间热处理。这类钢的后热温度一般为 300～350℃，也有少数制造单位取 350～400℃的。中间热处理规范随钢种、结构、制造单位的经验而异，一般中间热处理温度为 620～640℃ ±15℃。

4. 焊接参数的选择

焊接热输入、预热温度和层间温度直接影响到焊接接头的冷却条件，一般来说，焊接热输入越大，冷却速度越慢，加之伴有较高的预热和层间温度，就会使接头各区的晶粒粗大，强度和韧性都会降低。对于低合金耐热钢而言，对焊接热输入在一定范围内变化并不敏感，也就是说，允许的焊接热输入范围较宽，只有当热输入过大时，才会对强度和韧性有明显的影响，所以为了防止冷裂纹的产生，希望焊接时热输入不要过小。

四、耐热钢压力容器的焊接实例

直径为500mm，壳程壁厚为30mm，管程壁厚为16mm的加热器（见图10-4），壳体材质为15CrMoR钢，其主要承压焊缝的焊接工艺，见表10-3。

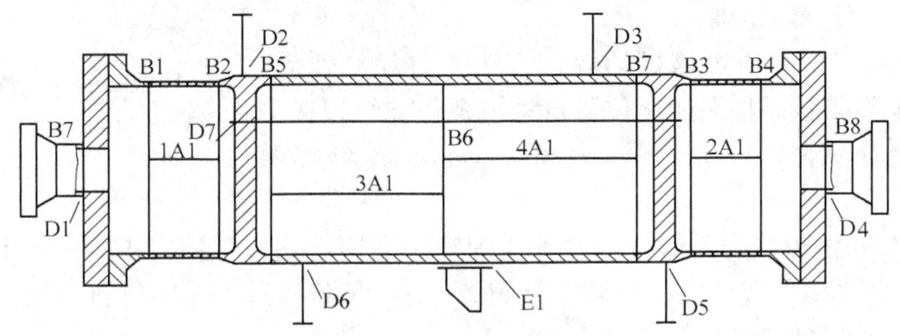

图10-4　加热器简图

表10-3　加热器的焊接工艺

焊缝编号	焊缝位置	焊接方法	焊接材料
3A1、4A1、B6 B2-B5、B7 B8、B9	管程筒体纵、环缝壳程、管程筒体与管板环缝接管与对接法兰环缝	GTAW 打底 SMAW 盖面	H13CrMoA R307
1A1、2A1、B1、B4	管程筒体纵缝管程筒体与法兰环缝	SMAW	R307
D1～D6	接管、整体法兰与法兰盖、管板、壳体角焊缝	SMAW	R307
D7	换热管与管板角焊缝	GTAW（自动）	H08CrMoA
E1	耳座与壳体角焊缝	GMAW （CO_2焊）	TWE-811B2

说明：

1）壳程筒体直径较小，焊工无法钻入筒体内焊接，故壳程筒体纵、环缝只能从外侧施焊。同样，由于该设备结构方面的原因，壳程、管程筒体与管板的环缝焊接也只能从外侧进行。至于接管与对接法兰环缝，本设备中接管规格为ϕ273mm×12mm，亦无法从内侧施焊。以上焊缝需要单面焊，但又要保证质量，选用GTAW焊打底是保证焊缝质量最有效的方法。对于壳程筒体环缝，也可采用GTAW焊打底，SMAW焊再焊两道，然后SAW焊剩余层的方法。

2）尽管管程筒体直径较小，但其长度很短，管程筒体纵缝、管程筒体与法兰环缝具备内侧焊条电弧焊的条件，故采用焊条电弧焊进行双面焊。

3）接管、整体法兰与法兰盖、管板、壳体的角焊缝设备大合拢焊缝，鉴于此部位焊缝形状和焊接条件，一般选用焊条电弧焊（SMAW）。

4）换热管-管板的焊接是热交换设备的重要焊缝，其焊接方法有焊条电弧焊、手工钨极氩弧焊（TIG）、全位置自动氩弧焊（GTAW）。焊条电弧焊是最早使用的焊接方法，其特点是效率高，但是焊接质量与其他两种方法相比要差很多，现在基本上已被淘汰。但是在某些特殊场合，如丝堵式空冷器，其管子-管板焊接必须通过管板前的丝堵板进行焊接，这时只能采用焊条电弧焊的方法，用小直径焊条焊接，这对焊工的操作技术要求很高，一般在焊前需要对焊工进行专门培训。

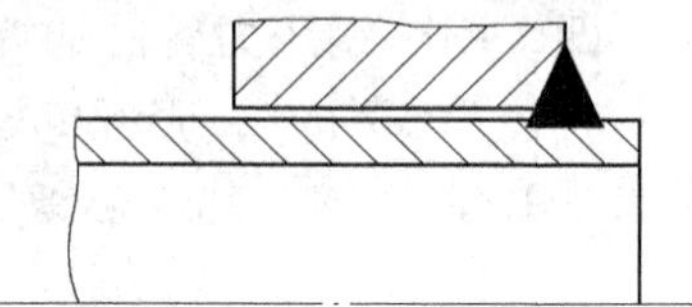

图 10-5　加热器换热管-管板的接头形式

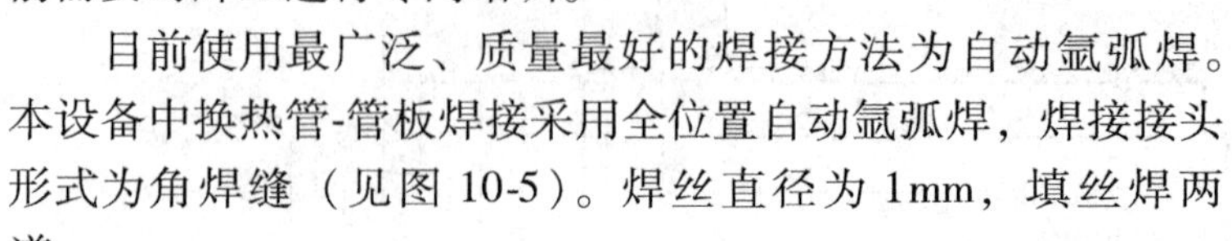

目前使用最广泛、质量最好的焊接方法为自动氩弧焊。本设备中换热管-管板焊接采用全位置自动氩弧焊，焊接接头形式为角焊缝（见图 10-5）。焊丝直径为 1mm，填丝焊两道。

5）耳座与壳体焊接的角焊缝属非承压焊缝，采用熔化极气体保护焊（GMAW）（保护气体为纯 CO_2）气体，效率高，焊缝成形好。采自 TWE-811B2 焊接材料的牌号，其型号为 E81T1 - B2（AWS A5. 29）。

第三节　低温钢压力容器的焊接

一、压力容器用低温钢及其焊接特点

根据 GB150—1998《钢制压力容器》附录 C 规定，设计温度低于或等于 -20℃ 的钢制压力容器为低温容器。

众所周知，钢材在低温条件下工作时具有冷脆性。衡量低温钢性能的主要指标是低温韧性，即低温下的冲击韧度和脆性转变温度，钢的低温冲击韧度越高，脆性转变温度越低，则该钢低温韧性越好。钢的成分和组织对低温性能都有显著影响，P、C、Si 使钢的脆性转变温度升高，其中尤以 P、C 最为显著，而 Mn 和 Ni 会使脆性转变温度降低，对低温韧性有利。钢中含镍量增高时，可以使其在更低的温度下保持相当高的冲击韧度。一般来说，具有面心立方晶格的金属，其韧性随温度的变化极小，18-8 型奥氏体不锈钢就是由于具有面心立方晶格，故在很低的温度下仍具有较高的冲击韧度。此外，钢的晶粒越细，低温冲击韧度越好。

低温钢就是通过严格控制钢材中的 C、S、P 含量或加入一些 V、Al、Ti 和 Ni 等合金元素，达到固溶强化、晶粒细化之目的，并通过正火或正火 + 回火处理来细化晶粒，使组织均匀化或使钢具有面心立方晶格，从而使钢在低温下具有足够的低温韧性及抵抗脆性破坏的能力，以保证设备在低温条件下能安全运行。

低温钢一般可分为无镍和含镍两大类。无镍钢的最低使用温度为 -50℃，含镍钢最低使用温度根据含镍量的多少在 -60 ~ -196℃ 范围之间，-196℃ 以下的钢为超低温钢，则使用奥氏体不锈钢，有关奥氏体不锈钢的焊接在介绍不锈钢焊接时再作详细叙述，表 10-4 为部分典型的低温钢的低温冲击韧度指标及匹配焊条。

表 10-4　部分典型的低温钢低温冲击韧度及匹配焊条

钢材牌号	使用状态	焊件厚度/mm	最低冲击试验温度/℃	A_{KV}/J	匹配焊条
16MnDR	正火	6～36	-40	≥24	J507RH
		>36～100	-30		
15MnNiDR	正火，正火+回火	6～60	-45	≥27	W607
09MnNiDR	正火，正火+回火	6～60	-70	≥27	W707
3.5Ni 钢（SA203B 级）	正火	≤50	-101	≥20	W107
		>50～75	-87		

对不含镍的低温钢而言，由于其含碳量低，其他合金元素含量也较少，故其淬硬倾向和冷裂倾向都小，因而具有良好的焊接性，一般可不预热或用较低的预热温度来进行焊接。当钢板较厚或低温环境下焊接时，才需要一定的预热温度。所以，这一类钢焊接时，只要选择相匹配的焊接材料和合适的工艺，保证焊缝及热影响区的低温韧性是不成问题的。

含镍低温钢由于添加了镍，虽然对冷裂纹倾向影响不显著，但却增大了热裂纹的倾向，必须严格控制钢及焊接材料中的 C、S、P 含量，同时还应采用合适的焊接参数，使焊缝有较大的焊缝成形系数，即避免形成窄而深的焊道成形截面，就可以有效地避免热裂纹的产生。总之，低温钢焊接的重点是保证焊缝及热影响区获得足够的低温冲击韧度。

二、压力容器用低温钢焊接材料的选用

1）所选用的焊接材料必须保证焊缝含有最少的有害杂质（S、P、O、N 等），对于含镍低温钢尤其要严格控制。

2）选用的焊接材料应保证焊缝金属的低温韧性。对于含镍低温钢，选用的焊接材料的含镍量应与母材相当或稍高，常用低温钢焊条参见表 10-4。这里要特别强调的是，虽然增加焊接材料中的含镍量，可以在一定程度上增加焊缝金属的冲击性能，但在某些特殊条件，需要限制焊缝金属中的含镍量，如 H_2S 应力腐蚀环境下，焊缝金属的 w(Ni)不得大于 1.0%。目前在建的福建炼化乙烯项目中一些 09MnNiDR 设备，由于设备内的介质含有 H_2S，所以设计院在技术要求中明确提出焊缝金属的 w(Ni)不得大于 1.0%，而国产的 W707 焊条显然无法达到此要求，最后只好选用进口焊接材料。

三、压力容器用低温钢的焊接要点

1. 采用小的焊接热输入

为避免焊缝及热影响区形成粗大组织而使其冲击韧度严重降低，焊接时必须采用较小的焊接热输入，具体要求是，焊接电流不宜过大，焊条电弧焊时，焊条尽量不摆动，采用窄焊道、多道多层焊和快速多道焊，以减小焊道过热，并通过多层焊的重复加热作用细化晶粒。多层焊时要严格控制层间温度。

2. 选择适当的焊接速度

对于含镍低温钢进行埋弧焊时，切不可以提高焊接速度来获得较低的焊接热输入。这是因为当焊接速度较高时，由于熔池形成典型的雨滴状，且焊道成形变成窄而深的截面形状，此时就易产生焊道中心的热裂纹。所以，这类钢焊接时，焊接速度要特别选择适当，不可过小，也不可过大。

3. 避免咬边缺陷

低温钢焊接时应注意避免弧坑、未焊透及咬边等缺陷，这些缺陷在低温条件下，有应力作用时，都会造成较大的应力集中而引起脆性破坏。所以对于低温压力容器而言，不允许有任何尺寸的咬边缺陷存在。

四、低温钢压力容器的焊接实例

容器为直径 4400mm、长 90m、壁厚 34mm 的乙烯精硫塔（见图 10-6），设计温度为 -45℃。因设备上管口、内件众多，图 10-6 中只画出了部分结构部件。其壳体材质为 09MnNiDR 钢，主要承压焊缝的焊接工艺见表 10-5。

表 10-5　乙烯精馏塔的焊接工艺

焊缝位置	焊接方法	焊接材料
封头拼缝壳体纵、环缝	SAW	UNION S3 SiUV-418TT
现场合拢焊缝	SMAW	W707
接管、人孔与壳体角焊缝 人孔筒体拼缝、人孔筒体与对接法兰环缝	SMAW	W307
接管与法兰环缝	GTAW	UNION I 1. 2 Ni
内件与壳体内壁角焊缝	GMAW（CO_2 焊）	THYSEN TG 50NiE81T1 - Ni1

说明：

1）壳体壁厚较大时，从焊接效率考虑，采用双面埋弧焊。焊丝、焊剂均为进口材料，其组合符合 F7P8-EH12K（AWS A5. 17）。其中 P8 表示焊缝金属在 -62℃（-80°F）的最低冲击吸收功为 27J（20ft. lbf）。

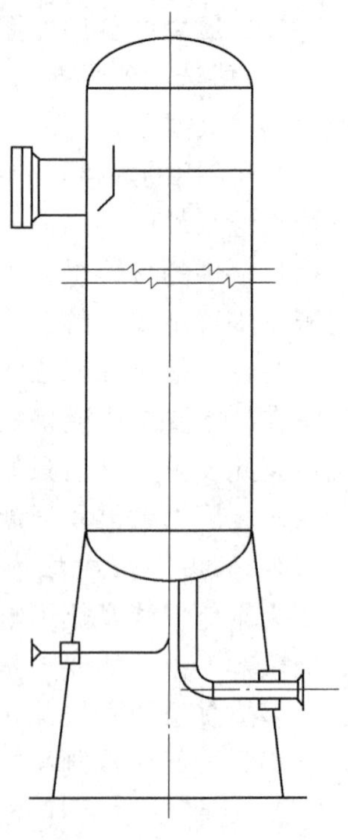

图 10-6　丙烯精馏塔简图

2）因设备限制，现场合拢焊缝（焊接位置：横焊）难以选用埋弧焊，故选用焊条电弧焊。W707 系低氢钠型药皮的 -70℃ 低温钢焊条，采用直流电源，可进行全位置焊接，焊接工艺性能良好。在 -70℃时，焊缝金属仍具有良好的冲击韧度。

3）接管、人孔与壳体的角焊缝，人孔筒体拼缝，人孔筒体与对接法兰环缝，鉴于此部位焊缝形状和焊接条件，一般选用焊条电弧焊。

4）对于小直径接管环缝，由于只能单面焊，又要保证质量，选用 TIG 焊打底是保证焊缝质量最有效的方法。UNION 1. 2Ni 为进口焊接材料的牌号，其焊接材料的型号为 ER80S-G（AWS A5. 28），焊接材料的采购时要求供应商保证其 -50℃ 的冲击吸收功≥27J。

5）内件与壳体内壁焊接的角焊缝属非承压焊缝，采用熔化极气体保护焊（保护气体为纯 CO_2），效率高，焊缝成形好。THYSSEN TG 50Ni 为进口焊接材料的牌号，其焊接材料的型号为 E81T1 - Ni1（AWS A5. 29）。

第四节　不锈钢压力容器的焊接

一、压力容器用不锈钢及其焊接特点

所谓不锈钢是指在钢中加入一定量的 Cr 元素后，使钢处于钝化状态，具有不生锈的特性。为达到此目的，其 $w(Cr)$ 必须控制在 12% 以上。为提高钢的钝化性，不锈钢中还往往需加入能使钢钝化的 Ni、Mo 等元素。一般所指的不锈钢实际上是不锈钢和耐酸钢的总称。不锈钢并不一定耐酸，而耐酸钢一般均具有良好的不锈性能。

不锈钢按其钢的组织不同可分为四类，即奥氏体不锈钢、铁素体不锈钢、马氏体不锈钢、奥氏体-铁素体双相不锈钢。

1. 奥氏体不锈钢及其焊接特点

奥氏体不锈钢是应用最广泛的一种不锈钢，以高 Cr-Ni 型最为普遍。目前奥氏体不锈钢大致可分为 Cr18-Ni8 型、Cr25-Ni20 型、Cr25-Ni35 型。奥氏体不锈钢具有以下焊接特点：

（1）焊接热裂纹　奥氏体不锈钢由于其热导率小，线胀系数大，因此在焊接过程中，焊接接头部位的高温停留时间较长，焊缝易形成粗大的柱状晶组织，在凝固结晶过程中，若 S、P、Sn、Sb、Nb 等杂质元素含量较高，就会在晶间形成低熔点共晶，在焊接接头承受较高的拉应力时，就易在焊缝中形成凝固裂纹，在热影响区形成液化裂纹，这都属于焊接热裂纹。防止热裂纹最有效的途径是，降低钢及焊接材料中易产生低熔点共晶的杂质元素和使铬镍奥氏体不锈钢中含体积分数为 4% ~12% 的铁素体组织。

（2）晶间腐蚀　根据贫铬理论，在晶间上析出碳化铬，造成晶界贫铬是产生晶间腐蚀的主要原因。为此，选择超低碳焊接材料或含有 Nb、Ti 等稳定化元素的焊接材料是防止晶间腐蚀的主要措施。

（3）应力腐蚀开裂　应力腐蚀开裂通常表现为脆性破坏，且发生破坏的过程时间短，因此危害严重。造成奥氏体不锈钢应力腐蚀开裂的主要原因是焊接残余应力。焊接接头的组织变化或应力集中的存在，局部腐蚀介质浓缩也是影响应力腐蚀开裂的原因。

（4）焊接接头的 σ 相脆化　σ 相是一种脆硬的金属间化合物，主要析集于柱状晶的晶界。γ 相和 δ 相都可发生 σ 相转变。比如对于 Cr25Ni20 型焊缝在 800 ~ 900℃ 加热时，就会发生强烈的 $\gamma \to \delta$ 转变。对于铬镍型奥氏体不锈钢，特别是铬镍钼型不锈钢，易发生 $\delta \to \sigma$ 相转变，这主要是由于 Cr、Mo 元素具有明显的 σ 化作用，当焊缝中 δ 铁素体的体积分数超过 12% 时，$\delta \to \sigma$ 的转变非常显著，造成焊缝金属的明显脆化，这也就是为什么热壁加氢反应器内壁堆焊层，将 δ 铁素体的体积分数控制在 3% ~10% 范围内的原因。

2. 铁素体不锈钢及其焊接特点

铁素体不锈钢分为普通铁素体不锈钢和超纯铁素体（超纯高铬铁素体）不锈钢两大类，其中普通铁素体不锈钢有 Cr12 ~ Cr14 型，如 00Cr12、0Cr13Al；Cr16、Cr18 型，如 1Cr17Mo；Cr25 ~ Cr30 型。

由于普通铁素体不锈钢中的碳、氮含量较高，故加工成形及焊接都较困难，耐蚀性也难以保证，使用受到限制，在超纯铁素体不锈钢中，严格控制了钢中的碳和氮总量，其 $w(C)$、$\varphi(N)$ 总量一般分别控制在 0.035% ~0.045%、0.030%、0.010% ~0.015% 三个层次，同时还加入必要的合金元素，以进一步提高钢的耐蚀性能和综合性能。与普通铁素体不锈钢相比，超纯高铬铁素体不锈钢具有很好的耐均匀腐蚀、点蚀及应力腐蚀性能，较多地应用于石化设备中。铁素体不锈钢有以下焊接特点：

1）焊接高温作用下，在加热温度达到1000℃以上的热影响区特别在近缝区的晶粒会急剧长大，焊后即使快速冷却，也无法避免因晶粒粗大化引起的韧性急剧下降及较高的晶间腐蚀倾向。

2）铁素体钢本身含铬量较高，有害元素C、N、O等也较多，脆性转变温度较高，缺口敏感性较强。因此，焊后脆化现象较为严重。

3）在400~600℃长时间加热缓冷时，会出现475℃脆化，使常温韧性严重下降。在550~820℃长时间加热后，则容易从铁素体中析出σ相，也会明显地降低其塑性、韧性。

3. 马氏体不锈钢及其焊接特点

马氏体不锈钢可分为Cr13型马氏体不锈钢、低碳马氏体不锈钢和超低碳马氏体不锈钢。Cr13型具有一般耐蚀性，以Cr12为基的马氏体不锈钢，加入Ni、Mo、W、V等合金元素后，除具有一定的耐蚀性能外，还具有较高的高温强度及抗高温氧化性能。

马氏体不锈钢的焊接特点，Cr13型马氏体不锈钢焊缝和热影响区的淬硬倾向特别大，焊接接头在空冷条件下便可得到硬脆的马氏体，在焊接拘束应力和扩散氢的作用下，很容易出现焊接冷裂纹。当冷却速度较小时，近缝区及焊缝金属会形成粗大铁素体及沿晶析出碳化物，使接头的塑性、韧性显著地降低。

低碳及超低碳马氏体不锈钢的焊缝和热影响区冷却后，虽然全部转变为低碳马氏体，但没有明显的淬硬现象，具有良好的焊接性能。

二、压力容器用不锈钢焊接材料的选用

1. 奥氏体不锈钢焊接材料的选用

奥氏体不锈钢焊接材料的选择原则是在无裂纹的前提下，保证焊缝金属的耐蚀性能及力学性能与母材基本相当，或高于母材，一般要求其合金成分大致与母材成分匹配。对于耐蚀的奥氏体不锈钢，一般希望含一定量的铁素体，这样既能保证良好的抗裂性能，又能具有很好的耐蚀性能。但在某些特殊介质中，如尿素设备的焊缝金属是不允许有铁素体存在的，否则就会降低其耐蚀性。对耐热用奥氏体钢，应考虑对焊缝金属内铁素体含量的控制。对于长期在高温运行的奥氏体钢焊件，焊缝金属内φ（铁素体）不应超过5%。读者可根据Schaeffler图，按焊缝金属中的铬当量和镍当量估计出相应的铁素体含量。

2. 铁素体不锈钢焊接材料的选用

铁素体不锈钢焊接材料基本上有三类：①成分基本与母材匹配的焊接材料；②奥氏体焊接材料；③镍基合金焊接材料，由于其价格较高，故很少选用。

铁素体不锈钢焊接材料可采用与母材相当的材料，但在拘束度较大时，很容易产生裂纹。焊后可采用热处理，恢复耐蚀性能，并改善接头的塑性。采用奥氏体焊接材料可免除预热和焊后热处理，但对于不含稳定元素的各种钢，热影响区的敏化仍然存在，常用309型和310型铬镍奥氏体焊接材料。对于Cr17钢，也可用308型焊接材料，合金含量高的焊接材料有利于提高焊接接头塑性。奥氏体或奥氏体-铁素体双相焊缝金属基本与铁素体母材等强，但在某些腐蚀介质中，焊缝的耐蚀性可能与母材有很大的不同，这一点在选择焊接材料时要注意。

3. 马氏体不锈钢焊接材料的选用

在不锈钢中，马氏体不锈钢是可以利用热处理来调整性能的，因此，为了保证使用性能的要求，特别是耐热用马氏体不锈钢，焊缝成分应尽量接近母材的成分。为了防止冷裂纹，也可采用奥氏体不锈钢的焊接材料，这时的焊缝强度必然低于母材。

焊缝成分与母材成分相近时，焊缝和热影响区将会同时硬化变脆，同时在热影响区中出现回火软化区。为了防止冷裂，厚度3mm以上的构件往往要进行预热，焊后也往往需要进行热处理，以提高接头性能，由于焊缝金属与母材的线胀系数基本一致，经热处理后有可能完全消除焊接应力。

当焊件不允许进行预热或热处理时，可选择奥氏体组织焊缝，由于焊缝具有较高的塑性和韧性，能松弛焊接应力，并且能较多地固溶氢，因而可降低接头的冷裂倾向，但这种材质不均匀的接头，由于线胀系数不同，在循环温度的工作环境下，熔合区可能产生切应力，导致接头破坏。

对于简单的Cr13型马氏体不锈钢，不采用奥氏体组织的焊缝时，焊缝成分的调整余地不多，一般都与母材相同，但必须限制有害杂质S、P及Si等的含量，Si在Cr13型马氏体钢焊缝中可促使形成粗大的马氏体组织。降低焊缝中的含C量，有利于减小淬硬性，焊缝中存在少量Ti、N或Al等元素，也可细化晶粒并降低淬硬性。

对于多组元合金化的Cr12基马氏体热强钢，主要用途是耐热，通常不用奥氏体不锈钢的焊接材料，焊缝成分希望接近母材。在调整成分时，必须保证焊缝不至出现一次铁素体相，因它对性能十分有害。由于Cr13基马氏体热强钢的主要成分多为铁素体元素（如Mo、Nb、W、V等），所以，为保证全部组织为均一的马氏体，必须用奥氏体元素加以平衡，也就是要有适当的C、Ni、Mn、N等元素。

马氏体不锈钢具有相当高的冷裂倾向，因此必须严格保持低氢，甚至超低氢，在选择焊接材料时，必须要注意这一点。

三、压力容器用不锈钢的焊接要点

1. 奥氏体不锈钢的焊接要点

总的来说，奥氏体不锈钢具有优良的焊接性。几乎所有的熔焊方法均可用于焊接奥氏体不锈钢，奥氏体不锈钢的热物理性能和组织特点决定了其焊接工艺要点。

1）由于奥氏体不锈钢的热导率小而线胀系数大，焊接时易于产生较大的焊接变形和应力，因此应尽可能选用焊接能量集中的焊接方法。

2）由于奥氏体不锈钢的热导率小，在同样的焊接电流下，可比低合金钢得到较大的熔深。同时又由于其电阻率大，在焊条电弧焊时，为了避免焊条发红，与同直径的碳钢或低合金钢焊条相比，焊接电流较小。

3）焊接参数。一般不采用大的热输入进行焊接。焊条电弧焊时，宜采用小直径焊条，快速多道焊，对于要求高的焊缝，甚至采用浇冷水的方法以加速冷却。对于纯奥氏体不锈钢及超低碳奥氏体不锈钢，由于热裂纹敏感性大，更应严格控制焊接热输入，防止焊缝晶粒严重长大与焊接热裂纹的发生。

4）为提高焊缝的抗热裂性能和耐蚀性能，焊接时，要特别注意焊接区的清洁，避免有害元素渗入焊缝。

5）奥氏体不锈钢焊接时一般不需要预热。为了防止焊缝和热影响区的晶粒长大及碳化物的析出，保证焊接接头的塑性、韧性和耐蚀性，应控制较低的层间温度，一般不超过

150℃。

2. 铁素体不锈钢的焊接要点

铁素体不锈钢的铁素体形成元素相对较多，奥氏体形成元素相对较少，材料淬硬和冷裂倾向较小。铁素体不锈钢在焊接热循环的作用下，热影响区晶粒明显地长大，接头的韧性和塑性急剧下降。热影响区晶粒长大的程度取决于焊接时所达到的最高温度及其保持时间，为此，在铁素体不锈钢焊接时，应尽量采用小的热输入，即采用能量集中的方法，如小电流TIG焊、小直径焊条电弧焊等，同时尽可能采用窄间隙坡口、高的焊接速度和多层焊等措施，并严格控制层间温度。

由于焊接热循环的作用，一般铁素体不锈钢在热影响区的高温区产生敏化，在某些介质中产生晶间腐蚀。焊后经700～850℃退火处理，使铬均匀化，可恢复其耐蚀性。

普通高铬铁素体不锈钢可采用焊条电弧焊、气体保护焊、埋弧焊等熔焊方法。由于高铬钢固有的低塑性，以及焊接热循环引起的热影响区晶粒长大和碳化物、氮化物在晶界集聚，所以焊接接头的塑性和韧性都很低。在采用与母材化学成分相似的焊接材料且拘束度较大时，很易产生裂纹。为了防止裂纹，改善接头塑性和耐蚀性能，以焊条电弧焊为例，可以采取下列工艺措施：

1）预热100～150℃左右，使材料在富有韧性的状态下焊接。含铬越高，预热温度应越高。

2）采用小的热输入、焊条不摆动焊接。多层焊时，应控制层间温度不高于150℃，不宜连续施焊，以减小高温脆化和475℃脆性影响。

3）焊后进行750～800℃退火处理。由于碳化物球化和铬分布均匀，可恢复其耐蚀性，并改善接头塑性。退火后应快冷，防止出现σ相及475℃脆性。

3. 马氏体不锈钢的焊接要点

对于Cr13型马氏体不锈钢，当采用同材质焊条进行焊接时，为了降低冷裂纹敏感性，确保焊接接头塑、韧性，应选用低氢型焊条并同时采取下列措施：

（1）预热　预热温度随钢材含碳量的增加而提高，一般在100～350℃范围内。

（2）后热　对于含碳量较高或拘束度较大的焊接接头，焊后采取后热措施，以防止焊接氢致裂纹。

（3）焊后热处理　为改善焊接接头塑性、韧性和耐蚀性，焊后热处理温度一般为650～750℃，保温时间按1h/25mm计。

对于超级及低碳马氏体不锈钢，一般可不采取预热措施，当拘束较大或焊缝中含氢量较高时，可采取预热及后热措施，预热温度一般为100～150℃，焊后热处理温度为590～620℃。

对于含碳量较高的马氏体钢，如果焊前预热、焊后热处理难以实施，以及在接头拘束较大的情况下，工程中也可采用奥氏体不锈钢的焊接材料，以提高焊接接头的塑、韧性，防止产生裂纹。但此时焊缝金属为奥氏体组织或以奥氏体为主的组织时，与母材强度相比实为低强匹配，而且焊缝金属与母材的化学成分、金相组织、热物理性能、力学性能差别很大，所以产生焊接残余应力不可避免，容易引发应力腐蚀或高温蠕变破坏。

四、压力容器用双相不锈钢的焊接

1. 双相不锈钢的类型

双相不锈钢具有奥氏体+铁素体双相组织，且两个相组织的含量基本相当，故兼有奥氏体不锈钢和铁素体不锈钢的特点。与铁素体不锈钢相比，双相不锈钢的韧性高，脆性转变温度低，耐晶间腐蚀性能和焊接性能均得到显著提高；同时又保留了铁素体不锈钢的一些特点，如475℃脆性、热导率高、线胀系数小，具有超塑性及磁性等。与奥氏体不锈钢相比，双相不锈钢的强度高，特别是屈服点显著地提高，其屈服点可达400~550MPa，是普通奥氏体不锈钢的2倍。且耐孔蚀、耐应力腐蚀、耐腐蚀疲劳等性能也有明显的改善。

双相不锈钢按其化学成分分类，可分为Cr18型、Cr23（不含Mo）型、Cr22型和Cr25型四类。对于Cr25型双相不锈钢又可分为普通型和超级双相不锈钢，其中近年来应用较多的是Cr22型和Cr25型。我国采用的双相不锈钢以瑞典产居多，具体牌号有3RE60（Cr18型）、SAF2304（Cr23型）、SAF2205（Cr22型）和SAF2507（Cr25型）。

2. 双相不锈钢的焊接特点

1）双相不锈钢具有良好的焊接性，它既不像铁素体不锈钢焊接时热影响区易脆化，也不像奥氏体不锈钢易产生焊接热裂纹，但由于它有大量的铁素体，当刚度较大或焊缝含氢量较高时，有可能产生氢致冷裂纹，因此严格控制氢的来源是非常重要的。

2）为了保证双相钢的特点，确保焊接接头的组织中奥氏体及铁素体比例合适是这类钢焊接的关键所在。当焊后接头冷却速度较慢时，$\delta \to \gamma$的二次相变化较充分，因此到室温时可得到相比例比较合适的双相组织，这就要求在焊接时要有适当大的焊接热输入量，否则若焊后冷却速度较快时，会使δ铁素体相增多，导致接头的塑性、韧性及耐蚀性严重下降。

3. 双相不锈钢焊接材料的选用

双相不锈钢用的焊接材料，其特点是焊缝组织为奥氏体占优的双相组织，主要耐蚀元素（Cr、Mo等）含量与母材相当，从而保证与母材相当的耐蚀性。为了保证焊缝中奥氏体的含量，通常是提高镍和氮的含量，也就是提高约2%~4%的镍当量。在双相不锈钢母材中，一般都有一定量的氮含量，在焊接材料中也希望有一定的含氮量，但一般不宜太高，否则会产生气孔。因此焊接材料的含镍量较高就成了焊接材料与母材的一个主要区别。

应根据不同双相不锈钢耐腐蚀性、接头韧性的要求不同来选择与母材化学成分相匹配的焊条，例如焊接Cr22型双相不锈钢，可选用Cr22Ni9Mo3型焊条，如E2209焊条。采用酸性焊条时脱渣优良，焊缝成形美观，但冲击韧度较低。当要求焊缝金属具有较高的冲击韧度，并需进行全位置焊接时，应采用碱性焊条。当根部封底焊时，通常采用碱性焊条。当对焊缝金属的耐腐蚀性能具有特殊要求时，还应采用超级双相钢成分的碱性焊条。

对于实芯气体保护焊焊丝，在保证焊缝金属具有良好的耐蚀性与力学性能的同时，还应注意其焊接工艺性能。对于药芯焊丝，当要求焊缝成形美观时，可采用金红石型或钛钙型药芯焊丝。当要求较高的冲击韧度或在较大的拘束条件下焊接时，宜采用碱度较高的药芯焊丝。

对于埋弧焊宜采用直径较小的焊丝，实现中小焊接参数下的多层多道焊，以防止焊接热影响区及焊缝金属的脆化，并采用配套的碱性焊剂。

4. 双相不锈钢的焊接要点

（1）焊接热过程的控制　焊接热输入、层间温度、预热及材料厚度等都会影响焊接时的冷却速度，从而影响到焊缝和热影响区的组织和性能。冷却速度太快和太慢都会影响到双相钢焊接接头的韧性和耐蚀性。冷却速度太快时会引起过多的α相含量以及Cr_2N的析出增加。过慢的冷却速度会引起晶粒严重粗大，甚至有可能析出一些脆性的金属间化合物，如σ相。表10-6列出了双相钢一些推荐的焊接热输入和层间温度的范围。在选择热输入时还应考虑到具体的材料厚度，表中热输入的上限适合于厚板，下限适合于薄板。在焊接合金含量高的w(Cr)为25 % 的双相钢和超级不锈钢时，为获得最佳的焊缝金属性能，建议最高层间温度控制在100℃。当焊后要求热处理时可以不限制层间温度。

表10-6　双相钢推荐选用的焊接热输入和层间温度

钢材类型	热输入/(kJ/cm)	最高层间温度/℃
w(Cr)23%无Mo双相钢	5~25	150~200
w(Cr22)%双相钢	5~25	125~200
w(Cr)25%[w(Cu)0~2.5%]双相钢	2~15	100~150
w(Cr)25%超级双相钢	2~15	100~150

(2) 焊后热处理　双相不锈钢焊后最好不进行热处理，但当焊态下α相含量超过了要求或析出了有害相，如σ相时，可采用焊后热处理来改善。所用的热处理方法是水淬。热处理时加热应尽可能快，在热处理温度下保温5~30min，应该足以恢复相的平衡。热处理时金属的氧化非常严重，应考虑采用惰性气体保护。对于w(Cr)为22%的双相钢应在1050~1100℃温度下进行热处理，而w(Cr)为25 % 的双相钢和超级双相钢要求在1070~1120℃温度下进行热处理。

五、不锈钢压力容器的焊接实例

容器为直径800mm，壁厚10mm的闪蒸罐（见图10-7），壳体材质为0Cr18Ni9不锈钢，其主要承压焊缝的焊接工艺见表10-7。

说明：

1) 筒体直径为800mm，焊工可以钻入筒体内焊接，故筒体纵、环缝都采用焊条电弧焊进行双面焊。

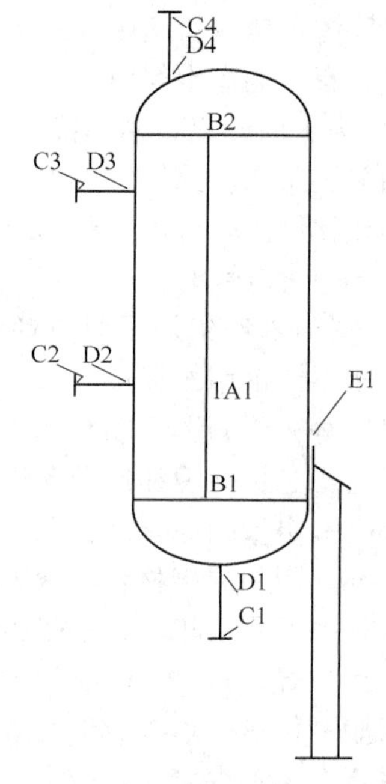

图10-7　闪蒸罐简图

表10-7　闪蒸罐的焊接工艺

焊缝编号	焊缝位置	焊接方法	焊接材料
1A1、B1	壳体纵、环缝	双面SMAW	A102
B2	壳体合拢焊缝	GTAW打底 SMAW盖面	TGF-308L A102
C1~C4 D1~D4	接管与平焊法兰的角焊缝 接管与壳体的角焊缝	SMAW	A102
E1	支座与壳体焊接的角焊缝	GMAW (CO_2焊)	TFW-308L

2）该设备无人孔，故合拢焊缝只能从外侧焊接。为保证焊接质量，采用 TIG 焊打底。但不锈钢氩弧焊焊接时背面金属会被氧化，以前只能通过采用背面充氩保护的方法，但是当设备较大时，将大量浪费氩气，且仍可能出现保护不好。如果背面无法实施氩气保护，则更是一个问题。为解决这一工艺难题，日本油脂公司焊接事业部开发制造了一种背面自保护不锈钢 TIG 焊丝，这是一种具有特殊涂层的焊丝，涂层（即药皮）熔化后会渗透到熔池背面，形成一层致密的保护层，相当于焊条药皮的作用。这种焊丝的使用方法与普通的 TIG 焊丝完全相同，涂层不会影响正面的电弧和熔池形态，却大大降低了不锈钢氩弧焊的焊接成本。本设备中，若采用背面氩气保护，氩气浪费严重，故采用了自保护焊丝。

3）接管与平焊法兰的角焊缝、接管与壳体的角焊缝，则根据此部位焊缝形状和焊接条件，一般选用焊条电弧焊。若接管直径太小，为了减少焊接难度，也可以采用 TIG 焊。

4）支座与壳体焊接的角焊缝属非承压焊缝，采用熔化极气体保护焊（GMAW），保护气体为纯 CO_2，效率高，焊缝成形好。TFW-308L 为焊接材料的牌号，其型号为 E308LT1-1（AWS A5. 22）。

第五节　有色金属压力容器的焊接

压力容器设备中，除广泛使用碳钢、低合金钢及不锈钢外，有色金属如钛及钛合金、镍及镍基合金、铜及铜合金、铝及铝合金的应用也日益增多。由于这些有色金属具有不锈钢所无可比拟的优点，所以在一些特殊的重要场合已占有主导地位。

一、压力容器用镍基耐蚀合金的焊接

镍及镍基合金具有特殊的物理、力学性能及耐腐蚀性，镍基耐蚀合金在 200 ~ 1090℃范围内能耐各种腐蚀介质的侵蚀，同时具有良好的高温和低温力学性能。在一些苛刻腐蚀条件下是一般不锈钢无法取代的优良材料。纯镍一般在工业中应用较少，但在镍中添加了 Cr、Cu、Fe、Mo、Al、Ti、Nb 和 W 等元素后，通过固溶强化，不但能改善其力学性能，而且使其具有优良的耐蚀性，可适应于各种腐蚀介质的侵蚀。

1. 镍基耐蚀合金的焊接特点

（1）易产生焊接热裂纹　由于镍基合金为单相奥氏体组织，与不锈钢相比，具有高的焊接热裂纹敏感性，特别是焊缝易产生多边化晶间裂纹。这种裂纹一般为微裂纹，焊后对焊缝进行着色探伤时，短时间都发现不了，但经过一段时间后，才显露出来。这说明裂纹非常微细，但有时也能发展为较宽的宏观裂纹。如果在单相奥氏体焊缝中加入固溶强化的 Mo、W、Mn、Cr、Nb 等元素，就可有效地抑制镍基合金焊缝多边化结晶的发展，从而显著地提高了抗热裂纹能力。限制热输入、避免采用大热输入焊接，也有利于防止热裂纹的产生。此时注意，如果热输入过小，会加速焊缝的凝固结晶速度，更易形成多边化晶界。此外，在一定应力下有助于多边化裂纹的产生。

（2）液态金属的流动性差，焊缝熔深浅　这是镍基合金的固有特性。依靠加大焊接电流不是解决此问题的办法，因为电流增加会引起裂纹和气孔，降低接头的耐蚀性，所以为了获得良好的焊缝成形，应采用电弧小摆动工艺。另外要加大坡口角度，减小坡口钝边。

2. 镍基耐蚀合金的焊接要点

镍基合金一般可采用与奥氏体不锈钢相同的焊接方法进行焊接。这里就最常用的钨极氩

弧焊和焊条电弧焊进行论述。无论是何种焊接方法，焊前一定要彻底清理焊接区表面。镍基合金对污染物的危害极为敏感，母材应尽可能在固溶状态下焊接。

1）钨极气氩弧焊是应用最广泛的一种焊接方法，几乎也适合于任何一种可熔焊的镍基合金，特别适合于薄件和小截面构件的焊接。钨极氩弧焊最常用的保护气体是氩气，其成本低，密度大，保护效果好。氩气中加了体积分数为5%的氢气，有还原作用，一般只用于第一层焊道和单道焊，多层焊的其余焊道可能要产生气孔。氦气保护焊应用较少，但氦气导热性大，传向熔池的热输入比较大，能提高焊接速度，减小产生气孔的可能性，但氦弧焊时，若焊接电流小于60A时，电弧不稳定。

钨极氩弧焊一般使用直流正接，采用高频引弧以及电流衰减的收弧技术。在保证焊透的条件下，应采用较小的焊接热输入，多层焊时应控制层间温度，焊接析出强化合金及热裂纹敏感性大的合金时，更要注意控制层间温度。弧长尽量短，薄件焊接时焊枪可不作摆动，但厚板多层焊时，为使熔敷金属与母材及前道焊缝充分熔合，焊枪仍可适当摆动。为保证单面焊完全焊透需要采用带凹形槽的铜衬垫，通以保护气体进行反面保护。为加强焊接区的保护效果，也可在焊嘴后侧加一输入保护气体的辅助拖罩。

2）使用焊条电弧焊焊接镍基合金时，由于焊条含合金元素多，且要求防止热裂纹，一般镍基合金焊条的药皮类型为碱性药皮，采用直流反接。为了防止合金元素的烧损和控制热输入，焊接时要求尽可能采用小的焊接参数，与同规格的不锈钢焊条相比，焊接电流可降低20% ~30%。由于液态金属的流动性差，为防止未熔合和气孔等缺陷，一般要求在焊接过程中焊条作适当摆动，但不能过大。当焊缝坡口再引弧时，应采用反向引弧技术，以利调整坡口处的焊缝平滑且能有利于抑制气孔的产生。采用逆向收弧，把弧坑填满，能防止弧坑裂纹的产生，必要时要对弧坑进行打磨。

二、压力容器用钛及钛合金的焊接

钛及钛合金具有良好的耐蚀性能，在氧化性、中性及有氯离子介质中，其耐蚀性优于不锈钢，有时甚至为1Cr18Ni9Ti普通奥氏体不锈钢的10倍。工业纯钛塑性好，但强度较低，具有良好的低温性能，其线胀系数和热导率都不大，这都不会给焊接带来困难。钛合金的比强度大，又具有良好的韧性和焊接性，在航天工业中应用最为广泛。钛及钛合金在我国现行标准中按其退火态的组织分为α钛合金、β钛合金和α+β钛合金三类，分别用TA、TB和TC表示。在石化行业中的压力容器设备中，牌号为TA2的工业纯钛使用为居多。

1. 钛及钛合金的焊接特点

（1）杂质元素的沾污引起脆化　钛是一种活性元素，特别是在焊接高温下非常容易吸收N、H和O，从而使焊缝的硬度、强度增加，塑性、韧性降低，引起脆化。碳也会与钛形成硬而脆的TiC，易引起裂纹。因此，钛及钛合金焊接时必须进行有效的保护，防止空气或其他因素的污染。所以钛及钛合金焊接不能采用气焊或焊条电弧焊方法焊接，否则接头满足不了焊接质量要求，一般只能采用氩气保护或在真空下焊接。

（2）焊接相变引起的接头塑性下降　常用的工业纯钛为α合金，焊接时由于钛导热差、比热容小、高温停留时间长、冷却速度慢，从而易形成粗大结晶；若采用加速冷却，又易产生针状α组织，也会使塑性下降。

（3）产生焊接裂纹　钛合金焊接时产生的焊接热裂纹的几率极小，只有当焊丝或母材存在质量问题时，才可能产生热裂纹。由氢引起的冷裂纹是钛合金焊接时应注意防止的，焊接时熔池和低温区母材中的氢向热影响区扩散，引起热影响区含氢量增加，造成热影响区出现延迟裂纹。

（4）气孔　钛及钛合金焊接时气孔是最常见的焊接缺陷。焊丝或母材表面清理不干净或氩气纯度不够都会造成气孔的产生，因此保护气——氩气纯度要求在99.99%以上。焊丝及焊件表面要进行酸洗、净水冲洗后烘干。

2. 钛及钛合金的钨极氩弧焊

钛及钛合金焊接时采用最多的焊接方法就是钨极氩弧焊，对于较厚的焊件也可采用熔化极氩弧焊。在技术要求严格的航天工业中，一些重要设备也可经常采用真空电子束焊接。

（1）焊丝的选用　选用焊丝应达到如下要求：在正常焊接工艺下焊接的焊缝，其焊后状态的抗拉强度不应低于母材在退火状态下标准抗拉强度的下限值，焊缝焊后状态的塑性和耐蚀性，也不应低于退火状态下的母材或与母材相当；焊接性能良好，能满足钛容器制造和使用的要求。

焊丝中的N、O_2、C、H_2 和Fe等杂质元素的标准含量上限值，应大大低于母材中杂质元素的标准含量上限值。不允许从所焊母材上裁条充当焊丝，应采用JB 4745—2002《钛制焊接容器》中附录D中的焊丝用作钛容器用焊丝。杂质元素含量不高于JB 4745—2002中附录D的其他标准的焊丝也可使用。母材牌号与推荐所用焊丝牌号表列于表10-8中。

表10-8　钛及钛合金焊接用推荐的焊接材料

母材牌号	TA0、TA1-A	TA1	TA2	TA3	TA9	TA10
推荐所用焊丝牌号	STA0R	STA1R	STA2R	STA3R	STA9R	STA10R

一般情况下，可按表10-8中根据所焊母材牌号来选择相应的焊丝牌号，并通过JB 4745—2002中附录B的焊接工艺评定验证。

不同牌号的钛材相焊时，一般按耐蚀性较好和强度级别较低的母材去选择焊丝材料。

（2）保护气体的选用　焊接用氩气纯度不应低于99.99%，露点不应高于-50℃，且符合GB/T 4842—1995《氩气》（工业用氩）的规定。当瓶装氩气的压力低于0.5MPa时不宜使用。

（3）钨极　钨极氩弧焊时推荐采用铈钨电极。电极直径应根据焊接电流的大小选择，电极端部应为圆锥形。

钛及钛合金钨极氩弧焊时，最关键的是要将焊接高温区与空气隔离开。为了有效地进行保护，焊枪喷嘴、拖罩和背面保护装置，通以适当流量的氩气是极其重要的。焊缝及近缝区颜色是衡量保护效果的标志，银白色、浅黄色表示保护效果良好；深黄色为轻微氧化，一般情况下还是允许的；金紫色表示中度氧化，深蓝色表示严重氧化，至于灰白色是绝对不允许存在的，表示焊缝已经变质，必须报废重焊。

三、压力容器用铝及铝合金的焊接

压力容器中常用纯铝、铝-锰合金和铝-镁系合金类型等。铝锰合金仅可变形强化，其强度比纯铝略高，成形工艺及耐蚀性、焊接性好。铝镁合金仅可变形强化，其 w（Mg）一般为0.5%～7.0%，与其他铝合金相比，铝镁合金具有中等强度，其延展性、焊接性能、耐蚀性良好。

铝在空气和氧化性水溶液介质中，表面产生致密的氧化铝钝化膜，因而在氧化性介质中具有良好的耐蚀性。铝在低温下与铁素体钢不同，不存在脆性转变，铝容器的设计温度可达-269℃。

1．铝及铝合金焊接特点

铝极易氧化，在常温空气中即生成致密的 Al_2O_3 薄膜，焊接时造成夹渣；氧化铝膜还会吸附水分，焊接时会促使焊缝生成气孔，焊接过程中，还应对熔化金属和高温金属进行有效地保护。

铝的线胀系数约为钢的2倍，铝凝固时的体积收缩率也比钢大得多。铝焊接时熔池容易产生缩孔、缩松、热裂纹及较高的内应力。

铝及铝合金液体熔池易吸收氢等气体，这些气体在焊后冷却凝固过程中来不及析出，在焊缝中易形成气孔。

当母材为变形强化或固溶时效强化时，焊接热影响区强度将下降。

2．焊接方法

铝及铝合金适用的焊接方法很多，压力容器上施焊时，经常采用钨极氩弧焊和熔化极气体保护焊，这两种焊接方法热量比较集中，电弧燃烧稳定，由于采用隋性气体保护良好，容易控制杂质和水分来源，减少热裂纹和气孔的产生，焊缝质量优良。钨极氩弧焊一般用于薄板，而熔化极气体保护焊用于厚板的焊接。

3．焊丝材料

选用的焊丝应使焊缝金属的抗拉强度不低于母材（非热处理强化铝为退火状态，热处理强化铝为指定值）的标准抗拉强度下限值或指定值，并使焊缝金属的塑性和耐蚀性不低于或接近于母材，或满足图纸要求。

为保证焊缝的耐蚀性，在焊接纯铝时宜用纯度与母材相近或纯度比母材稍高的焊丝。在焊接铝镁合金或铝锰合金等耐蚀铝合金时，宜采用含镁量或含锰量与母材相近或比母材稍高的焊丝。

焊丝可从GB/T 10858—1989《铝及铝合金焊丝》中选取，也可从化学成分与变形铝及铝合金相同（符合GB/T 3190—1996《变形铝及铝合金化学成分》）的丝材中选取，如按（GB/T 3197—2001《焊条用铝合金线》。

常用的保护气体有氩气和氦气，其气体纯度应大于99.9%。

由于铈钨极化学稳定性好，阴极斑点小，压降低，烧损少，易于引弧，电弧稳定性好，宜选用为焊接用电极。

四、压力容器用铜及铜合金的焊接

常用的铜及铜合金有：纯铜，黄铜，青铜和白铜四种。在压力容器中纯铜与黄铜使用较多。

纯铜是 w（Cu）不低于99.5%的工业纯铜，具有良好的导电性、导热性，良好的常温和低温塑性，以及对海水等的耐腐蚀性。纯铜中的杂质如氧、硫、铋等都不同程度地降低纯铜的优良性能，增加材料的冷脆性和接头中出现热裂纹的倾向。黄铜系铜和锌组成的二元合金，黄铜与纯铜相比，强度、硬度和耐腐蚀能力都高，且具有一定塑性，能很好承受热加工和冷加工。w（Zn）<30%~40%的黄铜，具有α相与少量的β相，因而提高了强度、塑性和耐蚀性，但对焊接性不利。

1．铜及铜合金的焊接特点

铜及铜合金的热导率高，线系数和收缩率大，当焊接线热输入不足时，则容易产生未熔合、未焊透，焊后变形也较严重，外观成形差。焊接时，铜能与其中杂质生成多种低熔点共晶，在焊接应力作用下产生热裂纹，杂质中以氧的危害性最大。

熔焊铜及铜合金时，溶解的氢和氧化还原反应易引起气孔，几乎分布在焊缝的各个部位。同时，由于晶粒严重长大，杂质和合金元素的渗入，有用合金元素的氧化、蒸发等因素，使得焊接接头性能发生很大的变化。

2. 焊接方法

焊接铜及铜合金需要大功率、高能束的熔焊热源，热效率越高，能量越集中，越有利于焊接，不同厚度的材料对于不同焊接方法有其适应性，薄板焊接以钨极氩弧焊、焊条电弧焊和气焊为好，中板以熔化极气体保护焊和电子束焊较合适，厚板则建议使用埋弧焊、MIG 焊和等离子弧焊。

3. 焊接材料的选用

（1）焊条　焊条电弧焊用焊条分为纯铜、青铜两类，由于黄铜中的锌容易蒸发，因而极少用于焊条电弧焊。纯铜焊条型号 ECu 为低氢型药皮，用于焊接脱氧或无氧铜结构件，在大气及海水中具有良好的耐蚀性。

（2）埋弧焊用焊丝与焊剂　埋弧焊的特点是电热效率高，对熔池的保护效果好。大、中厚度铜焊件的焊接工艺与钢基本相同，可选用高硅高锰焊剂 HJ431，但可能发生合金元素向焊缝过渡，对接头性能要求高的焊件宜选用 HJ260 和 HJ150 焊剂。焊丝则选用纯铜焊丝 T2、青铜焊丝，也可焊接纯铜和黄铜。

（3）气体保护焊用焊丝　铜薄板和中板焊接中，气体保护焊已逐渐取代气焊和焊条电弧焊，钨极氩弧焊的电极一般采用钍钨极（EWTh-2）。焊接纯铜，一般选用含有 w（Si）0.5%，w（P）0.15%或 w（Ti）0.3%～0.5%脱氧剂的无氧铜焊丝，如 HSCu。焊接普通黄铜，采用无氧铜加脱氧剂的锡青铜焊丝，如 HSCuSn。对高强度黄铜则采用青铜加脱氧剂的硅青铜焊丝或铝青铜焊丝，如：HSCuAl、HSCuSi 等。

保护气体则选用氩气（Ar）或 Ar + He 的混合气体［Ar + He 混合比（体积比）50/50 或 30/70］，采用 Ar + He 混合气体的最大优点是，可以改善焊缝金属的润湿性，提高焊接质量。由于氦气保护时输入的热量比氩气保护时大，故可降低预热温度。

4. 焊接工艺

1）焊前要预热或在焊接过程中采取同步加热的措施。

2）严格限制铜中的杂质含量，通过焊丝加入 Si、Mn、P 等合金元素，以增加对焊缝的脱氧能力；选用能获得 $\alpha+\beta$ 组织的焊丝等措施，可防止焊接接头裂纹与减少气孔的产生。

3）控制焊后冷却速度，防止焊接变形。

第六节　压力容器中异种钢的焊接

一、压力容器用异种钢及其焊接特点

两种牌号不同的钢之间的焊接称之为异种钢焊接，它是属于异种金属焊接中应用最为广泛的一类接头。

对于异种钢焊接接头又可分为两种情况，第一类为同类异种钢组成的接头，这类接头的

两侧母材虽然化学成分不同，但都属于铁素体类钢或都属于奥氏体类钢；第二类接头为异类异种钢组成，即接头两侧的母材不属于同一类钢，例如一侧为铁素体类钢，另一侧为奥氏体类钢（如奥氏体不锈钢）。对于母材都属于铁素体类钢，其焊缝采用奥氏体不锈钢焊条或镍基焊条焊接的接头，也属于第二类接头。

由于异种钢接头两侧的母材无论从化学成分上还是物理、化学性能上都存在着差异，因此，焊接时，要比同一种钢自身之间的焊接要复杂得多。异种钢焊接时存在以下焊接特点：

1. 接头中存在着化学成分的不均匀性

异种钢焊接接头的化学成分不均匀性及由此而导致的组织和力学性能不均匀性问题极为突出，特别是对于第二类异种钢接头更是如此。不仅焊缝与母材的成分往往不同，就连焊缝本身的成分也是不均匀的，这主要是由于焊接时稀释率的存在所造成的。这种化学成分的不均匀性对接头的整体性能影响较大。

2. 接头熔合区组织和性能的不稳定性

在母材与焊缝金属之间的熔合区，由于存在着明显的宏观化学成分不均匀性，从而引起组织极大的不均匀性，给接头的物理、化学性能、力学性能带来很大影响。比如用奥氏体不锈钢焊条焊接低合金钢与奥氏体不锈钢之间的异种钢接头，在熔合区就存在着“碳迁移”现象，使熔合区靠焊缝一侧形成增碳层，而低合金钢一侧形成脱碳层，在此区域内硬度变化剧烈，同时力学性能下降，甚至引起开裂。

3. 焊后热处理是较难处理的问题

异种钢接头的焊后热处理是一个比较难处置的问题，如果处置不当，会严重损坏异种钢接头的力学性能，甚至造成开裂。例如对于同类异种钢接头，一侧母材强度较低，要求的焊后热处理温度也较低，而另一侧母材强度及合金元素含量较高，要求的焊后热处理温度较高，此时如果 PWHT 温度选择不当，会使强度低的一侧母材强度过度下降。

二、压力容器用异种钢的焊接工艺要点

1. 焊接材料的选择

正确地选用焊接材料是焊接异种钢的关键，焊接接头的质量和使用性能与所选用的焊接材料密切相关。

异种钢接头的焊缝和熔合区，由于合金元素被稀释及碳的迁移等原因存在一个过渡区，过渡区中不但化学成分、金相组织不均匀，而且物理性能、力学性能等通常也有很大差异，可能会引起焊接缺陷（如裂纹等）或严重降低性能。为此必须按照母材的成分、性能、接头形式和使用要求等来正确选用焊接材料。其焊接材料选用的基本原则有以下几点：

1）在焊接接头不产生裂纹等缺陷的前提下，若焊缝金属的强度和塑性不能兼顾时，则应选用塑性和韧性较好的焊接材料。

2）焊缝金属性能只需要符合两种母材中的一种，即可认为满足使用技术要求。一般情况下，所选用焊接材料的焊缝金属力学性能及其他性能，只要不低于母材中性能较低一侧的指标，即认为满足了技术要求。但在某些情况下还应从焊接工艺性能（如抗裂性等）方面来考虑。

3）同为结构钢的异种钢材焊接时，在可用的相同强度等级的结构钢焊条中，一般应选用抗裂性能良好的低氢焊条。对于金相组织差别比较大的异种钢接头，如珠光体-奥氏体异种钢接头，则必须充分考虑填充金属受到稀释后焊接接头性能仍然得到保障。

4）在满足性能要求的条件下，选用工艺性能好、价低和易得的焊接材料。

5）对于异类异种钢接头，一般均选用高铬镍奥氏体不锈钢焊条或镍基合金焊条。对于工作条件苛刻的重要接头，首推选用镍基合金焊条，因为虽然其价格较贵，但可以减少或避免碳迁移，其焊缝金属的线胀系数介于铁素体钢和奥氏体钢之间，对接头的组织及力学性能都有好处。

2. 焊接预热要求

预热温度的确定，一般按预热要求高的一侧来确定焊接预热温度，但对于异类异种钢接头，可以适当降低预热温度，必要时经试验后确定。

3. 焊接参数的确定

对于异类异种钢接头，在选择焊接参数时，应设法降低熔合比。为此，应选择小直径焊条或焊丝，尽量选用小电流快速焊。

4. 采用预堆边焊的方法进行焊接

有时为了解决异种钢接头预热和焊后热处理的为难，往往采用预堆边焊的方法进行焊接，如图10-8所示。

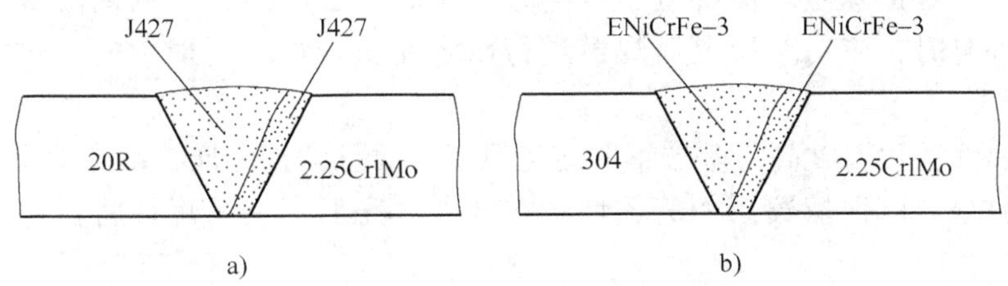

图10-8　预边堆焊示意图

a）焊条电弧焊堆焊　b）ENiCrFe-3镍基焊条电弧焊堆焊

其工艺顺序为：在需要热处理的一侧母材坡口处，采用与焊缝同种钢的焊条先行施焊，形成1~2层的预堆边焊层──→此侧进行PWHT──→冷态焊接整个焊缝，然后接头不再进行PWHT。

上述这种做法，可减少熔合区成分不均匀所带来的一些问题，也给接头的热处理带来方便，但切记此时预堆边焊层的厚度一定要保证大于或等于4mm，以起到隔离层的作用。

5. 焊后热处理温度的确定

一般是按照热处理温度要求高的一侧母材来选定异种钢接头的PWHT温度，此时一定要事先做焊接工艺评定，以防使强度低的一侧母材强度严重下降，出现强度不合格的情况。

三、压力容器用复合钢板的焊接

复合钢板是指由两种材料复合轧制而成的双金属板。它是由覆层和基层组成。如复合钢板是由不锈钢、镍基合金、铜基合金或钛板为覆层，珠光体钢为基层，以爆炸焊、复合轧制、堆焊等方法制成的双金属板材。复合钢板的基层应满足接头强度和刚度的要求，覆层则应满足耐蚀等要求。

为了保证复合钢板不失去原有的综合性能，必须分别对基层和覆层进行焊接，其焊接性、焊接材料选择、焊接工艺等由基层、覆层材料所决定。

基层和覆层交界处的焊接属异种钢焊接，其焊接性主要取决于基层和覆层的物理性能、化学成分、接头形式、填充金属成分。凡是异种钢焊接存在的问题在复合钢板焊接时同样存在，为此本节只阐述复合钢板焊接时应注意的一些问题。目前应用较多的是奥氏体不锈钢为覆层、珠光体钢为基层的覆合钢板，其次是铁素体钢为覆层、珠光体钢为基层的复合钢板。

1. 焊接方法

根据复合钢板材质、接头厚度、坡口尺寸及施焊条件等确定的焊接方法，通常有焊条电弧焊、埋弧焊、钨极氩弧焊、CO_2 气体保护焊及等离子弧焊等。目前常用钨极氩弧焊或焊条电弧焊焊接覆层，用埋弧焊或焊条电弧焊焊接基层。

2. 坡口形式

对接接头坡口形式见 JB 4709—2000《钢制压力容器焊接规程》中图 A1。可采用 V 形、双 V 形、V 和 U 联合形坡口。也可以在接头背面一小段距离内进行机械加工，去掉覆层金属，以确保焊基层焊接时不使基层焊肉焊到覆层上。一般尽可能采用双 V 形坡口双面焊，先焊基层，再焊过渡层，最后焊覆层，以保证焊接接头具有较好的耐蚀性，同时考虑过渡层的焊接特点，尽量减少覆层一侧的焊接工作量。

角接接头坡口形式见 JB 4709—2000《钢制压力容器焊接规程》中图 A2。无论覆层位于内侧或外侧，均先焊接基层。覆层位于内侧时，在焊覆层以前应从内侧对基层焊根进行清根。覆层位于外侧时，应对基层最后焊道进行修磨光整。焊覆层时，先焊过渡层，再焊覆层。

当覆层金属的熔化温度高于基层钢的熔化温度，而且两种金属在冶金上不相容时，覆层金属必须采用衬垫，以保持覆层的完整性。在基层焊完后，用角焊缝将衬垫与覆层焊接起来。

3. 填充金属的选择

基层采用适宜的填充金属进行焊接，使接头具有预期的使用所需的力学性能。在大多数情况下，选用合适的中间填充金属作为钢的过渡层，从而控制覆层金属最终焊道的含铁量和其他元素金属，避免覆层和基层处焊道产生脆化和裂纹等，以保证覆层焊道具有耐蚀、耐磨等特殊性能。

4. 焊接顺序及焊接材料的选用

1）通常先焊基层，第一道基层（碳钢、低合金钢）焊缝不应熔透到覆层金属，以防焊缝金属发生脆化或产生裂纹。具体措施是采用合适的接头设计，限制钢焊缝金属熔透；若从接头背面去除覆层，这当然也增加了焊接覆层的工作量，提高了焊接成本。

2）焊（堆焊）覆层一侧时，必须考虑稀释的影响。无论哪一种堆焊方法，第一层堆焊的焊缝金属都是由堆焊材料的熔敷金属和熔入的母材金属熔合而成的。由于母材的合金元素含量很低，所以它对第一层焊缝金属的合金成分具有稀释作用。因此，有时会使焊缝金属中奥氏体和铁素体形成元素含量不足，结果堆焊金属可能出现大量的马氏体组织，并有产生裂纹的倾向，同时导致堆焊层韧性降低。下面以焊条电弧焊为例说明。焊条电弧焊的熔合比一般是 20% 左右。如用 308 型焊条［w（Cr）18%、w（Ni）8%］，经母材稀释以后，堆焊的焊缝金属成分将变成 15-7 型，这样焊缝中可能是奥氏体 + 马氏体组织。若在实际操作中熔合比控制较大时，一般在焊缝中将产生大量的脆硬马氏体，这样的堆焊层无论力学性能、耐蚀性，还是抗裂性能都很差。由于稀释作用，焊缝中的 Ni 含量较低，在熔合线附近将产生较宽的马氏体过渡层。同样的堆焊方法，若选用 309 型的堆焊材料，经母材稀释后，堆焊的焊缝金属成分是19-9型或18-8型，这样第一层堆焊层就基本达到堆焊成分的要求，而且焊缝组织是奥氏体+铁素体组织，因此焊缝金属就具有较高的抗热裂性能和耐蚀性。

所以在焊接复合板的覆层时，应选择合适的填充金属先堆焊一层或多层过渡层，然后再焊覆层。过渡层的填充金属必须能容许基层钢的稀释。以压力容器常见的16MnR+304复合板为例，焊接覆层时通常采用309型焊接材料先堆焊一层，然后用308型焊接材料焊盖面层。

3）根部可用碳弧气刨、铲削或磨削法进行清根。在堆焊过渡层前，必须清除坡口中的任何残余物。

4）若焊后需进行热处理，以消除焊接残余应力，则选择热处理温度时应考虑：基层和覆层的热处理规范的差异对覆层耐蚀性的影响；基层和覆层界面的元素扩散是否会产生脆性相，导致钢板性能恶化；由于基层和覆层的物理性能差异，热处理冷却过程产生残余应力，沿厚度方向在覆层上形成拉应力，导致覆层产生应力腐蚀开裂等。

消除应力热处理可在焊完基层后进行，然后焊过渡层，再焊覆层。热处理温度取下限，延长保温时间。

第七节　加氢反应器的焊接制造

一、概述

加氢反应器是炼油化工行业中加氢装置的核心设备，工作条件十分苛刻，要求设备既耐高温（约400~450℃）、高压（8~18MPa），又要能抗氢腐蚀。为此，一般选用Cr-Mo耐热钢制造壳体，有的选用1Cr-0.5Mo或1.25Cr-0.5Mo-V钢，但更多的选用2.25Cr-1Mo钢。为了适应更高温度和抗氢性能更苛刻的条件，近年来又研制了3Cr-1Mo-0.25V及2.25Cr-1Mo-0.25V钢，用以制造热壁加氢反应器。

从结构形式讲，加氢反应器分冷壁加氢反应器和热壁加氢反应器两种。20世纪60年代初由于冶炼水平与制造水平有限，加氢反应器多数为冷壁结构形式，即在反应器内衬上有很厚的大颗粒珍珠岩混凝土保温层，以保证反应器壳体的壁温不致过热。20世纪70年代以后随着技术的不断发展，逐渐由冷壁加氢反应器转向热壁加氢反应器。热壁加氢反应器克服了冷壁反应器的不足，其内壁不需要衬保温层，并具有有效体积利用率高、施工周期短、生产维护方便和安全可靠等特点，因此为世界各国普遍采用并且向大型化发展。

二、加氢反应器的焊接

现以最典型的加氢用钢2.25Cr-1Mo制造的热壁加氢反应器壳体作为焊接实例，介绍加氢热壁反应器的焊接。

某石化总厂一台直径为ϕ1800mm，壁厚$\delta=108$mm，长度为30869mm的热壁加氢反应器（见图10-9）。主壳体包括筒体、封头，全部采用2.25Cr-1Mo钢板制造的焊接结构。接管法兰、弯管、直管全部采用2.25Cr-1Mo锻件制造，所有部件的内壁要求堆焊双层不锈钢（309L+347L）耐蚀层。

在产品制造前，应按产品技术条件和JB 4708—1992《钢制压力容器焊接工艺评定》进行以下评定：

1）用于筒体纵、环缝埋弧焊工艺评定一项。

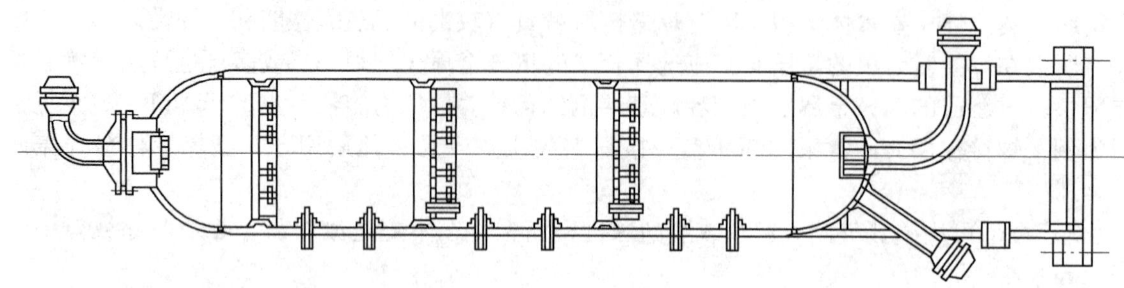

图 10-9　热壁加氢反应器结构简图

2）用于接管法兰环缝、弯管间环缝手工钨极氩弧焊、焊条电弧焊工艺评定各一项。

3）用于接管法兰与壳体焊接焊条电弧焊工艺评定一项。

4）用于筒体内壁带极堆焊工艺评定一项。

5）用于封头内壁带极堆焊工艺评定一项。

6）用于 $\phi_{内}<100\text{mm}$ 的小管径内壁自动钨极氩弧堆焊工艺评定一项。

7）用于弯管内壁自动钨极氩弧焊工艺评定一项。

8）用于 $\phi_{内}\geqslant 100\text{mm}$ 接管内壁不锈钢药芯焊丝自动堆焊一项。

9）焊条电弧焊堆焊工艺评定一项。

以工艺评定为依据，编制指导产品生产的焊接工艺规程。其主要零部件及主壳体焊接工艺规程如下：

1. 筒体纵、环缝的焊接

（1）筒体材料　2.25Cr-1Mo 钢板。

（2）焊接位置　平焊。

（3）焊接方法　窄间隙埋弧焊+埋弧焊。

（4）焊接材料　焊丝为 US-521S（日本神钢），ϕ4mm。焊剂为 PF-200（日本神钢）。焊条（装配、定位焊用）为 CMA-106N（日本神钢），ϕ4mm 或 ϕ5mm。

（5）焊接工序　焊接坡口 100% 的干磁粉（MT）检测 ⟶ 预热（预热温度 ≥200℃）⟶ 装配、定位焊 ⟶ 窄间隙埋弧焊 ⟶ 焊接外坡口（层间温度 200～250℃）⟶ 内坡口碳弧气刨并打磨至露出金属光泽 ⟶ 内坡口清根部位 100% 的磁粉（MT）检测 ⟶ 内坡口埋弧焊（层间温度 200～250℃）⟶ 后热（200～300℃×2h）⟶ 24h 后无损检测（100% MT+100% UT+100% RT）。

（6）焊接参数　焊接电流 $I=500\sim550\text{A}$；电弧电压 $U=28\sim30\text{V}$；焊接速 $v=360\sim400\text{mm/min}$。

2. 接管与法兰的焊接

（1）材料　2.25Cr-1Mo 锻件。

（2）焊接位置　水平转动。

（3）焊接方法　手工钨极氩弧焊打底+焊条电弧焊盖面。

（4）焊接材料　氩弧焊焊丝 TGS-2CM（日本神钢）ϕ2.4mm。焊条为 CMA-106N（日本神钢）ϕ4mm 或 ϕ5mm。

（5）焊接工序　焊接坡口 100% 的干磁粉（MT）检测⟶预热（预热温度≥200℃）⟶装配、定位焊⟶手工钨极氩弧焊打底（两层、层间温度 200～250℃）⟶焊条电弧焊盖面⟶后热（200～300℃×2h）⟶24h 后无损检测（100% MT + 100% UT + 100% RT）。

（6）焊接参数

1）手工钨极氩弧焊：焊接电流 $I = 160 \sim 180\text{A}$；电弧电压 $U = 15 \sim 17\text{V}$；焊接速度 $v = 80\text{mm/min}$；氩气流量 16～18L/min；钨极直径 $D = 2.4\text{mm}$。

2）焊条电弧焊：焊接电流 $I_{\phi 4} = 170 \sim 190\text{A}$；焊接电流 $I_{\phi 5} = 190 \sim 210\text{A}$；电弧电压 $U_{\phi 4、\phi 5} = 22 \sim 26\text{V}$；焊接速度 $v_{\phi 4} = 130 \sim 150\text{mm/min}$；焊接速度 $v_{\phi 5} = 140 \sim 160\text{mm/min}$。

3. 接管法兰与封头的焊接

（1）接管与下封头焊接

1）材料：接管 2.25Cr-1Mo 钢板，封头 2.25Cr-1Mo 钢板。

2）焊接位置：平焊。

3）焊接方法：双面焊条电弧焊。

4）焊接材料：焊条为 CMA-106N（日本神钢），ϕ3.2mm、ϕ4mm、ϕ5mm。

5）焊接工序：焊接坡口 100% 的干磁粉（MT）检测⟶预热（预热温度≥200℃）⟶装配、定位焊⟶外坡口焊条电弧焊（层间温度 200～250℃，先用 ϕ3.2mm 焊条焊 1～2 的打底层焊道，再用 ϕ4mm 焊条焊两道，然后用 ϕ5mm 焊条施焊）焊至外坡口 1/3 处⟶内坡口碳弧气刨并打磨至露出金属光泽⟶内坡口清根部位 100% 的磁粉（MT）检测⟶内坡口焊条电弧焊（层间温度 200～250℃）⟶外坡口焊条电弧焊（层间温度 200～250℃）⟶后热（200～300℃×2h）⟶24h 后无损检测（100% MT + 100% UT + 100% RT）。

6）焊接参数：焊接电流 $I_{\phi 3.2} = 90 \sim 120\text{A}$；焊接电流 $I_{\phi 4} = 170 \sim 190\text{A}$；焊接电流 $I_{\phi 5} = 190 \sim 210\text{A}$，电弧电压 $U_{\phi 3.2} = 20 \sim 24\text{V}$；电弧电压 $U_{\phi 4、\phi 5} = 22 \sim 26\text{V}$；焊接速度 $v_{\phi 3.2} = 100 \sim 120\text{mm/min}$；焊接速度 $v_{\phi 4} = 130 \sim 150\text{mm/min}$；焊接速度 $v_{\phi 5} = 140 \sim 160\text{mm/min}$。

（2）大法兰接管与上封头的焊接

1）材料：接管 2.25Cr-1Mo（锻件），封头 2.25Cr-1Mo（钢板）。

2）焊接位置：平焊。

3）焊接方法：埋弧焊 + 焊条电弧焊。

4）焊接材料：焊丝为 US-521S（日本神钢），ϕ4mm。焊剂为 PF-200（日本神钢）。焊条为 CMA-106N（日本神钢）ϕ4mm、ϕ5mm。

5）焊接工序：焊接坡口 100% 的磁粉（MT）检测⟶预热（预热温度≥200℃⟶装配、定位焊⟶外坡口埋弧焊（层间温度 200～250℃）⟶内坡口清根部位 100% 的干磁粉（MT）检测⟶内坡口焊条电弧焊（层间温度 200～250℃）⟶内坡口焊条电弧焊（层间温度 200～250℃）⟶后热（200～300℃×2h）⟶24h 后无损检测（100% MT + 100% UT + 100% RT）。

6）焊接参数

① 焊条电弧焊：焊接电流 $I_{\phi 4} = 170 \sim 190\text{A}$；焊接电流 $I_{\phi 5} = 190 \sim 210\text{A}$；电弧电压 $U_{\phi 4、\phi 5} = 22 \sim 26\text{V}$；焊接速度 $v_{\phi 4} = 130 \sim 150\text{mm/min}$；焊接速度 $v_{\phi 5} = 140 \sim 160\text{mm/min}$。

② 埋弧焊：焊接电流 $I=500\sim550A$；电弧电压 $U=28\sim30V$；焊接速度 $v=360\sim400mm/min$。

4. 接管法兰与筒体的焊接

（1）大法兰接管与筒体的焊接

1）材料：接管 2.25Cr-1Mo 锻件，筒体 2.25Cr-1Mo 钢板。

2）焊接位置：平焊。

3）焊接方法：埋弧焊＋焊条电弧焊。

4）焊接材料：焊丝为 US-521S（日本神钢），ϕ2.4mm。焊剂为 PF-200（日本神钢）。焊条为 CMA-106N（日本神钢），ϕ4mm，ϕ5mm。

5）焊接工序：焊接坡口 100% 的磁粉（MT）检测──→预热（预热温度≥200℃）──→装配、定位焊──→外坡口埋弧焊（层间温度 200～250℃，焊至外坡口 1/3 处）──→内坡口碳弧气刨并打磨至露出金属光泽──→内坡口清根部位 100% 的干磁粉（MT）检测──→内坡口焊条电弧焊（层间温度 200～250℃）──→外坡口埋弧焊（层间温度 200～250℃）──→后热（200～300℃×2h）──→24h 后无损检测（100% MT＋100% UT＋100% RT）。

6）焊接参数

① 焊条电弧焊：焊接电流 $I_{\phi4}=170\sim190A$；焊接电流 $I_{\phi5}=190\sim210A$；电弧电压 $U_{\phi4、\phi5}=22\sim26V$；焊接速度 $v_{\phi4}=130\sim150mm/min$；焊接速度 $v_{\phi5}=140\sim160mm/min$。

② 埋弧焊：焊接电流 $I=300\sim380A$；电弧电压 $U=28\sim32V$；焊接速度 $v=360\sim400mm/min$。

（2）小口径接管法兰与筒体的焊接

1）材料：接管 2.25Cr-1Mo（锻件），筒体 2.25Cr-1Mo（钢板）。

2）焊接位置：平焊。

3）焊接方法：双面焊条电弧焊。

4）焊接材料：焊条为 CMA-106N（日本神钢），ϕ3.2～ϕ5mm。

5）焊接工序：焊接坡口 100% 的磁粉（MT）检测──→预热（预热温度≥200℃）──→装配、定位焊──→外坡口焊条电弧焊（层间温度 200～250℃，先用 ϕ3.2mm 焊条焊 1～2 的打底层焊道，再用 ϕ4mm 焊条焊两道，然后用 ϕ5mm 焊条施焊）焊至外坡口 1/3 处──→内坡口碳弧气刨并打磨至露出金属光泽──→内坡口清根部位 100% 的干磁粉（MT）检测──→内坡口焊条电弧焊（层间温度 200～250℃）──→外坡口焊条电弧焊（层间温度 200～250℃）──→后热（200～300℃×2h）──→24h 后无损检测（100% MT＋100% UT＋100% RT）。

6）焊接参数：焊接电流 $I_{\phi3.2}=90\sim120A$；焊接电流 $I_{\phi4}=170\sim190A$；焊接电流 $I_{\phi5}=190\sim210A$，电弧电压 $U_{\phi3.2}=20\sim24V$；电弧电压 $U_{\phi4、\phi5}=22\sim26V$；焊接速度 $v_{\phi3.2}=100\sim120mm/min$；焊接速度 $v_{\phi4}=130\sim150mm/min$；焊接速度 $v_{\phi5}=140\sim160mm/min$。

5. 90°弯管间环缝的焊接

（1）材料　2.25Cr-1Mo（锻件）。

（2）焊接位置　管子水平转动。

（3）焊接方法　手工钨极氩弧焊打底＋焊条电弧焊盖面。

（4）焊接材料　见表 10-9

表 10-9 90°弯管间环缝焊接的焊接材料

焊接层次	焊接材料		焊接层次	焊接材料	
	牌　号	规格/mm		牌　号	规格/mm
基层	焊丝 TGS-2CM	ϕ2.4	过渡层	焊条 E309L	ϕ4
	焊条 CMA-106N	ϕ4 ϕ5	盖面层	焊条 E347L	ϕ4

（5）焊接工序　焊接坡口 100% 的磁粉（MT）检测——→预热（预热温度≥200℃）——→装配、定位焊——→手工钨极氩弧焊打底（两层、层间温度 200～250℃）——→焊条电弧焊盖面层——→后热（200～300℃×2h）——→24h 后无损检测（100% MT＋100% UT＋100% RT）。

（6）焊接参数

1）手工钨极氩弧焊：焊接电流 $I=160\sim180$A；电弧电压 $U=15\sim17$V；焊接速度 $v=$ 80mm/min；氩气流量 16～18L/min；钨极直径 $D=2.4$mm。

2）焊条电弧焊 ：焊接电流 $I_{\phi4}=170\sim190$A；焊接电流 $I_{\phi5}=190\sim210$A；电弧电压 $U_{\phi4、\phi5}=22\sim26$V；焊接速度 $v_{\phi4}=130\sim150$mm/min；焊接速度 $v_{\phi5}=140\sim160$mm/min。

6. 内壁耐蚀层的堆焊

（1）封头内壁的堆焊

1）材料：封头材料为 2.25Cr-Mo 钢板

2）堆焊位置：平焊（堆焊时将封头放置于变位机上，堆焊时保证堆焊位置始终处于平焊状态）。

3）堆焊方法：埋弧带极堆焊。

4）堆焊材料：见表 10-10。

表 10-10 封头内壁耐蚀层堆焊的堆焊材料

堆焊层	焊带牌号	规格/mm	焊带产地	焊剂牌号	焊剂产地
过渡层	309L	50×0.4	进口	HJ107	国产
盖面层	347L	50×0.4	进口	HJ107Nb	国产

注意因封头是曲面，采用 HJ107、HJ107Nb 焊剂，与同类型进口焊剂相比，其熔深大，使堆焊层的结合面不容易产生夹渣，堆焊质量好。

5）堆焊工序：预热封头（预热温度≥150℃）——→埋弧带极堆焊过渡层——→后热（250～300℃×2h）——→堆焊过渡层表面渗透（着色）检测（PT）——→埋弧带极堆焊盖面层——→堆焊盖面层表面渗透（着色）检测（PT）——→结合面无损检测（UT）。

6）焊接参数：带极伸出长度：15mm。焊道搭接量：6mm。过渡层：焊接电流 $I=700\sim800$A，电弧电压 $U=30\sim32$V，焊接速度 $v=175$mm/min。盖面层：焊接电流 $I=700\sim800$A，电弧电压 $U=30\sim32$V，焊接速度 $v=165$mm/min。

（2）筒体内壁的堆焊

1）材料：2.25Cr-1Mo 钢板

2）堆焊位置：平焊。

3）堆焊方法：埋弧带极堆焊（也可采用电渣堆焊）。

4）堆焊材料：见表 10-11。

表 10-11　筒体内壁耐蚀层堆焊的堆焊材料

堆焊层次	焊带牌号	规格/mm	焊带产地	焊剂牌号	焊剂产地
过渡层	309L	75×0.4	进口	PFB-1	日本神钢
盖面层	347L	75×0.4	进口	PFB-1FK	日本神钢

5）堆焊工序：预热筒体（预热温度≥150℃）⟶埋弧带极堆焊过渡层⟶后热（250~300℃×2h）⟶堆焊过渡层表面渗透（着色）检查（PT）⟶埋弧带极堆焊盖面层（温度≤100℃）⟶堆焊盖面层表面渗透（着色）检测（PT）⟶结合面无损检测（UT）。

6）焊接参数：带极伸出长度：15mm。焊道搭接量：5~10mm。过渡层：焊接电流 I=950~1050A，电弧电压 U=26~28V，焊接速度 v=175mm/min。盖面层：焊接电流 I=950~1050A，电弧电压 U=26~28V，焊接速度 v=165mm/min。

（3）小口径接管内壁的堆焊

1）材料：2.25Cr-1Mo（锻件）。

2）堆焊位置：平焊

3）堆焊方法：自动钨极氩弧堆焊。

4）堆焊接材料：见表 10-12。

表 10-12　小口径接管内壁堆焊的堆焊材料

堆焊层	焊丝牌号	规格/mm	焊丝产地	钨极直径/mm	保护气体
过渡层	309L	ϕ1.0	进口	ϕ2.4	Ar
盖面层	347L	ϕ1.0	进口	ϕ2.4	Ar

5）堆焊工序：预热接管（预热温度≥150℃）⟶自动钨极氩弧堆焊过渡层⟶后热（250~300℃×2h）⟶过渡层可探部位表面渗透（着色）检测（PT）⟶自动钨极氩弧堆焊盖面层⟶盖面层表面可探部位渗透（着色）检测（PT）。

6）堆焊参数：见表 10-13。

表 10-13　小口径接管内壁堆焊的堆焊参数

焊枪摆幅/mm	氩气流量/(L/min)	焊接电流 I/A		电弧电压 U/V		送丝速度 v/(mm/min)		预气时间/s	电流上升时间/s	延时堆焊时间/s	电流衰减时间/s	氩气滞后时间/s	焊枪外侧停留时间/s	焊枪内侧停留时间/s	焊枪移动时间/s	脉冲频率/s^{-1}	脉冲幅比(%)
		基值	峰值	基值	峰值	基值	峰值										
6	12	80	180	9.0	11.3	145	185	4.5	1.5	4.5	10.0	16.5	0.2	0.5	0.3	1.1	78

注：1. 过渡层零件旋转速度：$n=v_{焊}/\pi d$（r/min），其中 $v_{焊}$=100mm/min，d 为工作半径（mm）。

2. 盖面层焊接时，零件转速比过渡层慢为 0.01~0.03 r/min。

（4）90°弯管内壁的堆焊

1）材料：2.25Cr-1Mo 锻件。

2）堆焊位置：平焊。

3）堆焊方法：自动钨极氩弧堆焊。

4）堆焊材料：见表 10-14。

表 10-14　90°弯管内壁堆焊的堆焊材料

堆焊层	焊丝牌号	规格/mm	焊丝产地	钨极直径/mm	保护气体
过渡层	309L	φ1.0	进口	φ2.4	Ar
盖面层	347L	φ1.0	进口	φ2.4	Ar

5）堆焊工序：将 90°弯管均分割为 3 段——→预热 30°弯管（预热温度≥150℃）——→自动钨极氩弧堆焊过渡层——→后热（250～300℃ ×2h）——→堆焊的过渡层表面渗透（着色）检查（PT）——→自动钨极氩弧堆焊盖面层——→堆焊盖面层表面渗透（着色）检测（PT）——→结合面无损检测（UT）。

6）堆焊参数：见表 10-15。

表 10-15　小接管内壁堆焊的堆焊参数

焊枪摆幅/mm	氩气流量/(L/min)	焊接电流 I/A		电弧电压 U/V		送丝速度 v/(mm/min)		预气时间/s	电流上升时间/s	延时堆焊时间/s	电流衰减时间/s	氩气滞后时间/s	焊枪外侧停留时间/s	焊枪内侧停留时间/s	焊枪移动时间/s	脉冲频率/s^{-1}	脉冲幅比(%)
		基值	峰值	基值	峰值	基值	峰值										
6～12	12	85	180	9.0	11.3	145	185	4.0	1.5	4.5	10.0	16.5	0.2	0.6	0.3	1.1	78

（5）直管内壁的堆焊

1）材料：2.25Cr-1Mo（锻件）。

2）堆焊位置：平焊。

3）堆焊方法：自动药芯焊丝 CO_2 气体保护堆焊。

4）堆焊材料：见表 10-16。

表 10-16　直管内壁堆焊的堆焊材料

堆焊层	焊丝牌号	规格/mm	焊丝产地	保护气体
过渡层	WELFCW309L	φ1.6	进口	CO_2
盖面层	WELFCW347L	φ1.6	进口	CO_2

5）堆焊工序：预热直管（预热温度≥150℃）——→自动药芯焊丝 CO_2 气体保护堆焊过渡层→后热（250～300℃ ×2h）——→堆焊过渡层表面渗透（着色）检查（PT）——→自动药芯焊丝 CO_2 气体保护堆焊盖面层（温度≤100℃）温度——→堆焊盖面层渗透（着色）检测（PT）——→结合面无损检测（UT）。

6）焊接参数：焊接电流 $I=220\sim230$A，电弧电压 $U=32\sim33$V，焊接速度 $v=230$mm/min。焊丝伸出长度为 16mm，保护气体为纯 CO_2 气体，其气体流量为 15～18L/min。

（6）焊条电弧焊堆焊　加氢反应器内壁某些部位（如总装环缝内壁、弯管环缝内壁等）不能采用自动堆焊时，可采用焊条电弧焊进行堆焊。

堆焊工序：预热堆焊部件（预热温度≥150℃）——→焊条电弧焊堆焊过渡层——→后热（250～300℃ ×2h）——→堆焊过渡层表面渗透（着色）检查（PT）——→焊条电弧焊堆焊盖面层——→堆焊盖面层表面渗透（着色）检测（PT）——→结合面无损检测（UT）。堆焊材料及堆焊参数见表10-17。

表10-17 焊条电弧焊堆焊材料及堆焊参数

堆焊层	焊条牌号	规格/mm	焊接电流/A	电弧电压/V	焊接速度 v/（mm/min）
过渡层	309L	$\phi4$	130～150	22～28	150～180
盖面层	347L	$\phi4$	130～150	22～28	150～180

第八节 球罐的焊接制造

球形储罐（以下简称球罐）的现场组装是球罐建造工程中的关键，特别是近年我国球罐向大型化发展迅猛，进口材料繁多，现场组焊焊接难度增大，施工机具增多，质量要求不断增高。因此选择合理的施工方案，减少组装应力和焊接应力，确保工程质量，是业主、施工单位和监理机构追求的目标。

一、球罐的组装

随着国内球罐建造水平的不断提高，特别是8000m³ 液化石油气球罐的国产化，推动了球罐向大型化发展的步伐。但大型化的球罐无法作焊后整体消除应力热处理，所以最大限度的减少球壳板压制和安装现场的组焊应力，已经引起广大用户的关注，在招投标中往往成为中标的重要条件。球壳板在不影响运输的条件下，尺寸越来越大，其目的就是减少球壳的焊缝总长度，从根本上提高球罐的安全运行，这样就减少了安装现场的工程量，特别是减少了罐内施焊对焊工身体的危害。

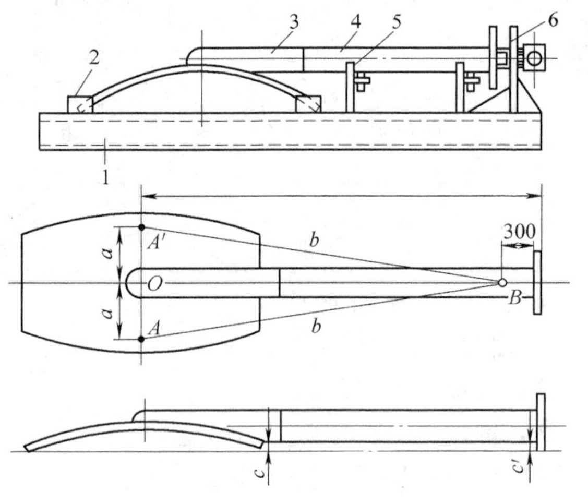

图10-10 上、下段支柱的组对
1—平台 2—赤道板固定块 3—支柱上段 4—支柱下段 5—支架 6—活动支架

球罐组装方案多种多样，有散装法、大片装法和带装法等，安装现场用施工设备和机具、工夹具也繁多；组装工艺、脚手架的搭板又不尽一致；难以一一叙述。本节就普遍采用的散装法作一介绍。

1. 球罐上下段支柱、定位块、吊耳的安装

（1）球罐上、下段支柱的组对　大型球罐的支柱一般分两段，支柱上段与赤道板的组焊已在制造单位完成，所以安装现场需将支柱上、下段在平台上组对焊接。组对前，先把赤道板放平垫实，然后分别画出赤道板和支柱上段中心线，赤道板中心点为 O，在赤道板中心线上找出两点 A 和 A'，使 $OA=OA'=a$。对准上段支柱与下段支柱中心线，在下部支柱定一个 B 点，找正支柱左右偏差，使 $AB=A'B=b$。为检查支柱上、下段同轴度，可通过赤道板上下口中心拉一细钢丝，使下段与钢丝平行，即 $c=c'$，然后进行焊接与检测，见图10-10。

（2）球罐定位块的安装　为调整球壳之间的间隙、错边等，需在球壳板周边焊一些临时定位块，其纵向间距为1.1～1.3m，环向间隙为0.55～0.8m，定位块距球壳边缘的距离应根据夹具的结构而定。定位块和吊耳的焊接应和球壳的焊接采用同样的焊接工艺，拆除时

需采用碳弧气刨或气割切除，砂轮打磨，严禁用锤打掉。

定位块一般是赤道板及以上装在外侧，下温带板及以下装在内侧；但对有腐蚀介质的球罐定位块宜全部装在外侧，因球罐的腐蚀主要发生在焊缝和焊接处。定位块的装焊位置见图10-11。

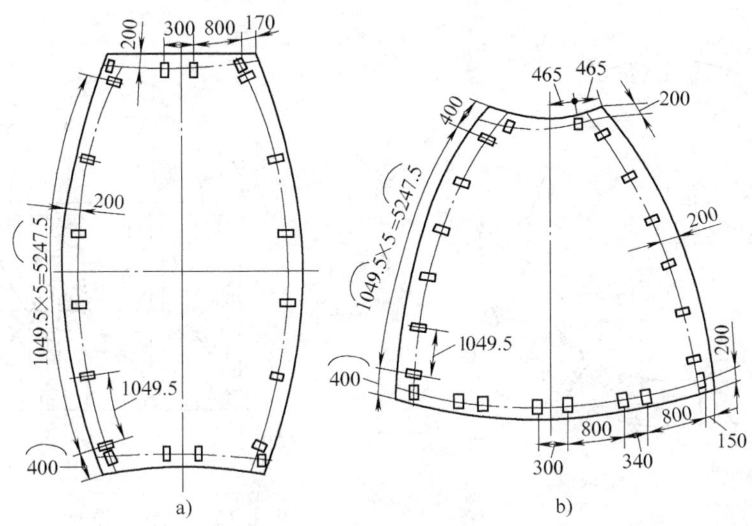

图10-11　定位块的装焊位置

a）赤道板定位块位置　b）温带板定位块位置

（3）球罐吊耳的安装　赤道板和上温带板以及上极边板、侧板、中板的吊耳装焊，一般是焊在外侧，下温带、下极带的边板、侧板、中板上的吊耳装焊在内侧。

2. 球罐的组装方法

球罐常用的组装方法有散装法、分带组装法、半球组装法和大片装法等。但近几年球罐向大型化发展较快，更多业主已认识到球罐组装应力给使用造成的危害，所以散装法是一种先进的、组装应力比较低的方法。

以赤道带为基准的散装法，施工工艺简便，所需起吊能力较小，使用起重机时间较少，这是当前使用最普遍的一种方法。组装顺序是先组装赤道带，将赤道带调整合格后，再组装其他各带。赤道带的组装顺序见图10-12，各带的组装顺序见图10-13。

以上工艺流程可按现场条件和球形储罐材料、规格的不同，做出相应的变动。

3. 球罐的组焊程序（图10-14）

4. 球罐支柱的安装

1）支柱用垫铁找正后，每组垫铁高度不应小于25mm，且不宜多于3块。斜垫铁应成对使用，接触紧密。找正完毕后，用定位焊固定牢。

2）支柱安装找正后，应在球罐的径向和周向两个方向检查其垂直度。当支柱的设计高度小于或等于8m时，垂直度允许偏差为12mm；当支柱高度大于8m时，垂直度允许偏差为支柱高度的1.5%，且不应大于15mm。

二、球罐的现场焊接顺序和焊工工位的布置

1）球罐采用焊条电弧焊时，焊接顺序和焊工布置应符合下列要求：

① 球罐采用分带组装时，宜在组装平台上焊接各带的纵、环缝，无损检测合格后，再将分带组装成整体，然后进行各带之间的焊接。

② 球罐采用分片组装时，应按先纵缝后环缝的原则安排焊接顺序。

2）为防止球罐变形，焊工的布置应均匀，并同步焊接。

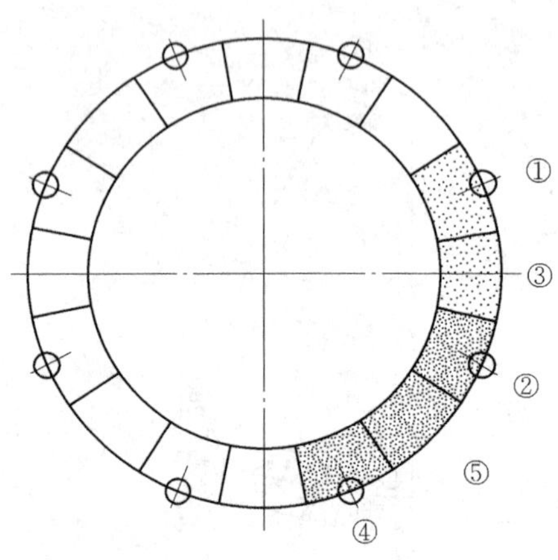

图 10-12　球罐赤道带的组装顺序（俯视）
①～⑤表示球罐赤道带的组装顺序

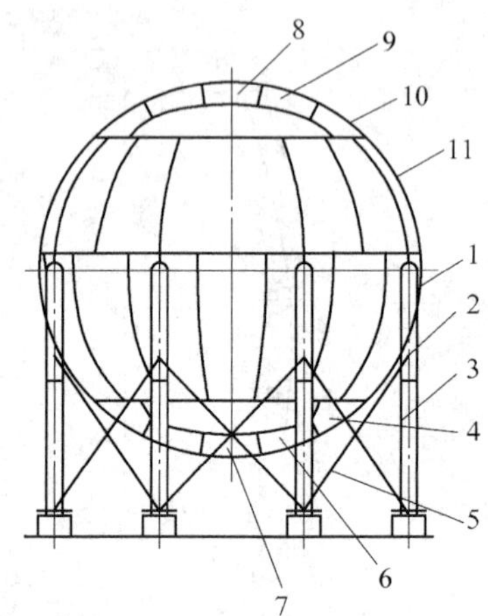

图 10-13　球罐各带的组装顺序（前视）
1—赤道板　2—上段支柱　3—下段支柱　4—下极边板　5—拉杆　6—下极侧板　7—下极中板　8—上极中板　9—上极侧板　10—上极边板　11—上温带板

3）焊条电弧焊双面对接焊时，单侧焊接后应进行背面清根。用碳弧气刨，清根后，还应用砂轮修整刨槽和磨除渗碳层，并应采用 UT、MT 或 PT 无损检测法进行探伤检测。焊缝清根时应清除定位焊的焊缝金属，清根后的坡口形状应保持一致。

4）自动和半自动药芯焊丝 CO_2 气体保护焊时，球罐焊接顺序应符合下列要求：

① 球罐组装完毕后，应按先纵缝后环缝的原则安排焊接顺序。

② 焊接纵缝时，焊机的布置应对称均匀，并同步焊接。

③ 焊接环缝时，焊机的布置应对称，并按统一旋转方向焊接。

5）起弧端焊接时应采用后退起弧法，收弧端应将弧坑填满，多层焊的层间接头应错开。

6）在距离球罐焊缝 50mm 处的指定部位，应打上焊工钢印，并作记录。对不允许打钢印的球罐应采用排版图记录。

三、球罐焊缝返修及球壳板表面损伤的修补

1）焊缝表面缺陷应采用砂轮磨除，缺陷磨除后的焊缝表面若低于母材，则应进行焊接修补。当焊缝表面缺陷只需打磨时，应打磨平滑或加工成具有 3∶1 斜坡及以下坡度的斜坡。

2）焊缝两侧的咬边和焊趾裂纹必须采用砂轮磨除，并打磨平滑或加工成具有 3∶1 及以下坡度的斜坡。焊趾裂纹的磨除深度不得大于 0.5mm，且磨除后球壳的实际板厚不得小于设计厚度，当不符合要求时应进行焊接修补。

3）焊缝咬边和焊趾裂纹等表面缺陷进行焊接修补时，应采用砂轮将缺陷磨除，并修整成便于焊接的凹槽，再进行焊接。补焊长度不得小于50mm。材料标准抗拉强度大于或等于

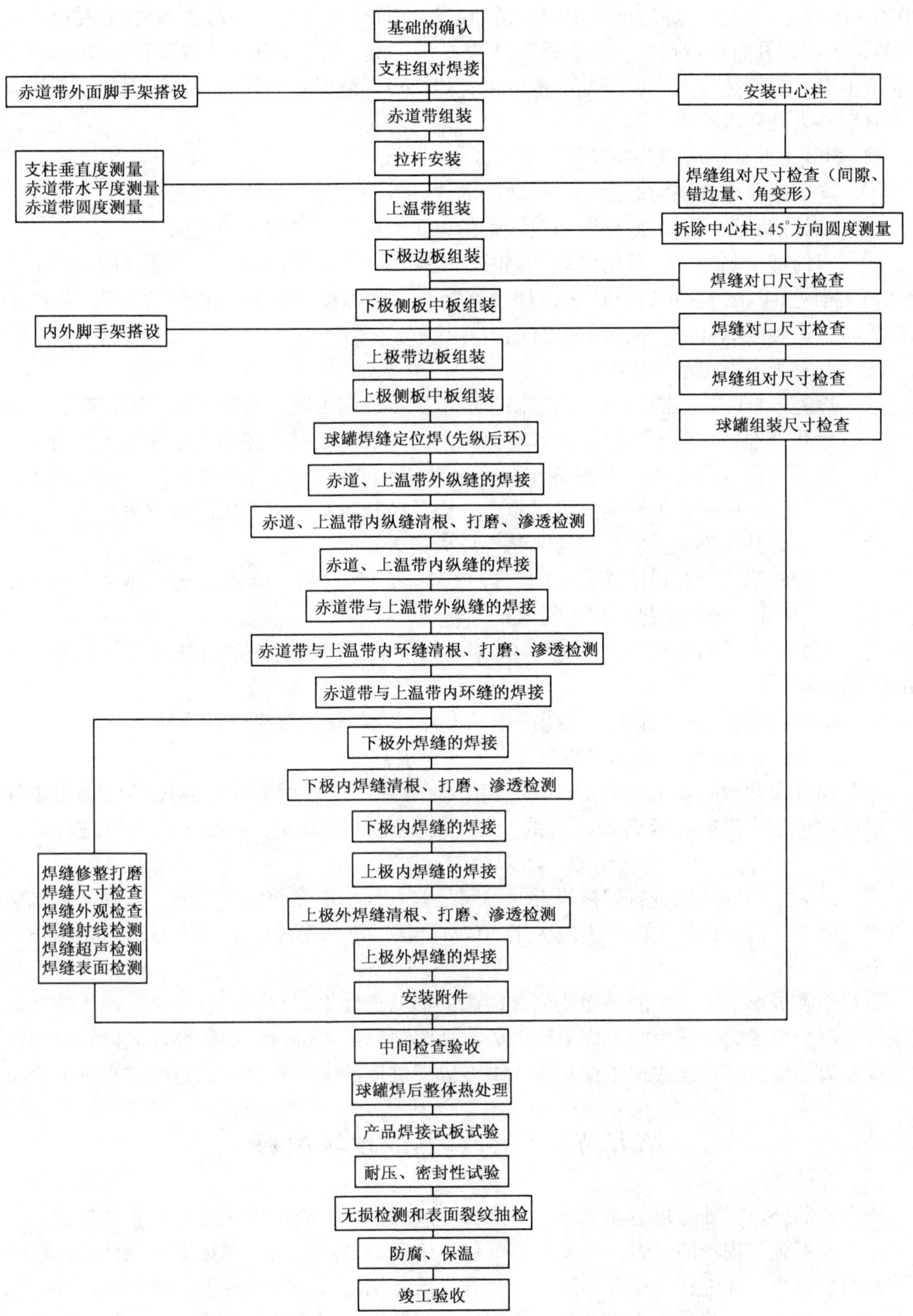

图 10-14　球罐赤道带的组焊程序

540MPa 的球罐，在修补焊道上应加焊一道凸起的回火焊道，焊后再磨去多余的焊缝金属。

4）焊接修补时如需预热，应以修补处为中心，在半径为 150mm 的范围内预热，预热温度应取上限。焊接热输入应在规定的范围内；焊接短焊缝时热输入不应取下限值。焊缝修补后，有后热处理要求的应立即进行。

5）焊缝内部缺陷的修补应符合下列要求：

① 应根据产生缺陷的原因，选用适用的焊接方法，并制订修补工艺。

② 修补前宜采用超声波检测确定缺陷的位置和深度，确定修补范围。

③ 当内部缺陷的清除采用碳弧气刨时，应采用砂轮清除渗碳层，打磨成圆滑过渡，并经 RT 检测或 MT 检测合格后方可进行焊接修补。气刨深度不应超过板厚的 2/3，当缺陷仍未清除时，应焊接修补后，从另一侧气刨。

④ 修补长度不得小于 50mm。

⑤ 焊缝修补时，如需预热，预热温度应取要求值的上限，有后热处理要求时，焊后应立即进行后热处理；热输入应控制在规定范围内，焊短焊缝时，热输入不应取下限值。

⑥ 同一部位（焊缝内、外侧各作为一个部位）修补不宜超过两次，对经过两次修补仍不合格的焊缝，应采取可靠的技术措施，并经单位技术总负责人批准后方可修补。

⑦ 焊接修补的部位、次数和检测结果应做记录。

⑧ 各种缺陷清除和焊接修补后均应进行 MT 或 PT 检测。当表面缺陷焊接修补深度超过 3mm 时（从球壳表面算起）应进行 RT 检测。

⑨ 焊缝内部缺陷修补后，应进行 RT 检测或 UT 检测，选用的方法应与修磨前发现缺陷的方法相同。

6）球罐在制造、运输和施工中所产生的各种不合格缺陷都应进行修补。

7）球壳板母材表面缺陷的修补应符合下列要求：

① 球壳表面缺陷及工卡具焊迹应采用砂轮清除。修磨后的实际厚度不应小于设计厚度，磨除深度应小于球壳板名义厚度的 5%，且不应超过 2mm。当超过时，应进行焊接修补。

② 球壳板表面缺陷进行焊接修补时，每处修补面积应在 $50cm^2$ 以内；当在两处或两处以上修补时，任何两处的边缘距离应大于 50mm，且每块球壳表面的修补面积总和应小于该球壳面积的 5%。

当划伤及成形加工产生的表面伤痕等缺陷的形状比较平缓时，可直接进行焊接修补。当直接堆焊可能导致裂纹产生时，应采用砂轮将缺陷清除后再进行焊接修补。表面缺陷焊接修补后焊缝表面应打磨平缓或加工成具有 3:1 及以下坡度的平缓凸面，且高度应小于 1.5mm。

第九节　压力容器的现场组焊

压力容器外形尺寸超过运输极限，必须分片或分段运至施工现场进行组装和焊接。

压力容器施工现场的组焊，受到环境气候、施工条件的制约。现场施工条件差，有的现场作业面积狭小，加上施工季节不同，南北方气候差别较大，所以施工困难加大。施工现场的设备和机具也多，除吊装用机具外，所需的焊接设备、预热和后热设备、无损检测设备、热处理工装、压力试验设备等都要具备；还有，压力容器的参数千差万别，容器压力和操作温度不同，制造容器的材料种类和技术要求差别较大，材料的厚度等规格也不同，焊接材料不同；特别是如果需要焊后消除应力热处理的容器，施工的高空位置甚至天气影响都会造成施工不便，以及技术要求和困难加大。凡此种种因素，给现场组焊的准备工作、施工过程和施工管理带来很大难度。

现以大直径塔器为例介绍压力容器的现场组焊。

一、概述

大直径塔器的现场组焊是指由于运输、现场施工条件、起重等原因的限制，先在工厂加工成半成品，然后在施工现场组焊完成的塔器安装过程。

对受监察的塔器的现场组焊，施工单位必须具有技术监督部门颁发的压力容器现场组焊许可证。现场组焊塔器的吊装工艺、安全技术及劳动保护按现行标准执行。

二、现场准备

在现场组焊前，施工单位必须做好以下准备工作：

1. 施工技术准备

1）塔器组焊现场应具备必要的技术文件。

2）施工技术负责人应组织有关专业技术人员进行施工图会审。

3）必要时施工单位应组织技术人员和工人对新工艺、新技术进行调研和培训。

4）施工技术负责人应组织专业技术人员，根据图样、技术法规、标准规范、现场条件等编制施工方案，并按规定程序进行审查。

5）施工前应由施工项目负责人召集全体施工人员听取施工技术负责人的技术交底，明确所承担任务的特点、施工进度、施工方法、技术要求、质量标准以及保证安全所采取的措施，并作好交底记录。

2. 施工现场准备

1）施工现场应按施工平面图进行布置，施工现场应平整、坚实，运输和施工的道路畅通，并能满足机动车行走的要求。

2）水、电、气系统的布置安装，应符合安全技术规程的要求，计量器具应设置齐全。

3）应按施工方案要求，铺设组焊平台、配置施工设备机具、准备工具卡样板和检测计量器具等，并将设备机具按规定的位置就位。

4）施工设备机具性能应可靠，工具卡、样板应合格，计量器具应在周检期内。

5）做好半成品、零部件及焊接材料的验收工作，并及时运进施工现场。

6）现场的消防器材、安全设施应合格，并经安全监督部门验收通过。

3. 基础的检查验收

塔器安装前应对塔器位置和几何尺寸进行复验，同时土建基础施工单位要提供基础施工的主要资料，特别是对大型塔器基础和沉降方面的记录。

三、半成品、零部件及焊接材料的检查验收

1. 半成品、零部件的验收

1）所有分段或分片进入现场的塔器半成品，必须具备出厂技术文件。

2）塔器半成品出厂前应带足够数量的试板，标记清晰，尺寸符合要求。塔器的壳板或筒体应有明显的标记并与排版图相一致。

3）塔器在现场组装前，应对制造质量进行抽检，不合格者应由订货单位负责处理。

4）椭圆形、碟形、球形及折边锥形的封头，用弦长不小于封头设计直径 $3/4D_i$ 的内样板检查其内表面的形状偏差，最大间隙不得大于封头设计内直径 D_i 的 1.25%，直边部分的纵向皱褶深度应不大于 1.5mm。检查偏差时样板应与表面垂直，允许样板避开焊缝。对于碟形及折边锥形封头，其过渡区内半径不得小于图样的规定值。

5）冲压成形的封头或瓣片，其最小厚度不得小于名义厚度减去钢板厚度负偏差的差值。

6）球形封头分瓣冲压的瓣片外形尺寸，应符合 GB 12337—1998《钢制球形储罐》中的有关规定。

7）分段或分片到货的塔器筒体及封头瓣和筒体板的坡口表面应符合要求。

8）对分片到货的筒体板片，应立放在钢平台上用等于弦长且不小于 500mm 的样板检查板片的弧度，最大间隙应小于 3mm，放置板片时应采取防止变形的措施。

9）对分段到货的塔器筒体，应检查其端部端口的圆度、两相邻筒节的外周长差、筒体分段处端面平面度、直线度。

10）随塔器到货的零部件、塔内件应符合标准和图样的要求。

2. 焊接材料的验收

1）焊条入库应具有制造厂的质量证明书，并保证其完整且不受潮。

2）焊丝入库前应具有质量证明书，每盘焊丝应有标牌且无锈蚀现象。

3）焊剂入库应具有制造厂的焊剂质量证明书，其包装完整且无受潮现象。

四、塔器的现场组装

1. 一般规定

1）现场组焊的塔器应按要求对半成品及零部件验收合格后方可组装。

2）塔器的组装，应按设计图样、排版图和施工方案要求进行。各工序应有自检和工序交接记录，各控制点应有质量体系有关人员签字确认。

3）塔器现场组焊应采用以下程序：在钢平台上组焊上、下封头⟶单节筒体组焊⟶单节与封头组焊⟶单节之间组焊⟶裙座与下封头段组焊⟶组焊成大段⟶将各大段按序组焊成整体，见图 10-15。

在施工条件允许的情况下，尽可能在工厂组焊成半成品，减少现场组焊的工作量。

4）复合钢板的筒节组装时，以覆层为基准，防止错边超标，影响覆层焊接质量。定位板与组对卡具应焊在基层侧，防止损伤覆层。

5）塔器的分段或整体吊装应符合有关规定。

2. 筒体、封头的组装

1）球形封头应按下列程序组装

① 在钢平台上划出组装基准圆，封头基准圆直径 D_B 可按下式确定：

$$D_B = D_i + n \times G/\pi$$

式中 G——对口间隙（一般取 2mm）；

n——封头分瓣数；

D_i——封头设计直径（mm）。

② 将基准圆按照封头的分瓣数 n 等分，在距等分线 100mm 处用定位焊固定定位板，每块瓣片的定位板不少于 2 块。

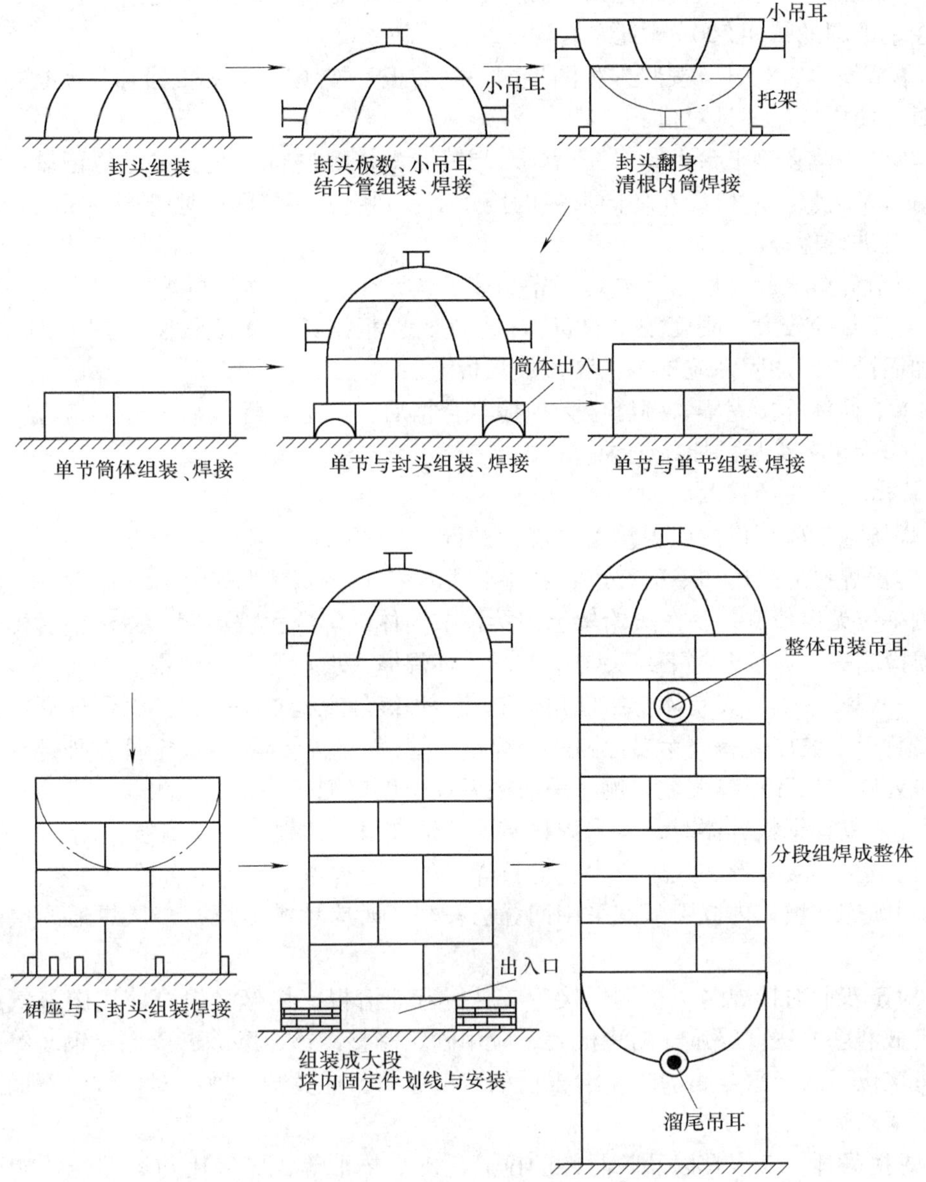

图 10-15　塔器现场组焊施工程序示意图

③　在组装基准圆内，设置封头组装胎具，以定位板和组装胎具为基准，用工具卡使瓣片紧靠定位板和胎具，并调整对口间隙和错边量。

2）球瓣在钢平台组对成封头后，应对每条焊缝装配情况进行检验，并做好记录。要对对口间隙、对口错边量、棱角度、圆度等进行检查。封头全部组对完毕，经检验符合要求并做好记录后，根据封头拼缝的长度和板厚情况，每条纵缝上可适当加 2～4 块圆弧加固板以减少焊接变形，经复验后，办理工序交工手续，交下一工序进行焊接。

3）封头焊接并检验合格后，按排版图定出 0°、90°、180°、270°四条方位母线并做上标记，按开孔方位图组焊接管。

4）单节筒体组对时，应根据每圈板片数 n 和封头端部实际周长在钢平台上划出筒体基准圆。在基准圆的每侧 500mm 处左右焊一块定位块。

5）单节筒体组对时，按照排版图将同一圈的板片按顺序逐块吊至钢平台上的基准圆处进行组对，使用专用工具对口。

6）单节筒体在钢平台上组对完后，对焊缝装配情况进行检查，并做好记录。要对对口间隙、对口错边量、对口后在环向形成的棱角度、圆度、相邻两筒体外圆周长差、端面的平面度、高度进行检查。

7）单节筒体复验合格后，办理工序交接手续，交下一工序进行焊接。

8）对于直径较大，刚度较差的筒体和封头，应根据具体情况采取“十”字或“米”字形临时加固措施，加固件应支撑在圆弧加强板上。

9）单节筒体焊接完毕，焊缝经无损检测合格后，应进行焊接后的外形检查，检测后做好记录，作为单节组焊的原始记录。

3. 筒体、封头的焊接

1）焊接施工应严格按照焊接工艺规程进行。

2）容器焊接应采用如下的程序：在平台上焊接上、下封头焊缝大坡口侧——→清根后焊小坡口侧——→无损检测——→在滚轮架上焊接单节筒体纵焊缝大坡口侧——→清根后焊小坡口侧——→无损检测——→焊接上、下封头与单节筒体环焊缝大坡口侧——→清根后焊小坡口侧——→无损检测——→焊接带下封头筒体与裙座角焊缝——→焊缝外观检查——→焊接大段环焊缝大坡口侧——→清根后焊小坡口侧——→无损检测——→焊接接管——→焊接容器内固定件及外部加固圈——→焊接分段处固定口环焊缝大坡口侧——→清根后焊小坡口侧——→无损检测。

3）焊接复合钢板容器时，应先焊接基层一侧坡口，清根后焊接覆层一侧。

4）为减少焊接变形和残余应力，对长焊缝的底层焊道，宜采取分段退焊法。

5）引弧应在坡口内，引弧宜采用回焊法，熄弧时应填满弧坑，多层焊道的层间接头应错开。

6）对于双面对接焊缝，单侧焊接后应进行背面清根，焊缝清根可使用碳弧气刨、砂轮或其他机械磨削方法。碳弧气刨清根后，应用砂轮修整刨槽，磨除渗碳层、铜斑等。焊缝清根时应将定位焊的熔敷金属清除，清根后的坡口形状，应宽窄一致。对接焊缝背面采用软垫时，则不要求清根。

7）焊接吊耳、工卡具以及临时性的拉筋、支撑垫板等，应采用与容器壳体相同或相当的焊接性能良好的钢材与焊接材料，焊接工艺应与容器焊接工艺相同。

8）工卡具等拆除时，不得伤及容器壳体。拆除后，应打磨光滑，打磨处的深度不得超过壳体名义厚度的5%，且不大于2mm。否则应按正式焊接工艺进行补焊，补焊后应打磨光滑。

第十一章　压力管道的焊接

第一节　压力管道材料

一、压力管道管材的选用

1. 金属材料的选用

（1）满足使用要求　首先要考虑压力管道的类别、使用环境和输送介质以及对强度的要求等，要充分满足压力管道的使用性能。

（2）焊接性和可加工性　要具有良好的焊接性和可加工性。

（3）经济、耐用性　一批压力管道在考虑满足使用要求的条件下，还必须从经济技术上分析，既要使用可靠，又要从全局考虑其维修、寿命周期等综合使用效益。

2. 管道的材料和材料标准

压力管道的材料包括管子、管件、阀门和法兰等材料。

（1）无缝钢管　无缝钢管是指采用热轧等热加工方法和冷拔等冷加工方法生产的没有焊缝的钢管，在压力管道中运用范围最广。

GB/T8163—1999《输送流体用无缝钢管》是应用最多的一个钢管制造标准，标准规定了制造钢管的常用方法有热轧、热扩和冷拔三种。该标准还将钢管外径分为三个系列，即系列1：标准化钢管；系列2：非标准化为主的钢管；系列3：特殊用途钢管。工程上通用的是标准化钢管系列：外径为ϕ10～ϕ610mm，壁厚为0.25～65mm。GB/T8163—1999标准中的材质牌号有10、20、Q295、Q345，根据需方要求经供需双方协商也可生产其他牌号的钢管。

GB3087—1999《低中压锅炉用无缝钢管》标准是专门为锅炉用钢管而设置的标准，也可应用于其他低中压流体管道，应用也很广泛。在《蒸汽锅炉安全技术监察规程》中规定了蒸汽工作压力大于1.0MPa时，不能使用GB/T8163—1999标准中的钢管，而要用GB3087—1999标准的钢管作为受热面管子、蒸汽管道的材料。GB3087—1999标准中钢管用材仅有10和20两种钢管，其制造方法通常为热轧、冷拔两种方式。

GB9948—1998《石油裂化用无缝钢管》是一个包括碳素钢、铬钼钢和不锈钢等多种材质的钢管制造标准，广泛应用于石油化工、电力等行业，其材质牌号有10、20、12CrMo、15CrMo、1Cr2Mo、1Cr5Mo、1Cr19Ni9、1Cr19Ni11Nb共八种。

GB5310—1995《高压锅炉用无缝钢管》也是一个包括碳素钢、铬钼钢、不锈钢等14种材质的钢管制造标准，制造方法有热轧（挤、扩）和冷拔（轧）两种，热轧（挤、扩）钢管的外径为ϕ22～ϕ530mm、壁厚为2.0～70mm，冷拔（轧）钢管的外径为ϕ10～ϕ114mm、壁厚为2.0～13mm，材质牌号有20G[㊀]、20MnG、15MoG、12CrMoG、12Gr2MoWVTiB、1Cr18Ni9等14种。《蒸汽锅炉安全技术监察规程》规定了当蒸汽工作压力大于5.9MPa时就不能用GB3087标准中的钢管，而改用GB5310标准的钢管作为受热面管子、蒸汽管道的材料。

㊀ 钢的牌号末尾带大写“G”表示高压锅炉钢管，下同。

GB6479—2000《高压化肥设备用无缝钢管》是一个包括碳素钢、低合金钢和铬钼钢等多种材质的钢管制造标准，钢管的制造有热轧（挤压、扩）或冷拔（轧）两种方法，其外径为 ϕ14 ~ ϕ426mm，壁厚不大于 45mm，材质牌号有 10、20、Q345（16Mn）、Q390（15MnV）、12CrMo、1Cr5Mo 等 10 种，一般情况下可用于设计温度为 -40 ~ 400℃、设计压力不大于 32MPa 的工况，在低温（小于 -20℃）使用的碳素钢管应采用本标准钢管，在临氢介质或有应力腐蚀环境存在时也宜使用本标准钢管。

从检查试验角度来讲，一般流体输送用钢管必须进行化学成分分析、拉力试验、压扁试验和水压试验。GB5310、GB6479、GB9948 三种标准的钢管，除了要求流体输送用钢管必须进行的试验外，还要求进行扩口试验和冲击试验。其中，GB6479 标准还对材料的低温冲击韧度提出了特殊要求，这三种钢管的制造、检验要求是比较严格的。对于 GB3087 标准的钢管，除了进行流体输送用钢管的一般试验外，还要求进行冷弯试验。对于 GB/T8163 标准的钢管，除了流体输送用钢管的一般试验要求外，还可根据协议要求进行扩口试验和冷弯试验。

（2）焊接钢管（有缝钢管）　焊接钢管与无缝钢管相比，其优点颇多，如价格便宜、材料利用率高、尺寸偏差小，生产设备投资也较少，尤其是在大公称直径（$DN \geqslant 600$mm）钢管生产上，无缝钢管生产的设备投资要比焊接钢管多几倍。随着现代工业生产技术的发展，焊接钢管的生产技术水平和质量在不断提高，应用范围日益扩大。

常用的焊接钢管按其生产时采用的焊接工艺可分为连续炉焊（锻焊）钢管、电阻焊钢管和电弧焊钢管三种。

1）连续炉焊（锻焊）钢管：连续炉焊（锻焊）钢管是在加热炉内对钢带进行加热，然后对已成形的边缘采用机械加压方法使其焊接在一起而形成的具有一条直缝的钢管。其特点是生产效率高，生产成本低，但焊接接头冶金结合不完全，焊缝质量差，综合力学性能差。目前炉焊钢管在压力管道中仅用于压缩空气等不可燃、无毒流体。

GB/T3091—2001《低压流体输送用镀锌焊接钢管》、GB/T3092—2001《低压流体输送用焊接钢管》标准的钢管一般为炉焊钢管（有时也用电阻焊制造），它们除了流体输送用钢管的必检项目外，只附加了弯曲试验要求，故此类管子的制造、检验要求是比较低的。它们的规格范围为 ϕ6 ~ ϕ150mm（ϕ1/8″ ~ ϕ6″），壁厚有普通级和加厚级两种，材料牌号有 Q195、Q215A、Q235A 三种，一般用于设计压力小于或等于 1.0MPa 的不可燃、无毒流体，但在石油化工行业仅适用于设计温度为 0 ~ 100℃、设计压力不超过 0.6MPa 的压缩空气系统。

当输送介质为仪表用净化压缩空气时，因为仪表驱动芯子孔径比较小，若有较小的固体杂质进入就会引起操作故障，因此它采用的管子应为符合 GB/T3091—2001 标准的镀锌管，而且管道组成件应是螺纹联接而不是焊接。实际上这点是很难做到的，因为 $DN \geqslant 50$ 的管子及其元件均采用螺纹联接是不合适的，通常，将仪表用净化压缩空气输送用的干管（一般 $DN \geqslant 50$mm）采用无缝钢管，连接形式为焊接，而支管（一般 $DN \leqslant 40$mm）采用镀锌管，且支管从干管的上部引出。

2）电阻焊钢管：电阻焊钢管是通过电阻焊或电感应焊焊接方法生产的、带有一条直焊缝的钢管，其特点是生产效率高、自动化程度高，对母材损伤小，焊后变形和残余应力也较小。但其生产设备较复杂，设备投资高，对焊接接头的表面质量要求适用于高温情况下和重要的场合。一般规定电阻焊钢管应使用在不超过200℃的情况下。

常用的电阻焊钢管标准有 SY/T5038—1992《普通流体输送用螺旋缝高频焊钢管》等。SY/T5038 标准的规格范围为 *DN*150 ~ *DN*500mm，壁厚从 4.0 ~ 10.0mm 共 9 种规格，材料牌号有 Q195、Q215 和 Q235 三种，适用介质为水、煤气、空气、采暖蒸汽等流体。

3）电弧焊钢管：电弧焊钢管是通过电弧焊接方法生产的钢管，它的特点是焊接接头达到完全的冶金结合，接头的力学性能能够完全达到或接近母材的力学性能。

根据焊缝形状不同，电弧焊钢管可分为直缝钢管和螺旋焊缝钢管两种。根据焊接时采取的保护方法不同，电弧焊钢管又可分为埋弧焊钢管和熔化极气体保护焊钢管两种。

在石油化工行业的管道上常用的钢管标准有 SY/T5037—1992《普通流体输送用螺旋缝埋弧焊钢管》等。SY/T5037 标准的规格范围为 *DN*250 ~ *DN*2500，壁厚从 5.0 ~ 20.0mm 共 15 种规格，材料牌号有 Q195、Q215 和 Q235 三种，适用介质为水、煤气、空气、采暖蒸汽等流体。

GB/T12771—2000《流体输送用不锈钢焊接钢管》是压力管道常用的不锈钢焊接钢管标准，是采用自动电弧焊或其他自动焊接方法制造的直缝焊接钢管，外径 ϕ8 ~ ϕ630mm，壁厚 0.3 ~ 16mm，材料牌号有 1Cr18Ni9、0Cr18Ni9、00Cr19Ni10、0Cr17Ni12Mo2、00Cr17、00Cr18Mo2 等 13 种牌号，常用于石油化工、冶金、医药、电力等行业。一般情况下，不宜用于设计压力高于 6MPa 的工况；当其焊缝成形系数小于 1.0 时，不得用于极度或高度危害介质的输送。

在石油天然气工业上普遍应用 GB/T9711—1997《石油天然气工业输送钢管交货技术条件第一部分 A 级钢管》，该标准在石油化工等行业上也应用很多。该标准钢管的制造工艺不仅包括各种焊接钢管，尚包括无缝钢管。而焊接钢管中含连续炉焊管、电阻焊管、直缝或螺旋缝埋弧焊管和熔化极气体保护电弧焊管。钢管尺寸系列分带螺纹和无螺纹等，无螺纹钢管尺寸为外径 ϕ60.3 ~ ϕ2032mm（ϕ2 3/8″ ~ ϕ80″），壁厚 2.1 ~ 31.8mm。

（3）铸铁管　铸铁管应用于 GB1 级燃气管道上，尤其是埋地敷高的低压（$p \leqslant 0.005$MPa）或中压 B 级（$0.005\text{MPa} < p \leqslant 0.2\text{MPa}$）的人工煤气管道普遍应用铸铁管，不仅是价格相对较便宜，而且耐蚀性也优于钢管。

二、原材料的管理

1. 原材料的订货

首先根据设计图样和相关技术资料提供材料明细表，编制订货清单，核准无误后由物质供应部门进行采购。材料供应商必须具有压力管道元件制造资格。

2. 材料的复验

压力管道所用材料、无缝钢管、钢板等材料进厂（场）必须按规定办理“入库交验单”手续，所有压力管道材料必须具备材料“质量证明书”和合格证，且材料上须注“TS”标识。材料入库必须按规定经过表面质量和化学成分、力学性能复验，若发现钢材表面有夹层，可用超声波复验其内在质量，合格后方可填写“合格”入库单入库，不合格的材料进行处理，未经入库的钢材不准发放投产。

3. 管材的贮存和发放

（1）堆放　钢管品种、规格较多，一定要分类堆放，列出标记，定期清点检查，保持账、物、卡三者相符。

（2）管材的发放　管材要依据“领料单”发放，发放时车间领料者与仓库保管员应共同核对牌号、规格、型号、数量等。一定要防止“混料、错料”出库，一旦混入产品，会造成质量事故和经济损失。

第二节　管道焊前准备

一、焊接工艺评定及焊工考试

焊接工艺评定试验是制定合理工艺的基础，是指导生产的依据，压力管道焊接前必须进行焊接工艺评定。从事压力管道焊接的焊工，包括焊条电弧焊焊工、定位焊焊工、氩弧焊焊工、CO_2气体保护焊焊工、埋弧焊焊工等，必须按《锅炉压力容器压力管道焊工考试与管理规则》进行考试，取得焊工合格证后，才能在有效期内担任合格项目范围内的压力管道焊接工作。焊工必须严格按焊接作业指导书或焊接工艺卡施焊。

二、对焊接技术人员的要求

压力管道的焊接全过程，均应在焊接责任工程师的指导下进行，焊接责任工程师和其他焊接技术人员，应承担管道焊接工程的总体计划、管理和技术指导。焊接责任工程师负责编制压力管道焊接工艺评定方案并指导实施，负责审核压力管道焊接工艺评定报告和焊接作业指导书。

三、原材料的加工

1. 材料的放样展开

管道施工中，经常会遇到各种形状的管子对接，如同径管直角相交、异径管相交对接、

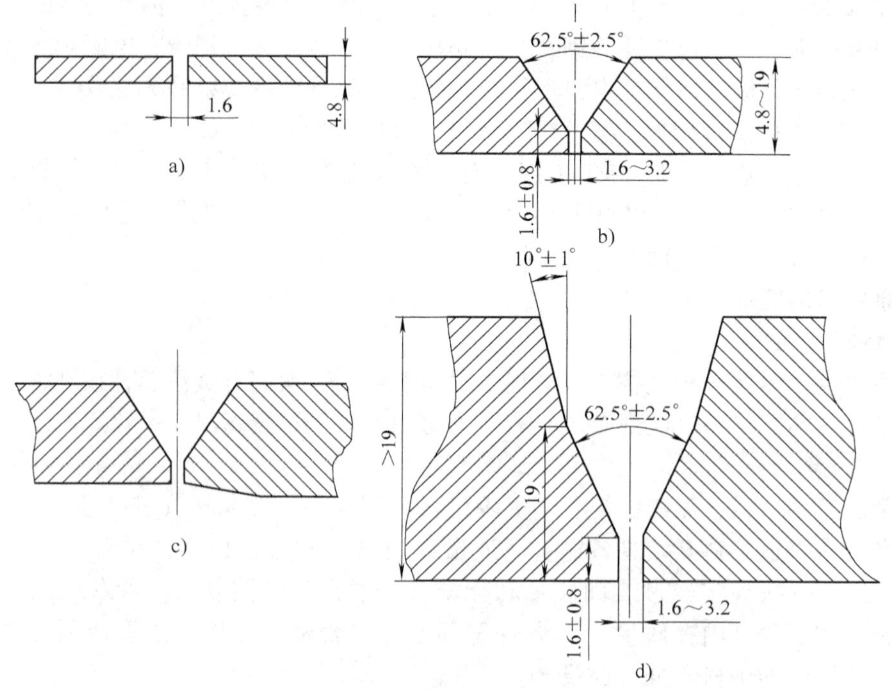

图 11-1　管道坡口形式

a）壁厚$\delta \leqslant 4.8$mm　b）壁厚$\delta 4.8 \sim 19$mm　c）不等厚接头要求加工斜度　d）壁厚$\delta > 19$mm 的组合坡口形式

等径圆管直交三通管、异径圆管斜交三通管。遇到大口径弯管，一般用高频弯管，当无法用高频弯管时，就必须采用圆管 90°多节弯头（俗称虾节弯）。

2. 管子的切割

钢管原则上进行机械切断，管径大或不能机器切断时可用火焰切割或等离子弧切割。

3. 坡口制备

对于各种规格和材料的管道，坡口形式如图 11-1 所示。

坡口加工是焊接前的首要关键步骤，分为坡口角度、钝边和间隙三大要素。GB/T985—1988《气焊、手工电弧焊及气体保护焊焊缝坡口的基本形状与尺寸》和 GB/T986—1988《埋弧焊焊缝坡口的基本形状和尺寸》分别对不同的焊接方法和厚度的接头坡口形式作了规定。

根据板厚、焊接方法、接头形式和对焊接质量的要求，可分别采用各适宜的坡口。对于压力管道一般选单面焊双面成形或氩弧焊封底，焊条电弧焊盖面的工艺坡口形式，坡口角度为 30°~45°。如果壁厚较大，可采用埋弧焊，选择组合坡口比较合适。

坡口加工可采用机床铣边开坡口、管子坡口机开坡口、采用碳弧气刨及打磨等方法开坡口。

第三节　管道的焊接组装工艺

管道焊前组装是管道焊接准备工作的关键步骤，管道焊前组装质量的好坏直接影响管道接头焊接质量。

一、管道组对的要求

1）管道组对时，对坡口及其内表面进行清理应符合表 11-1 的规定。

表 11-1　坡口及其内表面进行清理要求

管道材质	清理范围/mm	清理物	清理方法
碳素钢	≥10	油、漆、锈、毛刺等污物	手工或机械
不锈钢			
合金钢			
铝及铝合金	≥50	油污、氧化膜等	有机溶剂除净油污，化学或机械法除净氧化膜
铜及铜合金	≥20		
钛	≥50		

2）管道内错边量应符合表 11-2 要求。

表 11-2　管道内错边量要求　（单位：mm）

管道材质		内壁错边量
钢		不宜超过壁厚的 10%，且不大于 2
铝及铝合金	壁厚 $\delta\leqslant5$	不大于 0.5
	壁厚 $\delta>5$	不宜超过壁厚的 10%，且不大于 2
铜及铜合金、钛		不宜超过壁厚的 10%，且不大于 1

3）由于管道壁厚不同，造成的内外壁错边量大于 3mm 时，均应进行修整。图 11-2 为不同壁厚材料的坡口形式，表示了内壁尺寸不相等、外壁尺寸不相等、内外壁尺寸均不相等时坡口的加工修整方法。

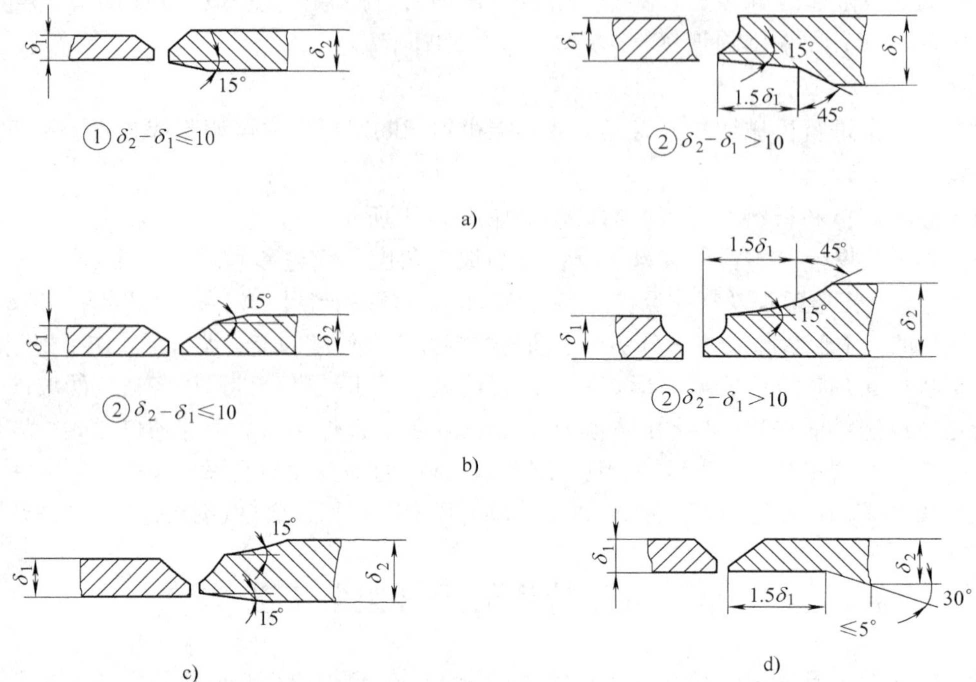

图 11-2　不同壁厚对接坡口形式

a）内壁尺寸不相等　b）外壁尺寸不相等　c）内外壁尺寸均不相等

d）内壁尺寸不相等的削薄

注：用于管件且受长度条件限制时，图 a）①、b）①和 c）中的 15°角可改用 30°角。

4）不圆的管子要圆整，管子对口前要检查其平直度，应在距离坡口 200mm 处测量，允许偏差 a 值小于 1mm，如图 11-3 管子的组对偏差要求。此外，一根管子全长的偏差不大于 10mm。

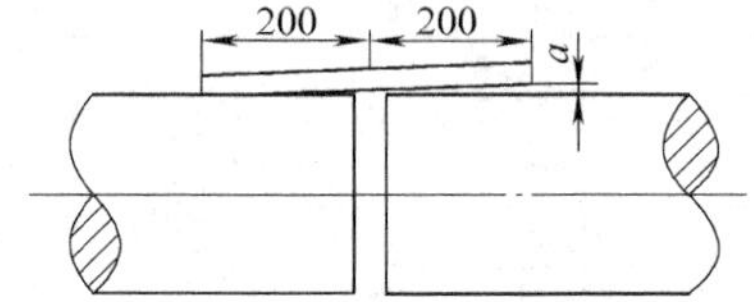

图 11-3　管道组对偏差

注：1）当管径＜100mm 时，a＜0.6mm

2）当管径≥100mm 时，a＜1.0mm

5）对接焊连接的管子端面应与管子轴线垂直，垂直度 b 值最大不能超过 1.5mm，如图 11-4 所示。

6）焊前管端组对应有合适的间隙，必须符合焊接工艺的要求，大直径横管接头由下至上焊时，考虑到焊缝收缩对间隙的影响，间隙可适当放大一点。

二、管道对接装配的对口器

1. 对口器的分类

对于批量的、尺寸偏差比较小的管道的对接装配，可采用对口器组对，将接口固定起来，防止或减小接口错边量。根据对口器在管子基面的安装位置，可分为内对口器和外对口器。

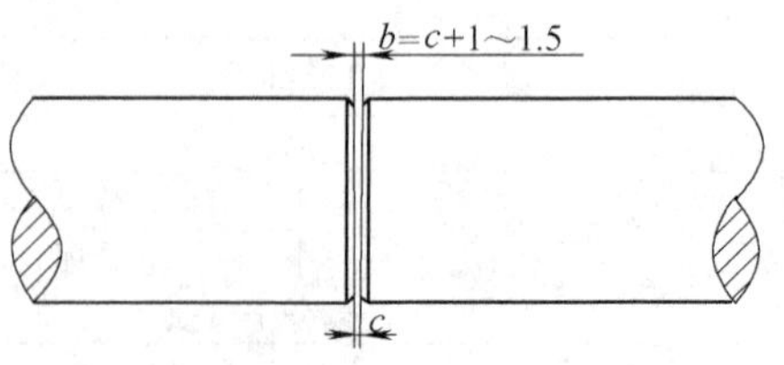

图 11-4　管子端面与轴线的垂直度

（1）外对口器　用于焊接直径小于 529mm 的旋转和非旋转对接接口，外对口器的结构可分为偏心式和链式（多环式）两种。

1）偏心式对口器：偏心式对口器的技术特性见表 11-3。

表 11-3　偏心式对口器的技术特性

管径/mm	对口器重量/kg	管径/mm	对口器重量/kg
80～159	7	273～325	13.9；17.7
168～219	11.7；14.7	377～426	15.5；19.3

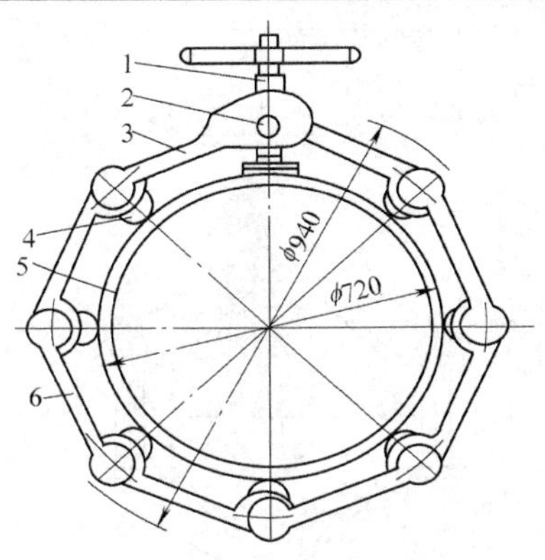

图 11-5　多环式对口器

1—锁紧螺钉　2—十字接头　3—折锁

4—滑轮　5—内环　6—外环

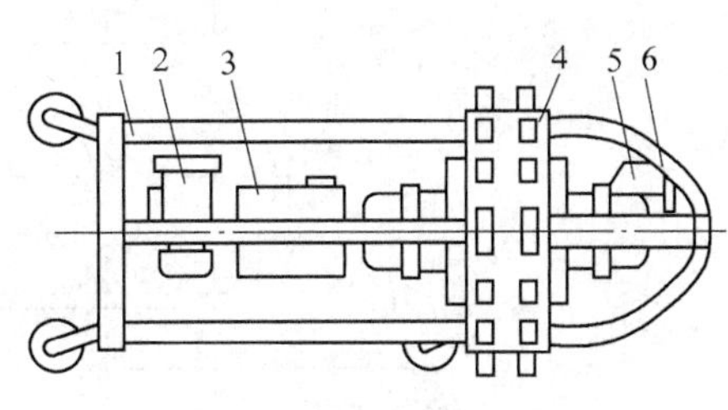

图 11-6　内对口器示意图

1—小车　2—液压传动机构　3—液压箱

4—对中机构　5—控制机构　6—防护罩

2）链式（多环式）对口器：链式对口器对口时，将多环链的薄板对称配置到接头面的两侧。接着用锁紧螺钉拧紧，多环链由滑轮重合两根管子的坡口，如图 11-5 所示。

（2）内对口器或液压内对口器　内对口器或液压内对口器能使管子坡口的重合更为精确，因而可保证管子装配的更高质量。由于内对口器接头向外敞开，可不用定位焊便能直接焊接。

内对口器按焊接管子的直径为 325～1420mm 的管子生产。由于有液压传动机构，可借助推杆进行接口的传递，实现干线流水对口模式，图 11-6、图 11-7 分别为两种内对口器示意图。

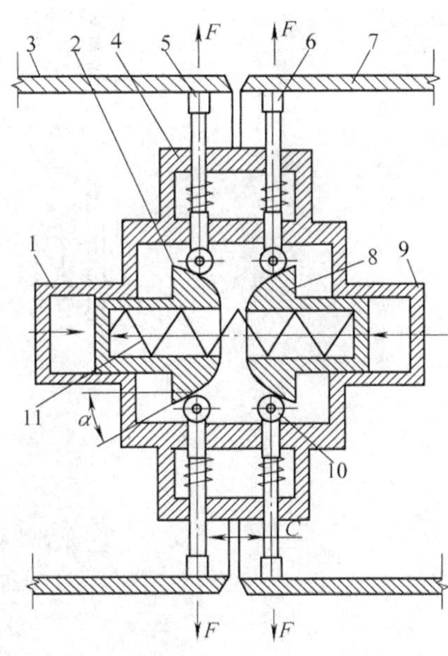

图 11-7　液压内对口器示意图

1、9—圆筒　2、8—球形楔　3、7—管子

4—壳体　5、6—杠杆夹具

10—滚柱　11—弹簧

2. 组对卡具

为保证管子对口质量，可用卡具进行组对。组对卡具目前没有相关标准，通常根据施工中管子的实际情况，自制相关卡具。对于管道一般采用图 11-8 所示的几种形式。

在管道预制加工车间，管子的对口一般放在滚轮架上进行，如图 11-9 所示。滚轮架有精密的调节机构，使管子两端能严格的进行对中，如果和自动焊机配合可实现自动焊接。

对于公称直径在 *DN*15～*DN*100mm 之间的小管子，可采用专用的焊接对口钳。这种对口

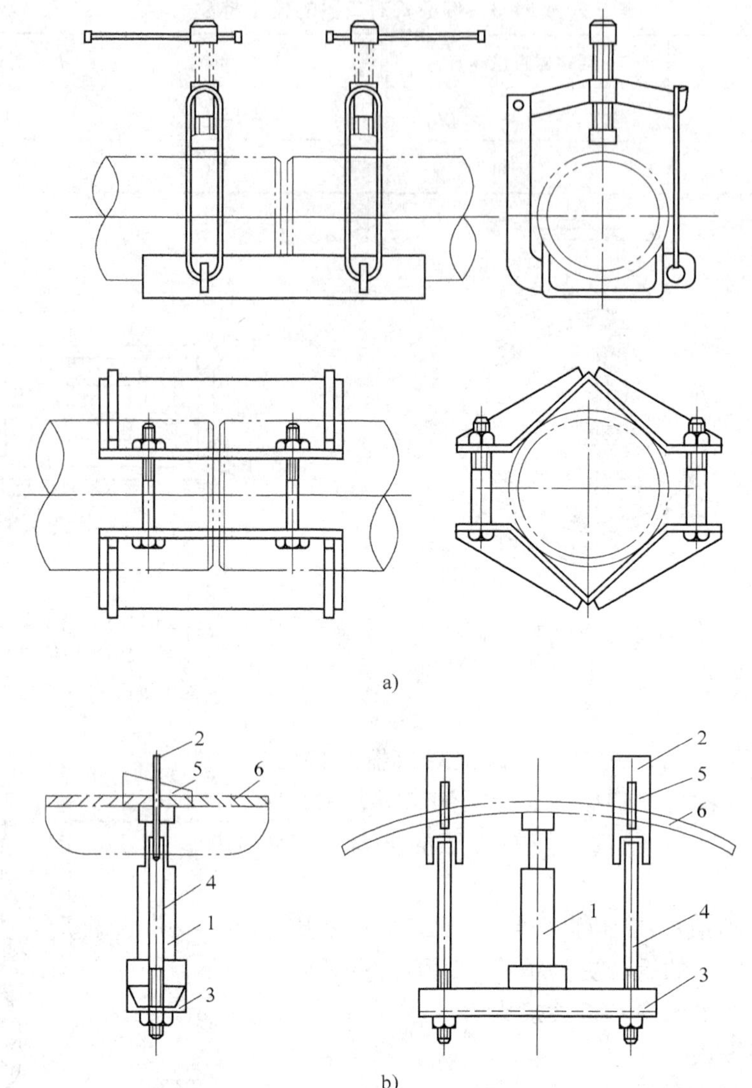

图 11-8　管道组对卡具

a）小直径管道组对卡具　b）大直径管道组对卡具

1—千斤顶　2—带孔扁钢　3—槽钢　4—螺栓

5—楔子　6—管子

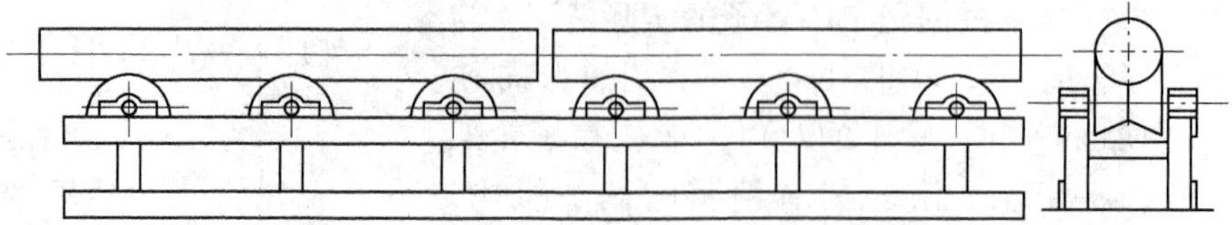

图 11-9　对口和焊接用的滚轮托架示意图

钳适合于在施工现场使用，非常方便。

第四节　管道的焊接检验

一、管道焊缝的外观质量检验

1）检测工具主要有标准样板和量规等。

2）管道焊缝焊完后，应及时去除飞溅物，清理干净焊缝表面，然后对焊缝进行外观检查。焊缝的外观质量等级应符合表 11-4 中相应质量等级的要求。

表 11-4　焊缝外观质量分级　（单位：mm）

<table>
<tr><th rowspan="2">检验项目</th><th rowspan="2">缺陷名称</th><th colspan="4">质量分级</th></tr>
<tr><th>Ⅰ</th><th>Ⅱ</th><th>Ⅲ</th><th>Ⅳ</th></tr>
<tr><td rowspan="10">焊缝外观质量</td><td>裂纹</td><td colspan="4">不允许</td></tr>
<tr><td>表面气孔</td><td colspan="2">不允许</td><td>每 50 焊缝长度内允许直径$\le 0.3\delta$，且≤ 2的气孔 2 个，孔间距≥ 6倍孔径</td><td>每 50 焊缝长度内允许直径$\le 0.4\delta$，且≤ 3的气孔 2 个，孔间距≥ 6倍孔径</td></tr>
<tr><td>表面夹渣</td><td colspan="2">不允许</td><td>深$\le 0.1\delta$，长$\le 0.3\delta$，且≤ 10</td><td>深$\le 0.2\delta$，长$\le 0.5\delta$，且≤ 20</td></tr>
<tr><td>咬边</td><td colspan="2">不允许</td><td>$\le 0.05\delta$，且≤ 0.5，连续长度≤ 100，且焊缝两侧咬边总长$\le 10\%$焊缝全长</td><td>$\le 0.1\delta$，且≤ 1，长度不限</td></tr>
<tr><td>未焊透</td><td colspan="2">不允许</td><td>不加垫单面焊允许值$\le 0.15\delta$，且≤ 1.5
缺陷总长在6δ焊缝长度内不超过δ</td><td>$\le 0.2\delta$，且≤ 2.0，每 100 焊缝内缺陷总长≤ 25</td></tr>
<tr><td rowspan="2">根部收缩</td><td rowspan="2">不允许</td><td>$\le 0.2 + 0.02\delta$，且≤ 0.5</td><td>$\le 0.2 + 0.02\delta$，且≤ 1</td><td>$\le 0.2 + 0.04\delta$，且≤ 2</td></tr>
<tr><td colspan="3">长度不限</td></tr>
<tr><td>角焊缝厚度不足</td><td colspan="2">不允许</td><td>$\le 0.3 + 0.05\delta$，且≤ 1
每 100 焊缝长度内缺陷总长度≤ 25</td><td>$\le 0.3 + 0.05\delta$，且≤ 2
每 100 焊缝长度内缺陷总长度≤ 25</td></tr>
<tr><td>角焊缝焊脚尺寸不对称</td><td colspan="2">差值$\le 1 + 0.1a$</td><td>差值$\le 2 + 0.15a$</td><td>差值$\le 2 + 0.2a$</td></tr>
<tr><td>余高</td><td colspan="2">$\le 1 + 0.1b$，且最大为 3</td><td colspan="2">$\le 1 + 0.2b$，且最大为 5</td></tr>
</table>

注：1. 当咬边经磨削休整并平滑过渡时，可按焊缝一侧较薄母材最小允许厚度值评定。

2. 角焊缝焊脚尺寸不对称在特定条件下平缓过渡时，不受本规定限制（如搭接或不等厚板的对接和角接组合焊缝）。

3. 除注明角焊缝缺陷外，其余均为对接、角焊缝通用。

4. 表中 a—设计焊缝厚度；b—焊缝宽度；δ—母材厚度。

3）设计文件没有规定进行射线探伤检验或超声波检验的焊缝，质检人员应对全部焊缝的可见部分进行外观检查，其质量应符合表 11-5 中的Ⅳ级要求。

二、管道焊缝的无损检测

1. 工业金属管道射线检测和超声波检测（GB50235—1997）

（1）下列管道应进行 100% 的射线检测　其质量不得低于Ⅱ级：

1）输送剧毒流体的管道。

2）输送设计压力大于或等于 10MPa 或设计压力大于或等于 4MPa，且设计温度大于或等于 400℃的可燃气体、有毒流体的管道。

3）设计温度小于 -29℃的低温管道。

4）设计文件要求进行 100% 的射线检测的其他管道。

（2）可不进行射线检测的管道焊缝　输送设计压力小于或等于 1MPa，且设计温度小于 400℃的非可燃流体管道，无毒流体管道的焊缝，可不进行射线检测。

（3）其他管道应进行抽样射线检测　抽检比例不得低于 5%，其质量不得低于Ⅲ级，抽检比例和质量应符合设计文件的规定。

2. 设计文件规定需作表面无损检测的焊缝

检测时应对焊缝进行渗透检测，检测数量及质量应符合设计文件和相关标准的规定，具体检验可按 JB/T 4730—2005《承压设备无损检测》的要求进行。当发现焊缝表面有超出相应质量等级规定的缺陷时，应及时消除，消除后应重新进行检验，直至合格。

3. 管道焊缝的射线检测及超声波检测

焊缝的射线检测和超声波检测应符合 JB/T 4730—2005《承压设备无损检测》的规定。焊缝的射线检测、超声波检测的数量应符合设计标准的规定。

设计文件或相关标准规定进行 100% 射线或超声波检测的焊缝，其质量等级不应低于表 11-5 中的Ⅱ级。规定进行局部射线或超声波检测的焊缝，其质量等级不应低于表 11-5 中的Ⅲ级。

表 11-5　焊缝内部质量分级

<table>
<tr><th rowspan="2">检验项目</th><th rowspan="2" colspan="2">缺陷名称</th><th colspan="4">质量分级</th></tr>
<tr><th>Ⅰ</th><th>Ⅱ</th><th>Ⅲ</th><th>Ⅳ</th></tr>
<tr><td rowspan="6">对接焊缝内部质量</td><td rowspan="5">射线检测</td><td>碳素钢和合金钢</td><td>JB/T 4730—2005 的Ⅰ级</td><td>JB/T 4730 的Ⅱ级</td><td>JB/T 4730 的Ⅲ级</td><td rowspan="3">不要求</td></tr>
<tr><td>铝及铝合金</td><td>GB 50236 附录 E 的Ⅰ级</td><td>GB 50236 附录 E 的Ⅱ级</td><td>GB 50236 附录 E 的Ⅲ级</td></tr>
<tr><td>铜及铜合金</td><td>JB/T 4730 的Ⅰ级</td><td>JB/T 4730 的Ⅱ级</td><td>JB/T 4730 的Ⅲ级</td></tr>
<tr><td>工业纯钛</td><td colspan="2">GB 50236 附录 F 的合格级</td><td colspan="2">不要求</td></tr>
<tr><td>镍及镍合金</td><td>JB/T 4730 的Ⅰ级</td><td>JB/T 4730 的Ⅱ级</td><td>JB/T 4730 的Ⅲ级</td><td>不要求</td></tr>
<tr><td colspan="2">超声波检测</td><td colspan="2">JB/T 4730 的Ⅰ级</td><td>JB/T 4730 的Ⅱ级</td><td>不要求</td></tr>
</table>

对焊缝无损检测发现的不允许缺陷，应消除后进行补焊，并对补焊处用原规定的方法进行检验，直至合格。对规定进行局部无损检测的焊缝，当发现不允许缺陷时，除按规定消除缺陷后补焊，并用原规定的方法对补焊处进行检测，直到合格外，还应进一步用原规定方法进行扩大检测，扩大检测的数量，应执行设计文件及相关标准的规定。

4. 管道焊缝的强度试验及严密性试验

这种试验应在射线检测或超声波检测后进行，其试验方法及要求应符合设计文件及GB50235—1997 等相关标准的规定。

第五节　不同材料管道的焊接

一、碳钢管道的焊接

碳钢管道焊接采用手工钨极氩弧焊封底、焊条电弧焊盖面工艺。

1. 工艺流程框图

对于管道的直径不小于50mm 时，碳素钢（Q235，15，20，20R，20g 等）管道采用手工钨极氩弧焊封底、焊条电弧焊盖面焊，其管道的组装焊接的工艺流程如图 11-10 所示。

2. 工艺过程

（1）施工准备　了解并熟悉施工图样，认真阅读审核设计技术文件所需执行的施工验收规范，根据工程项目涉及的钢种、规格、焊接方法，编制焊接工艺评定计划。

（2）焊接工艺评定　根据设计要求编制焊接工艺评定的方法和内容，并执行相关标准的规定。以评定合格的焊接工艺为依据，编制焊接施工方案及焊接作业指导书，并制定出焊工培训考试计划。

（3）焊接设备

1）氩弧焊机应配备性能良好的引弧装置以及与焊接电源相适应的气冷式或水冷式焊枪。

2）选用装备齐全、性能良好的弧焊变压器（BX 系列产品）、弧焊整流器（ZX 系列产品）和逆变焊机。

3）焊机上必须配备经校验合格的电流、电压表。

（4）焊接

1）应根据管道等级及设计要求选用与母材相匹配的焊丝和焊条，焊缝金属的性能和化学成分应与母材相当，且工艺性能良好。

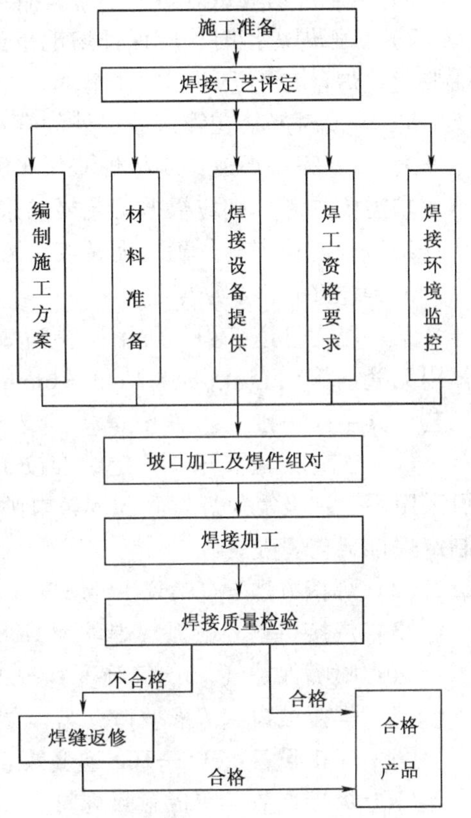

图 11-10　管道组装焊接的工艺流程框图

2）定位焊及固定卡具焊缝的焊接，应采用与正式焊接要求相同的焊条及工艺措施，并由取得与正式焊接要求相同合格项目的持证焊工担任。

3）定位焊可直接焊在坡口内，定位焊缝数量应根据具体情况确定。

4）焊接参数可参照表 11-6、表 11-7 选用。

表 11-6　碳钢钢管钨极氩弧焊的焊接参数

焊件厚度/mm	钨极直径/mm	焊丝直径/mm	焊接电流/A	氩气流量/（L/min）
3～4	ϕ2～ϕ3	ϕ1.6～ϕ2	70～90	8～10
5～8	ϕ3	ϕ2～ϕ2.4	80～120	8～12
>8	ϕ3～ϕ4	ϕ2.4	90～140	10～16

表 11-7　碳钢钢管焊条电弧焊的焊接参数

焊条类型	焊条直径/mm	焊接电流/A	电弧电压/V	焊接电源
E4303/E4315 E5015	ϕ2.5	60～90	20～25	AC/DCRP
	ϕ3.2	80～130	21～26	
	ϕ4.0	110～190	22～27	

注：AC—交流，DCRP—直流反接。

5）焊接过程中应保证起弧和收弧处的质量，收弧时应将弧坑处填满。

6）施焊现场应做好防风措施，管内应防止空气流动。

7）氩弧焊焊接时，应保证熔池得到有效保护，焊丝高温端应在氩气保护区，添加焊丝时要避免焊丝与钨极间产生碰撞。

8）焊接时严禁在管道坡口外的管壁上引弧和熄弧，多层焊的层间接头应错开。

9）每焊完一焊道，应将焊渣、飞溅物等清理干净再进行下道工序焊接；若工艺上有特殊要求需要中断，则应根据工艺要求采取措施，防止产生焊接缺陷如裂纹等；再次焊接前必须仔细检查已焊焊缝，确认无裂纹后方可按原工艺要求继续焊接。

3. 管道的焊接实例

某一压力管道工程，所用材料为 20#无缝钢管，材料标准为 GB/T8163—1999《输送流体用无缝钢管》，规格 ϕ88.9mm×6mm，管道焊接采用手工钨极氩弧焊封底焊条电弧焊盖面工艺，其主要焊接工艺如下：

（1）工艺评定要求　评定标准按 JB4708—2000《钢制压力容器焊接工艺评定》，评定时可采用手工钨极氩弧焊打底和焊条电弧焊盖面单独评定，也可采用组合评定，根据工艺评定制定焊接工艺规程。

（2）焊接方法　GTAW＋SMAW（手工钨极氩弧焊打底＋焊条电弧焊盖面）。

（3）焊接材料　氩弧焊焊丝为 H08Mn2SiA，焊条电弧焊焊条 E4303。

（4）喷嘴保护气　Ar 气纯度≥99.9%，流量 7～8L/min。

（5）焊接坡口　V 形坡口，具体如图 11-11 所示。

（6）焊接设备　WS—160 逆变式直流钨极氩弧焊/电弧焊两用焊机。

（7）焊接参数　钨极氩弧焊打底，焊接电流为 120～130A　电弧电压为 12～14V
焊条电弧焊填充和盖面层焊接电流为 60～65A　电弧电压为 21～22V

二、不锈钢管道的焊接

不锈钢管道的焊接，应结合其物理特性、力学性能和焊接特点，以及管道的结构选择、焊接设备和焊接方法。小直径管道（壁厚小于 3mm）以手工钨极氩弧焊（TIG）最合适；焊

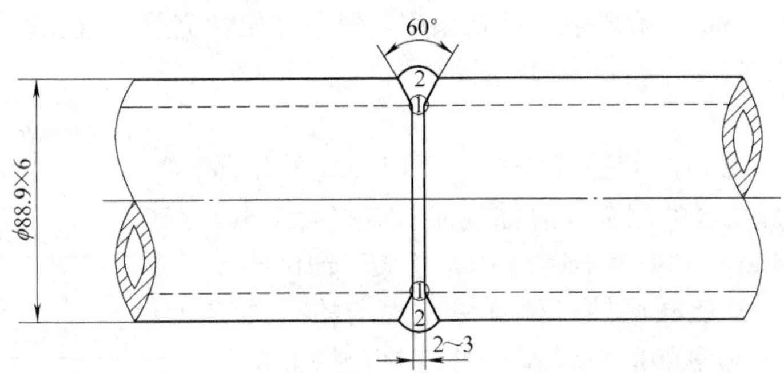

图 11-11　碳钢管对接焊坡口（尺寸单位：mm）

接中厚度不锈钢管，采用埋弧焊、熔化极气体保护焊（MIG）比较合适；壁厚小于或等于8mm 的不锈钢管，采用等离子弧焊较合适。

1. 奥氏体不锈钢管的焊接工艺

（1）奥氏体不锈钢管的焊条电弧焊工艺

1）材料要求

① 焊条应具备出厂批号及质量合格证书，当出厂批号及质量合格证书不齐全时，应具有焊条质量复验合格证明，其各项性能指标应符合 GB/T983—1995《不锈钢焊条》的要求。

② 要求具有耐晶间腐蚀的管材与焊条，其耐晶间腐蚀性能应符合 GB/T 4334. 1 ~ GB/T 4334. 6—2000 有关晶间腐蚀试验方法与标准的要求，对于无出厂耐腐蚀性能合格证明的管材与焊条，也应按 GB/T 4334. 1 ~ GB/T 4334. 6 进行晶间腐蚀倾向试验，并出具复验合格证明。

2）焊前准备

① 焊件的坡口，采用机械加工或等离子弧切割并打磨。

② 管子、管件的组对。管子、管件应避免强行组对。管子、管件对接接头的组对，应做到内壁齐平，内壁错边量不宜超过管壁厚度的 10%，且不大于 2mm。

③ 施焊前坡口两侧各 100mm 范围内应采取涂刷防飞溅涂料等可靠措施，防止焊接飞溅物沾污焊件表面。

④ 焊条在使用前应按出厂证明书的规定进行烘干，并应在使用过程中保持干燥。焊条药皮应无脱落和显著裂纹。

3）焊接参数：一般奥氏体不锈钢的焊条电弧焊焊接参数见表 11-8，工程中实际参数要由工艺评定后制定。

表 11-8　不锈钢钢管焊条电弧焊的焊接参数

焊条直径/mm	焊接电流/A	电弧电压/V	焊接电源
2. 5	60 ~ 90	20 ~ 24	交流或直流反接
3. 2	80 ~ 130	21 ~ 25	
4. 0	110 ~ 190	22 ~ 27	

（2）奥氏体不锈钢管道的手工钨极氩弧焊工艺

1）工艺流程：在石油、化工、电力、冶金、机械等行业中，奥氏体不锈钢管 0Cr18Ni9，0Cr18Ni9Ti，00Cr19Ni10，00Cr19Ni11，0Cr17Ni12Mo2，0Cr18Ni12Mo2Ti，0Cr19Ni13Mo3，0Cr18-

Ni12Mo3Ti，00Cr17Ni14Mo2 等的焊接，往往采用连同小直径管道及大直径管道打底焊道的手工钨极氩弧焊接，其工艺流程如图 11-12 所示。

2）材料检验

① 要求耐晶间腐蚀的管道焊接时，所用焊丝的熔敷金属或焊接接头焊缝金属的耐晶间腐蚀性能，应符合 GB/T 4334.1 ~ GB/T 4334.6—2000《不锈钢 10% 草酸浸蚀试验方法》……《不锈钢 5% 硫酸腐蚀试验方法》规定的有关试验方法与合格要求。无耐晶间腐蚀试验的有效合格证明资料时，也应按 GB/T 4334.1 ~ GB/T 4334.6—2000《不锈钢 10% 草酸浸蚀试验方法》……《不锈钢 5% 硫酸腐蚀试验方法》规定进行复验，并出具合格说明书。

② 氩气应符合 GB/T 4842—1995《氩气》（工业用氩）的规定，且纯度不应低于 99.96%。

③ 钨极宜采用铈钨极或钍钨极。

3）机具设备准备

① 选用装备齐全、性能良好的直流手工钨极氩弧焊机。

② 选用与所需焊接电流相适应的气冷式或水冷式焊枪，且气体保护性能良好。

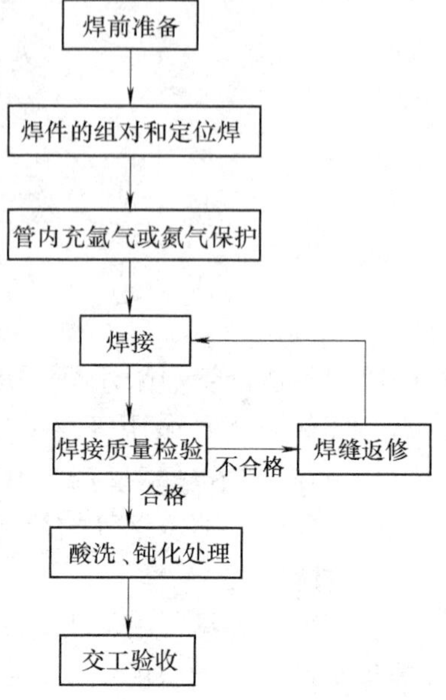

图 11-12 不锈钢钢管的焊接工艺流程方框图

③ 配备必要的管内充氩或充氮装置，以确保管道内侧焊缝根部的焊接质量。

4）焊件的组对和定位焊

① 焊件的坡口。焊件的坡口形式和尺寸应符合设计文件规定。当设计无规定时，应符合 GB50236—1998 附录 C 的规定或根据工程特定条件，参照 GB/T985—1988《气焊、手工电弧焊及气体保护焊焊缝坡口的基本形式与尺寸》的规定选定。

② 焊件的组对。焊件组对前，应将坡口及其内外侧表面不小于 10mm 范围内的涂料、垢、锈、毛刺等清除干净，且坡口处不得有裂纹、夹层等缺陷。

除设计规定需进行冷拉伸或冷压缩的管道外，焊件不得进行强行组对。

③ 定位焊。定位焊应采用手工钨极氩弧焊工艺，采用与根部焊道相同牌号的焊丝，并由具备相应资格的合格焊工施焊。

定位焊焊缝应直接焊在坡口内，公称直径不大于 100mm 的管道对接口，可用定位焊焊接两处；公称直径大于 100mm 的管道对接口，可根据实际情况确定定位焊的数量。定位焊缝的长度、厚度，应能保证焊缝在正式焊接过程中不致开裂。定位焊缝不得有裂纹、气孔等缺陷，否则应清除缺陷后重焊。呈水平固定位置的对接焊口的定位焊，应避开仰位及平位的焊缝接头处。

5）管内充氩气或氮气保护：奥氏体不锈钢管道手工钨极氩弧焊时，管内应充氩气或氮气保护，以防止管内侧焊缝金属氧化，保证管内侧焊缝的质量。管内充保护气体的方式，应根据管道直径的大小与复杂程度，采用整管充气法或局部充气法。

① 整管充气法。管道组焊后，先用密封胶带将焊接接头处封住，同时对于靠近焊接接头的管道一端，用镶有充氩气管的挡板堵住，于管道另一端用开有泄气孔的挡板堵住，然后

通过充氩气管向管内充氩气。根据管道的容积，充入一定数量的氩气后，待泄气孔外泄的气体能使火柴熄灭时，表示管内氩气浓度已具备焊接条件，可边揭焊接接头处的封胶带边实施焊接。此种方法一般适用于公称直径不大于50mm的管道。

② 局部充气法。用板式挡板实施局部充氩气，当坡口离管道端开启口的距离较近，且焊后能顺利地将板式挡板取出时，可在组焊前将镶有橡胶密封的两块板式挡板（一块镶有充氩气管，一块开有泄气孔）通过对口处放入距焊接接头一定距离的管道内加以固定，且用柔性金属连接件将两块挡板相互连接，并引出近端管道开启口，然后组对坡口，再用封胶带将焊接接头处封住。氩气从镶有氩气管的挡板一侧输入，通过另一侧挡板的泄气孔排出，对焊接接头处实施局部充氩。充入一定数量氩气后，揭开焊接接头处局部封胶带，当此处流出的气体能使火柴熄灭时，表示焊接接头处管内的氩气浓度已具备焊接条件，可实施焊接。焊后通过引出管道开启口的柔性连接件，可将两块挡板拽出管道。

6）焊接：焊接电源应用直流电源，极性为直流正接，钨极接焊机的负极。

① 焊丝的选用应根据设计规定，选用焊缝金属力学性能和化学成分与母材相当的焊丝。当设计无规定时，应符合GB50236—1998附录D的规定。超低碳不锈钢管道应选用相匹配的超低碳不锈钢焊丝。

含稳定化元素的不锈钢焊丝应用于含稳定化元素的不锈钢管道，不宜混用，以免影响焊接接头的耐蚀性。对有耐晶间腐蚀要求的焊缝，应选用经焊接工艺评定确认晶间腐蚀试验合格的同牌号焊丝。

② 焊接参数。焊接参数应按焊接作业指导书或焊接工艺规程的规定选用，可参照表11-9。

表11-9 焊接参数

焊件厚度/mm	钨极直径/mm	焊丝直径/mm	喷嘴孔径/mm	焊接电流/A	氩气流量/（L/min）	
					喷 嘴	管 内
1	2	1.2	6~8	20~25	5~6	2~3
1.5	2	1.2	6~8	25~30	5~6	2~4
2	2	1.6	6~8	35~50	5~6	2~4
2.5	3	1.6~2	8~13	60~80	6~8	2~4
3	3	1.6~2	8~13	70~85	6~8	2~4
4	3	2	8~13	75~90	6~8	2~4
5~8	3	2~2.4	13	80~110	8~10	4~6
>8	3	2.4	13~16	90~130	10~12	4~6

③ 焊接要点。应严格执行焊接作业指导书或焊接工艺规程的规定，严禁在坡口之外的母材表面引弧和试验电流，且不宜直接接触引弧，防止焊缝产生夹钨。收弧时应将弧坑填满，防止引起弧坑裂纹。

需要焊在母材上的工卡具，其材质宜与母材相同或同一类别号；拆除工卡具时不应损伤母材，并将残留在母材上的焊疤打磨修整至与母材齐平。

焊接时应预先通气（包括管内通气），焊后应滞后断气，以保证引弧与熄弧处焊缝的质量。预先通气的提前量应根据焊枪输气管长度调整，滞后断气的延续时间应根据熔池的金属量确定。

焊接过程中应保证焊接熔池得到氩气充分有效的保护。焊丝高温端应在氩气保护区内，添加焊丝时要避免焊丝与钨极间产生电弧而扰乱氩气保护。

除工艺或检验要求需分次焊接外，每一坡口应一次连续焊完。因故中断焊接时，应采取防止产生裂纹的措施。再次焊接前应仔细检查已焊焊缝，确认无裂纹后，方可按原施焊工艺继续施焊。

7）酸洗钝化处理：经检验合格的管道焊接接头，当设计文件要求对焊缝及其热影响区表面进行酸洗钝化处理时，宜选购适用于奥氏体不锈钢的酸洗钝化胶泥，对焊缝及其热影响区表面的变色区进行酸洗钝化处理。在做酸洗钝化处理时，特别是冲水清洗时，必须采取相应的有效措施，以防止酸液对邻近管道及管架等钢结构物的腐蚀，并尽量作好废水的回收和处理工作，防止环境污染。

（3）奥氏体不锈钢管道的焊接实例

1）奥氏体不锈钢管道焊条电弧焊实例：某工程，使用 ASTMA312 标准 TP304 管道焊接，对接接头，管道规格为 $\phi60\text{mm}\times3.91\text{mm}$，采用焊条电弧焊焊接。

① 工艺评定要求。按 JB 4708—2000《钢制压力容器焊接工艺评定》的标准完成焊接工艺评定并制定本管道的焊接工艺规程。

② 焊接方法。焊条电弧焊（SMAW）。

③ 焊接材料。采用焊条为 A132，直径 3.2mm。

④ 焊接坡口。V 形坡口，如图 11-13 所示。

⑤ 焊接设备。WS—160 逆变式直流弧焊机。

⑥ 焊接参数：焊接电流 82 ~ 85A，电弧电压 22V。

2）奥氏体不锈钢管道钨极氩弧焊实例：某一工程，管道材料为 ASTMA312 标准中 TP304，管道对接接头，规格为 $\phi60\text{mm}\times3.91\text{mm}$，采用手工钨极氩弧焊（GTAW）焊接管道，其工艺如下：

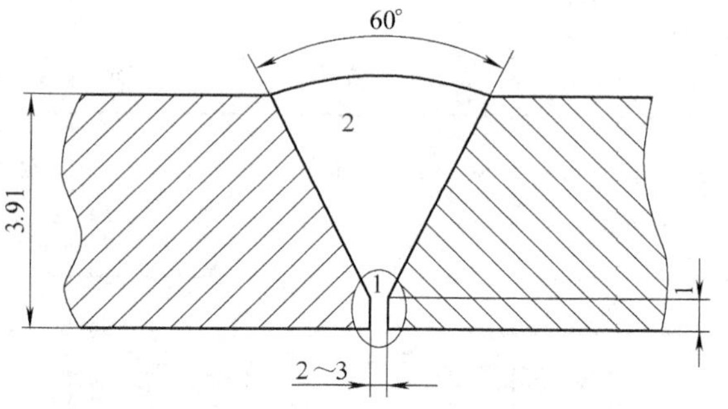

图 11-13 不锈钢管道焊接坡口

① 工艺评定要求。按 JB 4708—2000 进行手工钨极氩弧焊（GTAW）和焊条电弧焊（SMAW）焊接工艺评定，并完成焊接工艺规程。

② 焊接方法。手工钨极氩弧焊（GTAW）和焊条电弧焊（SMAW）。

③ 焊接材料。焊丝 H0Cr21Ni10，直径为 2.0mm；焊条为 A132，直径 3.2mm。

④ 焊接坡口。V 形坡口，如图 11-13 所示。

⑤ 焊接设备。WS—160 逆变式直流钨极氩弧焊/电弧焊两用焊机。

⑥ 喷嘴保护气。Ar 气纯度（体积分数）≥99.9%，流量 7 ~ 8L/min，管内充氩气，流量 8 ~ 9L/min。

⑦ 焊接参数：手工钨极氩弧焊打底，焊接电流为 120 ~ 130A，电弧电压为 12 ~ 14V。焊条电弧焊填充和盖面层焊接电流为 60 ~ 65A，电弧电压为 21 ~ 22V。

2. 马氏体不锈钢管的焊接

（1）焊接方法　厚度在3mm以下的板及管子，采用手工GTAW焊较为适宜；厚度3mm以上的管道，适宜于用焊条电弧焊和CO_2气体保护焊。

（2）焊接工艺　焊前准备清理杂质、焊接材料烘焙、定位焊都可参照奥氏体不锈钢焊接工艺，正确选择预热温度，严格控制层间温度，防止焊缝热影响区脆化。

推荐用于马氏体不锈钢焊接的预热、焊接热输入及焊后热处理的规范要求见表11-10。

表11-10　马氏体不锈钢焊接的焊接参数

w（C）（%）	预热温度/℃	焊接热输入	焊后热处理要求
≤0.10	≥200	一般	任选
>0.10～0.20	200～250	一般	任选，缓慢冷却
>0.20～0.5	250～320	一般	焊后必须热处理
>0.50	250～320	大	焊后必须热处理

3. 铁素体不锈钢管的焊接

（1）焊接工艺　常用铁素体不锈钢管的焊接材料见表11-11，表11-11中也给出了焊前预热和焊后热处理工艺要求。

表11-11　铁素体不锈钢焊接材料及工艺要求

牌号	对接头性能的要求	焊条		工艺要求
		牌号	合金系统	
0Cr13		G202、G207	0Cr13	
		A102、A107	Cr18Ni9	
1Cr17 1Cr17Mo	耐酸、耐热	G302 G307	Cr17	预热100～150℃， 焊后750～800℃回火
1Cr17 1Cr17Mo Cr17Mo2Ti	高塑性	A207	0Cr17Ni2Mo2	焊前不预热， 焊后不热处理
1Cr25Ni	抗氧化性	A307	Cr25Ni13	焊前不预热， 焊后热处理760～780℃回火
1Cr28 1Cr28Ni	高塑性	A402 A412	0Cr25Ni20	焊前不预热， 焊后不热处理

（2）焊接工艺要点

1）当采用1Cr17、1Cr17Mo焊条焊接时，要进行预热。

2）铁素体不锈钢焊接工艺，要求用小电流大焊接速度，焊条不横向摆动，多层焊。严格控制层间温度，一般当层间温度冷至预热温度时，再焊下一层，不宜连续施焊。焊接厚大的焊件，可在每道焊缝焊好后，用不锈钢锤轻轻敲击，以减低焊缝的收缩应力。

3）为了消除应力，进行焊后热处理，以获得均匀的铁素体组织。铁素体不锈钢焊后热处理有两种：一种是在750～800℃加热后空冷退火，退火后应快冷，防止出现σ相析出脆化及475℃脆化；二是在900℃以下加热水淬处理，使析出的脆性相重新溶解，取得均一的铁素体组织，提高接头韧性。

4）焊后进行固溶处理及稳定化处理。

三、耐热钢管道的焊接

1. 铬钼耐热钢管道的焊条电弧焊工艺

（1）工艺流程　12CrMo、15CrMo、12Cr1MoV、ZG20CrMoV、ZG15Cr1Mo1V、1Cr2Mo、12Cr1MoV、12Cr2MoWVTiB、12Cr3MoWVSiTiB 、1Cr5Mo 等铬钼耐热钢管道的焊条电弧焊工艺流程如图 11-14 所示。

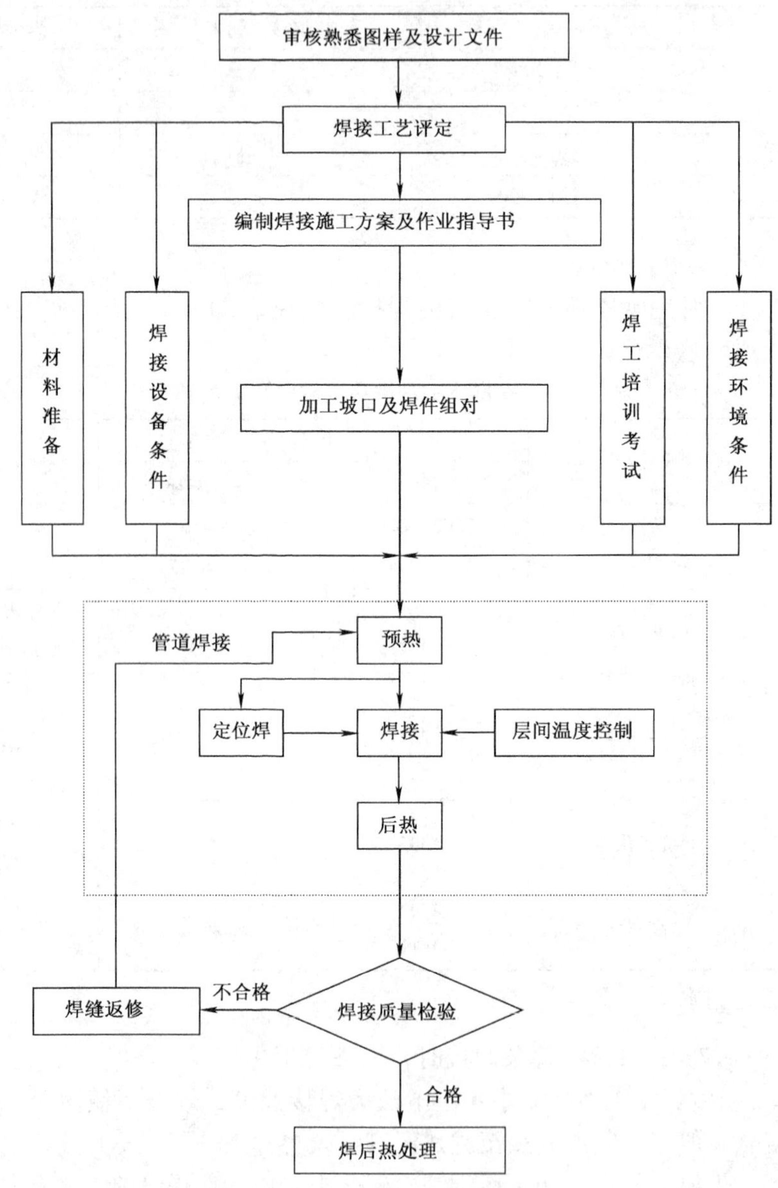

图 11-14　耐热钢管道焊接的工艺流程图

（2）管道焊条电弧焊工艺

1）焊前预热

① 管道施焊前应根据钢材的淬硬性、焊接环境、焊件刚度和焊接方法进行预热。

② 预热方法宜采用电加热法，无条件时也可采用火焰加热法。

③ 预热应在坡口两侧均匀进行，其预热范围，以坡口中心线为基准，两侧各不小于3倍壁厚δ，且不小于50mm，如图11-15所示。对1Cr5Mo等合金成分较高的管道，其预热范围不小于100mm，加热区以外的100mm范围应予保温。

④ 异种钢管焊接时，预热应按淬硬倾向大的一侧进行，且预热温度应取该钢种焊接时要求预热温度的下限。

⑤ 铬钼耐热钢与奥氏体钢组成的焊接接头，奥氏体钢一侧不预热。

⑥ 预热温度可用测温笔或触点式温度计进行测试，测量点应在整个圆周均匀分布。

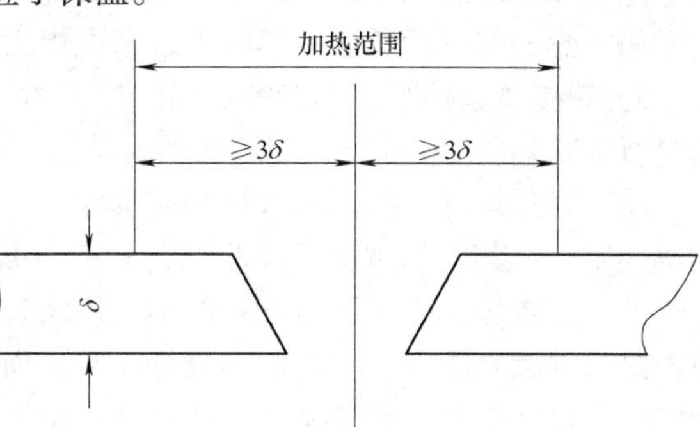

图11-15 预热加热范围

2）焊接材料和工艺参数的选择：焊条的选用应按照母材的化学成分、力学性能、焊接接头的抗裂性、焊前预热、焊后热处理、使用条件及施工条件等因素综合确定。焊条电弧焊的焊接参数见表11-12，采用直流电源，极性为直流反接。

表11-12 铬钼耐热钢管的焊接参数

焊条直径/mm	焊接电流/A	电弧电压/V	焊接速度/（cm/min）	电流极性
2.5	80~90	21~22	7~9	DCRP
3.2	100~110	22~24	9~12	DCRP
4	120~140	24~26	12~18	DCRP

注：DCRP指直流反接。

3）定位焊

① 定位焊的焊接材料、焊接工艺、焊工资格、预热温度等均与正式施焊相同。

② 定位焊应直接焊在坡口内，其焊缝长度、厚度和间距，应能保证焊缝在正式焊接过程中不致开裂。

③ 定位焊缝应保证焊透而且保证熔合良好，无焊接缺陷，如发现裂纹等焊接缺陷应及时消除，重新进行定位固定焊。

④ 为保证打底层焊道成形良好，减少应力集中，应将定位焊两端打磨成缓坡。

4）焊接要点

① 严禁在坡口之外的母材表面引弧和试验焊接电流，防止电弧擦伤母材。

② 焊接时应采取合理的施焊方法和施焊顺序。

③ 达到预热温度后，立即进行打底层焊道的焊接，且应一次连续焊完。

④ 打底层焊道完成后，应立即进行盖面层焊道的焊接，且应在保持预热温度条件下，每条焊缝一次连续焊完；如中断焊接，应采取后热缓冷等措施，再次施焊前应检查焊层表面，确认无裂纹后，方可按原工艺的要求继续施焊。

⑤ 施焊过程中应保证起弧和收弧处的质量，收弧时应将弧坑填满。

⑥ 多层焊时应控制层间温度，其层间温度应等于或稍高于预热温度，每层的层间接头应错开。

⑦ 坡口焊完后若不能及时进行热处理，应立即进行 250～350℃ 的后热处理，后热处理的时间 15～30min，并且保温缓冷。

⑧ 施焊现场应做好防风措施，特别管子焊接时，管内应防止穿堂风。

⑨ 在施焊过程中，应保证焊透和熔合良好，不管是断续焊或连续焊，均应短弧操作。

⑩ 焊缝焊完后，应在焊缝附近做上焊工代号标记或其他规定的标记。

5）焊接质量检验：焊缝完成后，应及时去除飞溅物，将焊缝表面清理干净，然后对焊缝进行 100% 的外观检查，焊缝的外观质量等级应符合表 11-4 中相应质量等级要求。

① 管道焊缝无损检测数量和质量标准，应按设计规定执行。当设计的无损检测数量无明确规定时，其内部质量不应低于表 11-5 的规定。

② 按焊缝无损检测时发现的不允许缺陷，应消除后进行补焊，并对补焊处按原规定的方法进行检测直至合格。对规定进行局部无损检测的焊缝，当发现不允许缺陷时，除按原规定的方法进行检验直至合格外，还应进一步用原规定的方法进行扩大检验，扩大检验的数量应执行设计文件及相关标准的规定。

③ 对于有再热裂纹倾向的焊缝，当规定表面无损检测时，其表面无损检测应在焊后及热处理后各进行一次。

④ 焊缝的强度试验及密封性试验应在射线检测或超声波检测以及焊缝热处理后进行，焊缝的强度试验及密封性试验方法及要求应符合设计文件及相关标准的规定。

6）焊缝返修

① 要求焊后热处理的管道，焊缝返修应在热处理前进行，若热处理后还需返修，返修后应再做热处理。

② 焊缝返修前将缺陷清除干净，并应进行表面无损检测，确认缺陷清除后方可补焊。

③ 需补焊部位应打磨成宽度均匀、表面平整便于施焊的凹槽，且两端具有一定坡度。

④ 返修时采用与正式焊接相同的焊接工艺，且取预热温度上限，预热范围应适当扩大。

⑤ 返修部位应按原无损检测方法进行检验。

7）焊后热处理

① 管道的焊后热处理应按设计要求进行，当无规定时可参照 GB50236 的规定执行。

② 管道的焊后热处理宜采用电加热法，在热处理过程中应能准确地控制加热温度，且使焊件温度分布均匀。

③ 热处理的加热范围以焊缝中心为基准，两侧各不小于焊缝宽度 b 的 3 倍，如图 11-16 所示，且不小于 25mm，加热区以外的 100mm 范围应予保温。

④ 调质钢焊后热处理温度应低于其回火温度。

⑤ 焊后热处理过程中，焊件内外壁温度应均匀。

⑥ 焊后热处理时，应测量和记录其温度，测温点的部位和数量应合理，测温仪表应经计量检定合格。

⑦ 测温宜采用热电偶，并用自动记录仪记录热处理曲线。

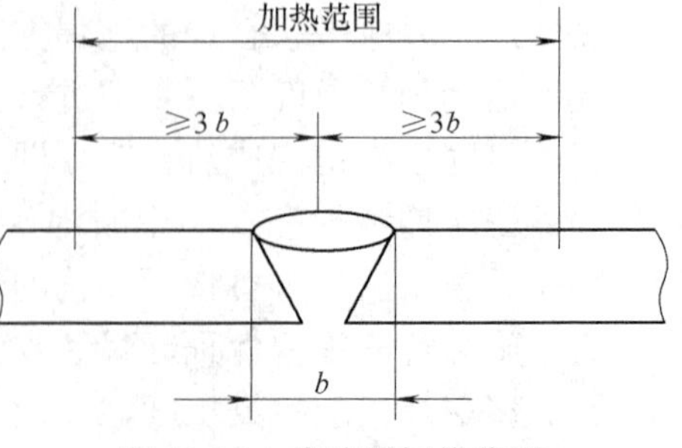

图 11-16　热处理加热范围

⑧ 焊接接头的热处理质量应用硬度测定法进行检查，不宜大于母材硬度的125%。

⑨ 管道热处理的加热速率、热处理温度下的恒温时间及冷却速度应符合规定。升温速度：升温过程中对300℃以下可不控制，当升温至300℃后，加热速度不应超过220×25/δ（℃/h），且不大于220℃/h（式中，δ为壁厚，单位为mm）；恒温时间：每毫米壁厚恒温时间3min，且不少于30min；冷却速度：恒温后的冷却速度不应超过275×25/δ（℃/h），且不大于275℃/h，当降至300℃以下自然冷却。

⑩ 热处理后进行返修或硬度检查超过规定要求的焊缝，应重新进行热处理。

2. 铬钼耐热钢管道的手工钨极氩弧焊工艺

铬钼耐热钢（12CrMo、15CrMo、12Cr1MoV、12Cr2Mo、1Cr5Mo等）小直径管道及大直径管道打底焊的手工钨极氩弧焊接时，焊丝应在使用前进行清理、脱脂、除锈，氩弧焊所用氩气应符合GB4842—1995《氩气》（工业用氩）的规定，且纯度不低于99.96%。钨电极宜采用铈钨极或钍钨极。坡口加工及焊件组对：焊件的切割及坡口加工宜采用机械方法，当采用热加工法时，应清除焊渣、氧化皮，并将表面凹凸不平处打磨平整。

（1）对管道钨极手工氩弧焊的要求

1）焊前预热：管道施焊前应根据管材的焊接性、规格来进行预热。

2）焊接材料及焊接参数：焊丝的选用按设计要求规定，选用化学成分与母材相当或略高于母材的焊丝，一般合金成分应不低于母材，含碳量不高于母材，采用直流电源，极性为直流正接，钨电极接焊机的负极，其焊接参数见表11-13，管道的工艺流程框图见图11-17。

表11-13 铬钼耐热钢氩弧焊的焊接参数

焊件厚度/mm	钨极直径/mm	焊丝直径/mm	喷嘴孔径/mm	焊接电流/A	氩气流量/（L/min）	
					喷 嘴	管 内
3	2~3	1.6~2	8~12	70~85	8~12	4~8
4	3	2~2.4	8~12	75~90	8~12	4~8
5~8	3	2.4	12	80~120	8~14	4~10
>8	3~4	2.4	12~16	90~140	10~16	4~10

3）焊接要点

手工钨极氩弧焊施焊现场应做好防风措施，特别是在管子焊接时，管内应防止穿堂风。焊接时应预先通气（包括管内通气），焊后应滞后断气，以保证引、熄弧处的焊缝质量。焊接过程应保证熔池得到氩气充分有效的保护，焊丝高温端应在氩气保护区，添加焊丝时要避免焊丝与钨电极间产生电弧而扰乱氩气保护。对含铬量（质量分数）不小于3%或合金元素总质量分数>5%的低合金钢管口氩弧焊打底焊接时，管内应充氩气保护，防止内侧焊缝金属被氧化。管内充氩方法可采用整管充氩法或局部充氩法。

（2）焊后热处理 管道的焊后热处理应按设计要求进行，热处理后进行返修或硬度检查超过规定要求的焊缝，应重新进行热处理。

3. 铬钼耐热钢管道的焊接实例

某管道工程，管道材料为12Cr1MoV钢，规格ϕ76mm×12mm，对接接头。

1）工艺评定要求：按《蒸汽锅炉安全技术监察规范》附录Ⅰ进行。

2）焊接方法：GTAW（手工钨极氩弧焊）打底和SMAW（焊条电弧焊）填充盖面。

3）焊接材料：焊丝TIG-R31，直径ϕ2.5mm和焊条R317，直径ϕ3.2mm。

4）焊接坡口：V形坡口，如图11-17所示。

5）焊接设备：WS—160逆变直流钨极氩弧焊/电弧焊两用焊机。

6）喷嘴保护气：φ（Ar）≥99.9%，流量8～10L/min。

7）焊接参数：手工钨极氩弧焊打底焊接电流70～90A，电弧电压14～16V；焊条电弧焊填充和盖面层焊接电流100～120A，焊接电压20～22V。

8）预热温度200～300℃，焊后热处理温度720～750℃，时间0.5～1h。

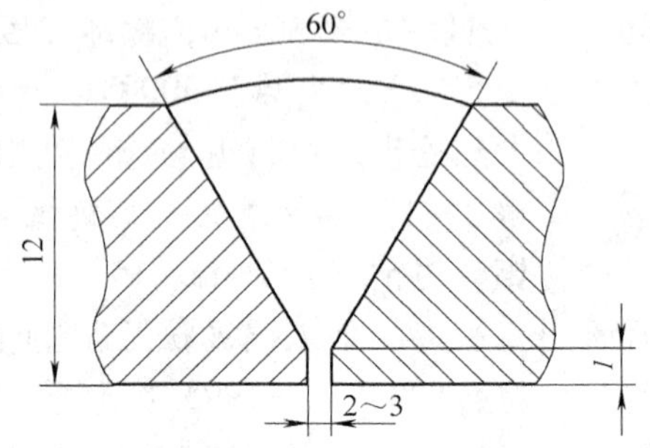

图11-17　管道的坡口形式

四、钛及钛合金管道的焊接

1. 焊接方法

由于钛及钛合金的化学活性特别强，因此必须采用不会使焊缝金属和热影响区受到氧、氮和氢等侵害的焊接方法。目前管道生产中常用的焊接方法主要有手工钨极氩弧焊、等离子弧焊等。

钛及钛合金管道手工钨极氩弧焊的焊接参数见表11-14，等离子弧焊的焊接参数见表11-15。

表11-14　钛及钛合金管道手工钨极氩弧焊的焊接参数

焊件厚度/mm	钨极直径/mm	焊丝直径/mm	焊道层数	焊接电流/A	氩气流量/(L/min)		
					喷嘴	保护罩	背面
0.5	1	1	1	20～30	6～8	14～18	4～10
1.0	1	1	1	30～40	8～10	16～20	4～10
2.0	2	1.6	1	60～80	10～14	20～25	6～12
3	3	1.6～3.0	2	80～110	11～15	25～30	8～15
5	3	3	3	100～130	12～16	25～30	8～16
10	3	3	6	120～150	12～16	25～30	8～15

表11-15　钛及钛合金管道等离子弧焊的焊接参数

焊件厚度/mm	喷嘴孔径/mm	焊接电流/A	电弧电压/V	焊接速度/(m/min)	焊丝速度/(m/min)	焊丝直径/mm	氩气流量/(L/min)			
							离子气	保护气	拖罩	背面
1	1.5	35	18	0.12	—	—	0.50	12	15	2
3	3.5	150	24	0.33	1.5	1.5	4	15	20	6
5	3.8	200	30	0.33	1.5	1.5	7	20	25	15
8	3.5	172	30	0.25	1.5	1.5	7	20	25	15
10	3.5	250	25	0.15	1.5	1.5	7	20	25	25

2. 焊接工艺要求

(1) 焊缝坡口形式　钛及钛合金管的对接一般选用I形和V形坡口。当管子壁厚小于3mm时，选用I形，间隙为0~0.5mm；当管子壁厚为3~15mm时，一般采用V形坡口，间隙为0~1mm，钝边为0.5~1.5mm，坡口角度为60°~65°。

(2) 焊接区气体保护措施　针对钛及钛合金对氧、氮、氢等气体的亲和力极强，为防止焊缝塑性降低，必须对焊接接头进行良好保护。钛及钛合金管焊接时，管内采用充氩气保护，焊缝表面采用通有氩气的拖罩，拖罩的结构如图11-18所示，拖罩具体尺寸根据管道直径和外表面的形状决定。

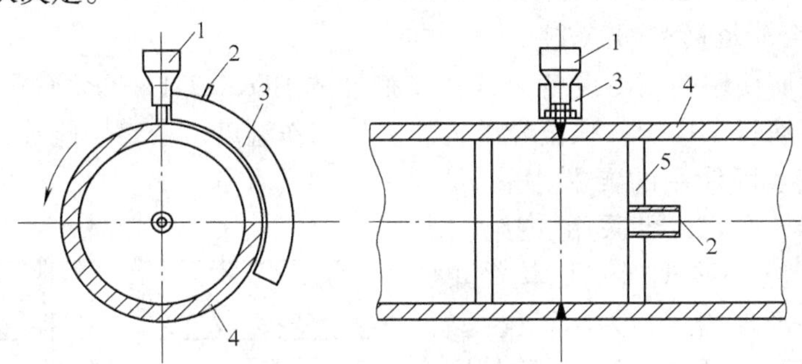

图11-18　拖罩结构图

1—焊枪　2—氩气　3—气体保护罩　4—管子　5—挡板

(3) 流量选择　管内氩气保护流量的大小决定内表面的成形，流量过大，会造成内凹。表面氩气保护的流量以达到良好的焊接表面为准（银白色或金黄色）。过大易使焊缝表面产生微裂，过小则起不到保护作用。

(4) 焊接工艺要点

1）焊前预先通入氩气一段时间后再起弧焊接。

2）采用较大口径喷嘴，喷嘴与工件间的距离适当缩小，加以保护；钨极伸出喷嘴的长度宜短，以不妨碍观察到熔池为限。

3）采用短弧焊时不摆动焊枪。焊丝热端在焊接过程中不能脱离保护范围。若出现氧化，须将氧化部分切去之后才能继续使用。

4）若保护不好，焊道表面发生氧化，则需将氧化层除去后才能进行下一道焊接。

3. 钛及钛合金管道的焊接实例

管子与管板焊接所用的管子材料为Ti2-M，规格ϕ19mm×1mm，管板材料为Ti2-M，角接密封焊。

1）工艺评定要求：按JB4745—2002《钛制压力容器》附录B进行。

2）焊接方法：GTAW全位置不填丝手工钨极氩弧焊。

3）焊接接头形式如图11-19所示。

4）焊接设备：全自动管焊焊机。

5）喷嘴保护气：φ（Ar）≥99.99%，流量8~10L/min，氩气保护罩

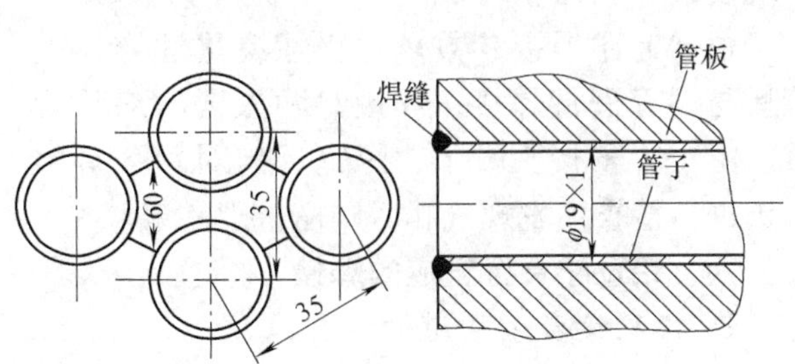

图11-19　管道的坡口形式

保护。

6）焊接参数：峰值电流 90～95A，基值电流 35～45A，电弧电压 10～12V，脉冲频率 6～10Hz，钨极类型及直径 WCeϕ2.0mm。

五、铜及铜合金管道的焊接

1. 铜及铜合金管道的焊接方法

铜及铜合金管道最适用的焊接方法是熔化极惰性气体保护焊、钨极惰性气体保护焊和等离子弧焊。铜及铜合金管道焊接时散热快，难于达到熔化温度，母材难于熔合，焊接速度很难掌握，必须把握熔化焊透的时机，若速度太快，则出现未熔合和未焊透缺陷。

2. 铜及铜合金管道的焊接实例

某海洋工程中所使用的制冷设备，其热交换器的 BFe30-1-1、TP2 管子（铜管）与复合管板焊接时采用不填丝 TIG 焊。根据介质的压力、工作温度、密封性能等的要求，以及溴化锂机组的特点及其实际使用的要求，采用如图 11-20 所示的接头形式，可采用胀接焊接并用的连接方式。这种接头形式比较简单，在管板表面上开一环形槽道，并尽可能把管板焊接部分的厚度加工到和管子大致相同。开这一槽道有两个目的：一是减少热量从焊接区域传到管板的其他部分，这样焊接时可以保证管子与管板的均匀熔化，得到好的焊接质量并减少热影响区；二是这些环形槽道由于弹性较好，能补偿管板在焊接时的变形，可保证在焊接后管板的变形小并且不产生裂纹。

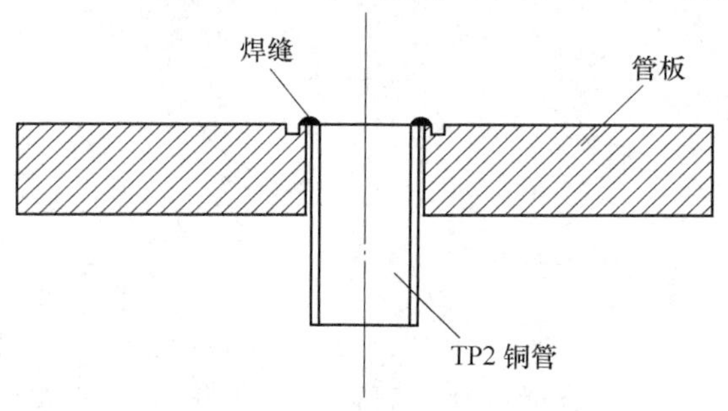

图 11-20　焊接接头形式

根据 GB151—1999 附录 C 的《换热管与管板接头的焊接工艺评定》，对复合板与 BFe30-1-1 铜管、TP2 铜管焊接进行评定，评定所用的材料是 0Cr18Ni9 不锈钢的 BFe30-1-1 复合管板。工艺评定的试板如图 11-21 所示，厚度与实际管板相同，所用 BFe30-1-1 铜管和 TP2 铜管的长度为 80mm，壁厚为 1.25mm。对于复合管板与 BFe30-1-1 铜管焊接采用的焊接电流为 45～50A，复合管板与 TP2 铜管焊接采用的焊接电流为 50～55A。焊后对所有的接头进行检查，未发现裂纹、气孔等缺陷。

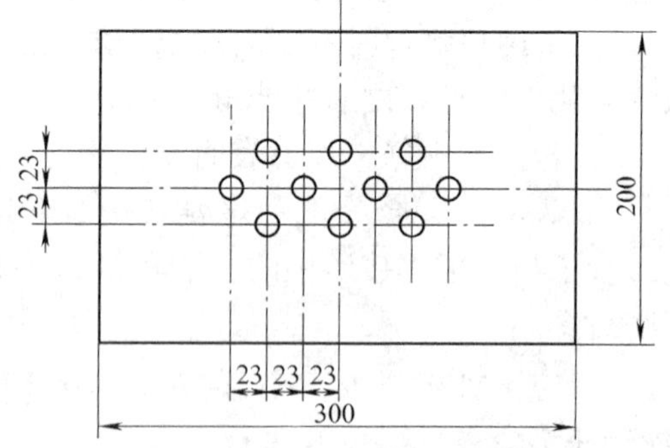

图 11-21　复合板工艺评定试样

根据上述焊接参数，对实际溴化锂容器的管板与铜管进行焊接，焊接时两人同时对称焊接。由于管子接头较多，焊完后需对每一焊接接头进行检查，发现气孔后则需重焊一遍。

六、铝及铝合金管道的焊接

1. 铝及铝合金管道的焊接方法

在工业生产中，铝及铝合金管道常用的焊接方法有气焊、钨极惰性气体保护焊、熔化极惰性气体保护焊、等离子弧焊等。其中手工钨极氩弧焊质量最好，熔化极氩弧焊效率最高。

2. 铝及铝合金管道的焊接实例

某管道工程，管道材料编号为5083，对接接头，直径 $\phi89\sim\phi630$mm，厚度6~14mm。

1）工艺评定要求：按JB4708—2000的标准进行工艺评定并完成焊接工艺规程。

2）焊接方法：GTAW（手工钨极氩弧焊）打底和填充盖面。

3）焊接材料：焊丝ER5556，直径2.4mm和3.2mm。

4）钨极尺寸及类型：其直径2.4mm或3.2mm，w（ZrO_2）%。

5）焊接坡口：V形坡口，如图11-22所示。

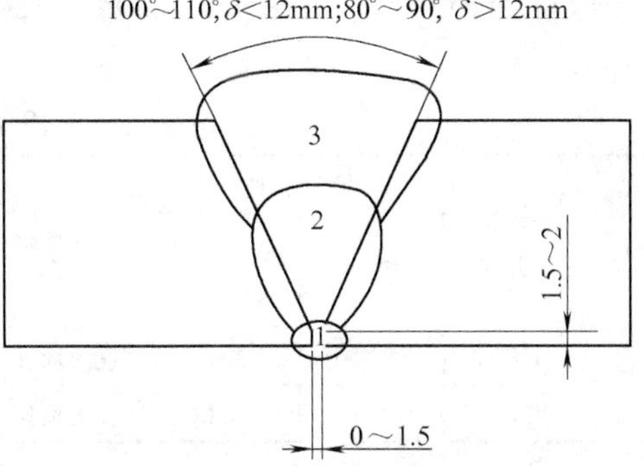

图11-22 管道的坡口形式

δ—焊件厚度

6）喷嘴保护气：Ar气纯度≥99.99%，流量15~25L/min。

7）焊接参数：钨极氩弧焊焊接电流150~250A，电弧电压15~25V，焊接速度80~150mm/min。

8）环境温度低于10℃或湿度大于70%或焊件厚度大于50mm时，预热至60℃。预热保持方式采用氧乙炔焰，焊接前焊件最低温度为10℃。

七、镍及镍合金管道的焊接

1. 镍及镍基合金管道的焊接方法

目前镍及镍基合金管道的焊接方法主要有焊条电弧焊、手工钨极氩弧焊、熔化极氩弧焊、等离子弧焊和真空电子束焊。

2. 镍及镍合金管道的焊接实例

某项目压力管道的工艺参数中，设计压力为0.6MPa，设计温度为170℃，工作介质为w(NaOH)，管道材质为N6，管道直径为48~114mm。

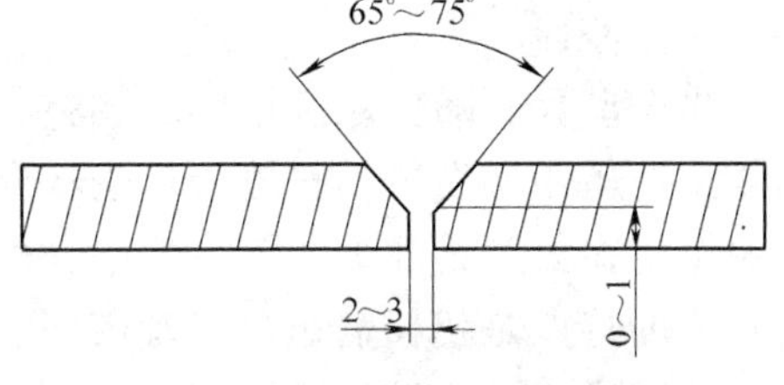

图11-23 坡口形式

（1）焊接方法及材料选择 由于本项目中镍管的厚度为3.0~4.0mm，因此，采用手工钨极氩弧焊。纯镍钨极氩弧焊所用填充焊丝的成分应使焊缝具有较高的抗裂性及弱的氧化性，以保证剩余的合金元素过渡、渗入到焊缝金属中。有关研究表明，w（Ti）在2.0%~3.5%时，抗裂性最佳。因此，选择表11-16中的ENi-1焊丝。

表11-16 ENi-1焊丝的化学成分（质量分数,%）

牌号	C	Si	Mn	Ni	Al	Ti	Fe	S	Cu
ERNi-1	0.03	0.6	0.3	96.0	0.2	2.5	0.05	0.05	0.03

（2）坡口的制备 由于镍合金的焊接熔透深度较浅，故采用较大的坡口角度为65°~75°；坡口间隙为2~3mm；钝边高度0~1.0mm，如图11-23所示。

坡口应采用机械加工的方法制备，组对前，用丙酮对坡口两侧各50mm范围内进行清理，管材或管件组对时，内壁错边量应不大于0.5mm。

(3) 焊接参数的选择　按 GB50236—1998 进行焊接工艺评定，确定了表 11-17 的焊接参数。为了气体保护的效果，弧长应控制在 3mm 范围内，除了焊枪正面气体保护外，还要背面气体保护，保护气体为 99.99%（体积分数）的氩气。背面保护气体及喷嘴气体流量都要适当控制。

表 11-17　焊接参数

焊层	焊接方法	填充材料		电流极性	电流 /A	电弧电压 /V	焊接速度 /cm/s	喷嘴气体流量 /（L/min）
		牌号	焊丝直径 /mm					
1	GTAW	ERNi-1	2.4	直流反接	120 ~ 150	10 ~ 20	6 ~ 10	8 ~ 20
2	GTAW	ERNi-1	2.4	直流反接	150 ~ 200	10 ~ 20	8 ~ 15	8 ~ 20

(4) 层间温度　层间温度选择为不大于 100℃。

(5) 焊后检验

1）外观检查：用目测检查焊缝的成形质量、焊缝金属及热影响区的颜色，一般以银白色为好。

2）内部检查：采用 100% 的射线检测方法，对焊接接头质量进行检查。

第六节　长输管道的焊接

一、概述

当今世界，随着能源结构的调整，能源从主要煤逐步转向石油和天然气，这也促进了长输管道的运用和发展。长输管道输送介质一般为石油和天然气，其压力一般不超过 10MPa，长输管道在大型石油天然气行业中，由于其采用高压和高密度输送，所以经济效益可观。长输管道的特点是超长输送，以及市郊、野外等敷设环境复杂，所以长输管道的预制、安装、焊接等都形成了比较独特的工艺。

1. 管道钢管的规格

我国制管厂生产的可满足输气量要求的钢管规格（管径、壁厚）有如下几种：

宝鸡钢管厂：　T/S52K　　$\phi630 \times 8$mm

沙市钢管厂：　X60　　$\phi426 \times 7$mm

胜利钢管厂：　X65　　$\phi529 \times 8$mm

辽阳钢管厂：　X60　　$\phi529 \times 8$mm

宝山钢铁总厂：X70　　$\phi529 \times 7$mm

2. 管子的切割

管子的切割宜采用氧乙炔火焰切割，或使用自动割枪方法进行，切割管段宜留有适当余量。管子切口端面的倾斜偏差 Δ 不得大于管子外径的 1% 且不得超过 3mm，如图 11-24 所示。

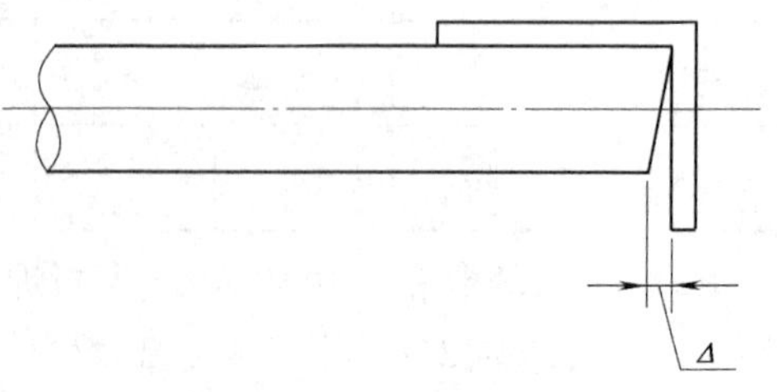

图 11-24　管子切口端面倾斜偏差

3. 管道坡口的加工

管道的坡口宜在预制场内采用坡口机、车床

等机械方法集中进行加工。当在现场进行加工时，可采用氧乙炔火焰切割坡口，但切割后应用手提砂轮磨去淬硬层。坡口的形式、角度应符合设计规定，如设计无规定时，应按表 11-18 要求进行。

表 11-18　管道坡口的形式及尺寸

序号	焊件厚度 δ/mm	坡口名称	坡口形式	坡口尺寸		
				间隙 c/mm	钝边 p/mm	坡口角度 $\alpha(\beta)$ (°)
1	≤8	V 形		2.5 ±0.5	1 ±0.5	65 ±5
	>8			2.5 ±0.5	1 ±0.5	60 ±5
2	20 ~ 60	双 V 形		2.5 ±0.5	1.5 ±0.5 H = 8 ~ 12	α = 50 ~ 55 β = 65 ±5

4. 不等厚管壁的管道及组成件

如管道及组成件存在着管壁不等厚情况时，其坡口形式应参照国家标准 GB50235—1997 中图例形式或如图 11-25 所示进行。

5. 坡口加工成形

管子加工成形后，应对坡口管端进行裂纹、分层等缺陷的外观检查，合格品应在其内外口边≥10mm 处清除油污、铁锈等污物，以确保焊接质量。

6. 管道接口的组对与定位焊

这是保证向下立焊焊接质量的重要部骤，为保证错边量小于 2mm，管口的对接组对时应采用管道专用对口器（对口器分为外对口器、内对口器）进行组对；现场管口组对时管道下放置梁木或土堆填实，防止产生附加应力和变形；内对口器撤离必须在根焊全部结束后才能进行。长输管道组对的规定详见表 11-19。

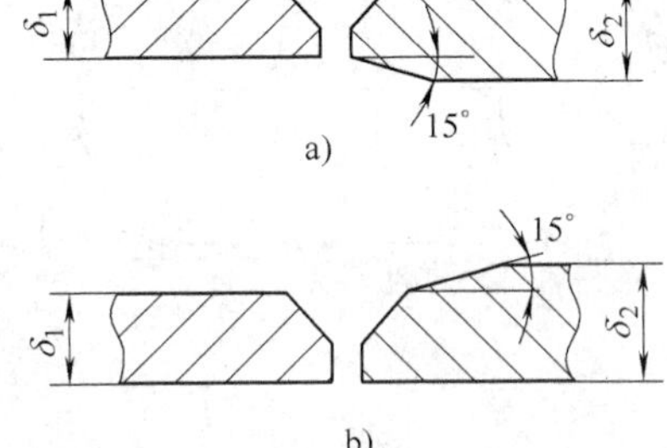

图 11-25　管壁不等壁厚时的坡口形式

a）内壁尺寸不等厚 $\Delta\delta = \delta_2 - \delta_1 \leqslant 10$

b）外壁尺寸不相等 $\Delta\delta = \delta_2 - \delta_1 \leqslant 10$

表 11-19　长输管道的组对要求

序号	检 查 项 目	规 定 要 求
1	管内清扫	无任何杂物
2	管口清理（距管端 100mm）和修口	管口完好无损，无铁锈、油污、油漆等杂物，并内外表面露出金属光泽
3	管端螺旋焊缝或直缝作余高打磨	端部 10mm 范围内余高打磨掉，并平缓过渡
4	两管口螺旋焊缝或直缝间距	错开间距不小于 10mm
5	错口和错口矫正要求	错口不大于 1.6mm，沿周长均匀分布，个别使用锤击矫正
6	钢管短节长度	大于管径，且不小于 0.5m

（续）

序号	检 查 项 目	规 定 要 求
7	相邻和方向相反的两个弹性敷设中间直管段长	不小于0.5m
8	相邻和方向相反的两个弯管中间直管段长	不小于管外径，且不小于0.5m
9	分割以后，小角度弯头的短弧长	大于51mm
10	管子对接偏差	不大于3°，不允许割斜口
11	手工焊接作业空间	大于0.4m（距管壁）
12	半自动焊接作业空间	大于0.5m（距管壁），沟下焊接两侧大于0.8m

二、长输管道接头焊前的预热和焊缝热处理

1. 预热方法

可用外加热器或内加热器实施预热，可以放在已组对好的对接口上，也可以安置在准备组对的单根管子的顶端，既可以采用环形火焰加热，也可采用中频感应圈加热，如图11-26所示。

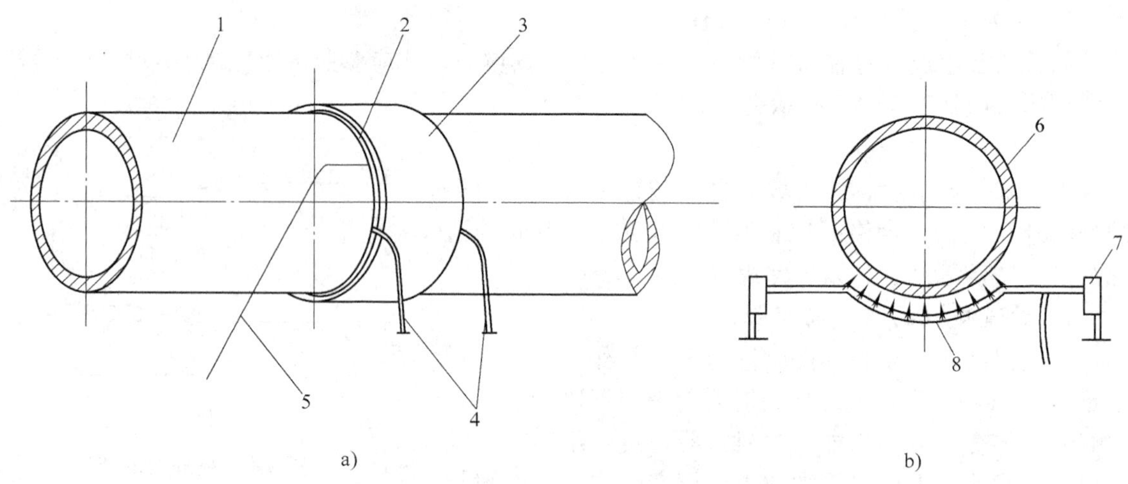

图11-26　管道加热器示意图

a）管子对接接头加热示意图　b）管子旋转底部加热示意图

1—钢管　2—加热器　3—保温棉　4—电源接线　5—测温热电偶　6—管子　7—托架　8—半环

2. 热处理

热处理应尽可能在焊后立刻进行，热处理前禁止经受冲击载荷，热处理总次数不得超过3次，否则接头报废。管道接头用TCL型陶瓷带捆缚，温控加热，用NiCr-NiAl热电偶控制温度。当用感应加热器和用柔性指状加热器加热时，必须将接头与加热器一起用石棉保温，其总厚度不小于40~50mm，保温以焊缝为中心，两边各400mm范围。热处理时应采取措施防止变形。经常需要在没有任何仪器和特别测温的情况下粗略地测量温度，可以用松木刨花或者肥皂，接触加热的焊件，看刨花或肥皂的变色，以判别金属温度，见表11-20。

表 11-20　用刨花和肥皂检查金属加热温度方法

大致温度/℃	慢速擦到金属上去的松木刨花	擦到金属上去的干肥皂
300		5～10s 后变黄
350	亮褐色	5s 后变成褐色
400	褐色	10s 后变成黑色
450	暗褐色	5s 后变黑，10s 后变干枯
500	黑色，5～10s 后消失	1s 后变黑并干枯

三、长输管道的焊接

长输管道的焊接主要采用向下立焊焊接工艺，其焊接方法主要采用焊条电弧焊（SMAW）/药芯焊丝保护焊 FCAW 焊，即根焊采用焊条电弧焊，填充、盖面采用药芯焊丝熔化极气体保护焊的焊接方法，也可采用 STT 美国林肯公司逆变电源半自动根焊＋自动气体保护焊的焊接方式。

1. 向下立焊焊接工艺

（1）焊条电弧焊设备　ACⅠⅡⅠ-500T/B㊀：焊接工位 2，发动机功率 44kW，空载电压≤55V，焊接电流 60～130A，外形尺寸 6.1m×2.35m×2.82m，重量 4500kg。

ACⅠⅡⅠ-502-Y-2㊀：焊接工位 2，发动机功率 37kW，陡降外特性，焊接电流 120～500A，外形尺寸 6.1m×2.35m×2.67m，重量 3400kg。

焊接装置技术特性：焊接工位数 2，焊接站用拖拉机类型 T100M，驱动发动机Ⅱ108，发动机功率 80kW，压缩机类型 CO-7A 交流发电机功率 5.5kW，外形尺寸 5.23m×2.40m×3.04m，重量 13500kg。

（2）焊接技术工艺

1）管子壁厚和焊接层数见表 11-21。

表 11-21　管子壁厚和焊接层数

管子壁厚/mm	＜10	10～15	15～20	20～25
用纤维素焊条焊接时焊缝层数	3	4	5	6

2）焊管焊条电弧焊时最重要的是根焊，必须可靠地熔透，内表面要有 1～3mm 余高，焊缝平滑有细鱼鳞纹。根焊打底焊的表面，最好呈凹面，有利于下一层焊道的焊接。若具有外凸形状，焊缝的焊趾部位可能形成夹渣，一般应用手动砂轮机或风铲将凸形铲成具有凹面形状。另外必须注意的是，发现气孔等缺陷及时用风铲清除，做好每一层的清渣。在每班工作的结尾，应尽可能把坡口完全填满。

3）注意焊接顺序。在大口径管子焊接时，焊工人数可达 4 人，一般为 2 人，当焊第 2 层时，焊工中有 1 人从管子底部沿着管子的周长以钟表 6—3—12 点位置焊接，另 1 人由 9—12 点位置焊接，向顶部焊完后，再返回按照时钟钟点 6—9 点位置进行焊接，其接头离开顶点 50～100mm，如图 11-27 所示。

4）用直流反极性或正极性焊接时，焊接电源空载电压不小于 75V。当用直径 3.2mm 焊条焊接时，焊接电流值不超过 110～120A；当用直径 4mm 焊条在平焊和半立焊位置焊接时，

㊀ ACⅠⅡⅠ-500T/B、ACⅠⅡⅠ-502-Y-2 系指现场用的进口焊接设备，实际是野外发电机。

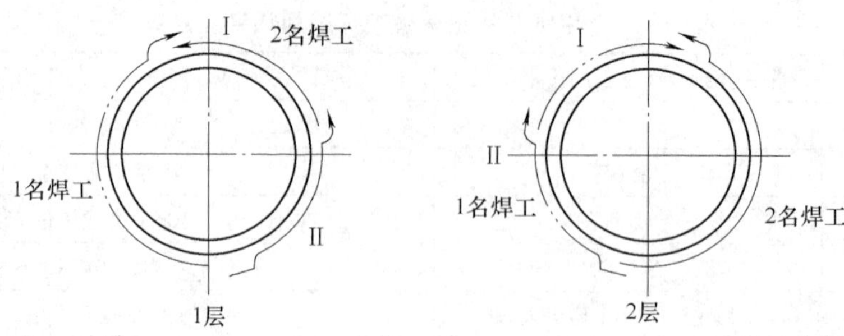

图 11-27　两名焊工向下立焊焊接顺序

Ⅰ、Ⅱ为施焊顺序

焊接电流为 120~160A；在其余位置焊接时焊接电流为 100~140A，见表 11-22。同时推荐焊接电流下限值用在焊接坡口间隙最大时，上限值用在焊接坡口间隙最小时，若坡口超过规定值，最合理的是采用直流正极性电流进行焊接，焊接速度应当保持 16~22m/h。

表 11-22　焊条电弧焊时的焊接电流

焊条直径/mm	焊接空间位置时的焊接电流/A		
	平焊	立焊	半仰焊和仰焊
3.0，3.25	100~130	100~130	90~110
4.0	170~200	160~180	150~180
5.0	220~260	180~200	

在焊接中，焊工应通过用坡口烧穿焊法，形成的工艺窗口一直注视着坡口的熔化，在焊接时把焊条倾斜角由 40°变到 90°，焊工保持着所需要的窗口。

在根部焊缝完毕后，在 5min 内马上进行热焊道焊接。采用直流反极性空载电压 55V，焊接速度 18~20m/h，在焊接这一层焊缝时，焊条作剧烈纵向摆动，幅度 10~20mm，推荐的焊接电流值见表 11-23。

表 11-23　热焊焊接工艺

焊条直径/mm	焊接空间位置时的焊接电流/A		
	平焊	立焊	仰焊
4	150~180	150~170	140~170
5	190~220	160~180	—

填充焊缝用直径为 5mm 的焊条，盖面焊缝用直径为 6mm 的焊条，焊完热焊道后的第一道为填充焊缝不用摆动焊条，而以后各焊道均需进行横向摆动。

专用纤维素焊条由 2 台焊工焊接时，对接焊时（按钟表字盘）为 12→3→6 点位置和 12→9→6 点，如图 11-28 所示。

（3）CO_2 气体保护焊设备

1）CⅡK 机床（坡口加工机）：它悬挂在坡管机的悬臂上，由坡管机发电机供电，管内焊接装置有用于组对和进行根部焊道的自动焊对中机构（管子组对）、焊机位置对准机构（使焊接机头的焊丝以 ±0.5mm 的精度对准坡口的轴线）。

2）自动焊机头：内部装有焊丝送进机构和带气体喷嘴的导电嘴。

3）焊接小车：布置在对管器的尾部，焊接小车本身是一个带轮子的框架，在上面装有

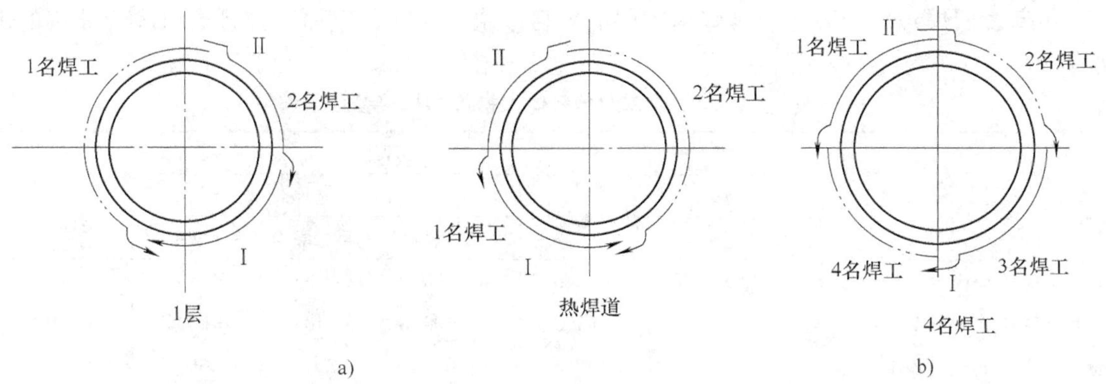

图 11-28　2 名和 4 名焊工焊条电弧焊向下立焊时各层的施焊顺序

适用于氟钙型药皮焊条，Ⅰ、Ⅱ为施焊顺序

a）2 名焊工施焊　b）4 名焊工施焊

储能驱动装置、底架气动传动制动机构以及液压传动对管器和保护气体气瓶。

4）防护栅：是由管子制成的栅栏状结构，以便在支撑座上固定电动和液压设备，并保护对中机构不受管子冲击。

5）托杆：在由分段的管子组成的对管器托杆中布置电缆导线，托杆有快速接头，以便管内焊接装置和布置在托杆端部的控制盘上接电缆。

6）管外焊接装置：沿着焊接坡口，在管子外壁装有导轨时，焊接小车就卡装在导轨上，左右各一部。焊接小车上装有焊接机头、校正器、带焊丝的焊丝盒和控制盘。焊接机头按用途有焊接根部焊缝用、焊接填充层用、焊接盖面焊缝用。管外用 BⅡГ-301 型焊接整流器。

7）管内焊接装置：供电机组安装在 TT-4 型拖拉机底盘上，该拖拉机备有液压传动起重臂，并带有遮蔽焊工工作地点的帐篷。供电动机组由装有功率 50kW 的驱动发电机、两台 BⅡY-504型焊接整流器、两个气瓶台、发电机控制板和电气设备箱的机身框架组成。服务机组由拖拉机拖动，机组的机架上装有电站和由内燃机驱动的压缩机、轻型起重吊车、水箱和供水泵、气瓶台。

（4）管道的气体保护焊工艺

1）根焊：CO_2 气体保护焊焊接管道的关键是“根焊”。根部焊缝的焊接，对于不带间隙的坡口，可用 4 ~6 个焊接机头，从管子内部焊根部焊成。为了改善根部焊缝的形成条件，所以，管道的对接坡口开的不大，焊接时不进行横向摆动，保护气体采用混合气体，φ（Ar）25% +φ（CO_2）75%气体。尺寸为 1420mm ×16. 5mm 的管道非旋转对接气体保护焊的焊接参数见表 11-24。

2）热焊道：根焊完毕后，立即在外部焊“热焊道”，此层的焊接速度应当与根部焊缝接近，两层焊缝结束之间的间隔最短。热焊道不进行横向摆动，当管子壁很厚时，为了避免焊丝伸出过长，所以导电嘴伸入坡口之中，进行 CO_2 气体保护焊向下立焊。热焊道的焊接参数见表 11-24。

3）填充焊、盖面焊：焊丝要进行横向摆动，焊接参数见表 11-24。为了稳定熔化坡口的侧面边缘，摆动幅度不应小于坡口宽度，若焊缝的高度大大超过弧长，则摆动幅度应超过在前一层焊缝的表面坡口的宽度。另一重要参数是摆动频率，频率过快将破坏电弧燃烧的稳定性，频率过低焊缝成形不佳。焊缝填充层的数目取决于管子的壁厚，并且也取决于坡口的焊接参数。

表 11-24　管道对接气体保护焊的焊接参数

指　标	焊缝					
	根焊(内)	热焊道(外)	填充焊			盖面焊
			第一层	第二层	第三层	
焊接速度/(m/min)	60 ~ 75	48 ~ 80	25 ~ 35	25 ~ 35	25 ~ 35	25 ~ 35
保护气体 $\varphi(Ar)+\varphi(CO_2)$(%)	25 + 75	0 + 100	0 + 100	0 + 100	0 + 100	0 + 100
保护气体消耗量/(L/min)	40	30	30	30	30	30
焊丝伸出长度/mm	9	9	12	10	10	10
电弧电压/V	20 ~ 22	22 ~ 24	22 ~ 24	20 ~ 22	20 ~ 22	19 ~ 21
焊接电流/A	190 ~ 210	220 ~ 240	220 ~ 240	190 ~ 210	180 ~ 200	170 ~ 190
焊丝摆动幅度/mm	0	0	4	5. 6	6. 3	8. 1
焊丝是否摆动	否	否	是	是	是	是
机头向前倾斜角度/(°)	8	0	0	0	0	0

4）用 X60 钢制成直径 1420mm，壁厚 16. 5mm 和 19. 5mm 的管子，若用 C_{eq} = 0. 4% 的钢材制成的管子时，为防止在盖面焊缝的热影响区中产生淬火现象，最好采用 220 ~ 250℃ 温度预热。

（5）其他有关事项

1）管道向下立焊焊接时以合格的焊接工艺评定为依据，编制详细的焊接作业指导书。焊工上岗前必须按设计有关要求，经相关项目考试合格后方能上岗。

2）焊接设备的选择必须适应于向下立焊的焊接电源要求。焊接材料的选择，原则上应与管材的化学成分、力学性能相匹配，且使用性能良好。

3）焊前预热的预热温度应根据材质选定，其预热温度一般控制在 100 ~ 150℃ 左右。管口的预热器具可采用环形火焰加热圈。

4）定位焊应在管道坡口内进行，是正式焊缝的组成部分，应注意保证定位焊缝的质量，并将焊缝两端打磨成缓坡状，以利接头。

5）向下立焊焊接工艺要求详见本章管道向下立焊工艺介绍。

6）现场焊接时，应在焊接区域内做好防风、防雨的有效措施，防止不利气候条件影响焊接质量。

7）焊缝检验

①　焊缝应先进行外观检查，外观检查合格后方可进行无损检测。焊缝外观检查应符合 SY/T4103—2006《钢质管道焊接及验收》标准的规定，焊缝盖面尺寸应符合下列规定：

②　宽度：坡口上口宽 +（2 ~ 4）mm。

③　余高：0 ~ 1. 6mm，局部不超过 3mm，且长度不大于 50mm。

④　射线和超声波检测时，焊缝验收标准分别采用 SY 4056《石油天然气钢质管道对接焊缝射线照相及质量分级》和 SY 4065《石油天然气钢质管道对接焊缝超声波检测及质量分级》标准。合格级别应符合下列规定：

输气管道设计压力小于或等于4MPa时，一、二级地区管道合格级别为Ⅰ级，三、四级地区管道的合格级别为Ⅱ级；设计压力大于4MPa时合格级别为Ⅱ级。

⑤ 对穿跨越河流、水库、公路、铁路，穿越地下管道、电缆、光缆的管道接头，钢管与弯头连接的接头，试压后接头应进行100%的射线探伤。

⑥ 焊接缺陷的清除和返修应符合SY/T4103《钢质管道焊接及验收》第10章的规定。对于X60及以上级别的管材，返修后还应按SY/T0443—2000《常压钢制焊接储罐及管道渗透检测技术标准》进行渗透探伤。

2. STT半自动根焊+自动气体保护焊

西气东输工程长输管道由于有2700km，地势平坦开阔，适用于自动焊机组进行大流水作业。主要采用全自动和半自动焊接为主、焊条电弧焊为辅助的焊接方法。共焊接X70钢（ϕ1016mm×14.6mm）焊缝890道；ϕ1016mm×17.5mm焊缝362道，合计14多km，焊接一次合格率为95%。

（1）设备要求　STT半自动根焊机+APW-Ⅱ自动焊机，美国林肯公司的STT逆变电源，配用STTR-10送丝机。

APW—Ⅱ——国产全位置管道自动焊机，以直流脉冲调速为基础，主要实用于大中形口径管道外环缝热焊道、填充焊道、盖面焊道的焊接。焊丝直径0.9~1.2mm，设备包括IGBT500A电源、控制箱、焊接小车、操作盒、轨道五部分。混合气体为φ(Ar)80%+φ(CO_2)20%。

（2）焊接材料的选用　见表11-25。

表11-25　管道自动焊用焊接材料

时新焊丝					保护气体（体积分数,%）		
					部位	CO_2（%）	Ar（%）
部位	标准号	型号	牌号	直径/mm	STT根焊	100	0
					内根焊	20	80
根焊	AWSA[①]5.18	ER70S-G	JM-58	1.2，0.9	热焊	70	30
填充焊	AWSA5.28	ER80S-G	JM-68	1.0	填充	60	40
盖面焊	AWSA5.28	ER80S-G	JM-68	1.0	盖面	30	70

① AWSA为美国标准，下同。

（3）坡口形式　采用复合坡口，如图11-29所示，减少焊丝填充量，提高焊接速度。

（4）焊接参数　STT焊焊接参数见表11-26。

表11-26　STT焊焊接参数

位置	焊丝牌号	焊丝直径/mm	极性	焊接电流/A	电弧电压/V	焊接速度/(cm/min)	送丝速度/(cm/min)
STT根焊	ER70S-G	0.9	DC-	350~420	16~25	16~25	120~180
内根焊	ER70S-G	1.2	DC+	180~220	19~21	150	1000
热焊	ER80S-G	1.0	DC+	245~260	24~25	100	1200
填充焊				170~210	19~21	30	820
盖面焊				160~200	18~20	21	800

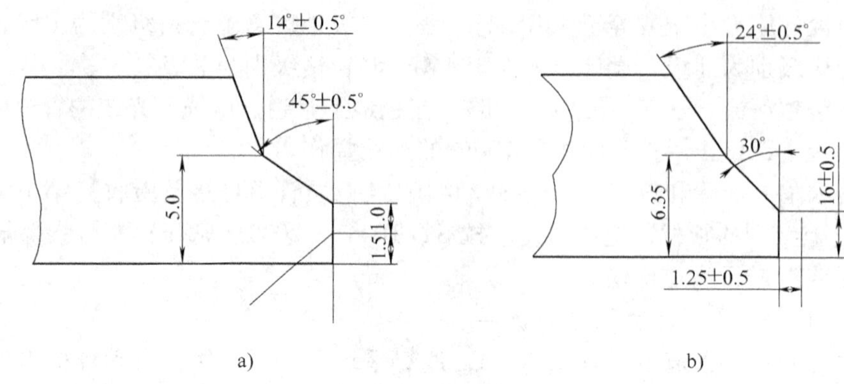

图 11-29　焊接坡口形式

a）内根焊坡口　b）外根焊（STT）坡口

第七节　管道的工厂化预制

一、概述

1. 管道预制的优越性

管道预制已实现工厂化、机械化、自动化。根据施工图样和现场的实测实量，大量的管道首先在预制加工厂内加工制作，然后将半成品运抵施工现场组装和焊接。这样既大大提高了工作效率，又更加保证了产品质量，而且减少了施工现场用地面积和用工人数等，对提高工程进度、标准化与文明施工水平，以及提高工程质量和创建精品工程提供了强有力的保证。

管道预制加工厂生产流水线分碳素钢、合金钢和不锈钢三种流水线，可采用 PLC 控制技术与触摸屏人机界面，实现产品的上线、送进、测量、切割、坡口、组对的机械化和焊接的自动化，从而达到组装和焊接质量的全过程监控。可加工碳素钢、合金钢、不锈钢管道及镀锌钢管，同时配备了管道的运输，完全能满足有特殊地理位置、工期要求的大型工程的需要。

2. 管道的预制要求

1）管道的预制应根据工程的管线系统单线图施行，严格图样规定的技术要求。

2）管道预制应按单线图的数量、规格、材质而选配管道组成件，并按图示顺序进行标识。

3）管道的焊接一般可采用批量生产的流水生产线，大大提高焊接生产率。

4）焊接完的管道，其焊缝表面和内部质量必须经验收合格后才能进行下道工序。

二、管道预制的焊接生产线介绍

这里介绍一条中小口径管道的熔化极气体保护焊生产线（管子对接自动焊接专机）。

1. 适用范围

适用焊接工件范围：管对接环缝自动焊接，焊件直径 89mm≤ϕ≤400mm。

焊接工艺：采用单枪脉冲 MIG 焊接方式，焊接保护气体采用 Ar 气。

焊接系统：

1）采用全数字化脉冲 MIG 焊机，并配套数字化接口已实现外部通信，实现焊接参数实时自动调整。

2）采用焊接摆动器实现摆动焊接。

3）采用焊缝层间自动提升，实现连续焊接。

4）采用激光跟踪系统，实现焊缝实时跟踪。

5）配套跟踪系统专用焊缝分析软件，实现焊接规范自动调整。

6）配套上海捷锐291MX型两元混合气体配比器（选购）。

焊缝接头形式：对接焊缝，焊件预先进行定位焊。

焊件要求：焊缝区域不得有明显影响焊接质量的毛刺、油污等因素，切边不得有斜切边和卷边齿边等缺陷。

2. *主要结构*

本套设备由焊接主机及其控制系统、焊接系统、辅助辊架等组成，如图11-30所示。

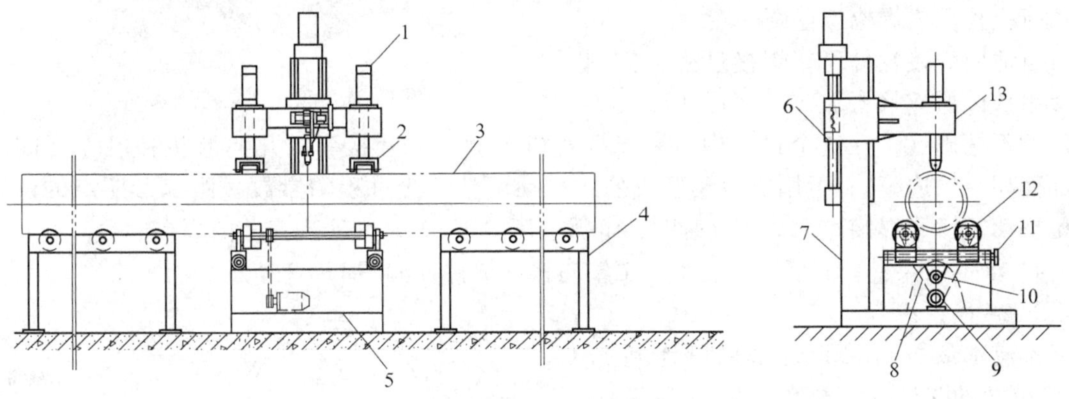

图11-30　管子对接自动焊焊机结构示意图

1—压紧气缸　2—压紧轮　3—焊件　4—辅助滚架　5—机座　6—机头升降机构
7—立柱　8—传动链条　9—电动机　10—涨紧轮机构　11—手动丝杆调节机构
12—主动滚轮　13—横梁

1）焊接主机：见图11-30。

2）HBQ-I焊接摆动器：考虑焊件板厚较大，采用焊接摆动器可便于多层焊接时的焊缝宽度控制，提高焊接效率，其主要规格及技术参数见表11-27。

表11-27　焊接主机主要技术参数

产品型号	HBQ-I-50	产品型号	HBQ-I-50
摆动速度/（m/min）	0.1~2.5	右停留时间范围/s	0~5
摆幅范围/mm	±25	中心停留时间范围/s	0~5
中心调节范围/mm	0~50	额定载荷/kg	15
左停留时间范围/s	0~5	电源电压/V　（AC）	200

3）激光跟踪系统：SERVO ROBOT激光视觉传感系统，采用了当前世界上最先进的TX/S数字激光视觉传感器，如图11-31所示，即使是在经过打磨后的高反光铝合金表面仍能得到清晰的传感图像。数字化的CMOS传感元件每秒可采集并处理高达几百帧的图像，还可以灵活剪裁处理传感图像的区域，有利于消除夹具（如琴键式压块）对传感图像的影响。在实际焊接应用中，TX/S数字激光视觉传感器相当稳定可靠。其设计降低了焊接成本，提

高了焊接质量。它包含一个无接触的焊缝跟踪激光传感器、控制器和跟踪执行机构，可以找到并跟踪所有类型的普通焊缝。

激光跟踪系统为全数字控制，具有优良的反馈纠错能力。该系统所特有的激光照相机的感光范围是以现行光学三角测量原理为基础的，它提供了一个高范围的感观可靠性和一个高的横向定位。跟踪执行机构由十字电动滑板组成，采用伺服电动机滚珠丝杠驱动、直线导轨导向。

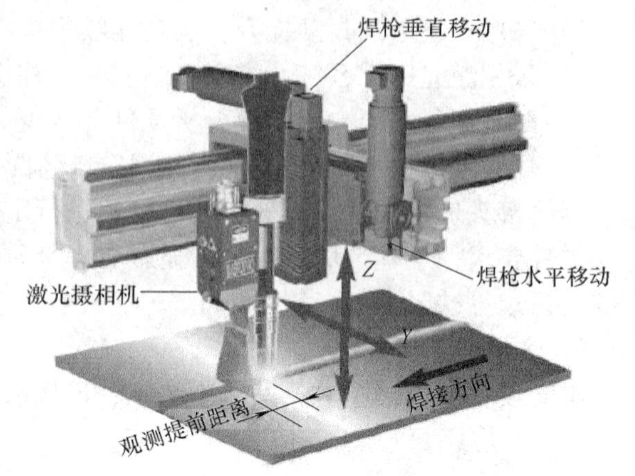

图 11-31　激光视觉传感系统

专用的多层多道跟踪软件可根据坡口的尺寸自动进行多层多道轨迹计算，并通过执行机构完成焊枪位置调整。

自适应焊接软件可在焊接过程中控制焊接参数以适应接头坡口几何形状和接头装配的不精确性。在这个过程中，激光摄相机要测量实际接头的几何形状和尺寸（间隙、端面面积、错边等），运用实验模型或公式自动调整焊接过程的参数（跟踪参照点的位置、焊枪摆动宽度、焊接速度、送丝速度、电弧电压等等），从而实现完美的焊接。

4）辅助滚架：V 形滚筒，便于人工轴向移动焊件，如图 11-32 所示。

3. 焊接系统

本流水线的焊接系统采用奥地利 FRONIUS 公司的 TPS5000 全数字化 MIG/MAG 焊接电源 TS 4000 接口系统、FK4000 冷却水箱、VR4000 送丝机、德国宾采尔（中国广州）自动水冷焊枪 AUT602D 组成。

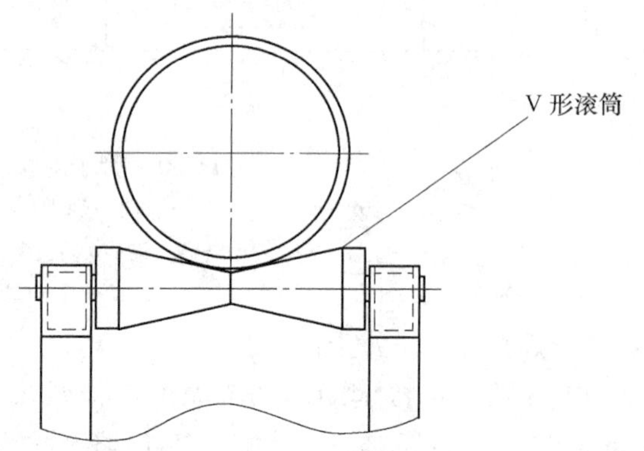

图 11-32　辅助滚架

4. 电气控制系统

专机整机控制采用 PLC 控制系统作为主控单元，专业触摸屏人机操作界面，所有控制参数如焊接速度、焊缝长度、焊缝搭接量、焊枪层间提升量等可在控制面板上集中输入控制或显示，可实现工装夹具、焊接速度、焊枪定位机构、焊接参数的匹配调节和控制，具有操作简单、焊接参数设置方便和自动化程度高的特点，控制箱上有电源开/关按钮，以及指示按钮、调整按钮、自动焊接按钮和故障急停等功能按钮，在“调整”状态可实现焊接速度、焊接参数和焊枪位置的数据输入，并手动微调焊枪位置及姿态。在“自动”状态下可实现焊接过程的自动完成。系统设置复位功能，保证每次都能在原位对工件进行焊接。

5. 自动焊接程序

自动焊接程序如下：人工将焊件组件（焊件已预先定位焊）放置在 V 形托架上并推向焊接位置，利用对中指针对中焊缝后──→起动压轮压紧工件──→电动焊枪迅速到位──→微调焊枪角度和位置，对准焊缝──→按“焊接”按钮──→焊接电源自动引弧，滚轮带动焊件旋转，进行环缝的焊接──→焊完第一道环焊缝后──→焊枪自动提起一定高度──→按预先设定好的焊接参数进行第二道及多层环焊缝的焊接──→完成后自动熄弧，滚轮停转、焊枪及压轮升降机构动作提升复位──→人工移动工件。

该焊接系统的主要技术参数见表11-28，设备组成见表11-29。

表11-28 主要技术参数

焊接焊件直径范围/mm	89≤ϕ≤400	焊接速度/（mm/min）	150~1500
焊接焊件厚度/mm	3~20		
焊接焊件长度/m	≤20	最大焊接电流/A	500

表11-29 设备组成

序号	名称	型号	数量	生产商、/产地
1	焊接主机		1	威达科技
2	V形辊架		1	
3	电气控制系统		1	
4	焊接电源	TPS5000	1	奥地利 FRONIUS
5	送丝机	VR4000	1	
6	水冷箱	FK4000	1	
7	焊接电源数字接口	TS 4000	1	
8	宾采尔水冷焊枪	AUT-501D	1	广州阿比泰克
9	焊接摆动器	HBQ-I-100	1	威达科技
10	激光跟踪系统		1	加拿大SERVO ROBOT
11	多层多道焊接软件		1	
12	自适应控制软件			
选配				
15	焊接电源遥控盒	TR 4000C		FRONIUS
16	两元混合气体配比器	291MX型		上海捷锐

第八节 塑料管道的焊接

塑料管与传统金属管道相比，具有自重轻、耐腐蚀、耐压强度高、卫生安全、水流阻力小、节约能源、节省金属、改善生活环境、使用寿命长、安装方便等特点，受到了管道工程界的青睐。塑料管道品种较多，分类方法也很多。按照管道原材料进行分类，其中热塑性材料管材有聚氯乙烯（PVC）、聚乙烯（PE）、聚丙烯（PP）、聚丁烯（PB）、聚偏氟乙烯（PVDF）、耐热聚乙烯（PE-RT）、多组分共聚ABS管材以及PE-X热弹性塑料管材。在燃气用压力管道中以PE管比较常见，这里主要介绍PE管的相关焊接技术。

塑料管在国外已有几十年的使用历史，而国内从20世纪80年代初开始聚乙烯（PE）燃气管的研究，经过近20年的发展，积累了许多生产、设计、施工验收和运行等方面的经验，有关国家标准（GB15558.1—1995、GB15558.2—1995）业已出台，国家质量监督检验检疫总局2006年颁布了《燃气用聚乙烯管道焊接技术规程》。使得在一些场所用钢管逐步被PE管所替代。

一、PE 管道的特点

聚乙烯燃气管道具有许多特性，如耐低温，韧性好等，聚乙烯管的主要优点如下：

1）良好的柔韧性，冲击强度比金属管高，断裂伸长率较高，即使将管材弯曲变形后也不易破裂。加工的管材外径大于63mm 时，定尺长度一般为 3m、6m、9m；外径小于 63mm 时可盘管成卷，定尺长度为 50m、100m、150m，从而使管网中接头数量减少。PE 管的柔韧性也使它适合于任何地形，当发生地震或地段不均匀沉降时不破裂，实用证明 PE 管具有抗振性能，并且可蛇行敷设，易于绕过障碍物，可进一步减少接头数量。

2）良好的耐蚀性，可耐多种化学介质的侵蚀，无电化学腐蚀。因此，PE 管埋地敷设不需要做防腐和阴极保护。

3）独特的电熔焊接、热熔对接技术，保证接口材质、结构与管体本身的同一性，实现了接头与管材的一体化，保证管道密封可靠，PE 管有较好的气密性，气体渗透率低。

4）管内壁平滑，摩擦系数极低，可提高介质流速，增大流量，输气能力强，较之相同的金属管能输送更多的燃气，节省动力消耗，且具有良好的耐磨性。

5）聚乙烯管道具有良好的抵抗刮痕能力和良好抵抗裂纹传递能力。采用不开槽施工技术，无论是铺设新管或旧管道的修复或更新，刮痕是无法避免的。刮痕造成材料的应力集中，引发管道的破坏。而研究证明，聚乙烯管具有出色的抵抗刮痕能力和抵抗裂纹快速传递的能力。

6）加工成型方便，安装简单，成本低，节省资金。

7）材质轻，易搬运，运输便利，焊接工艺简单，土方量少，施工速度快捷。

8）聚乙烯管道使用寿命长，可安全使用 50 年以上。

二、PE 管的焊接技术

PE 管不能采用溶解性粘合剂与管件连接，它的最佳连接方式是熔焊连接，焊接技术的发展经历了一定的过程，早期聚乙烯焊接方式有热熔对接连接、热熔承插连接和鞍形焊接。由于热熔承插连接存在一定的缺点，通过对连接技术的不断研究，现在，塑料管道的焊接主要有热熔对接焊和电熔焊。相应地，采用的施工机具是热熔对接焊机和电熔焊机，焊接设备应符合 ISO12176—1 或 ISO12176—2 的要求，其次就是与金属管道连接时采用钢塑过渡接头连接。

1. 焊接原理

聚乙烯管道焊接原理是，聚乙烯一般在 190 ~ 240℃ 的范围内被熔化（不同原料牌号的熔化温度一般也不相同），此时若将管材（或管件）两熔化的部分充分接触，并施加适当的压力（电熔焊接的压力来源于焊接过程中聚乙烯自身的热膨胀），冷却后便可牢固地融为一体。由于是聚乙烯材料之间的本体熔接，因此接头处的强度与管材本身的强度相同。

2. 热熔对接焊

热熔对接焊是将热熔对接焊机的加热板放在对好的两管或管件之间加热一定的时间，抽掉热板，将要焊的两端在一定压力下迅速对接在一起并保压一定时间冷却，即可形成一个强度高于管材本体强度的接口。热熔对接焊接技术一般用于连接具有相同熔融指数的管材或管件（且最好应具备相同的 SDR 值），不同制造商的焊接参数不尽相同，用户必须严格执行。对接焊常用于较大直径管的连接。选择的压力要使接触面处产生所要求的力，当对接焊机带有液压源时，“力”通常被表示为施加的液压缸（油缸）压力。

（1）焊接的优缺点

1）需要有专用的热熔对接焊机。

2）一般适用于公称直径大于90mm的管材。

3）适用于同牌号、不同材质的管材与管材、管材与管件连接，但需实验验证。

4）易受环境、人为因素影响。

5）设备投资高。

6）连接费用低。

7）操作人员需进行专门培训，具有一定的经验。

（2）热熔对接焊的过程

1）焊接前准备：清洁油路接头，正确连接焊机各部件，测量电源电压，确认电压符合焊机要求。检查清洁加热板，涂层损坏应当更换。其表面聚乙烯的残留物只能用木质工具去除，油污油脂等必须用洁净的棉布和酒精进行处理。按照焊接工艺正确设置吸热、冷却时间和加热板温度等参数。焊接前，加热板应当在焊接温度下适当预热，以确保加热板温度均匀。

2）装夹管材元件：用辊杠或者支架将管垫平，调整同心度，利用夹具矫正管材圆度，并且留有足够的焊接距离。

3）铣削焊接面：铣削足够厚度，使焊接端面光洁、平行，确保对接端面间隙小于0.3mm；错边量小于焊接处壁厚的10%。重新装夹时必须重新铣削。从机架上取下铣刀时，应避免铣刀与端面的碰撞，如已发生需重新铣削。铣削好的端面不要用手摸或被油污染。当两端面的间隙与错边量不能满足要求时，待焊件应重新夹持、铣削，合格后方可进行下一步操作。

4）拖动压力的测量及检查：每次焊接时必须测量并且记录拖动压力（$p_{拖}$）。

5）加热：检查加热板的温度是否适宜，加热板的红指示灯应为亮或闪烁。从加热板上的红指示灯第一次亮起后，最好再等10min使用，以使整个加热板的温度均匀。放置加热板，使互相对接焊的两个管道在较高压力作用下与加热板接触，消除被焊管道端面的不平度，调整焊接压力（p_1）= 拖动压力（$p_{拖}$）+ 焊接规定压力（p_2），并保持压力p_1不变，如图11-33a所示。当加热板两侧焊接处圆周卷边凸起高度达到规定值时，降压至拖动压力（$p_{拖}$）或者在确保加热板与焊接端面紧密贴合的条件下，开始吸热计时，如图11-33b所示。

6）切换对接并冷却：当达到焊接所需的吸热时间，在规定的时间内抽出加热板，如图11-33c所示立即在压力的作用下使熔融的塑料管道端面贴合，并迅速将压力匀速升至焊接压力（p_3），如图11-33d所示，严禁高压碰撞，保持压力达到规定的冷却时间。在压力的作用下，熔融的塑料被挤出管道表面，在管道的内外表面形成熔环。

7）拆卸管道元件。达到冷却时间后，将压力降至零，拆卸完成焊接的管道元件。

（3）热熔对接焊的主要焊接参数

1）热熔对接焊的工艺温度：推荐的焊接工艺温度为200～235℃，施工单位在实际施工中，可以根据具体施工环境和材料适当调整焊接温度。加热板温度，可以测量与管材或管件端面接触的加热板表面区域的真实温度T。

2）加热压力、对接压力：加热压力指在加热阶段，加热板表面与管道表面间的压力，包括p_1，$p_{拖}$，其中p_1为预热阶段表面压力，$p_{拖}$为形成卷边吸热阶段表面压力，如图11-34

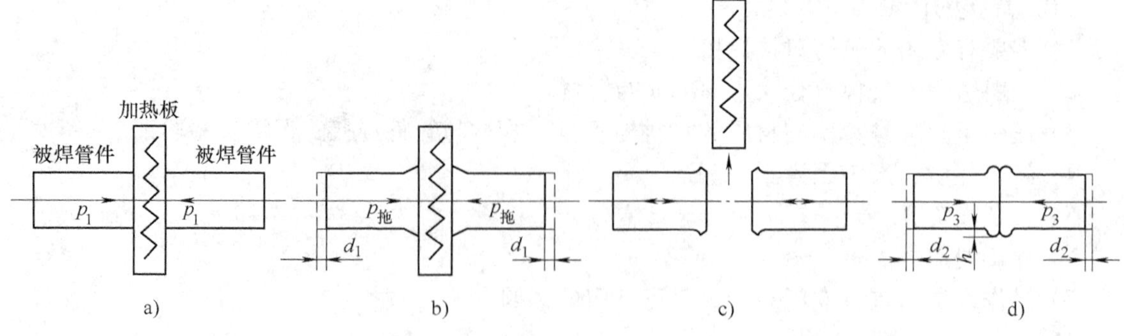

图 11-33　热熔对接焊的工艺过程

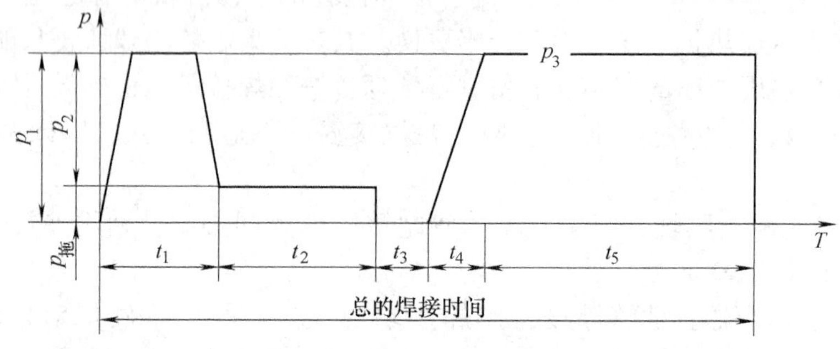

图 11-34　热熔对接焊工艺曲线图

所示。

对接压力指抽出加热板后，使熔融的塑料管道端面贴合形成对接所需的压力，如图 11-34 中的 p_3。

3）加热时间、吸热时间、切换时间、增压时间、冷却时间：加热时间（t_1）是指加热压力 p_1 作用下，塑料表面被加热且形成卷边达到规定高度的时间。

吸热时间（t_2）是指在加热压力 $p_拖$ 作用下塑料表面被加热以达到焊接要求所需的时间。

切换时间（t_3）是指加热结束到压焊开始的一段时间，包括管道与加热板分开的时间、加热板移出的时间和管道互相靠拢的时间。

增压时间（t_4）是指管道靠拢后，调整压力到对接压力（p_3）所规定的时间。

冷却时间（t_5）是指保持对接压力，温度逐渐冷却形成焊接接头的时间。

（4）热熔对接焊设备　热熔对接焊接设备的形式多种多样，用户应根据焊接管材的规格、自身的经济能力，可向各 PE 材料制造厂购买或租用。热熔对接焊机一般可分为普通热熔对接焊机和自动热熔对接焊机两类。热熔对接焊机通常包括如下部分：焊机机架、动力源、铣刀（平端面装置）、加热板、计时装置等。如图 11-35 所示是一个典型的热熔对接焊机。

1）铣刀：铣刀用于处理接头连接端面以保证其平整度、垂直度和洁净程度，通常是一套电动旋削机械。修整工具能卡在焊接设备支架上并保持与卡具中心垂直。铣刀必须保持清洁和锋利。

2）加热板：加热板的工作表面要保持干净，以确保良好的热传导并防止结合表面污染影响焊接接头质量。加热板表面的堆积物要在板冷却后使用软木铲或浸入适当溶剂如丙醇等

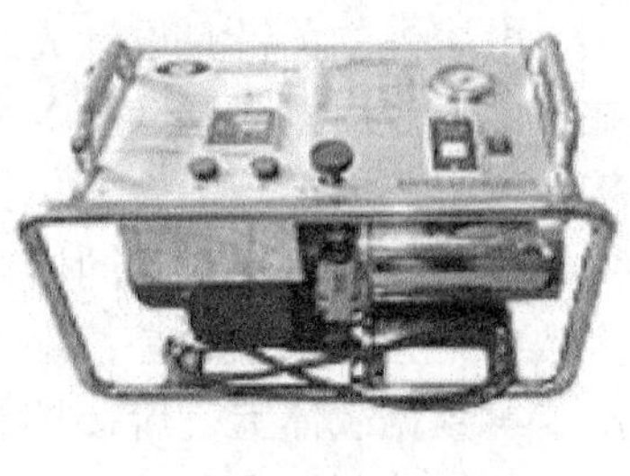

图 11-35　热熔对接焊机

的抹布小心清理，因对加热面的保护是相当重要的。大部分加热板是铝制品。铝制品具有良好的热传导性，但硬度低，容易受到冲击损伤。加热板不使用时应放在干净的保温筒内。部分自动熔焊机械具有完全收缩式加热板，可减小加热板表面被污染和损伤的危险。

3）机架和动力：焊接设备（机架和动力源）具有控制加在接头内表面熔化压力的功能，并同时能提供很高的拉力以处理拖动接长的管子。常用装置有手动对中推进和液压推动两种，配合同心卡具，可提供平滑推力并有助于防止偏心。由于 PE 材料的摩擦系数很大，焊接设备难以拖动较长的管子，所以对管子进行多点滚动支撑有助于减小对设备的拉力，并防止对管子产生不必要的拉伸和刮擦。

燃气聚乙烯管道热熔对接鼓励采用全自动焊机。全自动热熔对接焊机一般具有以下功能：

① 可以实现一致、可靠、可重复的操作。

② 系统将控制监视并记录焊接过程各阶段的主要参数，并判断每一焊口的状况。

③ 焊机有一个数据检索存储装置，该装置通过一个接口将存储的数据下载到电子设备（计算机或打印机），存储容量至少为 500 个接头的参数。这些参数包括焊机型号、焊机编号、环境温度、焊接日期、焊接时间、焊工代码、工程代码、焊口编号、焊接的管道类型（原材料级别、公称外径、壁厚或 SDR 值）、拖动拉力（峰值拖动拉力和动态拖动拉力）、热板温度、成边压力、吸热时间、切换时间、焊接压力、冷却时间等。

④ 自动铣切管道端面，自动检查管道是否夹装牢固。

⑤ 自动测量拖动拉力（峰值拖动拉力和动态拖动拉力）以及自动补偿拖动力。

⑥ 自动监测热板温度，如果热板温度没有在设定的工作温度范围内，焊机将无法进行焊接。

⑦ 热板插入待焊管材之后的所有阶段（加压、成边、降低压力、吸热、抽板、加压、保压、冷却）自动进行，最大可焊接范围 $d_n \leqslant 315$mm 的全自动热熔对接焊机的抽板时间不应大于 4s，最大可焊接范围 $d_n \geqslant 400$mm 的全自动热熔对接焊机的抽板时间不应大于 8s。

⑧ 微处理器采用闭环控制系统，在焊接过程中突然出现不符合焊接参数时，焊机能够自动中断焊接并报警提示焊工。

3. 电熔焊

电熔焊是目前 PE 管道系统必要且广泛应用的一种连接方法。电熔焊是依靠预埋于电熔管件内表面的电热丝的通电而使其加热，从而使管件的内表面及管材（或管件）的外表面分别被熔化，冷却到要求的时间后而达到焊接目的。

电熔焊的关键是设计先进的电熔管件，其基本原理包括加热、利用焦耳效应、通过集成在管件内表面（焊接表面）的电阻线圈、引起线圈附近的材料熔化，从而使管材与管件熔接在一起。电熔管件一般包括套筒、鞍形、变径、等径三通、异径三通和弯头等。可用于不同类型聚乙烯材料和不同熔体流动速率材料制造的干线、支线管材或插口管件连接。目前大多数电熔管件采用的是数字识别系统，熔接参数以及其他信息以代码的形式记录在条形码、磁卡等数据载体上，熔接控制器从上述载体中读出参数后自动控制熔接。

（1）电熔焊的特点

1）需要有专用的电熔焊机。

2）适用于所有规格尺寸的管材。

3）可用于不同牌号、材质的管材与管材、管材与管件连接。

4）不易受环境、人为因素影响。

5）设备投资低，维修费用低。

6）连接操作简单易掌握。

7）接头质量可靠性高。

8）接头管道内壁光滑，不影响流通量。

（2）电熔焊的操作过程

1）焊接前准备：测量电源电压，确认焊机工作时的电压符合要求，并必须有接地保护。清洁电源输出接头，保证良好的导电性。

2）管材准备：管材的端面应垂直轴线，其误差小于5mm（见图11-36）。测量电熔管材的长度或者中心线，在焊接的管材表面上划线标识，如图11-37为刮去管件上的所有斜线。将划线区域内的焊接面刮削0.1～0.2mm厚，以去除焊接区域的氧化层、油污、泥土等，并去除碎屑。

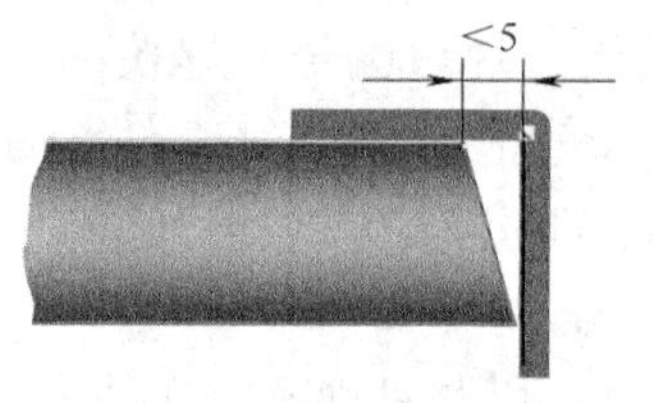

图11-36　截取误差

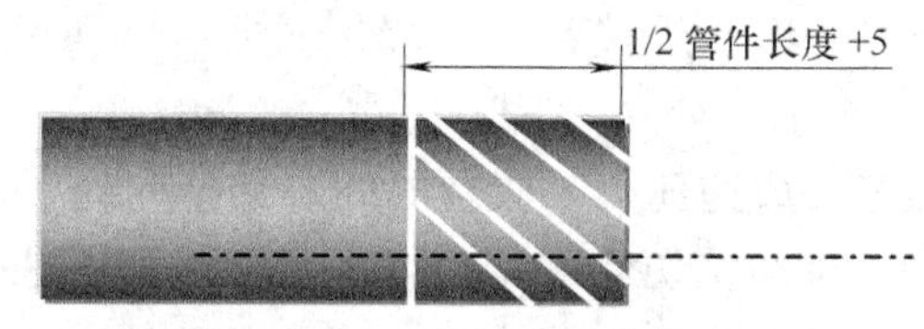

图11-37　刮去所有斜线

3）管材与管件承插：在管材上重新划线，位置距端面为1/2管件长度。将清洁的电熔管件与需要焊接的管材承插，保持管件外侧边缘与标记线平齐。安装电熔夹具，固定好待焊组合件，不得使电熔管件承受外力，管材与管件的同轴度应当小于2%。注意，只有在焊接需用管件时才从包装中取出该管件，并保持清洁与干燥。

4）输出接头连接：打开管件护帽，焊机输出端与管件接线柱牢固连接，不得虚接。当电源离焊机较远时，可能产生欠压报警现象，可配接发电机解决。

5）焊接操作：应严格按焊机说明书的具体要求进行作业，在焊接过程中应避免周围磁场的干扰，焊机上盖应敞开。将焊机调整到“自动”或“手动”模式，按自动或者手动方式输入焊接数据。启动焊接开关，开始计时；手动模式下焊接参数应当按管件产品说明书确定。

6）自然冷却：冷却时间应当按管件产品说明书确定，冷却过程中不得向焊接件施加任何外力，完成冷却后，拆卸夹具。

7）焊接完毕后，检查观察孔内物料是否顶起，焊缝处是否有物料挤出。合格的接头应是在电熔焊工程中无冒（着火），过早停机等现象，以及电熔件的观察孔有物料顶出。

（3）电熔焊的主要焊接参数　电熔承插焊接及电熔鞍型焊接的主要焊接参数包括电压、加热时间、冷却时间、电阻值。电熔承插焊接及电熔鞍型焊接的主要焊接参数由管道元件制造单位提供。

（4）电熔焊设备　电熔焊机的焊接领域主要集中于PE管道行业，现阶段国内PE管道生产及施工企业采用的电熔焊机多数是一些国外品牌，进口焊机相对国产焊机在焊接的稳定性及自动化程度上具有一定的优势。电熔焊机主要有三种类型：变压器抽头调压、晶闸管调压、可关断功率（IGBT、IPM、GTR）高频开关器件调压。图11-38所示是某公司生产的电熔焊设备。对电熔焊机的性能要求如下：

1）电源要求：电熔焊机主要在野外使用，因此要求其在电网供电或发电机供电情况下均能正常工作，如果电熔焊机使用的是便携式发电机，应避免发电机的谐波、自感、互感的干扰，同时为保证焊接过程连续进行，并保证可靠的焊接质量，要求电网的电压波动范围要小。

2）能量输出要求：电熔焊机在熔接过程中，要保证输出能量平稳增长，满足管件熔融要求，必须采用恒电压、恒电流或恒功率的控制方式。采用恒电压控制方式是最好的选择，进口电熔焊机也均是采用恒压控制方式。

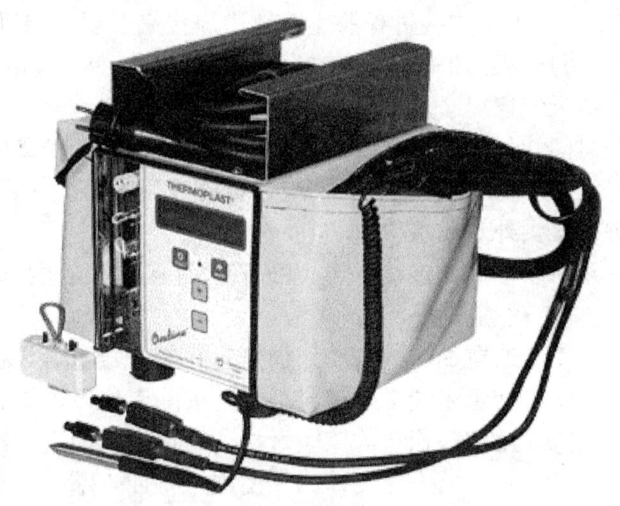

图11-38　PE管电熔焊焊接设备

3）有效值要求：电熔焊机是对管件加热所需的温度（能量）进行控制，因此必须引入电流、电压或功率的有效值负反馈，有效值能够真实的反映管件焊接时产生的能量，所以一台真正意义上的焊机必须具有有效值功能或者具备有效值、平均值双重功能。

4）能量补偿要求：环境温度变化会影响焊接时能量的消耗。因此，焊机要具备环境温度补偿功能，即电熔焊机能够根据环境温度及时调整焊接时间，进行焊接时间补偿，来保证焊接质量。

5）焊接可追溯性：电熔焊机是保证压力管道焊接质量的重要设备，其焊接时的数据必须能够保存，便于追溯查阅。电熔焊机内部必须设计有数据存储电路和数据输出电路，用来存储焊接结果、管件情况和操作者情况。

6）电熔焊机的安全要求：为了保证操作者、焊接设备的安全，电熔焊机必需有安全保护措施，主要在输入电源、输出电源管件阻值检测等安全保护上。

国家质量监督检验检疫总局的相关规程规定：电熔焊机应有一个数据检索存储装置，该装置通过一个接口将存储的数据下载到电子设备（计算机或者打印机），存储容量至少为

250个接头的参数，电熔焊机应当有工作参数自动输入及环境温度自动补偿功能，自动输入的方式可以是条形码、识别电阻、磁卡或者微控芯片。

三、PE管的焊接质量控制

确定焊接工艺和焊接设备后，就要严格按照焊机说明和操作步骤以及有关聚乙烯焊接质量控制要点来施焊。

为了保证PE管道施工质量，PE管道焊接时要遵守下列操作要求：

1）施工单位要有焊接工艺规程及焊接工艺评定。

2）焊工应按有关规定进行考试，取得国家质量监督检验检疫总局颁发的PE电熔焊工资格证方可施焊。

3）管道连接前应对管材、管件进行外观检查，符合产品标准要求方可使用。

4）焊接区域内应当防范不良的气候影响，风雨天气和在零度以下进行焊接时，必须采取适当的保护措施，以保证需要焊接的焊接面有足够的温度。

5）确保焊接过程的连续性，焊接完成后应当进行充分的自然冷却，以消除其内应力。

6）聚乙烯管道焊接时每一个焊口应当有详细的焊接原始记录，焊接原始记录至少应当包括天气情况、环境温度、焊工代码、焊口编号、管道规格类型、焊接压力、拖动压力、增压时间、加热板温度、切换时间、吸热时间、冷却时间等。

7）每次连接完成后，应进行外观质量检验，不符合要求的必须切开返工，返工后重新进行接头外观质量检查。

对于不同的连接方法，PE管道焊接过程的质量控制要点如下：

1）电熔焊

① 通电加热的电压和加热时间应符合电熔焊机具和电熔管件生产厂的规定。

② 管道末端必须切成直角并清除碎屑及附着物。

③ 用洁净棉布等擦净管材、管件连接面上的污物。

④ 标出插入深度，用专用刮刀将插入端表面表皮刮除，须彻底刮净。

⑤ 用专用夹具夹住校直待连管道，防止熔合过程管道移动。

⑥ 熔合过程和冷却时间内不得碰动管道，移离机身的管子应有10min的冷却时间。

2）全自动热熔对接焊

① 电压应符合热熔对接机具的规定。

② 发热板应保持非常清洁，没有污染物、尘埃及聚乙烯熔化物。为清除发热板上余下的尘埃，在每天进行第一次焊接前或转换不同直径管材作焊接前及使用其他方法清洁发热板之后，都应以卷边形成清洁法来清洁发热板。

③ 两段管道须对齐平放，可移动一方用滑动支架承托。

④ 用干净棉布等将管末端表面及内外壁抹净。

⑤ 自动铣削完后，以视觉检查铣削面的质量，对齐后检查管子是否对准及管末端两表面是否齐平。

⑥ 焊接过程和冷却时间内不得碰动管道，移离机身的管道应有10min的冷却时间。

四、PE管的焊接质量检验

PE管道焊接检验与试验，可分为非破坏性检验和破坏性检验；非破坏性检验主要手段为目测和外观检查，用于施工现场的质量控制和操作人员的自检。破坏性检验主要用于焊接工艺评定及对焊接质量有争议接头的试验。

1. 外观质量检验

（1）热熔对接焊

1）检查卷边是否正常均匀、饱满、圆润。翻边不得有切口或者缺口状缺陷，不得有明显的海绵状浮渣出现，无明显的气孔。

2）使用卷边测量器测量其宽度应在指定的大小范围内，卷边（见图 11-39）的中心高度 K 值必须大于零。

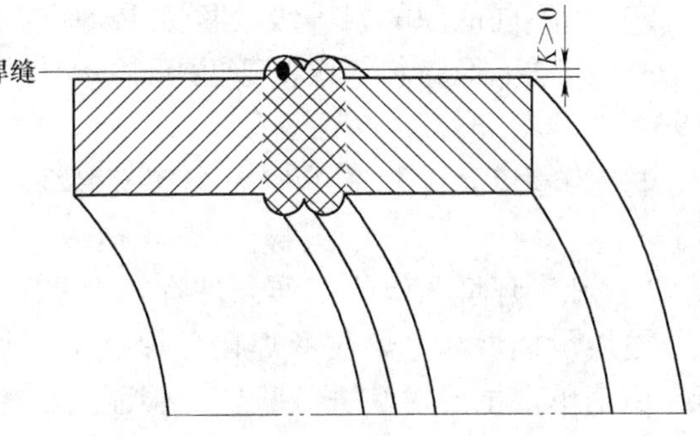

图 11-39 热熔对接焊卷边示意图

3）焊接处的错边量不得超过管材壁厚的 10%。

4）使用外卷边切除刀切除卷边，进行检查。卷边应当是实心圆滑的，根部较宽（见图 11-40）。卷边底面不得有污染、孔洞等。

5）卷边背弯试验：将卷边每隔几厘米进行 180°的背弯试验，进行检查。不得有开裂（见图 11-41）。

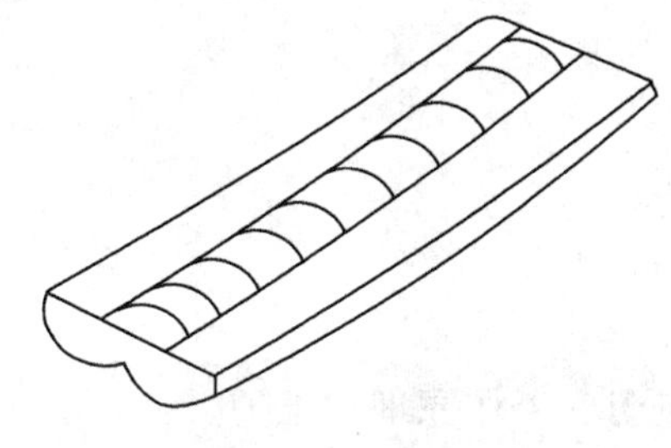
图 11-40 合格实心的卷边

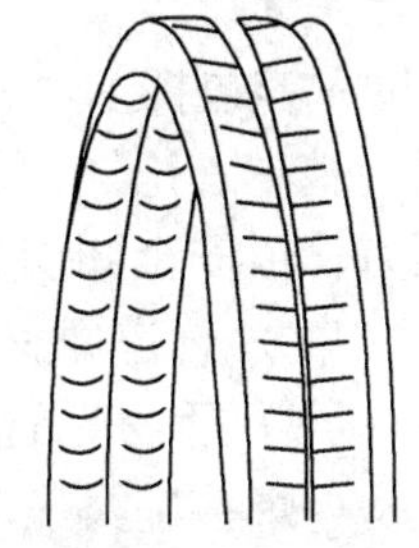
图 11-41 卷边背弯试验开裂示意图

（2）电熔焊接

1）检查管件两端管道的整个圆周的刮削痕迹。

2）从观察孔应当能看到有少量的 PE 顶出，但是顶出物不得呈流淌状，焊接表面不得有熔融物溢出。

3）检查管件应处于两边管道定位线的中间。

4）检查熔合指示针（如有此装置）已经升起；

5）电熔管件应当完整无损，无变形及变色。

2. 破坏性检验

热熔对接焊的破坏性检验包括拉伸性能试验和静液压强度试验。

电熔焊的破坏性检验包括电熔管件剖面检验、拉伸剥离试验、挤压剥离试验和静液压强度试验。每个工程均应做接口破坏性试验，如果是电熔焊接，建议抽取 3% 的接头，且不少于 1 个；如果是全自动热熔对接，建议抽取 5% 的接头，且每个焊工不少于 3 个。

五、PE 管的焊接工艺评定和焊工技能考试

1. 焊接工艺评定

根据国家质量监督检验检疫总局的《燃气用聚乙烯管道焊接技术安全规程》（报批稿）；PE 管的焊接工艺评定是指通过对 PE 管道热熔对接焊接、电熔焊接头性能的评价，验证拟定焊接工艺及参数的正确性。

热熔对接焊，当出现下列情况之一时，施工单位应当进行焊接工艺评定：

1）当施工单位采用本规程以外的焊接参数进行焊接时。

2）当不同的原材料等级（例如 PE80 与 PE100）的管道元件互焊时。

3）当同一原材料等级的管道元件熔体质量流动速率（MFR）差值不小于 0.5g/10min（190℃，5kg）时。

4）当管道元件制造单位对焊接有特殊要求，且施工单位使用的焊机不能满足其要求时。

5）施工环境与焊机工作条件有较大差距时。

电熔承插焊和电熔鞍形焊接，焊接工艺评定由管道元件制造单位在产品设计定型时进行，施工单位主要对其进行验证，验证项目为工艺评定规定的项目。

焊接工艺评定试件的检验试验，应当由有能力的检验检测机构或者有关机构（以下简称检验机构）进行，并且对检验试验质量负责。检验机构应当做好相关检验试验记录，出具检验试验报告。施工单位应当根据检验试验报告编写焊接工艺评定报告。

2. 焊工技能考试

PE 焊工考试内容包括基本知识和操作技能两部分。

（1）PE 焊工基本理论知识内容

1）燃气压力管道安全知识、法规及常见施工规范。

2）聚乙烯（PE）管道原材料的有关基本知识。

3）聚乙烯（PE）管材、管件的标准和技术要求。

4）焊接设备、焊接辅具、量具的种类、名称、使用、工作原理和维护。

5）各种管件的焊接方法和特点、焊接参数、焊接流程、注意事项、操作方法及其对焊接质量的影响。

6）缺陷产生的原因和危害。

7）焊接因素对焊接质量的影响和预防措施。

8）焊接质量的检验方法和要求，非破坏性检验和破坏性检验方法特点和要求。

（2）焊接操作技能考试　焊接操作技能考试应当从焊接方法、试件的材料、焊接试件的标准尺寸比（SDR）及操作过程等方面进行考核。焊接方法包括热熔对接焊和电熔焊（承插焊接、鞍形焊接）。

1）焊接操作技能考试前，由 PE 焊工考委会负责编制焊工考试代码，并在 PE 焊工考委会成员、监考人员与焊工共同在场的情况下进行确认，在试件上标注焊工考试代码和考试项目代号。

2）考试试件的规格和数量应当符合表 11-30 的要求，试件单件形式见图 11-42，组合件形式见图 11-43 所示。

3）PE 焊工考试用的所有管道元件，应当由 PE 焊工进行切割取样。

4）PE 焊工应当使用评定合格的焊接工艺规程和焊接考试试件。

5）考试所用的管道元件、考试所用的焊机必须符合规范要求。

表 11-30　试件的尺寸和数量

试件形式		试件数量（不少于）	试件尺寸/mm				
			d_n	L	L_1	e	材料
热熔对接焊		2①	$110 \leqslant d_n < 250$	应当满足安装和试验要求		≥6	PE80 或 PE100
		2	≥315			—	
电熔焊	承插焊	2②	≥63			$d_n \leqslant 63$（按 SDR11）	
	鞍形焊	1	≥110			—	

① 分别是图 11-42a 和图 11-42c；

② 分别是图 11-42b 和图 11-42d。

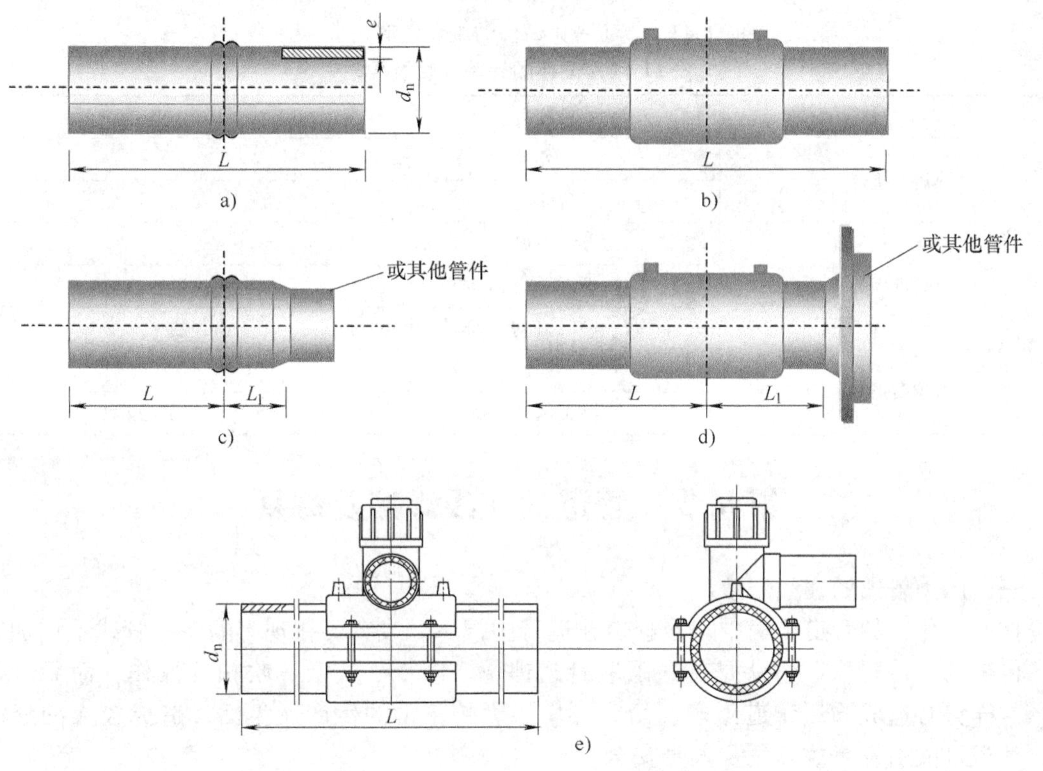

图 11-42　焊工考试试件的形式

a）管材对接焊试件　b）管材电熔焊试件　c）管材与管件对接焊试件　d）管材与管件电熔焊试件　e）电熔鞍形焊试件

（3）焊工考试成绩评定

PE 焊工焊接操作技能考试需要通过焊接操作过程和检验试件进行综合评定。各考试项目的试件按规定的检验项目进行检验，各项检验合格时该考试项目为合格。试件的检验项目见表 11-31，每个试件先进行焊接过程的考核和外观检查，检查合格后再进行其他项目的检验。

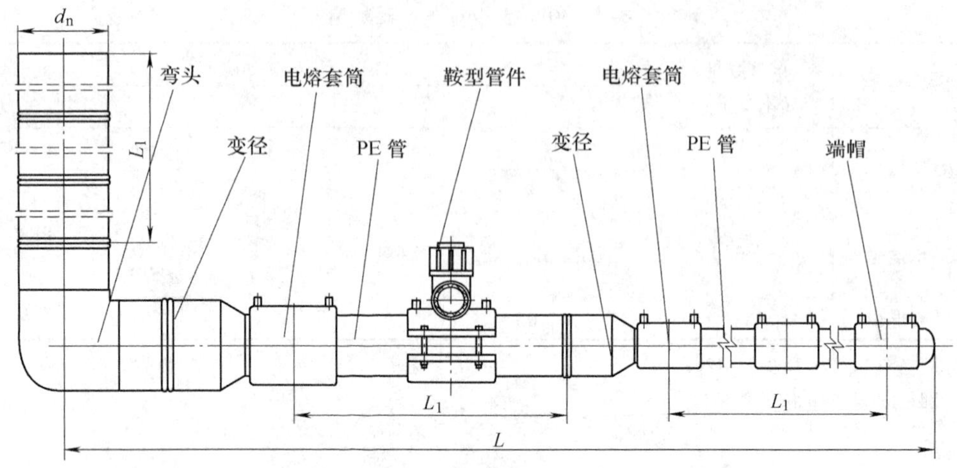

图 11-43　焊工考试试件的组合件形式示意图

表 11-31　试件的检验项目及要求

项　　目	检验项目	试验参数
热熔对接焊	外观	—
	拉伸性能	(23 ±2)℃
电熔承插焊	外观	—
	d_n <90 挤压剥离试验	(23 ±2)℃
	d_n ≥90 拉伸剥离试验	(23 ±2)℃
电熔鞍形焊	外观	—
	撕裂剥离试验	(23 ±2)℃

第九节　管道的在线焊接及修复

一、压力管道的在线焊接

在石油化工的管道传输中，当管道在运行中损坏，或者要在现有的运行管线上增加支路时，传统的“冷操作”方法是首先采取管道停输、降压、放散、吹扫等操作，而后进行施工。这样势必造成输送管道停产、污染环境，影响正常的生产及生活，造成较大的经济损失，甚至可能引发事故，危及人身安全。

为了降低生产成本，将损失降到最低限度，不停输的带压开孔技术应运而生。这是在生产设备、工艺管线不停止传输的情况下，在线焊接支管，由专用钻床、连箱和刀具组成的开孔机与夹板阀、法兰堵塞配套，在运行管道（传输管道、贮罐或其他压力容器）上以机械低速切割方式、密闭加工出不同尺寸的圆形孔洞。

带压开孔是一项风险性很大的工作，其关键技术是在线焊接。通常，如果支管能安全地焊接在带压的主管上，那么带压开孔操作就能安全进行。由于在线焊接时管道或设备内部存在流动的介质，所以主要有两个难点：

1）在线焊接过程中的局部高温，会使材料局部失去其强度，从而在内压作用下发生烧穿或爆破。

2）管道内流动的介质会带走大量的热量，加速了焊缝的冷却，从而增加了焊缝热影响区产生裂纹的可能性，为带压开孔装备的安全可靠性带来隐患。美国石油学会（API）在1999 年版的 API-1104 中增加了关于在线焊接的内容，适应了带压开孔技术的发展趋势。

1. 焊接烧穿

烧穿有两种可能的失效模式，一种是直接焊穿，这是一种塑性失稳；另一种更重要的问题是材料在温度接近熔点时发生破坏（详见图 11-44）。烧穿的发生取决于壁厚、熔深、操作压力和介质流速等因素的综合影响。如图 11-45 所示，是管线烧穿因素示意图。使用高强钢可以减少钢的用量，然而，这对烧穿的发生和热影响区硬度值有着很大的影响。因此，焊接前需要用超声波仪检查待焊接部位管道的实际厚度，然后根据需要的熔深确定焊接参数和焊接热输入。

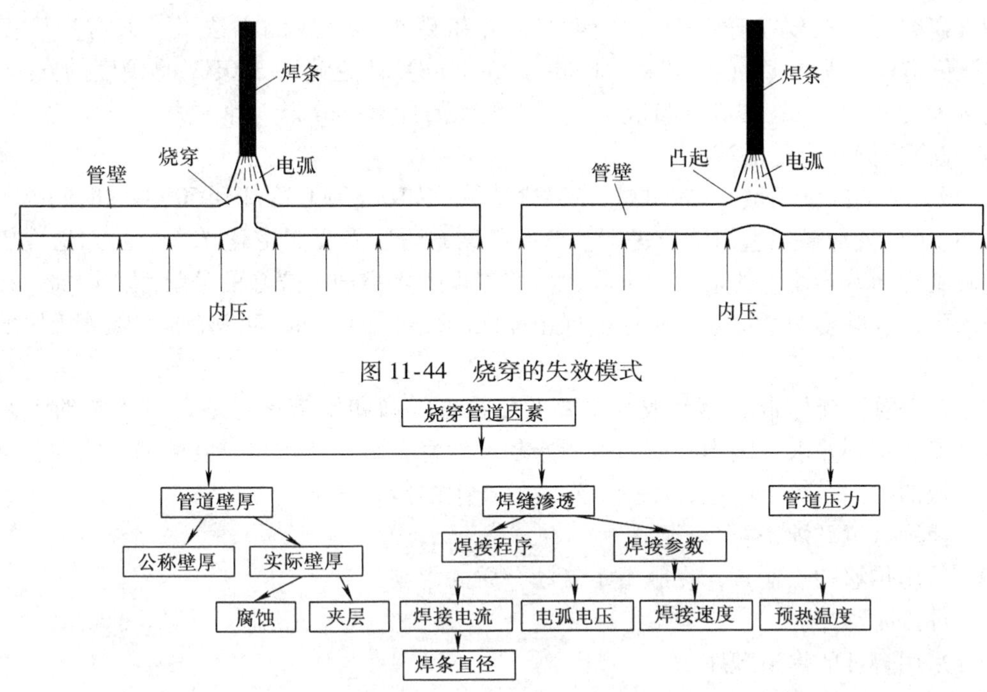

图 11-44　烧穿的失效模式

图 11-45　烧穿的影响因素

美国 BMI 研究所通过对 API X55 管的研究认为：982℃是不发生烧穿的最高安全温度。而当管壁厚大于 6.4mm 时，在正常条件下使用低氢型焊条焊接，内壁温度不可能达到982℃，因此不会烧穿。我国石油天然气行业标准 SY/T6554—2003 中参照美国石油学会标准 API RP2201—1995，提出当管道或设备的厚度大于 12.8mm 时，烧穿不是在线焊接的主要问题，此时介质流动对焊接的冷却及烧穿的影响可以不计；而当管壁厚度小于 12.8mm 时，则应注意控制热量输入以防止烧穿。

将在线焊接时由于局部高温引起的管壁强度的降低转换成一有效管壁厚度，将管道看成一含缺陷的管道，即可以预测在线焊接时管道的设计压力和烧穿发生的可能性。

为了控制焊接时焊缝区的温度，实际操作时可采用间断焊（即焊接一段时间，立即冷却一段时间，然后再重复该过程直至焊接结束）。实践证明，该种方法能有效降低焊缝区的温度，从而降低烧穿发生的可能性，但残余应力分布却产生了较大的变化。现在也有采用计算模拟分析，及相关的静态、动态模拟试验来判断管壁烧穿危险性的，最后确定焊接工艺，完成焊接工艺评定，并应用到实际管线的修复中。在数值分析中可输入焊接参数（焊接电流、电弧电压、焊接速度及预热温度）和介质工作条件（介质类型、压力及流速）以及管壁厚度等参数预测管道内表面的温度，并进而判断管壁是否会烧穿。

2. 氢致裂纹

控制焊接工艺防止 HIC（氢致裂纹）比防止发生烧穿要困难得多，这是因为 HIC 与 CR（冷却速率）、管材的化学成分及焊接中氢的含量有关。引起 HIC 必须有三个同时存在的条件：焊缝中氢的存在、容易发生 HIC 的微结构及焊接残余拉应力。要消除 HIC，至少必须消除其中一个条件。焊接残余应力是固有的，不可能被消除，必须充分考虑。目前使用较多的是使用低氢型焊条以降低焊缝中的含氢量，然而效果并不理想。

国外研究的重点放在降低 HAZ 硬度和防止敏感组织生成的方法上。通常把硬度作为 HIC 的评价指标，美国 EWI（Edison Welding Institute）研究认为 350HV 是硬度的安全上限。热影响区硬度通常由 CR 和碳当量决定。最大硬度的计算可分为三种方法：

1）完全根据碳当量估算。

2）根据不同的碳当量，结合焊接参数来估算，如从 800℃冷却到 500℃的时间。

3）把碳当量与微观组织结合进行估算，但该方法还需要知道化学成分。无论焊接过程如何，硬度都随着热输入的增大而下降，但熔深也随之增加，烧穿的危险性亦增加。在一定的热输入下，板厚度的增加会使热影响区粗晶区的硬度增加，因为冷却速率随着板厚的增加而增大。

对于薄壁管，流体带走热量成为主要的传热方式。如果管壁过薄，在正常的工艺条件下，硬度就达不到要求，国内外研究表明冷却速度将会影响氢致裂纹发生的可能性，也是在线焊接成败的关键。综上所述，减少氢致裂纹产生的措施如下：

① 使用低氢型焊条。

② 采用足够的热输入，克服由于流动介质的影响。

③ 焊接时预热。

④ 采用合理的焊道顺序。

⑤ 合理的装配以减少焊缝根部的应力集中。

回火焊道技术使用得当，能可靠控制焊接接头的硬度，回火的效果与焊道位置、焊接顺序及所采用的热输入有关。回火焊道位置的偏差，可能没有效果或反而增加焊接接头的硬

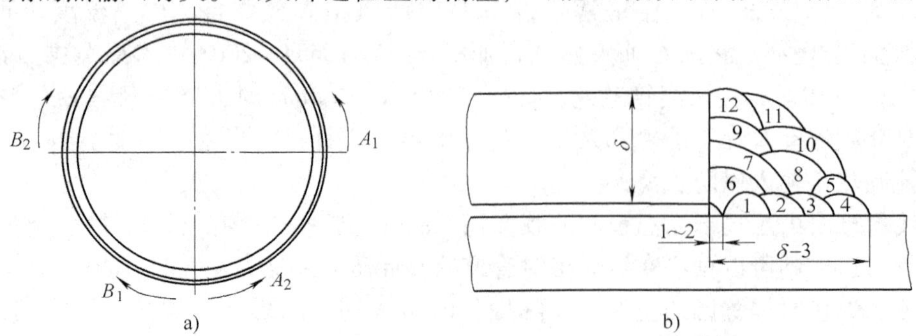

图 11-46　套管的焊接工艺

度。为此，也可采用小热输入多层焊技术。图 11-46 所示是套管的焊接工艺，其中图 11-46a 是套管道焊缝的焊接顺序，图 11-46b 是套管与主管间角焊缝的焊道顺序图。焊接时，采用两个焊工对称焊接，按回火焊道的方案布置盖面焊道，效果较好。在线焊接中，还会遇到支管的焊接，支管与主管道的焊接是两人同时焊接，焊前要先预热。图 11-47 所示是支管与主管道的焊接坡口及焊道顺序，该焊接顺序及焊道布置都是在线焊接中常用的，但若要使在役焊接工艺应用于实际生产，还应根据相应的规范做大量的模拟试验及工艺评定，确保在线焊接的成功及管道运行的安全。

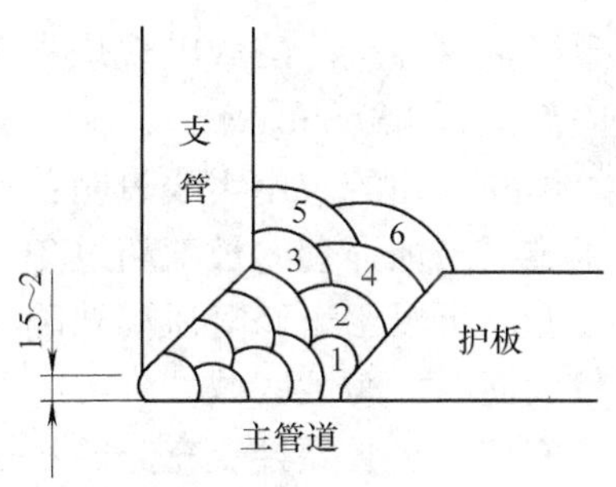

图 11-47　短管支管的焊接工艺

二、管道缺陷的修复技术

1. 换管

换管修复可以一次解决修复段所存在的所有问题，而且是永久性的。但是，换管修复也有着显而易见的缺点，施工作业时管道公司必须停产，将会对下游的用户产生一定影响。同时换管作业也存在一定的安全和环境风险，尤其是天然气、成品油等危险介质管道，对施工作业的安全措施要求较高。另外，换管施工作业需要大型的设备和优秀的焊接技术工人，耗费的时间也较长。因此，在大多数情况下，换管都是成本最高的修复方案，也是管道公司最不愿意选择的修复方案。但是当需要连续修复较长距离的管道时，或者管道存在包括材质在内的多个问题时，换管可能是唯一的选择。

2. 管道缺陷的堆焊或补焊

大多数管道公司认为，使用堆焊或者补焊修复管道缺陷是一种非常方便易用的修复方案。在正在运行的管道上进行焊接作业是存在风险的，这些风险包括：管壁烧穿甚至爆裂的风险，氢脆，极易造成焊道下裂纹。焊接修复之前，需要评估这些风险因素。

美国 ASME 标准对堆焊或补焊修复技术的应用限制作了明确说明：ASME B31.4（危险液体管道）用于 NPS12 或更低等级，用于 API42 或更低等级；修复缺陷的长度不能超过 150mm，ASME B31.8（天然气管道）修复缺陷的长度不能超过 1/2 管道周长；用于 SMYS≤276MPa 的管道。

3. 焊接螺母修复

国内有的单位将螺母焊接到管道的泄漏点上，其实这种方法相当于给管道增加了一个未加强的支管连接。对于许多管线而言，这种方法不能推荐使用。

1）根据泄漏孔的大小选择合适的螺栓、螺母。

2）在线把螺母按图焊到管道的泄漏处，然后拧上螺栓，使泄漏停止或减弱，最后再把螺栓与螺母焊到一起，漏孔即被完全堵死，设备便能很快进入正常运行。

4. 套管修复

套管修复如图 11-48 所示，是采用两段半圆管对接套在待修复管道外壁，然后将半圆套管焊接在管壁上并将两个半圆套管对接，使之与运行管道形成一体。该方法特别适合对管线发生腐蚀减薄的局部区域进行加固，防患于未然。当管线发生腐蚀穿孔，而穿孔或裂纹不大、且管内压力较低时，可先将腐蚀孔或裂纹封堵，然后也可采用套管修复。

在维修大范围的金属损失缺陷区域时，由于要求将加强套焊接到管线上，所以有可能会导致严重腐蚀减薄区域出现烧穿，因此，加强套两端必须超出缺陷部位各 100mm。

国外公司的应用实践表明：加强套越长，与管线的配合就越困难，当加强套的长度超过 3m 时，安装就会变得十分困难。

套筒可以用于修复泄漏缺陷，补强内腐蚀缺陷，更多地用于较大面积的腐蚀区域。

安装人员必须接受充分的培训，具有相应的技能水平，以保证安装的效果。同时必须严格按照安装工艺谨慎焊接，尽量减少焊接可能造成的潜在风险。

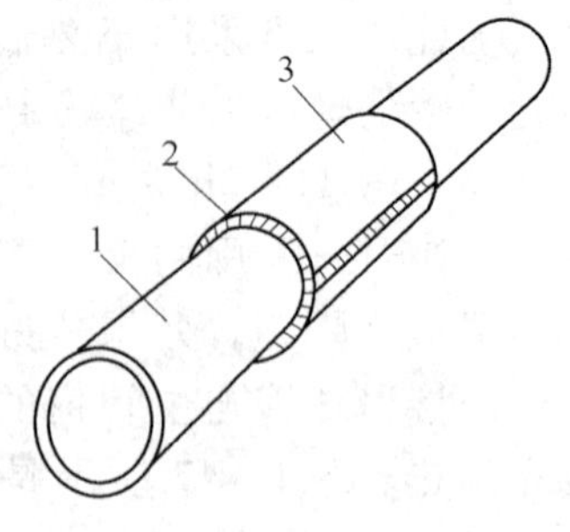

图 11-48　套管修复示意图
1—管道　2—角焊缝　3—半圆套管

5. 机械卡箍

大型的螺栓连接着对开的厚壁锻钢卡箍，内部设计有机械密封。随着制造工艺的发展，螺栓型机械卡箍已经能够承受较高的压力。但是螺栓型机械卡箍一般都很厚重。卡箍的内部设有弹性密封，以确保泄漏时它们能够承压。在作为永久性修复措施时，螺栓连接部位和卡箍两端与管体接触部位需要焊接。

国内使用较多的螺旋焊管，在选择卡箍之前必须充分考虑螺旋焊缝与卡箍接触部位的处理，确保卡箍与管体紧密接触。

6. 安装支管的焊接修复

安装支管焊接修复如图 11-49 所示，在出现问题管段的前后各焊一段带法兰的管外套筒，然后通过法兰孔用特制的刀具在管上开孔，通过前后两个法兰连接分流旁路，管内介质从分流旁路通过，然后将出现问题的管段切除，重新焊接上一段管子，焊好后介质再由主管线通过，将分流旁路撤除。整个修复过程管道不停输，必要时可降低管内压力。该方法也适用于根据输送工艺要求在主管线上不停传输而安装分输管线，以及根据外界环境等因素的需要对管道进行改线等情况。

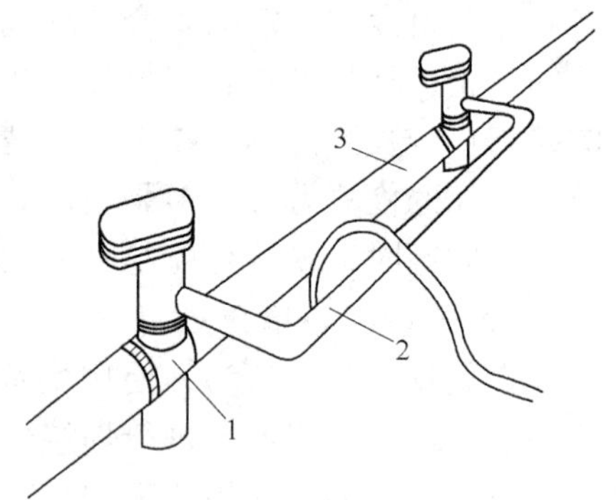

图 11-49　安装支管焊接修复示意图
1—带法兰的管外套筒　2—分流旁路
3—待修复管段

7. 环氧套筒

环氧套筒由两个直径比待修复的管道略大的钢壳连接在一起，覆盖在管线的受损部位，在现场将套筒安装在管道表面，将两端密封，然后注入环氧树脂，充满管线与修复套之间的孔隙。等环氧树脂完全固化后（通常为 24h），打磨掉套筒表面的螺栓和通风管即可。

对于较长的缺陷，环氧套筒是一种有效的修复选择。同样，环氧套筒的施工也需要动用大型的机具，修复后等待固化的时间也比较长。

8. ClockSpring 复合修复套筒

ClockSpring 复合修复套筒是近几年在世界上应用较多的修复技术。这种套筒由美国天然气技术协会组织开发，并进行了长期可靠性测试。1998 年美国运输部批准在中高压管道上应用。

ClockSpring 的产品结构如图 11-50 所示，由 3 部分组成完整的修复套筒。

该修复套筒可以用于缺陷程度小于 80% 的管道缺陷补强修复，具有以下技术特点：避免焊接带来的潜在风险；修复期间不需要停输，也无须降压；当连续修复区域长度小于 3m 时，成本更低；能够 100% 恢复管道的运行能力；易于安装，不需要专门的设备，也不需要专门的技术工人；安装迅速，2 个工人安装，时间一般小于 25min；固化快，固化时间一般小于 2h。2h 后，即可恢复涂层，回填；是一种永久性的修复技术，其长期可靠性已经得到世界上多个权威机构认证。

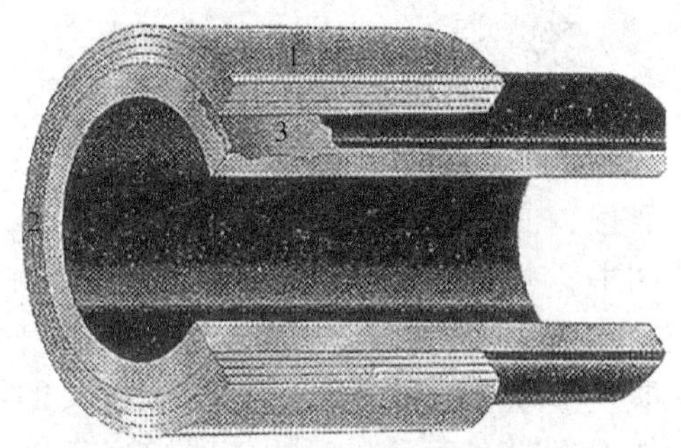

图 11-50　ClockSpring 的产品结构

第十二章　机电类特种设备钢结构的焊接

第一节　零件的备料

一、材料的要求

为了保证进厂材料的可靠性，制造特种设备的焊接结构所用材料进厂入库前首先应核对材料生产单位提供的质量证明书，其各项理化性能必须符合国家标准和行业标准的规定，对性能有特殊要求的金属材料应符合相应的企业标准。在下料前对照材料是否符合图样的要求，材料的表面质量和内在质量必须符合技术要求，对于重要的承载金属结构的金属材料，还应按批取样，进行理化性能的复验，确认材料的各项指标符合要求后使用。

钢结构材料应有较高的抗拉强度和屈服点、较高的塑性和韧性、良好的工艺性能。硫、磷等元素的含量要有合格保证，焊接结构应具有冷弯试验的合格保证，对某些承受动力载荷的结构以及重要的受拉或受弯的焊接结构还应具有常温或低温冲击韧性的合格保证。

二、下料的准备

1. 熟悉图样

钢结构图一般比较复杂，图中线条较多，但基本上是由钢板、型钢组成。要核查件号，弄清某个零件是钢板还是型钢，再根据三面投影关系，弄清该零件的尺寸和形状。

（1）钢结构图的特点　同一个图上有时使用不同的比例：较大的钢结构在画图时都要按比例缩小，在画钢板厚度、型材断面等小尺寸图形时，可在同一图画使用不同比例画出。要注意构件的中心线和重心线，在确定零件之间的相互位置、形状、尺寸时，要以构件的中心线为基准计算。桁架类构件一般由型钢构成，型钢的重心线是绘图的基准，也是放样划线的依据。看图时，首先要弄清中心线、重心线以及各线之间的关系，计算尺寸时要力求精确。当图画标注尺寸与标题栏中尺寸不相符时，一般以图画尺寸为准，并应与设计进行确认。焊接结构一般要画出装配以后焊接以前的状况，除局部放大图外，不画出焊缝，只标注焊缝代号；特殊的接头形式和焊缝尺寸，可以画出局部剖面放大图来表达清楚。焊缝的断面要涂黑，以区别焊缝和母材。

（2）钢结构焊接施工图读图方法　读图时一般按以下顺序进行。首先阅读标题栏，了解产品名称、材料、重量、设计单位等。核对一下各零件的图号、名称、数量、材料等，确定哪些为外购件或库领件，哪些为锻件、铸件或机械加工件。再阅读技术要求和工艺文件（工艺规程、工艺工装说明等）。正式识图时，要先看总图后再看部件图，先看全貌再看零件图，有剖视图的要求结合剖视图再弄清大致结构，然后按投影规律逐个零件阅读，先看零件明细表，确定是钢板还是型钢，然后再看图，弄清每个零件的材料、尺寸及形状，还要看清各件连接方法、焊缝尺寸、坡口形状、是否有焊后加工的孔洞、平面等。

2. 划线

按构件设计图样的图形与尺寸，1∶1 划在待下料的钢材上，以便按划线图形进行下料加工的工序为划线。生产中经常采用的划线方法有样板和草图划线两种，划线时注意以下事项：

1）熟悉结构构件的图样和制造工艺，根据图样检验样板、样杆，核对选用的钢号、规格是否符合规定的要求。

2）检查钢材是否有表面麻点、裂纹、夹层及厚度不均匀等缺陷。

3）划线前应将材料垫平、放稳，划线时要尽可能使线条细且清晰，笔尖与样板边缘间不要内倾和外倾。

4）划线时应标注各种下道工序用线，例如，弯曲件的弯曲范围或折弯线、中心线、比较重要的装配位置线等，并加以适当标记以免混淆。

5）弯曲零件号料时，应考虑材料轧制的纤维方向。

6）钢板两边不垂直时一定要去边。较大尺寸的矩形划线时，一定要检查对角线。

7）划线的毛坯，应注明产品的图号、件号和钢号，以免混淆。

8）注意合理排料，提高材料的利用率。

3. 放样

根据构件的图样，按1:1的比例（或一定的比例）在放样台（或平台）上画出其所需要图形的过程称为放样。放样是焊接结构生产中的重要工序，对产品质量、生产周期、节约材料有着直接的影响。

放样工具常用的有以下几种：

1）放样平台：放样平台有钢质或木质，但普遍使用的是钢质，一般是由厚12mm以上的低碳钢拼成。木质放样平台一般用70～100mm厚的优质木材制成。

2）量具：放样使用的量具有钢卷尺、钢盘尺、钢直尺、90°角尺、平尺等。

3）其他工具：在钢板上进行放样划线时，常用的工具有划针、圆规、地规、粉线等。

放样方法有实尺放样、展开放样、光学放样等。

三、下料的方法

钢材切割下料过程一般在企业下料车间或下料中心进行，下料是采用某种方法把零件从钢材上切割下来的过程。金属制作件的坯料一般可用火焰切割、等离子弧切割、剪切、冲裁或切削等方法下料。

1. 剪切

剪切是利用上下刀刃的相对运动切断材料的加工方法。剪切的生产效率高、切口光洁平整，能剪切各种型钢和中厚度以下钢板。

根据被剪切零件的厚度和几何形状，剪床可以分为平口剪床（见图12-1）、斜口剪床、圆盘剪床、振动剪床和龙门剪床等。

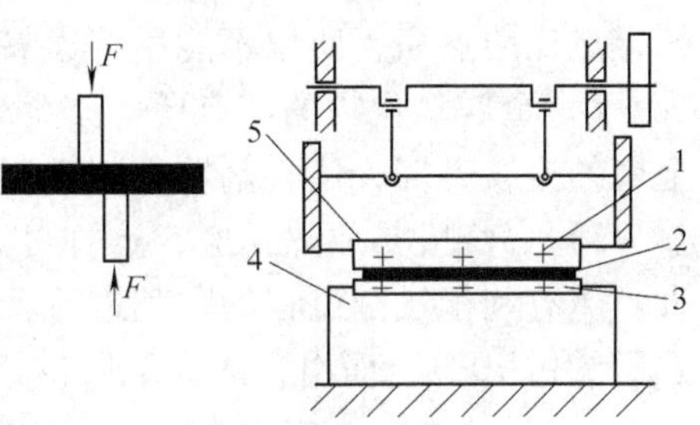

图12-1　平口剪床剪切示意图
1—上刀片　2—板料　3—小刀片
4—工作台　5—滑块

材料的剪切断面可以分为四个区域，如图12-2所示。当上剪刀开始向下运动时，压料装置已压紧被剪钢板，由于材料受上下剪刀的作用，金属的纤维产生弯曲和拉伸而形成圆角带（见图12-2中序号1），一般圆角带占板厚10% ~20%。当剪刀继续压下时，材料受剪力而开始被剪切，这时剪切所得的表面称为切断带（见图12-2中序号2)，由于这一平面是受剪力而剪下的，所以比较光滑，一般占板厚的25% ~50%。当剪刀继续向下时，板料在两刀口处出现细裂纹，随着剪刀的不断向下，上下裂纹继续扩展至重合，形成剪裂带（见图12-2中序号3)。在剪裂带的下端留有毛刺（见图12-2中序号4)，其高度与两刀刃间的间隙有关，间隙大小要适当，其值取决于被剪材料的厚度，一般约为材料厚度的2% ~7%。

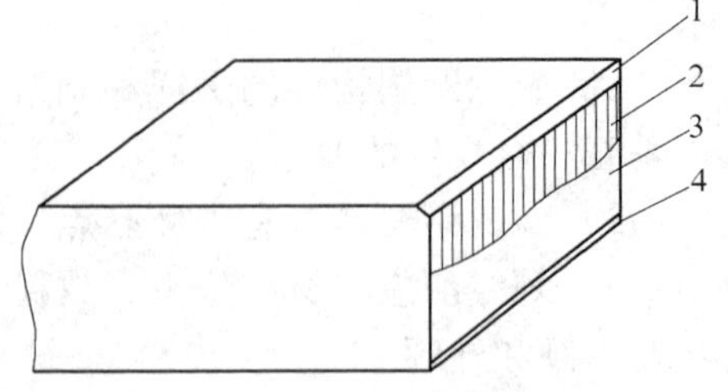

图12-2　剪切材料的断面
1—圆角带　2—切断带
3—剪裂带　4—毛刺

2. 冲裁

冲裁是利用模具使板料分离的冲压工序，冲裁可分为落料和冲孔两种。冲裁时沿封闭曲线以内被分离的板料作为零件时称为落料；封闭曲线以外的板料作为零件时称为冲孔。冲裁的基本原理与剪切相同，只不过是将剪切时的直线刀刃改变成封闭的圆形或其他形状的刀刃。

冲裁时，板料分离的变形过程分为三个阶段，即弹性变形、塑性变形和断裂。其冲裁断面同样有三个比较明显的区域，即圆角带、切断带和剪断带，但各带所占厚度的比例与剪切时不同。

3. 热切割

金属的氧气切割（简称气割)，由于气割设备简单，操作方便，生产率较高，切割质量较好，成本较低等一系列优点，特别是可以切割厚度大、形状复杂的零件，所以称为金属加工中一种极为重要和有效的工艺方法，被广泛地应用。

（1）气割的原理和条件　气割是利用氧乙炔气体火焰将被切割的金属预热到燃点后，再向此处喷射高压氧气流，使达到燃点的金属在切割氧流中燃烧，从而形成熔渣，并借助切割氧的吹力将熔渣吹掉形成切口。移动割嘴即可连续重复预热——燃烧——吹渣的过程，割嘴沿着划线方向均匀地移动，就形成了割缝。气割的必要条件如下：

1）燃点要低于熔点，这样才能保证金属在固体状态下燃烧掉，形成切口和割缝。如低碳钢的燃点约1350℃，而熔点约为1500℃，所以具备良好的气割条件。而铜、铝以及铸铁的燃点比熔点高，所以不能用普通氧气切割的方法。

2）金属氧化物的熔点要低于金属熔点，否则表面上的高熔点金属氧化物就会阻碍下层金属的连续燃烧，使气割发生困难。

3）燃烧应是放热反应，这样才能对下层金属起预热作用。放热量越多，预热作用越大，越有利于气割过程的顺利进行。在气割低碳钢时所需要的热量，其中金属燃烧所产生的热量约占70%，而由预热火焰所供给的热量仅为30%。

4）导热性能不应太高。铜和铝等金属具有较好的导热性，使气割处的温度急剧下降难以切割。

5）阻碍切割过程的杂质要少，如碳、铬及硅等元素阻碍气割的正常运行。能满足气割条件的通常是 w(C) 在0.3% ~0.6%以下的低、中碳钢。不同金属的气割性能见表12-1。

表 12-1　不同金属的气割性能

金属种类	切 割 性 能
钢：w(C) 在0.4%以下	切割良好
钢：w(C) 在0.4% ~0.5%	切割良好，为了防止发生裂纹，应预热200℃，并且在切割之后要冷退火，冷退火温度为600℃
钢：w(C) 在0.5% ~0.7%	切割良好，切割前必须预热至700℃，且后热退火
钢：w(C) 在0.7以上	不易切割
铸铁	不易切割
高锰钢	切割良好，预热更好
硅钢	不易切割
低铬合金钢	切割良好
低铬及低镍不锈钢	切割良好
18-8型铬镍不锈钢	可以切割，但要有技术
铜及铜合金	不能切割
铝	不能切割

（2）气割的气体　切割使用的气体从单一的乙炔和瓶装气态氧发展到丙烷、丙烯、天然气、煤气、混合燃气、液态气等多结构的气体，所用的燃气品种及它们的主要性质见表12-2。近年来，由于丙烷价格便宜，使用安全，气源充足，综合效果优于乙炔及其他燃气，故用量大大增加。

表 12-2　火焰切割用燃气主要性质

气体种类及化学成分（体积分数，%）	相对分子质量	密度/(kg/m³)	最高热值/(MJ/m³)	最低热值/(MJ/m³)	爆炸极限（%）	氧气/燃气（体积比）	最低着火温度/℃	燃烧温度/℃
乙炔	26.036	1.091	58.502	56.488	2.2 ~81	2.5	335	2620
丙烷	44.097	2.0102	101.266	93.240	2.1 ~9.5	5	450	2155
丙烯	42.081	1.9136	93.667	87.667	2.0 ~11.7	4.5	460	2224
天然气（甲烷）	16.043	0.7174	39.842	35.906	5.0 ~15	2	540	2043
焦炉煤气	—	0.4 ~0.5	18.65	16.49	6.3 ~38	0.85	406	1931.41
氢气	2.0160	0.0898	12.745	10.786	4.0 ~75.9	0.5	400	2210
乙烯	28.054	1.2065	63.438	59.477	2.7 ~34	3	425	2343
液化石油气丙（丁烷各占50%）	—	2.0416	117.6	108.4	1.75 ~8.98	5.75	408	2143
丙烷、丙烯混合气体（各占50%）	—	1.9619	97.467	90.45	2.08 ~10.46	4.75	455	2190
乙炔、丙烯混合气体（80%:20%）	—	1.2555	65.535	62.724	2.38 ~37.04	2.9	360	2541
乙炔、丙烷混合气体（80%:20%）	—	1.2748	67.055	63.838	2.4 ~32.3	3	358	2527
乙炔、乙烯混合气体（80%:20%）	—	1.1249	59.489	57.086	2.54 ~64.89	2.6	353	2564.6

注：固体成分，含量中百分数皆指质量分数，气体成分含量皆指体积分数。

氧气在火焰切割中用量较大。我国绝大部分用的是瓶装气态氧，其缺点是质量不稳定，影响切割质量和效率且增加耗量，造成大量的钢瓶和运输时间的浪费。使用液氧的优越性相当大，液氧的储量大、运输效率高、气体质量好、辅助时间少，用于火焰切割可大大提高工作效率和切割质量，值得大力推广。

（3）影响气割质量的因素

1）切割氧气如果纯度低于98%（体积分数），氧气中的氮气等在切割时就会吸收热量，并在切口表面形成其他化学物薄膜，阻碍金属燃烧，使气割速度降低，氧气消耗量增加。

2）切割氧气的压力过低会引起金属燃烧不完全，降低了切割速度，且切缝间有粘渣现象。过高的压力反而使过剩的氧气起冷却作用，使切口表面不平。压力一般为0.45～0.5MPa。

3）合适的氧气射流长度使吹渣流畅，切口光洁，棱角分明，否则粘渣严重，切口上下宽窄不一。

（4）典型气割工艺　氧气切割可分为手工气割、半自动气割、仿形气割、光电跟踪气割、数控气割等。

1）仿形气割：仿形气割的样板可用3～6mm厚的低碳钢板制成，由于割缝的宽度与磁头直径不一样大，因此样板的尺寸就不能与零件尺寸完全一样。图12-3所示为样板与被切割零件的关系。仿形气割的样板有外形样板（沿样板外轮廓线切割，见图12-3a）和内形样板（沿样板内轮廓线切割，见图12-3b）两种，可根据切割的具体情况来选用。

①　外形样板：在进行气割时，如图12-3a所示，由于割缝具有一定的宽度，这样在切割封闭形状或曲线时，割下的零件和余料（或弃除部分）在相同部位具有不同的尺寸，因此，在设计和计算样板尺寸时，应考虑零件上切割部分是外形还是内形。

切割零件的外形时，可按下式计算：

$$A = B - (d - b)$$

$$r = R - \frac{d - b}{2}$$

式中　A——样板尺寸（mm）；

B——零件尺寸（mm）；

R——零件的圆弧半径（mm）；

d——磁头辊轮直径（mm）；

b——割缝的宽度（mm）；

r——样板的圆弧半径（mm）。

切割零件的内形时，按下式计算：

$$A = B + (d - b)$$

$$r = R - \frac{d - b}{2}$$

②　内形样板：切割零件的外形时如图12-3b所示，按下式计算：

$$A = B + (d - b)$$

$$r = R - \frac{d - b}{2}$$

或
$$r = \frac{d-b}{2} \quad (R=0)$$

切割零件的内形时，按下式计算：

$$A = B + (d-b)$$
$$r = R + \frac{d-b}{2}$$

其中，只有用内形样板切割零件的外形时，才能切出 $R=0$ 的尖角，其余都不能切出尖角，切出零件的最小 R 值为 $b/2$。

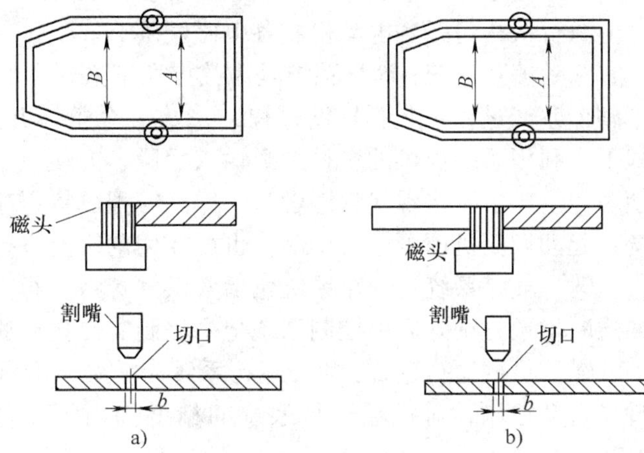

图 12-3　样板与切割零件的关系
a）外形样板　b）内形样板

2）数控气割：数控切割技术是在精密快速切割工艺基础上发展起来的一项自动化的高效切割技术。数控气割机的工作原理和程序是：首先对切割零件的图样进行分析，看零件图线是由哪几种线段组成，并分段编出指令。再将这些指令连接起来并确定出它的切割顺序，将顺序排成一个程序，并在纸带上穿孔；再通过光电输入机输入给计算机。切割时，计算机将这些纸带孔的含义翻译并显示出编码，同时发出加工信息，由执行系统去完成，即按程序控制气割机进行气割，就可得到预定要求的切割零件。

数控切割技术的重要部分是数控切割机，数控切割机由数控系统、编程系统、气路系统及机械运行系统等部分组成。图 12-4 所示为数控气割机的原理框图。第Ⅰ部分是输入部分，根据所切割零件的图样和按计算机的要求，将图形划分成若干个线段——程序，然后用计算机所能阅读的语言——数字来表达这些图线，将这些程序及数字打成穿孔纸带，通过光电输入机送给计算机；第Ⅱ部分是一台小型专用计算机，根据输入的程序和数字进行差补运算。从而控制第Ⅲ部分——气割机，使割矩按所需要的轨迹移动。

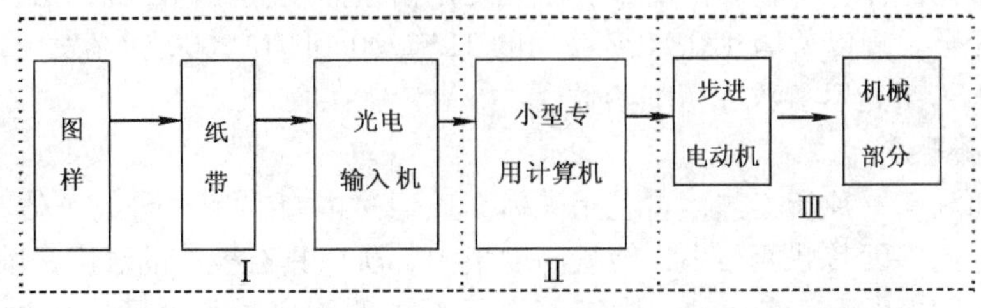

图 12-4　数控气割机工作原理框图

① 数控系统：数控系统是切割机的重要组成部分，它由计算机系统、伺服系统、控制单元及执行机构组成。

计算机系统由计算机主机、显示器及键盘组成。计算机主机目前多采用工控机。显示器均采用彩色显示器。

伺服系统是在计算机控制下对电动机进行闭环控制．以实现电动机的无级调速。由于钢板切割现场条件较差，切割速度不高，故伺服系统目前多采用交流伺服系统。交流伺服系统抗干扰能力强，尤其在低速情况下，优点更为突出。

控制单元是计算机与手控切换、将手控和计算机控制信号进行逻辑处理的中心，即发出控制信号的中心，以实现计算机、各电动机及各电磁气阀的控制。

执行机构包括各电动机和各电磁气阀等。

② 编程系统：编程系统是为数控切割机开发的零件编程及套料的计算机辅助系统，可把整个生产过程（包括辅助过程）形成一个整体并系统地组织起来。用户可在相互问答方式下，利用系统提供的多种图形输入手段，方便灵活地建立编辑零件图形及实现钢板会料，使现代生产手段与现代管理融为一体。编程机将程序编好在软盘上向后输入切割机的控制系统，起动切割机即可进行切割，也可在切割机上进行简单编程。

③ 气路系统：气路系统包括各供气管路、阀门、减压器、压力表及电磁气阀。各气路的通断均预先调好后由控制系统统一控制实现自动通断。

④ 机械运行系统：机械运行系统由横梁、滑座、减速机构、升降机构等组成。由于实现了自动控制，对机械运行系统的精度提出了更高的要求。如机械运行直线度为 10m ± 0. 2mm。

4. 激光切割技术

激光切割是当前世界上先进的切割工艺。它的最大优点是由于激光光斑小，能量集中，所以切割的切口小、无挂渣、几乎没有热变形，切割面光洁度高。激光切割关键在激光源。切割厚度大小、切割质量优劣、切割稳定性如何等都取决于激光源的性能。通用的 CO_2 工业激光源是用电场或高频振荡迫使密封在容器内的混合气体处于激发状态，并产生受激辐射的单色光，此种光辐射在反射镜及反射透射镜之间往复反射，等积聚到足够能量后由输出透镜射出。这种激光源电极距离工件远且电极装在激光束之中。电极易烧损，载流气体消耗大，激光波长有干扰。工作电压高（约 10 ~ 25kV）会造成操作上的不安全。激光源体积较大，维修比较复杂，易损件的消耗大。目前比较先进的是用高频谐振方式激发混合气体的激光源，这种激光源电极距离工件近且电极装在激光束之外与通用的 CO_2 工业激光源相比电极几乎没有烧损；载流气体消耗少；激光波长不受干扰，工作电压低（约 1 ~ 1. 2kV），操作十分安全，该激光器体积小，维修简单。激光切割由于速度快、精度高，必须由微机控制的高速切割机来配合。现以德国 TRUMPF 公司的 TLF2200 和 TLF2600 激光发生器为例，表 12-3 和表 12-4 列出了激光器参数和切割参数。

5. 等离子弧切割

等离子弧切割是一种新工艺，它利用气体介质通过电弧产生“等离子体”。等离子弧可以通过极大的电流，因其截面很小，能量高度集中，所以具有极高的温度，喷嘴出口的温度可达 20000℃，可以进行高速切割。由于等离子弧中的正离子和电子等各种带电粒子所带正、负电荷的数量相等，所以整个等离子弧呈中性。常用等离子弧的工作气体是氮、氩、氢，以及它们的混合气体，用得最多的、最广泛的是氮气。因为氮的成本低，化学性能不十分活跃。但氮气的纯度应不低于 99. 5%（体积分数），若其中的含氧或水气较多，则会使钨极严重地烧损。

表 12-3 德国 TRUMPF 公司的 TLF2200 和 TLF2600 激光发生器参数

技术参数	TLF2200（滑轮增压式）	TLF2600（滑轮增压式）	技术参数	TLF2200（滑轮增压式）	TLF2600（滑轮增压式）
波长/m	10.6	10.6	脉冲频率(高频)	100～100kHz	100～100kHz
保证最大输出功率/W	2200	2600	激光脉冲宽度/μs	10	10
连续可调输出功率范围/W	110～2200	130～2600	激光气/（L/h）氦氮	18.0	18.0
输出稳定性	±2%	±2%	二氧化碳	6.0	6.0
激光束直径/mm	15	15	激光及冷凝器输出为	1.5	1.5
激光束离散度/mrad	<1	<1	100%时的输入功率/kW	43.0	54.0
输出分布状态	TEM00/01	TEM00/01			

表 12-4 配以 TLF2200 和 TLF2600 激光发生器的切割参数

材料厚度/mm	切割速度/（mm/min）	切口宽度/mm	激光功率/VA	切割载流气体所需的压力/MPa	材料厚度/mm	切割速度/（mm/min）	切口宽度/mm	激光功率/VA	切割载流气体所需的压力/MPa
1	7500	0.2	1200	0.35	6	2500	0.3	2250	0.06
1.5	6400	0.2	1200	0.32	8	2000	0.35	2600	0.07
2	5500	0.2	1200	0.28	10	1600	0.4	2600	0.05
2.5	4400	0.2	1200	0.24	12	1300	0.4	2600	0.05
3	3600	0.2	1200	0.2	15	1000	0.4	2600	0.05
4	3000	0.2	1200	0.17	20	700	0.5	2600	0.05
5	2700	0.3	2000	0.06	22	550	0.65	2600	0.05

等离子切割种类有以下几种：

（1）普通等离子弧切割　根据所使用的主要工作气体，分为氩等离子弧切割、氧等离子弧切割和空气等离子弧切割等几类。切割电流一般在 100 A 以下，切割厚度小于 30 mm。

（2）再压缩等离子弧切割　根据等离子弧的再约束方式，分为水再压缩等离子弧切割、磁场再压缩等离子弧切割等。由于等离子弧受到再次压缩，其电流密度、切割弧的能量进一步集中，从而提高了切割速度和加工质量。

（3）精细等离子弧切割　等离子弧电流密度很高，通常是普通等离子弧电流密度的数倍，由于引进了诸如旋转磁场等技术，其电弧的稳定性也得以提高，因此，其切割精度相当高。国外的精细等离子切割表面质量已达激光切割的下限，而其成本只有激光切割的 1/3。精密等离子弧切割割嘴端面完全防护，如图 12-5 所示，使割嘴与工件完全绝缘。离子气和保护气以接力的方式进行作用。离子气只作用到喷嘴就由别的通道排出，而后保护气进行接力，杜绝了双弧现象，使等离子弧的压缩效果大大提高。等离子弧密度提高数倍，弧柱更细，切割质量大大提高。同时也防止了穿孔时切割飞溅对喷嘴的损害。精密等离子弧切割除割炬、割嘴具有如此先进的结构外还采取了恒定电流的控制，从而保证了弧柱的稳定性。采取的双气保护以根据不同材料选择不同气体组合可获得最佳切割效果。切割电源采用吸热效果好的冷却液，极大提高冷却效果。割炬自动调高，极大提高电弧稳定性。远距离操作，大大降低高频对数控系统的干扰。软起弧大大提高电极寿命。由于采取以上种种措施，使得切割负载持续率达到100%。电极寿命提高许多倍。切割速度和切割质量与普通等离子弧切割相比大大提高。精密等离子弧切割必须用于数控切割机上才能充分显示出其优越性。

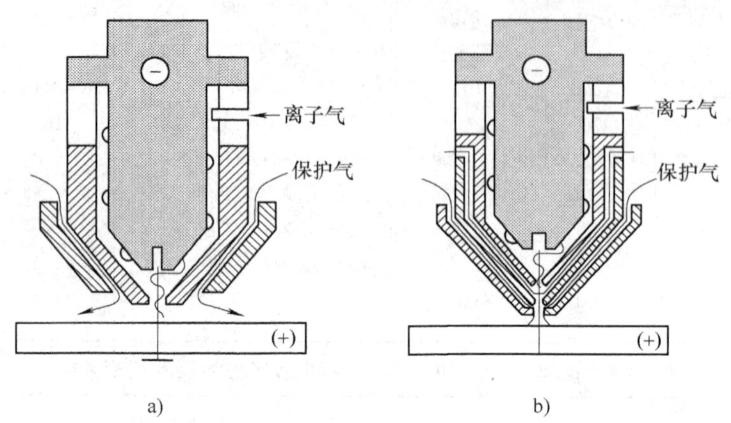

图 12-5 精密等离子弧切割割嘴原理
a）普通双气等离子弧切割 b）精密等离子弧切割

计算机技术的飞速发展推动了数控技术的更新换代，而这也日益完善了数控等离子弧切割的高精、高速、高效功能。我国生产的数控等离子弧切割机的数控系统多是在引进国外数控技术的基础上，加以自主开发而成，并逐步形成了更能适应国内用户的数控系统。总体来说，在数控系统方面具备了国外同类系统的基本功能，但与国外先进的数控系统相比，在网络化生产、全自动生产等方面还存在一定差距。

近几年来，由于对切割质量、劳动环境等的要求越来越高，国外的大型水下等离子弧切割法、精细等离子弧切割法等先进等离子弧切割技术得到较快发展，其相应产品在我国的市场需求量也逐年上升。

第二节　材料的表面处理

一、材料的表面处理简述

所谓表面处理，系指清除钢材表面的氧化皮和铁锈，俗称除锈。钢材会跟空气中的氧气直接起氧化反应，在表面形成完整的、致密的氧化皮。钢材表面会吸附空气中的水分，由于钢中含有一定比例的碳和其他元素，因而在钢材的表面会形成无数的微电池而发生电化锈蚀，使钢材表面形成锈斑。为此，应对材料表面进行处理。

二、材料表面处理的方法

目前采用的钢材表面清理方式有手工除锈法、机械除锈法和化学除锈法。

1. 手工除锈方法

手工工具除锈是一种最原始的除锈，手工除锈方法简便，但劳动强度大，除锈效率和质量低下，一般只能除去疏松的铁锈和失效旧涂层，所以目前仅用于机械除锈达不到的局部部位除锈。主要用刮刀、铲刀、钢丝刷、锉、砂布和砂纸等工具除去材料表面锈、油污等。

2. 机械除锈法

机械除锈法常用的主要有喷砂与抛丸等。

(1) 喷砂法　喷砂是目前广泛用于钢板、钢管、型钢及各种钢制件的预处理方法，它不但可以清除工件表面的铁锈、氧化皮等各种污物，而且能使钢材表面产生一层均匀的粗糙表面。

喷砂设备系统如图 12-6 所示，压缩空气经导管 1 流经混砂管 2 内的空气喷嘴时，空气喷嘴前端造成负压，将储存在砂斗 6 中的砂粒经放砂旋塞 3 吸入并与气流混合，然后经软管 4 从喷嘴 5 喷出，冲刷到焊件的表面，将铁锈和氧化皮剥离，从而达到除锈的目的。

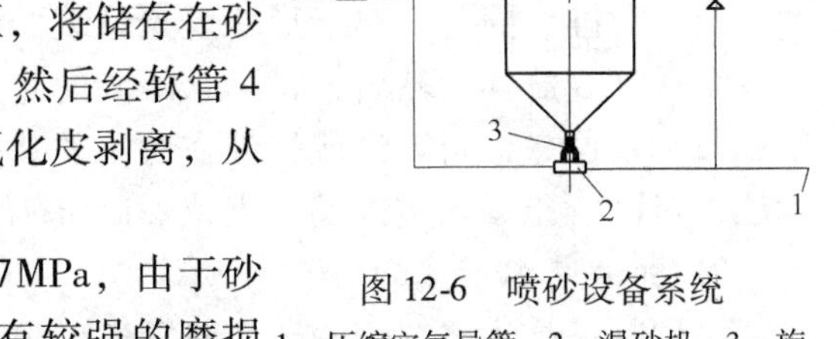

图 12-6　喷砂设备系统
1—压缩空气导管　2—混砂机　3—旋塞　4—软管　5—喷嘴　6—砂斗

喷砂使用的压缩空气的压力一般为 0.5 ~ 0.7MPa，由于砂粒是从喷嘴喷出，这种运动状态的砂粒对喷嘴有较强的磨损作用，因此，喷嘴采用硬质合金、陶瓷等耐磨材料制成。砂粒采用坚硬的清洁干燥的硅渣，粒度应均匀。

喷砂法质量好，效率高，但粉尘大，一般是在密闭的喷砂室内进行。

(2) 抛丸法　抛丸法是利用专门的抛丸机将铁丸或其他磨料高速地抛射到型材的表面上，以消除表面的氧化皮、铁锈和污垢。

抛丸机有立式和卧式两种。立式抛丸机不易形成连续生产，一般应用少。卧式抛丸机对型材表面的处理质量比较均匀，可直接用传送辊道输送，应用较广。

钢材经喷砂或抛丸除锈后，随即进行防护处理，其步骤为：首先用经净化过的压缩空气将原材料表面吹净；然后涂刷防护底漆或浸入钝化处理槽中做钝化处理，钝化剂可用质量分数为 10% 的磷酸锰铁水溶液处理 10min，或用质量分数为 2% 的亚硝酸溶液处理 1min。最后将涂刷防护底漆后的型材送入烘干炉中，用加热到 70℃ 的空气进行干燥处理。

3. 化学除锈法

化学除锈法一般分为酸洗法和碱洗法。酸洗法可除去金属表面的氧化皮、锈蚀物等污物。碱洗法主要用于去除金属表面的油污。其工艺过程，一般是将配制好的酸、碱溶液装入槽内，将焊件放入浸泡一定时间，然后取出用水冲洗干净，以防止余酸的腐蚀。

结构钢材的酸洗除锈鳞化防护的工艺如下：

脱脂──→酸洗除锈──→冷水冲洗──→中和处理──→冷水冲洗──→鳞化处理 ──→热水处理──→自然干燥──→补充处理──→自然干燥。图 12-7 所示是酸液浓度与处理温度、时间的关系曲线。

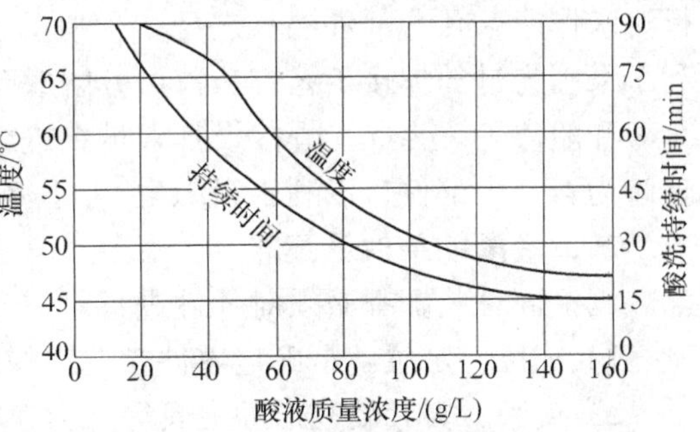

图 12-7　酸液浓度与处理温度、时间关系曲线

第三节　钢结构的装配

焊接钢结构的装配工艺是按照施工图将零件组装成部件并焊接，再将焊接好的部件组装成整体结构的过程。装配工作的质量好坏直接影响着产品的最终质量，而且还将影响产品制造工期、产品生产成本，因此，装配在钢结构的制造中意义重大。

一、装配方法的分类

钢结构的装配方法按机械化程度分为手工装配和机械装配两种。

1. 手工装配

手工装配是采用简单的工夹具、量具、样板、划线工具、起重机械等，以手工方法将零件定位、对准、固定。对于形状复杂且装配精度要求较高的结构，通常在专用的装配平台上先按图样划线放样，然后，将形状不同的零件组对定位。在批量生产中，为提高效率，可利用样板和定位点，将零件或组件在专用的装配夹具或装焊夹具中装配，在此过程中，焊件的就位、对准、压紧固定以及用定位焊固定仍以手工操作为主。

2. 机械装配

机械装配是将待装配的坯料或零件，由机械传送装置或起吊设备送至专用的自动装配夹具，装焊机械进行自动组对、夹紧、定位和定位焊点固焊接。然后转入下道焊接工序，装配过程主要按规定的程序，由机械操作完成。

按照装配焊接的顺序，装焊过程可分为整装整焊、随装随焊、分部件装配焊接等三种类型。

（1）整装整焊　即先将全部零件按图样要求装配起来，然后转入焊接工序，将全部焊缝焊完。在此过程中装配工与焊工各自在自己的工位上工作，可实行流水作业，停工损失很小。装配可采用装配胎卡具进行，焊接也可采用滚轮架、变位器等工艺装备，有利于提高装配焊接质量。这种方法适用于结构简单、零件数量少、大批量生产的构件。

（2）随装随焊　即先将若干个零件组装起来，随之焊接相应的焊缝，然后再装配若干个零件，再进行焊接，直至全部零件装完并焊完，成为符合要求的构件。这种方法是装配工与焊工在一个工位上交叉作业，影响生产效率，也不利于采用先进的工艺装备和先进的焊接工艺方法。此种类型适用于小单件小批量生产和复杂结构的生产。

（3）分部件装配焊接　即将结构件分解成若干个部件，各种部件分别独立制作，将零件装配焊接成部件，然后再将各部件合并装配焊接成结构件。这一方式适合批量生产，可实行流水作业，几个部件同步进行，有利于应用各种先进工艺装备，有利于控制焊接变形，有利于采用先进的焊接工艺方法。可分解成若干个部件的复杂结构，有车辆底架、起重机卷扬车架和船体等。为此，焊接设计人员在进行结构设计时，尽量考虑使得所设计的结构件能够分解为若干个部件，以利于组织生产。

二、装配的条件及基准

无论何种装配都必须对零件进行定位、夹紧和测量，这就是装配的三个基本条件。

1）定位：定位就是确定零件在空间的位置或零件间的相对位置。

2）夹紧：夹紧就是借助夹具等外力，将定位后的零件固定。

3）测量：测量是指在装配过程中，对零件间的相对位置和各部件尺寸进行一系列的技术测量，从而鉴定定位的正确性，以便调整。

装配过程中需要确定基准，基准是指某些作为依据并用来确定另外一些点、线、面位置的点、线、面。按不同的用途，基准一般分为设计基准和工艺基准两大类。

（1）设计基准　设计基准是按照产品的不同特点和产品在使用中的具体要求所选定的点、线、面，而其他的点、线、面是根据它来确定的。

（2）工艺基准　工艺基准也称为生产基准，它是指焊件在加工制造过程中应用的基准。工艺基准仅在制造零件、部件和装配等过程中才起作用，它与设计基准可以重合，也可以不重合。装配常用的工艺基准有原始基准、测量基准、定位基准、检查基准、辅助基准等。

焊件和装配平台（或夹具）相接触的面称为装配基准面，装配基准面可按下列几点进行选择：焊件的外形有平面也有曲面时，应以平面作为装配基准面；在焊件上有若干个平面的情况下，应选择较大的平面作为装配基准面；根据焊件的用途，选择最重要的面（如经过机械加工的面）作为装配基准面；选择的装配基准面要使装配过程中便于焊件定位和夹紧。

三、装配的定位焊

定位焊是用来固定各焊接零件之间的相对位置，以保证焊件得到正确的几何尺寸而进行的焊接。此时形成的焊缝，称为定位焊缝。定位焊缝一般都比较短小，焊接质量不够稳定，容易产生各种焊接缺陷。而定位焊缝又常作为正式焊缝留在接缝中，因此所使用的焊条、焊接工艺及对焊工操作技术熟练程度的要求，都应与正式焊缝完全一样。当发现定位焊缝有缺陷时，应该铲掉并重新焊接。

进行定位焊时应注意：定位焊缝的起头和结尾均应圆滑过渡，否则，焊接时在该处容易产生未焊透等缺陷；需预热的焊件定位焊时亦应进行预热，预热温度与焊接时相同；因定位焊为断续焊，焊件温度比焊接时要低，热量不足容易产生未焊透，故定位焊的焊接电流应比焊接电流大10% ~15%；定位焊的尺寸可按表12-5选用，对保证焊件尺寸起重要作用的部位，可适当的增加定位焊缝尺寸和数量；在焊缝交叉处和焊缝方向急剧变化处不要进行定位焊，而应离开50mm左右进行定位焊；经强行装配的结构，其定位焊缝的长度应根据具体情况适当加大；在低温下焊接时定位焊缝易开裂，为了防止开裂，应避免强行装配后进行定位焊，定位焊缝的长度还应适当加大，必要时采用碱性低氢焊条，而且特别注意定位焊后应尽快进行焊接，避免中途停顿和间隔时间过长；定位焊所使用的焊条应与焊接时所用的焊条牌号相同，焊条直径可略细一些，常用 $\phi3.2$mm 和 $\phi4$mm 的焊条。

表12-5　点固定位焊缝的尺寸　（单位：mm）

焊件厚度	定位焊缝高度	定位焊缝长度	定位焊缝的间距
≤4	<4	10 ~15	50 ~100
4 ~12	3 ~6	20 ~35	100 ~200
>12	~6	30 ~50	100 ~300

四、装配的测量

装配中的测量技术包括正确、合理地选择测量基准和准确地完成零件定位所需要测量项目的测量。

图12-8所示为对塔类桁架进行端面与中心线垂直度间接测量的例子。首先过桁架两端面的中心拉一钢丝。再将桁架置于测量基准面上，并使钢丝与基准面平行。然后用90°角尺测量桁架两端面与基准面的垂直度，若桁架两端面垂直于基准面，必同时垂直于桁架中心线。

装配部件的基准面、基准线、测量方法和测量工具应在装配工艺中规定，梁柱的装配，其测量示意图如图12-9所示，测量项目主要为直线度、底面垂直度，基准部位是装配平台、型钢外表面加工端面，测量工具有90°角尺、水平尺、垫铁和直尺。上述内容应在装配工艺中体现。

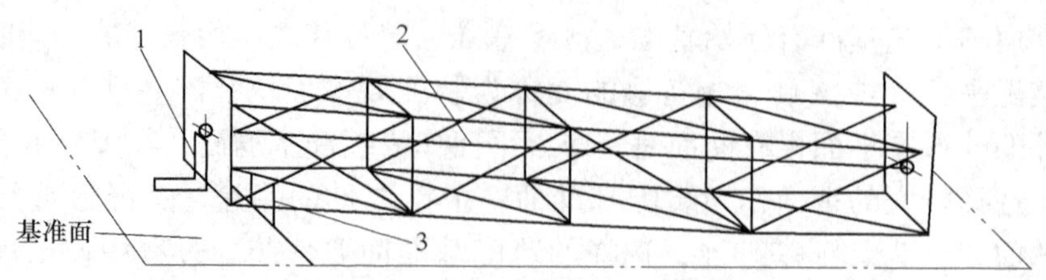

图 12-8　用间接测量法测量相对垂直度

1—90°角尺　2—细钢丝　3—垫板

五、装配的质量要求

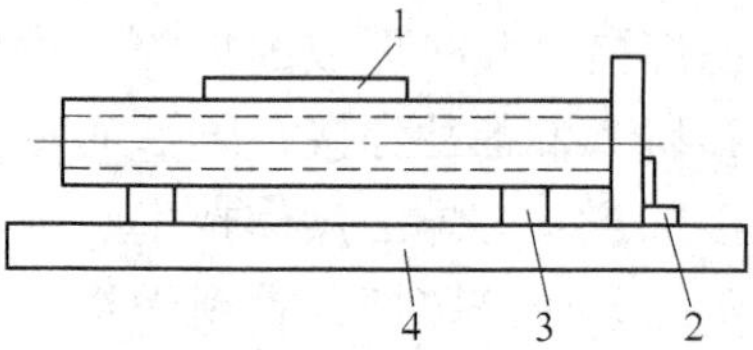

焊件的装配质量应满足下列基本要求：

1）组装好的焊件首先应符合施工图样规定的尺寸和公差要求，同时应考虑焊接收缩量，使焊件焊后的外形尺寸应控制在容许的误差范围之内。

图 12-9　梁柱的装配测量示意图

1—水平尺　2—90°角尺

3—垫铁　4—平台

2）接头的装配间隙和坡口尺寸应符合焊接工艺规程的规定，同时应保证在整个焊接过程中，接头的装配间隙保持在容许的误差范围之内。

3）接头装配定位后的错边量，应符合相应制造技术规程或产品制造技术的规定。

4）碳钢焊件的定位焊焊缝，原则上不容许焊在焊缝坡口内，应采用定位板点固在坡口的两侧。如因结构形状所限，定位焊必须焊在焊缝坡口内时，则应按产品主焊缝的焊接工艺规程施焊，保证定位焊缝的质量。

对低合金高强度钢等具有淬硬倾向钢材的焊件，原则上采用机械夹紧定位方法，如施工现场不具备条件，而必须采用定位板进行定位焊定位时，则应严格按焊接工艺规程施焊，采用低氢型焊条或 CO_2 气体保护焊，焊前按规定进行局部预热，防止定位焊部位裂纹的产生。待焊缝焊到一定厚度时，将定位板拆除，定位焊缝清除，并将定位焊焊缝表面修磨平整，作磁粉探伤检查表面裂纹。

薄壁件或结构形状复杂、尺寸精度高的焊件的装配，必须采用相应的装焊夹具或装焊机械。焊件装配定位符合要求后，立即进行焊接。夹具的结构设计应考虑焊件的刚度和可能产生的回弹量，保证焊件焊后的尺寸符合产品图样的规定。

对于刚度较小且焊接变形量较大焊件的装配，在装配定位时，应将焊件作适当的反变形，以抵消焊接过程中过量的变形。对于某些拘束度较大的焊件，焊件的夹紧方式和点固定位应允许某些零件有自由收缩的余地，防止焊接过程中由于焊接应力过大而产生裂纹。

六、典型型材的装配

1. 箱形梁的装配

箱形梁装配包括划线装配法和胎卡具装配法。

图 12-10a 所示为箱形染划线法装配，由腹板 2、翼板 1、4 及筋板 3 组成。装配前，先把翼板、腹板分别矫正平直，板料长度不够时应先进行拼接。装配时，将翼板放在平台上，用 90°角尺检验垂直度后定位焊，同时在筋板上部焊上临时支撑角钢，固定筋板之间的距离（见图 12-10b 虚线）。再装配两腹板，使它紧贴筋板立于翼板上，并与翼板保持垂直（见图 12-10c），用 90°角尺校正后施行定位焊。

装配完两腹板后，应由焊工按一定的焊接顺序先进行箱形梁内部焊缝的焊接，并经焊后矫正，内部涂上防锈漆后再装配上盖板，即完成了整个装配工作。

批量生产箱形梁时，也可以利用装配胎卡具进行装配。以提高装配质量和工作效率。

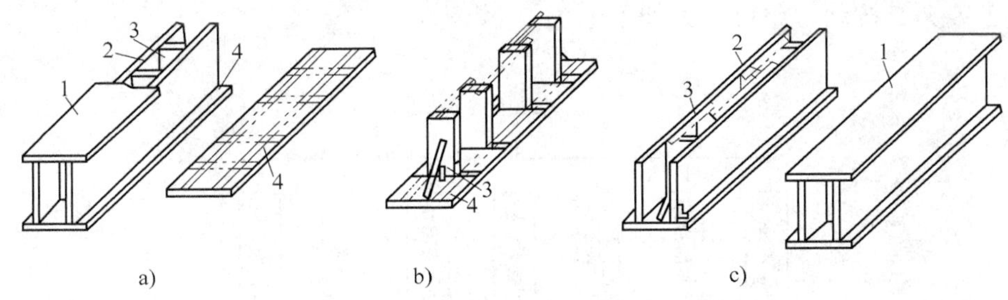

图 12-10　箱形梁的装配

1、4—翼板　2—腹板　3—筋板

2. 工字梁的装配

工字梁（也称 H 形梁），这种由两块翼板和一块腹板组成的焊接梁已经组成多种生产流水线，采用机械化的装配方法，图 12-11 为焊接工字梁的组装工艺流程，组装过程中，由安装在两侧的自动焊机按预编程序进行定位焊点固，即组装与定位焊同时完成，有很高的生产率和制造质量，以及很高的经济效益。将定位焊点固好的工字梁运到焊接平台，由专门焊机进行上下翼板与腹板角焊缝的连续埋弧焊焊接。

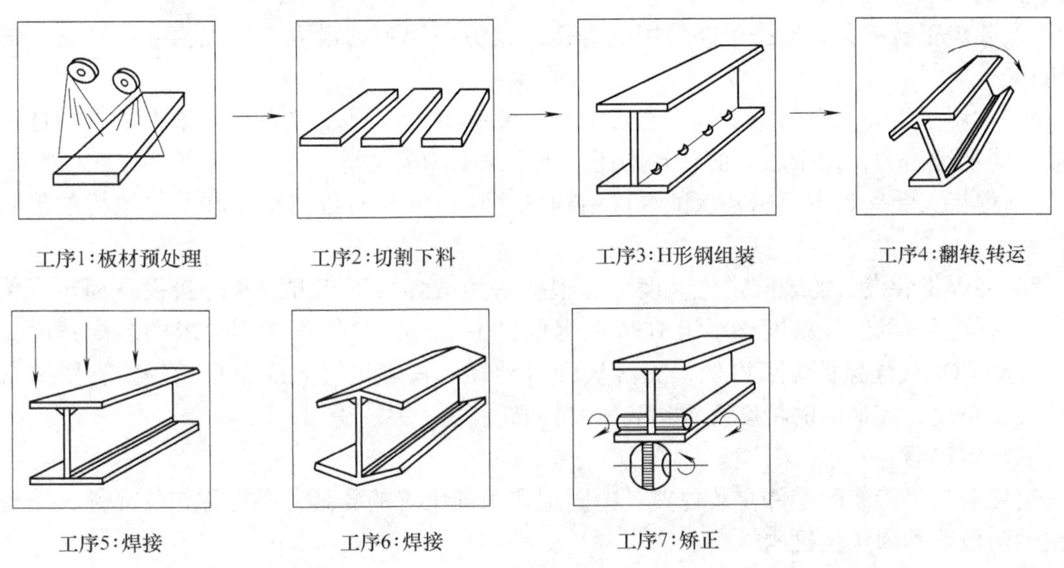

图 12-11　工字梁的组装工艺流程

第四节　装配工装及卡具

一、工装夹具的分类和组成

装焊工装夹具是指将待装配的零件准确组对、定位并夹紧的工艺装备。某些工装夹具专用于装配工序，称为装配工装夹具；某些工装夹具专用于焊接工序，则称为焊接工装夹具。既可用于装配又可用于焊接的工装夹具则称为装焊工装夹具。也可把上列几类工装夹具统称为装焊工装夹具。

焊接工装夹具按动力源可分为如下七类：

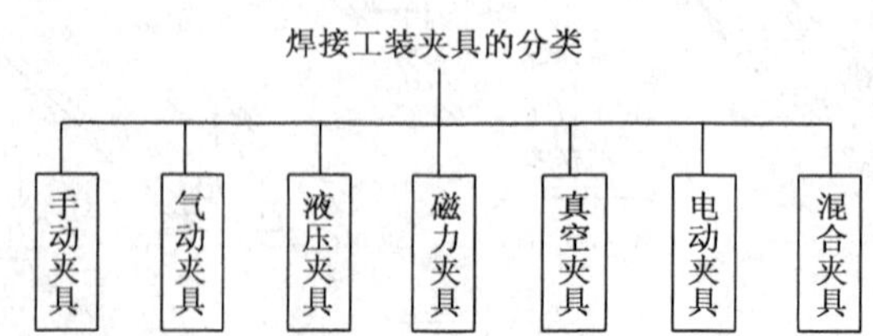

一个完整的夹具，由定位器、夹紧机构、夹具体三部分组成。在装焊作业中，多使用在夹具体上装有多个不同夹紧机构和定位器的复杂夹具（又称为胎具或专用夹具）。其中，除夹具体是根据焊件结构形式进行专门设计外，夹紧机构和定位器多是通用的结构形式。

二、工装夹具的特点

装焊工装夹具的结构，取决于所装配焊件的结构和装配焊接工艺，在设计和选用各种装焊工装夹具时，应考虑如下特点：

1）装焊工装夹具的结构，必须考虑焊件在焊接过程中的热变形和收缩变形，又要降低焊接应力，避免焊接接头的开裂。

2）装焊工装夹具，应按可能采用的焊接工艺方法决定的最大焊接电流，设置良好的导电机构。

3）对用于熔焊的夹具，工作时主要承受焊件的重力、焊接应力和夹紧力，有的还要承受装配时的锤击力，用于压焊的夹具则还要承受顶锻力。

4）焊接工装夹具主要用来保证焊接结构各连接件的相对位置精度和整体结构的形状精度。

5）装焊工装夹具的装配定位精度，应根据采用的焊接工艺方法和焊接设备而定，例如焊条电弧焊要求的装配精度比手工 GTAW 焊低，手工 CO_2 气体保护焊要求的装配精度比机械或自动 CO_2 气体保护焊来得低，而薄板的自动焊、弧焊机器人或全自动焊接，则要求较高的装配精度，其最高的精度要求达到 ±0.1mm。

三、定位器

定位器是将待装配零件在装焊夹具中固定在正确位置的器具，亦可称定位元件，结构较复杂的定位器称为定位机构。

在装焊工装夹具中常用的定位器主要有挡铁、支撑钉、定位销、定位槽、V 形铁、定位样板等。这些定位器的外形如图 12-12 所示。其中挡铁和支撑钉用于零件的平面定位，定位销用于零件的基准孔定位。V 形铁用于圆柱体和圆锥体的定位、定位槽用于矩形截面零件的定位，定位样板则用于不规则曲面零件和组件的定位。

对定位器的技术要求有耐磨度、刚度、制造精度和安装精度。在安装基面上的定位器主要承受焊件的重力，它与焊件的接触部位易磨损，故要有足够的硬度。在导向基面和定程基面上的定位器，常承受焊件因焊接而产生的变形力，要有足够的强度和刚度。

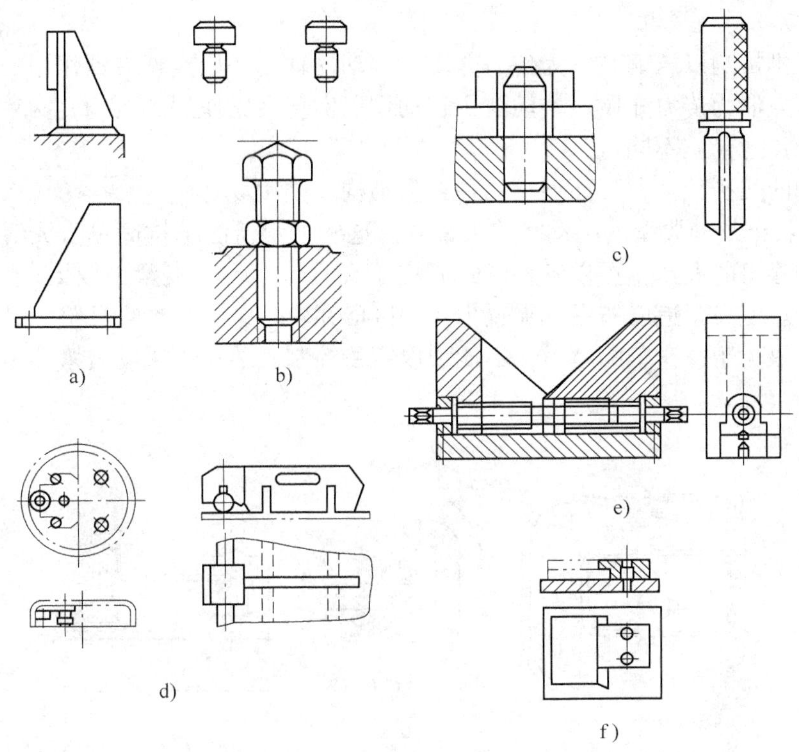

图 12-12　几种典型的定位器

a）挡铁　b）支撑钉　c）定位销　d）定位槽　e）V 形铁　f）定位样板

如果夹具承重很大，焊件装卸又很频繁，也可考虑将定位器与焊件接触而易磨损的部位作成可拆卸或可调节的，以便适时更换或调整，保证定位精度。

四、夹紧机构

1. 夹紧机构的组成与分类

夹紧装置一般由动力装置、中间传动机构和夹紧元件组成。其中动力装置是产生原始力的部分，是指机动夹紧时所用的气压、液压或电动机等动力装置，手动夹紧没有这部分；中间传动机构即中间传力部分，是用以接受原始力并将它传递或转变为夹紧力的机构；夹紧元件是夹紧装置的最终执行元件，通过它与焊件受压面直接接触而完成夹紧。

传动机构与夹紧元件合起来便构成夹紧机构。夹紧装置种类很多，有各种分类法。按原始力来源可分为手动和机动两大类。机动的又分为气压夹紧、液压夹紧、气-液联合夹紧和电力夹紧等，此外还有用电磁和真空等作动力源的。按夹紧装置位置的变动情况，可分为携带式和固定式两类。按夹紧机构分，有简单夹紧和组合夹紧两大类。按其组合方法不同又可分成螺旋-杠杆式、螺旋-斜楔式、偏心-杠杆式、偏心-斜楔式和螺旋-斜楔-杠杆式等夹紧装置。

2. 手动夹紧机构

手动夹紧机构是指以人力为动力源，通过手柄或脚踏板，靠人工操作用于装焊作业的机构。其结构简单，具有自锁和扩力性能，但工作效率较低，劳动强度较大，一般在单件和小批量生产中应用较多。

3. 气动与液压夹紧机构

气动夹紧机构是以压缩空气为传力介质、推动气缸动作以实现夹紧作用的机构。液压夹紧机构是以压力油为传力介质、推动液压缸动作以实现夹紧作用的机构，两者的结构和功能相似，主要是传力介质不同。

夹紧机构的类型较多，下面列举两种典型结构及使用场合。

图 12-13 示出几种典型的手动螺旋夹紧器。这些夹紧器的结构简单、灵活多变，适用于板材、型材和管材的夹紧，可以各种形式固定于夹具体上，其夹紧力较大，自锁性能较好，应用范围较广。但夹紧速度较慢，夹紧力作用区面积较小，容易产生凹陷。其另一个缺点是夹紧力的大小取决于操作工的体力，不能加以定量控制。故这种手动夹紧器多半用于单件和小批量生产。

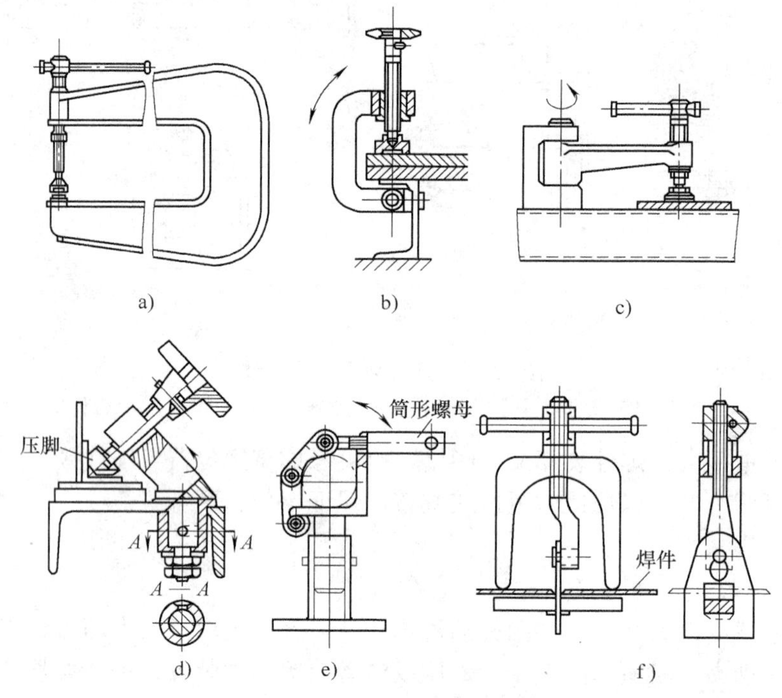

图 12-13　几种典型的手动螺旋夹紧器

图 12-14 示出几种典型的手动凸轮（偏心轴）夹紧器的结构。这类夹紧器的特点是夹紧速度比螺旋夹紧器快得多，只需将手柄推或拉一次，即可将工件夹紧。其缺点是夹紧器的工作行程有限，扩力作用较小，自锁性能不如螺旋夹紧机构。因此，大多用于对夹紧力要求不高的场合。

手动杠杆-铰链夹紧器是借助杠杆与连接板的组合，对工件实行夹紧的机构，它具有夹紧速度快、工作行程大、结构形式多样、机动灵活和使用方便等特点，是目前装焊工装夹具中应用最广的夹紧机构之一。图 12-15 所示是几种杠杆-铰链夹紧机构的基本结构形式。

对于一般金属结构件的装焊作业，可以采用如图 12-16 所示的通用装焊夹具。这种装焊夹具，可以按照焊件的形状和零件数量任意组合定位器和夹紧机构，故特别适用于单件小批量生产。

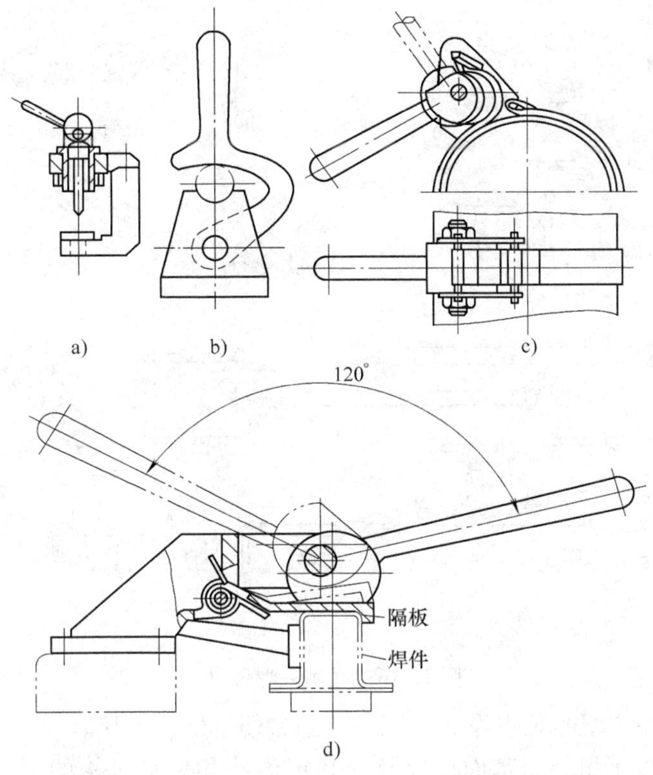

图 12-14　几种典型的手动凸轮（偏心轴）夹紧器的结构

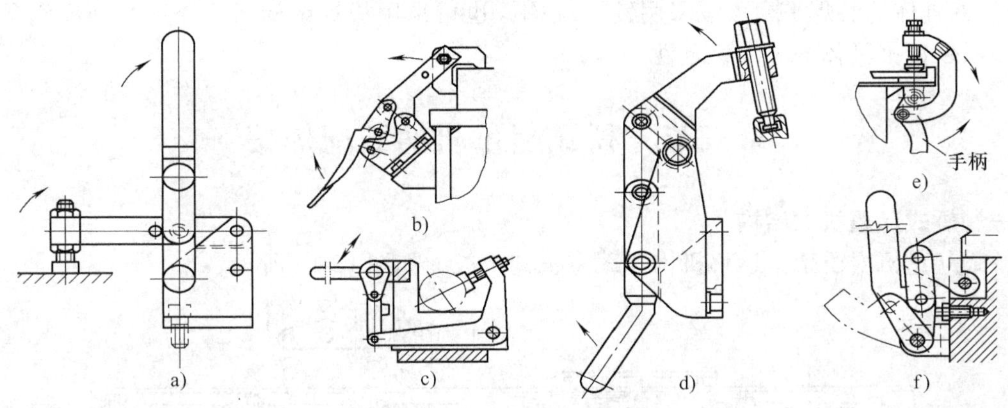

图 12-15　几种杠杆-铰链夹紧机构的基本结构形式

五、夹具体

夹具体是装焊夹具的重要组成部分，其结构应按所装配工件的外形设计，夹具体上安装定位器和夹紧机构，同时也可作为安装基面，因此应具有足够的刚度和强度。夹具体的结构是决定装焊夹具的功能是否符合技术要求的关键。

夹具体的设计与制造应满足下列基本要求：

1）夹具体应有足够的刚度和强度，外形尺寸应与所装配的零件尺寸相配。夹具体的体积不宜过大。

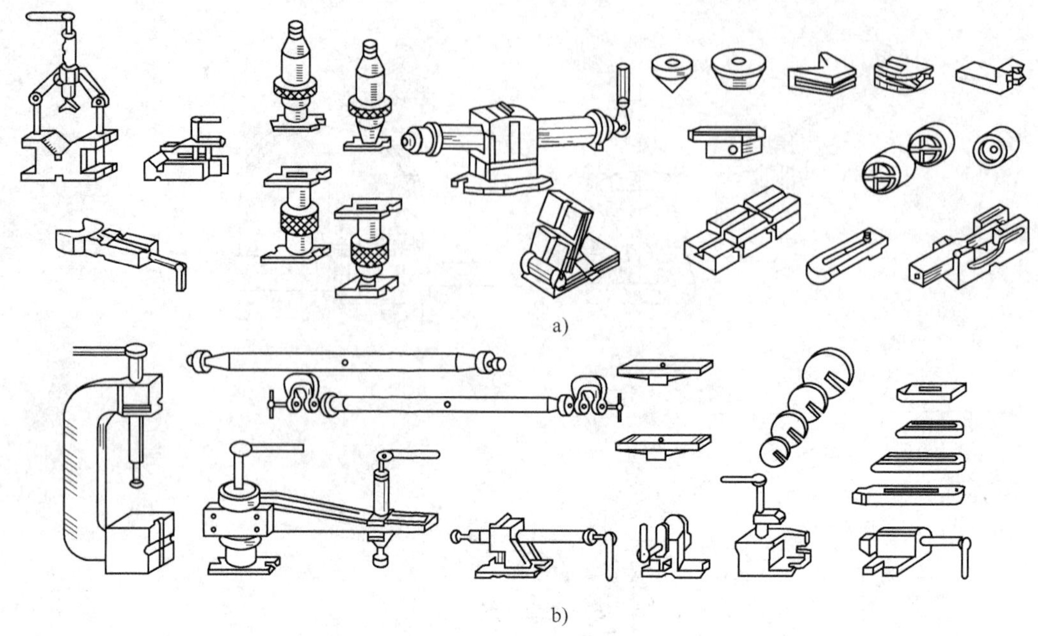

a)

b)

图 12-16　通用装焊夹具

2）夹具体的结构应便于装焊作业，工件装卸方便且定位可靠。

3）夹具体安装基面和导向基面，以及安装定位器和夹紧机构的配合面必须加工精确，符合设计图样规定的公差要求。

4）夹具体的装焊平台可以采用铸造结构，也可采用板焊结构，但焊后必须经消除应力处理，以保证夹具体的尺寸稳定性。

第五节　桥式起重机的装配焊接

一、桥式起重机的结构

桥式起重机由桥架、运移机构和载重机构组成，如图 12-17 所示。

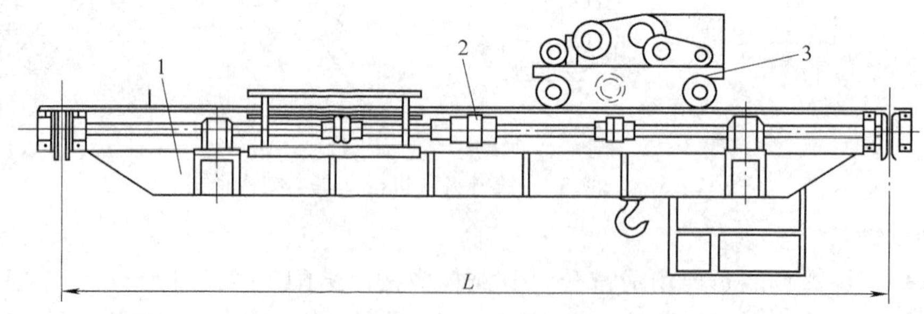

图 12-17　桥式起重机结构

1—桥架　2—运移机构　3—载重机构

可移动的桥架是由主梁和两个端梁组成，端梁两端装有车轮，由车间两旁立柱悬臂上铺设的轨道支承。桥架的移动机构是用来驱动端梁上的车轮，使其沿着车间长度方向的轨道移动。桥架上的载重小车上装有起升机构和小车的移动机构，移动机构使小车能沿铺设在桥架主梁上的轨道移动，起升机构用以升、降物体。

二、桥式起重机的技术要求

桥式起重机的主要结构件是桥架，桥架有单梁和双梁两种。单梁桥架的承载结构（主梁）是单根轧制的工字梁，在承载较大时可采用组合截面或增加副梁。双梁的桥架是由两根主梁组成，主梁的端部用端梁连接起来。两根主梁可选用轧制的工字钢，但应用较多较广的是箱形梁结构。

箱形桥式起重机的桥架结构如图 12-18 所示，它是由主梁（或桁架）、栏杆（或辅助桁架）、端梁、走台（或水平桁架）、轨道及操纵室等组成。桥架的外形尺寸取决于起重量、跨度、起升高度及主梁结构形式。桥式起重机桥架常见的结构形式如图 12-19 所示。

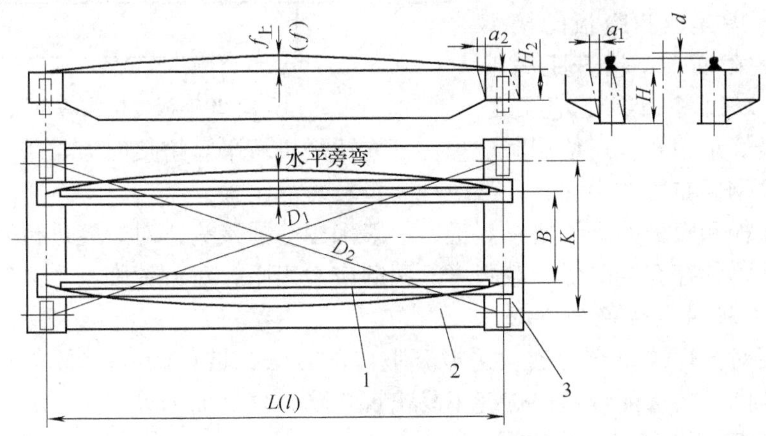

图 12-18　箱形桥式起重机的桥架结构

1—主梁　2—走台　3—端梁

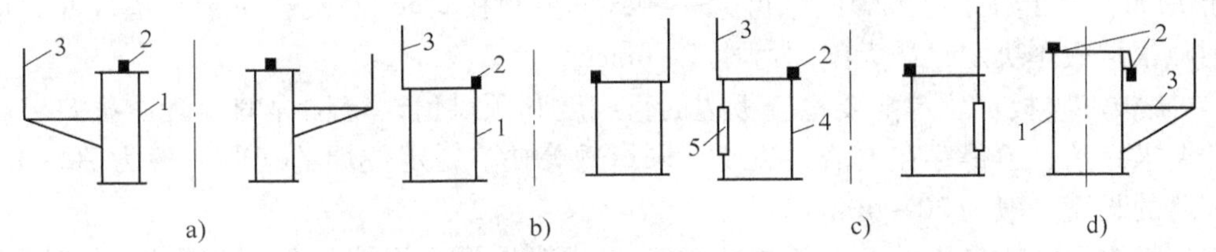

图 12-19　桥式起重机桥架结构形式

1—箱形主梁　2—轨道　3—走台　4—工字形主梁　5—空腹梁

桥架最主要的受力元件是主梁。主梁的严格技术要求是保证桥架技术条件得到满足的前提，主梁的制造是桥架金属结构制造的关键。主梁的主要技术要求如图 12-18 所示，应控制在上拱度 f（上挠）$L/1000$（或 $L/700 \sim L/1000$）即 f 为 $L/700 \sim L/1000$（L 为起重机主梁的跨度）。起重机有上拱度的原因，是当受载后，可抵消按主梁刚度条件产生的下挠变形，避免承载小车爬坡。

主梁还应控制水平旁弯（向走台侧），规定向走台侧旁弯的原因是在制造桥架时，走台侧焊后有拉伸残余应力，当运输及使用过程中残余应力释放后，导致两主梁向内旁弯；而且主梁在水平惯性载荷作用下，按刚度条件允许有一定侧向弯曲，两者叠加会造成过大侧弯曲变形。当两梁向内旁弯时，可能导致车轮与轨道咬合，使起重机不能正常工作。

腹板波浪变形规定，受压区 $< L/2000$，受拉区 $< 1.2\delta f$（δ 为板厚）。较低的波浪变形对于提高起重机的稳定性和寿命都是有利的。

上盖板平面度 $\leqslant B/250$，腹板垂直度 $\leqslant H/200$（B 为盖板宽度，H 为梁高）。

三、盖板和腹板的组装焊接

1. 盖板和腹板的拼接要求

钢板进行拼接前必须切割下料，对于曲线形板件，最好采用数控下料，以使装配间隙较小并减小焊接变形及焊接应力。主梁的盖板和腹板需要拼接时，为保证主梁的承载能力，从设计上考虑安全系数，从工艺上考虑盖板和腹板的接头不应布置在同一截面上，错开距离不得小于 200mm，如图 12-20，且应尽量减少接头，最好采用卷板。使用时应采用开卷矫平机矫平。拼接时通常采用不同长度的钢板，应将较长的钢板布置在中间，两端对称布置较短的钢板。

图 12-20　板件接头的布置

主梁上下盖板和腹板的焊缝要求焊透，一般采用等强接头，对焊缝进行射线探伤或超声波探伤，焊接缺陷的存在会降低承载强度、引起应力集中，对疲劳强度也会有影响。

2. 盖板和腹板对接焊缝的焊接

盖板和腹板对接焊缝要求焊透，采取开坡口的方法，坡口的大小取决于板厚和焊接方法，开坡口的原则是要保证焊透，焊缝不易出现缺陷，容易加工等。

（1）板件拼接间隙和定位焊的要求

1）板件焊接间隙大时，焊接时易产生烧穿、焊缝成形不佳的缺陷，同时焊接变形较大。板件焊接有适当间隙会增加熔深。对接焊缝间隙与焊接方法有关，对于双面埋弧焊，间隙大于 1mm；对于焊条电弧焊间隙可大一些，可控制在 2mm 左右；对于有垫板或焊剂垫的对接间隙根据板厚决定，最大间隙可达 5～6mm。

2）盖板和腹板定位焊前要检查板边的直线度和预拱值，定位焊的焊缝质量要求与对接焊缝的要求一致，不得存在夹渣、裂纹、未焊透等缺陷；定位焊的间距一般为 70～150mm，定位焊缝的长度一般为 20～40mm。

定位焊方法一般采用焊条电弧焊或 CO_2 气体保护焊，焊接材料应与焊缝焊接所用的焊接材料一致。

（2）引弧板和引出板　采用埋弧焊和自动 CO_2 气体保护焊时，两端应加引弧板和引出板，以保证焊缝的焊接质量。

（3）对接焊缝的焊接　主梁的盖板和腹板对接焊，焊接方法一般采用焊条电弧焊、埋弧焊、CO_2 气体保护焊等，采用双面焊或单面焊双面成形。焊接接头采用等强连接原则，焊缝要求全焊透。

四、箱形主梁半成品的组装焊接

箱形主梁半成品梁是指由盖板、腹板和筋板组成的Ⅱ形梁。这种梁的组装定位焊分机械夹具组装和平台组装两种方式。在我国普遍采取平台组装工艺。平台组装又分以盖板为基准组装和以腹板为基准组装两种。

1. 以上盖板为基准的平台组装

平台组装上盖板、筋板和腹板以及内部焊缝的焊接，均应以最小挠曲焊接变形为依据。组装焊接角钢、工艺扁钢应以对梁的整体变形影响最小为原则。在腹板或盖板上组装焊接纵向角钢或扁钢，可减少梁在最后整体焊接时的变形。在没有组装成Ⅱ形梁之前，先将上盖板与筋板组装焊接是上策，若是将两腹板与上盖板和筋板同时组装定位焊成Ⅱ形梁，再焊接筋板与上盖板焊缝，将有较大的挠曲变形产生。合理工艺的步骤如下：

1）用永磁吊具将上盖板铺放在平台上。

2）在腹板或盖板上组装定位焊角钢或扁钢。

3）为防止主梁扭曲，要控制筋板与腹板的接合边与上盖板的垂直度不超出允许值（可采用直角弯尺测量）。然后将筋板与上盖板定位焊并焊接。

4）对要求Ⅱ形梁外弯的5～50t通用桥式起重机主梁，上盖板与筋板焊缝的焊接方向应由内侧向外侧。对不要求外弯的Ⅱ形梁，焊接方向应一边由内侧向外侧，另一边由外侧向内侧交错进行。

5）组装腹板。首先要在盖板和腹板上分别划出跨度中心线，然后用梁式吊卡将腹板吊起与盖板筋板组装，使腹板的跨度中心线对准上盖板的跨度中心线，然后在跨中点定位焊上。腹板上边用安全卡将腹板临时紧固到大筋板上，再装配定位焊腹板，同时由跨中向两端进行。可在盖板底下打楔子使上盖板与腹板靠严。通过平台孔，安放沟槽限位板，斜放压杆如图12-21所示，当压下压杆时，压杆产生的水平力使下部腹板靠严筋板。为了使上部腹板与筋板靠严，可用专用卡具或夹钳式腹板装配胎夹紧。

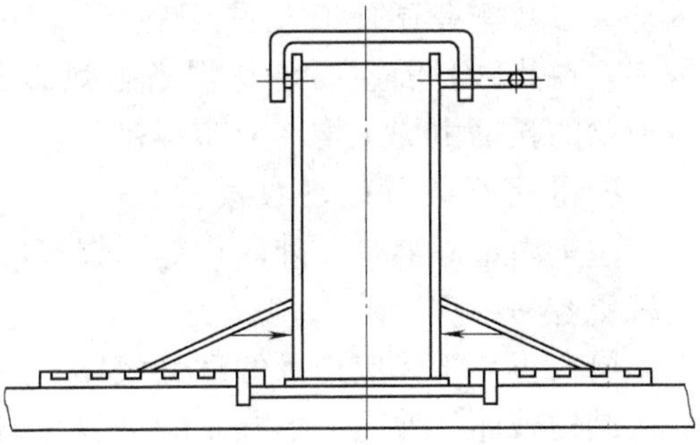

图12-21　腹板夹卡图

由跨中组装定位焊至一端，然后用垫垫好，再装配定位焊另一端腹板。如图12-22所示。

2. 以腹板为基准的平台组装

主梁高度很大时，腹板竖立过高，组装困难，可以采用将主腹板放在平台上为基准的组装工艺。在腹板上划出纵向角钢、扁钢和横向大筋板的定位线，并组装定位焊角钢和扁钢。然后组装定位焊大筋板、再组装定位焊上盖板，此时要检查每块筋板处上盖板的垂直度。当组装另一块腹板时要求腹板上预先焊好纵向角钢和扁钢，然后组装。可用压重，使腹板与筋板靠严。为使腹板与上盖板靠严，可用腹板装配卡具。卡具上装有滚轮，可沿腹板纵向滚动，如图12-23所示。卡具一端卡在腹板的下边，另一端带千斤顶。利用卡具自重使腹板靠严筋板；利用卡具的千斤顶使腹板与上盖板靠严。工人可在Ⅱ型梁里观察装配间隙或控制几何尺寸，然后进行定位焊。

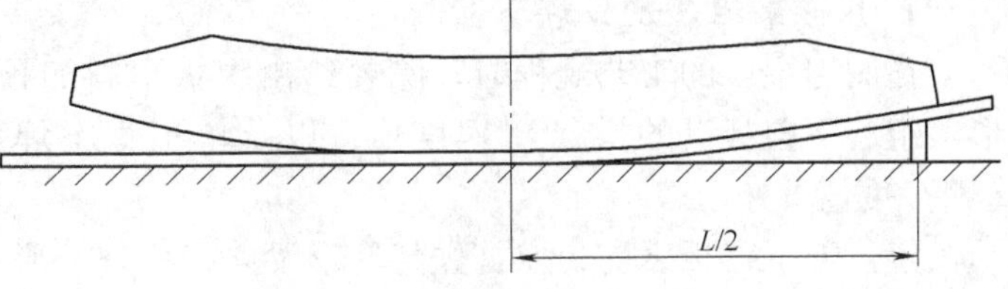

图12-22　腹板装配过程

这种工艺组装，筋板与盖板不能在Ⅱ形梁组装前焊接，只能在组装定位焊形成Ⅱ形梁后焊接。这样在焊接筋板与上盖板焊缝时会产生下挠度变形。因此腹板下料时的预拱值应较以上盖板为基准的平台组装大些。

3. Ⅱ形梁内壁焊缝的焊接

（1）焊接次序　应根据主梁的技术要求采取不同的焊接顺序：5～50t通用桥式起重机要求主梁向走台侧弯曲，即外弯 $f_{水}$ 为 0～$L/2000$，焊接Ⅱ形梁内壁焊缝时，针对焊接次序对弯曲变形的影响，考虑要使Ⅱ形梁外弯，应先焊接Ⅱ形梁内腹板焊缝，后焊接外腹板焊缝。对便轨箱形主梁要求主梁是直线形的，则焊接Ⅱ形梁内壁焊缝时，应考虑焊接主腹板内壁长焊缝会产生较大的外弯，所以应先焊接副腹板焊缝，后焊接主腹板焊缝。

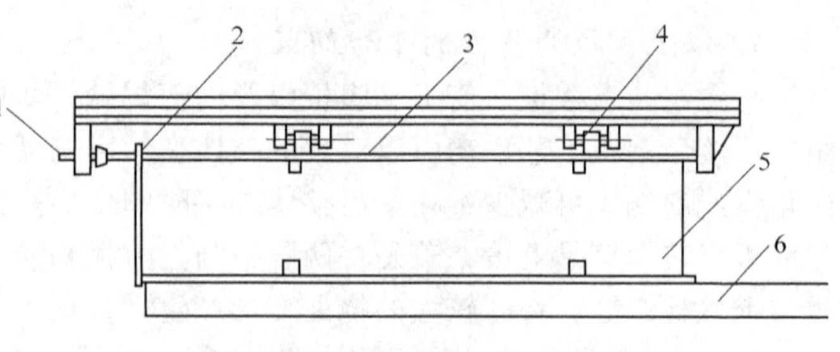

图 12-23　水平装配腹板
1—千斤顶　2—盖板　3—腹板
4—滚轮　5—大筋板　6—平台

（2）焊接方法　焊接梁内壁焊缝，国外只有少数先进的企业采用机器人焊接，目前国内外大多数企业还是工人手工焊接。较理想的是用 CO_2 气体保护焊及埋弧焊，可提高生产效率。在我国目前主要还是焊条电弧焊及 CO_2 气体保护焊。为使Ⅱ形梁的弯曲变形均匀，应沿梁的长度由焊工均匀分布焊接。

4. Ⅱ形梁内壁的焊接质量

主梁内壁焊缝是非外露焊缝，焊接质量很不容易引起重视。又由于施焊的条件差，如不重视更容易出现缺陷。

梁在正常工作应力下的疲劳破坏，多半是焊缝缺陷周围的应力集中引起的。疲劳破坏是焊接结构破坏最普通的形式。焊接裂纹和不完全熔合对疲劳强度有明显影响。焊缝的表面缺陷，如过大的焊缝余高、咬边和气孔都会影响疲劳强度。因此梁内壁焊缝要同外露表面焊缝一样严格要求。

另外值得注意的是，筋板与上盖板和腹板交接处的焊缝，焊接应力出现峰值，做梁的疲劳试验时首先在该处出现裂纹，因此美国、日本等国家都将筋板四角切掉45°角（边长通常为25～50mm）不进行焊接。同理，加筋角钢和工艺扁钢与交接处也应留出25mm不焊。

五、主梁整体的组装焊接

1. Ⅱ形梁组装定位焊下盖板

在制定主梁的工艺规程时，除要给出腹板下料的预制拱（翘）度数值外，还要给出Ⅱ形梁组装下盖板后的拱（翘）度值，以及单根主梁焊成后（未焊走台和轨道压板）的拱（翘）度值。

定位焊下盖板之前，应首先将Ⅱ形梁立起检查Ⅱ形梁的上拱度和水平弯曲，然后检查下盖板的水平弯曲，应使下盖板与Ⅱ形的水平弯曲方向一致。正轨箱形门式起重机（5～50t）和正轨箱形桥式起重机的Ⅱ形梁应控制外弯。

如果发现某项指标超差，应采取适应措施进行调整。

2. 焊接箱形梁的四条纵向角焊缝

（1）焊接方法的选择　目前我国起重机制造专业厂采用的焊接方法有以下几种：

1）船形位置埋弧焊：这种方法应用较普遍，焊缝成形较好。所谓船形位置，即使用

45°垫架将箱形梁摆放成船形位置，如图 12-24 所示，然后采用埋弧焊进行焊接。也有采用特制的箱形梁作焊机轨道和工作台，被焊的箱形梁支承在可调节高度的升降架上。

船形位置焊接时，焊丝与接头中心线可控制重合，熔池对称、角焊缝的焊脚尺寸相等。船形位置焊接参数见表 12-6。

表 12-6　埋弧焊船形位置角焊缝的焊接参数

焊脚尺寸 /mm	焊丝直径 /mm	焊接电流 /A	电弧电压/V		焊接速度 /（m/h）
			交流	直流反接	
6	3	500～525	34～36	30～32	45～47
	4	575～600	34～36	30～32	52～54
8	3	550～600	34～36	32～34	28～32
	4	575～625	33～35	32～34	30～32
	5	675～725	32～34	32～34	30～32
10	3	600～650	33～35	32～34	20～23
	4	650～700	34～36	32～34	23～25
	5	725～775	34～36	32～34	23～25
12	3	600～650	34～36	32～34	12～14
	4	700～750	34～36	32～34	16～18
	5	775～825	36～38	32～34	18～20

2）固定气体保护焊机焊接：通常采用平角焊法，将主梁正立放在焊件运行的焊接小车上，焊接小车载着焊件运行，完成施焊。焊机可以是改装成固定不动的，如图 12-25 所示。

富氩混合气体保护焊焊接角焊缝成形好，飞溅小，生产效率高，是现在常用的焊接方法。

3）移动气体保护焊机焊接：主梁平放，腹板在水平位置，将气体保护焊机焊枪对准焊缝焊接。可采用混合气体保护焊或 CO_2 气体保护焊，可采用实芯焊丝或药芯焊丝，焊接质量较好，生产效率高，使用简单，不需要其他辅助设备，混合气体保护焊的焊接参数见表 12-7，在不具备条件时，也可采用焊条电弧焊。

表 12-7　混合气体保护焊焊接角焊缝的焊接参数

焊脚尺寸 /mm	焊丝直径 ϕ/mm	电弧电压 /V	焊接电流 /A	送丝速度 /（m/mm）	气体流量 /（L/mm）	混合气成分(体积分数,%)		备　注
						Ar	CO_2	
6	1.0	28～30	180～200		15	80	20	
6	1.2	29～30	250～270	8.5～9.5	15～20	80	20	
8	1.2	31～32	270～290	9～10	20	80	20	
10	1.2	33～35	300～320	10～12	20	80	20	可用多层焊
6～8	1.6	34～36	320～350	7.5～9	20～30	80	20	自动焊

4）移动埋弧焊机焊接：主梁平放，腹板在水平位置，在梁的两侧安装道轨和龙门架，埋弧焊机及焊枪安装在龙门架上，将焊枪对准焊缝焊接。为提高生产效率高，还可采用双丝埋弧焊。

(2) 焊接次序　根据焊接次序对弯曲变形的影响，对拱度偏小的主梁应先焊接下盖板与腹板的焊缝；拱度偏大的主梁应先焊接上盖板与腹板的焊缝。

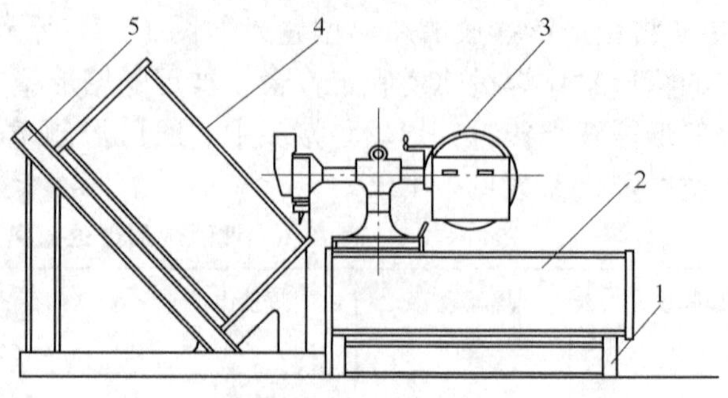

图 12-24　船形位置埋弧焊

1—升降架　2—工作台　3—焊接设备　4—焊件　5—垫架

六、桥架的组装焊接

1. 桥架组装焊接的工艺选择

(1) 作业场地的选择　只要有温度差存在，主梁就会有拱（挠）度的变化或水平弯曲（旁弯）的变化，相应引起小车轨道高低差和小车轨距的变化，给桥架制造的工艺参数控制带来不利因素。因此，凡有条件的工厂，箱形梁构成的桥架应选择在厂房内组装焊接。厂房内的玻璃窗最好用毛玻璃、变色玻璃，避免强光照射桥架。无条件在厂房内组装桥架而在露天条件下作业，必须掌握主梁温度变位规律，凡有温差存在时应对主梁拱翘度和水平弯曲进行修正，同时，桥架的检测应在早、晚或夜间进行为好。

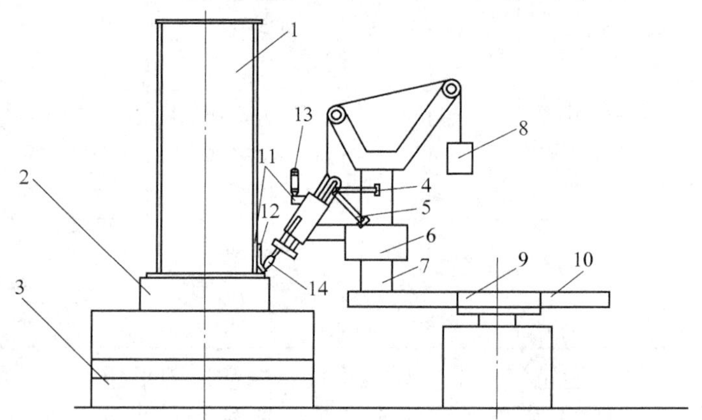

图 12-25　固定气体保护焊机焊接主梁示意

1—主梁　2—垫座　3—运行车装置　4—调角度手柄　5—调焊枪上、下手柄　6—滑套　7—垂立滑杆　8—重砣　9—滑座　10—滑杆　11—水平导向轮　12—垂直导向轮　13—电动机　14—焊枪

对于桁架式桥架，温差较小，桥架组装场地可选择在露天（从改善劳动条件的角度考虑，厂房内作业自然更好），仍以早、晚较好。

(2) 垫架位置选择　由于自重对主梁拱度有影响，主梁垫架位置应选择在主梁的跨端或接近于跨端的位置。起重量较小的桥架在最后测量调整时应尽量垫到端梁处。

(3) 桥架组装基准　为使桥架安装车轮后能正常运行，四组弯板应在同一平面内。组装时应使它们在同一水平面内，以这一水平面为组装调整桥架各部的基准。可穿过端梁上盖板的吊装孔立 T 形标尺，用水平仪测量调整，如图 12-26 所示。

对于大起重量起重机的桥架铰接式端梁，可以两台车架的上盖板为基准找正。

正轨箱形梁或偏轨箱形梁应在主梁的上盖板轨道的两侧筋板处测量拱度曲线。对承轨梁在主梁的下部的情况，主梁和承轨梁的拱度应一致，在承轨梁的顶部测量拱度。

(4) 减小桥架整体焊接变形　为减小桥架整体焊接变形，在桥架组装前应焊完所有部件本身的焊缝，不要等到整体组装后再补焊。这是因为部件焊接变形容易控制，又便于焊件的翻身和尽量取平焊位置施工，以提高焊缝质量。走台与主梁相连的纵向角钢亦应在主梁制造时组装焊接于腹板上（注意中部加垫，保持预制的水平弯曲），以减小焊接变形和保证焊接质量。

走台边角钢应按长度预先拼接后再组装在桥架上，以减少主梁水平内弯变形。

2. 桥架组装焊接的工艺特点

（1）主、端梁组装焊接的工艺特点

1）将已经过单根主梁阶段验收的两根主梁摆放在垫架上。在主梁的上盖板中心线处找出两主梁的跨度中心和跨端基准点，按技术要求调整各部位尺寸。

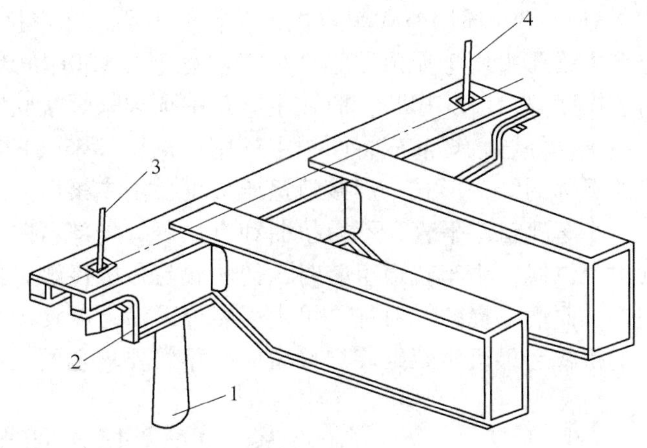

图 12-26　桥架水平基准

1—垫架　2—弯板　3、4—T 形标尺

2）端梁与主梁焊接时将使端梁两端向内弯而使桥架跨度缩短，故桥架组装时应预先使端梁两端要外弯，且跨度要有加大量。

3）为减小焊接变形和焊接应力，应先焊上盖板焊缝，再焊下盖板焊缝，然后焊连接板焊缝；先焊外侧焊缝，后焊内侧焊缝。各部焊接次序见图 12-27 所示。

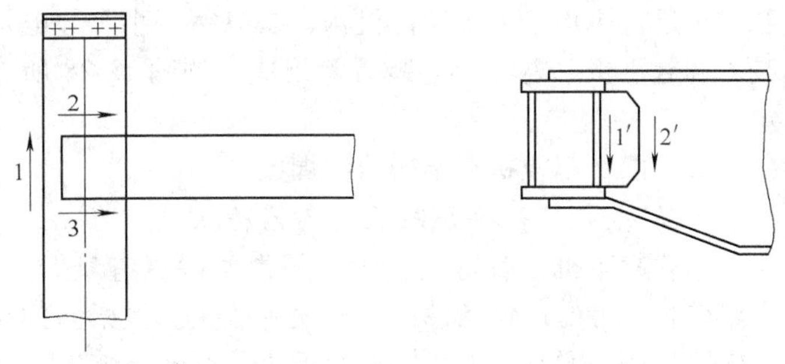

图 12-27　端梁与主梁连接板的焊接次序

（2）走台组装焊接的工艺特点

1）检测调整两主梁的水平弯曲。偏轨箱形梁或桁架还要在离主梁两端各 1/3 处上、下定位焊拉筋。

2）为减小桥架的整体变形，走台的斜撑与连接板要按图样尺寸预先装配焊接成组件，再进行桥架组装焊接。

3）按图样尺寸划走台的定位线。走台应和主梁上盖板平行，即具有同主梁一致的上拱曲线。但对大车运行机构为集中传动时，为不影响传动机构的安装和在不同载荷下的正常运转，走台上拱度不宜过大。

4）装配横向水平角钢，用水平尺找正，使外端略高于水平线，定位焊于主梁腹板上。然后组装定位焊斜撑组件，再组装定位焊走台边角钢。走台边角钢应具有与走台相同的上拱度。

5）走台的装配与焊接

①　走台板应在接宽的纵向焊缝完成后在平板矫正机上矫平，然后组装定位焊在走台上。要求先焊走台板与角钢连接的纵向焊缝，后焊横向走台板焊缝，以减小走台板的波浪变形和内应力。

②　整个走台处于定位焊连接状态，水平刚度较小。先焊一侧走台的主梁内弯变形较大。已经焊完的一侧走台增加了桥架的水平刚度，则焊接第二侧走台时主梁内弯变形较小。因此应先焊接水平外弯大的一侧走台，后焊接水平外弯小的一侧走台。

③　为减小焊接走台主梁下挠应先焊接走台下部焊缝，后焊接走台上部焊缝。

（3）组装焊接轨道压板的工艺特点

对5～30t通用桥式起重机正轨箱形主梁，在焊接轨道压板前主梁上拱度$f<1.5L/1000$，应在主梁跨中用千斤顶顶起来焊接。对于5～30t桥式起重机偏轨箱形主梁在焊接轨道压板前上拱度$f<1.3L/1000$，应在主梁跨中顶起来焊接轨道压板。偏轨箱形梁焊接轨道压板还会产生主梁外弯，焊前应将两根主梁用角钢拉起来（两端分别定位焊在主梁上）。承轨梁在主梁的下部的结构形式，焊接轨道压板也会使主梁产生外弯，也应采取同样的措施。

小车轨道应平直，不得扭曲和有显著的局部弯曲。轨道与桥架组装，应预先在承轨梁上划出定位线，小车轨道组装时，使轨底与盖板接触，然后定位焊轨道压板。为使主梁受热均匀，从而使下挠曲线对称，可由多名焊工沿跨度均匀分布，同时焊接。

桥式起重机桥架组装焊接后应按相关要求全面检测。

第六节　门式起重机的组装焊接

一、门式起重机的结构

门式起重机一般由桥架（门架），装有起升机构和小车运行机构，大车运行机构，操纵室，小车导电装置和起重机总电源导电装置等组成，如图12-28所示。

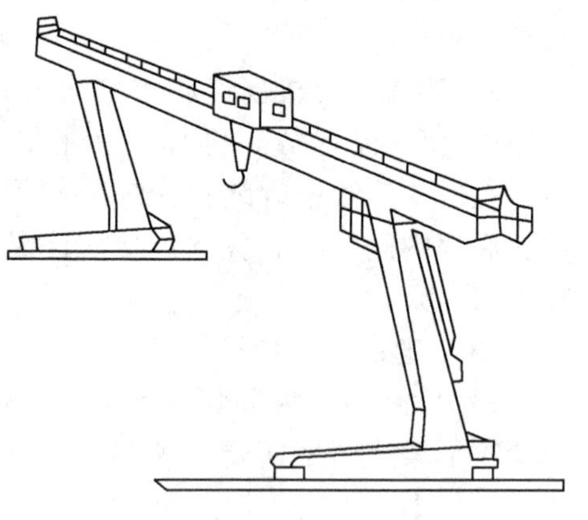

图12-28　单主梁门式起重机

二、门式起重机桥架的组装焊接

1. 门式起重机桥架组装的工艺特点

门式起重机一般跨度较大，通常两端具有悬臂。主梁较长，考虑运输条件，往往设有接头。主梁多为偏轨箱形梁，梁宽较大。门式起重机的桥架组装焊接与桥式起重机基本相同，但要注意下述两个特点：

1）分段制造主梁的预装：门式起重机的主梁多为分段制造，应在厂内先行研配预装。

2）主梁跨端法兰座（支腿连接座）的组装：主梁跨端法兰座板（主梁下面与支腿连接的框体和法兰座板）如图12-29所示。

主梁跨端法兰座板的倾斜和支腿连接座板的倾斜对门架跨度产生误差。

通常规定主梁跨端法兰座板水平倾斜量不大于2mm。

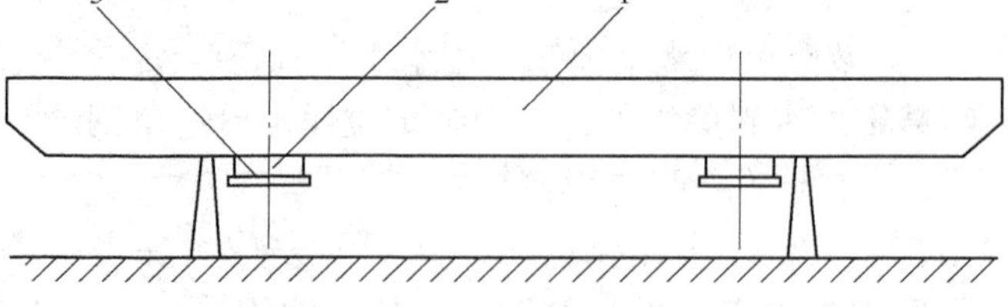

图12-29　主梁法兰座
1—主梁　2—框架　3—法兰座板

2. 单主梁门式起重机桥架的工艺要点

单主梁门式起重机桥架由一根主梁走台、小车轨道和支座构成。其主梁的截面形式按小车的支承形式分，有水平反滚轮箱形梁和垂直反滚轮箱形梁。小车轨道有主轨道和反滚轮轨道。主轨道的中心线与主腹板中心线相重合。

（1）水平反滚轮轨道的组装焊接

1）上水平反滚轮轨道的组装焊接：腹板与盖板间的纵向角焊缝引起的腹板角变形，会使组装反滚轮轨道时出现间隙，在反滚轮轮压作用下会使轨道焊缝早期开裂。为消除间隙可采取如下工艺：将组装定位焊后的箱形梁（未焊四条纵向角焊缝前）的主腹板朝下摆放在平台上，如图12-30所示，主腹板沿梁长均布垫实，在腹板上划出上盖板的板厚中心线，然后组装定位焊上水平反滚轮轨道，并先焊接轨道外侧角焊缝，内侧轨道焊缝暂时不焊。

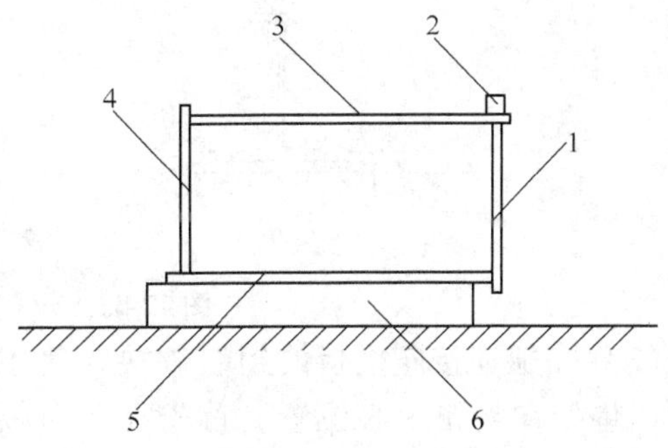

图12-30　组装定位焊上水平反滚轮轨道
1—上盖板　2—上水平反滚轮轨道　3—副腹板
4—下盖板　5—主腹板　6—垫板

2）下水平反滚轮轨道的组装焊接：将主梁翻身使副腹板朝下如图12-31所示，沿梁长度均布垫实，在主腹板上组装焊接上部小筋板。然后在主腹板上划出下盖板厚度中心线，组装定位焊下水平翻滚轮轨道，并焊接轨道与主腹板的外侧焊缝。

3）主梁纵向角焊缝的组装焊接：焊接时将主梁吊放到埋弧焊胎架上，焊接四条纵向角焊缝及上、下水平轨道的内侧焊缝。

4）下盖板小筋板的组装焊接：将主梁翻身使上盖板朝下，如图12-32，组装定位焊下盖板上小筋板，然后焊接小筋板焊缝，焊工应均布焊接。

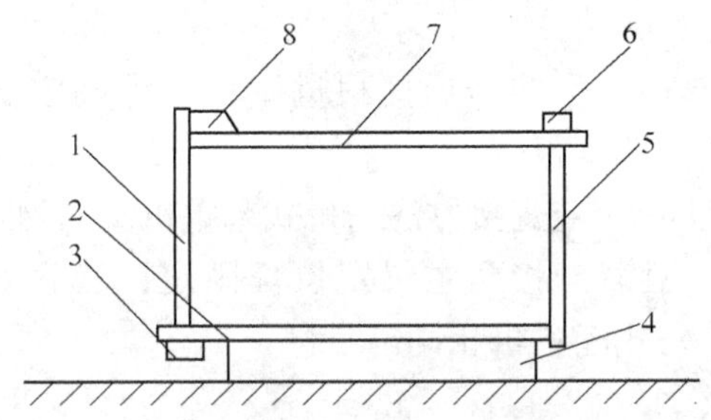

图12-31　组装定位焊上水平反滚轮轨道
1—上盖板　2—副腹板　3—上水平反滚轮轨道
4—垫板　5—下盖板　6—下水平反滚轮轨道
7—主腹板　8—小筋板

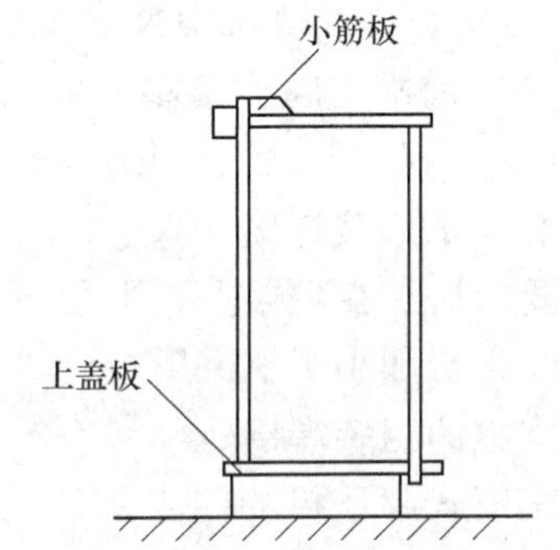

图12-32　下盖板筋板组装定位焊

（2）垂直反滚轮轨道的组装焊接

1）组装焊接工字钢和补强板（反滚轮轨道组合件），首先将工字钢和补强板在顶压机上矫直，并将补强板装配定位焊于工字钢上。为减小工字钢的焊接变形，可将补强板朝下用螺栓压板夹在平台上，如图12-33a进行焊接。也可将两工字钢迭置，中间定位焊在一起，然后组装焊接补强板，焊后卸开矫正变形，如图12-33b所示。

2）在焊完补强板全部焊缝（包括纵向四条长焊缝）后，将主梁倒置，跨端法兰座板垫成水平，用水平仪在副腹板上划出垂直反滚轮轨道座板及走台角钢位置线。划反滚轮轨道座板位置线时，各点均应以该截面主腹板侧的上盖板为基准，误差控制在$^{+6}_{-2}$mm范围内。装配、定位焊反滚轮轨道座及走台角钢。

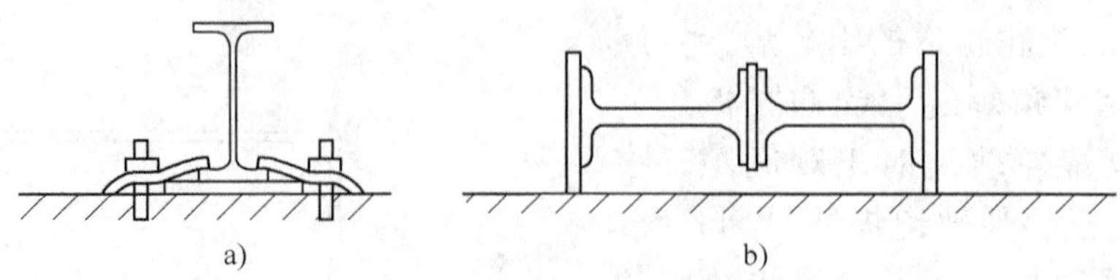

图 12-33　焊接反滚轮轨道组合件

(3) 支腿连接座框板的组装焊接　将主梁倒置，垫架在支腿中心位置。首先在下盖板上划出支腿中心线和框板的位置线，并按图样尺寸组装定位焊框板。框板的高度要加研配量20～30mm。然后焊接框板，焊接方向如图 12-34 所示。

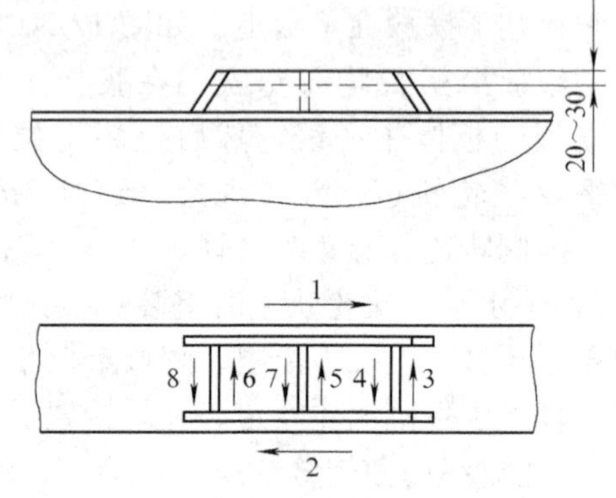

图 12-34　组装焊接支腿连接座框板

(4) 走台的组装焊接　门式起重机的走台与桥式起重机的走台组装焊接方法基本相同。若走台上有电缆小车轨道，则应一并组装焊接，并应控制其水平弯曲。

(5) 小车轨道的组装焊接　定位焊轨道压板，然后沿梁长均布分别焊接轨道压板。

(6) 跨端法兰座板的组装焊接

3. 双主梁门式起重机桥架的工艺要点

(1) 主梁跨端支腿连接座框板的组装焊接　单根主梁制造后要根据图样尺寸确定支腿连接座的中心，在下盖板上划出框板位置线，组装焊接框板。

(2) 桥架的组装焊接　双主梁门式起重机主端梁的组装焊接方法与桥式起重机基本相同。

符合要求后，在主梁上、下盖板上用工艺筋（型钢）将两主梁定位焊固定，然后组装焊接端梁、走台和小车轨道压板，具体工艺措施与桥式起重机相同。

三、支腿的组装焊接

支腿是门式起重机的主要部件之一。支腿根据起重机种类不同，可分为单主梁门式起重机支腿、双主梁门式起重机支腿等。

组装焊接，通常采用的支腿主要工艺过程如下：

1) 确定基准件：通常以直线形盖板为基准，将它放在平台上，画出筋板的定位线，两边每隔一定距离用压板螺栓压紧在平台上，如图 12-35 所示。

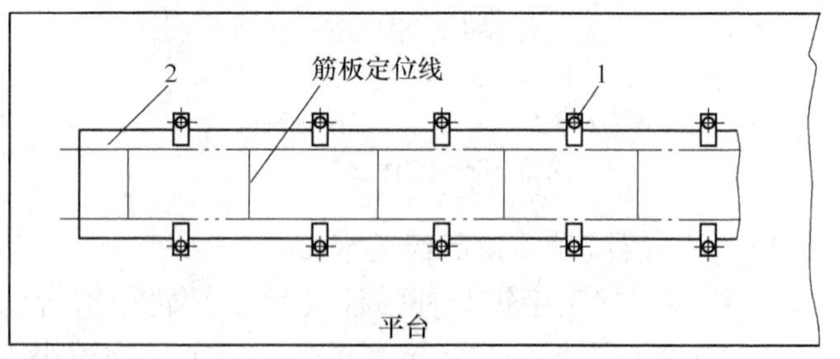

图 12-35　压板螺柱压紧盖板

1—压板螺栓　2—盖板

2) 组装焊接筋板：筋板与盖板组装定位焊后，要用 90°角尺或样板检查符合要求方可进行焊接。为防止焊接筋板时盖板产生旁弯变形，应采用正反两方向焊接筋板，如图 12-36 所示。

3）减小支腿的整体变形：为减小支腿的整体变形，腹板和盖板上的扁钢筋板应事前组装焊接，如焊后有变形，可少焊一部分以不产生角变形为止，如图 12-37 所示。

4）组装定位焊两腹板，形成Ⅱ形构件：如筋板与另一块盖板采用塞焊，应先组装焊接筋板上的衬板，如图 12-38所示。

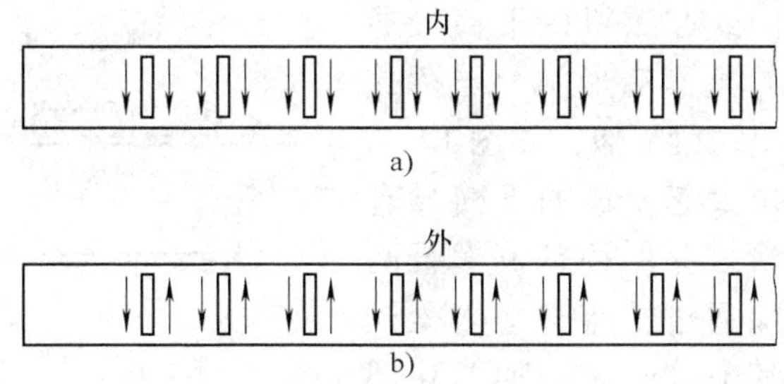

图 12-36　筋板的焊接方向

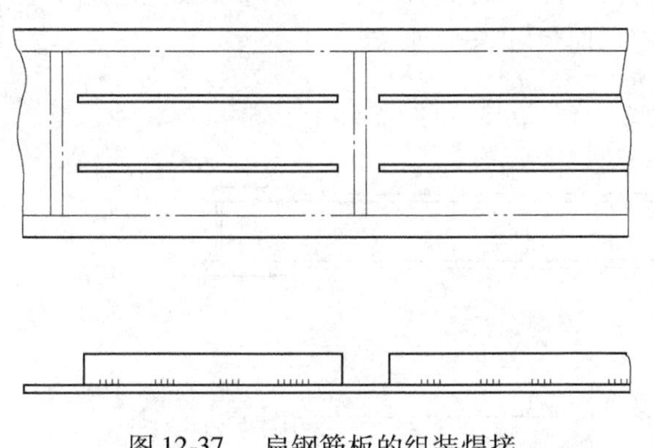

图 12-37　扁钢筋板的组装焊接

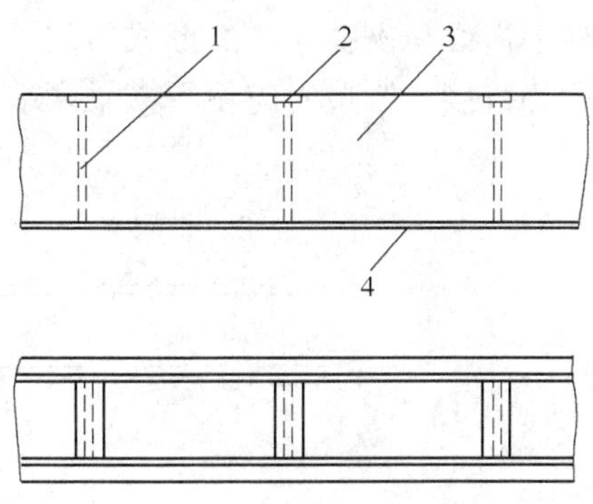

图 12-38　衬板焊接

1—筋板　2—衬板　3—腹板　4—盖板

5）与主梁一样焊接内壁焊缝：将Ⅱ形构件卧放在平台上与主梁一样焊接内壁焊缝。

6）Ⅱ形构件组装盖板：如盖板与隔板采取塞焊，应先在盖板的对应位置划线钻出塞焊孔。

7）焊接支腿的四条长焊缝：可采用埋弧焊、气体保护焊和焊条电弧焊等。焊接次序同主梁一样根据支腿的弯曲方向确定，应先焊拱曲方向的焊缝，如图 12-39 所示。

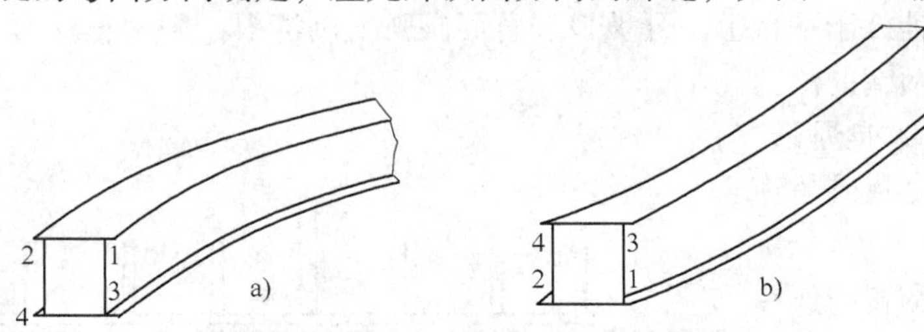

图 12-39　支腿焊接次序

8）塞焊盖板筋板的焊缝：如支腿向塞焊盖板方向拱曲，应将支腿两端垫起塞焊。若支腿向相反方向弯曲，应将支腿挠曲处顶起进行塞焊。

对于支腿筋板与盖板、腹板四周全焊的焊缝，焊工从支腿的一端，通过筋板洞孔进入内部进行焊接，并要控制焊接变形。

四、下横梁的组装焊接

下横梁是门式起重机的走行梁，按车轮装配方式可分为弯板式和车轮嵌入式等。下横梁按起重机的类型又可分为单主梁门式起重机下横梁和双主梁门式起重机下横梁。单主梁门式起重机下横梁多数是变截面的箱形结构，与支腿连接的法兰座板通常即是上盖板的一段。双主梁门式起重机的下横梁通常是等截面箱形梁，与桥式起重机端梁相似，如图 12-40 所示。大起重量的下横梁有两种形式：一种是下横梁两端下面通过铰座与平衡梁铰接，其中铰座为一种独立部件与下横梁用螺栓连接一起。下横梁与支腿连接的法兰座板是上盖板的一端，如图 12-41 所示。这种结构制造较容易；另一种下横梁与支腿连接的形式与前一种相同，两端下面焊有耳板，通过耳板上的加工孔与平衡梁相铰接，制造时应使下横梁两端耳板的几何尺寸符合要求。

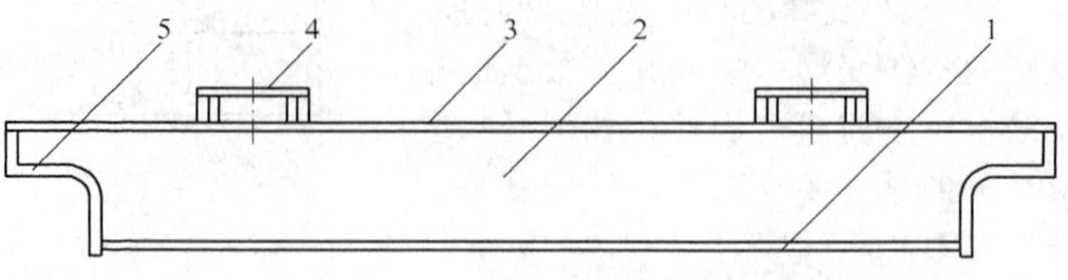

图 12-40　弯板式双主梁下横梁

1—下盖板　2—腹板　3—上盖板　4—法兰　5—弯板

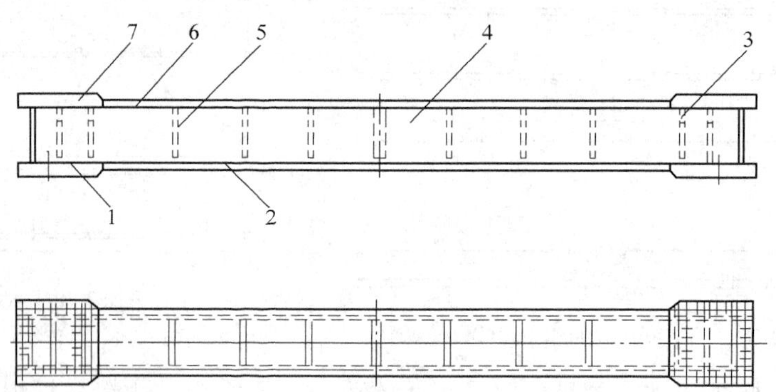

图 12-41　双主梁门吊下横梁

1—下法兰座板　2—下盖板　3、5—筋板　4—腹板　6—上盖板　7—上法兰座板

下面例举耳板式下横梁组装焊接工艺：

1）将上盖板铺放于平台上，开坡口和背面碳弧气刨清根，采用正反面焊接对接焊缝。

2）研配焊接两端的法兰座板，每道焊缝要求焊透，并应采用 X 射线检测或超声波检测检查。

3）将上盖板翻转身放在平台上，矫平、划线，并组装筋板，用 90° 角尺测量控制隔板的垂直度，如图 12-42 所示。

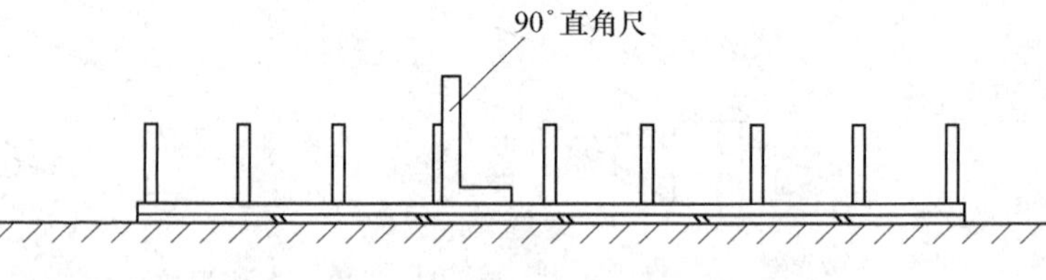

图 12-42　组装定位焊筋板

4）组装定位焊两腹板。为防止焊接筋板与腹板连接焊缝时腹板产生向内的角变形，预先在组装耳板处定位焊支撑筋，如图 12-43 所

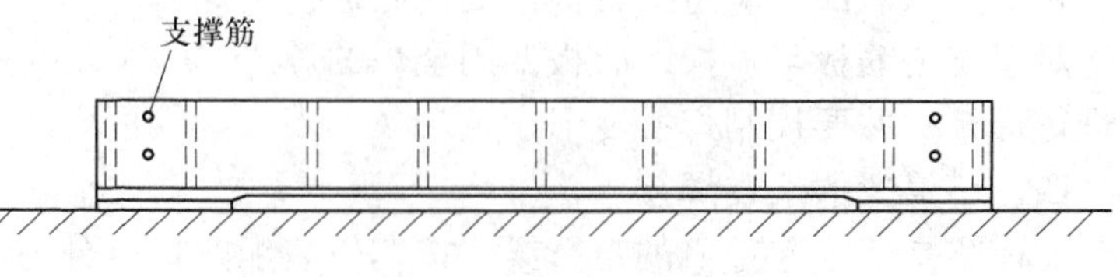

图 12-43　组装定位焊腹板

示。

5）Ⅱ型梁焊接内壁焊缝。然后去掉内耳板处腹板支撑筋。根据轮距尺寸确定耳板的距离，将耳板组装定位焊于腹板上。为防止焊接耳板时腹板向内弯曲变形。耳板中间要焊支撑筋，如图12-44所示，然后进行焊接。

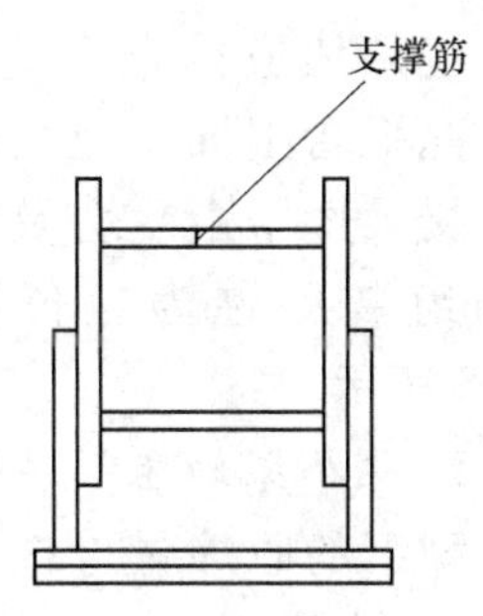

图12-44　组装焊接耳板

6）组装定位焊下盖板，首先割掉耳板上的支撑筋，然后将下盖板吊放于型钢梁上组装定位焊，如图12-45所示。

7）焊接下横梁四道纵向焊缝，先焊下盖板与腹板的纵向角焊缝，后焊上盖板与腹板的纵向角焊缝。

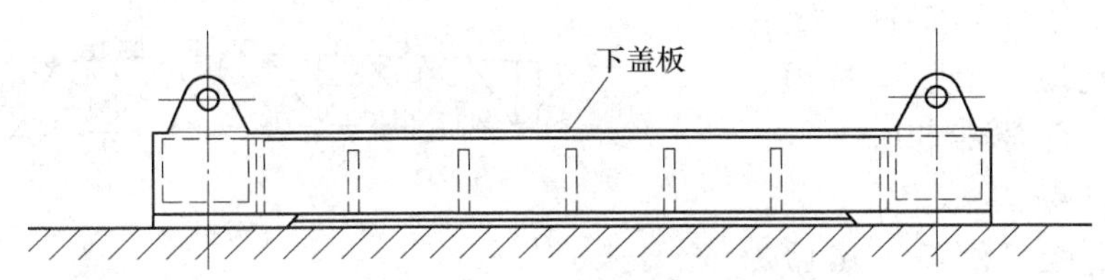

图12-45　组装焊接下盖板

第七节　塔式起重机的组装焊接

一、塔式起重机的结构

塔式起重机的结构部分包括底架、塔身、回转支座、塔顶、臂架、平衡臂、通道和平台和司机室等。这种起重机大部分是承受各种工作载荷、自重载荷、自然载荷、试验载荷的立体构件。其主要材料采用力学性能高、工艺性好的轧制钢材，如GB/T 700—1988中的Q235B、Q235C，GB3077—1999中的Q345（16Mn）；焊接是其主要连接方法，销轴和螺栓联接则用于为方便运输与安装的可拆部位。

塔机钢结构除了转台，多是桁架结构，这是其工作条件决定的，这种结构常用角钢、钢管、槽钢、工字钢等型材。目前，塔机上的桁架结构一般采用长度不大的分散焊缝连接，由于焊缝短，焊接位置变化多，所以主要采用半自动焊焊接。

二、桁架的焊接生产

由于桁架产品的焊缝多为短的角焊缝，实现焊接自动化比较困难，故目前国内主要采用焊条电弧焊及二氧化碳气体保护焊，后者有较高的生产率，值得推广。

桁架结构的焊接一般都是在结构装配完成之后进行的。由于桁架装配焊接后需要保证杆件轴线与几何形线重合，在节点处交于一点，以免产生设计载荷之外的偏心矩，故装配要有较高的准确度。桁架装配比较费工，提高桁架装配速度是提高整个桁架生产率的重要途径。

1. 地样线及定位胎

在平台上或平地上将构件按图样尺寸1:1划出的主要几何尺寸和位置线，称为地样线。桁架通常是在平台上或地面上划出地样线，再组装的。

在型钢平台上，沿桁架地样线边界，隔一定距离，例如在桁架的节点板附近，焊接定位块，定位块应垂直于平台。桁架可在此平台上面定位块范围内组装焊接。这个由平台及定位块构成的组装胎称为定位胎，如图12-46所示。

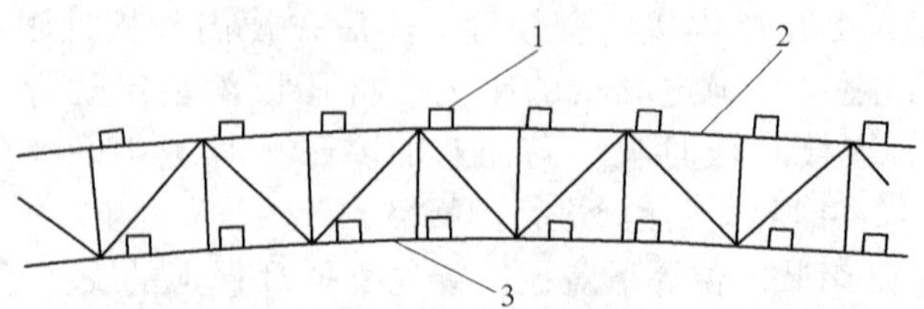

图12-46 桁架组装定位胎

1—定位块 2、3—地样线

2. 副桁架的组装焊接

型钢的收缩量可按每3个节点1mm计算。

上下弦杆用顶床预制拱（翘）度曲线。按地样线组装节点板上下弦杆、竖杆和斜杆。定位胎上焊有螺旋顶，用以调整预拱（翘）曲线。符合要求后进行定位焊，如图12-47所示。

首先焊接下弦杆焊缝，然后焊接上弦杆焊缝。

如果上弦杆某处拱（翘）度不足，可将斜杆（竖杆）一端焊缝铲开，在该节点处旋加外力，符合要求后焊接。

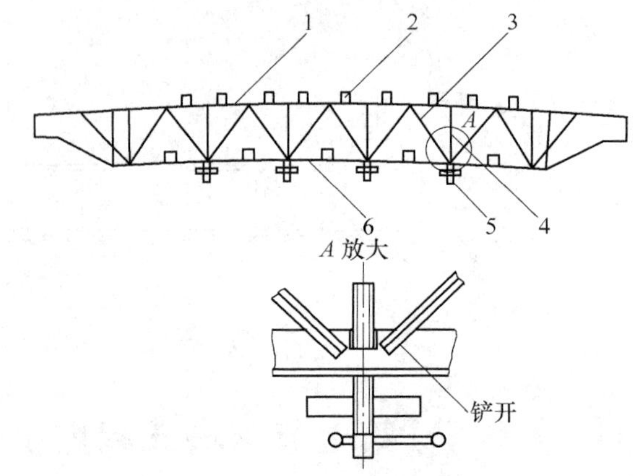

图12-47 副桁架组装

1—上弦地样线 2—定位板

3—斜杆 4—竖杆 5—螺旋顶 6—下弦地样线

3. 主桁架的组装焊接

上、下弦杆可利用型钢原有的自然弯曲再经顶压或火焰调弯使其符合地样线上的拱（挠）度曲线，放置定位胎上，如图12-48所示，再组装竖杆和斜杆。对焊接结构可先焊下弦杆节点处焊缝，后焊上弦杆节点处焊缝。悬臂端焊序相反。上下弦均由跨中节点处向两边节点逐个焊接，也可由多个焊工同时焊接。对可拆结构可在定位后，在各杆件上钻定位孔，拧紧顶装螺栓。

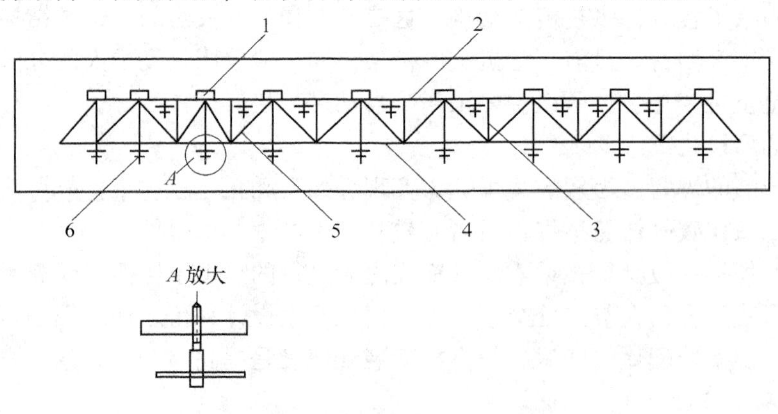

图12-48 主桁架的组装焊接

1—定位块 2—上弦杆定位线 3—竖杆定位线

4—下弦杆定位线 5—斜杆定位线 6—螺旋顶

第八节　其他特种设备的钢结构焊接

机电类特种设备的钢结构焊接除前面介绍的起重机械钢结构焊接外，还有电梯、游乐设施、客运索道等特种设备的钢结构的焊接。电梯、游乐设施、客运索道等的焊接，其焊接前的准备、制造工艺过程、焊接质量控制等前面已经介绍，这里将介绍这种特种设备钢结构焊接的基本特点。

一、电梯焊接的基本特点

电梯是机械、电气紧密结合的大型复杂产品，电梯中最主要的焊接结构是轿厢，轿厢由轿厢体、轿厢架及有关构件组成，轿厢架是轿厢的承载结构，应有足够的强度，轿厢架一般由上梁、立柱、底梁和拉链等组成。如底梁用以安装轿厢底，直接承受轿厢载荷，现在常用框式焊接结构，如图 12-49 所示，用型钢或折弯钢板焊成框架，中间有加强的横梁与立柱连接，焊接方法采用焊条电弧焊或 CO_2 气体保护焊。轿厢体也是组装焊接而成，如轿底板与框架，轿壁与加强筋的焊接。电梯制造中薄板的焊接采用钨极氩弧焊，电器开关箱等螺柱与箱体连接可采用螺柱焊。

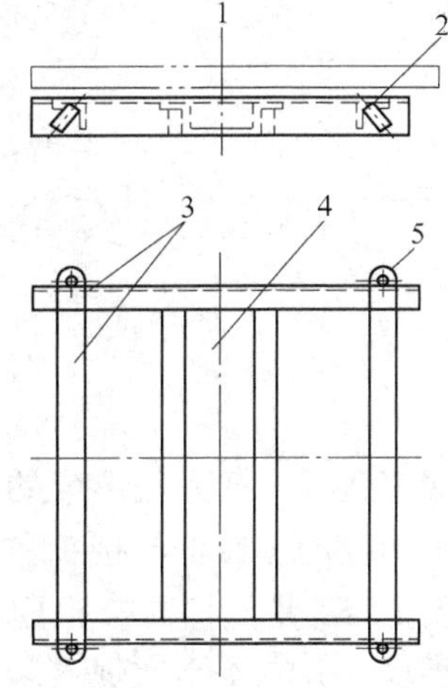

图 12-49　框式结构底架
1—轿厢底　2—螺杆　3—边框
4—横梁　5—拉条耳

自动扶梯金属结构的作用在于安装和支撑自动扶梯的各个部件、承受各种载荷以及将建筑物两个不同层高的地面连接起来，它的整体刚性及局部刚性的好坏直接影响扶梯的性能。对于中、大提升高度的自动扶梯，金属骨架常采用多段结合式结构。对于小提升高度的自动扶梯金属骨架，只要运输、安装条件许可，一般骨架在车间拼装和焊接成一体，两端利用承载角钢支撑结构，图 12-50 为扶梯金属结构图。自动扶梯的金属结构骨架是个桁架结构，国内外有两种主材的结构形式：一种采用热轧 L10mm × 125 mm × 80mm 角钢作为主梁角钢，6、3 号槽钢作为主材；另一种采用 110 mm × 80mm × 10mm 异型矩形管材作为主梁，80mm × 60mm × 10mm 异型矩形管材作为主材。自动扶梯的金属骨架都采用焊接方法进行拼装，其焊接方法一般采用焊条电弧焊、CO_2 气体保护焊或埋弧焊，焊接变形和焊接质量至关重要，控制和消除焊接变形常规做法采用自然时效，但时间很长，占地多，不允许这样做。目前，国内有些公司采用振动时效方法消除焊接后的残余应力，效果很好。

二、游乐设施焊接的基本特点

游乐设施是载人或高速运转载人设备，都是动载荷，游乐设施所采用的钢材类型大多是钢管，制造安装这类游乐设施的材料非常重要，制造游乐设施所用的焊接结构和工艺也一直为我们所关注。

由于局部焊接结构及焊缝形式设计的不合理，焊接制造工艺的不合理，焊接质量的不重视，游乐设施在运行中会出现焊缝开裂现象，从而导致设备和人身事故。高速运转的游乐设施中，座舱及其连接机构是关键的焊接结构，回转臂式游艺机，为使座舱保持平衡，其焊接结构主要包括拉杆、座舱、回转臂，如图 12-51 所示。回转臂上支撑板的焊接，是将支撑板

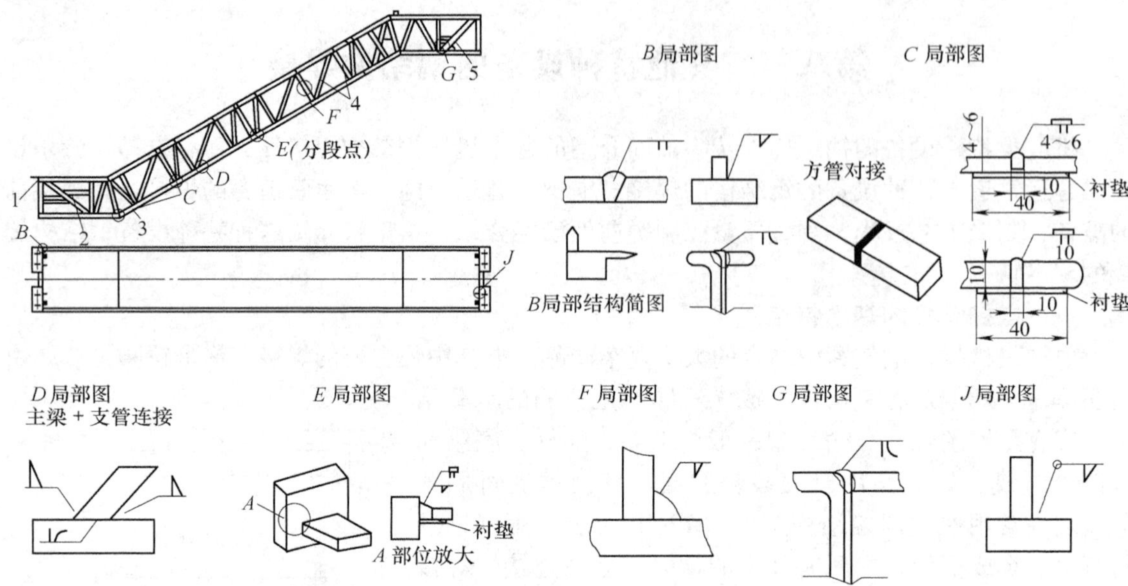

图 12-50　小提升高度自动扶梯的技术结构

1—主承载支撑角钢　2—回转站　3—底板　4—支撑梁　5—驱动区

穿过端部钢板，插入箱形梁的缺口中，并与其焊接，如图 12-52 所示，这种结构可较好地抵抗冲击和振动。拉杆与接头的连接采用如图 12-53 和图 12-54 所示的结构、所示连接方法，其中图 12-53 是拉杆与接头用螺纹联接，然后焊接；图 12-54 是把接头尾部加工一段圆柱，然后焊接，并有 4 个塞焊点。

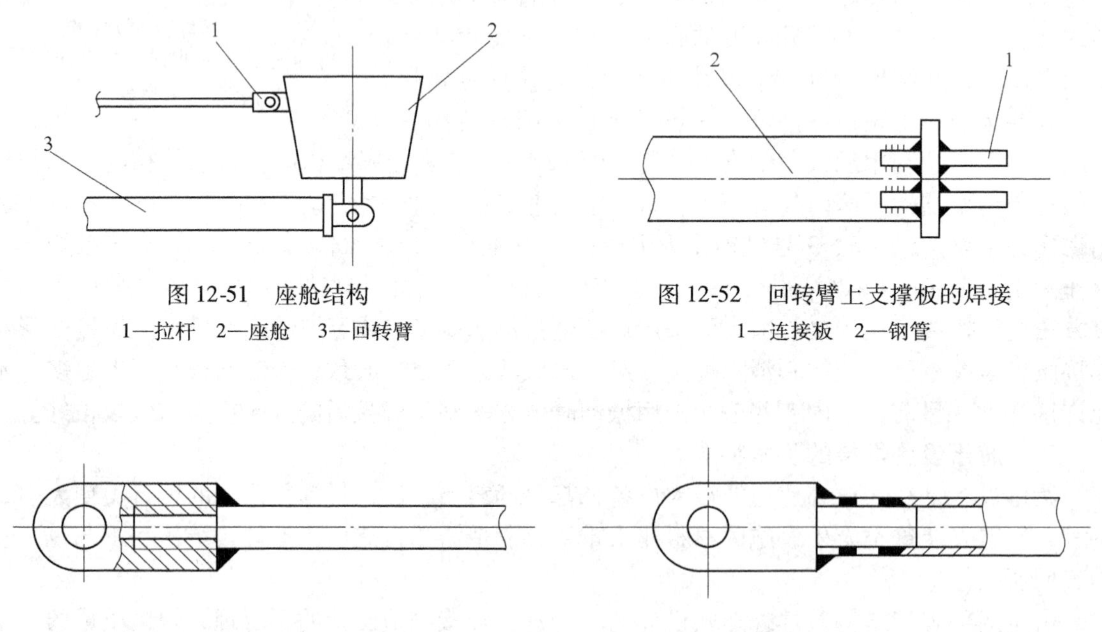

图 12-51　座舱结构

1—拉杆　2—座舱　3—回转臂

图 12-52　回转臂上支撑板的焊接

1—连接板　2—钢管

图 12-53　拉杆与接头的螺纹联接及焊接

图 12-54　拉杆与接头的塞焊连接及焊接

大型回转运动的游乐设施，如大型观缆车，观缆车沿水平轴回转，其轴采用焊接结构，如图 12-55 所示，内轴为 ϕ430mm × 8mm 圆管，外轴为 ϕ1800mm × 16mm 的筒体，长度 4800mm。内轴与外轴之间有加强筋板，外轴筒体制造与容器制造相仿，筒体纵缝采用埋弧焊，环缝采用焊条电弧焊或埋弧焊，筒体焊缝采用全焊透对接焊缝。筋板与内轴、外轴之间采用焊条电弧焊。观缆车主轴的焊缝比较多，又较复杂，焊件焊后需进行消除应力退火，退火温度为 580℃左右。

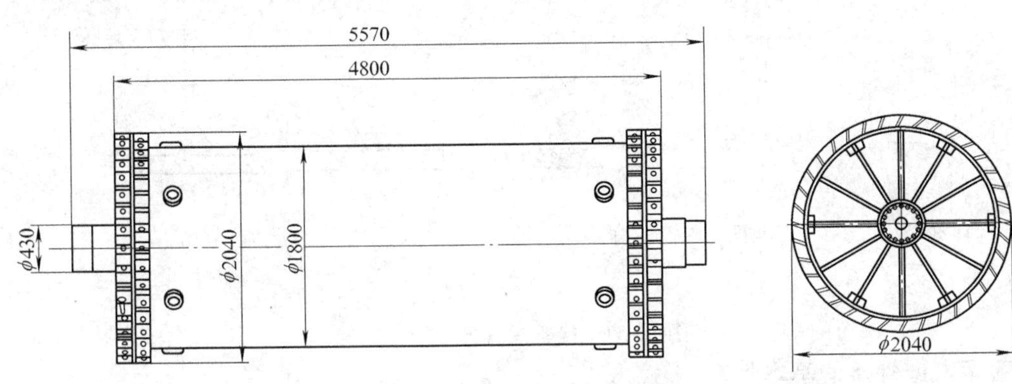

图 12-55　观缆车水平轴的结构

过山车、大型观缆车类钢结构的制造中大部分使用钢管，钢管之间的连接靠焊接。焊接是一个系统工程，关联的因素很多，而国内的设计院大多对结构的完整性重视的多，对接头细部的焊接质量要求的少，这里恰是出问题的部位。采用管结构，美观漂亮。图 12-56 和图 12-57 推荐了一些接头形式和焊缝情况，供游乐设施制造企业参考。钢管接头复杂，焊接位置变化大，利用必要的工装是保证焊接接头和焊缝质量的保证。游乐设施制造厂在选择焊接方法上有焊条电弧焊、CO_2 气体保护焊、氩弧焊、埋弧焊等方法，追求质量是前提，管接头变化无穷，焊条电弧焊应是制造安装必不可少的方法之一，制造厂在制定工艺路线时应把该工艺方法放在首位。

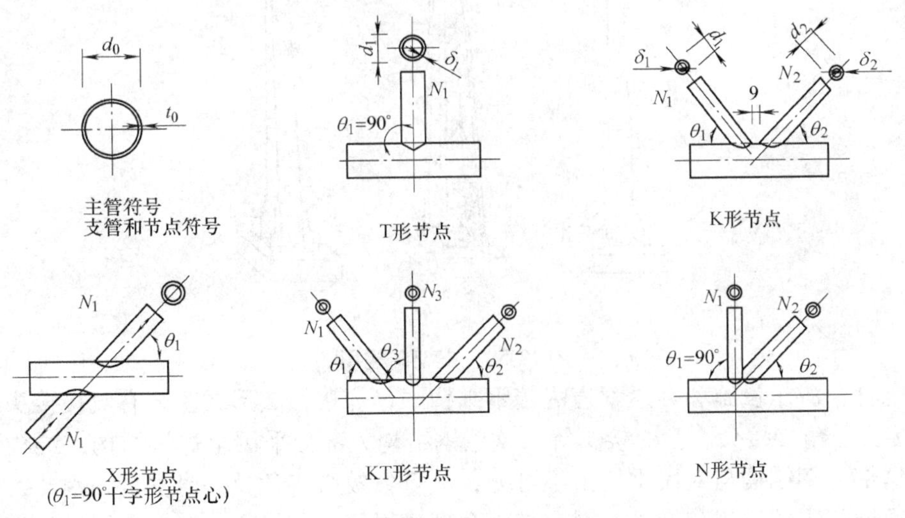

图 12-56　主管支管及接点符号

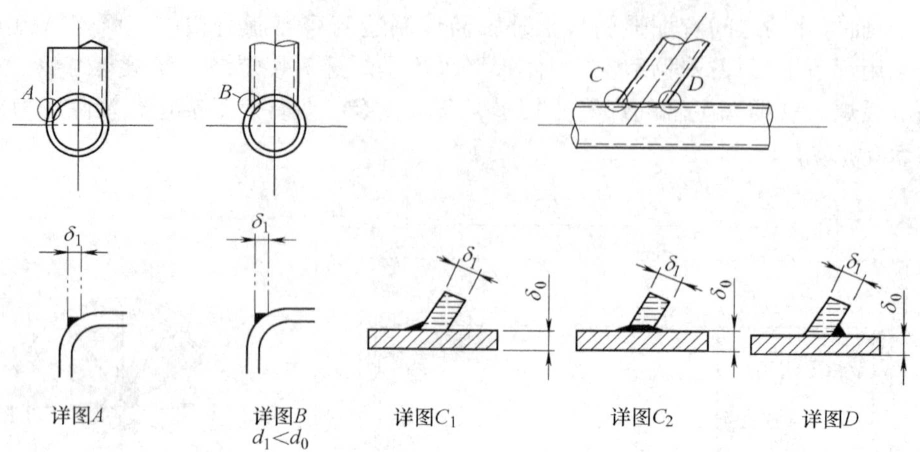

图 12-57　接管焊缝详图

三、客运索道焊接的基本特点

客运索道是利用架空绳索支承和牵引客车运送乘客的一种机械运输设施，客运索道的主要焊接结构是支架钢结构，其结构形式如图 12-58 所示，其中图 12-58a 所示是用钢管焊接而成的塔柱、塔架，图 12-58b 是做成四边形桁架结构形式的支架，图 12-58c 是用钢板焊接成四边形封闭式结构的支架。支架的焊接一般采用焊条电弧焊，焊缝有对接焊缝和角接焊缝。客运索道中其他结构如鞍座都是焊接制造而成。

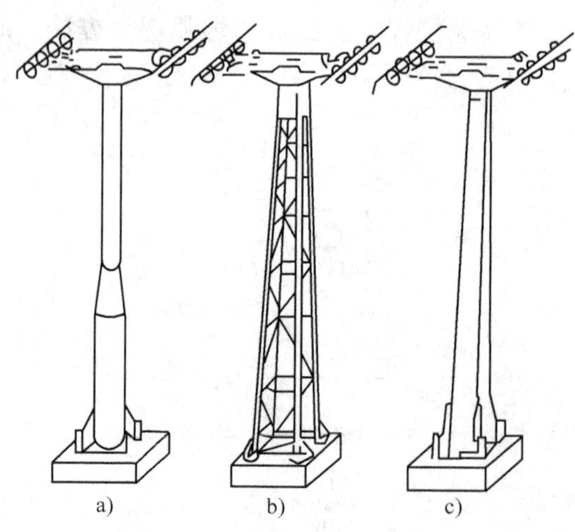

图 12-58　支架结构图

上述电梯、游乐设施和客运索道焊接钢结构中，焊接接头形式主要有对接接头、搭接接头、T 形接头、角接接头、塞焊接头等。这些钢结构大部分采用全焊接结构，结构承受静载或动载。这部分钢结构与人民生活密不可分，一旦失效必将危及人身安全，因此，制造企业必须严格遵循相应的法规和标准，制定正确合理的焊接工艺规程，确保钢结构的焊接质量和可靠性。

第九节　钢结构焊接的通用焊接工艺

特种设备钢结构的焊接质量十分重要，也得到了很多企业的重视，很多企业在钢结构的制造中参照了有关钢结构焊接要求的国家标准和行业标准。参照的标准主要有GB50205—2001《钢结构工程施工及验收规范》，JGJ81—2002《建筑钢结构焊接规程》等，也有参照美国焊接学会AWS D1.1《钢结构焊接规程》。这些规范对钢结构的焊接技术及相关要求作了规定，是钢结构焊接工艺的基础。这里介绍一下钢结构焊接的一般焊接工艺要求。

一、焊接材料

1）焊条、焊丝、焊剂应储存在干燥、通风良好的地方，由专人保管。

2）焊条、焊剂和药芯焊丝在使用前，必须按产品说明书及有关工艺文件的规定进行烘干。

3）低氢型焊条烘干温度应为350～380℃，保温时间应为1.5～2h，烘干后应缓冷放置于110～120℃的保温箱中存放、待用；使用时应置于保温筒中；烘干后的低氢型焊条在大气中放置时间若超过4h应重新烘干；焊条重复烘干次数不宜超过2次；受潮的焊条不应使用。

4）实芯焊丝及导电嘴导管应无油污、锈蚀，镀铜层应完好无损。

5）焊条、焊剂烘干装置及保温装置的加热、测温、控温性能应符合使用要求；CO_2气体保护电弧焊所用的CO_2气瓶必须装有预热干燥器。焊接不同类别钢材时，焊接材料的匹配应符合设计要求。常用结构钢材采用焊条电弧焊、CO_2气体保护焊和埋弧焊进行焊接时，焊接材料可按标准的规定选配。

6）焊条类别和尺寸、电弧长度、电压以及电流必须适合于材料厚度、坡口类型、焊接位置和伴随作业所出现的其他情况。

7）用于SAW焊的焊剂必须干燥且未受污物、氧化皮或其他外来物的污染。所有采购的焊剂必须有包装。包装损坏的焊剂必须予以废弃或在使用前不低于260℃烘干1h。打开包装后焊剂必须立即放入发放系统，如使用已打开包装的焊剂，最上层25mm（1in）厚的焊剂必须废弃，已潮湿焊剂严禁使用。

二、焊接环境

焊接时焊接作业区的风速，当焊条电弧焊时超过8m/s、气体保护焊时超过2m/s，则应设防风棚或采取其他防风措施。制作车间内焊接作业区有穿堂风或鼓风机时，也应按以上规定设挡风装置。焊接作业区的相对湿度不得大于90%；当焊件表面潮湿或有冰雪覆盖时，应采取加热去湿除潮措施。焊接作业环境温度低于0℃时，应将构件焊接区的各方向大于或等于2倍钢板厚度且不小于100mm范围内的母材，加热到20℃以上后方可施焊，且在焊接过程中均不应低于这一温度。

三、焊接工艺评定及焊工考核

特种设备钢结构的焊接工艺规程必须按照相关的焊接工艺评定要求进行评定。制造及施工企业应按工艺评定结果编制详细的焊接工艺规程，并由技能考试合格的焊工按规定的焊接工艺规程对结构进行焊接，以确保接头的焊接质量。

四、预热和层间温度

焊件的预热温度不得低于焊接工艺规程的规定。预热区的宽度不得小于焊件的最大厚度，且不应小于75mm。最低的层间温度应不低于最低预热温度。

不同钢材组合的焊接接头，最低预热温度取其中较高值。

预热温度和层间温度应在施焊前加以测量和核对。

应注意焊接接头的坡口形式和实际尺寸、板厚及构件拘束条件对预热温度的影响。焊接坡口角度及间隙增大时，可适当提高预热温度。

焊接预热温度与热输入的大小有关。当其他条件不变时，热输入增大5kJ/cm，预热温度可降低25～50℃。

根据接头热传导条件选择预热温度。在其他条件不变时，T形接头应比对接接头的预热温度高25～50℃。

根据施焊环境温度可确定预热温度，操作地点环境温度低于常温时（高于0℃），预热温度应提高15～25℃。

焊前预热及层间温度的控制宜采用电加热器、火焰加热器等，并采用专用的测温仪器测量。

五、焊后消除应力

对需要焊后消除应力回火的焊件，应根据其尺寸大小和工厂的具体条件，分别采用加热炉整体回火或电加热器局部回火；仅为稳定结构尺寸时可采用振动法消除应力；工地安装焊缝可采用锤击法消除应力。

用锤击法消除中间焊层应力时，应使用圆头手锤或小型振动工具进行，对根部焊缝、盖面焊缝或焊缝坡口边缘的母材不应进行锤击。

六、临时焊缝、定位焊缝

临时焊缝是指组装构件时所需的工艺性焊缝，这些焊缝亦采用与构件连接焊缝相同的焊接工艺来完成。通常这些临时焊缝应在构件组装焊接后加以清除。

对于承受交变载荷的板材、型材接头、调质钢制构件受拉区不应加设临时焊缝。其他部位必须加临时焊缝时，应在施工图中标明。

定位焊缝是在焊接构件连接焊缝前，为固定结构元件而在接缝上或焊接坡口内施焊的工艺性焊缝，其质量应符合构件连接焊缝的要求。但在连续埋弧焊时可重熔的单道定位焊缝，焊前不必预热。容许这种定位焊缝存在咬边、未填满弧坑和气孔等缺陷。

长度等于或小于10mm的定位角焊缝或要求根部深熔的定位焊缝的外形，应符合相应标准对连接焊缝的要求，不符合要求的定位焊缝在主焊缝焊接之前应加以清除，或以适当的方法加以修整。不要求熔入主焊缝的定位焊缝应予清除。某些静载荷结构上的定位焊缝容许保留。

七、焊接接头和焊缝的尺寸公差

钢结构元件之间单面V形对接接头坡口尺寸和装配间隙的公差应符合图12-59所示的规定。

管材单面全焊透对接接头的坡口尺寸和装配间隙的公差应符合表12-8的规定。

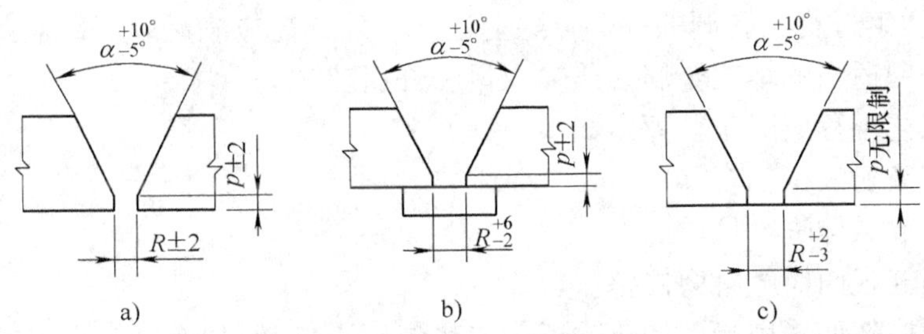

图 12-59　钢结构元件对接接头坡口尺寸

a）无衬垫坡口焊缝背面不清根　b）有衬垫坡口焊缝背面清根

c）无衬垫坡口焊缝背面清根

表 12-8　管材对接接头坡口尺寸和根部间隙容差

焊接方法	坡口钝边/mm	根部间隙（无衬垫）/mm	坡口角度/（°）
焊条电弧焊	±2	±2	±5
熔化极气体保护焊	±1	±2	±5
药芯焊丝电弧焊	±2	±2	±5

管材两相邻对接环缝之间的距离不应小于管子的直径或 1.0m，取二者较小值。管子部件在 3m 之内不容许有 2 条以上的环缝。环缝对接边缘的径向偏差（错边），不应超过 0.2δ（δ 为管壁厚度），且最大容许偏差为 6.0mm。

平行于构件长度以局部焊透开坡口焊缝连接的部件，其接头应尽可能贴紧，接头的根部间隙不得超过 5.0mm。

角焊缝装配时，应尽量使相互连接的部件贴紧，根部间隙不得大于 5.0mm。对于厚度等于或大于 75mm 的板材和型材，如根部间隙达不到上述要求，容许最大的根部间隙为 8mm，但应采用合适的衬垫。衬垫可以采用焊剂、玻璃纤维带、铁粉或类似的材料制成，或采用低氢型焊条电弧焊在边缘侧面进行适当的堆焊。

对于塞焊、槽焊和加衬垫的对接接头，其贴合面的间隙不应大于 2.0mm。

八、焊缝的返修及补焊

经检查钢结构上的焊缝如发现不容许存在的焊接缺陷，可按缺陷的数量和长度选择返修方法。不合格焊缝的返修应符合下述要求：

1）焊瘤、过量的凸鼓、过大的余高，应采用适当的方法清除过量的焊缝金属。

2）过量的焊缝凹陷、弧坑、焊缝尺寸不足和咬边等应修整焊缝表面并加以焊补。

3）未熔合、夹渣、过量的焊缝气孔，应清除缺陷并加以补焊。

4）焊缝或母材的裂纹，应采用适当的检测方法确定裂纹的深度和长度，清除所有的裂纹及裂纹每端 50mm 长的完好的金属，并加以补焊。

母材上错开孔位的修复，如采用焊补方法应遵守下列规定：

1）对于不承受交变拉应力的母材焊接返修，应编制相应的焊补工艺规程并按此规程进行补焊。

2）对于承受交变拉应力的母材，焊补工艺规程应经焊接工程师同意，并严格按焊补工艺规程进行焊补。修复的母材应用无损探伤法检验。

3）对于调质钢母材上孔洞的补焊，除上述两点外，还应满足以下要求：

① 必须采用适当的填充金属、热输入量和焊后热处理。

② 补焊工艺规程应经工艺评定试验。

③ 试件应经射线探伤合格。

④ 从试件取试样进行检验。

所有焊补焊缝表面应经打磨修整。

焊接变形的构件如采用局部加热矫正，加热温度不应超过650℃，调质钢的加热温度不应超过600℃。

第十节 钢结构焊接变形的控制及矫正

本书第五章已经叙述了焊接变形控制及矫正的基本原理，这里不再重述，以下只介绍部分机电类特种设备钢结构焊接变形的控制及矫正。

一、工字梁焊接变形的控制

1. 工字梁盖板的角变形

工字梁上下盖板与腹板是由四条纵向角焊缝连接。由于盖板在厚度方向的不均匀受热，以及焊缝的横向收缩，会产生盖板的角变形。角变形大小与焊缝尺寸、受热体积大小和盖板的厚度有关。焊缝尺寸及受热体积越大，盖板厚度越小，则焊后角变形越大。埋弧焊的热输入较焊条电弧焊大，角变形也较大。但埋弧焊的板厚 $\delta<10$mm 时，由于焊缝表面有很厚的一层焊剂覆盖着，沿板厚温差小，不均匀压缩塑性变形也小，因而角变形也小。

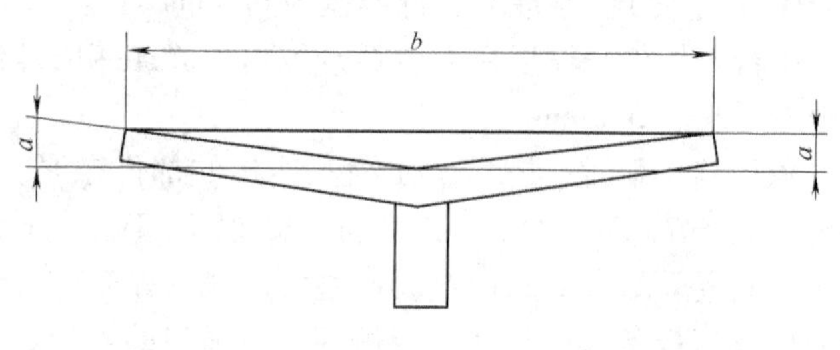

图 12-60 盖板反变形示意图

2. 预制反向角变形

为了控制盖板焊接角变形，盖板要预先压出反变形，如图12-60所示。

盖板反变形量 a 值，可通过实测获得。焊条电弧焊试验实测反变形量 a 值参见表12-9，埋弧焊试验实测反变形量 a 值见表12-10。

表 12-9 焊条电弧焊反变形量 a 的近似值 （单位：mm）

a \ δ / b	10	12	14	16	18	20	24	30	36	40
100	2.5	1.5	1.5	1	1	1	0.9	0.7	0.6	0.5
120	3	2	1.5	1.5	1	1	1	0.8	0.7	0.6
150	3.5	2.5	2	2	1.5	1.5	1	1	0.9	0.8
200	5	3.5	3	2.5	2	2	1.5	1	1	1

（续）

a \ δ b	10	12	14	16	18	20	24	30	36	40
240	6	4.5	3.5	3	2.5	2.5	2	1.5	1	1
300	7.5	5.5	4.5	4	3.5	3	2.5	2	1.5	1.5
360	9	7	5.5	4.5	1	3.5	3	2.5	2	1.5
400	10	7.5	6	5	1.5	4	3.5	2.5	2	2
450	11.8	8.5	7	6	5	4.5	4	3	2.5	2
500	12.5	9.5	8	6	5.5	5.5	4	3.5	3	2.5

表 12-10　埋弧焊反变形量 *a* 的近似值　　（单位：mm）

a \ δ b	10	12	14	16	18	20	24	30	36	40
100	1.5	2	2.5	2.5	2	2	1.5	1	1	0.8
120	1.5	2.5	3	3	2.5	2.5	1.5	1.5	1	1
150	2	3	4	4	3.5	3	2	1.5	1.5	1
200	3	4	5.5	5.5	4.5	4	3	2.5	2	1
240	3.5	5	6.5	6.5	5.5	5	3.5	3	2	2
300	4.5	6	8	8.5	7	6	4.5	3.5	3	2.5
360	5	7.5	10	10	8.5	7.5	5.5	4.5	3.5	3
400	6	8.5	11	11.6	9.5	8	6.5	5	4	3.5
450	6.5	9.5	12.5	13	11	9	7	5.5	4	4
500	7.5	10.5	14	14.5	12	10.5	8	6	5	4.5

3. 防止工字梁的扭曲变形

腹板应预先在平板矫正机上矫平，组装定位焊时，首先要把腹板垫成水平，防止腹板本身的扭曲，同时要控制反变形盖板两边缘形成的平面与腹板垂直。在焊接时要防止上、下盖板相反方向的弯曲变形，因为将造成整个工字梁的弯曲变形。

二、箱形梁焊接变形的控制

控制箱形梁的焊接变形要从下料开始，梁的组装焊接等所有工艺过程都要加以控制。

1. 板件下料控制

通过梁的焊接变形计算，可预算出梁的制造过程中每道工序变形大小，从而计算出板材下料尺寸的要求。

2. 组装焊接控制

对于箱形梁，需要预制盖板外弯，可采取同向焊接筋板与盖板焊缝。箱形梁组装定位焊下盖板后，要注意拱度值。箱形梁组装定位焊下盖板后应按编制梁的施工操作规程时给出的工艺参数施工。

焊接箱形梁四道长焊缝时，如主梁拱度不足，可先焊下盖板与腹板两道长焊缝。如主梁拱度偏大，可先焊上盖板与腹板的两道长焊缝。

三、焊接变形的火焰矫正

火焰矫正按加热部位的形状分，有点状加热、带状加热和三角形加热等方式。

1. 点状加热

点状加热是在近似圆形或方形的范围内加热，以达到矫正变形的目的。

（1）矫正主梁的拱（翘）度　在盖板上沿宽度每隔一定间距（50～150mm）加热，加热区呈现直径为30～80mm的圆形或边长为30～80mm的正方形，形成加热点列，实现火焰矫正。先加热中间点再向两边加热各个点，每点由中心开始，逐渐扩大成圆形或方形。这种矫正方式能改善内应力分布，对主梁承载能力影响较小，但矫正效率较低。

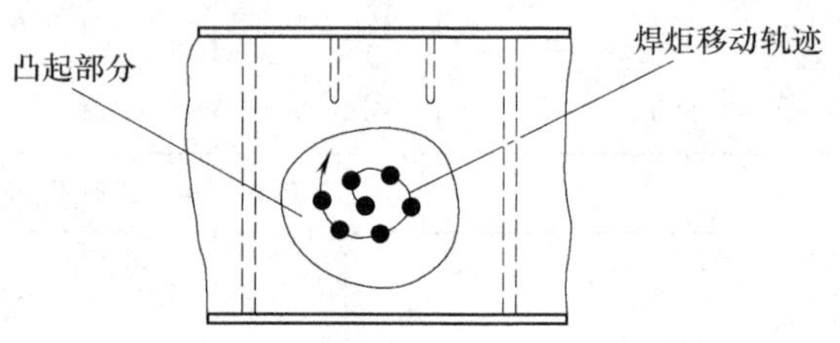

图 12-61　烤嘴螺旋形移动

（2）矫正腹板的波浪变形　矫正波浪变形首先要找出凸起的波峰，用圆点加热法配用锤子矫正，加热圆点的直径可取30～60mm。焊炬从波峰为起点作螺旋形移动，如图12-61所示采用中温矫正。当温度达到600～700℃时，将锤子放在加热区边缘处，再用大锤锤击锤子，一方面使圆点加热区边缘被部分锤平，另一方面使加热区金属受挤压，冷却收缩后被拉平。注意掌握分寸，避免产生过大的收缩应力。

2. 纵向带状加热

（1）矫正工字型梁的焊接角变形　在盖板上表面（对着背面焊缝处）纵向带状加热，背面焊缝处用冷水浇，如图12-62所示，即可使角变形得到矫正。通常选择中温矫正。

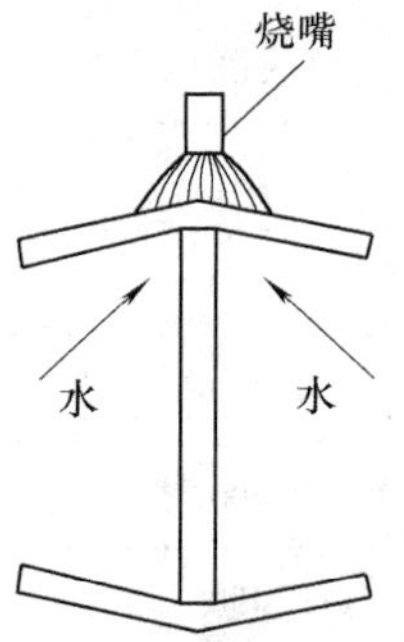

烧嘴

水　水

图 12-62　带状加热矫正角变形

（2）矫正梁的弯曲变形　在梁的盖板上，沿着纵向长焊缝，由中间向两端作带状加热，如图12-63所示，即可矫正弯曲变形。为避免产生旁弯和扭曲变形，两条加热带要同步进行，可采取低温矫正法或中温矫正法。

这种矫正方法有利于减小焊接内应力，但这种方法在纵向收缩的同时有较大的横向收缩，如掌握不好，容易引起梁的扭曲变形。此外，弯曲变形的矫正量也较难掌握。

3. 横向带状加热和三角形加热

在梁的上盖板或腹板上横向带状加热，相应地在腹板或盖板上三角形加热，如图12-64所示，用来矫正梁的拱（翘）度或水平弯曲。用这种方法矫正梁的弯曲变形效果显著，也是目前应用最广的一种矫正方法。横向带状加热宽度通常取20～90mm，板厚小时加热带要窄一些。盖板或腹板的横向带状加热应由宽度中间向两边扩展。最好由两人操作完成带状加热，再分别加热三角形。三角形的高不得超过梁高或梁宽的一半，三角形的底与对应的带状加热宽

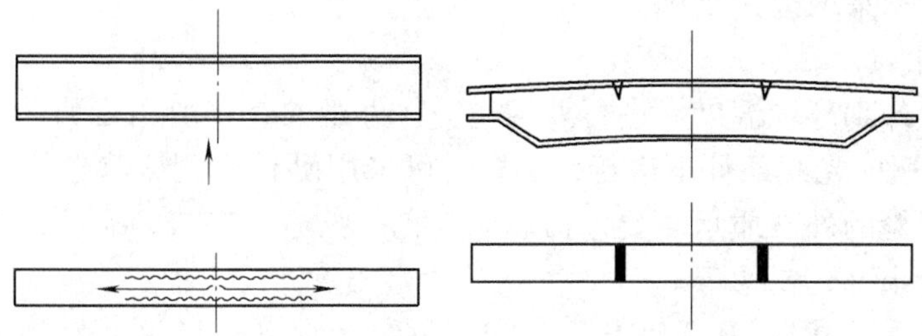

图 12-63　纵向带状加热矫正主梁弯曲

相等。加热三角形应由顶部开始，然后从中心向两侧扩展，一层层加热直到三角形的底为止。如加热腹板时出现凹陷变形，要马上在凹陷区周围的平板处加热至500～600℃（亮处呈红色），待凹陷消除后再回到原处均匀加热到700～800℃。如加热区有凸起的波峰，应先从凸起处加热。烧嘴与平板之间的角度为90℃，若加热区已烤到要求温度，仍然有凸起处，可配合平锤矫平。

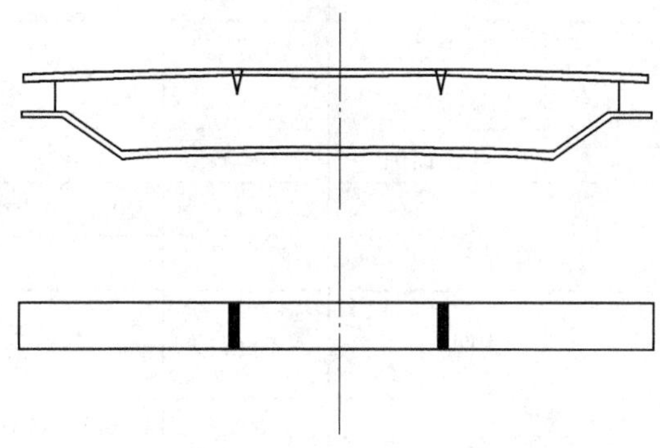

图 12-64　横向加热矫正弯曲

波浪变形和弯曲变形在火焰矫正时是互相影响的，例如在上盖板上用点状加热矫正波浪变形会同时引起主梁拱度减小时；同样，火焰矫正腹板波浪变形时会引起主梁水平弯曲。反过来，加热区在冷却后产生拉应力，在其附近就存在受压区，如拱度的矫正量过大，就有可能在某些部位产生较大的压应力，有可能引起波浪变形。主梁弯曲变形和波浪变形是相互牵连的，如不注意，往往矫正了一种变形，又出现另一种变形超过技术要求的情况，这是必须避免的。

通常先矫正弯曲变形，再矫正波浪变形，但应预留出矫正波浪变形影响拱（翘）度或水平弯曲的余量，以免反向矫正。同时在矫正弯曲变形时，可以有意识地选择在波浪变形凸起的波峰部作加热区，以期在矫正弯曲变形的同时收到矫正波浪变形的效果。

第十一节　焊接质量检测

特种设备钢结构焊接质量检验员应按特种设备钢结构相关规程和标准，以及图样和技术文件要求，对焊接质量进行检验检查。负责的人员必须经过相关培训或取得相应的检验资格证书。

检验员除了查证钢结构生产中所用结构材料、焊接材料和焊接设备符合相关法规的要求外，还应审查生产中使用的焊接工艺规程的合法性和焊工资格证书的有效性。

检验员的另一重要职责是应对每一检验项目、检验对象、检验过程和检验结果作好完整的记录，并在已经检验和验收的各个部件和接头上作明显的标记，以便识别。

必须按规定对所生产的钢结构焊缝进行外观检验及无损检验。当发现质量问题时，应及时从材料和工艺方面采取改进措施。

一、外观检测

所有焊缝应冷却到环境温度后进行外观检查，外观检查一般用目测，裂纹的检查应辅以5倍放大镜并在合适的光照条件下进行，必要时可采用磁粉检测或渗透检测，尺寸的测量应用量具、卡规。焊缝的外观质量主要包括表面气孔、咬边、夹渣、裂纹，以及角焊缝的焊脚尺寸不对称，焊缝余高、错边等。

钢结构焊缝外形尺寸在 JB/T 7949—1999《钢结构焊缝外形尺寸》标准中规定。外观缺陷的在 GB50205—2001《钢结构工程施工及验收规范》中有明确的规定，见表 12-11。

表 12-11　焊缝质量等级及缺陷分级　　（单位：mm）

<table>
<tr><td colspan="2">焊缝质量等级</td><td>一级</td><td>二级</td><td>三级</td></tr>
<tr><td rowspan="3">超声波探伤</td><td>评定等级</td><td>Ⅱ</td><td>Ⅲ</td><td></td></tr>
<tr><td>检验等级</td><td>B 级</td><td>B 级</td><td></td></tr>
<tr><td>探伤比例</td><td>100%</td><td>20%</td><td></td></tr>
<tr><td rowspan="16">外观缺陷检查</td><td rowspan="2">未焊满</td><td rowspan="2">不允许</td><td>$\leqslant 0.2+0.02\delta$，且小于或等于 1.0</td><td>$\leqslant 0.2+0.04\delta$，且小于或等于 2.0</td></tr>
<tr><td colspan="2">每 100 焊缝内缺陷总长小于或等于 25.0</td></tr>
<tr><td rowspan="2">根部内凹</td><td rowspan="2">不允许</td><td>$\leqslant 0.2+0.02\delta$，且小于或等于 1.0</td><td>$\leqslant 0.2+0.04\delta$，且小于或等于 2.0</td></tr>
<tr><td colspan="2">长度不限</td></tr>
<tr><td>咬边</td><td>不允许</td><td>$\leqslant 0.05\delta$ 且小于或等于 0.5 连续长度小于或等于 100，且焊缝两侧咬边总长小于或等于 10% 焊缝全长</td><td>$\leqslant 0.1\delta$ 且小于或等于 1.0，长度不限</td></tr>
<tr><td>裂纹</td><td colspan="3">不允许</td></tr>
<tr><td>弧坑裂纹</td><td>不允许</td><td>不允许</td><td>允许个别长度小于或等于 5.0</td></tr>
<tr><td>电弧擦伤</td><td>不允许</td><td>不允许</td><td>允许个别电弧探伤</td></tr>
<tr><td>飞溅</td><td colspan="3">清除干净</td></tr>
<tr><td rowspan="2">接头不良</td><td rowspan="2">不允许</td><td>缺口深度小于或等于 0.05δ 且小于或等于 0.5</td><td>缺口深度小于或等于 0.1δ 且小于或等于 1.0</td></tr>
<tr><td colspan="2">每米焊缝不得超过 1 处</td></tr>
<tr><td>焊瘤</td><td colspan="3">不允许</td></tr>
<tr><td>表面夹渣</td><td>不允许</td><td>不允许</td><td>深度 $\leqslant 0.2\delta$，长 $\leqslant 0.5\delta$，且小于或等于 20</td></tr>
<tr><td>表面气孔</td><td>不允许</td><td>不允许</td><td>每 50 长焊缝内允许直径小于或等于 0.4δ，且小于或等于 3.0 气孔 2 个气孔间距大于等于 6 倍气孔直径</td></tr>
<tr><td>角焊缝厚度不足</td><td>—</td><td>—</td><td>$\leqslant 0.3+0.05\delta$ 且小于或等于 2.0
每 100 长焊缝内缺陷总长小于或等于 25</td></tr>
<tr><td>角焊缝焊脚不对称</td><td>—</td><td>—</td><td>差值 $\leqslant 2+0.2h$</td></tr>
</table>

注：表中 δ 为母材厚度（mm）。

二、内部质量的检测

对于外观检查合格后的钢结构焊缝,应按设计要求和相关标准规范规定对焊缝进行射线检测或超声波检测。对超声波检测的缺陷辨别不清楚的地方,应采用射线检测作补充。

GB50205—2001《钢结构工程施工及验收规范》规定:

焊接接头的内部缺陷采用超声波检测方法检测。检测程序和缺陷的分级按 GB/T 11345—1989《钢焊缝手工超声波探伤方法和探伤结果的分级》标准的规定。焊缝质量等级及缺陷评定等级应符合表 12-11 的规定。

按 GBJ17—1988《钢结构设计规范》的规定,焊缝的质量等级分为一、二、三级。一、二级焊缝需进行焊缝内部缺陷的检测,对应于 GB/T 11345—1989 标准中的Ⅱ、Ⅲ级质量等级。超声波检测等级采用 B 级。

AWS D1. 1 规定焊缝射线检测和超声波检测合格标准分别按结构承载的性质、受力部位和构件的形状而定。

焊缝射线检测合格标准分受静载荷板材、型材接头的合格标准,受交变载荷板材、型材接头的合格标准和管材结构接头的合格标准。

JG/T3034. 1—1996《焊接球节点钢网架焊缝超声波探伤及质量分级法》规定了超声波探伤方法及缺陷分级,相关钢结构焊接也可采用。我国还有其他相关的标准如 JG/T81—2002《建筑钢结构焊接规程》对无损检测也有规定,这里不再叙述。

有关表面检测,下列情况之一应进行表面检测:外观检查发现裂纹时,应对该批中同类焊缝进行 100% 的表面检测;外观检查怀疑有裂纹时,应对怀疑的部位进行表面检测;设计图样规定进行表面检测时。

参考文献

[1] 王嘉麟. 球形储罐建造技术[M]. 北京:中国建筑工业出版社,1990.

[2] 杜国华. 实用工程材料焊接手册[M]. 北京:机械工业出版社,2004.

[3] 叶琦. 焊接技术[M]. 北京:化学工业出版社,2005.

[4] 田锡唐. 焊接结构[M]. 北京:机械工业出版社,1992.

[5] 朱传标. 工业锅炉技术基础[M]. 上海:远东出版社,1996.

[6] 王福绵. 起重机械技术检验[M]. 北京:学苑出版社,2000.

[7] 中国机械工程学会焊接学会. 焊接手册:Ⅲ卷[M]. 北京:机械工业出版社,2001.

[8] 刘普明. 锅炉压力容器压力管道焊工考试习题集. 2 版[M]. 沈阳:辽宁大学出版社,2003.

[9] 毛怀新. 电梯与自动扶梯技术检验[M]. 北京:学苑出版社,2001.

[10] 全国压力容器标准化委员会. JB4708—2000 钢制压力容器焊接工艺评定[S]. 北京:中国标准出版社,2000.

[11] 李平瑾. 锅炉压力容器焊接技术及焊工问答[M]. 北京:机械工业出版社,2004.

[12] 张文钺. 焊接冶金学(基本原理)[M]. 北京:机械工业出版社,1995.

[13] 周振丰. 焊接冶金学(金属焊接性)[M]. 北京:机械工业出版社,1995.

[14] 崔忠圻. 金属学与热处理[M]. 北京:机械工业出版社,1995.

[15] 刘延贵. 锅炉压力容器压力管道焊工考证基础知识[M]. 北京:中国计量出版社,2002.

[16] 王晓雷. 承压类特种设备无损检测相关知识[M]. 北京:中国计量出版社,2004.

[17] 陈裕川. 现代焊接生产实用手册[M]. 北京:机械工业出版社,2005.

[18] 顾纪清. 管道焊接技术[M]. 北京:化学工业出版社,2005/6.

[19] 杜伟国. 管道施工技术[M]. 上海:上海科学技术出版社,2001.

[20] 杨其富. 现场焊工必读[M]. 北京:中国电力出版社,2005.

[21] 余燕. 焊接材料选用手册[M]. 上海:上海科学技术文献出版社,2005.

[22] 陆世英,等. 不锈钢应力腐蚀事故分析与耐应力腐蚀不锈钢[M]. 北京:原子能出版社,1985.

[23] 柳金海,陈百诚. 金属管道焊接工艺[M]. 北京:机械工业出版社,2005.

[24] 付荣柏·起重机钢结构制造工艺[M]. 北京:中国铁道出版社,1995.